Upgrade

KB100472

21세기 **상하수도기술사** ❷

상하수도기술사 **박휘혜 · 김영노**

예문사

머리말

기술계의 꽃이라고 하는 상하수도 기술사를 준비하는 수험자 여러분과 이렇게 책을 통해 만나게 되어 영광입니다.

기술사법 개정에 따른 인정기술사 제도의 폐지와 더불어 기술사 고유영역을 설정하는 방안 추진과 국가 간 상호 인정에 따라 기술사에 대한 수요와 전망은 그 어느 때보다 더 커질 것이라 생각합니다. 특히, 건기법 기술자 역량지수 점수제도 시행으로 기술사 자격 취득은 이제 선택이 아닌 필수가 되었습니다.

국내뿐 아니라 세계 각국에서 겪고 있는 물부족 현상을 고려할 때 이제 "물 쓰듯"이라는 관용어는 의미가 무색할 만큼, 물은 그 어떤 자원보다 귀한 것이 되었습니다. 미래 전략사업의 하나로 물을 찾거나 공급하고 또 사용한 물을 재처리 · 재이용하는 물산업의 시대가 도래했으며 이와 함께 상하수도 분야에서도 녹색성장 산업의 중요성이 점차 부각되고 있습니다.

또한 현재 국내에서 발생하고 있는 싱크홀 문제로 이제 상하수도 분야는 물의 공급과 하수의 처리 분야에서 벗어나 물의 양적 · 질적인 공급, 관로의 유지관리, 재처리 및 재이용 분야로 확대되고 있는 실정이며, 특히 전국적인 노후관로의 정밀조사 용역 시행에 따라 향후 다른 어떤 분야의 기술사보다도 상하수도 기술사의 역할과 책임은 막중해질 것입니다.

본 교재는 상하수도 및 수질관리 기술사의 기출문제 중에서 향후 출제가 예상되는 문제를 중심으로 선정하였으며, 수험자 및 이 분야에 종사하는 기술자들이 알아 두면 유용한 자료가 되도록 집필하였습니다. 또한 수험생의 이해를 돕기 위해 전국에서 발주한 BTL 및 턴키 자료를 많이 수록하였습니다. 본 교재는 시중에 출판된 전공서적과는 달리 기술사 시험을 위한 교재이므로 간혹 독자와 견해가 다르거나 오류 및 미비점이 발견되더라도 널리 양해해 주시기 바라며 많은 지도와 충고 부탁드립니다.

누군가 이 세상에서 가장 긴 거리는 머리에서 발까지라고 했습니다. 이는 머리로 생각한 것을 발로 실천해야 함을 강조한 얘기이며 제가 늘 나태함에 빠질 때 생각하는 말입니다.

≪10년 후≫의 작가 그레그 레이드는 "꿈을 날짜와 함께 적어 놓으면 목표가 되고, 목표를 잘게 나누면 계획이 되며, 계획을 실행에 옮기면 꿈이 현실이 된다."고 하였습니다. 독자 여러분도 이 책을 통해 상하수도 기술사를 목표가 아닌 현실로 이루시기를 바랍니다.

본 교재가 독자 여러분의 좋은 길잡이가 되길 바라며, 끝으로 출판을 위해 애써 주신 예문사 직원분들과 유용한 자료 수집에 도움을 주신 부산대학교 홍성철 교수님, 동명기술공단 정의철 전무, 한올엔지니어링 김태현 부사장, 저의 고굉지신(股肱之臣)과 같은 수성엔지니어링 윤효식 차장, 새로운 보금자리에서 자리잡도록 지도편달을 아끼지 않으신 수성엔지니어링 박미례 회장님, 원상희 대표님에게도 감사를 표하며 늘 곁에서 힘이 되어준 아내 미란과 우리 딸 지음(智馨)에게도 고마움을 전합니다.

저자 **박 휘 혜** 배상

차 례

CHAPTER 04 하수처리

CONTENTS

차 례

CHAPTER 05 하수고도처리

CHAPTER 06 슬러지 처리

CHAPTER 07 상하수도 계획

CONTENTS

차 례

CHAPTER 08 | 계산문제

CHAPTER 09 | 공식

CHAPTER 10　상하수도기술사 기출문제　　　1791

CHAPTER 11　수질관리기술사 기출문제　　　1843

하수처리

BOD 용적부하

1. BOD 부하

BOD 용적부하와 BOD 슬러지부하가 있으며, 포기조 용량결정과 포기조 운영에 중요한 인자

1.1 BOD 용적부하

단위포기조 용적당 1일 BOD 유입량을 말한다.

$$\text{BOD 용적부하(kgBOD/m}^3\text{day)} = \frac{\text{BOD농도(kg/m}^3) \times \text{유입수량(m}^3\text{/d)}}{\text{포기조용적(m}^3)}$$

$$= \frac{\text{BOD} \times \text{Q}}{\text{V}} = \frac{\text{BOD}}{\text{t}}$$

$$= 0.3 \sim 0.8\text{kg BOD}/\text{m}^3\text{day}$$

1.2 BOD 슬러지부하(BOD – MLSS 부하)

1) 포기조 내의 슬러지 1kg당 1일 BOD 부하량

2) F/M비라고도 하며 포기조 MLSS 단위무게당 가해지는 BOD의 무게로 표시한다.

$$\text{BOD 슬러지부하(kg BOD/kg MLSS day)} = \frac{\text{BOD농도(kg/m}^3) \times \text{유입수량(m}^3\text{/d)}}{\text{MLSS농도(kg/m}^3) \times \text{포기조 용적(m}^3)}$$

$$= \frac{\text{BOD} \times \text{Q}}{\text{MLSS} \times \text{V}} = \frac{\text{BOD}}{\text{MLSS} \times \text{t}}$$

$$= 0.2 \sim 0.4\text{kg BOD}/\text{kg MLSS day}$$

BOD 용적부하 = BOD 슬러지부하 × X

F/M비

1. 미생물 성장곡선

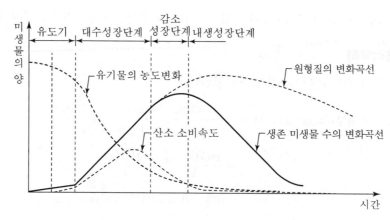

[제한된 유기물이 존재할 때 미생물 성장곡선]

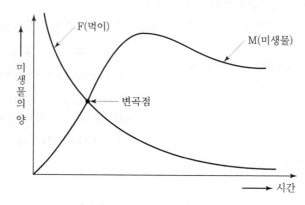

[미생물의 성장과 유기물의 관계]

1) 증식과정

① 잠복기 : 접종한 미생물이 새로운 환경 적응기간

② 대수성장기 : 유기물이 풍부하여 빠른 속도로 증식하며 적정 pH는 6~9

③ 증식·정지기 : 유기물이 작고 증식속도가 느리며, 대수 성장기에 비해 미생물 수가 적다.

④ 사멸기 : 유기 영양분 소멸, 자기 세포질 산화, 내호흡기간, 내생성장세포 감소율 최대 유기 영양분이 소멸되어 원형질을 분해(산화)하여 에너지를 얻는 내호흡 기간

2) 성장과정 3단계

    ① 대수성장단계

        ㉮ 신진대사율 최대

        ㉯ 유기물 제거를 최대율로 하기 위해 이 단계가 바람직하다.

        ㉰ 분산 성장으로 침전지에서 침전성이 나쁘다.(미생물의 침강성이 나쁘다.)

        ㉱ BOD 제거율이 낮다.

    ② 감소성장단계

        ㉮ 미생물수가 많고, 양분이 모자라 번식률이 감소되는 단계

        ㉯ 미생물이 서로 엉키는 Floc 형성 시작으로 침전성이 좋다.

        ㉰ 수처리에 이용되는 단계

    ③ 내생성장단계

        ㉮ 양분이 부족하여 서로 경쟁하므로 신진대사율이 더욱 감소

        ㉯ 미생물 자산화 현상 발생 : Pin-floc 발생

        ㉰ 미생물 분해는 거의 완전하게 달성

        ㉱ 빨리 응결되므로 침전성이 높다.

        ㉲ 높은 BOD 제거율

2. F/M비(Food/Micro-organism Ratio)

1) 포기조 내 유기영양물과 활성슬러지 미생물량의 비

2) F/M비 곡선(그림 참조)

3) F/M비 : 0.2~0.4kg BOD/kg MLSS · 일

$$\mathrm{F/M비} = \frac{Q \cdot S_o}{V \cdot X}$$

    여기서, Q : 반응조의 유입유량(m³/day), V : 반응조의 용량(m³)
           X : MLSS 농도(mg/L), S_o : 반응조의 유입 BOD 농도(mg/L)

4) F/M비가 높은 경우

    ① 대수성장단계

    ② 신진대사율 최대

    ③ 응결하지 않고 분산 성장, 침전이 잘 안 된다.

    ④ BOD 제거율이 낮다.

5) F/M비가 낮은 경우

    ① 유기물의 섭취 · 분해가 거의 완전하다.

    ② Floc형성이 좋다.

③ 계속 포기하면 자산화 현상 발생

④ BOD 제거율이 높다.

3. F/M비와 BOD 부하율의 관계

$$\text{BOD 용적부하} = \frac{\text{1일 유입 BOD량}}{\text{포기조 용량}} = \frac{Q \cdot S_o}{V} \times 10^{-3}$$

$$= 0.3 \sim 0.8 \text{kg BOD/m}^3 \cdot \text{일}$$

단위포기조 용적당 1일 BOD 유입량

BOD 슬러지 부하(BOD−MLSS 부하)

$$\frac{Q \cdot S_o}{X \cdot V} = \text{F/M비} = \frac{0.2 \sim 04 \text{kg BOD}}{1 \text{kg MLSS} \cdot \text{일}}$$

BOD 용적부하＝BOD 슬러지부하 $\cdot X$

4. F/M비와 SRT 관계

1) SRT(고형물 체류시간)가 클수록

① MLSS 농도 증가

② 고도처리 가능

③ 폐슬러지와 생산량 감소

2) 표준 활성슬러지 설계제원

① HRT : 6∼8hr

② SRT : 3∼6day

③ MLSS 농도 : 1,500∼3,000mg/L

④ F/M비 : 0.2∼0.4kg BOD/kg MLSS · d

3) F/M비가 증가할수록 SRT는 감소되며, 처리수질도 나빠진다.

4) SRT와 F/M비의 관계

① $\dfrac{1}{\text{SRT}} = Y(F/M)_r - K_d$

$$\frac{1}{\text{SRT}} = Y\left(\frac{Q(S_o - S)}{V \cdot X}\right) - K_d$$

여기서, Y : 세포생산계수($\fallingdotseq$ 0.5kg세포/kg제거 BOD)

$(F/M)_r$: F/M비

K_d : 내생호흡속도계수($\fallingdotseq$ 0.05day^{-1})

② $\text{SRT} = \dfrac{V \cdot X}{Q_w \cdot X_r + (Q - Q_w) X_e} = \dfrac{V \cdot X}{Q_w \cdot X_r} = \dfrac{\text{반응조 내의 고형물량}}{\text{외부로 유출되는 고형물량}}$

③ $\text{F/M비} = \dfrac{Q \cdot S_o}{X \cdot V}$

여기서, Q : 반응조의 유입유량(m^3/일)

S_o : 반응조 유입수의 BOD 농도(mg/L)

④ SRT와 F/M비는 반비례 관계

- SRT

  - 활성슬러지 중 특정 미생물의 증식 가부 결정

  - 잉여슬러지량 예측

  - 유기물 제거 및 질산화 반응 예측

  - 질산화 미생물은 비증식속도(SRT 역수)가 느리기 때문에 SRT를 크게 하여 질산화가 진행되도록 한다.

| Key Point ┼

- 71회, 76회, 78회, 114회, 117회 출제
- 상기 문제는 출제 빈도가 높은 문제이며 경우에 따라서는 F/M비와 SRT와의 관계를 묻는 변형된 문제로도 출제되니 전반적인 개념의 이해가 필요함

SRT Ⅰ(Sludge Retention Time, 고형물 체류시간)

관련 문제 : SRT와 처리효율과의 관계

1. 개요

1) 고형물 체류시간이란 반응조, 침전지 등의 시스템 내에 존재하는 활성슬러지가 시스템 안에서 체류하는 시간을 말한다.

2) 즉, SRT = 반응조 내의 고형물량/외부로 유출되는 고형물량

   $$= kg\ MLSS/(kg\ WAS + kg\ SS_{eff})$$

2. SRT의 활용

1) 활성슬러지 중 특정미생물의 증식가부 결정

2) 잉여슬러지량 예측 : SRT가 길수록 잉여슬러지 생산량이 줄어든다.

3) 유기물 제거 및 질산화 반응 예측

4) 질산화 미생물은 비증식속도(SRT의 역수)가 적기 때문에 SRT를 크게 하여 질산화가 진행되도록 한다.

5) 산소요구량 결정

6) 인 제거율 예측

7) 슬러지 침강성 예측(길수록 침강성 양호)

8) 미생물 우점종 예측

9) SRT가 길수록 MLSS 농도는 증가, MLVSS는 감소

3. SRT가 짧을 때

1) 흡착, 불완전 산화

2) 침강성 불량

3) 분산침전

4) 처리수의 수질 악화

4. SRT가 길 때

1) 완전산화

2) 침강성 양호

3) 처리수질 양호

4) 감소성장

5) 슬러지 생산량 감소

6) 고도처리 가능

5. SRT가 아주 길 때(장기폭기처럼 SRT 20일 이상)

1) Floc 해체(미세 Floc 유출)

2) 처리수질 불량

Key Point +

- 71회, 74회, 78회, 98회, 117회, 128회 출제
- SRT는 출제 빈도도 높고 아주 중요한 이론이므로 반드시 확실하게 숙지하기 바람
- 처리공법의 특징을 설명할 때 SRT에 따른 슬러지발생량 등의 특징을 기술할 필요가 있음

SRT Ⅱ (Sludge Retention Time, 고형물 체류시간)

관련 문제 : SRT와 F/M비의 관계

1. 개요

1) 고형물 체류시간이란 반응조, 침전지 등의 시스템 내에 존재하는 활성슬러지가 시스템 안에서 체류하는 시간을 말한다.

2) 즉, SRT = 반응조 내의 고형물량/외부로 유출되는 고형물량

   $$= kg\ MLSS/(kg\ WAS + kg\ SS_{eff})$$

2. SRT의 정의 및 F/M비와의 관계

1) $SRT = \dfrac{\text{반응조 내의 고형물량}}{\text{외부로 유출되는 고형물량}} = \dfrac{V \cdot X}{Q_w X_r + (Q - Q_w)X_e} \fallingdotseq \dfrac{V \cdot X}{Q_w X_r}$

　　　여기서, V : 반응조 용량(m³)

　　　　　　X : 반응조 MLSS 농도(mg/L)

　　　　　　Q_w : 잉여슬러지량

　　　　　　X_r : 반송슬러지 농도(mg/L)

2) $\dfrac{1}{SRT} = Y(F/M)_r - K_d$

　　$\dfrac{1}{SRT} = Y(\dfrac{Q(S_o - S)}{V \cdot X}) - K_d$

　　$\dfrac{1}{SRT} = Y(\dfrac{Q(S_o - S)}{HRT \cdot X}) - K_d$

　　　　여기서, Y : 세포생산계수(≒0.5kg세포/kg제거 BOD량)

　　　　　　　$(F/M)_r$: F/M비(0.2−0.4kg BOD/kg MLSS day)

　　　　　　　K_d : 내생호흡속도계수(≒0.08day^{-1})

[참고1] F/M = $\dfrac{Q \cdot S_o}{V \cdot X}$

여기서, Q : 반응조의 유입유량(m^3)

S_o : 반응조 유입수의 BOD 농도(mg/L)

[참고2] F/M : X는 MLSS, BOD는 유입 BOD

F/M$_r$: X는 MLVSS, BOD는 유입 BOD

(F/M$_r$)$_r$: 여기서, F는 $BOD_i - BOD_{ef}$ 즉 제거된 BOD

3) SRT와 F/M비가 거의 반비례 관계에 있음을 알 수 있다.

Key Point ✦

117회, 128회 출제

슬러지일령(Sludge Age)

1. 개요

1) 슬러지일령은 활성슬러지가 반응조 내에 체류하는 시간의 평균치를 말한다.

2) 같은 뜻으로 고형물체류시간(Solid Retention Time), 또는 세포체류시간(Cell Residence Time)이 라는 용어로 표현하기도 한다.

3) 이론적인 설명을 위해서는 세포체류시간이라는 표현을 쓰지만 포기조 내의 혼합현탁고형물 (MLSS)을 모두 세포로 간주하기에는 무리가 있으므로 실제적용을 위해서는 슬러지일령으로 표 시한다.

2. 슬러지일령

$$슬러지일령(\text{days}) = \frac{V \times X}{Q \times X_i}$$

여기서, V : 포기조 용적(m³)

X : 포기조 내의 MLSS(mg/L)

Q : 유입유량(m³/day)

X_i : 유입수 내의 SS 농도(mg/L)

3. 설계활용

슬러지일령에 의한 설계방법에는 슬러지일령을 용존유기물질 제거의 핵심적인 변수로 보고 반응 조의 유출수 농도와 MLVSS 농도 등을 결정하기 위한 수학적 모델을 유도하고, 설계에 적용한다.

MLSS & MLVSS

1. 개요

1) MLSS 농도, MLVSS 농도는 활성슬러지 미생물 농도를 대표

2) MLVSS는 활성슬러지 공법에서 포기조 내의 MLSS를 550℃, 15~20분 연소시킬 때 연소되는 유기성 고형물

3) $MLSS = M_a + M_e + M_i + M_{ii}$

   ① M_a : 포기조 내 살아있는 활성미생물(대수, 감소성장단계)(Active Mass)

   　　　　유기물을 분해할 수 있는 개체

   ② M_e : 내생성장단계의 미생물(Endogeneous Mass)

   ③ M_i : 미생물에 의해 분해되지 않는 휘발성, 유기성 SS(Inlet Mass)

   ④ M_{ii} : 비휘발성, 무기성 SS(Inorganic Mass)

4) $MLVSS = M_a + M_e + M_i$

   　　　　 = MLSS의 약 80% 정도

5) 유입하수 조성, 1차침전지 BOD, SS의 제거율, F/M비, SRT의 대소에 따라 미생물 농도(MLSS 및 MLVSS) 비율이 달라진다

6) 표준활성슬러지법 MLSS 농도 : 1,500~3,000mg/L

2. 관련인자

1) 유입 유기물 농도 : 유입 유기물 농도가 증가하면 MLSS 농도 증가

   즉, 동일한 F/M비를 유지하는 경우 유기물이 증가하므로 MLSS도 같은 비율로 증가한다.

2) HRT : HRT가 증가하면 MLSS 농도 감소

3) SRT : SRT가 증가하면 MLSS 농도 증가

   ① MLVSS/MLSS 비율은 감소

   ② 유기물 내 생분해 가능한 부분 감소

4) SVI : 슬러지의 침전성이 불량하면 반응조 내 미생물 농도 감소

3. 수질에 미치는 영향

1) 유입수의 유기물 농도가 높으면 미생물 농도를 높게 유지(적정 F/M비 유지)

2) 저온 시에 미생물의 활성도가 저하되므로 MLSS 농도를 높게 유지

3) 저농도 유입 시 너무 높은 MLSS로 운전하는 경우에는 미생물의 활성이 약해져 Floc이 해체되어 수질에 나쁜 영향을 줄 수 있다.

   F/M비 낮음 : 미생물이 내생성장 단계 → Floc 해체 → 슬러지부상

4) 우리나라 유입 BOD 100mg/L 정도일 때 MLSS 1,800~2,300mg/L 유지 적당

   우리나라의 경우 유입 BOD가 낮게 들어오므로(100mg/L 이하) 표준활성슬러지법 적정 MLSS 농도 1,500~3,000mg/L보다 조금 낮은 1,800~2,300mg/L 유지가 바람직

M_a(mg/L)	$M_a(mg/L) = \dfrac{Y(F_i - F)(SRT/HRT)}{((1+K_e) \cdot SRT)}$
M_e(mg/L)	$0.2 \times K_e \times M_a \times SRT$
M_i(mg/L)	$M_i\ inf \times (SRT/HRT)$
M_{ii}(mg/L)	$M_{ii}\ inf \times (SRT/HRT)$ 여기서, Y : 세포생산계수($\fallingdotseq 0.81$) K_e : 내생호흡계수($20℃$에서 0.02/hr) $M_i\ inf$: 유입 M_i(가정하수의 경우 VSS의 40% 정도) F : 유출수의 용해성 BOD(mg/L) F_i : 유입수의 BOD(mg/L)

SVI & SDI

1. 개요

1) SVI와 SDI는 활성슬러지의 침강성을 보여 주는 지표이다.

2) 특히 최종침전지에서 슬러지의 분리 상황을 아는 데 중요

3) 활성슬러지의 침전가능성 및 압밀성을 나타내는 지표

2. SVI(Sludge Volume Index : 슬러지 용량 지표)

2.1 정의

1L의 포기조 혼합액을 실린더에 담아서 30분 침전시킨 후 1g의 MLSS가 차지하는 부피를 mL로 표시한 것

$$SVI = \frac{SV(mL/L) \times 1,000}{MLSS(mg/L)} = \frac{SV(\%) \times 10^4}{MLSS(mg/L)}$$

여기서, SV : 1L의 포기조 혼합액을 실린더에 담아서 30분 침전시킨 후 침전된 부유물이 차지하는 부피(mL/L)

2.2 수온과의 관계

SVI는 통상 수온이 감소할수록 증가하는 경향이 있다.

수온 저하로 인한 물의 점성증가로 침전불량

2.3 SVI가 클 경우

슬러지의 침강성이나 압밀성이 좋지 않다.

2.4 SVI가 작을 경우

활성슬러지가 해체되어 상징액이 좋지 않게 된다.

3. SDI(Sludge Density Index)

1L의 포기조 혼합액을 실린더에 담아서 30분 침전시킨 후 100mL의 침전슬러지의 부피가 차지하는 MLSS을 g으로 나타낸 값(g/100mL)

$$SVI \times SDI = 100$$

$$SDI = \frac{100}{SVI}$$

4. 슬러지 지표

4.1 SVI

1) SVI가 작을수록 농축되기 쉽다.
2) 50~150 : 침전성 양호
   200 이상 : 슬러지 Bulking 우려

4.2 SDI

0.7 이상이면 침강성이 좋은 슬러지(SDI ≥ 0.7)

5. SVI와 반송슬러지 농도(X_r)와의 관계

$$X_r\,(mg/L) = \frac{10^6}{SVI}$$

여기서, X_r : 반송슬러지의 SS 농도(mg/L)

6. SVI와 반송률(R)의 관계

1) 반송률(R)은 시간적, 계절적으로 다르며 SVI에 의해서도 다르다.
2) SVI가 크면
   ① 2차 침전슬러지의 한계농도가 적게 되고
   ② 포기조의 일정농도 활성슬러지를 유지하는 데 대량의 반송슬러지가 필요하다.

$$R = \frac{X - X_e}{X_r - X} = \frac{X}{X_r - X} = \frac{100 \times SV}{100 - SV}$$

7. SVI와 F/M비와의 관계

처리공정에서 20℃에서 F/M비가 0.3 이상이 되면 Sludge Bulking 현상이 일어날 수 있다.

Key Point ✚

- 119회, 121회, 129회 출제
- 상기 문제는 아주 중요한 문제이므로 반드시 숙지하기 바람
- SVI와 Sludge Bulking의 관계와 공식도 숙지하기 바람

X_r과 SDI의 관계

1. 개요

1) SVI와 SDI는 활성슬러지의 침강성을 보여 주는 지표이다.

2) 특히 최종침전지에서 슬러지 분리상황을 아는 데 중요

3) 활성슬러지의 침전가능성 및 압밀성을 나타내는 지표

2. SVI(Sludge Volume Index : 슬러지 용량 지표)

2.1 정의

1L의 포기조 혼합액을 실린더에 담아서 30분 침전시킨 후 1g의 MLSS가 차지하는 부피를 mL로 표시한 것

$$SVI = \frac{SV(mL/L) \times 1,000}{MLSS(mg/L)} = \frac{SV(\%) \times 10^4}{MLSS(mg/L)}$$

여기서, SV : 1L의 포기조 혼합액을 실린더에 담아서 30분 침전시킨 후 침전된 부유물이 차지하는 부피(mL/L)

2.2 수온과의 관계

SVI는 통상 수온이 감소할수록 증가하는 경향이 있다.

수온 저하로 물의 점성 증가로 인한 침전불량

2.3 SVI가 클 경우

슬러지의 침강성이나 압밀성이 좋지 않다.

2.4 SVI가 작을 경우

활성슬러지가 해체되어 상징액이 좋지 않게 된다.

3. SDI(Sludge Density Index)

1L의 포기조 혼합액을 실린더에 담아서 30분 침전시킨 후 100mL의 침전슬러지의 부피가 차지하는 MLSS을 g으로 나타낸 값(g/100mL)

$$SVI \times SDI = 100$$

$$SDI = \frac{100}{SVI}$$

4. 슬러지 지표

4.1 SVI

1) SVI가 작을수록 농축되기 쉽다.
2) 50~150 : 침진성 양호

   200 이상 : 슬러지 Bulking 우려

4.2 SDI

0.7 이상이면 침강성이 좋은 슬러지($SDI \geq 0.7$)

5. SVI와 반송슬러지 농도(X_r)의 관계

$$X_r(mg/L) = \frac{10^6}{SVI}$$

여기서, X_r : 반송슬러지의 SS 농도(mg/L)

1) 슬러지 반송률이 100% 이상이 되더라도 MLSS 농도는 그렇게 크지 않으며, 후속침전이 어려워지므로 상한 농도는 5,000mg/L 내외
2) 2차 침전지의 고형물 부하율을 고려할 때 X_r = 3,500mg/L 정도가 바람직

6. X_r과 SDI의 관계

6.1 $X_r > SDI \times 10^4$일 경우

1) 최종침전지의 오니계면이 상승
2) 오니 Floc이 유출 : 처리수질 악화
3) 부패에 의해 성상이 악화될 우려
4) 최종침전지의 후속공정에서 급속여과지의 경우 여과지속시간이 짧아진다.
5) 최종침전지의 후속공정에서 UV소독할 경우 소독력을 저하시킨다.

6.2 $X_r < SDI \times 10^4$일 경우

농도가 적은 오니를 반송하게 되어 유지관리가 좋지 않다.

6.3 운영

1) 운전 시 반송오니의 농도는 유지관리에 지장이 없는 한 높게 유지하는 것이 바람직

2) $X_r = 1.1 \sim 1.2(SDI) \times 10^4$이 바람직

SVI, DSVI, SSVI

1. 개요

SVI와 SDI는 활성슬러지의 침강성 및 침전 특성을 보여 주는 지표이다.

① 최종침전지에서 슬러지의 분리 상황을 아는 데 중요하다.

② 활성슬러지의 침전가능성 및 압밀성을 나타내는 지표이다.

2. SVI 및 SDI

2.1 SVI(Sludge Volume Index)

1) 1L의 포기조 혼합액을 실린더에 담아서 30분 침전시킨 후 1g의 MLSS가 차지하는 부피를 mL로 표시한 것

$$SVI = \frac{SV(mL/L) \times 1,000}{MLSS(mg/L)} = \frac{SV(\%) \times 10^4}{MLSS(mg/L)}$$

여기서, SV : 1L의 포기조 혼합액을 실린더에 담아서 30분 침전시킨 후 침전된 부유물이 차지하는 부피(mL/L)

2) SVI : 100 이하가 바람직(150 이상 슬러지벌킹의 우려)

3) SVI는 경험적인 것으로 상당한 오류를 포함

예를 들어 10,000mg/L의 농도를 가진 슬러지가 30분간 전혀 침전되지 않을 때에도 SVI값이 100이 나올 수 있음

2.2 SDI(Sludge Density Index)

1L의 포기조 혼합액을 실린더에 담아서 30분 침전시킨 후 100mL의 침전슬러지의 부피가 차지하는 MLSS을 g으로 나타낸 값(g/100mL)

$$SVI \times SDI = 100$$

$$SDI = \frac{100}{SVI}$$

3. DSVI(Diluted Sludge Volume Index, 희석된 SVI)

1) 상기 SVI의 오류를 피하고 다른 슬러지의 SVI 결과와의 비교를 위한 방법
2) 측정방법
　① 30분 후 침전슬러지의 부피가 250mg/L 또는 그 이하가 되도록 유출수로 시료를 희석한 후
　② 상기의 SVI방법에 의해 SVI를 측정

4. SSVI(Stirred Sludge Volume Index)

1) 2절의 SVI 측정 시 1~2L의 침전계를 사용
　SSVI : 1~2L 눈금이 새겨진 실린더보다 더 큰 지름을 가진 실린더를 사용
2) 기존 SVI 측정 시 작은 지름의 실린더의 경우 나타날 수 있는 우물효과(Well Effect)로 인해 고형물 침전에 영향을 끼침
　① 우물효과 방지를 위해 저속교반장치를 이용하여 측정한 SVI를 SSVI라고 함
　② 유럽에서 흔히 사용됨

Key Point +

• 86회 출제
• SVI, SDI 등 다른 슬러지 침전특성인자와 함께 숙지 필요

소류속도(Scouring Velocity)

1. 개요

1) 침사지 또는 침전지 바닥에 침전된 입자가 침사지 바닥으로부터 씻겨 나가는 유속

2) 즉, 침전된 입자가 다시 떠오르게 하는 임계속도(V_c)를 소류속도라 한다.

3) 관류속도, 일류속도라고도 함

2. 소류속도

$$V_c(\mathrm{m/sec}) = \sqrt{\frac{8\beta g(S-1)d}{f}}$$

여기서, β : 입자의 종류에 따른 계수

g : 중력가속도($9.8\mathrm{m/sec^2}$)

S : 침전물의 비중

d : 침전된 입자의 직경(m)

f : Darcy – Weisbach 마찰계수($0.02 \sim 0.03$)

3. 설계 시 고려사항

1) 침사지와 침전지 설계 시 고려

특히 침사지 설계 시 체류시간이 짧으므로 특히 주의

2) 침전된 입자 위를 흐르는 수평유속을 소류속도보다 작게 해 주어야 한다.

침전 입자의 재부상을 방지

3) 적정 소류속도 : $0.2 \sim 0.3\mathrm{m/sec}$

활성슬러지법

1. 개요

1) 활성슬러지법은 용해성 유기물, 콜로이드 및 부유물질을 호기성 미생물에 의해 흡착, 산화, 동화
시켜 분해·제거하는 생물학적 처리방법

2) 하수에 공기를 주입하고 교반시키면, 미생물이 하수 중의 유기물을 이용하여 증식하고 응집성
의 플록을 형성하는데 이것을 활성슬러지라 한다.

3) 활성슬러지를 산소와 함께 혼합하면 하수 중의 유기물은 활성슬러지에 흡착되어, 미생물의 대
사기능에 따라 산화 또는 동화된다.

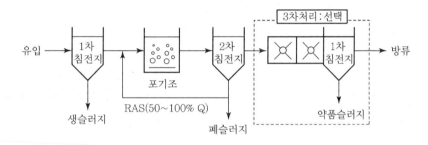

2. 활성슬러지에 의한 유기물의 흡착 : 초기흡착

1) 흡착

기체와 액체, 고체와 액체 등 서로 다른 계면에서는 물리적·화학적으로 농축되는 경향을 가짐

2) 활성슬러지에 의한 유기물 흡착

활성슬러지 표면에 유기물이 농축되는 현상

3) 초기흡착

① 하수 중의 유기물은 활성슬러지와 접촉하면 대부분 단시간에 제거되는데 이를 초기흡착이
라 한다.

② 초기흡착에 의하여 제거된 유기물은 가수분해를 거쳐 미생물 체내로 섭취되어 산화 및 동화
된다.

3. 흡착된 유기물의 산화 및 동화

1) 활성슬러지에 흡착된 유기물은 미생물의 영양원으로 이용되며 산화에 의한 분해(에너지 생산)와 동화에 의한 합성(세포합성)에 이용된다.
2) 산화 : 생체의 유지, 세포의 합성 등에 필요한 에너지를 얻기 위하여 흡착된 유기물을 분해하는 것
3) 동화 : 산화에 의하여 얻어진 에너지를 이용하여 유기물을 새로운 세포물질로 합성(활성슬러지의 증식)

4. 활성슬러지 플록의 침강, 분리

1) 양호한 처리수를 얻기 위해서는 2차 침전지에서 활성슬러지의 응집성과 침강성이 좋아야 하며, 이는 미생물의 증식과정에 따라 변한다.
2) 대수성장기
   대수성장기는 미생물에 대한 유기물의 비율(F/M)이 클 때에 일어나며, 이때는 미생물의 유기물 제거속도는 커지지만 응집성과 침강성은 떨어진다.
3) 내생호흡단계
   ① 시간이 경과하여 미생물의 증식이 진행되면 미생물에 대한 유기물의 비율이 감소하며 감쇠 성장단계에서 내생호흡단계에 접근하여 미생물의 응집성과 침강성이 향상된다.
   ② 활성슬러지법은 미생물의 감소·성장단계와 내생호흡단계 사이에서 유기물을 제거하여 침강성이 좋은 양호한 플록을 형성시켜 2차 침전지에서 침전·분리시킨다.

5. 설계제원

구분	범위
수리학적 체류시간(HRT)	6~8시간
고형물 체류시간(SRT)	3~6일
MLSS	1,500~2,500mg/L
F/M비	0.2~0.4kgBOD/kgMLSS·d

◐ 각종 활성슬러지법의 특징

처리방식	MLSS (mg/L)	F/M비 (kgBOD/kgSS일)	반응조의 수심 (m)	HRT (hr)	SRT (일)
표준활성슬러지법	1,500~3,000	0.2~0.4	4~6	6~8	3~6
Step Aeration	1,000~1,500 (반응조 후단)	0.2~0.4	4~6	4~6	3~6
순산소 활성 슬러지법	3,000~4,000	0.3~0.6	4~6	1.5~3	1.5~4
장기 포기법	3,000~4,000	0.05~0.10	4~6	16~24	13~50
산화구법	3,000~4,000	0.03~0.05	1.5~4.5	24~48	8~50
SBR	고부하형에서는 낮고 저부하형에서는 높음	고부하와 저부하가 있음	5~6	변화폭이 큼	변화폭이 큼

Key Point +

· 75회, 84회, 85회, 96회, 126회 출제
· 고도처리공법의 특징을 알려면 활성슬러지의 기준은 반드시 알고 이를 기준으로 비교·분석하여 고도처리의 특징을 기술할 필요가 있으므로 활성슬러지법의 원리와 설계기준은 반드시 숙지하기 바람

협잡물종합처리기 비교

구분	스크레이퍼형	스크류 일반형	스크류 경사판 부착형
형상			
작동 원리	레이크 스크레이퍼가 이동하면서 중력에 의해 침전된 침사 및 토사는 전단부로 이송시켜 스크류컨베이어에 의해 이송, 탈수된 후 배출되고 스크린에 걸린 협잡물 또한 상부로 이송 배출시킨다. 세정수와 공기를 침사호퍼로 공급하여 세정도 가능하다.	협잡물은 전단부에 파인 드럼 스크린에 의해 분리되어 스크류컨베이어로 이송, 압축, 탈수 후 배출하고 침사 및 토사류는 중력 침전이 가능한 일정한 유속을 가지고 후단부로 이송하면서 바닥에 침전된다. 바닥에 침전된 침사 및 토사류는 수평형 스크류컨베이어에 의해 전단부로 이송되고 경사형 스크류컨베이어에 의해 이송, 탈수 후 배출된다.	협잡물 분리기능은 좌와 동일하며 침사 및 토사류 침전 시 경사판을 부착하여 침전 기능을 향상시켜 종합협잡물 처리기의 크기를 줄임
장점	• 단일 구동부로 침사 이송 및 협잡물 인양이 가능하다. • 침사 세정이 가능하다. • 폭이 넓은 스크레이퍼를 사용하므로 처리기의 폭을 넓게 하여 처리기 전체 높이를 줄일 수 있다.	• 레이크를 사용하여 스크린 바 사이에 협잡물이 끼일 염려가 없다. • 협잡물의 탈수가 가능하여 부피를 줄일 수 있고 주위가 청결하다. • 구동부가 기기 외부에 설치되어 유지보수가 간편하다.	• 종합협잡물처리기(스크류 일반형)와 동일 • 종합협잡물처리기 크기를 축소하여 토목 구조물 공사비를 절감할 수 있다. • 침사 제거효율이 높다.
단점	• 협잡물 탈수효율이 낮음 • 레이크 스크레이퍼를 연결하는 체인, 스프라켓 휠 등이 수중에 잠겨 유지보수 불편	• 침사 세정이 불가능하다. • 침사 이송 및 협잡물 인양을 위한 별도의 구동부가 필요 • 스크레이퍼형보다 높이가 높다.	• 침사 세정이 불가능하다. • 침사 이송 및 협잡물 인양을 위한 별도의 구동부가 필요 • 스크레이퍼형보다 높이가 높다.

폭기식 침사지(Aerated Grit Chamber)

1. 개요

1) 침사지 저부에 Diffuser를 설치하고 공기를 공급하여 포기조 내 선회류를 발생시켜 무기질의 무거운 입자를 바닥으로 침강시켜 Hopper에 모아 제거하며

2) 유기물처럼 가벼운 입자는 침강하지 않고 선회류를 따라 유하하다가 산기관이 설치된 반대편 상부의 스컴제거위어를 통해 제거

2. 특성

1) 호기성 상태의 유지로 악취발생이 적다.(예비포기조의 역할 수행) 그러나 휘산되는 악취성분이 있을 경우 오히려 증가할 수 있다.

2) 침전토사는 유기물 함량이 적어 취급이 용이하다.

3) **예비포기조의 효과** : DO 증대, H_2S 제거

4) 오수용으로는 적합하나 우수용은 용량상 부적합하다.

3. 설계 시 고려사항

1) **형상** : 수밀성 철근콘크리트 직사각형, 정사각형

2) **지수** : 2지 이상

3) **바닥경사** : 1/100~2/100

4) **유효수심** : 2~3m, 여유고 50cm 표준

5) **침사지 바닥 모래 퇴적부 깊이** : 30cm 이상

6) **송기량** : 1~2m^3/hr 하수량m^3

7) 산기관은 침사지 바닥보다 60cm 이상 위에 설치

8) 필요시 소포장치 설치

4. 특징

다음과 같은 특징으로 인해 소규모 처리시설에 적합

4.1 장점

1) 유량변동에 관계없이 일정한 제거효율 확보 가능
2) 포기량 제어를 통해 상대적으로 부패성 유기물질 제거 가능
3) 현장여건에 따른 대응성이 높음

4.2 단점

1) 소요동력이 타 방식에 비해 높다.
2) 공기공급설비에 대한 유지관리 필요
3) 선회류, 호퍼, 침사제거설비에 대한 적정 설계기준 설정이 어렵다.

유량조정조(Flow Equalization Tank)

1. 서론

1) 하수처리장의 경우 분류식 하수도에서는 계획시간최대오수량을, 합류식에서는 우천 시 계획오
    수량을 계획하수량으로 설계 운전하고 있다.

2) 하지만 유입유량의 시간적 변동에 따라 그 유량이 변하게 되면 처리효율이 떨어질 뿐만 아니라
    처리용량 부족, 수질기준 준수도 어려워진다.

3) 따라서, 이러한 경우 유량조정조의 설치로 인해 시간적 변화에 따른 유량 변동을 균등하게 하여
    처리효율의 상승을 도모할 필요가 있다.

4) 즉, 유량조정조는 유입하수의 유량과 수질의 변동을 흡수해서 균등화함으로써 처리시설의 효율
    을 향상시켜 처리수질의 향상을 도모할 목적으로 설치한다.

5) 소규모 처리장의 경우에는 유입수량과 수질의 변동폭이 크므로 필요시에 경제성, 부지확보 가
    능성을 종합적으로 검토하여 설치할 필요가 있다.

2. 설치목적(효과)

1) 유량변동에 따른 운전상 문제점 해결 : 유량급변을 균등히 하여 처리효율 향상

2) 후속 공정의 성능향상으로 처리효율 향상

3) 후속 처리시설의 크기와 비용절감

    첨두유량 감소 → 생물학적 처리시설 규모를 작게 함

4) **과부하 방지** : 유량과 수질 변동에 의한 충격부하 감소 → 생물학적 처리효율 향상

5) 독성물질의 유입 시 희석효과로 미생물에 대한 독성 완화

6) 유량과 고형물 부하의 변동비를 적게 하여 침전지의 처리효율 향상

7) 화학적 처리에서 유입수질을 일정하게 함으로써 약품주입을 용이하게 하고 처리의 신뢰도 향상

8) 유량의 변동비를 적게 하여 여과지 면적을 줄이고, 여과효율 향상, 여과표면적 감소 및 일정한
    역세척주기 확보 가능

9) 슬러지 처리시설에 대한 고형물 부하의 균일화 등

3. 설계 시 고려사항

3.1 설치위치

일반적으로 침사지와 스크린 뒤에 설치 : 일차 침전지 전에 설치

3.2 조의 용량

1) 계획1일최대유량을 일시적으로 저류해서 시간최대유량이 일최대유량의 1.5배 이하가 되도록 결정

　① 유량조정조는 24시간 균등하게 조정되도록 하는 것이 이상적이지만 이런 경우 조의 용량이 커지고 건설비도 늘어나 비경제적이 되므로

　② 조의 용량은 계획시간최대하수량이 계획1일최대하수량에 대하여 1.5배 이하가 되도록 처리장의 특성과 건설비 등을 고려하여 정한다.

　③ 한편, 대규모 처리장의 경우 유량변동폭이 상대적으로 적어 유량조정조를 설치할 필요가 없으나, 유량변동비가 1.5 이상을 초과하여 유량조정조를 설치할 필요가 있는 경우, 일차 침전지 및 간선관거의 수문조작 등을 통해 일정부분 유량조정조 기능을 수행할 수 있다.
　단, 산화구법, 장기포기법, 연속회분식활성슬러지법(SBR) 등과 같이 체류시간이 길어 유량변동에 강한 처리시설의 경우는 예외로 한다.

2) 처리장의 특성과 건설비 고려

3) 유량조정 후 본 처리시설의 설계유량은 계획1일최대오수량

3.3 유입하수량의 조정

1) 완전 균등화를 도모하는 방법과 어느 정도 변동을 허용하는 방법

2) 전자는 비경제적이므로 유입하수 조정 후 변동비를 1.3~1.5 정도 유지하는 것을 표준으로 한다.

3.4 유량조정조의 형상

하수의 균일화를 위해 직사각형 및 정사각형을 표준

3.5 지수

1) 2계열(지) 이상

2) 유량변동에 신축적으로 대응하기 위해 용량 규모를 다르게 계열화하는 것이 바람직

3.6 유효수심 : 3~5m

3.7 교반

1) 조 내에 침전물이 발생하지 않도록

2) 교반방식은 조 내의 수위변화가 크므로 저수위 때의 교반을 고려하여 정한다.

3) 산기식 또는 기계식 교반장치

① 질소·인 제거공정의 경우에는 유기물 이용의 극대화를 위하여 산기식 대신에 기계식(수중) 교반기를 설치하면 좋다.

② 또한, 산기식은 DO가 혐기조로 넘어가 인 제거에 방해를 주는 단점이 있으므로 기계식 교반 장치가 좋다.

3.8 폭기

체류시간이 긴 경우 혐기성 부패방지 목적으로 설치

4. 용량 산정

4.1 Mass-Curve : 누가유입량곡선을 이용하는 방법

1) 하수량 변동의 실측자료가 있는 경우

2) 누가유입유량곡선과 일평균유입량으로 결정

3) 일중 시간대별 실제유입량과 계획일평균유량에 대한 누가유량곡선을 그래프에 플롯하여 실제 누가유입곡선의 상하변곡점에서 일평균누가유입량선에 평행한 점선을 그어 가장 차이가 큰 양을 조정조 용량으로 하되 통상 10~20%의 여유를 두어 설계한다.

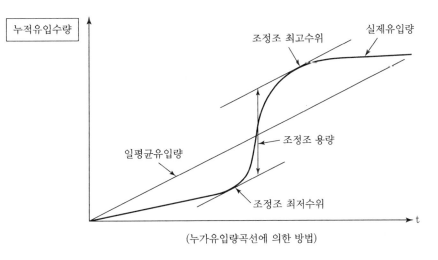

(누가유입량곡선에 의한 방법)

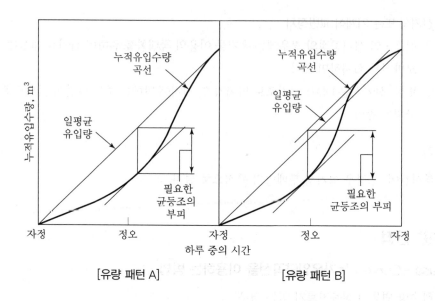

[유량 패턴 A]   [유량 패턴 B]

4.2 면적법

1) 일중 시간대별 실제 유입량을 그래프에 플롯하여

2) 계획일평균유입량 허용변동비보다 많이 유입되는 시간대의 면적 중 가장 큰 양을 조정조의 용량으로 한다.

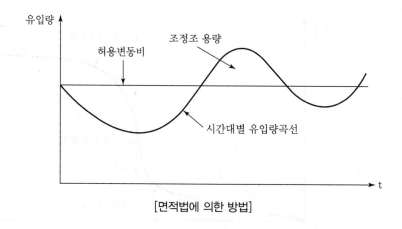

[면적법에 의한 방법]

4.3 용량 결정

상기 방법으로 구한 용적 중 큰 값을 유량조정조의 유량으로 한다.

5. 방식

5.1 In – line(직렬)방식

1) 유입하수의 전량이 유량조정조를 통과하는 형식
2) 수량 및 수질의 균등화 효과가 우수

5.2 Off – line(병렬)방식 : Side – line

처리계통에 병렬로 연결하여 일최대하수량을 초과하는 수량만 유량조정조에 유입시켜 수질의 균등화를 도모

5.3 방식 비교

구분	직렬방식(In – line)	병렬방식(Off – line)
개요(예)		
질의 균등화	유입하수의 전량이 유량조정조를 통해 교반 · 혼합되기 때문에 질의 균등화 가능	일최대유량의 초과분만 유량조정조에 유입되기 때문에 질의 균등화는 다소 떨어진다.
유량조정의 난이	유량의 균등화가 용이	유량의 균등화가 다소 어렵다.
조정지의 용량	용량이 크다.	직렬방식에 비해 작다.
공정개소	주공정 내 추가설치가 어렵다. 펌프, 전기시설 등 기존시설의 개조가 필요	기존시설에 적용이 용이
후속처리 시설 규모	규모 축소 가능	규모 축소가 어렵다.
기타	동력소비가 적다.	유량조정조의 수위관리를 위한 별도 양수를 위한 설비 및 동력이 필요

6. 결론

1) 유량조정조의 설치로 후속처리시설의 처리효율 향상과 후속처리시설의 규모 축소가 가능
2) 특히, 소규모 하수도의 경우 유입유량과 수질의 변동이 심하므로
   ① 지역별 특성을 비교하여 필요시 유량조정조의 설치 여부를 판단할 필요가 있다.
   ② 소규모 하수도 제안
      ㉮ 저부하형 활성슬러지법 : 유량조정조를 설치하지 않음을 원칙

④ 고부하형 활성슬러지법 : 시간에 따라 유량과 수질의 변화가 심한 경우 설치

　　　④ 생물막법 : 유량조정조의 설치를 원칙

3) 기존 하수처리장의 경우 유량조정조의 설치 시 부지면적, 건설비, 유지관리의 용이 등을 고려하여 직렬식보다는 병렬식이 유리하나 처리효율 향상 및 향후 증설 등을 고려하여 인라인방식으로 선정함이 바람직

4) 마을 하수도, 소규모 하수도의 경우 유량조정조의 미설치로 유입수량 수질변동에 따라 처리 효율이 크게 떨어지므로 유량조정조의 설치 검토를 적극 추진한다.

5) 기존 하수처리장으로 유량조정조 설치부지가 없을 경우

　　고도처리를 할 경우 유입 BOD가 낮아 1차침전지를 By-pass할 경우 1차침전지를 유량조정조로 활용

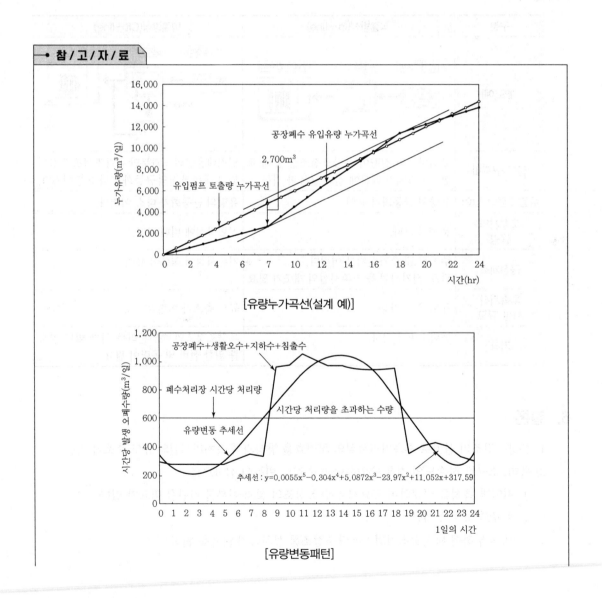

→ 참/고/자/료

[유량누가곡선(설계 예)]

[유량변동패턴]

추세선 : $y = 0.0055x^5 - 0.304x^4 + 5.0872x^3 - 23.97x^2 + 11.052x + 317.59$

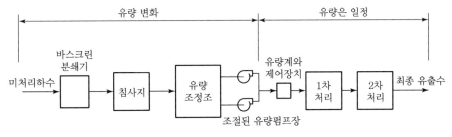

[직렬방식 유량조정조]

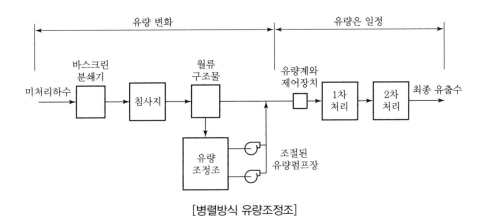

[병렬방식 유량조정조]

구분	유입하수량 변동	유입 부하변동(BOD)
검토 결과	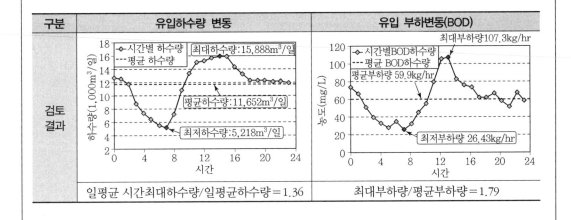	
	일평균 시간최대하수량/일평균하수량＝1.36	최대부하량/평균부하량＝1.79

○ S 처리장 설계 시 유량조정조 검토 예

구분	미설치	설치
적용조건	• 유입수량과 수질의 변동폭이 적을 경우 → 시간 최대 하수량/일최대 하수량<1.5	• 유입수량과 수질의 변동이 큰 경우 • 후속공정의 안정적 처리 필요시
장단점	• 건설비 및 유지관리비 절감	• 악취발생 및 부유물질 침전 우려 • 건설비 및 유지관리비 증가
선정	◉	
검토결과	• 실측 유량변동률=시간최대하수량/일최대하수량=1.32(<1.5) → 유량조정조 설치 불필요 • 시설용량이 50,000m³/일 이상의 하수처리시설에서는 유량조정조 규모가 크므로 경제성이 없음	

Key Point +

• 70회, 71회, 76회, 78회, 86회, 91회, 94회, 97회, 119회, 127회, 128회 출제
• 유량조정조의 출제 빈도는 상당히 높고 중요한 문제임
• 특징, 장단점, 시설기준, 용량산정에 대한 이해는 반드시 필요하며 답안기술시 그래프를 이용한 용량산정의 설명이 필요함

침사지의 종류

구분	원형 선회류식 침사지	협잡물 및 침사일체형 처리기	포기식 침사지
형상			
원리	• 원형의 침사지에 접선방향으로 오·폐수를 유입시키고 저속의 임펠러 구동에 의한 선회류를 발생시켜 침사제거 • 볼텍스원리 적용	오·폐수 내 침사의 비중 차이를 이용하여 중력에 의해 일정 규모 이상의 침사를 제거하는 기계식 침사기 (원리는 중력식 침사지와 동일)	지 내 공기공급에 의한 선회류를 발생시켜 침사를 제거
장점	• 침사제거효율이 좋고 침사지 소요면적 최소화 가능 • 침사제거기능이 우수하여 침사물에 유기물이 함께 제거되는 단점 해결 • 소요부지절감 및 간단한 침사제거설비로 경제성 및 유지관리성 우수 • 침사물에 의한 악취발생을 근본적으로 방지하여 작업환경이 양호 • 구동부가 상부에 설치되어 관리 및 유지관리가 쉽다. • 유입수에 함유되어 있는 기름성분의 제거가 가능 • 침사물 중 유기물 등의 부착물을 분리시킴으로써 인양된 침사물의 악취가 없다.	• 스크리닝, 이송, 압착, 탈수 등이 단일조 내에서 일체로 이루어지는 패키지형으로 설치 및 유지관리가 용이 • 토목시설물이 간단	• 유량변동에 관계없이 일정한 제거효율 확보 가능 • 포기량 제어를 통해 상대적으로 부패성 유기물질 등의 제거가능 • 현장여건에 따른 대응성이 높음
단점	• 중심축 주위에 협잡물 등이 낄 우려 있음 • 구조물 형상이 복잡하여 시공성이 다소 난이하다.	• 수리학적 수두손실이 큼 • 설비용량의 한계로 대용량 설비 시 기계대수 증가 • 공사비가 고가	• 소요동력이 타 방식에 비해 높음 • 공기공급설비에 대한 유지관리 필요 • 선회류, 호퍼, 침사제거시설 등에 대한 적정 설계기준 설정이 어려움

예비포기조

1. 개요와 필요성

예비포기조의 경우 하수관거의 유하시간이 길어 용존산소가 감소되어 발생될 수 있는 혐기성화에 의한 피해를 경감시키기 위해 설치

1.1 처리저해요소의 제거

1) 유지분의 제거

2) 혐기화 방지 : 부패방지

3) 악취방지

1.2 처리효율 증가

1) SS, BOD의 제거효율 증대

2) Floc의 보조적 형성 : 포기에 의한 입자 간 충돌기회 증가

3) 고액물의 고액분리

2. 폭기시간

1) 악취 제거, 유지분 제거 : 10~15분

2) SS 제거 : 30분 정도

3) BOD 제거 : 45분 정도

3. 필요공기량(송풍량)

1) 최소한 부유물이 가라앉지 않을 정도의 공기량 공급

2) 예비포기시간이 10~15분인 경우 : 0.5~0.6L/유입하수(L)

3) 예비포기시간이 30~45분인 경우 : 0.8~1.0L/유입하수(L)

4. 설계 시 고려사항

1) 형상 : 직사각형이나 정사각형

2) 지수 : 2지 이상

3) 유로의 폭 : 수심의 1~2배

4) **폭기방식** : 산기식, 기계식 폭기

  생물학적 고도처리를 할 경우 기계식 폭기의 설치를 검토

5) **조의 용적** : 계획1일최대오수량

5. 부대설비

1) 유입, 유출 부분에는 유량조절용 제수밸브나 수문을 설치하고

2) 필요에 따라 배수밸브나 배수펌프를 설치

3) 청소, 수리 및 점검에 대비하여 우회수로를 설치한다.

6. 기타 시설로 예비포기조의 효과를 낼 수 있는 방법의 검토

1) 폭기식 침사지의 체류시간을 증대

2) 분배관로에 폭기시설(산기식) 설치 : 포기수로의 역할을 수행

화학적 인(P) 처리방법

1. 개요

화학적 인 처리방법 : 응집침전법, 정석탈인법

2. 응집제 첨가 활성슬러지법

2.1 원리

1) 응집제의 3가 금속이온이 3가 인산이온과 반응하여 불용성 인산염 생성

$$M^{3+} + PO_4^{3-} \rightarrow MPO_4 \downarrow$$

2) 응집제 : Alum, PACl, 황산제일철, 염화제이철

3) 응집제 주입위치

① 1차침전지 전단

② 폭기조 말단 — 응집제에 의한 알칼리도 저하 방지

③ 2차침전지 유출수(후단에 여과기, 침전지, 가압부상 등 설치)

2.2 특징

1) 장점

TP 0.5mg/L 이하 처리 가능

2) 단점

① 응집제를 폭기조에 주입 시 활성슬러지의 활성저하 우려

② 응집제 주입에 따라 잉여슬러지 발생량 증가

3. 정석탈인법

3.1 원리

1) 칼슘이온을 과포화 영역 이상으로 주입하면 정인산이온(PO_4^{3-})과 반응하여 하이드록시아파타이트 생성

$$10Ca^{2+} + 6PO_4^{3-} + 2OH^- \rightarrow Ca_{10}(OH)_2(PO_4)_6$$

2) 종결정(인광석, 전로슬래그, 골탄 등) 주입하면 용질이 결정을 핵으로 하여 석출

3.2 특징

1) 장점

① 응집침전법에 비해 석회 주입량이 적음(30~90mg/L)

   → 슬러지 발생량 저감

② TP 0.5mg/L 이하 처리 가능

2) 단점

① 탈탄산 전처리공정 필요 → 총탄산알칼리도가 정석반응 방해

② 정인산이온 외의 인(폴리인산, 유기인 및 현탁인 등) 제거 곤란 → 후단에 여과공정 등 설치 필요

4. 제안사항

1) 현재 하수처리장에 총인처리시설로 2차침전지 유출수 응집제 주입 + 여과기 or 가압부상 or 침전지 형태의 공법이 도입되고 있음

2) 인 제거효율을 증대시키기 위해서는 응집제 주입 시 Water Champ 등으로 순간혼화를 실시할 필요가 있음

Key Point ✦

130회 출제

1차침전지의 설계기준

구분	내용	주요특징
표면부하율	$25 \sim 40 m^3/m^2 \cdot day$	유량변동 유출수의 수질 등을 고려하여 결정
유효수심	$3 \sim 5m$	• 유효수심이 과도하게 깊어지면 침전시간이 길어지기 때문에 침전된 고형물의 부패가 발생할 수 있다. • 반대로 침전지의 깊이가 너무 얕으면 유체의 흐름에 영향을 받거나 슬러지를 제거할 때 슬러지가 부상할 수 있다.
여유고	$40 \sim 60cm$	수위변화 및 바람에 의한 영향을 고려해야 한다.
침전시간	$2 \sim 4hr$	침전물이 부패를 일으키지 않을 정도의 적당한 체류시간을 결정해야 한다.
월류위어부하	$125 \sim 250 m^3/m \cdot day$	• 월류위어부하가 부족할 경우에는 유출유속이 빨라져서 침전가능 물질의 유출이 발생할 수 있다. • 실제로 침전지에서는 단회로에 의해 설계 침전시간을 확보하지 못할 경우 침전제거가 되지 않은 채 유출하거나 밀도류나 편류의 영향으로 인하여 침전물질이 재부상할 수 있다. • 월류위어부하는 가능한 작게 하는 것이 좋다.
평균유속	$1.5m/min$ 이하	침전지 내의 흐름은 침전효율을 높이기 위해서 와류, 편류, 교란 등이 발생하지 않아야 한다.
정류시설	$0.3m/min$ 이하	• 1차침전지 유입부에는 유체의 흐름을 균등하게 분포 시키고 유입수의 유속을 일정하게 유지시키기 위해서 정류판(벽)을 설치한다. • 침전지 내의 편류나 단회로를 방지하고 유입수의 유속을 감소시켜 침전효과를 촉진한다.

Key Point +

122회, 123회 출제

반응조 형태

1. 회분식(Batch)

1) 오·폐수를 투입한 후 일정시간 반응 및 조작을 행하고 유출시킨 다음
2) 다시 오·폐수를 투입하여 처리하는 비연속적 처리방법
3) SBR이 대표적인 방법
4) Input＝Output＝0(완전혼합 가능)
5) 반응조 내 액상 내용물은 완전혼합된다.
6) BOD 시험은 병으로 만든 회분반응기에서 행한다.

2. 플러그흐름형(PFR : Plug Flow Type)

1) 플러그흐름형 반응조는 긴 장방형 수로를 가지는 반응조로, 한쪽 끝으로부터 하수를 연속적으로 유입시켜 반응조 내 혼합액을 다른 쪽 끝으로 유출시키는 방식이다.
   즉, 반응조를 통한 유체의 흐름이 이 반응조를 통과하는 피스톤이나 마개(Plug)와 유사한 방법이다.
2) 유입하수가 같은 유속으로 폭기조를 통과하여 유출되는 반응조 : 유수의 모든 부분에서 유속은 일정
3) 이런 흐름은 인접한 유체 사이의 종단 혼합이 발생하지 않는다고 가정하고 반응기 길이에 따른 반응물질의 농도 변화가 주 관심인 흐름형태이다.
   ① 길이방향에서의 분산은 최소이거나 없다.
   ② 즉, 상하 혼합은 있으나 좌우 혼합은 무시
4) 유입하수가 유입되는 입구 부근에서 BOD 부하가 매우 높아지며 산소요구량도 매우 높지만 충분한 용존산소를 공급할 수 없는 문제점이 있다.
   이러한 상태에서 슬러지벌킹이 발생되기 쉽고 처리효율도 감소된다.
5) 이상적인 플러그흐름형 반응조는 전체의 유입수가 반응조 내에서 체류시간이 동일해야 한다.
   ① 즉, 유체입자는 이론적 체류시간과 같은 시간 동안 탱크 안에서 존재
   ② 그러나, 실제 시설에서는 이상적인 흐름은 불가능하기 때문에 여러 개의 완전혼합형 반응조를 격벽으로 분리하여 단락류를 방지하는 구조가 사용된다.
6) 점감식 폭기법을 사용하면 후반부에 내생호흡이나 질화반응이 가능하다.

7) 장폭비가 큰 반응조의 형태

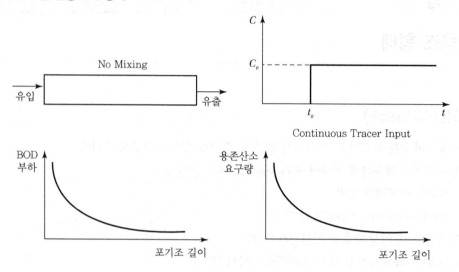

3. 완전혼합형 흐름(CFSTR : Continuous Flow Stirred Tank Reactor)

1) 유입된 하수가 반응조 내의 혼합액과 매우 빠른 시간에 혼합되어 유입된 기질이 내부로 급속히 확산, 혼합된다.

2) 이런 혼합작용이 이상적일 경우에 반응조 내의 MLSS 농도와 용존산소농도는 조 내 어디에서나 일정하다.

   즉, 반응조의 각 위치에서 기질의 농도와 미생물의 농도가 균일하여 F/M비가 동일하고 산소요구량이 동일하다.

3) 특히 이러한 특성 때문에 유독물질이 반응조로 유입되더라도 순간적으로 확산시키기 때문에 미생물에 미치는 영향을 줄일 수 있으며 충격부하에 강하다.

4) 그러나, 완전혼합형 반응조는 반응물질의 일부분이 혼합되지 않고 유입과 동시에 유출되는 단회로현상이 발생한다. 체류시간이 짧을 때 단회로현상은 더 커진다.

5) 완전혼합형 반응조는 반응조의 평균 기질농도가 작아 이론적인 처리효율은 플러그흐름 반응조에 비하여 크게 감소한다.

6) 동일한 처리효율을 요구할 때

   ① 플러그흐름반응조에 비하여 체류시간이 길어지고 반응조의 용량도 커야 하므로

   ② 부분적으로 플러그흐름을 유도함으로써 반응시간을 단축시킬 필요가 있다.

   ③ 따라서 완전혼합형 반응조를 4~5구역으로 분할하여 설치하는 경우가 많다.

7) 조의 장폭비는 3 : 1 이하

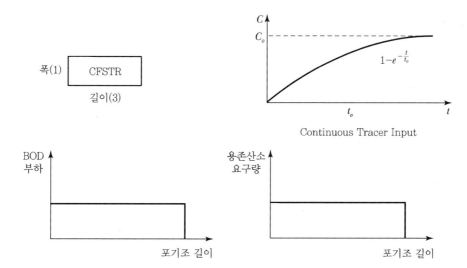

Continuous Tracer Input

4. 플러그흐름과 완전혼합흐름의 비교

구분	플러그흐름형	완전혼합형
장점	• 처리효율이 같은 경우 PFR조의 용적이 매우 작다.(이론적 처리효율이 높다.) • 동력이 작다. • 점감식 포기법, 계단식 포기법 등 부하변동에 대처할 수 있는 구조로 변경 가능 • 산기장치 개선 등으로 장래 부하변동에 대처할 수 있는 구조가 가능하다. • 부하조건이 안정된 경우 단회로 발생이 적고 고도의 처리수를 얻을 수 있다.	• 충격부하, 부하변동에 강하다. • 유독물질 유입 시 순간적인 조 내 분산으로 미생물에 대한 영향이 적다. • 높은 MLSS량, 산소공급이 가능하다. • 산소의 이용속도가 일정하고 공기가 유효하게 이용되므로 고농도처리가 가능하다.
단점	• 충격부하, 부하변동에 약하다. • 유입부에 BOD 부하가 높아 DO가 부족하거나 불균형을 초래한다. • Bulking이 발생하여 처리효율이 저하될 수 있다. • 유해물질의 유입에 극히 민감하다. • 처리기능에 변화를 가져오기 쉽다.	• 처리효율이 같은 경우 PFR보다 조의 용적이 매우 크다. • 동력이 많다. • 반응물이 혼합되지 않고 순간적으로 밖으로 유출되는 단회로 흐름(Short Circulating)을 일으킬 수 있다. • 포기소형상, 포기빙법에 제약이 있다.

5. 기타 반응조 형태

5.1 임의흐름 반응기

플러그흐름과 완전혼합 사이의 임의의 부분혼합이 이루어지는 흐름

5.2 충전층 반응기

1) 충전층 반응기는 자갈, 슬랙, 도자기, 플라스틱과 같은 충전매체를 채운 것이다.

2) 흐름이 완전히 차게 하기도 하고(혐기성 여상), 간헐적으로 공급하기도 한다(살수여상).

5.3 유동층 반응기

1) 유동층 반응기는 충전층 반응기와 비슷하나

2) 충전매체가 유체(공기 또는 물)의 상향 흐름에 의하여 층 전체에 팽창하게 된다.

3) 충전 공극률은 유량을 조절하여 변화시킬 수 있다.

5.4 점감식 포기법

유입하수량과 농도의 변화가 크며, 질산화에 의한 산소섭취량 등에 의해서 공기량을 조정하여 운전하기가 어렵기 때문에 계단식 포기법이 가장 흔히 사용된다.

5.5 계단식 포기법

1) 활성슬러지의 BOD 부하를 반응조 전반에 골고루 분산시켜 산소요구량을 평균화

2) 질소제거에도 효과적

참/고/자/료

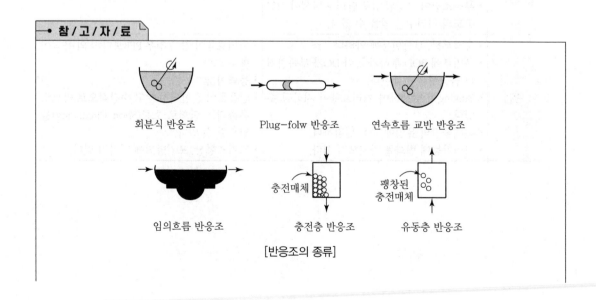

[반응조의 종류]

◉ 반응조 형식에 따른 물질수지

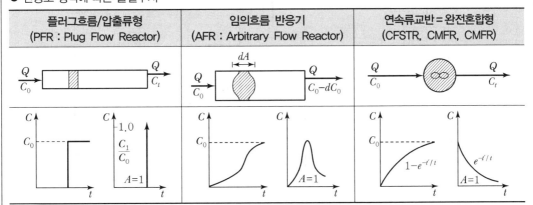

플러그흐름/압출류형 (PFR : Plug Flow Reactor)	임의흐름 반응기 (AFR : Arbitrary Flow Reactor)	연속류교반 = 완전혼합형 (CFSTR, CMFR, CMFR)

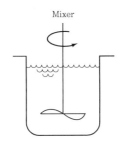

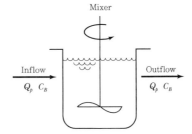

[회분식 반응조(Batch Reactor)]   [완전혼합 반응조(Complete – mix Reactor)]

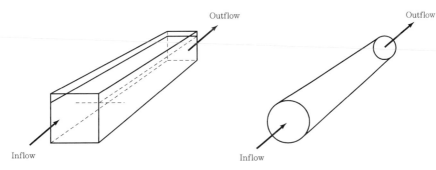

[장방형 플러그흐름 반응조(Plug – flow Open Reactor)]   [관형 반응조(Tubular Reactor)]

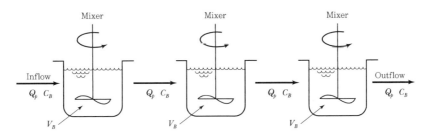

[직렬형 완전혼합 반응조(Complete – mix Reactors In Series)]

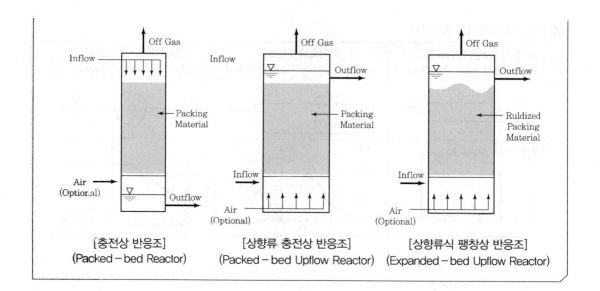

| [충전상 반응조] | [상향류 충전상 반응조] | [상향류식 팽창상 반응조] |
| (Packed-bed Reactor) | (Packed-bed Upflow Reactor) | (Expanded-bed Upflow Reactor) |

분산수와 Morrill 지수(I)

1. 분산수와 Morrill 지수의 개요

1) 반응조의 형태는 크게 완전혼합(CFSTR)과 압출류(Plug Flow)로 구분할 수 있다.

2) 상기 두 반응조 분류기준으로 분산수와 Morrill 지수를 사용할 수 있다.

2. 분산수(Dispersion Number)의 개념

1) 분산수 $= \dfrac{\text{분산계수}}{\text{유속} \times \text{반응조 길이}}$

2) 분산수 = 무한대

CFSTR

3) 분산수 = 0

Plug Flow

4) 분산수 ≤ 0.2

분산이 적음

5) 분산수 ≥ 0.25

분산이 비교적 큼

3. Morrill 지수의 개념

1) Morrill 지수 $= \dfrac{90\% \text{ 유출시간}}{10\% \text{ 유출시간}} = \dfrac{t_{90}}{t_{10}}$

2) Morrill 지수 = 1

이상적인 Plug Flow

3) Morrill 지수가 클수록 CFSTR에 가까워짐

4. 분산수와 Morrill 지수의 관계

혼합함수	CFSTR	Plug Flow
분산(Variance)	1	0
Morrill 지수	값이 클수록	1
분산수(Dispersion No.)	∞	0
지체시간(Lag Time)	0	이론적 체류시간과 동일

5. 분산수와 Morrill 지수 적용 반응기

1) CFSTR은 잉크투입 순간 바로 희석되어 바로 배출
2) Plug Flow는 잉크투입 후 어느 한 순간에 모두 배출

Key Point

- 79회, 88회 출제
- 추적자 실험을 통해 반응조의 사구간을 추정하는 방법 숙지 필요

분산수와 Morrill 지수(Ⅱ)

1. 서론

1) 정수 및 하수처리공정의 반응조 설계 시 단락류와 사구간은 실제 체류시간이 이론체류시간보다 짧아지는 문제를 유발

2) 이러한 체류시간의 감소는 정수지에서 염소 소독 시 CT 값에 직접적으로 영향을 미칠 뿐 아니라, 생물학적 반응조, 침전지 등의 처리효율 저하의 원인이 됨

3) 단락류, 사구간을 최소화하기 위하여 정류벽, 도류벽 등을 설치하고 있으나, 정확한 공정 설계를 위해서는 추적자 실험을 통해 반응조 용량과 형태를 결정할 필요가 있음

2. 추적자 실험 목적

1) 반응조의 수리학적 특성 파악

　반응조 형태 : PFR, CSTR, 불완전 CSTR 등

2) 사구간, 단회로(Short Circulating) 존재 여부 판단

3) 정수지 체류시간(T10) 결정

4) 반응조에서의 분산정도, 특성 파악 등

3. 실험방법

1) 반응조 유입부에 추적자 주입 후 시간경과에 따른 유출부 추적자 농도 측정

2) 추적자 : NaF, CaF_2, $NaCl$, $LiCl$ 등

3) 추적자 주입방법 : Step Dose, Slug Dose

4. 추적자 실험결과 분석

4.1 분산수에 의한 방법

1) 반응조의 수리학적 특성 및 분산정도 파악

2) 분산수 : $d = \dfrac{D}{uL} = \dfrac{Dt}{L^2}$

$$\text{Peclet } \div Pe = \frac{uL}{D} = \frac{1}{d}$$

여기서, D : 축방향 분산계수(L^2T^{-1}), u : 유체속도(LT^{-1})

$\quad\quad L$: 길이(L), t : 이동시간(T)

3) 추적자 반응곡선(Slug – dose)

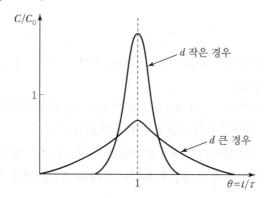

여기서, C : 유출부 추적자 농도, C_0 : 주입 추적자 농도

$\quad\quad t$: 경과시간, τ : 이론적 체류시간

4) 판단

d	반응조의 수리학적 특성
0	분산 없음(이상적인 PFR)
0.05 이하	분산 적음
$0.05 < d < 0.25$	분산 적정
0.25 이상	분산 많음
∞	완전혼합(CSTR)

4.2 직렬연결 완전혼합 반응조(Tanks – in – series) 모델

1) 이상적인 PFR 존재하지 않음 → 직렬연결 완전혼합 반응조로 해석

2) $E(\theta) = \dfrac{n}{(n-1)!}(n\theta)^{n-1}e^{-n\theta}$

여기서, n : 가상 반응조 수

3) $n = \dfrac{Pe}{2} = \dfrac{1}{2d}$, 또는 $n = \dfrac{\text{이론체류시간}}{(\text{이론체류시간} - \text{피크시간})}$

4) $E(\theta)$ 누적 값(%)과 θ 관계도 작성

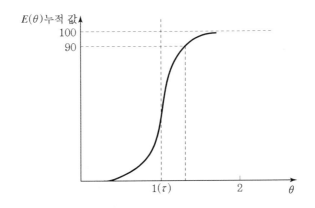

5) 위 그림으로부터 $E(\theta)$ 누적 값의 90%에 해당하는 θ 값 구함

6) τ와의 차이로부터 용적효율 산정

   $E(\theta)$ 90% 시 θ가 1.2인 경우 → 반응조 용적 1.2배 증가

4.3 Morrill 지수(MDI)에 의한 분석법

1) $MDI = \dfrac{90\% \ 유출시간}{10\% \ 유출시간} = \dfrac{t_{90}}{t_{10}}$

2) 용적효율(%) $= \dfrac{1}{MDI} \times 100$

3) 판단

MDI	반응조 수리학적 특성
1.0	이상적인 PFR
22	CSTR
2.0 이하	효율적인 플러그흐름 반응조(EPA)

5. 결론 및 제안

1) 사구간은 반응기 처리효율 저하의 원인이 되므로 충수 테스트 시 추적자 실험을 병행하여 사구간이 없도록 보완하여야 함

2) 생물학적 반응조에서 추적자 실험을 실시할 경우에는 미생물의 활성에 영향을 주지 않는 추적자를 선정하여야 함

3) 실험 시 추적자 유출 종료시점은 이론적 체류시간의 약 2배로 하면 되나, 전기전도도를 함께 측정하여 추적자 유출종료 여부를 확인하는 것이 바람직함

사상균 제어

1. 서론

1) 하수처리 시 사상균에 의해 발생되는 현상이 Sludge-bulking이다.

2) 슬러지벌킹 발생 시 슬러지가 잘 침전하지도 않고 침전된 슬러지가 부상하여 처리수의 수질을 악화시킨다.

3) 봄, 가을 계절적 변화에 따라 발생하기도 한다.

4) 특히 주요한 원인의 하나가 포기조 내 유기물 농도가 일정농도 이하로 낮은 경우 사상균의 성장속도가 Floc 형성균의 성장속도에 비하여 빠름(그림 참조)

5) 따라서 처리수의 수질악화방지를 위하여 슬러지벌킹의 원인과 원인에 따른 대책수립이 필요하다.

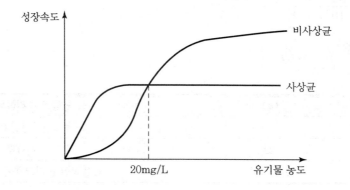

2. 슬러지벌킹의 원인

2.1 사상균에 의해

1) 낮은 pH, 낮은 DO, 충격부하, 독성물질 유입

2) 너무 높거나 낮은 F/M비

3) 너무 긴 SRT, 높은 SVI, 영양소의 불균형

2.2 슬러지팽화

수온저하 시 물의 점성이 증가하여 침강성 저하

2.3 설계상의 잘못

단락류 발생 → 저류판 설치

2.4 Nocadia Foam

1) SRT가 길거나
2) 축산폐수 등의 유입 시

3. 문제점

1) 포기조나 2차침전지에서 점액상의 갈색거품 발생
2) 미세한 Floc 유출로 처리수질 악화
3) 냄새발생
4) 처리효율 저하
5) 침전지에서 고액분리가 잘 안 됨
6) 슬러지의 침전성과 압축성 결여
7) Nocadia Foam에 의한 안정성 결여

4. 대책

4.1 반응조의 형상

반응조의 형상은 완전혼합형보다 Plug-flow 방식이 유리

4.2 용존산소

1) 포기조의 용존산소를 2.0mg/L 이상 유지
2) 미세기포발생기의 산기기나 순산소 유입, 기계식 포기시설로 용존산소를 높임
3) 처리장에 따라 Membrane Filter, Disk Filter의 적용 검토

4.3 영양물질 불균형

1) N : P의 적정 주입 실시
2) 분뇨, 축산폐수의 주입 고려

4.4 충격부하

1) 충격부하 발생 시 적정 F/M비를 유지 : 0.2~0.4kg BOD/kg MLSS day
2) SRT를 길게 유지하여 MLSS를 증가

4.5 침전성 저하

1) SVI 200 이상일 경우 침전성 결여

2) 포기조에 응집제를 주입하여 침전성 증가

4.6 낮은 pH

포기조에 알칼리제를 주입하여 적정 pH 유지

$NaOH$, CaO, $Ca(OH)_2$, Na_2CO_3

4.7 Nocadia 제어

1) Nocadia의 경우 체류시간이 길 때 발생되므로 체류시간을 줄인다.
   SRT의 감소

2) Nocadia Foam 방지를 위해 포기량을 감소하거나 거품상부에 직접 염소수 또는 분말 차아염소
   산칼슘을 소포 또는 살포한다.

3) 미생물 선택조 설치

   ① 과부하에 대한 대책

   ② 사상균에 필요한 유기물을 전 단계에서 섭취하도록 포기조 전단에 설치

   ③ 높은 F/M비 : 0.3 이상 유지, 짧은 체류시간 유지

   ④ 혐기, 무산소, 호기 조건의 미생물 선택조 선택

   ⑤ 반응조의 형태 : Plug—flow 반응조

4) 반송슬러지 염소 주입

5) 질산화 유도 : 질산화를 유도하여 pH를 낮추어 사상균의 성장을 저해시킴

6) 경쟁미생물 투입

4.8 약품 주입

1) 염소 주입

   ① 반송수나 포기조에 직접 주입

   ② 염소 주입에 의한 활성슬러지 사멸에 주의

   ③ 방류수에 염소와 유기화합물의 결합에 의한 부산물 생성에 주의

2) 과산화수소 주입

   ① 과산화수소의 산화작용에 의해 사상균 사멸

   ② 과산화수소는 수중에 산소를 공급하는 역할도 한다.

   ③ 과산화수소에 의한 활성슬러지 미생물 사멸에 주의

4.9 전술한 방법으로 처리가 안 될 경우 활성슬러지를 모두 버리고 다시 시스템 가동

5. 결론

1) 사상균 성장 등에 의한 슬러지벌킹 발생 시
   ① 단기적으로 약품 주입
   ② 장기적으로 미생물 선택조 설치를 고려함이 바람직
2) Nocadia의 발생 시 SRT를 줄여 적정 SRT를 유지 : 작업자의 안정성 확보 필요

슬러지부상

1. 서론

1) 활성슬러지법으로 운전 중인 하수처리장의 경우 침전지에서 슬러지가 부상하는 경우가 있다.

2) 특히 고도처리를 하는 처리장의 경우 2차침전지에서의 부상이 상당수 발생하며

3) 이로 인해 슬러지 계면의 상승과 더불어 미세 Floc이 유출되어 많은 문제점을 유발하고 있다.

4) 고도처리의 경우 질소제거를 위해 질산화와 탈질산화 반응의 수행을 위해 긴 SRT가 필요하므로 2차침전지에서의 슬러지부상현상은 거의 모든 처리장에서 발생되는 현상

5) 따라서 강화된 방류수질의 만족과 후속처리시설(급속여과, 막여과 등)의 효율 향상을 위해 슬러지부상을 적절히 제어할 필요가 있다.

2. 발생원인

2.1 F/M비가 낮고 SRT가 길 경우

1) SRT가 8일 이상이 되면 포기조에서 증식속도가 늦은 질산화미생물이 성장

2) 2차침전지에서 용존산소가 부족하고 탈질반응이 발생되면 질소가스가 발생하여 슬러지가 상승하면서 부상

3) 질소가스에 의한 부상은 비교적 단시간에 발생

4) 특히 고도처리의 경우 생물학적 질소제거를 위해 SRT를 길게 유지하고 MLSS 농도를 높게 유지하므로 발생될 위험이 상당히 높다.

2.2 침전지의 혐기성 상태

1) 2차침전지에서 슬러지 인출이 적절치 않아 혐기성 상태가 되면 발생되는 H_2S, CH_4 및 CO_2 등에 의하여 슬러지가 부상

2) 이때 부상하는 슬러지는 검고 악취가 발생

3) 혐기성 가스에 의한 슬러지부상은 장시간에 걸쳐 일어남

2.3 강력한 포기

강력한 포기에 의하여 Floc이 파괴되어 미세한 슬러지가 부상

2.4 슬러지 계면의 상승

1) $X_r >$ SDI인 경우 슬러지 계면의 상승에 의한 Floc 부상 및 유출
2) 특히 생물학적 고도처리시설에서 많이 발생

2.5 SVI가 큰 경우

2.6 수면적 부하가 큰 경우

반송슬러지의 반송속도가 느려서, 슬러지가 축적되어 슬러지 계면 상승

3. 문제점

1) **처리효율 저하** : 미세 Floc의 유출에 의한 영양염류 제거효율 저하
2) 방류수 재이용기준의 불만족
3) **후속처리시설의 처리효율 저하** : 2차침전지 이후 급속여과지나 막여과 또는 소독시설이 설치되어 있는 경우 처리효율의 저하 유발
4) 2차침전지의 저장기능 상실

4. 대책

1) 침전슬러지 관리를 철저히 한다.
   이상 현상 발생 시 슬러지 반송률을 줄이고 잉여 슬러지량을 증가
2) 포기조에서 질산화가 발생하지 않도록 SRT를 짧게 유지 : 표준활성슬러지법
3) 표준활성슬러지법의 경우 질산화가 발생되는 경우는 탈질반응이 발생되는 단계를 침전지 전 단계에서 수행하여 침전지에서의 부상현상을 줄임
4) 2차침전지에서 슬러지부상으로 인한 유출수질 악화를 방지할 수 있는 배플 및 스컴제거기를 설치하고 내부배플의 설치로 침전효율을 향상시킨다.

5. 침전지 개선

5.1 배플 설치

1) 슬러지부상에 의하여 부유물질이 유출되는 것을 방지하기 위해 유출위어 앞에 배플을 설치
2) 수면 위로 상승한 고형물이 유출되는 것을 방지하기 위해 배플을 수면 아래 30cm, 수면 위로 10cm 정도의 높이로 설치

5.2 Skimmer 설치

1) 부상된 슬러지를 수집하기 위하여 Skimmer를 설치한다.
2) 수집된 슬러지 및 스컴은 스컴수집통을 통하여 제거

5.3 내부배플 설치

1) 배플을 설치하면 유출위어와 배플 사이의 상승유속이 증가하여 고형물이 유출될 가능성이 있으므로

2) 고형물의 유실방지 및 침전효율 향상을 위하여 내부배플을 설치하고 상승유속을 감쇄시킨다.

3) 내부배플 설치로 SS제거율을 30% 정도 향상시킬 수 있다.

5.4 슬러지제거기

1) 2차침전지에서의 슬러지제거기는 1차침전지에 비해 느리게 한다.

① 연쇄식 : 0.3m/sec 정도가 일반적

② 원형 : 0.6~1.2m/min, 2.5m/min을 초과하지 않도록 한다.

2) 슬러지제거기의 이동방향을 수류흐름방향과 동일하게 유지

5.5 최종침전지의 증설

5.6 월류위어부하의 감소

침전지의 월류위어를 연장하여 월류수의 수질개선

5.7 분리막의 이용

2차침전지 상부에 분리막을 침지하여 수질개선

6. 결론

1) 생물학적 질소, 인 제거공정의 경우 2차침전지에서 탈질반응에 의한 슬러지부상현상이 상당수 발생하므로

2) 영양염류의 처리효율 증가를 위해서도 꼭 필요하며

3) 2차침전지 이후에 급속여과지나 막여과와 같은 처리시설이 설치되어 있지 않은 처리장의 경우 2차침전지에서 발생되는 문제점의 해결과 방류수 또는 재이용 수질기준의 만족을 위해 설치함이 바람직하다.

① 먼저 2차침전지의 개선에 의한 대책이 먼저 시행되어야 하고

② 경제성 및 부지확보 문제 등을 종합적으로 검토하여 실시

| Key Point ✛ |

- 75회, 77회 출제
- 중요한 문제이며, 2차침전지의 문제점 및 향상대책과 연계하여 숙지할 필요가 있음

미생물 선택조(Selector)

1. 개요

1) 선택조는 유입수와 반송슬러지를 폭기조(반응조)로 이송하기 이전에 한 개 또는 여러 개의 연속된 공간으로 구성된 Plug-flow 흐름의 전처리조를 말한다.

2) 선택조는 짧은 체류시간에 높은 F/M비(3.0 이상)를 갖도록 운영하여

3) 사상균을 억제하고 비사상균인 Floc 형성 미생물의 성장률을 높게 유지하여 활성슬러지의 침강성을 개선

2. 필요성

2.1 Sludge Bulking의 제어

1) 사상균의 성장을 억제하고 비사상균의 선택적 배양

2) Floc 형성균(비사상균)이 사상균보다 기질흡수속도가 빠르고, 기질저장능력이 더 높으며, 기아에 저항하는 능력이 더 우수하기 때문에

3) Floc 형성균이 우점종이 되며 Sludge Bulking이 제어된다.

2.2 Sludge의 침강성 향상

3. 선택조의 종류

1) 선택조는 호기, 무산소, 혐기의 조건하에서 운영 : 한 개 또는 수 개로 분할된 조로 구성

2) 선택조의 흐름은 Plug-flow 흐름

3) 선택조에서는 사상체 대신에 비사상형 미생물을 선택하고 비사상형 미생물 중에서도 용존기질을 급속히 흡수할 수 있고 또 그것을 저장할 수 있는 능력이 큰 비사상형 미생물을 선택하게 된다.

3.1 호기성 선택조(Oxic Selector)

1) 낮은 DO 상태에서 발견되는 사상균을 제어하기 위해 높은 DO 유지

2) DO : 2.0mg/L 이상

3) BNR System에서는 사용 곤란

4) 사상체는 대부분 호기성균이므로 호기성 선택조에서는 단지 기질을 빨리 흡수하고 저장하는 상대적인 능력차로써 사상체가 선택될지 Floc 형성균이 선택될지 결정된다. 이러한 선택을 Kinetic Selection이라고 한다.

5) 기질흡수가 빠르고, 저장능력이 우수한 무정형의 Zoogloea 집락(Amorphous Zoogloea Colony)이 다량 증식

3.2 무산소 선택조(Anoxic Selector)

1) Sludge Bulking 제어를 목적으로 무산소 선택조 설치 시 인 제거(BPR Process)에 악영향 우려 : 포기조에서 질산화된 혼합액이 무산소소로 유입되어 NO_3-N가 인 제거 기작에 영향을 미치기 때문

2) 무산소 선택조로 유입되는 NO_3-N 농도 : 0.5mg/L 이상

3) Kinetic Selection뿐만 아니라 탈질능력이 있고 없고에 따라 미생물이 선택된다. 이러한 선택을 Metabolic Selection이라고 한다.

4) 사상체는 탈질속도가 Floc 형성균의 탈질속도보다 훨씬 느리거나 어떤 사상체(Type 021N, Nocardia Amarae)는 NO_2^-를 NO_3^-까지만 환원한다.

5) 경우에 따라서는 전혀 탈질능력이 없는 사상체도 있다.

3.3 혐기성 선택조(Anaerobic Selector)

1) 혐기성 선택조로 유입되는 NO_3-N 농도 : 0.5mg/L 미만

2) BPR System에 가장 효과적

3) 혐기조 앞에 혐기성 선택조를 설치

4) Kinetic Selection뿐만 아니라 혐기조건에서 Polyphosphate 가수분해능에 의해 미생물이 선택된다. 이러한 선택을 Metabolic Selection이라고 한다.

5) Floc 형성균(Acinetobacter spp.)은 Polyphosphate 가수분해에서 얻어진 에너지로 기질을 흡수하고 저장할 수 있으나 대부분의 사상체에는 이러한 능력이 없다.

6) 혐기성 상태에서 Nocadia는 증식하지 못하고 기질도 흡수하지 못한다.

4. Sludge Bulking이 제어되는 이유

1) 선택조에서의 유기물 공급 환경조건은 선택조에서의 충분한 기질공급조건과 기질부족상태로 크게 변화하게 된다.

2) 이 조건에서 적용된 미생물은 기질제거속도가 빠른 미생물, 기질저장능력이 우수한 미생물, 기아에 저항하는 능력이 우수한 미생물 등이며

3) 이 Floc 형성균이 사상체보다 기질흡수속도가 더 빠르고 사상체보다 기질저장능력이 더 높으며 기아에 저항하는 능력이 더 우수하기 때문에 Floc 형성균이 우점종이 되어 벌킹이 제어된다.

5. 선택조의 설계 및 유지관리

1) 선택조의 체류시간 : 10~30분

2) 한 개 또는 수 개의 분할된 Plug Flow Reactor로 구성

3) 짧은 체류시간과 높은 F/M비(3.0 이상) 유지

   선택조는 평균적으로 높은 유기물 부하를 갖되 후단으로 갈수록 유기물 부하량을 감소시킴

4) 선택조 미생물의 기질흡수율은 가능한 한 높게 유지함

5) 생물학적으로 질소, 인을 처리하는 고도처리공법의 경우 혐기성 선택조가 가장 유리

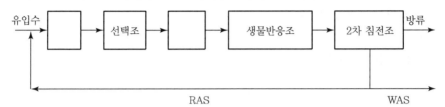

Pin Floc

1. 발생원인

1) SRT를 너무 길게 유지하면 세포가 과도하게 산화되어 휘발성 성분이 적어지고 활성을 잃게 되어 Floc 형성 능력이 저하된다.
2) 과도한 포기
3) F/M비가 너무 낮은 경우

2. 문제점

1) 침강성 악화 : 1mm보다 훨씬 작은 Floc이 현탁상태로 분산하면서 잘 침강하지 않는다.
2) 처리수질의 악화 : 미세 Floc의 유출
3) N, P의 처리효율 악화
4) 급속여과지의 효율 저하 : 2차침전지 이후 급속여과지가 설치된 하수처리장
   여과지 통수저항 증가 → 손실수두 증가 → 여과지속시간 감소 → 빈번한 역세척
5) 하수처리수 재이용수질의 불만족
6) 소독력 약화 : 2차침전지 후단에 UV나 오존설비가 설치된 처리장
   ① 소독력 약화 → 소독제 주입량 증가 → 소독부산물 발생 우려
   ② UV소독의 경우 현탁물질(SS)에 의해 처리효율의 저하 발생

3. 대책

3.1 SRT를 짧게 유지

슬러지 인발량을 점진적으로 증가

3.2 F/M의 증가

1) F의 증대 : 분뇨 또는 축폐의 연계처리
2) M의 감소 : 인발량 증가, 포기량 감소

3.3 MLSS를 감소시킨다.

3.4 적당한 포기를 실시한다.

4. 제안

1) 생물학적 고도처리 시 MLSS를 높게 유지하고 SRT를 길게 유지하므로 활성슬러지법에 비해 Pin Floc이 발생할 우려가 높다.

　① 적정 F/M비의 유지 필요

　② 2차침전지 이후 처리수질향상을 위해 급속여과지 또는 막분리공정의 도입 검토

　③ 2차침전지에 직접 막을 침지시켜 미세 Floc의 유출 방지

　④ 월류위어부하의 감소 : 위어길이의 증가, 2단 또는 3단 위어, 내부배플 설치

2) 또한 하수처리장의 소독설비와 하수처리수 재이용의 수질기준의 만족을 위해 적절한 대책이 필요하다.

Key Point +

• 119회 출제
• 출제 빈도를 떠나 1교시에 출제 가능한 문제이므로 고도처리를 하는 처리장의 2차침전지 대책과 함께 숙지할 필요가 있는 문제임
• Pin Floc의 발생원인과 대책에 대한 숙지가 반드시 필요한 문제임

슬러지 해체(Floc Disintegration)

1. 개요

1) 슬러지 해체는 슬러지의 Floc이 파괴되어 미세한 Floc으로 분산한 상태
2) 슬러지 해체가 발생하면 미세 Floc이 월류되어 처리수의 수질을 악화
3) 침전조 상등액 : SS와 세균들이 현탁된 상태

2. 발생원인

1) BOD-MLSS 부하가 아주 낮은 경우

    BOD-MLSS 부하 최소 0.1 이하

2) 유입부하량이 과다하여 포기조가 활성화되지 못하는 경우

    BOD-MLSS 부하 최소 0.4 이상

3) 일시적인 고부하로 인한 미소한 아메바, 소형 편모충류 등의 원생동물들이 이상 증식

4) 독성물질의 유입

5) 과도한 포기나, 교반으로 활성슬러지 Floc이 파괴된 경우

6) 침전지에서 무산소조건이 형성되어 탈질반응이 발생하여 질소가스가 Floc에 부착되어 비중이 작게 된 경우

7) SRT가 과도하게 길어 Floc 해체

8) 해수가 침입할 경우에는 식염농도의 증감에 따라 해체 발생

    ① Floc 속에 오염물질정화에 관여하는 세균군이 사멸해서 Floc이 사실상 해체되어 작은 조각으로 분산

    ② 침전조 상등액의 pH는 낮은 값을 나타낸다(약산성).

    ③ BOD, COD, SS, T-N의 제거효율 저하

    ④ 부패균이나 효모가 급속히 증식

9) 산성쇼크에 의해

10) ABS 등 합성세제의 유입

3. 해체가 일어날 때의 특징

1) Floc 속에 오염물질정화에 관여하는 세균군이 사멸해서, Floc이 사실상 해체되어 작은 조각으로 분산
2) 침전조 상징액의 pH는 낮은 값을 나타낸다.(약산성)
3) BOD, COD, SS, T-N의 제거효율 저하
4) 부패균이나 효모가 급속히 증가

4. 문제점

1) 처리수질 악화(특히 N, P의 처리효율 악화), 재이용수질의 불만족
2) 2차침전지 이후 급속여과, 막여과가 설치된 경우
   ① 여과지의 손실수두 증가, 여과지속시간 감소, 여과효율 악화
   ② 막여과 효율 저하, 막오염의 증가 우려
3) 소독력 약화

5. 대책

5.1 원인별로 적정한 대책을 강구

1) 적정한 BOD-MLSS 부하 유지 : 반송슬러지량을 조절
2) 유입부하량의 과도한 변화 방지
3) 독성물질의 유입 차단
4) 적정 SRT 유지
5) 적정한 교반 및 포기강도를 유지

5.2 기타

1) 월류위어부하의 감소
2) 내부배플의 설치
3) 2차침전지의 체류시간 감소
4) 2차침전지 후단에 급속여과지나 막여과 설치
5) 2차침전지 상부에 막을 직접 침지시켜 미세 Floc의 제거

포기조의 이상 발포

1. 개요

포기조 이상 발포 원인은 크게 다음의 2가지로 구분

1) 합성세제의 유입에 의한 경우

2) 발포성 세균인 방선균(Nocadia 속, Rhodococcus 속)의 과다증식

2. 세제에 의한 경우

1) 현상

　① 포기조 상부에 흰색 거품이 발생하며

　② 소포수에 의해 쉽게 깨짐

2) 원인 : 합성세제의 과도한 유입

3) 대책

　① 유입수의 세제농도를 감소

　② 포기조의 MLSS 농도를 증가시켜 세제의 분해효율을 증가

3. 방선균에 의한 경우

1) 현상

　① 포기조에 갈색 거품이 발생하고 소포수에 의해 잘 깨지지 않음

　② 특히 갈색거품은 점성이 높아 끈적끈적하며

　③ 과도한 포기를 할 경우 그 발생량이 증대

　④ 또한 갈색거품에 의한 작업자의 안정성에 문제를 유발할 가능성 존재

2) 원인

　① 활성슬러지 미생물의 농도에 비해 유입부하량이 과다하여 포기조의 활성이 저하되어 방선
　　균이 과다하게 번식

　② 하수관로로부터 방선균이 과다하게 유입

　③ 생물반응조가 방선균의 번식이 유리한 경우
　　특히 Nocadia Foam의 경우 SRT가 과도하게 긴 경우 발생

3) 대책

① 포기조의 적정 F/M비를 유지 : 활성슬러지 미생물의 활성화로 방선균의 과다성장을 예방

② 하수관로로부터 방선균이 유입되는 경우 유입원을 찾아 차단

③ Nocadia의 생성 억제

㉮ 적정 SRT 유지 : 과도한 긴 SRT의 감소

㉯ 미생물 선택조의 설치

㉰ 포기강도를 감소

㉱ 경쟁미생물의 투여

㉲ 질산화를 유도하여 pH의 저하

㉳ 반송슬러지에 염소 주입 : 기타 미생물에 대한 피해정도의 검토가 필요

㉴ 거품 상부에 직접 염소수 또는 분말 차아염소산칼슘을 소포 또는 살포

Key Point ✦

• 74회, 81회, 83회, 114회, 121회 출제
• Nocadia에 의한 발생원인과 대책은 슬러지벌킹과 연관지어 이해하기 바라며, 면접시험에서 화학적인 원인에 의한 거품발생과 생물학적인 원인에 의한 거품발생에 대한 문제가 출제된 적이 있음(79회 면접)
• 따라서 Nocadia에 대한 이해는 반드시 필요함

산소전달기구(Two-film 이론)

1. 서론

1) 포기에 의한 산소의 용해는 가스상 산소가 용액(액중)으로 확산하는 현상이며

2) 이 중 격막설은 기체-액체 계면에서의 산소확산현상을 정량화한 모델이다.

3) 즉, 기체상과 액체상 사이의 경계면을 통과하여 한 상(相)으로부터 다른 상으로 이동하는 물리적 현상

4) 하수처리 시 미생물은 궁극적으로 산소를 이용하여 성장하므로 이동된 산소량의 정도를 수치로 나타낼 필요가 있으며 K_{La}(총괄산소전달계수)를 이용하여 나타내게 된다.

2. Two-film 이론

1) 어떤 기체가 기상으로부터 액상으로 이전하는 과정에서 그 농도분포는 그림과 같이 표현

2) 기체가 계면에서 액체 내로 흡수되므로 기상 내의 그 기체농도는 C_g로부터 C_{gi}로 감소

3) Henry 법칙에 의하여 C_{gi}는 계면의 액체 내 기체농도 C_{Li}와 평형을 이루며 그 후 액체 내의 기체농도는 C_L이 된다.

4) 기체상과 액체상이 접하는 양측에 물질이동에 저항하는 격막, 즉 기경막과 액경막을 가정하고 양상의 접촉면상에는 상시 기액평형이 성립되어 있는 것으로 가정하는 모델

5) 이 학설에 따르면 산소와 같은 난용해성 기체의 경우

  ① 액경막 : 기체의 확산을 억제

  ② 기경막 : 기체의 확산에 저항받지 않아서 액경막을 통과한 산소분자는 빠르게 액상 내로 확산됨

  ③ 따라서 액경막에 의한 산소분자의 확산만을 고려해도 된다.

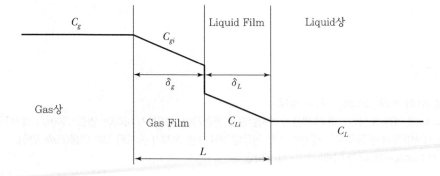

2.1 Fick의 법칙

1) 확산에 의한 Fick의 법칙

2) Fick의 법칙에 따르면 기체의 단위시간당 질량이전속도 m은 농도차에 비례한다.

$$\frac{d_m}{d_t} = DA\frac{d_c}{d_x}\,[\mathrm{g/sec}]\ \cdots\cdots\cdots\cdots\cdots\cdots\cdots\cdots\cdots\cdots\cdots\cdots\cdots\cdots\cdots\cdots\cdots\cdots\ (식\ 1)$$

여기서, d_m/d_t : 확산에 의한 산소이동의 시간변화

D : 산소의 확산계수($\mathrm{cm^2/sec}$)

A : 기액접촉면적($\mathrm{cm^2}$)

d_c/d_x : 기액접촉면에서 수직방향의 산소농도경사($\mathrm{g/cm^2}$)

또한 (식 1)에 이중격막설을 적용하면

$$기체상\ m = \frac{D_g\,A}{\delta_g}(C_g - C_{gi}) = K_g\,A(C_g - C_{gi})\,[\mathrm{g/sec}]$$

$$액체상\ m = \frac{D_L\,A}{\delta_L}(C_{Li} - C_L) = K_L\,A(C_{Li} - C_L)\,[\mathrm{g/sec}]$$

$$전체\ m = \frac{DA}{\delta_L}(C_g - C_L)$$

반응조의 단위부피당 산소이동속도를 고려하면, 단위부피당 기체 – 액체 접촉면적(a)은 A/V 가 되어

$$\frac{d_c}{d_t} = \frac{1}{V}\frac{d_m}{d_t} = \frac{DA}{LV}(C_s - C_t)$$

$$\frac{d_c}{d_t} = K_{La}(C_s - C_t)$$

$$K_{La} = \frac{A}{V}K_L = 2\frac{A}{V}\sqrt{\frac{D}{\pi t_c}}$$

여기서, K_{La} : 총괄산소이동계수

$K_L(D/L)$: 기체이전계수($\mathrm{cm/sec}$)

$a(A/V)$: 액체의 단위기포면적당 기포의 표면적(기체, 액체계면 면적)

A : 계면면적

L : 경계층 두께(경막거리)

C_s : 기체포화농도

C_t : 시간 t일 때의 농도

d_c/d_t : 시간 t에 있어서 농도변화(총용적 V인 액 중에 기체농도 증가)

3. 산소전달효율 향상방안

실제 활성슬러지에서 용존산소농도를 높게 유지할 때 산소이전속도가 저하

1) 이는 기체이전속도는 용존 기체함수로서 $\frac{d_c}{d_t} = K_L a(C_s - C_t)$ 에서 $K_L a$ 값이 일정하면

2) $(C_s - C_t)$ 값이 클수록 산소이전 속도가 증가한다.

3) 따라서 포기조 내 용존산소가 높을수록 $(C_s - C_t)$ 값이 작아져 산소이전속도가 저하된다.

3.1 $K_L a$에 영향을 주는 인자

1) 송풍량
  ① 송풍량에 비례
  ② 반응조 단위체적당 기체 – 액체 접촉면적은 송풍량에 따라서 증가한다.

2) 산기심도 : 산기심도에 비례

3) 체류시간 : 체류시간에 비례

4) 기포직경 : 기포직경이 작을수록 증가

5) 수온 : 수온이 높을수록 산소의 용해율은 감소, 즉 C_s가 감소

6) 압력 : 압력이 높을수록 산소의 용해율은 증가

7) 염분농도 : 염분의 농도가 높을수록 산소의 용해도 감소

8) 물의 흐름 상태 : 물의 흐름이 난류일 때 산소의 용해율은 증가

9) 현재의 수중 DO : 현존하는 수중 DO가 낮을수록 산소전달률은 높다.

Key Point

• 82회 출제
• 산소전달효율 향상을 위해 처리장에서 Disk Filter, Membrane Filter에 의한 산소공급도 한 방법임

산소섭취율(OUR : Oxygen Uptake Rate)

관련 문제 : 미생물호흡률, 미생물을 이용한 독성물질 유입방지

1. 정의

1) 호흡률(산소섭취율)의 정의

미생물에 의해 기질이 산화되면서 에너지가 탈수소효소로 구성된 전자전달시스템을 통하여 ATP로 전달되는 과정에서 최종전자수용체로 산소를 이용하는데 이때의 산소소모율을 호흡률(산소섭취율)이라 한다.

2) 즉 산기식, 기계식에 의해 공급된 산소가 하수 중에 용해(용존산소)되며 이 용존산소를 미생물이 이용하는 정도를 호흡률(산소섭취율)이라 한다.

2. 기질부하와의 관계

1) 활성슬러지 미생물의 호흡률과 기질부하 사이에는 일정한 상관관계가 있다.

2) 낮은 기질부하량 : 호흡률이 기질부하량에 비례

3) 일정수준 이상의 높은 기질부하량

호흡률이 기질부하량에 관계없이 일정하며 이때의 호흡률을 최대호흡률(Maximum Respiration Rate)이라 한다.

① 비호흡률(mgO$_2$/gMLVSS · hr) = $\dfrac{\text{호흡률(mgO}_2\text{/L · hr)}}{\text{반응조의 MLVSS(g/L)}}$

② 최대비호흡률(mgO$_2$/gMLVSS · hr) = $\dfrac{\text{최대호흡률(mgO}_2\text{/L · hr)}}{\text{반응조의 MLVSS(g/L)}}$

3. 호흡률의 이용분야

1) 폐수의 독성도 평가

2) 폐수의 생물학적 처리도 평가

3) 생물반응조의 운전조건별 미생물의 활성도를 평가

4. 호흡률(산소섭취율)을 이용한 독성물질 감시

1) 활성슬러지 미생물의 최대호흡률
폭기조의 다양한 환경조건(DO, 온도, pH 등)에 의한 슬러지의 활성도와 유입수 내 독성물질 유무를 판단하는 데 유용한 정보로 이용

2) 독성물질 유입
① 활성슬러지가 독성물질의 영향을 받아 미생물의 신진대사가 감소하면서 최대호흡률이 감소

② 최대호흡률의 감소는 독성물질의 농도와 접촉시간에 비례

③ 최내비호흡률치가 기준치의 60% 이하가 되면 독성물질의 유입으로 판단

3) 통상적으로 활성슬러지조에서는 연속호흡률측정기(Respiration Analyser)로 최대비호흡률을 측정
① 활성슬러지의 호흡률 측정은 매우 빠르고 간편하며

② On-line 측정이 가능하여

③ 활성슬러지조의 생물학적 조기경보시스템으로서의 큰 장점을 가지고 있다.

④ 향후 처리장 내 근·원거리 원격감시운영체계 구축 시 활용 가능

5. 측정방법

1) 밀폐된 용기(1L실린더)에 포기조 혼합액을 채운다.

2) 시간에 따른 DO 농도를 측정한다.

3) 시간에 따른 DO 농도곡선(직선)을 그린다.

4) 기울기를 혼합액 MLVSS 농도로 나누어 준다.

Key Point +

- 104회, 126회 출제
- 재래식 혹은 고율활성슬러지공법 : 30~100mgO$_2$/g hr 정도
- 처리장 TMS 구축과 무인감시운영체계 구축에 따라 1교시 문제로 출제 예상됨
- 10점 문제로 출제될 경우 출제자의 의도에 따라 답안작성이 필요(일반적인 산소호흡률로 출제 시 5항목의 측정방법을 제외하고 1.5페이지 분량으로 답안작성이 필요함)

비산소소비율(SOUR)

1. 개요(정의)

1) 호기성 미생물이 기질을 산화하면서 이용하는 용존산소 호흡률

2) OUR(Oxygen Uptake Rate) : 단위중량 활성슬러지의 산소호흡률

3) SOUR(Specific Oxygen Uptake Rate) : 단위중량 미생물의 산소호흡률

2. SOUR 개념

1) $SOUR(\mathrm{mgO_2/gMLVSS \cdot h}) = \dfrac{호흡률(\mathrm{mgO_2/L \cdot h})}{반응조의\ \mathrm{MLVSS(g/L)}}$

 $OUR(\mathrm{mgO_2/gMLSS \cdot h}) = \dfrac{호흡률(\mathrm{mgO_2/L \cdot h})}{반응조의\ \mathrm{MLSS(g/L)}}$

2) 측정방법

① 밀폐된 용기(1L 실린더)에 폭기조 혼합액 채움 → 폭기

② 시간 경과에 따른 DO 농도 측정

③ MLVSS 농도 측정

④ 위 식으로부터 산출

3) 기질부하와의 관계

① SOUR과 기질부하 사이에는 일정한 상관관계가 있음

② 기질부하가 낮을 때 : SOUR 기질부하에 비례

③ 기질부하가 높을 때 : 기질부하와 관계없이 SOUR 일정 → 최대호흡률

3. SOUR 이용분야

1) 폐수의 독성도 평가

2) 폐수의 생물학적 처리도 평가

3) 생물반응조의 운전조건별 미생물 활성도 평가

4. 제안사항

1) 질산화반응이 일어나는 폭기조로부터 시료채취 시에는 NOD의 영향을 배제하기 위해 질산화 억제제를 사용하여 측정할 필요가 있음

2) Respiration Analyser를 이용하면 실시간으로 SOUR 측정이 가능하므로, On-line으로 폭기조의 미생물 활성도 및 독성물질 유입 여부 등을 원격감시하는 운영체계 도입을 검토할 필요가 있음

Key Point ✦

• 80회 출제
• OUR과의 차이점 숙지 필요

활성슬러지의 내생호흡 시 슬러지 산소당량

1. 활성슬러지의 원리

1.1 초기흡착

1) 활성슬러지에 의한 유기물의 흡착은 활성슬러지 표면에 유기물이 농축되는 현상

2) 하수 중의 유기물은 활성슬러지와 접촉하면 대부분 단시간에 제거되는데 이를 초기흡착이라고 한다.

3) 초기흡착에 의하여 제거된 유기물은 가수분해를 거쳐 미생물 체내로 섭취되어 산화 및 동화된다.

1.2 산화와 동화

1) 활성슬러지에 흡착된 유기물은 미생물의 영양원으로 이용되며, 산화에 의한 분해(에너지생산)와 동화에 의한 합성(세포합성)에 이용된다.

2) 산화 : 생체의 유지, 세포의 합성 등에 필요한 에너지를 얻기 위하여 흡착된 유기물을 분해

3) 동화 : 산화에 의해 얻어진 에너지를 이용하여 유기물을 새로운 세포물질로 합성(활성슬러지의 증식)

2. 내생호흡

1) 감쇠성장단계에서 더욱 진행되면 유기물이 부족하여 스스로의 기질을 분해 섭취하는 단계

2) BOD 제거율이 증가하고, 응집성 및 침강성이 증대

3) 미생물량(MLSS)이 감소

4) F/M비가 낮을 때

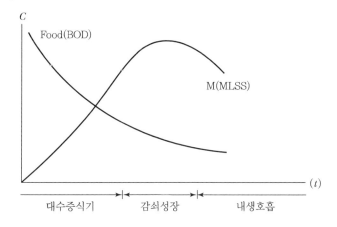

3. 호기성 산화에서의 유기물의 전환

$CHON + O_2 \rightarrow CO_2 + NH_3 + C_5H_7O_2N$(새로운 세포)

4. 내생호흡 시 슬러지 산소당량

$C_5H_7O_2N(113g) + 5O_2(160g) \rightarrow 5CO_2 + NH_3 + 2H_2O$

1) 산소당량 : COD/VSS = 160/113 = 1.42
2) N/미생물 : 14/113 = 12.3%
3) C/N : 4.3

반응조 필요공기량

1. 반응조의 운전방법

1) 반응조의 운전방법은 수질, 수온 등의 조건에 의해 질산화 촉진운전의 여부에 따라 다르다.

2) 필요공기량은 질산화 촉진운전을 할 경우에는 안 할 경우에 비해 약 2배의 풍량으로 한다.

3) 그러므로 설계에 있어서는 반응조의 운전방법을 충분히 검토할 필요가 있다.

2. 산기장치의 종류

1) 산기장치의 기종은 반응조의 운전방법에 따라 선정한다.

2) 기존에 많이 사용하였던 측면배치 선회류식 산기관은 질산화 촉진 시에 산소공급이 부족할 염려가 있으며

3) 또한 혐기조에 사용할 수 없으므로 수중교반식과 호기조에서는 전면포기식의 채용을 고려할 필요가 있다.

3. 필요공기량 산정

3.1 AOR의 산정

1) 반응조 1지에서의 온도 $T℃$일 때 1일 필요산소량(kgO_2/day)은

$AOR = O_{D1} + O_{D2} + O_{D3} + O_{D4}$

① O_{D1} : BOD 산화에 필요한 산소량[kgO_2/day]

　　　　$= A(kgO_2/kgBOD) \times \{제거BOD(kgO_2/day) - 탈질량(kgN/day)$

　　　　$\times K(kgBOD/kgN/day)\}$

여기서, A : 제거 BOD당 필요한 산소량($0.5 \sim 0.7$, 0.6 적용)

　　　　K : 탈질에 의해 소비된 BOD량(2.86)

② O_{D2} : 내생호흡에 필요한 산소량[kgO_2/day]

　　　　$= B(kgO_2/kgMLVSS \cdot day) \times V_A(m^3) \times MLVSS(kgMLVSS/m^3)$

여기서, B : 단위 MLVSS당 내생호흡에 의한 산소소비량($0.05 \sim 0.15$, 0.05 적용)

　　　　V_A : 호기부분의 반응조 용량(m^3)

③ O_{D3} : 질산화 반응에 필요한 산소량[kgO_2/day]

　　　　$= C(kgO_2/kgN) \times 질산화된 TKN량(kgN/d)$

　　　　$= C(kgO_2/kgN) \times \{유입 TKN량 - 유출수 중 TKN량 - 잉여슬러지 내 TKN량\}$

여기서, C : 질산화 반응에 소비된 산소량(4.57)

④ O_{D4} : 용존산소농도의 유지에 필요한 산소량[kgO$_2$/day]

$$= DO \times Q(1+R+r)(m^3/d) \times 10^{-3}$$

여기서, DO : 호기반응조 말단의 용존산소농도(mg/L), R : 반송슬러지비

r : 내부반송비, (1+R+r) : 총 반송률

3.2 SOR의 산출

1) SOR에서는 산기장치의 성능을 평가할 수 있기 때문에

2) 전제로 청수 20℃, 1기압의 조건에서의 산소공급량(kgO$_2$/day)으로 하여 AOR을 SOR로 환산한다.

$$SOR = \frac{AOR \times C_{S1} \times \gamma}{1.024^{(T_2 - T_1)} \times \alpha(\beta \cdot C_{S2} \cdot \gamma - C_O)} \times \frac{101.3}{P}$$

여기서, SOR : T_1℃에서의 청수상태에서의 산소공급량(kgO$_2$/d)

AOR : 생물반응조 T_2℃에서의 필요산소량[kgO$_2$/day]

T_1 : 포기장치성능의 기준 청수온도(20℃)

T_2 : 생물반응조 혼합액의 수온(℃)

C_{S1} : 청수 T_1℃에서의 포화산소농도(mg/L)

C_{S2} : 청수 T_2℃에서의 포화산소농도(mg/L)

C_O : 혼합액의 DO 농도(mg/L)

γ : 산기수심에 따른 C_S의 보정계수

$$\gamma = \frac{1}{2}\left(\frac{10.332 + h}{10.332} + 1\right)$$

h : 산기수심(m)

P : 처리장에서의 대기압(kPa abs)

T : 활성슬러지 혼합액의 수온(℃)

α : $K_L a$의 보정계수

β : 산소포화농도의 보정계수

P : 대기압(kPa abs)

3) 송풍기의 설계에 이용하는 풍량은 질산화 촉진 운전 시에는 질산화 반응에 필요한 산소량 O_{D3}를 예상하여 SOR을 사용하고

4) 질산화 운전을 하지 않을 경우는 O_{D3}가 제외된 SOR을 사용한다.

3.3 송풍량 G_s의 산출 : 개략값

$$G_s = \frac{SOR}{E_A \times \rho \times O_W} \times \frac{273 + T_2}{273} \times 100 (m^3/min)$$

여기서, G_s : 소요공기량(m^3/min)

E_A : 청수 중 산소전달효율(%)

ρ : 공기의 밀도(1.293kg 공기/Nm^3)

O_W : 공기 중 산소함유 중량(0.232kgO$_2$/kg 공기)

1) 상기 송풍량 G_s는 개략적인 값이고 송풍기풍량의 결정은 각종 산기장치에 따라 다르기 때문에 송풍기의 여유율을 예상하여 산출한다.

2) 또는 수로 등에 포기를 할 경우에는 별도의 풍량을 산출하여 추가한다.

3.4 폭기장치 효율

1) 산소전달효율(OTE : Oxygen Transfer Efficiency)

$$E_A = \frac{K_L a \cdot (DO_S - DO) \cdot V \times 10^{-3}}{G_S \cdot \rho \cdot O_W} \times 100$$

여기서, DO_S : 하수와 동일 온도에서의 청수의 포화용존산소농도(mg/L)

일반적으로 DO가 0인 경우를 기준으로 다른 폭기조와 비교

$$E_A = \frac{K_L a \cdot DO_S \cdot V \times 10^{-3}}{G_S \cdot \rho \cdot O_W} \times 100$$

2) 산소전달효율 측정(Off-gas 측정법)

① 방법 : 송풍기로 공급하는 공기 중의 산소와 하수를 통과한 가스의 산소 농도를 측정하여 산출

② 개념도

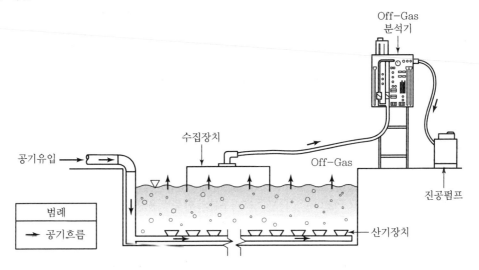

○ S처리시설 공기량 산정 예

항목	용량계산
계산 기초 조건	• 반응조 유입유량＝70,226m³/d • 2차 침전지 유출유량＝69,208m³/d <table><tr><td rowspan="2">구분</td><td colspan="2">유입</td><td colspan="2">유출</td></tr><tr><td>농도</td><td>부하</td><td>농도</td><td>부하</td></tr><tr><td>BOD</td><td>200.0</td><td>14,038</td><td>10</td><td>692</td></tr><tr><td>COD</td><td>148.7</td><td>10,435</td><td>40</td><td>2,768</td></tr><tr><td>SS</td><td>208.6</td><td>14,644</td><td>13</td><td>900</td></tr><tr><td>T-N</td><td>58.8</td><td>4,128</td><td>20</td><td>1,384</td></tr><tr><td>T-P</td><td>5.7</td><td>403</td><td>2</td><td>138</td></tr></table>

항목	용량계산
산소요구량 (하수도시설기준, 2005 p. 411)	• $AOR = O_{D1} + O_{D2} + O_{D3} + O_{D4}$ 　O_{D1} : BOD 산화에 필요한 산소량 　O_{D2} : 내생호흡에 필요한 산소량 　O_{D3} : 질산화 반응에 필요한 산소량 　O_{D4} : 반응조 유출 시 산소량
• 유기물 산화에 필요한 산소요구량O_{D1} • 제거 BOD량 • 탈질에 의한 소모량 • 유기물 산화에 필요한 산소요구량O_{D1}	• A × (제거 BOD − 탈질량 × K) 　A : 제거 BOD당 필요한 산소량(kgO₂/kgBOD) 　K : 탈질에 의해 소비되는 BOD량(kgBOD/kgN) 　$= Q_i × BOD_i/1,000 − Q_o × BOD_o/1,000$ 　$= 70,198 × 200/1,000 − 69,208 × 10.0/1,000$ 　= 13,346kg/일 • 탈질량(NOx) = 1,302kg/일 　$O_{D1} = A × (제거 BOD − 탈질량 × K)$ 　　$= 0.6 × (13,346 − 1,302 × 2.86)$ 　　$= 5,773kgO_2/일$
내생호흡에 필요한 산소요구량 O_{D2}	• $O_{D2} = B × V_A × MLVSS$ 　B : 단위 MLVSS당 내생호흡에 의한 산소소비량 　　(kgO₂/kgMLVSS/일) 　V_A : 호기부분의 반응조 용량(m³) • $O_{D2} = B × V_A × MLVSS$ 　　$= 0.10 × 15,356 × 2,210/1,000$ 　　= 3,394kgO₂/일
질소산화에 필요한 산소요구량 AORN(O_{D3})	• $AOR_N = 질산화량 × 산소당량$ • 질산화량 = 유입질소 부하량 − 잉여슬러지 내 질소량 − 유출SS 　　　　　　내 질소량 − 유출용존 TKN • 유입질소부하량 = 4,128kg/일 • 잉여슬러지 내 질소량 = 728kg/일

항목	용량계산

질소산화에 필요한 산소요구량
AORN(O_{D3})
	• 유출SS 내 질소량=76kg/일(유출TSS 중 VSS의 10%,
	  VSS비=0.72)
	• 유출 용존 TKN량=69kg/일(유출수 용존 TKN 1)
	• 질산화량=4,128−728−76−69=3,255kg/일
	  =3,255kgN/일 × 4.57kgO₂/kgN
	  =14,875kgO₂/일

반응조 유출 시 필요산소량 O_{D4}	• O_{D4}=유출유량×(1+내부반송률+슬러지 반송률)×유출수의 용존산소농도/1,000 • 유량×총반송률=218,696m³/d • 용존산소농도=2.0mg/L • O_{D4}=218,696×2/1,000 =437kgO₂/일

이론적 총산소요구량 AOR	• AOR=O_{D1}+O_{D2}+O_{D3}+O_{D4}
	  =5,773+3,394+14,875+437
	  =24,500kgO₂/일(BOD 제거당 산소 공급량
	  1.84kgO₂/kgBOD 제거)
	• SOR = $\dfrac{\text{AOR}\times C_{SW}\times \text{PF}}{\alpha\times 1.024^{(T-20)}\times(\beta C_{ST}-C_a)}$
	• SOR=42,304kgO₂/일
	PF : 1.2, 여유율
	C_{SW} : 9.08, 표준상태 청수 중의 산소포화농도(mg/L)
	α : 0.7, K_La(총괄산소이동용량계수) 보정계수
	T : 25, 혼합액의 (MLSS) 운전수온(℃)
	β : 0.95, 산소포화농도 보정계수
	C_{ST} : 10.5, 운전수온에서 청수 중의 산소포화농도(mg/L)
	C_a : 2.0, 포기조 내 평균 산소농도(mg/L)

계획공급공기량(QA)	• $Q_A = \dfrac{\text{SOR}}{\gamma\times O_{pw}\times \text{SOTE}\times T_a}$
	  $= \dfrac{42,304}{(1.292\times 0.232\times 0.26\times 1,440)}\times \dfrac{273+20}{273}$
	• 공기계획량=375m³/min=402Nm³/min
	여기서, γ : 0℃ 상태 공기비중량(1.292kg/m³)
	  O_{pw} : 공기 중 산소중량비(0.232)
	  SOTE : 표준상태 청수 중의 산소전달률(청수 26.2%)
	  T_a : 산기 시간(1,440min/d)

Fick의 확산방정식(Fick's First Law)

1. 개요

1) 분자확산에 의한 질량전달 기구를 나타낸 방정식

2) PFR 반응조의 분산정도, 가스의 흡착 및 탈착 속도, 폭기조에서의 산소전달효율 등의 산정 등 다양한 분야에서 사용됨

2. Fick의 확산방정식

1) 흐름이 없는 조건에서 물질의 질량전달은 분자확산에 의해 발생

2) 분자확산에 의한 질량전달은 농도기울기의 함수로 다음과 같이 나타냄

$$r = -D_m \frac{\delta C}{\delta x}$$

여기서, r : 단위면적 – 시간당 질량전달률$(ML^{-2}T^{-1})$
D_m : x방향의 분자확산계수$(L^2 T^{-1})$
C : 전달되는 성분의 농도(ML^{-3}), x : 거리(L)

3. 수처리 분야에서의 Fick의 확산방정식(Fick's First Law) 응용

3.1 PFR 반응조에 대한 축방향 분산 산정

1) $d = \dfrac{D}{uL}$

여기서, d : 분산수
D : 분산계수$(L^2 T^{-1})$
u : 유체속도(LT^{-1})

2) D는 Fick의 분자확산계수

3.2 기체 – 액체 질량전달속도 산정(Two – file 이론)

1) 시간 t에서의 농도변화(dC/dt)는, Fick의 방정식으로부터,

$$\frac{dC}{dt} = K_L a(C_s - C_t) \leftarrow 산소전달효율식$$

여기서, $K_L a$: 총괄산소이동계수(T^{-1})

C_s : 기체포화농도(ML^{-3})

C_t : 시간 t에서의 기체농도(ML^{-3})

3.3 산소전달효율 향상방안

1) $K_L a$ 증대

① 송풍량 증대

② 산기심도 증대

③ 체류시간 증대

④ 기포직경 감소 : 미세산기장치(Disk Filter, Membrane Filter) 사용

⑤ 물의 흐름 난류

2) $(C_s - C_t)$ 증대

① 수온 감소 → C_s 증대

② 압력 증대 → C_s 증대

③ 염분농도 : 높을수록 용해도 감소

4. 제안사항

1) 하수처리장 에너지 자립화를 위해 에너지사용량이 가장 큰 송풍기의 동력을 줄일 필요가 있음

2) 이를 위해 필요산소량을 정확히 산정하여 적정 송풍량을 공급하여야 하고, 송풍동력비가 적은 터보 블로어의 사용을 적극 검토할 필요가 있음

포기장치

1. 서론

1) 포기장치에는 산기식, 기계식 표면 포기기, 수중형 포기장치 등이 있다.
2) 산기식
  ① 산기식은 압축공기를 포기조의 바닥에 설치된 산기장치에 의해 미세기포를 분출하고
  ② 미세기포의 상승작용에 의해 발생하는 상향류에 의해서
  ③ 활성슬러지를 혼합, 교반, 공기 중의 산소를 공급한다.
3) 기계식
  기계식은 하수에 선회류를 일으켜서 대기 중에 물보라, 수막을 형성시키거나 물결을 일으켜서 공기와 접촉시켜 공기 중의 산소를 하수에 용해시키는 형식
4) **수중펌프**
  수중축류펌프의 회전차 하부에 압축공기를 분출하여 미세기포화하는 형식
5) 포기장치의 선정 시 반응조의 유지관리, 반응조의 형상, 산기장치의 배치, 슬러지의 혼합정도 및 경제성을 고려하여 결정하여야 하며
6) 특히 반응조의 운전방법, 수질, 수온 등의 조건변화와 고도처리 여부에 따른 필요공기량의 공급이 가능한 포기장치의 설치 운영이 필요하다.

2. 포기장치의 기능

1) 포기조의 활성슬러지에 산소공급, 교반 및 혼합, MLSS의 침전방지의 기능을 수행
2) MLSS의 침전방지를 위해 포기조 내의 유속을 0.3m/sec 정도 유지하여야 하며 최소한 0.1m/sec 이상의 유속을 확보하여야 한다.

3. 산기식 포기장치

3.1 미세기포 산기식 : 전면포기식

1) 특성
  ① 생성 기포가 매우 작으나 폭은 중간크기(직경 1~3mm)의 공기방울을 배출시키며
  ② 멤브레인이나 세라믹으로 된 판, 관 및 플라스틱 섬유관 또는 Bag으로 제작됨

2) 적용범위

　① 고율, 재래식, 장기포기, 계단식, 수정식, 접촉안정법, 활성슬러지법에 적용

　② 즉, 주로 활성슬러지법 및 변법에 사용

3) 장점

　① 혼합정도가 좋고, 유지관리가 좋다.

　② 적용실적이 많다.

　③ 산기관의 부설개수와 분기관의 밸브로 공기량을 조절 가능

　④ 수온유지 효과가 있다.

4) 단점

　① 초기시설비 및 유지관리비가 많이 든다.

　② 공기여과기가 필요

　③ 주입된 공기가 나선형으로 이동되므로 반응조의 모양이 한정

　④ 시간이 경과되면 기공이 막혀 통기율이 감소하고 손실수두가 증가

5) 산소전달효율(Kg O_2/Hp-hr) : 0.82～1.14

3.2 조대기포 산기식 : 선회류 포기식

1) 특성

노즐, 유공관 등으로 비교적 큰 공기방울(직경 5mm 이상)을 수중에 분출시켜 용해

2) 적용 : 미세기포산기식과 동일

3) 장점

　① 산기기가 막히지 않으며 산기관의 설치 개수가 적다.

　② 수온유지 효과와 유지관리가 쉽다.

4) 단점

　① 초기시설비가 많이 든다.

　② 산소전달효율이 낮고 전력비가 많이 소요

　③ 간혹 공기방울이 조정이 안 되는 경우가 있음

5) 산소전달효율(Kg O_2/Hp-hr) : 0.54～0.82

3.3 관통형(Tubular)

1) 특성

　① 나선형의 부속이 설치된 원통하부에 공기를 주입하여

　② 공기의 상승에 의한 와류와 물의 전단력을 이용하여 적은 공기방울형 만들어 용해

2) 적용범위 : 포기식 산화지에 주로 사용

3) 장점

　① 산소전달효율이 높다.

② 손실수두가 적어 개당 통과유량이 크며 막힘이 적어 유지관리가 용이

4) 단점

① 혼합의 효율 미비

② 처리효과가 높은 생물학적 처리공법에 적용 가능성 여부의 확인이 필요

3.4 Jet형

1) 특성

펌프의 토출배관에 인젝터를 설치하여 인젝터의 진공효과로 공기를 흡입한 후 수중에 분사하여 용해

2) 적용범위 : 산기식과 동일

3) 장점

① 산소전달효율이 높고 설치비용이 높지 않다.

② 깊은 포기조에 적합

4) 단점

① 사용하는 포기조의 형상이 제한적이고

② 노즐이 막히는 경우가 있다.

5) 산소전달효율(Kg O_2/Hp – hr) : 1.14~1.59

4. 기계식 표면 포기장치

4.1 표면 포기기

1) 특성

① 감속기어에 의해 회전날개가 지속적으로 회전하며 수표면을 교란시켜 공기를 공급

② 수중에 부상형 구조로 전동기에 직접 설치한다.

2) 적용범위 : 포기식 산화지와 재포기조

3) 장점

① 시설비가 저렴

② 수위변화에도 운전이 쉽다.

③ 대수제어와 회전수 제어로 공기량 조절이 용이

4) 단점

① 동절기 결빙문제

② 반응조 하부의 혼합이 약하다.

③ 감소기어의 고장이 우려 : 액적이 분산

④ 반응조의 형상이 제한적

5) 산소전달효율(Kg O_2/Hp – hr) : 0.91~1.14

4.2 브러시 로터(Brush Rotor)형

1) 특성 : 횡축을 가진 회전날개가 저속으로 회전하며 물에 와류를 형성하여 공기를 용해

2) 적용범위 : 산화구, 포기식 산화지, 활성슬러지법

3) 장점 : 초기설치비가 저렴하며 유지관리가 용이

4) 단점

  ① 운전방법에 따라 효율이 감소될 수 있으며

  ② 반응조 형상이 제한적

5) 산소전달효율(Kg O_2/Hp - hr) : 1.14~1.59

5. 수중형 포기기(Submerged Turbine)

1) 특성

반응조 바닥에 설치된 임펠러의 회전력으로 유입된 외부공기 또는 블로어의 압축공기를 분산 용해시킴

2) 적용범위 : 산기식과 동일

3) 장점

  ① 교반효과가 좋다.

  ② 단위용량당 산소주입량이 크고 결빙우려가 없다.

  ③ 깊은 반응조에 적용 가능

4) 단점

동력비가 크고 고장 시 수리가 곤란하다.

5) 산소전달효율(Kg O_2/Hp - hr) : 0.77~1.14

6. 결론

1) 포기장치의 선정은 수처리 성능 및 유지관리의 용이성을 고려하여 선정하여야 하며

2) 생물학적 고도처리를 할 경우 원활한 질산화 반응을 수행하기 위해 종래에 많이 사용하던 측면 배치선회류식 산기방식은 질산화 반응 시 산소공급이 부족할 우려가 있으며, 혐기조에 사용할 수 없는 단점이 있다.

3) 따라서 상기와 같은 경우 수중교반식과 호기조에서는 전면포기식의 채용을 고려

4) 고도처리공법에서 질산화 및 탈질운전을 하는 경우 : 무산소 호기 겸용조는 수중교반식 또는 전면 포기방식

5) 표준활성슬러지법에서 질산화 및 탈질운전을 하지 않는 경우 : 산기관식 선회류, 전면포기식 또는 수중교반식

6) 또한 산소이용속도(Oxygen Uptake Rate : mg O_2/L hr) 면에서 살펴보면

　① 40 이하 : 산기장치, ② 80 이하 : 저속 표면 포기장치, ③ 80 이상 : 수중터빈 포기장치를 사용하는 것이 바람직하며

7) 동절기 동결지역의 경우 산기식 또는 수중터빈포기장치가 표면포기장치보다 유리

8) 이상과 같이 각 처리장의 고도처리여부, 산소이용속도, 반응조의 형상, 유입수질, 동절기 결빙 및 유지관리 면에서 종합적인 검토를 통하여 경제성이 뛰어난 포기장치를 선정할 필요가 있다.

→ 참 / 고 / 자 / 료

○ 산기장치 형식

구분	봉형 산기관	원형 산기관	판형 산기관	디스크형 세라믹	디스크형
형상					
개요	• PVC봉형 파이프 Saddle Wedge 및 미세기공의 고무막으로 구성 • 기공폐쇄 최소	• 본체 베이스, 와이어 클램프 및 고무막 구성 • 기포상승에 따른 혼합효과 우수 • 공기 공급 시 고무막의 팽창에 따른 미세기공으로 산소전달	• 폴리우레탄제로 가공된 접속구로 미세기포 공급 • 잦은 기공폐쇄 및 압력손실 과다	• 산기관 홀더, 세라믹, O링, 리테이너 등으로 구성 • 세라믹의 소결기공을 통하여 미세포기를 형성하여 산소 전달	• 원뿔형태로서 상부에 슬러지 쌓임현상 최소화 • 통기저항이 적음

Key Point +

111회 출제

표준활성슬러지법의 포기조 용량 결정방법

1. 고려사항

1) 계획시간최대오수량이 유입 방류되도록 수리 계산한다.

2) 설계기준은 계획1일최대오수량으로 한다.

3) Pilot 실험을 통한 적정 Mass Blance를 결정하여 HRT를 결정한다.

4) 포기조의 설계에 사용되는 BOD는 용해된 BOD를 기준으로 한다.

5) 건설비, 유지관리비도 고려

2. 결정순서

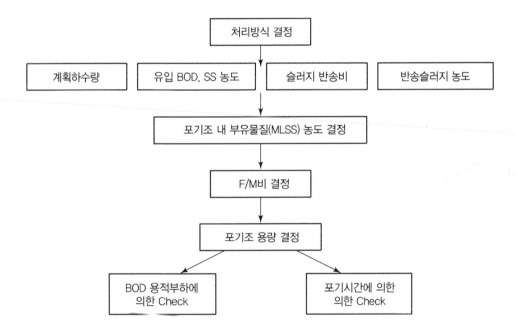

3. 결정방법

3.1 HRT에 의한 방법

1) 포기조에서 수리학적 체류시간은 6~8시간을 기준으로 한다.

2) (수리학적 체류시간 × Q)에 의해 포기조의 용량을 결정한다.

3) V = Q × HRT

3.2 SRT에 의한 방법

$$SRT = \frac{V \cdot X}{Q_w X_r + (Q - Q_w) X_e} = \frac{V \cdot X}{Q_w X_r}$$

포기조에서의 SRT는 3~6days를 표준

3.3 BOD 용적부하

1) BOD 용적부하는 포기조 1m³에 대해 1일 유입하는 하수의 BOD율을 중량단위(kg BOD/m³ day)로 나타낸 것

2) 활성슬러지법의 경우 BOD 용적부하는 0.3~0.8kg BOD/m³day를 기준으로 한다.

3) 유입BOD량을 이 용적부하로 나누면 포기조 용적을 구할 수 있다.

3.4 BOD-SS 부하(F/M비)에 의한 방법

1) 반송슬러지의 반송비 R, 반송슬러지의 농도 C_o, 폭기조에 유입되는 농도 C_i에 의하여 MLSS 농도를 구하면

$$MLSS = \frac{R \times C_o + C_i}{1 + R}$$

2) F/M비는 일반적으로 0.2~0.4kg BOD/kg MLSS day이므로 이때 포기조 용적은

$$V = \frac{총 BOD량}{MLSS \times F/M비}$$

4. 설계기준

1) HRT : 6~8hr

2) MLSS : 1,500~2,500mg/L

3) SRT : 3~6days

4) 슬러지 반송률 : 20~40%

5) F/M비 : 0.2~0.4kg BOD/kg MLSS day

Key Point +

• 111회, 117회, 122회 출제
• 출제 빈도는 다소 낮으나 면접에서 가끔 묻는 문제이므로 큰 흐름을 파악해서 대제목 위주의 숙지가 필요함

침전지 월류위어부하율

1. 월류위어부하율

1) 유입유량을 위어길이로 나눈 값으로

2) 침전지의 수심 및 부유물질의 침전성을 고려하여 결정한다.

　① 1차침전지 : 250m³/m day 이하

　② 2차침전지 : 190m³/m day 이하

　③ 상수침전지 : 500m³/m day 이하

2. 상수침전지

1) 약품침전지의 월류위어부하율이 500m³/m day 이하로 다른 나라보다 큰 수치(**예** 미국의 경우 : 250m³/m day 이하)

2) 따라서 유출수의 탁도수준을 적절히 하기 위해서는 월류위어부하율을 낮게 운전할 필요가 있다.

3) 정수장 탁도기준이 1NTU에서 0.5NTU로 강화

　① 상기의 기준 준수를 위해 침전지 유출수의 탁도를 1NTU 이하로 유지해야 한다.

　② 상기의 기준 준수를 위해 월류위어부하율을 200m³/m day 이하로 유지하여야 한다.

4) 필요성

　① 미처리 탁도에 의한 소독부산물질의 생성 저감

　② 여과지의 처리효율 향상 : 특히 병원성 원생동물의 제거효율 향상

　③ 염소소독력 향상

3. 하수침전지

1) 부유물질의 특성이 동일한 슬러지의 경우 침전지의 체류시간이 짧으면 월류위어부하율을 낮게 사용하고, 체류시간이 길면 월류위어부하율을 높게 유지할 수 있다.

2) 일반적으로 고형물의 농도가 높을수록 월류위어부하율을 낮게 유지한다.

3) 따라서 고형물 농도가 높은 2차침전지의 월류위어부하율이 농도가 낮은 1차침전지 월류위어부하율보다 낮게 적용한다.

4) 최근 생물학적 고도처리의 경우 2차침전지에서 긴 SRT와 슬러지 계면의 상승에 의한 미세 Floc의 유출위험이 존재한다.

　따라서 월류위어부하율을 낮게 유지할 필요가 있다.

5) 필요성

① 처리수질의 향상 : 미세 Floc 유출에 의한 N, P의 처리효율 저하 방지

② 재이용수질의 만족

③ 후단 막여과나 급속여과지가 설치된 처리장의 처리효율 향상

④ 방류수 허용기준의 만족

6) 대책

① 내부배플 설치

② 2단 위어 설치, 측면 위어 설치

③ 생물학적 고도처리시설의 2차침전지의 구조적 문제점 개선(2차침전지의 문제점과 효율향상편 참조)

Key Point +

• 119회 출제
• 출제 빈도를 떠나서 상당히 중요한 이론적인 개념이므로 꼭 숙지하기 바람
• 정수장 : 탁도에 의한 병원성 원생동물의 제거효율 저하(이론편 참조)
• 하수처리장 : 생물학적 고도처리 시 2차침전지의 문제점과 효율향상대책과 연계하여 숙지하기 바람

침전관 실험에 의한 침전지 장폭비

1. 개요

1) 부유물의 농도가 큰 경우 인접한 입자들은 서로 방해를 받으며 독립입자로 침전하지 못하고 집단 침전하기 때문에 침전하는 부유물과 상등수 간에 뚜렷한 경계선이 생긴다. → 즉, 지역침전

2) 지역침전의 침전속도는 입자의 농도와 성질에 따라 달라진다.

2. 소요면적 산정

1) 농축조의 소요면적을 결정하기 위해서는 청정을 위한 면적, 농축을 위한 면적, 슬러지 제거율 등의 인자를 고려하여야 한다.

2) 일반적으로 농축을 위한 면적이 청정을 위한 면적보다 크기 때문에 자유침전속도에 의해 소요면적을 결정할 수는 없으나 가벼운 활성슬러지공정의 입자의 경우에는 침전속도에 의해 설계가 좌우될 수 있다.

2.1 농축에 필요한 면적

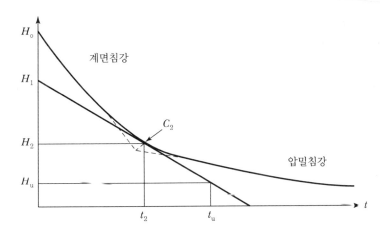

1) 높이가 H_o인 칼럼에 균일한 농도 C_o의 부유물을 채운다.

2) 경과시간과 계면위치 관계를 그래프로 그린다.

3) 압밀침전영역과 지역침전영역에서 각각 접선을 그어 만나는 교점에서 2등분선과 침전곡선과 만나는 점 C_2를 압밀점이라 한다.

4) H_u(계면의 높이 즉, 슬러지 설계농도에 해당하는 깊이)를 구한다.

$$H_u = \frac{C_o \cdot H_o}{C_u}$$

여기서, C_o : 초기농도
H_o : 침전칼럼의 초기계면의 높이
C_u : 농축슬러지의 농도

5) 압밀점에서 접선과 H_u에서의 수평선과 만나는 점에서 수직선을 그어 만나는 점 t_u의 결정

t_u는 슬러지 설계농도를 달성하기 위한 농축시간이다.

6) 슬러지 농축에 필요한 면적 산출

$$A = \frac{Q \times t_u}{H_o}$$

여기서, A : 슬러지 농축에 필요한 면적(m^2)
Q : 유입유량(m^3/sec)
H_o : 칼럼 내부의 계면의 높이(m)
t_u : 필요슬러지 농도에 달하는 시간

2.2 청정에 필요한 면적

1) 계면침전속도 V를 구한다.
  ① 침전속도는 계면침강곡선의 초기부분에서 그린 접선의 기울기로부터 결정
  ② 계산된 속도는 슬러지가 간섭을 받지 않을 때의 침전속도를 나타낸다.

2) 청정유량을 구한다.
  ① 청정유량은 임계슬러지영역의 상부에 있는 액체의 부피에 비례하고 다음과 같이 계산된다.
  ② $Q_c = Q \dfrac{H_o - H_u}{H_o}$

3) 청정에 필요한 면적을 구한다.

$$A = \frac{Q_c}{V}$$

3. 소요면적

농축에 필요한 면적과 청정에 필요한 면적 중 더 큰 면적에 의해 결정됨

4. 침전지 장방향 길이(L)

침전지 장방향 길이(L) = 침전지 내(장방향) 평균유속(V) × 체류시간(t)

5. 침전지 폭

침전지폭(B) = 침전지 면적 ÷ 장방향 길이(L)

6. 1차침전지

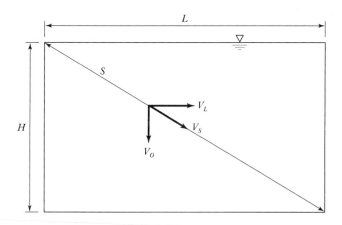

1) 침전관 실험에서 목표제거효율에 대한 체류시간(t)을 결정할 수 있다.

2) 체류시간이 결정되면 수면적부하($V_o = Q/A$)와 침전지 수면적(A)을 계산

3) $V_s = \dfrac{S}{t}$ 이며 $S = \sqrt{H^2 + L^2}$ 이므로 $V_s = \dfrac{\sqrt{H^2 + L^2}}{t}$

4) $V_L = \sqrt{V_s^2 - V_o^2}$

따라서 $V_L = \sqrt{(\sqrt{\dfrac{H^2 + L^2}{t}})^2 - V_o^2} = \sqrt{\dfrac{H^2 + L^2}{t^2} - V_o^2}$

5) 한편 $V_L = L/t$ 이다.

6) 따라서 식 4) = 식 5)이므로 L을 구할 수 있다.

7) $B = A/L$에서 구해지므로 장폭비 L/B를 계산할 수 있다.

8) 참고로 장폭비는 약 5~10

2차침전지 형식

1. 2차침전지 형식

구분	경사판	단층식	이층식
형상			
특징	• 부지면적은 단층식 대비 50% 절감 가능 • 소요부지가 적어 Compact한 시설 구축 가능 • 최종처리 시 효율적인 인 제거	• 타형식에 비하여 넓은 부지면적 소요 • 구조물의 규모가 커지므로 공사비가 큼 • 시설규모가 커서 유지관리 시 보수점검 부위가 넓음	• 부지면적은 단층식에 비해 60% 절감 가능 • 소요부지가 적어 Compact한 시설 구축 가능 • 이층구조로 유지관리 어려움
실적	• 아산 탕정·구미LCD • 대구 현풍공업단지 하수처리시설	중·대규모 하수처리시설 다수 적용	• 부산 수영하수처리시설 • 구미 지산하수처리시설

2. 경사판 침전지 비교·검토

구분	고속 경사판 침전	초고속 응집침전	고효율 초고속 응집침전
기술의 특징	• 일반 하·폐수 초침 및 종침 내 적용 가능 • 최종처리 시 효율적인 인 제거	• 최종처리 시 효율적인 인 제거 • 3차고도처리(인 제거 등)에 효과적	• 최종처리 시 효율적인 인 제거 • 3차고도처리(인 제거 등)에 효과적
장단점	• 하수공정 및 A₂O계열의 침전공정에 적합 • 물리·화학적, 생물학적 처리 적용 가능	• 물리·화학적 처리공정에 적합한 공법(응집조 및 약품 주입설비 필요) • 생물학적 처리에 적용실적 없음	• 물리·화학적 처리공정에 적합한 공법 • 마이크로샌드 공급 및 슬러지 필요

3. 경사판 형식

3.1 개요

구분	상부 튜브 오리피스형	상부 트러프형	수중판형
형상			
특징	• 경사판 내 균일한 유속분포 형성 • 경사판 상부 도보 및 육안 관찰 가능 → 유지관리 편리	• 튜브 내 부분적 유속상승 → 처리안정성 미흡 • 경사판 상부 도보 불가	• 경사판 내부 유동 불안정 → 침강효율 저하 • 월류부 하부 경사판 육안 관찰 불가

3.2 상부 튜브 오리피스형 경사판 특징

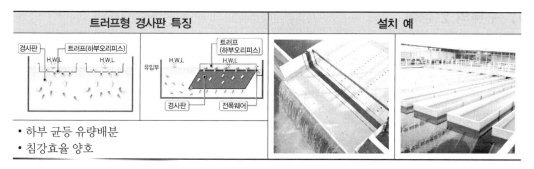

오리피스형 경사판 특징	설치 예

• 경사판별 독립식 오리피스 구성
• 전폭위어 구성 → 유량 균등배분기능 극대화

3.3 상부 트러프형 경사판 특징

트러프형 경사판 특징	설치 예

• 하부 균등 유량배분
• 침강효율 양호

Key Point +

125회, 126회, 128회 출제

원형 침전지와 구형 침전지

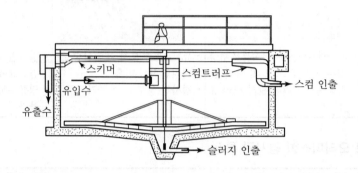

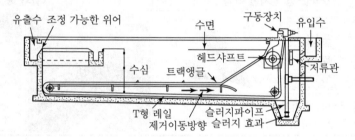

1. 수류의 안정성

구분	원형 침전지	구형 침전지
수류의 안정성	방사류 흐름으로 편류가 발생할 우려가 높다.	평행류의 흐름으로 정류효과가 높아 수류의 안정성이 확보
단회로	단회로가 발생하기 쉽다.	단회로 발생의 우려가 적다.
수직류	수직류의 영향으로 슬러지벌킹, 슬러지부상이 발생될 가능성이 높다.	수직류의 흐름이 없으므로 슬러지팽화, 슬러지부상 등의 발생가능성이 적다.
바람의 영향	바람에 의한 영향으로 수류의 혼란이 야기되기 쉽다. 유입부와 유출부의 손실수두가 크다.	바람에 의한 영향이 적다. 유입부와 유출부의 손실수두가 적다.

2. 침전분리의 효율성

구분	원형 침전지	구형 침전지
효율성	침전분리 효율성이 유리하다.	침전분리 면적의 Dead Space가 발생하기 쉬워 침전분리 효율성이 다소 불리하다.
부하변동 대응성	정상적인 운전 시 수량 및 수질변동에 다소 융통성을 가짐	정상적인 운영 시 수량 및 수질변동의 융통성이 다소 불리
비상시 부하	고장이나 청소 시 1지당 부과되는 과부하의 영향이 크다.	고장이나 청소 시 1지당 부과되는 과부하의 영향이 적다.

3. 슬러지 수집 및 제거의 용이성

구분	원형 침전지	구형 침전지
유지관리의 용이성	기계의 고장빈도가 적으며 슬러지 수집 및 제거를 위한 유지관리가 용이하다.	기계설비가 많이 소요되므로 고장빈도가 높으며 슬러지 수집 및 제거를 위한 유지관리가 다소 어렵다.
슬러지 수집시간	슬러지 수집시간이 길어 슬러지 분해가 이루어져 슬러지부상현상 등이 발생할 우려가 있다.	슬러지 수집시간이 짧아 슬러지 분해에 의한 문제의 발생이 적다.
인발관 집약화	슬러지 인발관의 집약화가 곤란하고 인출관이 길어 Trouble 발생 우려가 많다.	슬러지 인발관의 집약화가 가능하고 인출관이 짧아 Trouble 발생 우려가 적다.

4. 기타

구분	원형 침전지	구형 침전지
악취문제	분배조, 침전지, 유출수로 등이 분리 설치되어 취기처리설비의 설치가 다소 어렵다.	분배조, 침전지, 유출수로 등이 일체로 구성되기 때문에 취기처리설비의 설치가 용이
지의 크기	직경 30m 이하에서 침전효율이 높으며 기계설비의 점검, 설치 및 철거의 편의성이 좋다.	효율에 관계없이 대형 침전지의 설치가 가능하다.
부지 이용성	소요부시면적이 구형의 2배 정도로 크다.	배치계획이 쉽고 부지 여유가 있다.
전체적인 유지관리성	각 시설이 분산되므로 작업동선이 길고 복잡하다.	각 시설이 집약되므로 작업동선이 짧고 간단하다. 반면에 월류위어부하를 줄이기 위하여 다중위어를 설치하여야 하는 경우가 있다.

5. 종합

1) 상기의 비교 · 검토에서와 같이 소요부지, 전체적인 유지관리, 하수의 흐름 등을 고려할 때 구형 침전지가 원형침전지보다 유리하다.

2) 특히 상부 복개 면에서는 구형이 훨씬 유리하며

3) 하수처리장 침전지는 과거에는 대부분 원형으로 설계 시공하였으나 최근에는 처리장 시설 및 설비의 Compact화, 취기에 따른 2차 공해 문제를 해결하기 위하여 처리장 부지의 공원화 등이 주요 관심사항으로 대두되면서 침전지는 구형이 주로 사용되고 있다.

4) 원형 침전지 설계 시 직경은 46m 이하로 하는 것이 바람직(바람에 의한 영향을 최소화)

2차침전지 효율개선방안

1. 서론

1) 2차침전지의 기능
   ① 침강기능 : 슬러지를 생물반응조 처리수와 분리함으로써 침전지 유효수심에 포함된 부유물질(SS)을 최소화
   ② 농축기능 : 처리수가 분리되어 침전지 하부에서 농축된 슬러지를 반송과 폐기를 통해 미생물의 활성을 유지
   ③ 저장기능 : 일시적인 슬러지 침전성 악화나 수리학적 과부하 발생 시 침전지 내 슬러지를 저장
2) 전술한 2차침전지의 3가지 기능 중 하나라도 실패하게 되면 유출수의 수질을 악화시킬 수 있다.
3) 즉, 슬러지의 유출과 더불어 입자형태의 유기성 질소, 인 그리고 BOD 등이 함께 유출되어 처리성능 저하
4) 고도처리에서는 2차처리시스템보다 긴 SRT와 높은 MLSS(3,000~4,000mg/L)을 유지하기 때문에 기존 표준활성슬러지의 2차침전지에 비해 동일한 수리학적 부하로 운전되지만 높은 고형물부하로 인해 침전지 유출수의 수질이 악화될 우려가 있다.
5) 따라서, 하수처리장 방류수 배출기준이 순간 SS 농도 10mg/L 이하로 규정하고 있어 2차침전지 처리수의 SS 농도를 최소화할 필요가 있다.

2. 기존 2차침전지를 고도처리시설에 적용 시 문제점

기존 표준활성슬러지법의 2차침전지를 긴 SRT와 높은 MLSS 농도를 필요로 하는 고도처리시스템에 적용하는 경우 다음의 문제를 야기할 수 있다.
1) 침전지 바닥에 누적된 슬러지의 내생탈질에 의한 슬러지의 부상
2) 슬러지 계면높이의 상승
3) 침선시 밀단 벽체에 부딪친 유체의 상승에 따른 SS성분의 위어를 통한 유출
4) 일정하지 않은 침전지 수표면 유체흐름에 따라 비효과적인 스컴 제거

3. 2차침전지의 효율개선 및 개량방안

3.1 장방형 침전지의 길이

1) 최근에 설치되는 침전지의 경우 대부분 장방형 침전지로 설계되는 추세
   ① 장방형 침전지는 생물반응조 후단과 침전지 전단의 벽면을 공유하므로

⑦ 부지활용 측면에서 소요부지면적이 원형 침전지와 비교하여 적게 소요되므로 경제적

④ 원형 침전지와 같이 별도의 기계실이 필요 없다.

⑤ 동선이 비교적 짧다.

⑥ 2차침전지의 폭이 생물반응조의 폭과 같게 되므로 설계가 용이하나 침전지의 구조적 문제가 생길 수 있다.

2) 미국의 경우 침전지 내의 유효침전부의 길이를 유효수심의 10배 이하로 규정

① 우리나라의 경우 명확한 기준이 없는 실정

② 길이가 너무 길 경우 : 수평유속이 커져서 침전된 슬러지의 세굴 우려

⑦ 고도처리의 경우 2차처리 때보다 Bulking 발생 가능성이 매우 크기 때문에 농축 실패로 인하여 2차침전지에 많은 양의 슬러지를 저장하고 운전할 경우가 있음

④ 심각한 Bulking 상태에서는 Sludge-blanket 깊이가 침전지 유효수심의 70~80%에 달함
이때 일간유량변동에도 대량의 슬러지가 침전지로부터 Wash-out 우려

⑤ 크레이프에 의한 슬러지 이송거리가 길어진다.
슬러지 상부의 상징액과의 혼합으로 인해 반송슬러지의 농도저하 우려 → 반송효율 저하

3.2 유효수심

1) 우리나라 2차침전지는 평균 유효수심이 3.5m로 외국에 비해 상대적으로 낮은 실정
활성슬러지 입자는 이론적으로 응결침전을 나타내므로 침전지의 깊이가 깊을수록 침전지의 성능이 증가한다.

2) 침전지의 유효수심에 비해 Sludge Blanket 깊이가 일정수준 이상 증가하게 되면 Wash-out 우려

3) 침전지의 유효수심을 4.0m 이상 설계

① 고도처리에서는 2차처리시스템에 비해 높은 MLSS 농도를 유지하므로 탄력적인 슬러지 저장능력의 향상이 필요

② 단점으로는 유효수심의 증가 시 굴착비용이 증가하게 되므로 전체 공사비는 상승

3.3 Stamford Baffle의 설치

Weir의 길이를 늘려 월류위어부하율을 낮추거나 Stamford Baffle과 같은 정류벽을 설치

1) 상기의 대책으로 Weir Loading에 의해 침전지 끝단에서 Floc을 교란시켜 침전효율을 저하시키는 문제점을 해결

2) 2차침전지 월류위어부하(기준은 190m³/m/day)를 낮추어 Floc의 유출방지

3) 기타 월류위어부하의 감소방법 : 2단 Weir 설치, 양측면 Weir 설치, Weir의 길이 증가

3.4 내부 Baffle 설치(SS제거율 30% 향상)

1) 유출 Weir와 Baffle 사이의 상승유속을 감소시켜 고형물 유출가능성을 감소
즉, 내부배플 설치에 의해 상승에너지를 감소시켜 고형물 유실방지 및 침전효율 향상

2) 수면 아래 30cm, 수면 위로 10cm, 스키머 설치(부상된 슬러지 수집 제거)

3.5 이단호퍼의 설치

1) 침전지의 특성상 유입부분의 가장 먼 위치에서 슬러지의 침전성이 불량하고 사상균이 대체로 많다.

2) 따라서, 장방형 침전지의 적절한 위치에 슬러지호퍼를 추가적으로 설치
   ① 슬러지호퍼를 2개로 분리하여
   ② 침전성이 불량한 슬러지만을 폐기

3.6 스키머, 호퍼의 위치

1) 기존 침전지의 경우 호퍼를 침전지 유입부분에 설치한 호퍼의 위치 조정
   ① 침전지 유입 고형물의 침강이 독립침강이라는 가정하에 유입 즉시 떨어지는 슬러지 수집을 위해 유입부분에 설치(기존 위치)
   ② 실제 처리장의 경우 Type Ⅲ(방해침전) : 유입과 동시에 침전되는 것이 아니라 2차침전지 내의 유체흐름을 따라 응집침전현상을 일으켜 침전지 전체에 걸쳐 침전현상이 발생

2) 스키머의 이동방향 수정 : 유체의 흐름과 같이
   ① 기존 침전지의 스키머는 유체흐름과 반대방향으로 이동
   ② 이와 같은 경우 슬러지가 바닥에 쌓이는 현상을 유발하며
   ③ 고농도의 슬러지가 퇴적될 경우 내생탈질반응에 의해 슬러지부상이 일어날 수 있으며, 이는 처리수 SS 농도를 증가시키는 직접적인 원인으로 작용

3.7 2차침전지의 다층화

1) 장방형 침전지의 경우 생물반응조의 폭과 같이 설계하기 때문에 침전지의 길이가 매우 길어지는 문제점을 해결

2) 현재 2단 침전지의 단점 보완이 우선 실시되어야 함 : 하부침전지의 고장 시 유지보수 방안 마련이 필요

3) 2차침전지의 다층화로 적정한 침전지의 깊이와 유효길이의 비를 유지할 수 있다.

3.8 Foaming, Scum 및 Bulking의 제어

3.9 막분리 침전조의 도입

2차침전지 내 막을 침지(상부)하여 유출수의 수질 향상

4. 결론

1) 기존 표준활성슬러지 공법을 고도처리화 할 경우 2차침전지에서 전술한 바와 같은 문제점을 야기할 수 있다.

2) 따라서, 고도화하는 처리시설의 경우 상기의 방법에 의한 문제점 해결이 필요하며

3) 신규처리장의 경우 설계단계에서 세밀한 대책이 필요하다. 신규처리장의 경우 설계 시 다음의 기준을 우선시함이 필요
  ① 침전지의 유효침전길이가 유효수심의 10배 이하
  ② 유효수심 4.0m 이상
4) 또한 2차침전지 Floc의 유출 시 방류수허용기준(특히 T-N, T-P)과 하수처리장 재이용 수질기준의 만족 및 2차침전지 후속공정에 소독공정이 추가된 경우 소독부산물(DBPs)의 생성을 억제하기 위해서 2차침전지 유출수의 고형물 제거에도 많은 관심을 기울일 필요가 있다.
  ① 급속여과시설, 막분리공법의 도입 등
  ② 상기 기술한 막침지 침전지를 구성할 경우 침전지에서 SS의 농도저감효과 기대

→ 참/고/자/료

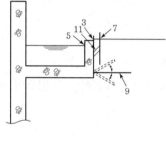

최종침전지의 일단부 상부로 설치되는 유출부(5)의 측면에 유출위어(3)를 설치하고, 상기 최종침전지의 내부로 스컴배플 지지대(11)로 연결되는 스컴배플(7)을 상기 유출위어 전면에 설치하며, 상기 유출부(5)의 최하부에 수면과 평행하게 내부배플(9)을 설치한 것을 특징으로 하는 최종침전지 유출부 배플
[자료출처] 특허 1019960072772

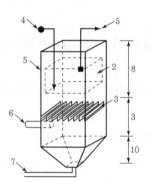

• 명칭 : 침지형 분리막과 경사판을 구비한 막분리침전조
• 개요 : 상부에 침지형 분리막 및 산기관을 구비하고, 상기 침지형 분리막의 하부에 경사판(Baffle)을 구비하며, 상기 경사판의 하부에 호퍼형상의 호퍼형상부를 구비한 막분리침전조로, 상기 침지형 분리막 및 산기관은 일체형이며, 상기 경사판은 70~100°의 고깔 모양의 판 다수 개를 연결한 모양으로 막분리침전조의 면적 방향으로 설치되어 있고, 피처리수의 유입부는 상기 경사판의 하부에 설치되어 있으며, 폭기조 다음에 설치되는 것을 특징으로 하는 막분리침전조
[자료출처] 특허 10-0685411-0000

Key Point +

• 75회, 80회, 86회, 88회, 91회, 99회, 102회, 105회, 125회, 126회, 128회, 129회 출제
• 실제 기술사시험에 출제될 경우 효율개선 및 개선방안을 좀더 간략히 하여 전체 3.5~4.0page 분량으로 답안을 작성하기 바람
• 25점 문제뿐만 아니라 최근 면접고사에서도 몇 번 출제가 되었기 때문에 2차침전지의 효율개선방안은 반드시 숙지하기 바람

Gould Type Ⅰ 침전지

1. 활성슬러지와 고도처리 슬러지의 성상 비교

구분	활성슬러지	고도처리 슬러지
유입 MLSS	저농도(1,500~2,000mg/L 이하)	고농도(3,000~3,500mg/L 이상)
고형물 체류시간	처리효율을 고려한 짧은 SRT 운전(5일 정도)	질산화를 고려한 긴 SRT 운전(10일 정도)
플록의 크기 및 강도	플록이 크고 침강성이 우수함	• 플록이 작고 약해서 쉽게 깨질 수 있는 현상 발생 • 침강성이 불량
침전지 내 슬러지 분포	유입부에 다량 침전	유체흐름을 따라 응집침전현상을 일으켜 침전지 전체에 걸쳐 침전현상이 발생

2. 국내 장방형 침전지의 문제점

구분	문제점	개선대책
슬러지 플록성상	약해서 깨지기 쉬운 고도처리 슬러지 플록 특성상 유입수의 수류와 반대방향의 스크레이퍼 이동은 수류충돌에 의해 플록의 깨지는 현상 발생 가능	슬러지 수집을 수류와 동일방향으로 이송함으로서 수류충돌에 의한 플록의 깨짐현상을 방지하기 위하여 슬러지 호퍼를 후단으로 배치 계획
스컴제거 사항	수류충돌에 의한 수면에서의 스컴이송 불충분	수류충돌을 방지하여 스컴 제거가 용이토록 계획
침전특성 고려	전 단면에서 침전이 발생하므로 유입흐름과 역방향으로 침전 슬러지 이송은 불합리	침전 슬러지를 유입흐름과 동일한 방향으로 이동
안정성 검토	자료) G. A. Ekama et. al., "Secondary Settling Tanks : Modeling, Design and Operation", IAWQ, 1997.	2차침전지는 표면부하의 증가에 따라 유출수 SS농도 증가 → Gould Type Ⅰ 침전지는 표면부하율의 증가에도 일성한 유출수질 확보 기능

3. Gould Type Ⅰ 침전지 특성

구분	주요내용
유입부 구조	• 유입에너지를 분산시키는 구조 • EDI(Energy Dissipating Inlet) – 침전지로의 MLSS 직유입 차단 – MLSS 유체의 힘이 직접 침전지 유체의 흐름에 영향을 주지 않고 분산 유입 ➔ 에너지 분산을 통한 유입슬러지의 교란방지
호퍼위치	• 호퍼를 2차침전지 후단에 설치하여 유입흐름과 같은 방향으로 슬러지 수집기 작동 ➔ 응집 및 간섭침전에 의해 전 단면에 균일하게 침전되는 슬러지를 수류방향으로 수집하여 플록의 깨짐과 재부상을 방지하므로 효과적인 수집 가능
유출위어 위치	• 유출위어를 침전지 말단에서 호퍼길이만큼 이격 설치 ➔ 밀도류나 유체의 벽체 충돌 시 상승류 발생으로 인한 SS 유출가능성을 사전에 차단
적용사례	• SAN JOSE CREEK(380천m³/일) • LOS COYOTES(140천m³/일) • WHITTIER NARROWS(57천m³/일) • LONG BEACH(95천m³/일) • POMONA(49.4천m³/일) • TEMECULAR(33.4천m³/일)

4. 장방형과 Gould Type Ⅰ 침전지의 비교

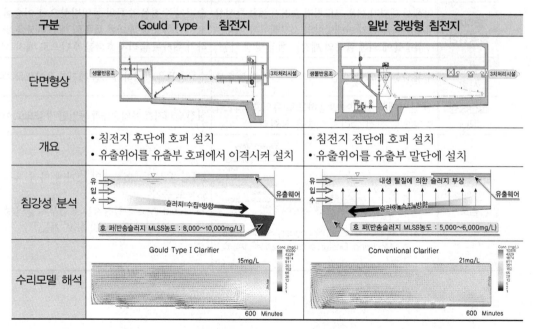

구분	Gould Type Ⅰ 침전지	일반 장방형 침전지
단면형상	생물반응조 ... 3차처리시설	생물반응조 ... 3차처리시설
개요	• 침전지 후단에 호퍼 설치 • 유출위어를 유출부 호퍼에서 이격시켜 설치	• 침전지 전단에 호퍼 설치 • 유출위어를 유출부 말단에 설치
침강성 분석	유입수 → 슬러지 수집방향 → 유출웨어 호 퍼(반송슬러지 MLSS농도 : 8,000~10,000mg/L)	유입수 → 내생 탈질에 의한 슬러지 부상 → 유출웨어 슬러지 수집방향 ← 호 퍼(반송슬러지 MLSS농도 : 5,000~6,000mg/L)
수리모델 해석	Gould Type Ⅰ Clarifier 15mg/L 600 Minutes	Conventional Clarifier 21mg/L 600 Minutes

구분	Gould Type Ⅰ 침전지	일반 장방형 침전지
장단점	• 수류와 동일방향으로 슬러지를 수집하여 수류충돌에 의한 플록파괴 방지 • 신속한 침전슬러지 이송으로 내생탈질에 의한 슬러지 부상 방지 • 상부 유체 충돌이 없는 호퍼에서의 침전 슬러지 농축을 통한 반송슬러지 MLSS 고농도화 • 유출부 호퍼에서 이격시킨 위어설치로 상승류에의한 SS 유출 및 처리수질 악화 방지	• 수류와 반대방향으로 수집기를 가동함으로써 수류충돌로 인한 슬러지 플록의 파괴 우려 • 호퍼로 침전 슬러지 이송시간이 길어 내생탈질에 의한 슬러지 부상→ 유출수질 악화 • 상부 유체 충돌에 의한 호퍼에서의 슬러지 농축 불량으로 반송슬러지 MLSS의 저농도화 • 유출부 말단 위어설치로 상승류에 의한 SS 유출 및 처리수질 악화 우려

Key Point +

114회, 121회 출제

슬러지 반송 이유

1. 포기조의 F/M비 유지

1) F/M비

   $0.2{\sim}0.4\text{kg BOD/kg MLSS} \cdot \text{day}$

2) F/M비 $= \dfrac{Q \cdot S_o}{V \cdot X}$

3) 미생물에 의한 유기물의 섭취 분해

   미생물의 증식을 위한 공급(F)과 미생물(M) 간의 균형 유지

4) F/M비의 균형이 유지되어야 처리효과를 높일 수 있다.

5) F/M비가 높은 경우

   ① 대수성장단계

   ② 신진대사율 최대

   ③ 응결하지 않고 분산성장, 침전이 잘 안 된다.

   ④ BOD 제거율이 낮다.

6) F/M비가 낮은 경우

   ① 유기물의 섭취 분해가 거의 완전하다.

   ② Floc 형성이 좋다.

   ③ 계속 포기하면 자산화 현상이 발생한다.

   ④ BOD 제거율이 높다.

2. 포기조의 MLSS 농도 유지

1) BOD 슬러지 부하(BOD – MLSS 부하)

   $= \dfrac{QS_o}{F/M} = \dfrac{\text{유입 BOD 량}}{F/M\text{비}} = VX$

   표준활성슬러지법 MLSS 농도＝1,500～3,000mg/L 표준

2) 미생물의 양(MLSS 농도)을 충분히 유지시켜 유기물의 섭취 분해에 이용

   포기조의 MLSS 농도를 일정하게 유지하기 위해서는 2차침전지의 활성슬러지의 일부를 다시 포기조로 반송한다.

3) 반송슬러지량은 하수량과 수질 또는 MLSS의 농도 등에 의해 변화한다.

4) 포기조의 운전조건으로 설정된 SRT와 F/M비를 유지하기 위해 MLSS 농도를 일정하게 유지할 필요가 있다.

이를 위해 반송슬러지비(R)를 적절히 변경해야 한다.

$$R = \frac{100 \times SV}{100 - SV} = \frac{X}{X_r - X}$$

$$X_r = \frac{10^6}{SVI}$$

3. 폐기시킬 잉여슬러지량의 감소

$$P_x = \frac{YQ(S_o - S)}{1 + k_d \cdot SRT} \times 10^{-3}\,(kg/day)$$

여기서, Y : 세포생산계수($\fallingdotseq 0.5$), k_d : 내생호흡속도계수(0.08)

반송시킬 양만큼 폐기시킬 잉여슬러지량이 감소된다.

4. 포기조에 숙성된 슬러지 반입

슬러지 반송비 결정

1. 서론

1) 활성슬러지법에서 슬러지를 반송하는 이유는

① 포기조의 MLSS 농도를 일정하게 유지

② 주어진 시간 동안 요구되는 처리효율을 얻기 위함 : 처리수질의 안정성 유지

2) 이와 같은 목적을 수행하기 위해서 이차 침전지로부터 포기조 입구로 반송슬러지를 반송한다.

3) 호기성 Process에서 활성미생물의 농도와 유입되는 기질, 농도의 상관관계는 가장 중요한 운영 요소이다.

4) 반송비로부터 포기조 미생물 농도와 반송슬러지 농도의 상관관계 및 슬러지 침전성 등의 운전 요소와 밀접한 관계가 있으므로 반송비의 결정은 포기조 수온과 유기물 부하정도, 처리수질 등 에 따라 체계적으로 관리해야 한다.

5) 따라서 반송비 결정 시 활성슬러지의 건조무게 개념으로 해야 한다.

6) 슬러지 반송비 결정방법에는

① 침전성 실험(Settleability)

② 슬러지층 두께 조절

③ 2차침전지의 물질수지

④ 포기조의 물질수지

⑤ 슬러지의 질을 고려하는 것 등이다.

2. 슬러지 반송비 결정방법

2.1 침전성 실험

1) 침전성 실험을 이용하여 반송슬러지의 펌프유량을 결정하는 방법

2) 1,000mL 메스실린더에 30분 침전시킨 후 상징액 부피에 대한 침전가능고형물의 부피 % 비율을 구함(C)

$$즉, 부피\%비율 = \frac{침전한\ 고형물\ 부피(mL)}{상징액\ 부피(mL)} = C$$

※ C 값은 어느 경우든 15% 이하일 수 없다.

3) 반송유량 결정 : 유입하수량(Q) × C → 반송펌프에 의해 반송시킬 유량 결정

2.2 SVI값과 포기조에서 유지해야 할 MLSS 농도를 알 경우

$$\frac{Q_r}{Q} = \frac{1}{(\frac{100}{pw \times SVI})^{-1}}$$

여기서, pw : MLSS 농도를 %로 나타낸 값

ex) MLSS 3,000mg/L = 0.3%

2.3 슬러지층 두께 조절

1) 2차침전지에서 최적의 슬러지층의 두께를 유지하는 방법

2) 최적두께는 경험적으로 산정하며

3) 효율적인 침전을 위한 깊이와 슬러지 저장량의 균형을 고려하여 결정

4) 슬러지층 두께 측정

   ① Air Lift Pump

   ② 중력흐름관(Gravity Flow Tube)

   ③ 휴대용 시료채취 펌프

   ④ Core Sampler

   ⑤ 슬러지 상징액 계면감지장치

2.4 물질수지에 의한 방법

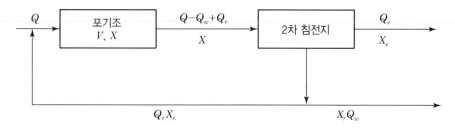

1) 유입물량과 반송물량에 의한 반송비 결정

$$r = \frac{Q_r(\mathrm{m}^3/\mathrm{day})}{Q(\mathrm{m}^3/\mathrm{day})} \dotfill (식 1)$$

① 가정 : 반송되는 활성슬러지의 농도가 일정하다는 가정

   실제 반송되는 슬러지의 양이 다를 수 있기 때문

② 슬러지의 침전성은 미생물의 상태, 포기조의 수온, 유기물질의 부하량 및 용존산소의 농도에 따라 다를 수 있으므로 실제로 공정에 적용하기에는 다소 어려움이 있다.

2) 활성슬러지의 농도에 의한 반송비 결정

$$r = \frac{X - X_e}{X_r - X} = \frac{X}{X_r - X} \quad \cdots\cdots\cdots\cdots\cdots\cdots\cdots\cdots\cdots\cdots\cdots\cdots\cdots\cdots\cdots (식\ 2)$$

여기서, X : 포기조 미생물 농도(mg/L)

X_e : 처리수의 고형물 농도(mg/L)

X_r : 반송슬러지의 미생물 농도(mg/L)

(식 1)보다는 정확성을 기할 수 있으나 반송량과 유입량의 비율이 참고가 안 되어 다소 정확성이 떨어진다.

3) 경험에 의한 방법

$X_r = \dfrac{10^6}{SVI}$ 이므로 (식 2)에 적용하면

$$r = \frac{X}{\dfrac{10^6}{SVI} - X}$$

$$r = \frac{100 \times SV}{100 - SV}$$

4) 농도 및 물량에 의한 반송비

$$r = \frac{(1 - \dfrac{\theta}{\theta_c})}{\dfrac{X_r}{X} - 1}$$

여기서, θ : HRT(hr), θ_c : SRT(day)

(식 1), (식 2)의 단점을 보완하여 반송비에 신뢰성을 기할 수 있는 식

3. 결론

1) 반송슬러지 농도가 포기조의 미생물 농도에 비해 높지 않을 경우(침전성이 좋지 않을 경우)에는 반송비를 늘려야 한다.

2) 상대적으로 반송슬러지 농도가 높을 때에는 반송량을 줄여야 한다.

3) 따라서, 반송의 개념을 건조고형물량으로 균일하게 유지해야 한다.

4) 처리공정에서 균일한 반송비로 유지해야 일정하게 포기조의 미생물량으로 유지할 수 있다.

5) 따라서, 계절별로 포기조에서의 미생물농도 및 반송슬러지 농도를 유지하기 위해 반송률에 입각한 반송량 정도를 Check할 필요가 있다.

6) 우리나라의 설계기준은 반송률 30~100%이며

 ① 대규모 하수처리장 : 50~100%

 ② 소규모 하수처리장 : 150%까지도 반송

7) 생물학적 고도처리를 하는 처리장의 경우 내부반송률과 반송률의 관계도 고려할 필요가 있다.

 ① 내부반송률을 150% 정도 유지

 ② 반송률 50% 정도가 바람직

8) 또한 반송률이 클 경우 대용량의 펌프설치로 인한 유지관리비 및 전력비가 상승하므로 이 점도 고려할 필요가 있다.

Key Point +

- 86회, 119회 출제
- 고도처리를 할 경우 내부반송률과 반송률의 관계에 따른 처리효율을 묻는 문제로 변형 출제도 가능하므로 반송률을 결정하는 방법은 숙지하기 바람
- SVI를 묻는 1교시 문제에서도 반송비(식 1 및 식 2)를 언급해야 하므로 반송률을 결정하는 식도 숙지하기 바람

잉여슬러지 발생량 산정

1. 유입 고형물량과 세포생산량으로부터 산정

$P_X = FS + VSS_{non} + Bio_{hetro} + Bio_{auto}$

1) 무기성 고형물량(FS)

$FS = 유입고형물량 \times (1 - VS율)$, ※ VS율 ≒ 0.8

2) 난분해성 VSS량(VSS$_{non}$)

$VSS_{non} = 유입고형물량 \times VS율 \times 난분해성률$

난분해성률 = 난분해성 VSS 농도/총VSS 농도 ≒ 0.4

3) 종속영양박테리아의 세포생산량(Bio$_{hetro}$)

$Bio_{hetro} = 유입수\ BOD\ 부하량 \times Y_{obs}$

$Y_{obs}(종속영양박테리아의\ 관측수율) = \dfrac{Y_{true}}{1 + b \cdot \theta_C}$

Y_{true}(종속영양박테리아의 진수율) : 0.4~0.8gVSS/gBOD(통상 0.6 적용)

b(K_d : 종속영양박테리아의 내생호흡계수) : 0.043~0.075day^{-1}(통상 0.06 적용)

θ_C : SRT(day)

4) 독립영양박테리아의 세포생산량(Bio$_{auto}$)

$Bio_{auto} = 산화되는\ TKN부하량 \times Y_{obs}$

산화되는 TKN부하량(NOX) = 유입 TKN부하량 - 세포화된 질소량

세포화된 질소량 = 종속영양박테리아 세포생산량×세포 내 질소분율(7~12%)

$Y_{obs}(독립영양박테리아의\ 관측수율) = \dfrac{Y_{true}}{1 + b \cdot \theta_C}$

Y_{auto}(독립영양박테리아의 진수율) : 0.04~0.29gVSS/gBOD(통상 0.09 적용)

b(K_d : 독립영양박테리아의 내생호흡계수) : 0.03~0.06day^{-1}(통상 0.05 적용)

2. 슬러지 전환율로부터 산정

$Q_W \cdot X_W$ = 유입 BOD의 슬러지전환량 + 유입 SS의 슬러지전환량 − 내생호흡에 의한 분해량

$$= a \cdot Q \cdot S_{BOD} + b \cdot Q \cdot S_{SS} - c \cdot V \cdot X, kg/d$$

$$= (a \cdot S_{BOD} + b \cdot S_{SS} - c \cdot \theta \cdot X)Q, kg/d$$

여기서, Q_W : 잉여슬러지량(m^3/day)

$\quad\quad$ X_W : 잉여슬러지 농도(mg/L)

$\quad\quad$ Q : 포기조의 유입량(m^3/day)

$\quad\quad$ V : 포기조의 용적(m^3)

$\quad\quad$ X : 포기조의 MLSS 농도(mg/L)

$\quad\quad$ S_{BOD} : 포기조로 유입되는 용해성 BOD의 농도(mg/L)

$\quad\quad$ S_{SS} : 포기조로 유입되는 SS의 농도(mg/L)

$\quad\quad$ a : 용해성 BOD에 의한 슬러지전환율(0.4~0.6gMLSS/gBOD)

$\quad\quad$ b : SS에 의한 슬러지전환율(0.9~1.0gMLSS/gSS)

$\quad\quad$ c : 내생호흡에 의한 감량계수(0.03~0.05gSS/gMLSS)

$\quad\quad$ θ : 반응조의 HRT(day)

3. 수율을 이용한 세포생산량으로부터 산정

$$Q_W \cdot X_W = \frac{Y \cdot Q \cdot (S_i - S_o)}{(1 + K_d \cdot \theta_c)}, kg/d$$

여기서, Y : 순세포생산계수(0.4~0.8gVSS/gBOD . 0.6gVSS/gBOD)

$\quad\quad$ S_i, S_o : 유입수 및 처리수의 BOD 농도

$\quad\quad$ θ_C : 고형물 체류시간(SRT)

$\quad\quad$ K_d : 자기분해 속도상수($0.05day^{-1}$)

4. 수율을 이용한 개략적 산정방법

$$Q_W \cdot X_W = Y \cdot Q \cdot (S_i - S_o) - K_d \cdot V \cdot X, kg/d$$

여기서, Y : 순세포생산계수(0.4~0.8gVSS/gBOD : 0.6gVSS/gBOD)

$\quad\quad$ S_i, S_o : 유입수 및 처리수의 BOD 농도

$\quad\quad$ $K_d \cdot V \cdot X$: 통상 무시함

생물막법

1. 개요

1) 생물막 처리공법이란 매체에 부착된 생물막을 이용하여 하수를 처리하는 공법
2) 종류 : 살수여상, 회전원판법(RBC), 호기성 여상법(BAF), 접촉산화법
3) 생물막법은 유입하수에 의해 스스로 증식하고 생물종이 다양(후생동물, 미소후생동물)하기 때문에 처리효율이 높고 질산화가 가능하며 슬러지 생산량도 적은 특징을 가지고 있다.
4) 생물막법은 호기성뿐만 아니라 무산소, 혐기공정에도 적용 가능

2. 제거원리

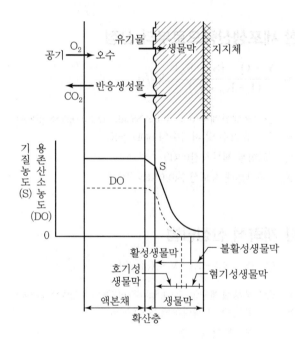

2.1 생물막에서의 유기물 이동

유입유기물은 생물막의 먹이가 되며, 미생물이 성장하게 되어, 대사물질로 CO_2, H_2S 방출

2.2 생물막의 탈리(Slough – off)

1) 내생호흡 상태, 혐기성 상태 생물막 → 매체에서 부착력 약화 → 생물막의 탈리 발생

2) 교반매체의 이동 시 발생되는 전단력(회전매체의 전단력, 수류의 전단력) → 표면부분 생물막
탈리

2.3 반응조 내 미생물량의 조정

1) 자동적으로 생물막 증식과 탈리에 의한 조정 : 운전관리 간단
2) 처리가 악화될 경우 미생물량은 단시간 내 조정 불가능

3. 특징

3.1 미생물의 특징

1) 부착성 미생물로서 체류시간에 관계없이 증식속도가 느린 미생물도 생물막에 부착·증식하므
로 생물상의 폭이 넓고 고농도이다.
2) 원생동물, 미소후생동물 안정적 증식
3) 유기물부하, 수온 등의 환경변화에 저항성 증가
4) 슬러지 발생량이 적다.
5) 상위층 생물막 : 종속영양미생물, 두꺼운 미생물막 형성
   하위층 생물막 : 독립영양미생물, 생물막 두께가 얇다.

3.2 운전경비

1) Aeration 불필요 → 소요동력이 적다.
2) RBC의 경우 반송이 불필요하므로 운전경비 저렴
3) 살수여상 : 살수기와 재순환 동력이 필요

3.3 운전관리의 용이성

1) 운전이 용이하다.
2) 생물상의 폭이 크므로 처리가 자연적으로 이루어지며
3) 부하변동, 충격부하에 강하다.

3.4 고액분리

부착성 미생물이므로 고액분리가 쉽다.

3.5 슬러지 생산량

1) SRT가 길기 때문에 잉여슬러지 발생량이 적다.
2) 하지만, 미세한 미생물의 유출수에 의해 처리수의 수질악화 우려 존재

3.6 반응조의 다단화

1) 활성슬러지의 다단화 : 침전지가 여러 개 필요

2) 생물막법의 다단화 : 미생물이 매체에 부착 → 다단화 용이

3.7 질산화 반응 용이

1) 아질산, 질산생성균은 성장속도가 느리기 때문에 활성슬러지법에서는 SRT가 짧아 증식이 어렵다.

2) 생물막법에서는 미생물의 증식속도가 느리고 부착성장을 하므로 질산화가 용이하다.

3.8 슬러지벌킹이 일어나지 않는다.

3.9 운전경비가 저렴하고, 유지관리가 용이하다.

3.10 독성물질 유입 시 부착된 미생물에 충격 → 단시간에 회복이 어렵다.

3.11 미생물의 탈리 : 미세한 Floc 유출 우려

4. 제안

1) 질소성분의 제거는 생물막의 부착미생물에 의해 제거가 가능하나, 인은 부착미생물에 의한 제거가 어렵다.

2) 질산화 반응을 위해서는 긴 SRT가 필요하므로, 기존 활성슬러지법 또는 고도처리의 생물반응조의 담체(매체) 주입에 의한 질산화의 유도도 바람직(결합고정화 담체, 포괄고정화 담체 등)하다.

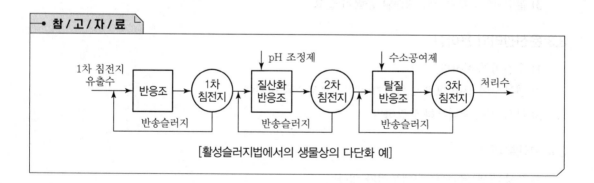

[활성슬러지법에서의 생물상의 다단화 예]

Key Point +

• 73회, 77회, 110회 출제

• 출제 빈도가 낮으나 출제 시 담체공법을 포함해서 여러 가지 생물막법공법에도 언급을 해야 할 부분이 있음

• 생물막법의 처리 원리와 특징에 대한 내용은 반드시 숙지하기 바람

회전원판법(RBC : Rotating Biological Contactor)

1. 원리

1) 미생물이 부착되도록 넓은 표면적을 가진 회전원판을 이용
2) 원판의 약 40%가 물에 잠긴 상태로 회전하면서 폐수 내 유기물을 처리하는 생물막법
3) 처리 과정 : 원판이 폐수 내에 잠겨있을 때 생물막에 유기물이 침투·흡착되며 대기 위로 노출될 때 산소의 공급을 받게 되어 생물막 내 유기물을 산화·분해
4) 증식된 생물막의 일부는 폐수 내를 회전할 때 발생하는 전단력에 의해 탈리되어 이차 침전지에서 침전·분리 제거된다.
5) 탄소제거미생물 : 갈색 – 회색
6) 질산화 미생물 : 적색 – 녹색을 띠며 부착성장을 한다.

2. 회전원판의 기능

1) 미생물이 서식할 수 있는 표면을 제공
2) 미생물과 폐수의 접촉기능
3) 미생물과 폐수에 산소공급
4) 증식된 미생물의 탈리
5) 혼합액을 조 내에서 교반(고형물 침전방지)

3. 상부덮개 설치이유

1) 한랭기에 보온 유지
2) 일광에 의한 조류번식 방지
3) 강우에 의한 미생물 탈리 방지
4) 악취발산 방지

4. 운영방식

1) 조는 2조 이상
2) 처리단수 : 2단 이상(일반적으로 3단 이상)
3) 단면은 직사각형 단회로나 슬러지 퇴적이 생기지 않는 구조
4) 소규모 처리규모에서는 단독처리 방식 이용
5) 살수여상 또는 활성슬러지법과 병행 및 보조처리방식
6) 전처리(최초침전지 or 침사지)와 최종침전지는 필수적으로 설치

5. 특징

5.1 장점

1) 유입폐수의 부하변동에 강하다.

2) 저농도 폐수나 고농도 폐수에도 적합하다.

3) 유지관리비가 저렴하고 운전이 용이

4) 슬러지 발생량이 적다.(활성슬러지의 약 50% 정도)

5) 슬러지의 침전 및 탈수성이 좋다.

6) Sludge Bulking의 우려가 없다.(회전원판법과 같은 생물막법은 SRT가 길어 사상균 성장이 어렵다.)

7) 질산화 발생이 쉽다.(SRT가 길기 때문)

8) 악취, 곤충 발생이 살수여상에 비해 적다.

5.2 단점

1) 소요부지면적이 크다.

2) 대규모 처리장에는 적용이 다소 어려움

3) 저온 시 처리효율 저하 및 처리 불능 : 실내에 설치하여 보온을 할 필요가 있음

4) 폐수의 성상에 따라 처리효율에 영향이 크다.

5) 미생물량의 임의조절이 불가능

6) 운전이 원활하지 못할 경우 혐기성화로 인한 악취발생

7) 처리수에 미세한 SS 유출, 투명도 악화 우려

8) 하루살이와 같은 곤충발생 우려

9) 유기물 부하가 크게 되거나 회전속도가 낮으면 부착미생물이 과다하게 되어 원판의 축이 파열될 우려

10) 유입하수 내에 H_2S가 많으면 RBC의 처리효율 저하

   ① H_2S의 과부하 : Autotrophic Sulfur Bacteria인 흰색·회색을 띠는 Beggiatoa가 성장

   ② 온도가 13℃ 이상이 되면 처리효율에는 별 영향이 없다.

Key Point ✦

• 회전원판법은 최근 출제경향은 아니지만 회전원판법의 특징은 숙지할 필요가 있음(생물막법의 특징과 거의 유사)
• 또한 특징 중 긴 SRT로 인한 질산화 발생과 Sludge Bulking이 발생되지 않는 부분은 가장 큰 특징 중의 하나임

살수여상법

관련 문제 : 살수여상법의 문제점과 대책 위주

1. 개요

1) 살수여상법은 생물막법의 일종으로 보통 도시하수의 2차 처리를 위해 사용됨

2) 여재로 채워진 여상 위에 살수된 하수는 여재 사이를 유하하면서 하수 내에 있는 유기물이 여재 표면에 형성된 미생물막에 흡착되어 산화분해되어 제거된다.

3) 살수여상은 불용성 고형물을 제거하는 것이 아니고 용해성 유기물을 생물산화과정에서 제거한다.

4) 유기물의 제거는 여상의 상부에서 가장 높고, 하부층으로 갈수록 제거율이 감소된다.

5) 깊은 여상바닥에서는 질산화 미생물이 성장할 수도 있다.

2. 종류

1) 표준살수여상법

① 80~240g BOD/m³ day

② ϕ25~50mm 쇄석

③ 1.8~2.4m 깊이

2) 고율살수여상법

① 480~2,400g BOD/m³ day

② ϕ50~60mm 쇄석

③ 0.9~2.4m 깊이

3. 여재의 구비조건

1) 하수에 의한 침식, 풍화작용 등에 내구성이 있을 것

2) 공극률이 크고 통기성이 좋을 것

3) 여재표면은 생물막이 잘 부착되도록 비표면적이 크고 거칠 것

4) 입도가 비교적 균일할 것

5) 단가가 싸고 구입이 쉬울 것

4. 장점

1) 건설비 및 유지관리비가 적다.

2) 운전이 간단하다.

3) 유지관리가 용이하다.

4) 포기를 위한 동력이 필요 없다.

5) 슬러지 발생량이 적다.

6) 부하변동 및 독성물질의 유입에 강하다.

7) 자연저인 통풍이 기능할 경우 에너지 절약효과가 있다.

8) 온도의 영향이 적고 저온에 잘 견딘다.

9) Sludge Bulking, Rising 문제가 없다.

10) 슬러지량과 공기량의 조절이 필요 없다.

11) 저농도 슬러지 처리도 가능하다.

5. 단점

1) 처리효율이 낮다.

2) 소요부지면적이 크다.

3) 손실수두가 크다.

4) 발생된 슬러지는 쉽게 안정화되지 않는다.

5) 여재의 폐색이 자주 발생

6) 악취 및 여상파리 발생

7) 생물막의 탈락으로 처리수가 악화될 수 있다.

8) 처리효과가 계절에 따라 차이가 크다.

9) 겨울철에 동결될 수 있다.

10) 생물막의 공기유통저항이 커서 산소공급능력에 한계가 있다.

6. 문제점 및 대책

6.1 Ponding

여재 사이가 막혀 여상표면에 물이 고이는 현상

1) 원인

① 여재가 너무 작거나 불균일할 경우

② 여재가 견고하지 못해 심한 온도차에 의해서 부서진 경우

③ 1차침전지에서 슬러지 제거가 불충분한 경우

④ 미생물막이 과도하게 탈리한 경우

⑤ 유기물질이 과부하인 경우

2) 대책

① 여재를 잘 긁는다.

② 여상표면을 고압수증기로 세척

③ 여재교환 사용

④ 여재를 1일 이상 담수하고 고농도 염소를 1주 간격 투입

⑤ Ponding된 여상을 1일 이상 건조시킨다.

6.2 여상파리 번식

1) 원인

① 날씨가 따뜻하여 파리가 번식

② 미생물막이 과도하게 성장

③ 간헐적인 살수(저율 표준살수여상)인 경우

2) 대책

① 살충제를 살포한다.

② 여과상 폐수를 범람시킨다.

③ 여과상 주위에 벽을 쌓는다.

④ 폐수를 계속적으로 살수

⑤ 1주 간격으로 여상을 24시간 담수

⑥ 1~2주 간격으로 유입폐수에 염소주입

6.3 산소결핍, 악취발생

1) 원인 : 여상이 혐기성 상태이므로 냄새 발생

2) 대책

① 순환수 사용 : 유기물 농도 감소시킴

② 호기성 상태로 변환 : 하부집수장치

③ 필요한 환기 및 탈취설비

6.4 동결

1) 문제점 : 여상표면에 얼음이 얼면 운영방해 초래

2) 대책

① 노즐 조정

② 한랭지의 경우 눈, 바람, 결빙에 대비해 여상 복개
③ 방풍벽 설치
④ 폐수를 여재에 균등 살포
⑤ 순환수의 유량을 감소시키거나 중단 : 순환수의 수온이 대체로 유입수의 수온보다 낮기 때문

접촉산화법

1. 개요

1) 생물막법의 일종으로 반응조 내의 접촉재 표면에 발생 부착된 호기성 미생물의 대사활동에 의해 하수를 처리하는 방식으로

2) 유입수 중의 유기물은 호기성 상태의 반응조 내에서 접촉재 표면에 부착된 생물에 흡착되어 미생물의 산화 및 동화작용에 의해 분해·제거된다.

3) 부착미생물의 증식에 필요한 산소는 포기장치로부터 조 내에 공급하게 된다.

4) 접촉재 표면의 과잉부착미생물은 탈리되어 2차침전지에서 침전·분리되어 잉여슬러지로 인출된다.

2. 처리원리 : 생물막법의 특징 참조

1) 유기물의 이동

2) 미생물 탈리(Slough – off)

　① 미생물의 내생성장 또는 혐기성 상태에 의해 부착력 약화

　② 수류의 전단력

3) 미생물의 증식

　① 미생물의 증식은 자동적으로 이루어지며

　② 미생물 성장의 악조건 존재 시 단시간에 회복이 어렵다.

3. 특징

3.1 장점

1) 반송슬러지가 불필요하므로 운전관리가 용이하다.

2) 유지관리가 용이

3) 비표면적이 큰 접촉여재를 사용하여 부착생물량을 다량으로 보유할 수 있기 때문에 유입기질 변동에 유연히 대응할 수 있다.

4) 생물상이 다양하여 처리효과가 안정적이다.

5) 슬러지의 자산화로 잉여슬러지량이 감소한다.

6) 접촉재가 조 내에 있기 때문에 부착생물량의 확산이 어렵다.

7) 분해속도가 낮은 기질제거에 효과적이다.

8) 부하, 수량변동에 강하다.

9) 난분해성 물질 및 유해물질에 대한 내성이 높다.

10) 수온변동에 강하다.

11) 소규모 시설에 적합하다.

3.2 단점

1) 미생물량과 영향인자를 인위적으로 조작하기 어렵다.

2) 초기건설비가 높다.

3) 고부하 시 폐쇄의 위험이 존재

4) 매체에 생성되는 부착미생물량은 부하조건에 의하여 결정된다.

5) 반응조 내 매체를 균일하게 포기교반하기가 어렵다.

Key Point ✦

• 104회 출제
• 생물막법의 특징과 비교하여 숙지하기 바라며 다른 생물막법과의 공정구성의 차이점에 대한 숙지가 필요함

호기성 여상법(BAF : Biological Aerated Filter)

1. 개요

1) 호기성 여상법은 접촉재(Media)를 이용한 부착성장식 처리공정으로
2) 유기물질의 처리와 도시하수 및 산업폐수의 질소제거를 위해 사용
3) 호기성 여상법은 살수여상법의 생물막법과는 달리 충전 메디아가 물에 잠겨 중력에 의해 고정되어 있으며
4) 질산화와 유기물 분해에 필요한 산소는 반응기의 하부에 설치된 산기장치로 주입
5) 역세척
   ① 공기와 물을 이용한 역세척을 실시
   ② 메디아 공극에 부착된 또는 포획된 부유물질의 제거와 메디아 표면에 부착된 생물막의 성장과 탈리를 조절

2. 장점

1) 유기물의 제거와 질산화가 한 반응기에서 수행되며
2) 2차침전지가 필요 없다.(건설비, 부지면적을 적게 차지)
3) 슬러지벌킹의 위험이 없다.
4) 수량변동, 부하변동, 충격부하에 강하다.
5) 수온의 변화, 독성물질의 유입 등에 대한 안정성이 있다.
6) SRT가 길어 증식속도가 느린 질산화 미생물의 안정적인 성장과 질산화 진행이 가능
7) SRT가 길어 슬러지 발생량이 적다.
8) 유지관리가 용이하다.

3. 단점

1) 생물량의 인위적인 조절이 어렵다.
2) 생물막의 과도한 축적, 폐색, 탈리 등이 일어나면 수질악화가 우려된다.
3) 생물막의 탈리 시 처리수의 수질악화와 단시간에 회복이 어렵다.
4) 인 제거효율이 낮다.(응집제 주입설비의 설치를 검토한다.)

Key Point +

• 원리(산소공급)와 특징에 대한 이해가 필요함
• 특히, BAF의 특징은 생물막법의 특징과 유사하므로 생물막법과 함께 이해 바람

현수접촉산화법(HBC : Hanging Biological Contactor)

관련 문제 : BC Plus법

1. 개요

1) 생물막법의 일종으로

2) 특수한 Ring 모양의 Lace 상태로 접촉 매질을 수직으로 고정한 것으로 접촉 면적을 향상시킨 공법으로

3) 호기적 산화 및 혐기적 소화반응이 동시에 적용되는 공법으로

4) 생물막법의 HBC RING이라는 새로운 접촉재를 개발하여 생물막법의 장점을 최대한 살리면서 단점을 어느 정도 저감시킨 공법
   ① 하전성이 월등하며 적당한 강성을 가짐
   ② 수중에서 전하를 띠고 있어 수중에 존재하는 미생물을 급속히 부착시키며
   ③ 부착된 미생물이 기하급수적으로 증가하여 링 전체가 부착생물로 둘러싸여 봉상이 된다.
   ④ 또한 Ring은 물리 · 화학적으로 안정하며 수명이 길다.

2. 원리

1) 폭기조의 측면에서 공기를 공급하면 수중에 산소가 용해되며 기포의 부상력에 의해 원수의 교반이 이루어짐

2) 이때 링에 부착된 미생물군과 수중의 오염물질이 반복 접촉하여 유기성 오염물질의 제거가 이루어지고, 링 내부에 증식하는 혐기성균에 의하여 잉여슬러지는 분해되어 대기 중으로 방출

3) 처음 생물막 형성은 Seeding에 의하거나 접촉면에 발생되어 점차로 생육 증식
   ① 일정 두께 이상이 되면 생물산화기능을 갖는 호기성층과 호기성층에 의한 산소차단의 혐기성층(생물막 심부)이 발생됨
   ② 호기성층 : BOD와 O_2의 이화 · 동화작용에 의하여 계속 유기물의 부착 및 산화 · 분해가 일어남
   ③ 혐기성층 : 혐기분해에 의해 H_2S, CH_4, CO_2, N_2가 방출

4) **생물막** : 박테리아를 추제로 하고 Algae를 함유하지 않는다.
   ① 원생동물, 윤충류, 갑각류, 섬모충류 등 많은 후생동물을 포함
   ② 자연상태의 하천의 하상과 비슷한 생물막을 형성

3. 장점

1) 접촉재의 비표면적이 크기 때문에 미생물군을 다량 확보할 수 있다.

　　MLSS 농도가 5,000mg/L 이상으로 높다.

2) 슬러지일령(Sludge Age)이 길어 다종 · 다양한 생물상은 물론 농도가 높아 생화학적 반응속도가 빠르다.

3) 슬러지의 자기산화가 촉진되기 때문에 잉여슬러지량이 아주 적다.

4) 저농도의 오 · 폐수(저부하)에 우수한 처리효율을 갖는다.

5) 충격부하에 강함

6) 슬러지 반송이 불필요

7) 경우에 따라서는 침전조(고액분리시설)가 불필요

8) 슬러지벌킹의 발생이 없다.

9) 시설의 관리가 용이하고 유지관리비가 저렴

4. 단점

1) 부착한 생물량을 마음대로 조절할 수 없다.

2) 고농도의 오 · 폐수(고부하) 유입 시 생물성 슬러지의 부착속도가 상승하여 폐쇄현상을 가져올 수 있다.

3) 링의 지나친 충진은 비경제적이고 링 사이의 공간 폐쇄발생 우려

접촉산화법

1. 개요

1) 생물막법의 일종으로 반응조 내의 접촉재 표면에 발생하여 부착된 호기성 미생물의 대사활동에 의해 하수를 처리하는 방식으로

2) 유입수 중의 유기물은 호기성 상태의 반응조 내에서 접촉재 표면에 부착된 생물에 흡착되어 미생물의 산화 및 동화작용에 의해 분해·제거된다.

3) 부착미생물의 증식에 필요한 산소는 포기장치로부터 조 내에 공급하게 된다.

4) 접촉재 표면의 과잉부착미생물은 탈리되어 2차침전지에서 침전분리되어 잉여슬러지로 인출된다.

2. 처리원리 : 생물막법의 특징 참조

1) 유기물의 이동

2) **미생물 탈리(Slough-off)**

① 미생물의 내생성장 또는 혐기성 상태에 의해 부착력 약화

② 수류의 전단력

3) **미생물의 증식**

① 미생물의 증식은 자동적으로 이루어진다.

② 미생물 성장의 악조건 존재 시 단시간에 회복이 어렵다.

3. 특징

3.1 장점

1) 반송슬러지가 불필요하므로 운전관리가 용이하다.

2) 유지관리가 용이하다.

3) 비표면적이 큰 접촉여재를 사용하여 부착생물량을 다량으로 보유할 수 있기 때문에 유입기질 변동에 유연히 대응할 수 있다.

4) 생물상이 다양하여 처리효과가 안정적이다.

5) 슬러지의 자산화로 잉여슬러지량이 감소한다.

6) 접촉재가 조 내에 있기 때문에 부착생물량의 확산이 어렵다.

7) 분해속도가 낮은 기질제거에 효과적이다.

8) 부하, 수량변동에 강하다.

9) 난분해성 물질 및 유해물질에 대한 내성이 높다.

10) 수온 변동에 강하다.

11) 소규모 시설에 적합하다.

3.2 단점

1) 미생물량과 영향인자를 인위적으로 조작하기 어렵다.

2) 초기건설비가 높다.

3) 고부하 시 폐쇄의 위험이 존재

4) 매체에 생성되는 부착 미생물량은 부하조건에 의하여 결정된다.

5) 반응조 내 매체를 균일하게 포기교반하기가 어렵다.

4. 공정

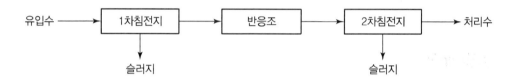

산화구법(Oxidation Ditch)

1. 처리계통

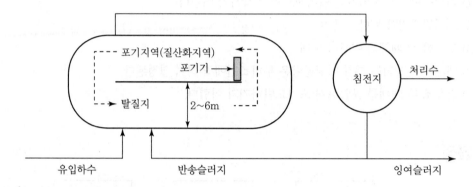

2. 공법 개요

1) 1차침전지를 생략하고 타원형의 무한수로(반응조)에 기계식 포기를 하여 산소를 공급하며, 2차 침전지(침전지)에서 고액분리가 이루어진다.

2) 저부하형 활성슬러지법

3) 기계식 포기장치의 기능

① 산소공급

② 혼합액의 교반 및 침전방지

③ 수로에 유속을 부여하여 혼합액의 순환

4) SRT를 길게 운전하여 질산화 반응이 발생되며, 무산소지역을 설정하여 탈질반응도 수행하여 질소를 생물학적 제거

3. 특징

3.1 장점

1) 저부하에서 운전되므로 수량, 수질, 수온저하 등의 변화에도 안정된 처리 가능

2) 질소제거 가능

3) SRT가 길어 슬러지 발생량이 적다. (유입 SS당 약 75% 정도)

4) 잉여슬러지는 호기성 분해가 이루어지므로 안정화된다.

5) MLSS 농도, 알칼리도가 균일하다.

6) 1차침전지가 없다.

7) 질산화 반응에 의해 처리수의 pH 저하

   pH 저하에 따른 수질악화를 방지하기 위하여 반응조 내 무산소 영역을 만들거나 무산소 시간을
   조정하여 탈질반응을 일으켜 질산화로 소비된 알칼리도를 보충할 수 있다.

3.2 단점

1) 체류시간이 길고, 수심이 얕으며, 넓은 부지가 소요된다.
2) 수류의 영향으로 산화구 내 사각지대 형성 우려

4. 설계제원

1) HRT : 24~48hr

2) SRT : 8~50days

3) MLSS : 3,000~4,000mg/L

4) F/M비 : 0.04~0.08kg BOD/kg MLVSS · day

5) R : 100~200%

6) 수심 : 1~3m

7) 유로폭 : 2~6m

8) 지수 : 2지 이상

9) 형상 : 장원형 무한수로, 수밀성 철근콘크리트

5. 포기장치

1) 1지에 2대 이상

2) 산소공급, 교반, 유속 확보

3) 간헐운전, 운전대수 제어, 회전수 제어, 침적심도의 변경 등에 따라 운전방법의 선택이 가능하도
   록 한다.

4) 종류 : 종축형, 횡축형, 스크류형 등의 기계식 교반장치, 축류펌프형 및 프로펠러형

6. 산화구

1) 굴곡부에 있어서는 외측의 유속이 내측의 유속에 비해 빠르게 되어 흐름의 정류부가 발생

   ① 슬러지의 침강 및 유효용량의 감소 등이 발생

   ② 굴곡부에는 도류벽을 설치하여 내측의 유속을 증대시키는 것이 바람직

2) 산화구 내의 유속은 최저유속 0.1m/sec 이상, 평균유속 0.25m/sec 정도로 한다.

7. 2차침전지(침전지)

1) 형상은 원칙적으로 원형 방사류식으로 한다.

2) 방식은 연속식을 원칙으로 한다.

3) 지수는 원칙적으로 2지 이상으로 한다.

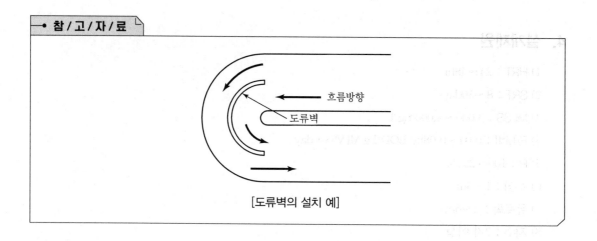

→ 참/고/자/료

[도류벽의 설치 예]

흐름방향

도류벽

장기폭기법

1. 개요

1) 활성슬러지의 변법으로 Plug Flow 반응조에서 HRT와 SRT를 길게 유지하고

2) 동시에 MLSS 농도를 높게 유지하면서

3) 미생물을 내호흡단계에서 하수를 처리하는 방법

4) 1차침전지를 생략

5) 슬러지 발생량이 적고, 처리수의 수질도 대체로 양호하나

6) 산소요구량이 많고 긴 체류시간으로 초기 시공비가 많이 소요된다.

2. 특징

2.1 장점

1) 소규모 시설에 적합하며, 1차침전지를 생략한다.

2) 긴 SRT 유지로 활성슬러지를 내생호흡단계에서 운전하며 슬러지가 자산화되기 때문에 잉여슬러지 발생량이 적다.

3) 유입수질 변동에 대한 대처능력이 표준활성슬러지법에 비해 양호

2.2 단점

1) 과잉포기로 슬러지 분산현상 또는 슬러지의 활성도가 저하되는 경우가 있다.

2) 산소소모량이 과대 및 포기조 용적의 증대로 유지관리비 및 초기건설비가 과대하므로 대규모 처리장에는 적합하지 않다.

3) 질산화가 진행되면서 pH의 저하가 발생

3. 처리계통

1) 원칙적으로 유량조정조 및 일차 침전지를 설계하지 않으며

2) 유량변화가 큰 경우에는 2차침전지에서의 유입량의 균등화를 위하여 유량조정조 설치를 검토할 필요가 있다.

3) 반응조는 청소, 보수 등의 경우를 고려하여 원칙적으로 2조를 설치

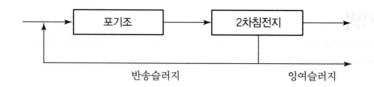

반송슬러지　　　　　　　　　　잉여슬러지

4. 설계기준

1) 계획하수량 : 계획1일최대오수량

2) F/M비 : 0.03～0.05kg BOD/kg MLVSS · day

3) BOD 용적부하 : 0.15～0.25kg BOD/m^3 day

4) MLSS : 3,000～6,000mg/L

5) SRT : 13～50days

6) HRT : 16～24hr

7) 슬러지 반송비 : 100～200%

8) 산기장치 및 송풍량

　　① 산기장치는 반응조의 운전방법에 따라 대응할 수 있는 기종 및 구성이 되도록

　　② 송풍량은 유기물의 산화와 내생호흡 및 암모니아성 질소의 질산화를 고려하여 결정한다.

Key Point +

• 장기폭기법은 최근 설치되는 처리장이 거의 없는 관계로 향후 출제확률은 상당히 낮은 문제이나 활성슬러지법의 변법으로 문제가 출제될 경우 긴 SRT와 HRT에 따른 특징을 기술할 필요는 있음
• 따라서 장기폭기법의 특징 정도는 상기 인자와 함께 숙지할 필요는 있음

심층(深層)포기법

1. 개요

심층포기법은 수심이 깊은 조를 이용하여 용지이용률을 높이고자 고안된 공법

2. 특징

1) 용지이용률이 높다.

   포기조를 설치하기 위해 필요한 단위용량당 면적은 조의 수심에 비례해서 감소

2) 수심이 깊을수록 송풍량당 압축동력 증가

3) 산소용해력 증가

   산소용해력이 증가하므로 송풍량 감소 및 소비동력의 감소 가능

4) 활성슬러지의 침강성 저하 우려

   ① 산기수심이 깊을수록 용존질소농도가 증가하여 이차 침전지에서 과포화된 질소가 재기포화 우려

   ② 슬러지부상 우려

   ③ 용존질소의 재기포화에 따른 대책이 필요

   ④ 산기수심이 5m를 넘을 경우 슬러지부상현상이 뚜렷

3. 설계기준

1) 조의 용적 : 계획일최대오수량

2) 조의 수 : 2조 이상

3) 수심 : 10m 정도

   수심이 10~15m를 넘는 경우 용존질소의 재기포화에 대한 내책수립이 필요

4) 형상

   ① 직사각형

   ② 폭은 수심에 대해 1배 정도로 한다.

   ③ 조 내 유체의 흐름 : Plug-flow 흐름

   ④ 혼합방식 및 포기방식에 따라 정류벽을 설치한다.

4. 포기방식 및 송풍량

1) 포기방식

포기에 따라 용해한 용존질소의 농도가 2차침전지에서 과포화상태가 되지 않도록 한다.

2) 송풍량

반응조의 필요공기량은 유입수질, 질산화의 유무 등을 고려하여 구한 필요산소량을 기준으로 산기장치의 산소전달효율로부터 구한다.

5. 슬러지부상 방지대책

1) 산기장치는 5m를 한계로 하고 조의 밑바닥에서 중간부분의 높이에 설치
2) 산기장치를 밑바닥에 설치하는 경우 : 2차침전지의 혼합액이 도달하기 전에 재포기를 시행하여 질소가스를 탈기

Key Point *

87회 출제

하수처리장 계측항목

구분	계측항목
침사지	수위, 유량, pH, 게이트의 개도
펌프정	수위, 유량, 밸브개도, 토출압
1차침전지	유량, 오니인발량, 오니농도, 슬러지계면
생물반응조	유량, 공기량, DO, MLSS, pH, SV, ORP, NO_3-N계, NH_3-N계, 수온, 밸브개도
2차침전지	유량, 반송슬러지량, 잉여슬러지량, 슬러지농도, 슬러지계면
방류구	유량, 수위, 탁도, COD, pH, $T-N$, $T-P$

--- 참 / 고 / 자 / 료

○ S 처리시설 운영자동화 계획

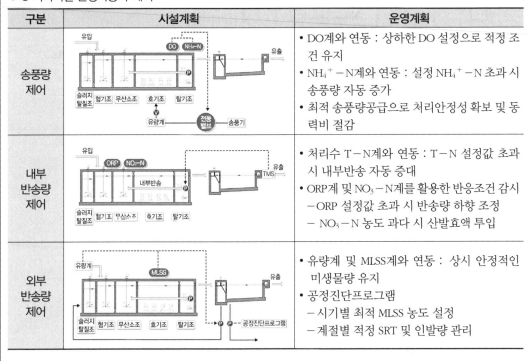

구분	시설계획	운영계획
송풍량 제어		• DO계와 연동 : 상하한 DO 설정으로 적정 조건 유지 • NH_4^+-N계와 연동 : 설정 NH_4^+-N 초과 시 송풍량 자동 증가 • 최적 송풍량공급으로 처리안정성 확보 및 동력비 절감

내부 반송량 제어		• 처리수 $T-N$계와 연동 : $T-N$ 설정값 초과 시 내부반송 자동 증대
		• ORP계 및 NO_3-N계를 활용한 반응조건 감시
		  - ORP 설정값 초과 시 반송량 하향 조정
		  - NO_3-N 농도 과다 시 산발효액 투입

외부 반송량 제어		• 유량계 및 MLSS계와 연동 : 상시 안정적인 미생물량 유지
		• 공정진단프로그램
		  - 시기별 최적 MLSS 농도 설정
		  - 계절별 적정 SRT 및 인발량 관리

구분	시설계획	운영계획
약품 투입량 제어	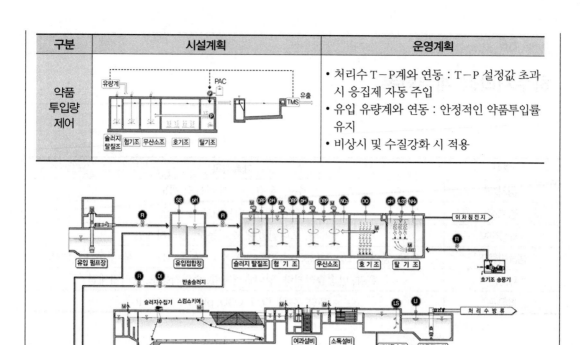	• 처리수 T－P계와 연동 : T－P 설정값 초과 　시 응집제 자동 주입 • 유입 유량계와 연동 : 안정적인 약품투입률 　유지 • 비상시 및 수질강화 시 적용

[S 처리시설 공정별 주요 계측기기]

Key Point +

• 상기 문제는 1차 고사보다는 면접고사에 출제될 확률이 높으며, 실제로 출제된 문제임
• TMS 구축에 의한 감시항목(계측항목)과 비교하여 숙지할 필요가 있음

처리장 저유량 · 저부하대책

1. 서론

1) 일반적으로 질소를 처리하기 위한 하수처리 C/N비는 최소 3 이상
   ① 탈질균
      ㉮ 종속영양미생물로 세포의 증식을 위하여 유기탄소를 필요
      ㉯ 탈질 시의 에너지원으로 Carbon Source를 필요로 한다.
2) 외부탄소원 필요
   ① 하수 중에 쉽게 생분해 가능한 유기물인 Soluble Biodegradable Carbon을 섭취하는데 C/N비
   가 맞지 않을 경우 외부탄소원 주입이 필요
   ② 주로 메탄올 주입
3) NH_3-N 1mg/L 제거를 위해 약 3.7mg/L의 CBOD가 필요
   ① 그러므로 유입하수 성상 중 CBOD : N의 비율이 약 4 : 1 이상 유지되어야 정상적인 탈질효
   율을 기대할 수 있다.
   ② C/N비가 적정하지 않을 경우 탄소원 등의 투입을 검토
4) 따라서 처리효율 향상을 위해 이러한 유입성상의 불균형 및 유량변화에 따른 대책이 필요하다.

2. 설계 시 저유량 저부하대책

2.1 하수병합처리방법

1) 저유량-저부하 하수처리시설 설계 시 주변 환경오염처리시설의 유무를 파악하여 분뇨, 축산폐수
   등을 병합처리하여 적정 F/M비, C/N비, C/P비 등을 만족할 수 있는 시설로 계획
2) 초기 저유량-저부하
   ① 원폐수를 공급하여 일성 농도를 회복했을 경우에는
   ② 1차 처리수나 처리 중의 폐수를 공급하여 처리효율을 높임
3) 연계처리에도 불구하고 적정 F/M비, C/N비, C/P비 등을 만족시키지 못할 경우
   ① 외부탄소원 투입을 검토
   ② 외부탄소원 주입은 공급시설 설치비 및 운영비의 상승을 초래

2.2 계열화 설계

하수처리시설 계획 시 계열화 설계를 함으로써 어느 정도 초기 저유량 저부하 문제를 해결할 수 있다.

1) 1계열 운전

① 장점

㉮ 계획공정상 충분한 신뢰성 운전을 시행할 수 있다.

㉯ 저유량－저부하 시 정상화 전까지 운전 시에 효율적이다.

㉰ 공정변화를 통한 해당 처리장에 적합한 **효율**을 파악할 수 있다.

② 난섬

㉮ 전 계열 부하 시 운전을 시행할 수 없다.

㉯ 나머지 계열은 하수량 증가량에 따라 향후 확장운전이 요구된다.

2) 계열운전

① 장점

㉮ 전 계열의 부하운전을 시행함으로써 문제점 발견 시 사전에 조치할 수 있다.

㉯ 설계량 및 설계오염도 배출 시 가장 효율적인 방법이다.

② 단점

㉮ 해당 공법에 대한 충분한 신뢰성 시운전(연속운전)을 수행할 수 없다.

㉯ 1계열 종료 후 타 계열로의 공정조정에 따른 다소의 시일이 소요된다.

㉰ 타 계열 공정 전환 시 약간의 시일 동안 수처리가 불안정한 현상이 발생한다.

3) 종합

국내 대부분의 하수처리장은 시운전 기간 중 유입하수량이 설계치에 미치지 못하여 해당 하수량에 따른 계열화 시운전을 수행하고 종료하는 예가 일반적임

고도처리공정은 주어진 여건에서 지속적이고 안정적인 충분한 수처리 시운전이 필요하며 동절기를 포함할 경우 그 필요성이 더욱 크다.

2.3 저유량 저농도 폐수의 시운전

• 현장에서 실제 운전 시 여러 가지 사항이 발생할 수 있으므로 설계자는 운전 매뉴얼 등을 작성하여야 한다.

• 실제 현장에서 제 조건 발생 시 운전방법을 요약하면 다음과 같다.

1) 저유량 - 저농도

① 계열운전 시행

② 저부하 시 1차침전지 우회운전 시행 : 유기원 확보

③ 포기/비포기 시간 조정(60분/60분 → 30분/30분)

④ MLSS 농도 하향조절(F/M Balance 유지)

   MLSS Meter 연동운전(회전수/대수제어)

⑤ 송풍량 조절 : MLSS 농도 하향조정 및 저농도 유입에 따른 송풍량 감소

⑥ 잉여슬러지 인발 유의

　㉮ 적정 SRT 유지

　㉯ 활성슬러지 Floc 상태 관찰하면서 인발

⑦ 차집관로 점검 철저 및 유입펌프장(대수/회전수 제어운전)

2) 저유량 - 고농도

① 계열운전 시행

② 포기/비포기 시간 조정(60분/60분 → 90분/90분)

③ MLSS 농도 상향 조정

　㉮ F/M Balance 유지

　㉯ MLSS Meter 연동운전(회전수/대수제어)

④ 송풍량 조정 : DO Meter 연동 운전

3) 고유량 - 저농도

① 계열운전 시행(정상운전)

② 저부하 시 1차침전지 우회 운전시행 : 유기원 확보

③ 포기/비포기 시간 조정(60분/60분 → 30분/30분)

④ MLSS 농도 하향조절(F/M Balance 유지)

   MLSS Meter 연동운전(회전수/대수제어)

⑤ 송풍량 조절 : MLSS 농도 하향조정 및 저농도 유입에 따른 송풍량 감소

⑥ 잉여슬러지 인발 유의 : 적정 SRT 유지, 활성슬러지 Floc 상태 관찰하면서 인발

⑦ 차집관로 섬검 철저 및 유입펌프장(대수/회전수 제어운전)

3. 결론

1) 국내 대부분의 하수처리장은 시운전 기간 중 유입하수량이 설계치에 미치지 못하여 해당 하수량에 따른 계열화 시운전을 수행하고 종료하는 예가 일반적

2) 고도처리공정은 주어진 여건에서 지속적이고 안정적인 충분한 수처리 시운전이 필요하며 동절기를 포함할 경우 그 필요성이 더욱 크다.

3) 유입하수의 성상 파악이 우선적으로 이루어져야 한다.

① 특히 C/N비, 알칼리도, 유량변동률을 바탕으로 외부탄소원 주입 여부 및 알칼리도 보충계획 수립

② 유량변동이 클 경우 유량조정조의 설치 검토

· 참 / 고 / 자 / 료

N시 J처리시설 운전방안(처리공법 : 4 – Stage BNR)

1. 가동 초기 저유량 유입 시 운전방안

구분	가동 초기 저유량 유입 시	
운영 방안	• 반응조 구분 – 기본모드에서 운전 	기본 모드	전무산소조	혐기조	무산소조		호기조
			무산소조	호환조	| • 1계열 운전 실시 • 내부반송 내부반송을 무산소조로 유입시키는 기본모드 유지	• 외부반송 – F/M비 조절을 위해 낮은 MLSS로 운전(외부 반송률 감소 54%) • 각 반송률 및 운전방식 | MLSS (mg/L)	2,800	내부반송 (%)	124
분 할 주입률	2 : 8	외부반송 (%)	54	

2. 동절기 저수온 유입 시 운전방안

구분	동절기 저수온 유입 시	
운영 방안	• 반응조 구분 – 기본모드에서 운전 	기본 모드	전무산소조	혐기조	무산소조		호기조
			무산소조	호환조	| • 내부반송 내부반송을 무산소조로 유입시키는 기본모드 유지	• 외부반송 저수온으로 인한 미생물 활성도 저하로 높은 MLSS로 운전(외부반송률 증가 82%) • 각 반송률 및 운전방식 | MLSS (mg/L)	3,600	내부반송 (%)	104
분 할 주입률	2 : 8	외부반송 (%)	82	

3. 저 C/N비 유입 시 운전방안

구분	저 C/N비 유입 시 운전방안	

운영
방안
	• 반응조 구분
	   – 질소제거 강화모드(MLE)로 전환
	   – 호환조를 기본모드와 동일한 무산소조로
	     활용
		• 내부반송
		   기본모드의 전무산소조로 내부반송수를 유입
		   시켜 무산소조로 변경
		
		• 3차처리시설에서 응집침전을 통한 인 제거
		
		• 각 반송률 및 운전방식

기본 모드	전무산소조	혐기조	무산소조		호기조
			무산소조	호환조	
MLE 모드	무산소조	무산소조	무산소조	무산소조	호기조

MLSS (mg/L)	3,400	내부반송 (%)	117
분 할 주입률	10 : 0	외부반송 (%)	74

하수처리장 수리종단계획

1. 개요

1) 하수관거를 통해 유입된 하수는 펌프장에서 1차침전지로 양수하여 자연유히로 빙류될 수 있도록 하여야 한다.

2) 이때, 유수의 자연유하가 가능하도록 각 시설 간의 소요수위차를 산정하여야 하며

3) 이 계산값을 이용하여 자연유하에 의한 수리학적 경사의 안전성을 검토하고 펌프 등 기타 부대시설에 필요한 동력을 계산할 수 있으며

4) 각 처리시설의 적절한 굴착깊이 및 첨두유량 등 최악의 상황에서도 시설의 정상적인 운전이 가능하도록 할 필요가 있다.

2. 수리계산의 필요성

1) 시설의 수리학적 안정성 확보 : 자연유하에 의한 구배의 안정성 확보

2) 펌프의 소요수두 및 동력의 계산

3) 설치 지반고 및 굴착깊이 산정

4) 각 연결 시설 간의 연결관거를 적절하게 설계

3. 검토대상

1) 시설물의 계열화

2) 손실수두의 최소화

3) 유지관리동선의 최소화

4) 슬러지유선의 최소화

5) 장래 확장을 고려

6) 주위환경과의 조화

4. 수리종단계획

4.1 계획하수량

1) 유입관거
    ① 분류식 : 계획시간최대오수량
    ② 합류식 : 우천 시 계획오수량(3Q 이상)
2) 침사지 유입관거 : 계획시간최대오수량
3) 침사지 분배수로 : 계획시간최대오수량
4) 침사지 : 계획시간최대오수량
5) 침사지~펌프정 : 계획시간최대오수량
6) 펌프정~펌프방류토구 : 계획시간최대오수량
7) 펌프방류토구~1차침전지 : 계획시간최대오수량
8) 1차침전지 : 계획1일최대오수량
9) 1차침전지~포기조관거 : 계획시간최대오수량
10) 포기조~2차침전지관거 : 계획시간최대오수량 + 계획시간최대반송수량
11) 2차침전지~토구 : 계획시간최대오수량
12) 토구 : 계획시간최대오수량

4.2 고려사항

1) 여유치 : 포기조와 2차침전지 사이에는 슬러지 Floc이 파괴되지 않도록 가능한 한 여유수위를 작게 하는 것이 좋다.
2) 시설의 구조
    ① 단위시설 사이의 유량분배를 균등화할 수 있고 미생물의 손실을 방지하기 위하여 극도의 첨두유량에서는 2차 처리시설을 우회할 수 있는 대책 마련
    ② 관로나 수로에서 하수가 흐르는 방향이 변화되는 것을 최소화하는 것이 필요
    ③ 각종 수리학적 악조건의 발생을 고려 : 처리장 내의 기계설비 고장 등

4.3 수위

1) H.H.W.L : 우천 시 수위
2) H.W.L : 시간최대하수량 수위(고수위)
3) M.W.L : 일최대하수량 수위
4) L.W.L : 일평균하수량 수위
5) 방류선 수위의 결정, 방류펌프장 가동시점 수위 : 홍수위 결정

4.4 수리계통도

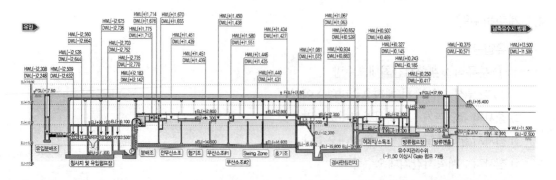

방류펌프장은 홍수 시 처리장 내 침수방지를 위하여 가동수위를 명확히 한다.

5. 수리계산

5.1 수리계산식

Manning 공식 : $Q = AV, \ V = \dfrac{1}{n} R^{2/3} I^{1/2}$

Darcy $-$ Weisbach : $h = f \dfrac{l}{D} \dfrac{v^2}{2g}$

Hazen $-$ Williams : $Q = AV, \ V = 0.84935 \, CR^{0.63} I^{0.54}$

5.2 수리계산방법

1) 계획방류수위를 정한 후 방류관거로부터 처리시설의 펌프시설 또는 유입관거까지 역으로 계산한다.

2) 계획방류수위 선정 → 방류거의 수위 → 월류위어수위 → 소독조수위 → 2차침전지와 소독조와의 도수관거 → 2차침전지 수위 → 포기조와 2차침전지의 연결수로 → 포기조 수위 → 포기조와 1차침전지의 연결수로 → 1차침전지 수위 → 분배조와 1차침전지의 수위 → 유입펌프장 수위 → 침사지와 유입펌프장 수위

○ 각 처리시설의 계획수량 및 평균유속

시설명		계획수량	평균유속
유입관거		계획시간최대오수량	0.6~3.0m/s
스크린	수동식	−	0.3~0.45m/s
	자동식	−	0.45~0.6m/s 이상
침사지유입관거		계획시간최대오수량	1.0m/s 이상
침사지분배수로		계획시간최대오수량	1.0m/s 정도
침사지		계획시간최대오수량	0.3m/s 정도
침사지~펌프정		계획시간최대오수량	1.0m/s 정도
펌프정~펌프방류토구		계획시간최대오수량	1.0m/s 정도
펌프방류토구~일차 침전지		계획시간최대오수량	1.5~3.0m/s 정도
1차침전지		계획일최대오수량	0.3m/s 정도
1차침전지~포기조관거		계획시간최대오수량	0.6~1.0m/s
포기조~2차침전지관거		계획시간최대오수량 + 계획시간최대반송수량	0.6m/s 정도
2차침전지		계획시간최대오수량	0.3m/s 이하
3차처리시설(여과지등)		계획일최대오수량	0.2m/s 이하
3차처리시설~소독조관거		계획시간최대오수량	0.6m/s 정도
소독조		계획일최대오수량	0.2m/s 이하

Key Point +

111회, 125회 출제

하수처리장 내 연결관거 설계기준

1. 개요

하수처리장 내 연결관거란 펌프토구부터 반응기, 침전지, 토구 등의 단위공정을 연결하는 관서로 일변동, 시간변동을 고려하여 설계함

2. 설계기준

2.1 계획하수량

1) 펌프토구~1차 침전지
   ① 합류식 : 우천 시 계획오수량
   ② 분류식 : 계획시간 최대오수량
2) 1차 침전지~폭기조 : 계획시간 최대오수량
3) 폭기조~이차침전조 : 계획시간 최대오수량＋계획반송슬러지량
4) 2차 침전지~토구 : 계획시간 최대오수량
5) 1차 침전지~토구
   ① 합류식 : 우천 시 계획오수량
   ② 분류식 : 계획시간 최대오수량

2.2 평균유속 : 0.6~1.0m/s

1) 유속이 과도하게 낮을 시 : 슬러지 침전
2) 유속이 과도하게 높을 시 : 수위차 증가 → 양정 증가
3) 폭기조~이차침전지 : 플록 파괴 유의

2.3 재질

1) 수밀 철근콘크리트 또는 주철관
2) 부등침하 유의, 내진대책

2.4 가능한 한 짧고, 굴곡이 작으며, 측관 기타 연결관과 고려하여 설계

2.5 비상시를 고려하여 복수로 설계

3. 제안사항

1) 합류식의 경우 일반적으로 우천 시 계획오수량을 기준으로 설계하나, 간이하수처리 등을 고려하여 설계할 필요가 있음

2) 분류식의 경우 우천 시 Peak 수량을 고려하여 여유율을 반영하는 것이 바람직함

Key Point +

- 110회, 121회, 122회, 123회, 130회 출제
- 최근 2회 출제 문제로 출제 빈도는 높지 않으나 기본적으로 숙지해야 함

Engineering Flow Sheet & P & ID

1. Engineering Flow Sheet

1) 공정도(Engineering Flow Sheet)
① 하·폐수의 적정 처리를 위한 최적의 단위공정 산정 및 선정된 단위공정을 배열하여 도면화하는 작업
② 다양한 공정에 포함된 주요 장치와 운전조건에서의 물질균형을 포함한 처리공정을 제시
③ 시설가동에서 직면할 수 있는 한계공정조건(예 첨두유량, 최소유량 등)을 포함
④ 공정흐름도(PFDs : Process Flow Diagrams)라고도 함

2) 고려사항
① 배출허용기준 및 목표수질
② 오염물질의 농도, 배출주기, 유량
유사 및 동일업종의 오염물질 배출원단위 등을 조사하여 참고
③ Pilot-test 결과 또는 유사·동일 업종의 하·폐수처리방법
④ 최적의 단위공정 배치

2. P & ID

1) 공정흐름도(Piping & Instrument Drawing)
① 공정의 설비나 배관, 계장 등을 다이어그램형식으로 표시
② 각 설비별로 일련번호 부여
③ 설비별 운전 또는 설계사양 기록
④ 전기계통, 배관, 설비의 형상과 설치 레벨 등을 표현
⑤ 하·폐수 공정의 핵심적인 기술을 표현
⑥ 플랜트 설비에서도 설계, 시공 및 운영에 있어 가장 중요한 도면

2) 고려사항
① 재질, 크기, Lining 재질
② 회전기계별 형식, 동력, 용량, 재질, Space Parts
③ 화학약품의 투입경로, 종류 및 연동관계
④ 배관의 재질, 크기, 밸브 부속품, 배관의 흐름
⑤ pH, ORP, 온도, 압력, 유량계 등의 배치와 연동기계 장치류의 표시

3. Engineering Flow Sheet & P & ID의 차이점

1) Engineering Flow Sheet

　단순히 하·폐수의 최적의 단위공정 선정 및 선정된 단위공정을 배열하여 공정을 나타낸 도면

2) P & ID

　① 설계, 시공 및 운영이 가능하도록 시설의 전체 사양을 상세히 표시한 도면

　② P & ID를 보면 제반시설의 모든 공정 및 기술내용을 파악할 수 있다.

CHAPTER

05

하수고도처리

암모니아 탈기법(Ammonia Stripping)

1. 개요

1) 수중의 NH_4-N을 물리·화학적으로 제거하는 방법

2) 유입하수의 pH를 11 이상으로 높여(석회첨가 등) 수중의 암모늄이온(NH_4^+)을 자유암모니아
   (Free Ammonia : 유리암모니아)로 변환시킨 후

3) 강렬하게 포기하여 자유암모니아를 공기 중으로 휘산시켜 제거하는 방법

4) 반응식

① $NH_3 + H_2O \leftrightarrow NH_4^+ + OH^-$

② pH가 증가하면 NH_4^+가 NH_3로 변하는 역반응이 진행된다.

2. 폐수 pH와 NH_4-N의 제거율과의 관계식

1) $NH_3 + H_2O \leftrightarrow NH_4^+ + OH^-$의 반응식에서

이온화상수(해리상수) Ka는

$$Ka = \frac{[NH_4^+][OH^-]}{[NH_3]} \Rightarrow \frac{Ka}{[OH^-]} = \frac{[NH_4^+]}{[NH_3]}$$

2) 전체 질소화합물 중 NH_3의 함량(%)

NH_3는 기체상태로 탈기되기 때문에 이 값은 탈기법에 의한 질소성분의 제거율이 된다.

$$NH_3(\%) = \frac{[NH_3]}{[NH_4^+] + [NH_3]} \times 100 = \frac{1}{1 + \dfrac{[NH_4^+]}{[NH_3]}} \times 100$$

$$= \frac{1}{1 + \dfrac{Ka}{[OH^-]}} \times 100$$

즉, $NH_3(\%) = \dfrac{100}{1 + \dfrac{Ka}{[OH^-]}} \times 100 = \dfrac{100}{1 + \dfrac{Ka[H^+]}{Kw}}$

※ $[OH^-] \times [H^+] = Kw$

3. 특징

3.1 장점

1) pH 상승을 위해 석회를 사용할 경우 인(P)도 동시에 제거된다.
2) 일정효율을 얻기까지는 운영비와 에너지 소비량이 적게 소요된다.

3.2 단점

1) 수중의 질소형태 중 NH_4-N만 제거가 가능하다.
2) 탈기법만으로는 암모니아의 처리효율에 한계가 있다.
3) pH 상승을 위해 알칼리제 투입이 필요 : 유지관리비, 약품비가 고가이고 탈기 후 다시 중화가 필요
4) 공기 중으로 휘산되는 암모니아를 제거하기 위한 탈취장치가 필요
5) 탈취장치로 흡착법을 이용하는 경우 흡착제와 흡착수의 처리가 필요
6) 온도저하에 따라 처리효율이 극히 떨어짐
7) 탈기를 위한 공기량이 다량 필요(3,000~4,000배)
8) 소음, 악취, 스케일 발생

Key Point +

• 116회 출제
• 상기 문제는 최근에 출제 빈도가 다소 떨어지는 문제이지만 탈기법에 의한 질소제거효율로 변형 출제될 가능성도 있음

미생물의 분류

1. 개요

1) 질소·인 제거공정에 관여하는 미생물은

① 유기물제거미생물, 질산화 미생물, 탈질미생물, 인제거미생물 등으로 분류

② 서로 경쟁적 공생관계

2) 제거하려는 물질을 효율적으로 제거하기 위해서는 해당 미생물이 선택적 우위에 있게 환경조건을 조성하여야 한다.

2. 미생물의 분류(그림 참조) – IAWQ Model에서 분류한 생물종

1) X_H : Heterotrophic

유기물제거미생물 : 유기물 섭취, DO 필요

2) X_{Aut} : Autotrophic

① 질산화 미생물, DO 필요

② 전체 미생물량의 약 10% 정도

3) X_{PAO} : Phosphate Accumulating Organism

① 인제거미생물, 유기물 섭취

② DO 필요(혐기조건에서 인 방출, 호기조건에서 인 흡수)

4) X_{DN} : Denitrification

탈질미생물, 유기물 섭취, DO 없어야 함(무산소 조건)

3. 특징

1) 빈응조 네에는 여러 종류의 미생물이 존재 : 상기 4종류의 미생물

혐기조일 경우 질산성 질소(NO_3-N)의 유입을 차단 : NO_3-N 존재 시 인 방출을 저해

2) 보통 반응조의 조합 시 혐기조를 가장 앞에 두는 이유

① 인을 먼저 제거시키기 위해서

② 유기물(특히 VFA)이 한정되어 있고, 인제거미생물의 유기물 섭취경쟁에서 다른 미생물에 비해 낮기 때문

③ VFA는 X_H에 의해서도 쉽게 분해되므로 X_{PAO}의 이용속도가 문제

④ 반송슬러지를 통하여 혐기조에 NO_x-N이 유입될 경우 VFA가 소모

⑤ VFA로 분뇨를 사용하는 경우도 있다.

3) 국내 하수는 용존산소가 높고, 유기물 농도가 낮으므로 질산화 미생물은 잘 됨

　① 하지만 최종침전지에서 탈질에 의한 슬러지부상 발생 우려

　② 침전지에 Scum Baffle, Skimmer 설치 필요

4) 호기조에서 질산화되어 혐기조에 유입되면 인 제거에 영향을 줌

　호기조에서의 체류시간을 줄일 필요가 있음

5) 반송슬러지의 질산성 질소(NO_3-N)에 의해 탈질효율 저하

　① 유기물 경쟁 관계에 있어 탈질 미생물보다 인제거미생물의 경쟁관계가 낮기 때문

　② 따라서 혐기조로의 NO_3-N의 최대한 억제할 필요가 있음

　③ 이를 보완한 공법 : UCT, MUCT, VIP 공법

6) 질산화 미생물은 독립영양미생물이므로 다른 미생물과 유기물 섭취에 대한 경쟁관계는 없으며 다른 미생물과 DO만 경쟁

7) X_H, X_{PAO}, X_{DN}은 유기물 경쟁관계 : 유기물이 충분히 존재하면 모두 잘 자람

8) 유기물 경쟁력 순위

　① $X_H > X_{DN} > X_{PAO}$

　② 위와 같은 경쟁력으로 인해 생물학적 고도처리의 경우 인제거미생물이 잘 성장할 수 있는 환경을 설정할 필요가 있다.

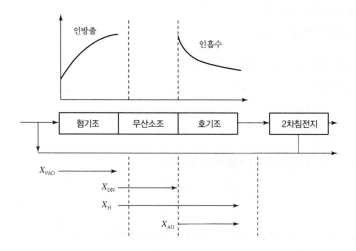

Key Point　+

• 92회, 112회, 119회 출제
• 상기 문제는 출제 빈도를 떠나서 생물학적 고도처리의 기본적인 이론이므로 확실한 숙지가 필요하며 특히 질산성 질소에 의한 혐기조의 인 방출 저해에 관련된 내용은 반드시 숙지하기 바람
• 질산화 미생물은 독립영양미생물이라는 점도 반드시 숙지하기 바람

1차침전지 설치 유무

1. 1차침전지의 역할

1) 침전 가능한 고형물의 제거

2) 1차 처리 및 생물학적 처리를 위한 전처리의 역할

3) 생물학적 처리에 적합한 수질을 확보하기 위하여 비교적 비중이 큰 부유고형물을 침전 제거

2. 설치 타당성 검토

구분	미설치	설치
시설개요	전처리시설 → 유량조정조 → 생물반응조	전처리시설 → 유량조정조 → 일차침전지 → 생물반응조
유입수질특성 (고도처리 및 완전분류식일 경우)	• 초기 저유량 및 저부하 유입 시 1차침전지의 운영 불필요 • 완전분류식 지역의 경우 우천 시 우수침전지의 기능이 필요 없음 • 하수 내 유기물 최대 활용으로 고도처리 효율 향상(안정적인 고도처리 가능)	• 생물학적 처리공정의 부하경감 • 생물반응조의 안정성 확보 • 합류식 지역의 우천 시 우수침전지의 기능을 수행 • 생물반응조에서 필요한 유기물의 제거로 처리효율 저하 우려 • 유기물의 침전으로 생물반응조 안정성 확보에 문제점이 발생할 가능성 존재 • 특히 저부하 시 유기물 부족으로 고도처리효율 저하
처리의 안정성	• 하수 내 유기물을 최대한 활용 - 질소·인 처리의 안정성 및 효율 증대 • 저농도 폐수유입 시 생물반응조 내 처리의 안정성 확보 • 생물학적 탈질공정 도입 시 유입수 내 적정 C/N비 확보 • 생물반응조 용량이 다소 증가 • 생물반응조 내 불활성 고형물 축적 우려	• 유기물 감소로 인한 생물반응조 처리능력 여유 확보 • 생물반응조 용량 감소가 가능 • 생물반응조 유입 고형물 감소 • 생물반응조 부하경감 및 완충효과 • 야간 등 저부하 시 C/N비 악화 • 부하변동 시 대처 용이
유지관리	• 유지관리업무 축소 • 생슬러지 처리시설 불필요 • 슬러지 처리계통 운전이 단순 • 초기 공사비 및 유지관리 비용 감소 • 수처리시설 집약화로 소요부지 축소 및 유지관리 지점 감소 • 하수찌꺼기 처리 및 외부탄소원 감소 등 CO_2 배출량 저감으로 저탄소 녹색성장 도모	• 시설이 복잡해지며 악취발생 우려 • 생슬러지 발생으로 처리시설 추가 및 처리비용 증대 • C/N비가 낮아 외부탄소원 별도 투입 필요

3. 1차침전지 미설치 시 발생 문제점에 대한 대책

1) 조목 및 세목스크린의 간격 세밀화로 전처리 강화

2) 침사제거효율이 높은 원형 선회류식 침사지의 적용 검토

3) 비상시에 대비하여 응집침전공정을 도입하여 비상시 및 과도한 SS 유입에 대비

4) 고농도의 하수유입 및 연계처리수(가축분뇨 및 폐수 등)의 유입 시 생물반응조의 부하경감 및 완충효과에 대한 대비책 마련이 필요

5) 우천 시 초과유입수 처리에 대한 대비책 마련 필요

▶ 참 / 고 / 자 / 료

◉ S 처리시설 1차침전지 활용계획

구분	기존 1차침전지 존치기	생물반응조로 활용
공정도		
개요	기존 1차침전지를 존치하고 생물반응조만 개량	반응조 체류시간 확보를 위해 1차침전지 생물반응조 개량
특징	• 생물반응조 부하경감 및 완충효과 • 우천 시 초과유입수 처리 가능	• 공정 단순화로 유지관리 용이 • 생물반응조 용량 및 송풍량 증가
선정	◉	
선정사유	• 생물반응조 부하경감 및 완충효과 위해 존치 • 1차침전지 개선 시 시설물 개량 공사비 증가 및 송풍량 증가에 따른 유지관리비 증가로 비경제적	

Key Point ◈

• 최근 기출문제임(88회 면접고사)

• 생물학적 고도처리 시 탈질반응에 필요한 수소공여체(유기물) 확보 관점에서 접근이 필요함

생물학적 질소 제거

1. 개요

1) 하수처리장에서의 생물학적 질소 제거는 수계의 보전과 부영양화 방지를 위한 목적으로 수행된다.

2) 즉, 질소가 미처리되어 수역으로 방류되면 조류의 성장으로 잠재적인 COD 유발원이 되고, 질소에 의한 산소소모량이 매우 커 이를 처리할 필요가 있다.

3) 또한 질산성 질소는 Blue−baby 문제를 유발하며, 정수장에서 염소소독 시 염소요구량을 증대시키는 문제점을 가지고 있다.

4) **자연계의 질소형태** : 유기질소, 무기질소(NH_4-N, NO_2-N, NO_3-N), 질소가스

5) 유기질소화합물은 생물학적 분해에 의해 암모니아 형태로 전환되며 암모니아성 질소는 질산화 과정에 의해 질산성 질소로 산화되며 무산소 조건에서 질산성 질소는 질소가스로 환원되어 제거되는데 이런 일련의 과정을 생물학적 질산화−탈질산화 과정이라 한다.

2. 질산화(Nitrification)

$$NH_4-N+3/2O_2 \rightarrow NO_2-N+H_2O+2H^+ \text{(Nitrosomonas)}$$

$$+ \quad \underline{NO_2-N+1/2O_2 \rightarrow NO_3-N \text{(Nitrobacter)}}$$

$$NH_4-N+2O_2 \rightarrow NO_3-N+H_2O+2H^+$$

1) 질산화는 Autotrophic 미생물에 의해서 NH_4-N가 2단계의 과정을 거쳐 NO_3-N로 산화

2) 질산화 반응에서 생성된 에너지는 질산화 미생물이 CO_2, HCO_3^-, CO_3^{2-} 등과 같은 무기탄소원으로부터 자신에게 필요한 유기물을 합성하는 데 사용

3) 1g의 NH_4-N을 산화시키기 위해서는 4.6g의 산소가 필요하며

4) 1g의 NH_4-N을 산화시키기 위해 7.2g의 알칼리도가 소모된다.

5) 질산화 미생물은 SRT와 수온에 따라 활성도가 상이하다.

즉, 저수온 시에는 질산화 미생물의 비증식속도가 작기 때문에 SRT를 길게 유지하여야 한다.

3. 탈질산화반응(Denitrification)

1) 탈질반응은 용존산소가 거의 없는(DO < 0.5mg/L) 조건하에서 통성혐기성미생물이 NO_2-N, NO_3-N와 같은 형태의 산소를 이용하여 에너지를 얻게 된다.

2) 즉, 탈질반응이 발생하기 위해서는 용존산소가 거의 없고 NO_2-N, NO_3-N와 같은 무기질소가 존재하여야 한다.

3) 탈질반응

$$2NO_3-N+2\underline{H_2} \rightarrow 2NO_2-N+2H_2O$$

$$+ \quad \underline{2NO_2-N+3\underline{H_2} \rightarrow N_2+2OH^-+2H_2O}$$

$$2NO_3-N+5\underline{H_2} \rightarrow N_2+2OH^-+4H_2O$$

$$\downarrow$$

수소공여체
① 유입하수 중 유기물, ② 미생물 체내기질
③ 외부탄소원, ④ 자체생산

4) 탈질반응은 알칼리 생성반응이므로 NO_3-N 1g 제거 시 알칼리도는 3.6g이 생성되는 반응

4. 영향인자

4.1 DO

1) 호기성(질산화) : DO ≥ 2.0mg/L

2) 탈질산화 : DO는 0.2~0.5mg/L 이하로 유지

3) 호기조 내에서는 점감식 DO 값의 유지가 필요
   ① 내부반송을 통해 무산소조로 유입 시 DO 0.2~0.5mg/L로 유지하기 위해서는
   ② 호기조 전단부에서는 DO를 높게(2.0mg/L) 유지하고 후단부에서는 0.5mg/L 정도로 유지함이 바람직

4.2 유기물질

1) 탈질반응은 Heterotrophic 미생물에 의해 발생하므로 전자공여체로 유기탄소원이 필요
   유기탄소원 : 유입하수 중의 유기물, 미생물체 내 기질, 외부탄소원, 자체생산

2) 우리나라 하수처리장의 경우 유입되는 원수의 BOD 농도가 낮기 때문에 외부탄소원의 주입이 필요

3) 원활한 질소제거를 위해 C/N비 4 이상 필요

4.3 온도

1) 온도는 미생물 성장속도와 질산성 질소의 제거속도에 영향을 미침

2) 저수온 시에는 질산화미생물의 비증식 속도가 작기 때문에 SRT를 길게 유지하여야 한다.

3) 설계기준 : 13℃

4.4 pH

반응조 내 존재하는 미생물과 성분에 따라 달라지나 보통 pH 7~8

● 참/고/자/료

❍ S 처리시설 유입수의 C/N비 및 C/P비 검토

구분	운영수질	계획수질	C/N비	C/P비
BOD	172	200		
T-N	54.47	58.87	최적범위 3.5~5 / 운영수질 3.2 / 계획수질 3.4	최적범위 24~64 / 운영수질 33.3 / 계획수질 37.2
T-P	5.17	5.38		
C/N비	3.2	3.4		
C/P비	33.3	37.2		
검토 결과	• 계획수질 C/N비 3.4 C/P비 37.2로 생물학적 고도처리에 C/N비는 약간 낮고, C/P비는 적절 • 낮은 C/N비에 적합한 생물학적 고도처리 시설 검토 • 유기물 확보를 위하여 1차침전지 미설치			

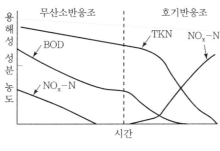

[생물학적 탈질의 원리]

Key Point +

• 72회, 75회, 94회, 96회, 100회, 121회, 123회 출제
• 상기 문제는 출제 빈도를 떠나 기본적인 이론이므로 반드시 숙지하여야 하며 생물학적 질소제거에 관련된 문제가 출제될 경우 변형 기술할 필요가 있음

비질산화율(SNR : Specific Nitrification Rate)

1. 질산화(Nitrification)

1) 하수처리장에서 질소제거는 수역의 잠재적인 COD 유발원인의 제거와 빙류수역의 부영양화 방지를 위해 필요하다.

2) 생물학적 질소제거공정에서 처리장으로 유입된 NH_4-N는 포기조에서 산화되어 최종적으로 NO_3-N로 전환되며, 무산소조건에서 NO_3-N는 N_2가스로 환원되어 제거된다.

3) 질산화

$$NH_4-N+3/2O_2 \rightarrow NO_2-N+H_2O+2H^+ (\text{Nitrosomonas})$$

$$+ \quad \underline{NO_2-N+1/2O_2 \rightarrow NO_3-N(\text{Nitrobacter})}$$

$$NH_4-N+2O_2 \rightarrow NO_3-N+H_2O+2H^+$$

① 1g의 NH_4-N을 산화시키기 위해서는 4.6g의 산소가 필요하며

② 7.2g의 알칼리도가 소요된다.

2. 비질산화율

1) 질산화 미생물은 SRT와 수온에 따라 활성도가 상이하다.

   ① 즉, 질산화 미생물의 비증식속도가 낮기 때문에 SRT을 길게 유지할 필요가 있으며,

   ② 저수온 시에는 미생물의 활성도가 저하되기 때문에 질산화 속도를 높게 유지할 필요가 있다.

2) SNR은 비질산화속도라고 하며, SDNR(Specific Denitrification Rate, 탈질속도), SPUR(Specific Phosphours Uptake Rate, 인 섭취속도), SPRR(Specific phosphorus Release Rate, 인 방출속도)와 더불어 하수처리장의 설계인자로 작용하는 반응속도

3) SNR은 Track Study가 아닌 Batch Test를 통해 알 수 있다.

4) 호기조유출수에 NH_4-N가 잔존할 경우 : 실제에 가까운 속도를 산출할 수 있다.

5) 호기조유출수에 NH_4-N가 잔존하지 않을 경우 : 생물반응조 내의 실제 속도보다 적게 산출

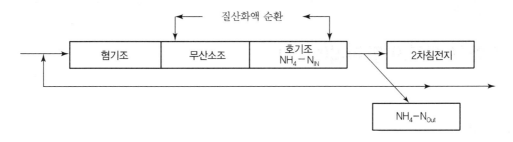

$$K_w = \frac{(NH_4 - N_{in} - NH_4 - N_{Out})}{MLSS \quad HRT_N} = \frac{(NH_4 - N_{in} - NH_4 - N_{Out})Q}{MLSS \cdot V}$$

여기서, K_w : 질산화 속도(mgN/mg MLSS/hr)

HRT_N : 호기조의 실제 체류시간

$NH_4 - N_{in}$: 호기조 유입수 $NH_4 - N$ 농도(mg/L)

$NH_4 - N_{out}$: 호기조 유출수 $NH_4 - N$ 농도(mg/L)

3. 비질산화율 시험방법

1) 대상 처리장 포기조 후단에서 샘플을 채취(약 2L)하고 필요항목 측정(MLSS, pH, $NH_4 - N$ 농도)

포기조 후단에서 채취 이유 : BOD에 의해 질산화 속도 측정이 방해되기 때문이며 포기조 후단

보다 반송슬러지가 더 좋다.

2) 암모니아 산화세균 배양배지 1,000mL을 이용

① 채취한 활성슬러지를 원심분리하여 배양배지에 첨가하고 자력교반기로 교반하면서 반응

시킴

② 반응시간은 실제 포기조 체류시간(HRT)과 같게 유지함이 바람직하며

③ 반응시간동안 온도조절과 공기공급

3) 매 시간마다 반응액을 채취하여 $NO_2 - N$, $NO_3 - N$의 농도를 측정하고 슬러지 농도를 측정하여

그래프로 나타내고

① 그래프의 기울기가 비질산화율이 된다.

② 단위(mg $NH_4 - N$/mg MLSS/hr)

순환식 질산화 탈질법(MLE)

1. 개요

    1) 생물학적 질소 제거는 수역의 부영양화 방지를 위한 목적으로 수행

    2) 즉, 질소가 미처리되어 하천과 호소로 방류되면 조류의 성장으로 잠재적인 COD 유발원이 되고, 질소에 의한 산소 소모량이 매우 커 이를 처리할 필요가 있다.

    3) 유기질소화합물은 생물학적 분해에 의하여 암모니아 형태로 전환되며 암모니아는 질산화 과정에서 질산성 질소로 전환되고, 무산소 조건에서 질산성 질소는 질소가스로 환원된다.

2. 처리계통 및 공법

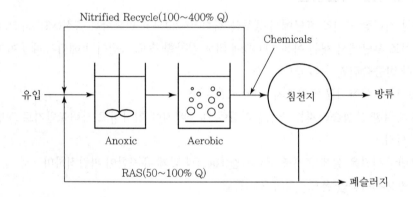

2.1 호기조

    1) 유기물 제거와 질산화를 통한 암모니아성 질소를 질산성 질소로 전환시키는 역할을 수행

    2) 질산화를 발생시키기 위하여 SRT를 길게 유지할 필요가 있다.

2.2 무산소조

    1) 질산화된 혼합액을 무산소조로 내부순환시켜 탈질반응에 의하여 질소를 제거

    2) 탈질에 필요한 유기물 : 유입하수 이용

    3) 즉, 무산소조에서는 유입하수의 유기물을 이용하여 호기조에서 반송되는 질산성 질소를 제거

4) 무산소조를 호기조 앞에 두는 이유
　① 유입하수의 유기물 중 쉽게 분해 가능한 유기물을 통해 탈질반응 시에 충분한 효율을 유지하기 위해
　② 수소공여체 : 유입유기물을 이용
　③ 유입유기물 농도가 낮을 경우 유리

3. 특징

1) SRT가 표준활성슬러지법보다 길게 운전되므로 슬러지 발생량이 적게 발생하나 반응조 용량이 커진다.
2) 하수 중의 유기물의 일부가 탈질반응 시 수소공여제로 이용되기 때문에 질산화 촉진형 활성슬러지법보다 BOD 제거에 필요한 산소공급량이 적어진다.

4. 장단점

4.1 장점

1) 후탈질에 비해 운전이 쉽다.
2) 질소제거율이 높다.
3) 슬러지 발생량이 적다.

4.2 단점

1) 체류시간이 길다.
2) 인 제거율이 낮다.
3) 온도에 의해 질산화 효율의 영향을 받는다.
4) 반응조 용량이 커진다.
5) 내부순환이 필요하므로 동력비 소요

Key Point　✛

- 73회, 97회, 128회 출제
- 질소 단독제거로 전탈질과 후탈질의 비교가 필요하며 각 공정의 구성 및 기능을 반드시 숙지할 필요가 있음
- 하수처리장 고도처리공정으로의 Retrofitting사업과 연계하여 숙지 필요

질산화 내생탈질법

1. 개요

1) 생물학적 질소 제거는 수역의 부영양화 방지를 위한 목적으로 수행

2) 즉, 질소가 미처리되어 하천과 호소로 방류되면 조류의 성장으로 잠재적인 COD 유발원이 되고, 질소에 의한 산소 소모량이 매우 커 이를 처리할 필요가 있다.

3) 유기질소화합물은 생물학적 분해에 의하여 암모니아 형태로 전환되며 암모니아는 질산화 과정에서 질산성 질소로 전환되고, 무산소 조건에서 질산성 질소는 질소가스로 환원된다.

2. 처리계통 및 공법

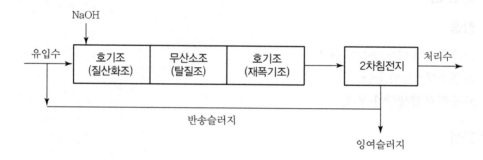

3. 공법 개요

1) 질산화 공정 이후에 탈질공정 배치 : 후탈질

2) 탈질반응에 필요한 수소공여체

　　① 활성슬러지 세포 내 축적된 유기물 이용

　　② 유입되는 유기물 부하가 높은 경우에 적용

3) 질산화액 순환 불필요

4) **외부로부터 유기물 첨가 필요** : 우리나라는 유입하수 BOD 부하가 낮아 적용 어려움

5) 호기조에서 질산화된 질소전량을 후단 무산소조에서 탈질하므로 높은 질소 제거율 가능

6) 탈질반응의 수소공여체로서 활성슬러지에 흡착되어 세포 내 축적된 유기물을 이용하므로 탈질속도가 느리고 큰 무산소조가 필요

7) 후단의 재폭기 반응조는 2차침전지에서 탈질에 의한 슬러지부상을 방지하고, 방류수의 DO 농도 확보를 위해 설치

4. 특징

1) 순환식 질산화 탈질법에 비해 목표치를 70~90% 높게 설정 가능(MLE 60~70%)

2) 무산소 반응조 후단에 재폭기 반응조 설치 필요

3) **질산화액의 반송이 불필요(순환펌프 불필요)** : 유지관리비 저렴

4) 반응조 용량이 순환법에 비해 1.2~1.3배 필요

5) 내생탈질용의 유기 탄소원 확보를 위해 1차침전지를 생략(or By-pass)

6) 알칼리도 소비에 의한 pH 저하대책 필요(통상 수산화나트륨 첨가 설비 설치)

7) 질산화 반응조의 용존산소농도를 0.5mg/L 정도에서 유지하므로 호기조건에서의 탈질반응도 기대

8) 생분해성이 높은 메탄올 등의 탄소원이 탈질 탄소원으로 공급될 때에는 탈질속도가 빠르고 효율이 우수하다.

9) 높은 질산성 질소의 제거를 위해서는 긴 체류시간이 요구된다.

Key Point +

• 128회 출제
• MLE 공법과의 비교를 통한 내용의 숙지가 필요하고 두 공법과 함께 질소단독제거(고도처리) 문제(25점)로도 출제될 수도 있으니 확실한 숙지가 필요함
• 또한 두 공법을 가지고 전탈질, 후탈질과의 연계된 문제로도 출제 가능하니 두 공법의 특징에 대한 숙지는 반드시 필요함

전탈질 · 후탈질

1. 전탈질

1.1 특징

1) 전탈질은 유입수 내의 유기물질을 이용하므로 외부탄소원을 주입하지 않아 처리비용이 적게 소요
2) 후탈질에 비해 슬러지 발생량이 적다.
3) 전탈질은 질산화와 BOD 산화에 소요되는 공기량이 감소
4) 외부탄소원을 이용하는 후탈질에 비해 탈질속도가 느리다.
5) 내부순환을 위한 동력비 소요
6) 전탈질공정의 질소처리효율은 유입수의 C/N비에 영향을 받으며 최소 C/N비 3 이상 소요
   실제 처리장에서 운영 시 C/N비 4 이상 필요

1.2 처리공정

1) 순환식 질산화 탈질법(MLE)이 대표적인 공법
2) 처리공정

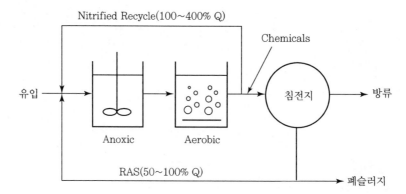

2. 후탈질

2.1 특징

1) 전탈질에 비해 외부탄소원을 사용하므로 반응속도가 빠르고 처리효율이 높다.
2) 외부탄소원을 주입하므로 처리비용이 증대

3) 후탈질공정에서 활성슬러지의 자기분해에 의한 내생탈질을 이용하는 경우 탈질조의 체류시간이 길어야 하므로 탈질조의 용량이 커져 시설비가 증대

4) 후탈질공정에서 외부탄소원을 사용하는 경우 슬러지 발생량이 증대

5) 후탈질은 공정관리를 위하여 질산화액의 NO_3-N 농도 측정 등 세심한 유지관리가 필요하다.

6) 외부탄소원을 사용하는 처리장의 경우 처리비용의 감소를 위해 처리장 내에서 유기산을 생성하는 처리공정의 도입에 대한 검토가 필요

2.2 처리공정

1) 질산화 내생탈질법이 가장 대표적인 공법

2) 처리공정

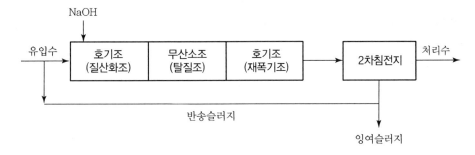

내부반송률과 탈질효율

MLE, A2/O 공법에서 질산화 효율은 일정하다고 가정

1. 서론

1) 하수처리과정에서 미처리된 질소의 방류는 방류수역에서 잠재적인 COD 유발원일 뿐만 아니라 방류수역의 부영양화를 유발할 수 있으며

2) 미처리된 NO_3-N의 유출 시 Blue-baby(청색증)를 유발할 위험성을 내포하고 있다.

3) 또한 방류수 수질기준이 기타 지역(T-N 60mg/L 이하)을 적용받는 처리장도 2008년부터 특별지역의 기준(T-N 20mg/L 이하, 겨울철은 기타지역 적용)을 적용받기 때문에 질소제거율의 향상이 필요하다.

4) 생물학적 질소제거는 호기성 상태에서 질산화시킨 후 무산소조건에서 탈질산화 반응에 의해 제거된다.

2. 생물학적 질소 제거

2.1 질산화 작용(Nitrification)

1) 호기성 조건(DO ≥ 2.0mg/L)에서 질산화 미생물에 질소의 산화가 일어남

2) 질산화 미생물은 독립영양미생물이며

3) 질산화 과정을 통해 4.6mg/L의 DO가 소비되며, 7.2mg/L의 알칼리도가 소비된다.

4) 질산화 반응

$$NH_4-N+3/2O_2 \rightarrow NO_2-N+H_2O+2H^+ (Nitrosomonas)$$

$$+ \quad \underline{NO_2-N+1/2O_2 \rightarrow NO_3-N(Nitrobacter)}$$

$$NH_4-N+2O_2 \rightarrow NO_3-N+H_2O+2H^+$$

2.2 탈질산화 작용(Denitrification)

1) 무산소조건(DO ≤ 0.5mg/L)에서 NO_3-N나 NO_2-N의 일부가 N_2로 되는 작용

2) 탈질과정이 일어나기 위해서는 C/N비가 4 이상 필요

3) 탈질과정을 통해 3.6mg/L의 알칼리도가 생성

$$2NO_3-N+2\underline{H_2} \longrightarrow 2NO_2-N+2H_2O$$

$$+ \quad \underline{2NO_2-N+3\underline{H_2} \longrightarrow N_2+2OH^-+2H_2O}$$

$$2NO_3-N+5\underline{H_2} \longrightarrow N_2+2OH^-+4H_2O$$

↓

수소공여체
① 유입하수 중 유기물, ② 미생물 체내기질
③ 외부탄소원, ④ 자체생산

3. 생물학적 질소제거공정

3.1 질소 단독제거

1) 순환식 질산화 탈질법(MLE : 전탈질)

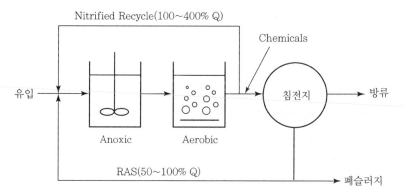

2) 질산화 내생탈질법(후탈질)

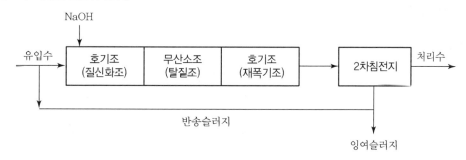

3.2 질소, 인 동시처리

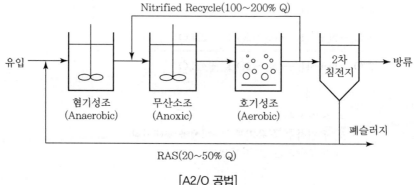

[A2/O 공법]

4. 내부반송률과 탈질효율의 관계

4.1 내부반송의 필요성

1) MLE 공법과 A2/O 공법의 경우 전탈질 방법의 일종으로 질산화반응 후 탈질반응을 수행하기 위해서 내부반송이 필요하며

2) 또한, 질산화 반응을 진행시키기 위해서는 긴 SRT와 높은 MLSS 농도가 필요하므로 슬러지 반송이 필요

4.2 내부반송률과 탈질효율의 관계

1) T−N 제거율은 질산화액 순환비에 의해 결정

2) 순환비(내부반송비)를 크게 하면 T−N 제거율은 커진다.

3) 따라서 순환비는 질소제거율에 대한 중요한 운전지표이며

4) 높은 T−N 제거율을 얻기 위해서는 순환비를 크게 할 필요가 있다.

5) 그렇지만 순환비의 상한 조정도 필요

4.3 순환비의 상한

• 일반적으로 순환비가 1.5 정도까지는 순환비 증가에 따라 T−N 제거율이 증가하지만

• 순환비 2 이상에서는 순환비가 증가하더라도 T−N 제거율의 증가 비율은 적어진다.

1) 순환비를 크게 하면 무산소조에서의 BOD/NO_3-N비가 감소하고 탈질효과가 저하될 가능성이 있다.

2) 순환비를 크게 하면 질산화액에 의한 무산조로의 DO 유입이 늘어나고, ORP를 상승시켜 탈질반응을 저해할 가능성이 있다.

3) 순환비를 크게 하면 무산소조에서의 실제 체류시간이 저하되며, 탈질효율이 저하할 가능성이 있다.

4) 순환비를 크게 하면 순환용 펌프의 설치비 및 운전동력비가 커진다.

5) 생물학적 고도처리의 경우 MLSS 농도를 1,500~3,000mg/L로 유지하는 표준활성슬러지법보다 높게 유지하기 위하여 슬러지 반송률을 50% 정도로 설정할 필요가 있다.

4.4 다단질산화 탈질법의 단수에 따른 T-N 제거율

1) 각 단에서 질산화와 탈질이 완전히 이루어지면 단수가 증가할수록 이론적인 질소제거율은 증가

$$\eta_{Max} = (1 - \frac{1}{N}\,\frac{1}{1+R+r}) \times 100 \, (\%)$$

여기서, η_{Max} : 이론적 질소제거율(Max)

N : 호기-무산소조 단수

R : 반송비

r : 내부반송비

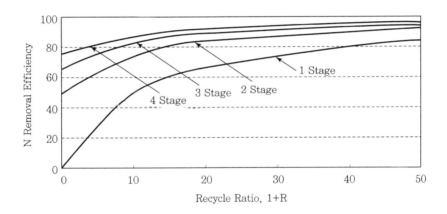

5. 결론

1) 질소제거율 상승을 위해

① 질산화액만의 순환비(내부순환비)를 1.5 정도

② 슬러지 반송비를 0.5 정도

③ 종합순환비를 2.0 정도로 설정함이 바람직

2) 호기-무산소조의 단수를 증가시켜 제거효율을 상승시키는 방법도 검토해 볼 수 있는 방법으로 보이며

3) 생물학적 질소 제거를 위해서는 탈질 시 필요한 수소공여체, 즉 탄소원의 확보를 위한 방법도 모색할 필요가 있다.

① 원활한 탈질을 위해 C/N비 4 이상 필요하지만

② 우리나라 처리장의 유입유기물농도가 낮으므로

4) 생물학적 질소, 인 동시처리공법의 경우 모순되는 SRT(질산화 : 긴 SRT, 인 제거 : 짧은 SRT)의 조정도 중요한 설계인자이므로

5) 운전지표의 종합적인 검토 후 각 처리장 실정에 적합한 방법을 모색할 필요가 있다.

Key Point +

- 상기 문제의 경우 향후 상하수도기술사 문제에 출제될 확률이 상당히 높음
- 생물학적 질소제거 이론뿐만 아니라 탈질에 필요한 수소공여체의 필요성, 여러 질소제거공법의 Process 등 다른 기출문제 또는 향후 출제될 문제와 연관성이 상당히 높기 때문에 생물학적 질소제거를 위한 기본적인 이론으로서도 꼭 숙지할 필요가 있음

외부탄소원 탈질

관련 문제 : 메탄올을 이용한 탈질

1. 개요

1) 생물학적 질소 제거의 원리는 호기성 상태(DO ≥ 2.0mg/L)에서 질산화 반응 후 무산소조건(DO ≤ 0.5mg/L) 상태에서 탈질반응에 의해 제거되는 원리이다.

2) 이때 탈질반응은 종속영양탈질로 수소공여체를 공급할 수 있는 유기물이 필요하다.

   ① 수소공여체 : 유입유기물, 미생물 기질 내 물질, 외부탄소원, 자체생산

   ② C/N비 4 이상

3) 우리나라의 경우 유입하수의 유기물질농도가 낮아 원활한 탈질반응을 위해서는 황을 이용한 독립영양탈질처럼 유기물이 필요 없는 공법을 적용하지 않을 경우, 외부탄소원을 주입할 필요가 있다.

4) **외부탄소원의 종류** : 메탄올, 에탄올, 글루코스, 아세트산

2. 탈질반응식

1) 탈질에 필요한 유기탄소원으로 메탄올을 사용할 경우 미생물 탈질을 고려한 탈질반응식은 다음과 같다.

$$NO_3 - N + 1.08CH_3OH + 0.24H_2CO_3 \rightarrow$$

$$0.056C_5H_7O_2N + 0.47N_2 + 1.68H_2O + HCO_3^- \quad\cdots\cdots (식1)$$

$$NO_2 - N + 0.67CH_3OH + 0.53H_2CO_3 \rightarrow$$

$$0.04C_5H_7O_2N + 0.48N_2 + 1.23H_2O + HCO_3^- \quad\cdots\cdots (식2)$$

2) 탈질과정에서 질산성 질소($NO_3 - N$) 1mg 제거당

   ① 메탄올 필요량 : $(1.08 \times 32)/14 = 2.47$mg 메탄올 필요

   ② COD 필요량 : $2.47 \times 1.5 = 3.7$mg COD 필요

     ※ 메탄올의 경우 1.5g−COD/g−메탄올

   ③ 세포합성 : $(0.056 \times 113) \div 14 \rightarrow 0.45$g 미생물 합성

   ④ 3.57g의 알칼리도 생성

3) (식2)의 $NO_2 - N$ 탈질은 $NO_3 - N$ 탈질에 비해 약 40%의 유기탄소원을 절감할 수 있다.

3. 메탄올 주입량 공식 : 경험식

$$C_m = 2.47(NO_3-N) + 1.53(NO_2-N) + 0.87DO$$

여기서, C_m : 필요한 메탄올 농도(mg/L)

NO_3-N : 탈질액의 NO_3-N 농도(mg/L)

NO_2-N : 탈질액의 NO_2-N 농도(mg/L)

DO : 탈질액의 초기 DO 농도(mg/L)

4. 탄소원 비교

1) 메탄올

① 가장 많이 사용

② 경제적

③ 후탈질공정에 과량주입 시 처리수의 독성문제 유발가능성 존재

2) 에탄올

① 메탄올과 유사한 탄소원이나 독성이 있어서

② 음용수 탈질 시 가끔 사용

③ 가격이 비싸다.

3) 글루코스

① 가격이 고가

② 불완전 탈질가능성 우려

③ 탈질효율이 높지 않다.

4) 아세트산

① 가격이 고가

② 탈질률이 높다.

Key Point ✦

상기 문제는 출제 빈도를 떠나서 아주 중요한 문제이며 상기 문제와 같은 유형으로 문제가 출제되지 않더라도 생물학적 고도처리에서 왜 메탄올과 같은 외부 탄소원을 주입해야 하는지에 대한 이유와 필요성을 기재할 필요가 있으므로 메탄올과 같은 외부탄소원 탈질에 관한 내용은 꼭 숙지하기 바람

황을 이용한 독립영양탈질(Autotrophic Denitrification)

1. 서론

1) 생물학적 질산화, 탈질법은 전자공여체로 유기물질을 이용하는 종속영양탈질과 수소, 철, 암모니아, 황 등의 무기물질을 이용하는 독립영양탈질로 구분된다.

2) 종속영양탈질의 경우 우리나라의 유입하수와 같이 유기물(낮은 C/N비)비가 부족한 경우에는 탈질 시 외부탄소원(메탄올 등)을 주입하여야 한다.

3) 또한 유기물이 충분한 경우에도 질소제거효율 증대를 위해 반송비 변화 등도 고려해야 한다.

4) 따라서 종속영양탈질 시 외부탄소원 도입으로 인한 경제성 저하에 따른 대책으로 전자공여체로서 탄소원 대신에 황을 이용함으로써 유기물의 투입이 불필요한 독립영양탈질의 도입이 필요하다.

2. 원리

1) 생물막여과공정은 생물막에 의한 유기물 제거와 여과에 의한 부유물질제거의 특성을 혼합한 공법

2) 황을 이용한 독립영양탈질은 환원상태의 황화합물을 황산화물(Sulfate)로 산화시킬 때 발생되는 전자를 이용하여 최종전자수용체인 NO_3-N을 N_2로 탈질(환원)시킨다.

3) 탄소원 : 무기탄소원(HCO_3^- 등)을 이용

4) 반응식 : $NO_3-N+5S+2H_2O \longrightarrow 3N_2+5SO_4^{2-}+4H^+$

5) 적정 pH : 6.8~8.2

6) 탈질에 이용되는 황을 질산화용 여재로 사용하여 이를 단일 반응조에 설치하면

① 상부에 공기를 주입하여 상부의 질산화조에서는 황입자에 부착된 질산화 미생물에 의하여 질산화 반응이 일어나고

② 하부의 무산소에서는 황이용 독립영양탈질반응이 일어날 수 있다.

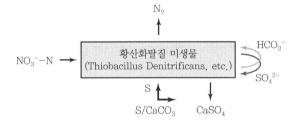

$$NO_3^- +1.10S+0.40CO_2+0.76H_2O+0.08NH_4^+ \longrightarrow$$
$$0.5N_2 \uparrow +1.10SO_4^{2-}+1.28H^+ +0.08C_5H_7O_2N(미생물합성)$$

3. 특징

3.1 장점

1) 유기물의 투입 대신 값싼 황입자를 사용 → 경제적

2) 내부순환이 필요 없다.

3) 처리효율이 안정적이다.

4) 종속영양탈질보다 수율이 낮아 슬러지 발생량이 낮다.

5) 운전관리가 용이하다.

6) 입자상태의 황을 이용할 경우 처리수의 탁도저하 가능

7) 최종침전지를 생략할 수 있다.

3.2 단점

1) 고농도의 NO_3-N 처리 시 Sulfate 농도가 증가

2) 탈질 시 알칼리도가 소비되므로 pH가 저하됨 : 알칼리제의 투입이 필요

4. 적용공법

1) SPAD(Sulfur Particle Autotrophic Denitrification)

질산화 후 황입자가 충전된 칼럼을 통과하면서 소량의 외부탄소원(종속영양탈질의 0.25~0.5 정도)을 사용하여 독립영양탈질과 종속영양탈질을 동시에 수행함으로써 질소를 제거하는 공정

2) Thiobacillus Denitrification에 의한 독립영양탈질

미생물이 황(S) 및 여러 가지 환원상태의 황화합물을 이용하여 NO_3-N을 N_2 기체로 환원시켜 에너지를 얻는 대사과정을 이용하는 방법

Key Point ✦

- 118회 출제
- 본 문제의 경우 이제까지 출제는 되지 않았지만, 현재 우리나라 생물학적 질소제거공정의 경우 낮은 C/N비로 인해 외부탄소원(주로 메탄올)을 주입하는 실정이므로 향후 이와 같은 문제점을 해결할 수 있는 문제로 출제가 예상됨
  또한 황을 이용한 독립영양탈질의 경우 생물학적 질소제거와 관련된 25점 또는 10점 문제로 출제된 경우 간략히 기술한다면 다른 수험자들에 비해 높은 점수를 획득할 수 있을 것으로 판단됨
- 「SPAD 공법을 이용한 하폐수의 질소인 처리기술」, 김인수, 환경기술인, 22권, 22~25page, 2005
- 황을 이용한 탈질이나 분리막과 황탈질을 이용한 여러 논문 및 자료들이 많으므로 꼭 검색하여 참조하기 바람
- 최근 유기물이 적은 처리수를 재이용하기 위하여 황을 이용한 공법의 적용이 이루어지고 있음

TOPIC **12**

MAP(Magnesium Ammonium Phosphate)

관련 문제 : Struvite

1. 개요

1) MAP은 하·폐수 중의 인을 화학적으로 제거·회수하는 공법임

2) 암모니아성 질소와 인산(H_3PO_4)을 함유한 폐수에 마그네슘염($MgCl_2$, MgO)을 첨가하여 아래와 같은 화학반응에 의해 Struvite 또는 MAP이라 불리는 침전물을 형성하여 인을 제거

3) 제거된 침전물은 질소와 인을 많이 함유하고 있어 비료로 재활용이 가능하므로 회수하여 재활용

2. 반응식

$$Mg^{2+} + NH_4^+ + PO_4^{3-} + 6H_2O \rightarrow MgNH_4PO_4 \cdot 6H_2O$$

3. 적용폐수의 종류

1) 침출수

2) 축산폐수

3) 슬러지처리시설의 반송수

4) 기타 고농도 인 함유 폐수

4. 반응조건

1) 온도 : 25~40℃(90% 이상 제거율)

2) pH : 8.5~9.5

3) 농노비는 Mg : N : P = 1 : 1 : 1

　① Mg과 P이 약간 과잉일 때 처리효율이 높음

　② $MgCl_2$이 MgO을 사용하는 경우보다 처리효율이 높음

5. 특징

1) 시설비가 저렴하다.

2) 처리시설이 단순하며 운전이 간단하다.

3) MAP을 비료로 재활용할 경우 경제성이 있다.

4) 암모니아도 일부 제거 가능하다.

5) 마그네슘염 등의 투입을 위한 약품비용이 많이 소요된다.

6) 스케일이 많이 생성되어 구조물의 용적을 축소시키고 배관을 폐쇄시킬 수 있다.

7) 혐기성 소화조에서 스케일 형성(Struvite)에 의해 관로나 열교환기 폐쇄가 우려된다.

   ① 원인 : 인위적인 조작이 아니더라도 혐기성 소화조에서 암모니아와 인산은 미생물 작용에 의해서 생성되므로 충분한 양의 Mg이 유입되면 $MgNH_4PO_4$의 용해도적을 넘어 스케일을 형성

   ② 일단 생성되면 쉽게 제거되지 않는다.

   ③ 대책

      ㉮ 표면이 매끄러운 PVC관, Polyethylene, Teflon Coated Plug Valve 사용

      ㉯ 철분을 주입하여 인산염을 침전(PO_4-P 제거로 반류수 인농도 저감)

      ㉰ 초음파 처리, 약품 투입($MgCl_2$) 및 Pigging Cleaning System 등

▶ 참 / 고 / 자 / 료

◎ 스트로바이트 저감시설

구분	검토내용	비고
정의	• 혐기성 소화조에 있는 Mg^{2+}, NH_4^+, PO_4^{3-}가 몰비로 1 : 1 : 1의 결정체 스트로바이트, Magnesium Ammonium Phosphate(MAP) • $MgNH_4PO_4 \cdot H_2O$, $MgNH_4PO_4 \cdot 6H_2O$	
발생인자	• 펌프, 밸브, 배관 및 Fitting 등의 부위에 발생 • pH가 높으면 용존되어 있던 Mg^{2+}, NH_4^+가 PO_4^{3-}와 결합하여 결정 형성	
발생특성	• 물에 매우 낮은 용해성 • 산용액에 용해성 높으며, 알칼리 용액에 비용해성	

○ 저감방안 검토

구분	초음파	약품투입	Pigging Cleaning System
개요	초음파 이용하여 물에 방사스케일 탈리 및 고착방지	화학약품($MgCl_2$)을 사용하여 스트로바이트 제거 방식	PIG 기구를 배관 내에 투입하여 주기적으로 강제 압출 방식
장단점	• 반영구적, 초기공사비 적게 소요 • 설치 간단, 운영관리 용이	• 초기공사비가 적게 소요됨 • 화학폐수 발생	• 초기공사비가 많이 듦 • 현장 적용성에 제약이 많음
적용사례	탄천물재생센터 현장 적용	국내 적용실적 없음	보령하수처리장 외 다수

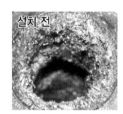 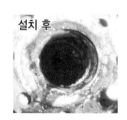

설치 전 · 설치 후

[초음파 처리 전후 비교]

Key Point +

• 79회, 115회 출제
• MAP에 관한 단독문제로 출제되지 않더라도 질소제거공정에 관련된 문제가 출제된다면 MAP 공정을 꼭 기술하기 바라며, 특히 25점 문제로 출제될 경우 꼭 기술하기 바람
• 하수처리장 반류수와 같이 고농도 질소함유폐수 처리에 적용이 가능하다는 사실 숙지 필요
• MAP 공정은 화학적 방법이기 때문에 생물학적 고도처리로 문제가 출제된다면 MAP는 꼭 제외

생물학적 인 제거

관련 문제 : PAOs(Phosphate Accumulating Organisms)

1. 서론

1) 다음과 같은 이유로 하수처리장의 고도처리가 필요

① 수역의 부영양화 방지

㉮ 조류성장의 잠재적 COD

㉯ 산소소비량 증대

② 방류수 수질기준 만족 : 총인기준 개정 참조

③ 수질오염총량 기준 만족(2차 수질오염총량제)

④ 방류수 재이용 수질 만족

2) 기존에 설치 운영 중인 활성슬러지 공법의 경우 보통 10~30% 정도의 인 제거

① 따라서 고도처리로의 전환이 필요

② 운전개선 방식 또는 시설개량사업이 필요

③ 경제성에 의해 생물학적 처리를 우선 검토하되

④ 강화된 수질기준 만족을 위하여 총인처리시설의 적극적인 도입이 필요한 실정

2. 인 제거 기작

2.1 혐기성 조건

1) 인축적미생물(PAOs)을 이용하여 혐기성 조건하에서 미생물 세포 내의 폴리인산(Poly – P)이 가수 분해되어 정인산(PO_4^{3-})으로 방출되며

2) 동시에 하수 내의 유기물은 글리코겐 및 PHB를 주체로 한 PHA 등의 기질로 세포 내에 저장된다.

3) 체내에 PHB가 축적되는 동안 에너지를 공급받기 위해 세포에 저장된 Polyphosphate(인산염)가 소모되면서 세포 밖으로 방출된다.

4) 인의 방출속도는 혼합액 중의 유기물 농도에 비례하며

① 보통 유입 $PO_4^{3-} – P$ 농도의 3~5배 정도까지 방출

② 그러므로 우리나라는 유입되는 BOD 농도가 낮으므로

③ 혐기조에서 체류시간을 짧게 하여 상대적인 유기물농도를 높게 유지하여 인의 방출을 극대화할 필요가 있다.

2.2 호기성 조건

1) 혐기조건에서 체내유기물을 축적하는 인축적미생물 PAOs는 호기성 조건 환경에서 생장을 위하여 체내에 축적된 PHA를 이용한다.

2) 이 과정에서 혐기성 조건에서 방출된 정인산을 미생물 성장에 필요한 양 이상으로 과잉섭취 (Luxury Uptake)하여 폴리인산으로 재합성한다.

3) 즉, 인축적미생물 내 Polyphosphate(인산염)를 형성시킨다.

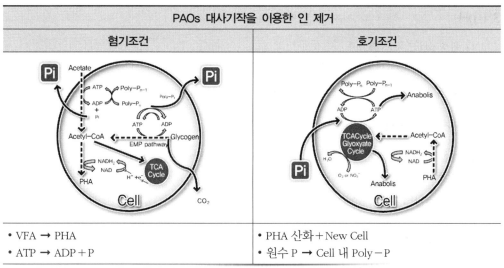

PAOs 대사기작을 이용한 인 제거	
혐기조건	호기조건

- VFA → PHA
- ATP → ADP + P

- PHA 산화 + New Cell
- 원수 P → Cell 내 Poly − P

- PAO(Phosphorus Accumulating Organism)는 성장하기 불리한 환경에서 탄소원을 섭취하여 세포 내 저장물질로 PHA를 형성하고 인 방출

2.3 인 제거

1) 상기의 1), 2) 조건을 연속적으로 반복하면서 활성슬러지의 인 함량을 증가시켜 슬러지를 제거 시킴으로써 인을 제거하는 기작

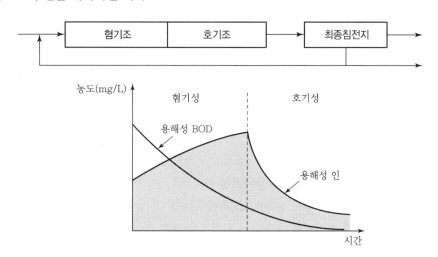

2) 질산성 질소($NO_3 - N$)의 존재는 인 제거를 어렵게 하기 때문에 먼저 제거해야 함

   ① 보통 처리공법에서 혐기조를 제일 앞에 두는 이유는 인을 먼저 제거시키기 위함

   ② 즉, 질산성 질소의 영향을 최소화하기 위해서

3) 인 제거를 위해서는 유입수 내 쉽게 분해가능한 유기물이 인제거미생물의 성장에 반드시 필요

3. 영향인자

3.1 pH

1) 적정 pH는 7.5~8.0

2) pH 6.5 이하에서는 인 섭취가 감소

3) pH 5.2 이하에서는 미생물의 인 섭취 활성도가 상실된다.

3.2 질산성 질소($NO_3 - N$)

1) 질산기나 아질산기가 5mg/L 이상 존재하면 인의 방출이 억제된다.

2) 혐기조 내 질산성 질소 유입 시 인 배출이 억제된다.

3) 이를 보완한 공법 : MUCT, VIP 공법

3.3 용존성 유기물질

용존성 유기물질 농도는 25mg/L 이상이어야 한다.

3.4 SRT

1) 최대 SRT는 8일이며

2) SRT가 짧을수록 잉여슬러지를 통한 인의 제거효율은 증대

3.5 온도

1) 온도는 5℃ 이상이어야 한다.

2) 5℃에서 인 제거율은 15℃에서 보다 높게 나타남

   ① 즉, 인제거미생물은 냉온성 미생물(Psychrophisic Bacteria)이라는 보고가 있음

   ② 따라서 인제거공정은 질소제거공정보다 온도에 대한 영향을 적게 받음

   ③ 질소, 인제거공정 설계 시 온도에 따른 설계인자의 반영은 질소제거 기준

3.6 DO

1) 호기성 조건의 DO는 2.0mg/L 이상이어야 함

2) 호기조 전단부는 DO를 높게 유지하고, 후단부는 DO를 낮게 유지함이 바람직

   내부반송 시 DO가 전단계로 유입되어 처리효율 저하 우려

3.7 COD

1mg/L의 인이 방출될 때 약 2mg/L(Accetate 기준)의 COD 소모

3.8 C/P, HRT

1) C/P가 20~40인 경우 : 혐기조의 HRT는 1시간 정도면 충분

2) C/P가 20 이하인 폐수의 경우

   ① 혐기조의 HRT는 1.5~2시간 정도

   ② 이때는 화학처리를 병행하지 않으면 유출수 인농도 1mg/L 이하 유지가 어렵다.

3) C/P가 40 이상

   Polymiting으로 유출수 중의 인의 농도가 1mg/L 이하일 가능성이 높다.

4) 혐기조의 HRT가 너무 길 경우 인 제거효율 저하현상 발생 우려

3.9 VFA(휘발성 지방산 : Volitile Fatic Acid)

1mg/L의 T－P를 제거하기 위해서는 최소 5mg/L의 VFA가 필요

4. 결론

1) 혐기조의 배치는 반응조 제일 앞단에 설치함이 바람직하다.(유기물 섭취경쟁에서 경쟁력이 가장 떨어지는 PAOs의 활성화를 이해)

2) 혐기조로의 NO_3－N의 유입을 최대한 억제

3) 혐기조의 HRT를 너무 길게 유지하는 것은 자제 : 효율 저하

4) 비상시를 대비한 대책 필요 : 응집제 주입설비 설치

5) 호기조 전단부의 DO를 높게 유지하고 후단부로 갈수록 DO 농도를 낮추어 인의 제거효율 향상이 필요하다.

6) 강화된 수질기준 만족을 위하여 총인처리시설의 적극적인 도입이 필요하다.

   ① 기 설치된 처리시설의 효율 및 장단점을 파악할 필요가 있다.

   ② 처리효율의 안정성 및 약품(응집제 및 응집보조제) 선택을 신중히 하여 유지관리비 저감대책을 적극적으로 수립할 필요성이 있다.

   ③ 총인처리시설 도입 시 기타 항목(유기물질)의 제거효율과 재이용수와 같은 타 처리용도 수질을 사전에 검토하여 총인처리의 단일목적이 아닌 다목적용으로 설계할 필요성을 사전에 검토하여 반영할 필요성이 있다.

7) MBR 처리수의 화학적 응집을 이용한 총인처리시설의 도입 시 응집핵의 부족으로 응집플록의 형성이 어려우므로 이에 대한 대책이 필요하다.

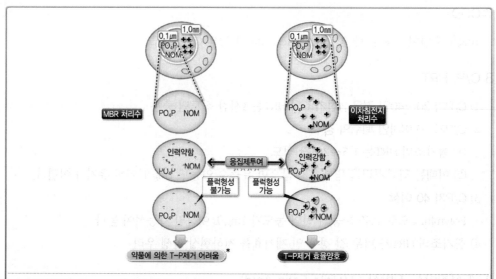

- 3차처리공법 T−P 제거 효율향상 검토
  (*성균관대 무배출형 환경설비지원센터 MBR 실험결과)
  : MBR은 SS 완전제거로 응집플록 형성이 어려우므로 약품에 의한 T−P 제거효율 극히 저조, 화학적 응집으로 T−P 0.1mg/L 이하 달성한 국내 사례 없음

dPAO(denitrifying Phosphorus Accumulation Organism)

1. 개요

1) 우리나라 유입하수는 영양염류(N, P)의 유입농도보다 유기물 농도가 낮은 상황

2) 유기물 부족에 의해 영양염류제거효율이 낮은 실정

3) 따라서 하수처리공정에서 **영양염류제거효율 향상**을 위하여 다음과 같은 대책이 필요한 실정

　① 외부 탄소원 주입 : 비경제적

　② 영양염류제거에 필요한 유기물 소모가 적은 공정의 도입

　③ 제한된 유기물의 이용률 극대화

　④ 세정산발효와 같은 유기산 자체생산공정의 도입

4) **영양염류제거에 필요한 유기물**

　① 이론적 : $3gCOD/gNO_3-N$ reomved, $2gCOD/gPO_4-P$ reomved

　② 실제 : $5\sim10gCOD/gNO_3-N$ reomved, $5gCOD/gPO_4-P$ reomved

5) 상기와 같이 영양염류에 비해 낮은 유기물을 가지고 질소와 인을 동시에 고효율로 제거하기에는 기존 공정으로는 다소 어려움이 있음

6) 이를 해결하기 위한 방안 중 하나가 dPAO 미생물을 이용한 방법

2. dPAO 미생물

2.1 정의

인축적미생물(PAOs) 중 최종전자수용체로 산소와 질산성 질소(NO_3-N)를 동시에 사용 가능한 미생물

2.2 영양염류 제거기작

1) 무산소상태

PAO 미생물들이 질산성 질소를 최종전자수용체로 이용하여 생물대사반응을 하는 과정에서 PHB 산화 및 탈질반응이 일어난다.

2) 혐기성 상태

　① VFA를 PHA 형태로 세포 내에 축적 : 이때 필요한 에너지를 ATP를 ADP로 전환하여 얻는다.

　② 세포 내에 축적된 PHB 형태의 에너지원을 호기조로부터 내부순환되는 질산염분자 내의 산소를 이용하여 미생물 대사과정을 수행한다.

③ 따라서 dPAO 미생물에 의해 탈질과 인 방출 반응을 동시에 수행 가능하다.

2.3 특징

1) dPAO 미생물은 증식계수가 낮다.

   슬러지 생산량을 줄일 수 있다.

2) 혐기조에서 세포 내에 축적된 유기물을 무산소조에서 탈질반응에 사용하므로 보다 많은 질산성
   질소의 제거가 가능하다.

3) 호기조건에서 PHA를 산화하기 위해 필요한 산소요구량을 줄일 수 있다.

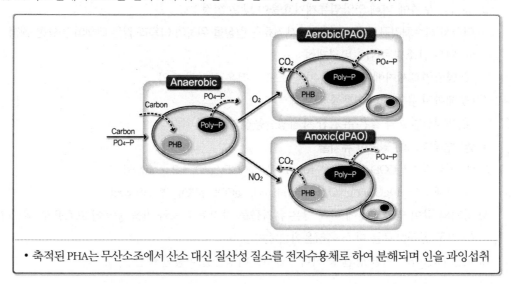

- 축적된 PHA는 무산소조에서 산소 대신 질산성 질소를 전자수용체로 하여 분해되며 인을 과잉섭취

생물학적 처리 시 발생가능 문제점 및 대책

구분	원인	대책
처리효율이 저하	• 수온이 높은 여름철 – 산소소비속도 증가 • 온도가 낮은 겨울철 – 미생물의 활동 둔화	• 여름철 : 포기량을 늘려준다. • 겨울철 : 포기시간을 늘리고 MLSS의 양을 늘려 F/M비를 감소시킨다.
침전조에서 슬러지부상	• 탈질작용에 의해 생성된 질소가스의 기포발생 • 침전조 바닥에 쌓인 슬러지의 혐기성화에 의한 가스배출	• 포기량을 줄이고 질산화 정도를 줄인다. • 슬러지 반송량을 증가시켜 슬러지의 혐기성화를 방지한다.
포기조 흰거품 다량 발생	SRT가 짧거나 유입수에 경성세제(ABS)가 함유됨	• 소포제의 투입과 함께 잉여슬러지의 배출량을 점차로 줄여 SRT를 늘려주거나 접촉산화조의 MLSS 양을 증가시켜 거품발생의 원인을 제거한다. • 유입수에 경성세제가 함유되어 있는 경우에는 소포제를 투입하여 거품의 발생을 방지한다.
흑갈색의 거품이 발생	SRT가 지나치게 길어 세포가 과도하게 산화	SRT를 점차로 감소시킨다.
포기조 혼합액이 짙은 흑색을 띠며 악취 발생	포기조 내 산소의 부족으로 혐기성 상태가 됨	포기량을 늘려준다.
포기조에 다량의 거품 발생	유입수의 유기물 부하에 급격한 변동, 즉 유기물 농도가 갑자기 높아질 경우	소포제를 투입함과 동시에 포기조의 MLSS를 높여 갑작스런 유기물 부하에 대한 충격을 줄여준다.
유입 유기물 부하가 낮을 경우	유입수 및 침입수로 인한 유기물 농도가 낮은 경우	처리시간을 줄이거나 반송 슬러지의 양을 줄여 포기조 내 미생물의 농도를 낮추어 준다.
하수 유입이 중단된 경우	단기간 관로공사의 경우	단시일(1~3일)인 경우에는 유입수의 유입 시까지 공포기를 실시하여 미생물에 필요한 산소를 공급해 주어 미생물의 활성을 유지시킨다.
하수유입이 장기간 중단된 경우(4~5일)	장기간 관로공사의 경우	접촉산화조에 유기물원을 인위적으로 공급해 주며 공포기를 실시하여 미생물의 손상을 줄인다.
미생물의 활성 저하	포기조의 pH가 적정범위(6~8)를 넘는다.	빠른 시간 내에 포기조의 pH를 중화시킨다.

생물학적 인 제거공법

1. 개요

1) 인축적미생물(PAOs)을 이용하여 혐기성 조건하에서 미생물세포 내의 폴리인산(Poly-P)이 가수분해되어 정인산(PO_4^{3-})으로 방출되며 동시에 하수 내의 유기물은 글리코겐 및 PHB를 주체로 한 PHA 등의 기질로 세포 내에 저장된다.

2) 호기성 환경에서 정인산을 미생물 생성에 필요한 양 이상으로 과잉섭취(Luxury Uptake)하여 폴리인산으로 재합성한다.

3) 이런 1), 2) 조건을 연속적으로 반복하면서 활성슬러지의 인 함량을 증가시켜 슬러지를 제거시킴으로써 인을 제거하는 원리

2. 영향인자

1) pH : 7.5~8.0

2) 질산기, 아질산기 : 5mg/L 이상 존재하면 인의 방출 억제

3) 용존성 유기물 농도 : 25mg/L 이상

4) Maximum SRT는 8일이며, SRT가 짧을수록 잉여슬러지를 통한 인의 제거효율은 증가

5) 온도는 5℃ 이상

6) DO(호기성 조건)는 2.0mg/L 이상

7) 1mg/L의 인이 방출될 때 약 2mg/L의 COD 소모

3. 인 제거공법

3.1 Mainstream : A/O(혐기-호기) 공법

3.2 Sidestream : Phostrip

4. A/O 공법(혐기-호기 조합법 : Mainstream)

4.1 개요

1) 반응조를 호기성 상태와 혐기성 상태로 번갈아 거치게 하면서 활성슬러지 중의 인의 함유율을 높이고, 이 활성슬러지를 잉여슬러지로 배출 제거하는 공법

2) 미생물 내의 인의 함량 : 4~8%

　활성슬러지법의 1~2% 정도보다 매우 높은 생물학적 인 제거공법

3) 본 공법은 혐기조로 질산성 질소가 유입되면 인의 제거효율에 영향을 미치므로 슬러지반송률이 낮으며(10~30%) 호기조에서 질산화가 발생되지 않게 하기 위해서 SRT를 짧게 운전하여야 한다.

4) 고부하로 운전(F/M : 0.2~0.7kgBOD/kg day)되므로 슬러지 발생량이 다소 많다.

4.2 혐기성 반응조

1) 인제거미생물에 의하여 유입수의 유기물(BOD)을 세포 내로 흡수하면서 세포 내의 인을 방출

2) **유입수 인농도의 3~5배 정도까지 배출** : 인의 농도가 매우 높아짐

4.3 호기성 반응조

1) 유기물의 제거와 인의 제거

2) 인은 미생물의 세포합성에 필요한 양 이상으로 과잉섭취

4.4 장점

1) 운전이 간단하다.

2) 슬러지 내의 인의 함량이 높아 비료로 활용 가능하다.

3) HRT가 짧다.

4) 사상미생물에 의한 슬러지벌킹의 억제하는 효과가 있다.

4.5 단점

1) 질소제거율이 낮다.(10~30%)

2) 짧은 체류시간의 고부하운전을 위하여 고율의 산소전달이 필요하다.

3) 슬러지 처리시설에서 잉여슬러지가 혐기성 상태에서 섭취한 인을 재방출하기 때문에 인의 재방출 대책이 필요하다.

4) 슬러지 발생량이 많다.

4.6 설계 및 운전 시 고려사항

1) 활성슬러지법의 포기조 전반 20~40% 정도를 혐기조로 구성하는 것을 표준으로 한다.

2) 슬러지 처리시설에서 잉여슬러지가 혐기성 상태로 되면 미생물 내에 함유된 인이 재방출 되어 방류수의 인부하에 의하여 처리수의 인 농도가 증가될 수 있다.

　따라서 슬러지 처리시설에서 인의 재방출을 방지할 수 있는 대책을 수립하여야 한다.

3) 본 공법은 생물학적 방법으로 인을 제거하므로 우천 시에 인 제거효율이 저하되는 경향이 있기 때문에 보다 안정적인 처리를 위하여 보완적 설비로 응집제 주입시설을 설치하는 것도 고려한다.

4) 혐기조의 운전지표로 ORP는 −100∼−250mV, 호기조의 용존산소농도는 2.0mg/L 이상 유지되
   도록 한다.

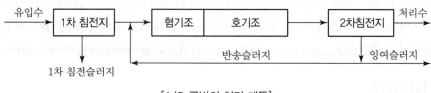

[A/O 공법의 처리 계통]

5. Phostrip 공법 : Side−stream

1) 생물학적＋화학적 공법
2) 장점
   ① 유입수의 BOD 부하에 큰 영향을 받지 않고 방류수 중 인 농도를 1mgT−P/L 이하로 유지
   ② 인이 석회슬러지로 제거되어 인을 과잉으로 함유하는 슬러지보다 처리가 용이하다.
   ③ 반송슬러지 일부에 석회주입으로 순수 화학적 처리법보다 약품주입량 절감

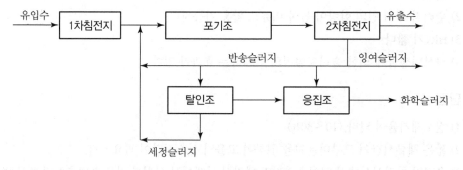

[Side−stream 공정〈Phostrip 공법〉]

Key Point ✦

112회, 128회, 130회 출제

A2/O 공법

1. 개요

1) A2/O 공법은 생물학적으로 질소와 인을 제거하는 고도처리공법이다.

즉, BNR(Biological Nutrient Removal) Process

2) A2/O 공법은 혐기조에서 인의 방출, 무산소조에서 탈질반응, 호기조에서 질산화가 이루어지며

3) 호기조의 질산화액은 무산소조로 내부반송된다.

4) A2/O 공법의 원활한 운전을 위해서는 모순되는 SRT 관계와 저수온 시 질산화에 유의하여야 한다.

2. 처리계통

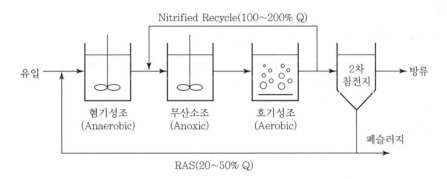

2.1 혐기조

1) 혐기상태에서 PAOs는 체내 폴리인산을 정인산 형태로 방출

2) 유입하수 중 유기물은 글리코겐 및 PHB를 중심으로 한 PHA로 체내 저장

3) 유기물 흡수(내생호흡)

4) 질산성 유입을 억제할 필요가 있음(인 방출 저해를 방지)

2.2 무산소조

1) 호기조에서 질산화된 질산화액이 내부반송되며

2) 무산소(DO ≤ 0.5mg/L) 조건에서 탈질과정에 의해 NO_3-N을 질소가스로 제거

2.3 호기조

    1) 혐기조에서 흡수한 BOD 대사

    2) NH_4-N은 호기조건에서 질산화된다.

    3) PAOs는 하수 내 정인산을 폴리인산으로 과잉섭취(Luxury Uptake)한다.

3. 특징

3.1 장점

    1) **생물학적으로 질소와 인을 제거** : 경제적

    2) 기존 포기조를 개량하여 변경이 가능

        ① HRT가 5~8시간으로 기존 표준활성슬러지법의 포기조를 개조하여 활용 가능

        ② 대규모 공사가 필요 없음

    3) 화학적 방법에 비해 경제적이며 슬러지 발생량을 줄일 수 있다.

3.2 단점

    1) **저수온 시 효율저하** : 특히 질소제거효율 저하

    2) 반송슬러지 내 NO_3-N에 의한 혐기조의 인 방출 저해 가능성 존재

    3) 상호 모순되는 적정 SRT(인 제거, 질산화) 유지의 어려움

    4) 내부순환율이 높다 : 펌프설치비, 유지관리비 소요

    5) 슬러지처리계통에서 인용출 가능성

4. 운전 시 고려사항

    1) 생물학적으로 질산화를 유지하기 위해 DO ≥ 2.0mg/L의 조건 유지가 필요하며 질산화 미생물의 경우 비증식속도가 작기 때문에 SRT를 길게 유지하여야 한다.

    2) 인의 경우 혐기조에서 정인산을 방출하고, 호기조건에서 과잉섭취를 하게 되며 이 미생물을 제거함으로써 인의 제거가 이루어지기 때문에 SRT를 짧게 유지할 필요가 있다.

    3) 따라서 모순되는 SRT의 적정 운영이 필요하며, 혐기조로에서 인 방출을 저해하는 NO_3-N의 유입을 최대한 억제할 필요가 있다.

Key Point +

- 112회, 128회, 130회 출제
- 생물학적 고도처리의 가장 기본적인 공법이므로 출제 빈도를 떠나 완벽한 숙지가 필요함

MUCT 공법

1. 개요

1) MUCT 공법은 생물학적으로 질소와 인을 제거하는 공법으로

2) 호기조에서 반송되는 반송슬러지 내의 NO_3-N에 의한 혐기조에서의 인 방출 저해를 최소화하기 위한 공법

3) 즉, A2/O 공법의 반송슬러지(혐기조로의) 내 NO_3-N에 의한 피해를 감소시키기 위한 공법

2. 처리 Process

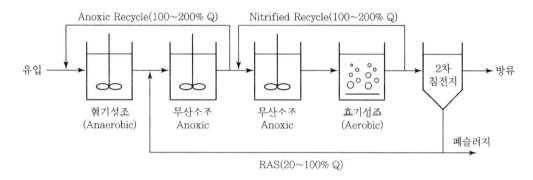

2.1 혐기조

1) 제1무산소조의 내부순환수 수수

2) PAOs에 의한 인의 방출

3) 유입 유기물의 흡수 : 내생호흡에 의해

2.2 제1무산소조

1) 호기조에서 반송되는 반송슬러지 내의 NO_3-N의 농도를 저하시키는 역할만 수행

2) 혐기조에 혼합액 반송 : MLSS 조절

3) 무산소조 전체용적의 10% 정도

2.3 제2무산소조

호기조에서 질산화된 질산화액을 내부반송받아 탈질반응을 수행

2.4 호기조

1) 호기성 조건에서 질산화가 일어남

2) 호기성 조건에서 인의 과잉섭취(Luxury Uptake)

3) 유기물의 산화제거 : BOD 성분의 제거

3. 특징

1) 생물학적으로 인과 질소의 제거 가능

2) A2/O나 UCT에 비해 NO_3-N에 의한 혐기조 인 방출 저해가 적다.

3) 타 공법의 생물학적 질소·인 제거공법보다 인 제거율이 높다.

4) 화학적 처리공법에 비해 경제적

5) 두 번의 내부반송으로 운전이 복잡하고 유기관리가 어려우며

6) 두 번의 내부반송을 위한 펌프의 설치비와 동력비 증대

7) 실제 적용사례가 많지 않다.

8) 포기조에서 과량의 질산화가 진행되어도 안전하게 인 제거를 수행 가능

Key Point

- 출제 빈도는 높지 않으나 MUCT를 구성하고 있는 각 단위조작의 기능의 숙지가 필요함
- 즉 NO_3-N와 연관지어 기술할 필요가 있음

MBR(Membrane Bio – Reactor)

1. 개요

1) 막분리 기술은 분리막을 선택적으로 이용하여 상(Phase)변화 없이 수중의 오염물질을 제거하는 기술

2) 분리막이 모듈화되어 있어 처리 및 재이용 목적에 따라 다른 물리·화학적 또는 생물학적 처리 공정과 쉽게 조합하여 효과적으로 혼성시스템(Hybrid System)을 구성

   ① 집적화(Compact)

   ② 자동화 가능

3) 향후 수질기준의 강화(2008년) 및 기존 처리장의 2차침전지가 가지고 있는 문제점을 해결할 수 있는 하나의 방안으로 적용이 가능하며

   ① 슬러지부상

   ② Pin Floc

   ③ 슬러지계면 상승

   ④ 미세 SS 유출

4) 기존 활성슬러지공법의 고도화 시 부족한 부지면적의 문제를 해결할 수 있는 하나의 방안으로 적용이 가능하며

5) 하수처리장에서 문제가 되고 있는 대장균 및 병원성 원생동물의 제어를 위해서 MBR의 적용도 필요하다.

2. MBR의 개요

2.1 개요

1) 막분리 활성슬러지법은 생물반응조와 분리막 모듈을 조합한 혼성시스템으로 조합방법에 따라

   ① Sidestream MBR

   ② Submerged MBR로 분류

2) 일반적으로 사용되는 막은 MF, UF

2.2 분류

1) Sidestream MBR

   ① 분리막 모듈을 생물반응조 외부에 설치하고 순환펌프를 이용하여 미생물 혼합액을 분리막 모듈에 가압하여 처리수를 얻는 방식

② 분리막 표면에 교차흐름(Cross-flow)을 형성시킴으로써 막 표면에 가해지는 전단응력으로 케이크층의 형성을 억제한다.

③ MBR 공정개발 초기에는 침전지 대신 고액분리기능을 대신하는 Sidestream MBR이 주종을 이루었었다.

④ 고농도 활성슬러지를 분리막 모듈에 이송하기 위한 과대한 에너지가 필요하며 순환펌프에 의한 미생물의 활성도 저하문제 야기

2) Submerged MBR

① 분리막 모듈을 생물반응조에 직접 침지시키고 흡입펌프를 이용하여 처리수를 얻는 방식

② 분리막 모듈 하단에 설치된 산기관에서 폭기되는 공기의 상향류를 이용하여 막 표면에서의 케이크층의 형성을 억제한다.

③ 생물반응조에 중공사 MF막을 처음으로 침지하여 흡입여과를 실시한 후 최근에는 유기물뿐만 아니라 질소와 인까지 제거할 수 있는 다단 반응조 형태의 Submerged MBR의 적용이 점차 증가한다.(낮은 투과유속에서 운전되므로 막오염이 최소화되기 때문)

3) 침지형

3. MBR의 특징

3.1 장점

1) 소유부지가 매우 적음 : 2차침전지 불필요

2) 반송슬러지 설비 불필요

3) 슬러지 발생이 매우 적음 : 고형물 회수율이 높음

4) 부하변동에 대한 적응성 양호

5) 유지관리비 저렴

6) 처리수의 수질이 우수 : BOD-5mg/L, SS-5mg/L 이하 유지 가능

7) 침전조 및 고도처리시설 불필요

8) 완벽한 고액분리가 가능

9) 슬러지 팽화(Bulking) 등 미생물의 침강특성에 관계없이 안정적인 처리수질 기대

10) 병원성 미생물 제거 가능

11) 생물반응조 내에서 미생물을 고농도로 유지할 수 있어

① 수리학적 체류시간(HRT)을 짧게 유지하면서 슬러지 체류시간(SRT)을 길게 운전할 수 있다.

② 고부하 및 부하변동에서도 처리수질이 안정적이며 설치부지면적이 적게 소요되고 슬러지 발생량을 최소화시킬 수 있다.

③ MLSS : 10,000mg/L 전후 유지(일반 활성슬러지보다 3~4배의 처리활성을 지님)

12) 막분리 단독운전 시 제거할 수 없는 용존 유기물질 및 영양염류의 처리효율 향상 가능

3.2 단점

1) 시설설치비와 유지관리비가 크므로 대규모 처리장의 적용에 한계가 있다.

2) Membrane의 수명에 한계가 있어 일정시간 사용 후 교체하여야 한다.

3) Membrane이 오염되어 막힘이 발생하므로 연속적인 공기세정과 주기적인 화학세정이 필요하다.

4) 막모듈의 오염을 제어하기 위한 연속적인 공기세정으로 과다한 공기량이 요구되어 Blower에 의한 동력비가 많이 든다.

5) 유지류, pH, 온도 등 열악한 환경에 대한 저항성이 약하다.

6) 막의 유지관리에 세심한 주의가 필요하다.

4. 향후 과제

1) 최근 수자원의 수질오염 및 부족현상이 점차 심각해져 감에 따라 방류수 수질기준 및 수질오염 총량규제 등 환경규제가 강화

2) 유기물은 물론 질소, 인 등 영양염류를 보다 효율적으로 제거하고 재이용하기 위해서는 하폐수의 고도처리 및 재이용이 불가피

3) MBR 공정은 처리목적에 따라 오염물질을 선별적으로 제거할 수 있는 고도처리 및 재이용 기술로 기존 처리공정과 비교해 많은 장점을 가지고 있으나

4) MBR 공정의 실용화 및 보급속도를 더욱 가속화하기 위해서는 다음과 같은 과제를 해결하여야 한다.

　① MBR 공정의 분리막 모듈은 아직까지 수명이 짧고 고가이기 때문에 보다 경제적이며 고성능을 갖는 분리막 및 모듈의 개발이 필요

　② MBR 공정에서는 운전시간이 경과함에 따라 막오염이 일어나 막투과 속도가 점차 감소된다.

　　㉮ 따라서, 막오염을 효과적으로 억제시킬 수 있는 기술개발이 필요

　　㉯ 막오염은 수중에 존재하는 유기물, 무기물 및 미생물 대사물질 등이 분리막의 표면이나 기공에 축적되어 유체의 흐름을 방해하여 투과율을 감소시킴

　　㉰ 막오염을 저감시키기 위한 정기적인 물리적 화학적 세정방법은 물론 생물학적 막오염 저감기술에 대한 지속적인 연구가 필요하다.

　　㉱ 기존의 처리 공정에 막분리장치의 도입은 처리비용의 상승원인

　　㉲ 따라서 MBR 공정에 필요한 에너지 소비를 최소화 할 수 있는 방향의 기술개발이 필요

　　㉳ MBR 공정의 안정한 유지관리를 위해서는 분리막 모듈에 따른 전처리 방법, 분리막의 약품세정 방법, 분리막의 파손 및 막차압의 감시를 위한 제어 및 자동화 방법 등 기존의 처리 공정과 다른 유지관리의 기술개발이 필요

5) 분리막의 손상을 억제할 수 있는 대책 마련이 필요

　① 전처리설비 구축 : 스크린 및 침사지 등

　② 분리막 모니터링 설비 구축

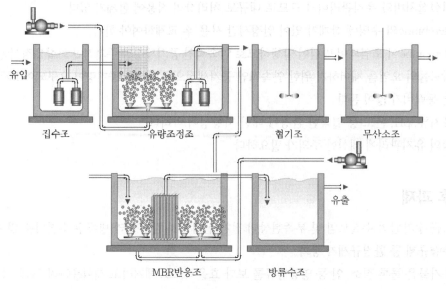

[MBR반응조(KMBR) 예]

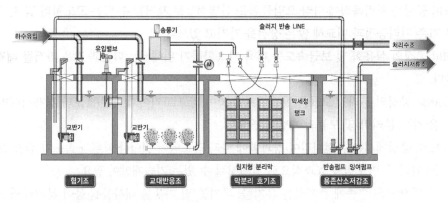

[MBR반응조(KMBR) 예]

여과막 케이크화 발생(전면)

여과막 케이크화 발생

[MBR의 막오염(예)]

◉ CO_2 절감을 위한 에너지 절약형 공기세정

사이클릭 공기공급을 통한 막세정

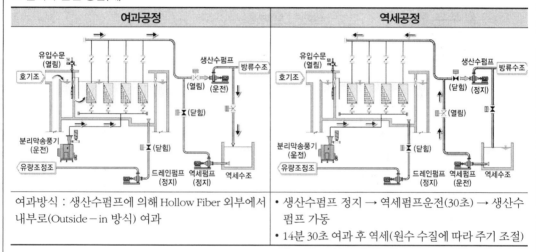

- 10초 산기/10초 정지, 10초 산기/30초 정지 사이클릭 공기세정 적용 : 연속운전 대비 에너지 최대 75% 절감
- 산기관 막힘현상 최소화 및 분리막 표면 슬러지 탈리효과 극대화로 세정효과 증대

◉ 분리막 운전 방법(예)

여과공정	역세공정
여과방식 : 생산수펌프에 의해 Hollow Fiber 외부에서 내부로(Outside – in 방식) 여과	• 생산수펌프 정지 → 역세펌프운전(30초) → 생산수 펌프 가동 • 14분 30초 여과 후 역세(원수 수질에 따라 주기 조절)

◉ 분리막 오염방지를 위한 유지관리계획(예)

협잡물 전처리	공기세정	역세
분리막조 협잡물 유입 원천봉쇄 → 드럼형 메시스크린(0.75mm) 설치 → 머리카락 등 미세협잡물 완벽제거	막표면에 슬러지 등 퇴적 방지→ 프레임 하부에서 공기상시공급→ 사이클릭세정으로 전력비 절감	계열별 계내세정 → 14분 30초 여과 → 30초 역세로 막표면 슬러지 침착 방지

유지세정	회복세정 1	회복세정 2
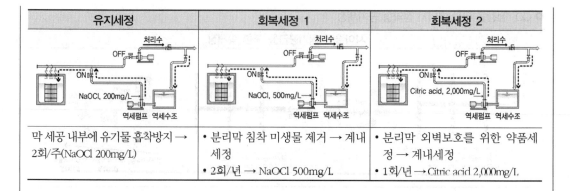		
막 세공 내부에 유기물 흡착방지 → 2회/주(NaOCl 200mg/L)	• 분리막 침착 미생물 제거 → 계내세정 • 2회/년 → NaOCl 500mg/L	• 분리막 외벽보호를 위한 약품세정 → 계내세정 • 1회/년 → Citric acid 2,000mg/L.

○ 분리막 손상감지 대처 방안(예)

1단계(막파손감지)	2단계(분리막조 확인)	3단계(프레임 확인)
• 탁도변화 실시간 감시(0.5NTU 이상) • 운전압력 실시간 감시	경보발생 시 분리막 계열 및 지 확인	공기공급으로 손상모듈 포함한 프레임 확인

4단계(모듈 확인)	5단계(분리막 수리/교체)
• 손상된 분리막 프레임 인양 • 육안검사로 손상 모듈 확인	• 손상된 모듈 수리 • 수리불가 시 모듈 교체

○ 분리막 유지관리 및 인양계획(예)

침지식 분리막 유지관리	인양설비 계획
• 내염소성 침지막사용 염소계 세척 및 살균 가능 　－세정작용 용이 • 자동공정에 의한 세정시행	• 분리막 프레임 인양을 위한 상부 유지관리 크레인 설치 • 펌프 및 밸브 유지관리용 호이스트 설치

○ MBR의 특징(DMBR의 예)

	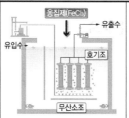	강화된 재이용수질 (T − P 0.1mg/L)기준 만족을 위한 부하경감 공법 → DMBR 반응조 내 응집제 투입으로 T − P 저감(신기술 검증 시 적용)
단위공정의 집약화 구성 및 고농도 MLSS 유지공법 → 소요부지 최소화 공법 및 고효율처리공법 필요	재이용처리시설의 부하 경감 및 유지관리 용이한 공법 적용	

Key Point ✦

- 80회, 83회, 90회, 92회, 93회, 94회, 95회, 97회, 102회, 118회, 121회, 126회 기출문제임
- 향후 출제될 가능성이 상당히 높은 문제임. 따라서 MBR의 개념 및 특징(장단점) 및 개선방안에 대한 숙지가 필요

MBR의 막오염과 EPS

1. 개요

1) 하·폐수 및 재이용수 처리에 적용된 멤브레인 공정의 효율적인 운전을 위해 가장 시급하게 해결해야 하는 문제는 막오염 저감이다.

2) 바이오파울링(Biofouling)

    ① 막여과 공정이 진행되면서 점차적으로 막표면에 쌓인 유기물과 미생물에 의해 발생하는 생물막(Biofilm)에 의한 막파울링(Membrane Fouling)은 바이오파울링(Biofouling)으로서

    ② 하수처리 적용 멤브레인 공정에서 일어나는 막 오염 중에 가장 높은 비중을 차지하며

    ③ 또한 가장 제어하기 어렵다고 알려져 있다.

3) 생물막오염의 특징

    ① 생물막오염은 막여과 공정의 효율 저하

    ② 역세척이나 화학세정을 통해 제거되므로 유지관리에 투입되는 에너지나 비용이 높다. 처리공정의 경제성을 저감시킨다.

    ③ 또한 미생물에 의한 생물막은 분리막 시스템에서의 작동 중단을 유발할 수 있다.

    ④ 심각할 경우 멤브레인 교체를 유발할 수 있다.

4) MBR에서 Fouling은 막 표면에 형성되는 Cake Layer의 영향이 가장 큰 것으로 알려져 있으며, Cake Layer는 활성슬러지 Floc, 미생물이 분비한 EPS 및 콜로이드성 물질이 복잡하게 얽혀 있는 구조이다.

5) Fouling을 최소화하며 안정적인 시스템을 운영하기 위해서는 Fouling의 주요 유발물질로 알려진 EPS에 대한 제어가 필요하다.

2. EPS(Extracellular Polymeric Substances)

1) 미생물은 성장 환경에 관계없이 세포 외 고분자물질(EPS)을 생성한다.

2) EPS의 분류

    ① sEPS(soluble EPS)

        ㉮ 용해되거나 콜로이드 상태로 존재하는 EPS

        ㉯ MBR 운전초기에 분리막의 공극 내부에 흡착되어 공극폐색을 유발할 수 있다.

    ② bEPS(bound EPS)

        ㉮ 미생물의 세포표면에 존재하는 EPS

　　　　㉯ Cake Layer 형성에 기여한다.

　　　　㉰ 유기체의 외부 표면 주위에 매트릭스를 형성하고

　　　　㉱ 고분자매트릭스에 둘러싸인 Biofilm 또는 바이오 Floc을 구성한다.

3) 미생물 셀 표면 또는 외부에 존재하는 EPS는 생물막 구조를 안정화하고, 유해환경으로부터 셀을 보호하는 역할을 하지만

　　① 막여과 과정에서 여과저항을 발생시키고,

　　② 분리막 생물반응조(MBR : Membrane Bioreactor) 막오염의 주요 요인으로도 작용한다.

4) EPS는 탄수화물, 다당류, 단백질, DNA, 지질 등의 복잡한 혼합물로 구성된다.

　　① 다당류와 단백질이 대부분을 차지한다.

　　② EPS 내 다당류

　　　　㉮ EPS 내 다당류(Polysaccharide)는 응집력, 스캐폴딩, 안정성, 세포 간 결합 등에 기여

　　　　㉯ 개별 세포의 보호막으로서 외부로부터의 스트레스를 방어

　　　　㉰ 생물막 내 존재하는 세포의 장벽으로 작용한다.

　　③ EPS의 단백질

　　　　㉮ EPS의 단백질은 매트릭스의 중요 구성요소이며

　　　　㉯ 접착력, 세포 간 결합 등을 일으키고

　　　　㉰ 생물막의 구조적 안정성에 기여한다.

　　④ 형성된 단백질은 세포 접착과 박테리아 세포 간의 결합을 촉진한다.

　　　　이는 구조화 된 세포 클러스터, 즉 마이크로 콜로니의 생성으로 이어진다.

5) MBR에서 Fouling 발생여부 및 정도를 평가

　　① 평가지표로 TMP(Trans – membrane Pressure), Flux, 여과저항 등을 이용한다.

3. 제안

1) Fouling 모니터링을 위한 새로운 평가방법의 도출이 필요

　　① 기존 평가지표로는 슬러지의 상태를 모니터링하기에 한계가 있다.

　　② Fouling의 주요 원인물질인 EPS 발생량이 많을 때 TMP 상승속도의 증가 또는 Cake Layer 형성에 의한 여과저항 증기가 관찰된 바 있으나 슬러지 성상의 변화에 즉각적인 반응을 나타낸다고 평가하기는 어렵다.

　　③ 이에 따라 Fouling을 평가하며 슬러지의 상태를 모니터링 할 수 있는 새로운 평가방법을 모색할 필요가 있다.

분리막의 호기조 내 설치 유무에 따른 특징

구분	호기조/분리막 별도배치	호기조 내 분리막 배치
분리막 배치		
세정방식		
개요	• 분리막조를 생물반응조와 별도로 설치 – 분리막조 내 미생물을 생물반응조로 반송 후 계내에서 유지세정 수행 – 호기조 및 분리막 세정 공기공급 이원화	• 분리막을 생물반응조 내에 배치 – 미생물 악영향 방지를 위해 유지세정 시 계외에서 약품세정 불가피 – 호기조 및 분리막 세정 공기공급 일원화
장단점	• 계외세정을 위한 분리막 인양 불필요 – 분리막 물리적 손상 없음 – 완전 무인자동화 운전 • 포기 및 분리막 세정 공기공급 이원화 – 호기조 DO 조절 및 분리막 공기세정 최적화 운전 – 생물반응조 처리효율 향상 및 동력비 절감	• 주기적인 계외세정을 위한 분리막 인양 필요 – 분리막 물리적 손상으로 내구성 감소 – 소요 인력 직접투입 및 완전자동화 불가 • 포기 및 분리막 세정 공기공급 일원화 – 호기조 DO 조절 및 세정 최적화 곤란 – DO 조절 불가로 동력비 증가

MBR의 향후 방향

1. 개요

1) 2012년부터 부영양화 생성의 주요 원인물질인 총인과 유기물에 대한 기준이 대폭 강화

2) 국내 하수고도처리 공정에서 낮은 C/N비로 인한 탈질효율 감소와 동절기 수온 저하로 인한 질산화 미생물의 활성도 저하를 극복할 방안 제시가 필요한 실정이다.

3) 따라서, 향후 강화되는 방류수 수질기준 총족뿐만 아니라 안정적인 수자원 확보 측면에서 하수처리수 재이용에 적합한 기술로도 최근 많은 관심을 모으고 있는 막 결합 생물반응조(MBR)의 도입이 필요한 실정이다.

2. MBR 공정

2.1 분류

1) 순환식(Side − stream)과 침지식(Submerged)으로 크게 분류

2) 순환식

   가압펌프에 의해 슬러지를 막표면에서 Cross − flow 방식으로 여과시키는 방법으로 동력비가 많이 소요

3) 침지식

   ① 최근 대부분이 침지식으로 구성

   ② 또한 최근에는 유기물뿐만 아니라 질소와 인까지 제거할 수 있는 다단 반응조 형태의 침지식 MBR의 적용이 점차 증가되고 있다.

   ③ 생물반응조 내부에 분리막이 침지되어 외부펌프에 의해 여과수를 얻는 감압형 운전방식으로 순환식 공정에 비해 상대적으로 폐색의 위험이 적고 동력비가 적게 소요

   ④ 또한 슬러지와 공기의 기액 혼합 유체가 막 표면에 세정 수류를 형성하여 막 표면에 쌓이는 오염물질을 제거함으로써 막오염을 방지하는 부수적인 효과가 있다.

2.2 특징

1) 분리막을 통한 완벽한 고·액분리

   ① 활성슬러지를 반응조 내부에서 고농도로 유지

   ② 일반 활성슬러지법의 MLSS는 1,500~3,000mg/L

   ③ MBR 공정의 MLSS는 8,000~15,000mg/L

④ 유기물 제거효율과 질산화 효율을 증가시킬 수 있고

⑤ 유기물 부하에 대한 완충력 확보가 가능하며

⑥ 동절기 저수온 시에도 처리효율의 급격한 저하를 방지하여 안정적이고 우수한 양질의 처리
수를 얻을 수 있다.

2) 긴 SRT 유지

① 활성슬러지가 반응조 내부에서 장시간 체류

② 슬러지 발생량을 줄일 수 있다.

3) 침전지 및 여과시스템 대체

기존 공정에서 고액분리를 담당하던 침전지 및 여과시스템 대체 가능

4) 미생물 제거

미세공극을 갖는 분리막으로 병원성 미생물을 제거함으로써 소독설비의 생략도 가능하여 시공
비가 적게 소요

5) 안정적인 운전 가능

2차침전지에서 발생하는 슬러지팽화(Bulking), Foaming 및 Pin-floc 현상 등으로 인한 미생물의
침강성 악화요인에 영향을 받지 않고 분리막에 의한 완벽한 고액분리 가능

2.3 막 및 모듈

1) 막

MBR 공정에서는 막 오염현상과 투과유량을 고려하여 정밀여과막과 한외여과막이 주로 사용

2) 모듈

① MBR 공정에서는 주로 중공사막과 평막이 사용된다.

② 중공사막

중공사막은 단위부피당 충진밀도가 높아 장치규모를 집적화할 수 있으나 머리카락이나 협
잡물에 의한 막의 엉킴이 발생할 수 있다.

③ 평막

㉮ 중공사막에 비해 고농도의 MLSS 유지가 가능하지만

㉯ 충전밀도가 낮고 역세가 불가능한 단점이 있다.

㉰ 그러나 최근에는 평막을 2단 이상으로 쌓아올림으로써 충전밀도를 높이고 역세까지 가능
한 막 모듈도 개발되고 있다.

3. 하수고도처리를 위한 MBR 공정 구성

• 유기물 제거뿐만 아니라 탈질을 위해 분리막을 포함하는 호기조 앞단 또는 후단에 무산소조를
추가한다.

- 인 제거에 있어서는 긴 SRT와 적은 슬러지 발생량으로 인하여 생물학적으로 처리하는 데 한계가 있기 때문에 최근에는 철, 알루미늄 등의 금속염을 이용한 화학적 인 제거가 추가적으로 사용되고 있다.

3.1 전처리

1) 스크린

① MBR 공정의 경우에는 머리카락이나 섬유 등의 협잡물에 의한 분리막 fiber의 손상이나 엉킴을 방지

② 기존 하수처리시설에서보다 스크린 간극(Gap Size)이 더 적은 미세스크린을 추가로 설치

③ 최근 간극 1mm 이하의 Punched Hole Type이나 Mesh Type의 스크린을 많이 적용하는 추세

3.2 생물반응조

1) 반송률

① 기존 BNR 공정 : 반송률 100% 이하

② MBR : 반송률 200~400% 이상의 반송률 필요

MBR 공정의 경우 흡입펌프를 이용하여 반응조에 침지된 분리막으로부터 처리수를 생산하기 때문에 앞단의 혐기조나 무산소조에 비해 분리막조의 MLSS가 더 높게 유지되어 적절한 슬러지 반송이 없을 경우 분리막 표면에 케이크층이 쌓여 막 오염을 유발하는 원인으로 작용하기 때문

2) 공기량

① 분리막 세정을 위해 미생물 유지에 필요한 공기량 이상으로 과도하게 공기를 주입함

② 비용이나 효율 측면에서 단점으로 작용

③ 최근에는 호기영역을 호기조와 분리막조로 이원화하는 추세

㉮ 호기조에는 유기물 분해와 질산화에 필요한 최소량의 공기공급을 위해 산소 전달효율이 높은 Fine Bubble Aeration을 적용

㉯ 분리막조에는 공기세정효율 극대화를 위해 분리막 하부에 설치한 산기관을 통하여 Coarse Bubble Aeration을 적용

㉰ 호기조와 별도로 분리막조를 둠으로써 내규모 하수처리시설 적용 시 약품세성에 따른 유지관리의 편의성 확보가 가능하다. 즉, 분리막을 계외로 꺼내지 않고 반응조 내에 약품을 채워 세정함으로써 분리막 이동에 따른 번거로움을 없앨 수 있다.

④ 분리막조에서는 분리막의 공기세정을 목적으로 공급되는 공기로 인하여 용존산소 농도가 필요 이상으로 높게 유지된다.

㉮ 유입수 중의 유기물 농도변화에 따른 분리막조에서의 과포기가 다량의 반송슬러지를 통하여 무산소조에서의 탈질에 영향을 미침

⊕ 상용화된 일부 MBR 공정에서는 탈기조(또는 안정화조)를 두어 다량의 반송슬러지를 균일하게 혼합하고 반송슬러지 내 용존산소 농도를 일정 체류시간 동안 저감하여

⊕ 무산소조에서 탈질반응에 미치는 용존산소의 영향을 저감함으로써 탈질효율을 안정적으로 유지시키는 역할을 수행

⑤ 긴 SRT 유지

㉮ 분리막조에서 SRT를 길게 유지하여 슬러지를 고농도로 유지하는 MBR의 특성상 일반적인 생물학적 처리공정에 비해 높은 질산화율을 보이는 반면

㉯ 인 제거에 있어서는 적은 슬러시 인발로 인해서 제한적일 수밖에 없는 한계가 있나.

㉰ 근래에는 반응조에 철, 알루미늄 등의 금속염을 주입하여 미생물 대사산물과 수중에 용해된 인 성분을 불용성 고형물로 유도함으로써 이들 성분을 효과적으로 제어하는 화학적 방식을 생물학적 인제거와 병행하여 사용하고 있다.

3.3 막 오염과 세정

1) 막 오염의 주요 영향인자

① 분리막 자체의 특성, 분리막의 운전변수, 여과대상 물질의 특성

② 개별적으로 막 오염에 영향을 주기보다는 복합적으로 영향을 미침

2) 막 오염 현상

① 막표면에 쌓이는 케이크층에 의한 막오염과

② 막표면, 내부에 흡착에 의하여 생기는 비가역적 오염으로 구분

③ 케이크층에 의한 저항이 막오염의 주요 원인

따라서, MBR 공정에서의 막오염 제어는 막표면에 쌓이는 케이크층을 적절하게 제거하는 것이 핵심이다.

3) 막오염 제어

① MBR 공정의 경우 분리막 하부에 설치된 산기관으로 Coarse Bubble의 공기를 공급하여 수류에 의한 전단력을 통해 막표면을 세정하는 공기세정 방식을 사용

② 또한 주기적으로 여과 반대방향으로 고압의 역세수(주로 처리수)를 투과함으로써 막표면에 부착된 케이크층을 제거하는 역세(Back Flushing) 방법을 사용한다.

③ 역세 시 세정효과를 높이기 위해 세정약품(주로 차아염소산 나트륨 ; NaOCl)을 함께 주입하기도 한다.

4. 결론

1) MBR 공정은 상기에 기술된 바와 같이 기존 처리공정과 비교하여 다양한 장점을 가지고 있으나, 상용화 및 보급속도를 가속화하기 위해서는 다음과 같은 과제의 해결이 필요한 실정

① 높은 분리막 가격으로 인해 초기 투자비가 많이 소요

② 기존 BNR 공정과 비교하여 과다한 에너지 비용

　　분리막조 분리를 통한 에너지 절감 모색

③ 막오염을 효과적으로 억제시킬 수 있는 기술개발이 필요

2) 인제거 효율 향상을 위해 응집제 주입설비의 도입이 필요하며

3) 적정 반송률 유지를 통해 적정 MLSS농도 유지가 필요

　막오염 최소화 및 미생물 유지에 필요한 공기량 감소

참/고/자/료

● S처리시설 DMBR 공법의 개선사항(예)

분리막 유지보수		송풍기 및 약품설비 계열화	
개선 전	개선 후	개선 전	개선 후
프레임 세정방식에서 유닛세정방식으로 변경 → 계외세정 시간단축으로 인원 및 약품 저감		통합설치에서 계열화 분리 설치로 변경 → 송풍량 및 약품량 균일공급으로 처리효율 향상	

계 내 세정방식 추가		호기조 사영역 최소화	
개선 전	개선 후	개선 전	개선 후
T−P 보증을 위한 약품투입량 증대로 분리막 오염 우려 → 분리막 보호를 위한 구연산 추가 세정		DMBR 호기조 일부공간 사영역 발생 우려 → 호기조 산기관 추가설치로 사공간 최소화	

Key Point

• 92회, 118회, 121회, 126회, 130회 출제
• 향후 출제될 가능성이 상당히 높은 문제임. 따라서 MBR 편에서 제시한 여러 처리시설의 참고자료를 반드시 검토하여 개략적인 내용(실무 위주 내용)으로 제시할 필요가 있음

국내 적용 MBR 공법

구분		DMBR	KIMAS	A2O+MBR
공법 개요				
		상하로 분리된 단일반응조의 상부 호기조에 분리막을 침지한 MBR 공법	유입수 분할주입과 안정화, 혐기, 무산소, 막분리 호기조로 구성된 공법	A2O공법 후단 2차침전지 대신 침지식 외산분리막을 적용한 MBR 공법
핵심 기술		침지식 분리막(공극 : $0.25\mu m$)을 이용한 고액분리	침지식 분리막(공극 : $0.1\mu m$)을 이용한 고액분리	침지식 분리막(공극 : $0.04\mu m$)을 이용한 고액분리
질소·인 처리기작		생물학적 질소 제거+화학적 인 제거	생물학적 질소 제거+생물학적 인 제거	생물학적 질소 제거+생물학적 인 제거
기술적 검토	처리 안정성	T−N, T−P 처리기작 분리 → 처리 안정성 확보	혐기조 후단 배치 → T−P 처리 안정성 미확보	T−P 제거 효율 낮음 → T−P 처리 안정성 미확보
	유지 관리	반응조 공정 구성 단순 → 유지관리요소 최소	반응조 공정 구성 복잡 → 유지관리요소 과다	반응조 공정 구성 복잡 → 유지관리요소 과다
	가동 초기 대응성	MLSS, 내부반송 → 운전인자 적어 대응성 우수	MLSS, 내부반송, 하수 찌꺼기 반송 → 운전인자가 많아 대응성 불리	MLSS, 내부반송 이중화 → 운전인자가 많아 대응성 불리
	에너지 효율성	무동력 내부반송→동력비 절감	하수찌꺼기 반송설비 필수 → 동력비 증가	하수찌꺼기 반송설비 필수 → 동력비 증가

구분		HANT	SAM	CSBR
공법 개요		유입수 → 유출수 / 내부반송 / 무산소조 / 혐기조 / 막분리호기조 / 탈기조	유입수 → 유출수 / 간헐내부반송 / P 잉여 하수찌꺼기 / 무산소/혐기조 / 막분리호기조	유입수 → 유출수 / 내부반송 / 반송하수찌꺼기 / 슬러지반송조 / 혐기조 / SBR조 / 무산소조 / 호기조
		무산소/혐기/호기/탈기조와 침지식 MBR을 이용한 고도처리 공법	무산소/혐기 교대 반응조와 침지식 평막을 이용한 MBR 공법	변형된 A2O와 SBR을 조합하여 저농도 MLSS 유지로 운전되는 공법
핵심 기술		침지식 분리막(공극 : 0.4μm)을 이용한 고액분리	침지식 평막(공극 : 0.2μm)을 이용한 고액분리	A2O와 SBR조로 구성 및 전무산소조 설치
질소 · 인 처리기작		생물학적 질소 제거+생물학적 인 제거	생물학적 질소 제거+생물학적 인 제거	생물학적 질소 제거+생물학적 인 제거
기술적 검토	처리 안정성	혐기조 후단 배치 → T−P처리 안정성 미확보	무산소/혐기조의 상전환 어려움 → T−P 처리 안정성 미확보	저농도 MLSS 공법 → 처리 안정성 미확보
	유지 관리	반응조 공정 구성 복잡 → 유지 관리요소 과다	여과/역세 반복 시 평막 이완 → 교체주기 증가 우려	반응조 공정 구성 복잡 → 유지 관리요소 과다
	가동 초기 대응성	MLSS, 하수찌꺼기 반송, 유입수 분할 → 운전 인자가 많아 대응성 불리	간헐내부반송 시간설정 어려움 → 운전이 복잡하여 대응성 불리	소용량 계열회기 매우 어려움 → 유입부하변동 대응성 불리
	에너지 효율성	하수찌꺼기 반송설비 필수 → 동력비 증가	부하변동에 따른 잦은 운전변경 → 처리효율의 저하	복잡한 구조로 반응조 구성 → 비상시 대처운전 매우 불리

담체법

1. 개요

1) 질산화 미생물은 증식이 느려 고농도로 유지하는 것이 어렵다.

2) 따라서 질산화 속도를 높이기 위해서는 질산화 미생물을 고농도로 유지할 필요가 있다.

3) 종속영양미생물과 질산화 미생물(독립영양미생물)의 산소를 둘러싼 경쟁관계에서 유기물 부하가 높은 상태와 온도가 높은 하절기에는 공급된 산소가 종속영양미생물에 우선적으로 이용되어 질산화 미생물이 이용하지 못하는 사례가 있다.

4) 따라서 이러한 단점의 보완과 함께 긴 SRT를 유지하고 슬러지 발생량을 줄일 수 있는 하나의 방법으로 담체법이 적용

2. 포괄고정화 담체

2.1 정의

포괄고정화 담체는 질산화 미생물을 고농도로 포함하는 슬러지혼합액을 고분자 재료에 의해 겔상태로 고정화한 것이다.

2.2 특징

1) 질산화 미생물의 고도집적에 의한 질산화의 안정화 및 고속화 : 활성슬러지의 10배 이상

2) HRT 단축은 장시간의 질산화 미생물의 순치기간 없이 달성할 수 있다.

3) 담체에 의해 질산화 속도가 활성슬러지에 비해 온도의 영향을 받기 어려우므로 저온에서도 질산화가 안정적으로 진행

4) HRT의 경우 순환식 질산화 탈질법의 1/2 정도이며 BOD, 질소의 동시 제거 가능

5) 무산소조의 BOD/SS 부하가 높아지므로 간접적으로 무산소조의 HRT 단축 가능

6) 표준활성슬러지법을 대규모로 개조하지 않아도 투입이 가능

7) 긴 SRT의 유지

8) 슬러지 발생량의 감소

3. 결합고정화 담체

3.1 정의

1) 담체의 표면에 생물막을 형성시킴으로써 고정화가 이루어진 것이다.

2) 질산화 미생물뿐만 아니라 활성슬러지 전체를 고농도로 유지하는 작용을 한다.

3) 질산화액 순환이 이루어지는 과정에서 담체를 포함하여 순환시키면 탈질미생물도 담체에 축적된다.

3.2 특징

1) 포괄고정화 작업을 필요로 하지 않기 때문에 가공이 용이하다.

2) 투입 시에 순치기간이 필요하다.

3) 담체를 포함하여 순환을 실시하면 무산소조의 HRT를 직접적으로 줄일 수 있다.

4) 긴 SRT 유지

5) 슬러지 발생량 감소

4. 향후 과제

1) 담체의 내구성 향상

2) 제조비용 절감

3) 최적의 투입량 결정

4) 과도한 송풍에 의한 미생물 탈리에 유의

5) 2차침전지에서 미세 Floc 유출 우려에 대비

섬유사 여과

관련 문제 : P.C.F여과기, 공극제어형 섬유여과기

1. 개요

1) 유연사 섬유를 주로 이용하며

2) P.C.F 여과기라고도 한다.

3) 즉, Pore Control Fiber Filter(공극 제어형 섬유여과기)를 뜻하며

4) 미세 유연사 다발을 회전기구나 압착 Pack 등으로 압착, 공극을 작게 하여 여과한 후, 이를 이완, 공극을 크게 하여 압축공기나 가압수로 역세하는 섬유여과기

5) Cartridge의 정밀 여과기능과 Sand Filter의 역세기능을 조합한 최신 여과기이다.

2. 설치목적 : 하수에 적용 시

1) 최종처리수 중 미처리 BOD, SS의 제거

2) 재이용 수질 확보

3) 방류수수질기준 만족

4) N, P의 처리효율 증대

5) 소독력 증대

3. 적용분야

1) 오 · 하 · 폐수의 처리수 여과 및 중수처리 재활용수 여과용

2) 지하수, 정수장, 생수업체 등의 음용수 생산시설 여과용

3) 고도처리(활성탄, 이온탑, 오존, UV) 및 막분리(R/O, NF) 전처리용

4) 목욕탕, 수영장, 낚시터, 수족관 등의 청정유지 여과용

5) 바다, 취수장, 양어장, 연못 등의 녹 · 적조, 뻘물 등 여과용

6) 발전소, 제철소 등의 냉각 · 순환수 기타 농 · 공업용수 여과용

4. 장점

1) 효율이 높고 수질이 우수하다.

2) 구조가 비교적 간단하다.

3) 24시간 연속운전 가능

4) 운전 시 여재의 상태확인이 가능하다.

5) 토목공사비 절감

6) 여재의 수명이 길고 교환이 간단하다.

7) 여재의 유실이나 보충이 필요 없다.

8) 역세척시간이 짧고 역세수량이 적다.

9) SS가 낮을 경우 침전조를 생략하고 직접 여과 : 입경 5μm 이하도 압착력 강화, 미세섬유 사용, 처리량 감량, 응집제 첨가 등으로 처리 가능함

5. 단점

1) 여재손실수두에 의한 공급펌프의 동력비 증대

2) 대규모 처리장의 실적이 적다.

3) 타 기종에 비해 유지관리비가 많이 소요

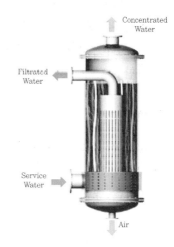

Disc-filter

1. 개요

1) 하·폐수 3차 고도처리 및 정수설비인 Disc-filter는 유지관리비용이 매우 저렴하고
2) 좁은 장소에도 설치가 가능하고 수명이 긴 미세여과막을 이용한
3) 중력 시 디스크 여과형식(연속여과)으로 완전 자동운전이 가능하다.
4) 또한, 이동식 세척장치와 고압의 세척펌프로 구성되어 오염된 필터를 세척하는 구조로 이루어져 있다.

2. 적용

1) 하·폐수, 오수, 중수도의 부유물질(SS)의 3차 고도처리설비
2) 상수원수, 호수의 조류 및 SS 제거
3) 공업용수 냉각수, 농업용수 등의 용수처리설비
4) 약품주입으로 BOD, COD, SS, T-P의 고도처리설비
5) 우천 시 합류식 하수의 월류수(CSOs)의 처리설비

3. 처리원리

1) 유입수는 중앙 드럼의 내부로 유입
   중력식 흐름으로 유입
2) 유입수는 필터 여과막을 통하여 여과
   ① 드럼탱크 내의 손실수두가 증가하여 수위가 상승하면 드럼필터의 회전과 세척장치를 가동
   ② 유입수 중의 입자는 필터막 내부의 체거름 원리에 의해 제거
3) 부착된 고형물의 제거
   ① 고형물이 여과막에 부착되면 드럼의 회전을 통해서 드럼 윗부분에 설치된 세척장소로 이동하여 세척수 물받이로 수집
   ② 필터의 운전방식 : 간헐적 또는 연속적
4) 분리된 고형물의 제거
   ① 이동식 세척장치(Rinse Nozzle)로부터 세척수는 바깥에서 안쪽으로 분사되며
   ② 분리된 고형물은 세척수 물받이로 이동
   ③ 세정수량 : 일반적으로 유입수량의 1~3%

④ 세척수 : 여과수를 사용

5) 배출된 고형물은 중력에 의해 세척수와 함께 배출

4. 특징

1) 높은 유연성 및 안정적인 처리효율

  ① 운전조건, 수질변동 시 여과막의 크기가 다른 필터 엘리먼트로 간단하게 교환하여 유연한 대처가 가능

  ② 여과수질이 안정적

2) 연속운전 가능

  여과막 세척 시에도 운전 가능 : 별도의 예비기가 필요 없음

3) 설치부지가 작다 : Compact한 구조

4) 세척수량이 적다 : 유입수량의 1~3% 정도

5) 유지관리비가 저렴

  ① 적은 수두손실로 자연유하로 운전이 가능

  ② 자동화로 운전이 용이

6) 필터의 수명이 길다 : 이동식 세척장치에 의한 세척

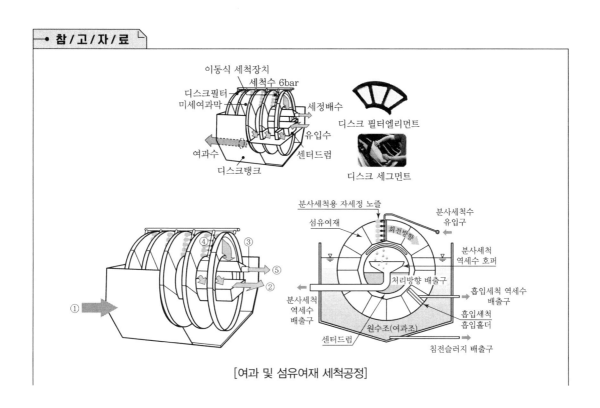

참/고/자/료

[여과 및 섬유여재 세척공정]

- 유입원수는 여과조(①)에서 섬유 디스크필터 외부로 중력유입(자연유하)됨
- 각각의 디스크필터로 유입된 유입원수는 디스크필터 좌우에 부착된 섬유여재를 통해서 밖에서 안으로 배출(② 여과된 처리수)되고 유입원수 내 부유물질(SS) 및 기타 오염물질들은 단위여재 바깥쪽에 포집됨
- 여과조의 원수 수위가 섬유여재의 여과작용으로 상승되면(손실수두 50~250mmH) 여과조 내 수위검지기(③ 레벨센서)가 감지하여 디스크필터 구동모터와 분사세척펌프가 가동됨
- 분사세척펌프(7bar)와 세척노즐이(④)이 가동되면서 섬유여재 바깥 쪽에 포집된 오염입자들은 섬유여재로부터 분리되어 세정수 집수통(⑤)으로 모아져서 자연유하로 별도의 배출구로 배출되고 오염된 섬유여재의 세척효과로 여과조 내의 수위가 낮아지면 수위검지기에 의해서 자동으로 섬유여재 세척공정은 정지됨
- 각각의 섬유여재를 통해 여과된 처리수는 처리수웨어를 통해서 처리수배출구로 배출됨
- 상기 일련의 공정들이 반복되면서 24시간/일 연속적으로 유입원수 내의 부유물질(SS) 및 기타 오염물질들을 처리하여 청정한 여과처리수를 배출함
- 섬유여재 세척공정은 손실수두차에 따른 수위검지기의 작동 및 타이머에 의한 시간 설정치에 따라 자동 및 간헐적으로 수행되며, 장기간 운전 시 섬유여재의 폐색 진행을 방지하기 위해 흡입세척펌프를 간헐적으로 가동해서 섬유여재 내부에 깊이 오염된 이물질들을 제거함

Key Point +

- 90회 출제
- 3차 처리설비로 여과기능을 수행하며 4대강 정비와 더불어 향후 출제가 예상되는 문제임
- 최근 총인처리시설로의 적용(응집 · 침전＋DDF)이 되고 있음

연속 회분식 활성슬러지법(SBR)

관련 문제 : SBR(Sequencing Batch Reactor)

1. 개요

1) 회분식 활성슬러지법(SBR)은 한 개의 단일 반응조에서 혐기, 무산소, 호기과정을 시간적으로 구분하여 질소, 인을 처리하는 시간적 개념의 고도처리공법

2) SBR은 기본적으로 Plug Flow와 회분식(Batch Reactor)의 특징을 결합한 시스템

   ① 즉 연속된 회분식을 통하여 회분식의 단점인 불연속성을 해결하고

   ② Plug Flow와 같은 동력학 특성을 갖도록 하며

   ③ 한 개의 반응기에서 반응과 침전이 이루어진다.

3) 고부하형과 저부하형이 있으며

4) 우리나라의 중·소규모 하수처리장에서 많이 적용된 공법

2. 공정의 구성

SBR 공정의 구성은 다음과 같이 유입 → 반응(호기, 무산소) → 침전 → 배출과정을 하나의 반응기에서 시간적으로 이루어짐

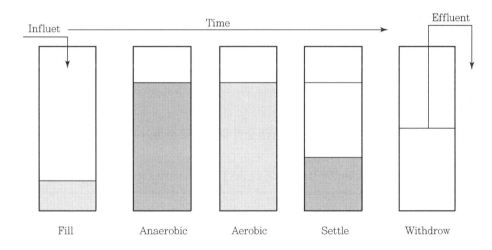

2.1 Fill(유입)

1) 회분식 반응기에 폐수를 주입하는 단계
2) 무교반 유입, 간헐식 유입이 원칙
3) 슬러지가 25% 채워져 있는 반응기에 폐수로 100% 채운다.
4) 포기는 실시할 수도 있고 않을 수도 있다.
5) 소요시간 : 전체 소요시간의 25% 정도

2.2 Reactor(반응)

1) 반응단계는 포기 또는 교반에 의해 호기, 무산소, 혐기조건을 조성하여
2) 질산화(인 섭취), 탈질, 인 방출의 단계가 가능
3) 소요시간 : 전체 소요시간의 35% 정도

2.3 Settling(침전)

1) 폭기를 멈추고 중력침전에 의하여 슬러지와 처리수를 분리
2) 소요시간 : 전체 소요시간의 20% 정도

2.4 Effluent Decant

1) 부유형 또는 고정형 위어 등을 이용하여 처리수를 65% 정도 유출하는 단계
2) 소요시간 : 전체 소요시간의 10% 정도

2.5 Excess Sludge Dischange

1) 잉여슬러지를 폐기 : 전체 부피의 10% 정도
2) 소요시간 : 전체 소요시간의 10% 정도

3. 특징

1) 단일반응조를 이용하며 반송, 내부순환 등이 없으므로 시설이 간단하고 시설비가 적게 소요
2) 설치면적이 적게 소요
3) 시간단위로 혐기, 무산소, 호기조건을 자유롭게 조절가능하므로 유입수질의 변화에 대응이 용이하다.
4) 포기량이 적어 동력비가 적게 소요
5) 사상균에 의한 벌킹이 적다.
6) 활성슬러지 혼합액을 이상적인 정치상태에서 침전이 가능하므로 고액분리의 효과가 좋다.
7) 유입수량의 변동이 큰 경우는 유량조정조가 필요하다.
8) 동일한 처리효율을 얻기 위해서는 고도처리공법보다 HRT가 길게 요구

9) 대용량 처리시설에는 적용이 곤란하며 중소규모 처리시설에 경제성이 있다.

10) 원칙적으로는 1차침전지를 설치하지 않으나

　① 반응조 내의 큰 고형물의 축적이나 스컴 부상 등을 방지하기 위해

　② 반응조 유입수에 스크린 등의 설치를 검토

4. 형상 및 구조

1) **평면형상** : 일반적으로 정사각형 또는 직사각형

2) **유효수심** : 4～6m

3) 수밀성 구조로 하며 부력에 대하여 안전한 구조로 한다.

4) **조의 수** : 원칙적으로 연속성을 위해 2조 이상으로 한다.

5) 단락류를 방지할 수 있도록 배치를 강구한다.

6) 상징수 배출장치 등을 고려하여 여유고를 설정한다.

Key Point +

118회 출제

선회와류식 SBR 공법

1. 개요

1) 선회와류식 SBR 공법은 단일 반응조에서 터빈 하나로 혐기/무산소/호기 조건을 자동제어하여 질소와 인을 동시에 제거할 수 있는 SBR 공법이다.

2) 본 공법은 기존 생물학적 고도처리방식이 여러 개의 구조물(침전조, 처리조, 무산소/호기조 등)로 구성된 데 반해 단일 반응조를 사용하므로

3) 넓은 공간이 필요 없고, 지하시공이 가능하며, 복잡한 기기장치, 까다로운 운전조건 없이 시공비와 운전비를 대폭 절감할 수 있는 SBR 공법 중 가장 경제성 있는 최신 공법이다.

4) 즉, 선회와류식 SBR 공법은 다기능 고효율의 터빈을 반응조 중앙에 부유시켜 포기 및 교반을 용존산소계 등 센서와 연동시킨 완전자동화 시스템이며

5) 또한 1개의 반응조에서 표면폭기기 1대로 모든 역할을 수행하므로 송풍기실, 반송펌프실, 최초, 최종침전지 등이 필요 없어

6) 초기투자비가 적고 자동/무인운전이 가능하며, 유지관리가 간단하고, 운영유지비가 극히 저렴하다.

7) 산소전달효율이 가장 높아 전력비를 약 70% 정도 절감할 수 있다.

2. 처리계통

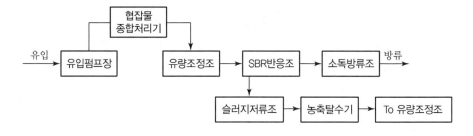

3. 처리공정 : SBR 공정 참조

1) 단일 반응조에서 오 · 폐수의 유입 및 처리수의 유출이 일어나는 공정으로

2) 정해진 시간의 배열에 따라
   유입(Fill) → 반응(React) → 침전(Settle) → 배출(Draw) → 휴지(Idle)의 공정

3) 유입/반응공정에서 BOD, SS뿐만 아니라 질소, 인 등이 제거된다.

4. 특징

4.1 장점

1) 고도처리가 가능하며 별도의 3차 처리가 필요 없다.

2) 포기강도의 자동조절로 잉여전력낭비가 없다.(전력비의 최소화)

3) 완전자동화 시스템 구축이 가능(자동 및 무인화 가능)

4) 1개 반응조에서 표면폭기기 1대로 처리

   ① 송풍기실, 반송펌프실, 1차 및 2차침전지가 필요 없다.

   ② 초기투자비가 적다.

5) 유지관리가 간단

6) 산소전달효율이 높다.

7) 부유식 표면폭기터빈에 의해 수류가 선회와류를 이루어 반응조 내 사각지대가 없이 충분한 산소전달과 완전혼합으로 수질 및 수량변동에 강함

8) 터빈 하나로 혐기, 무산소, 호기 반응을 충족시켜 구조가 매우 간단

   ① 시설공간 및 시설자재비가 적게 소요

   ② 부지면적의 절약

9) 지하시공이 가능하므로 상부를 공원, 위락시설 등 다른 용도로 활용 가능

4.2 단점

1) 반응조가 정사각형 또는 원형으로 제한적이다.

2) 유입수량의 변동이 큰 경우에는 유량조정조가 필요하다.

PID(Phase Isolation Ditch)

1. 개요

1) 덴마크의 Kruger사에서 재래식 산화구공법과 SBR 공법의 처리원리를 응용하여

2) 하수 중의 영양염류의 제거효율을 높이기 위하여 개발한 공법

3) A, B, C, D의 4개의 상으로 구성되며 약 4시간을 1주기로 반복하면서 질소, 인을 제거하는 공법

2. 원리

1) 질소 및 인 제거를 위한 추가시설 없이 동일 산화구 내에서 Anoxic과 Oxic상을 병행함으로써 질산화 및 탈질산화가 일어난다.

  ① Oxic : 인의 흡수 및 유기물질의 분해 및 질산화가 발생

    산화지 상부에 설치된 횡축표면 포기장치에 의해 필요한 산소를 공급

  ② Anoxic : 탈질반응 발생

    하부에 설치된 믹서는 포기중단 시 Floc의 침전을 막기 위해 가동

2) 산화구의 처리수는 항상 호기성조에서 방류되며 가동주기의 수심모드에 따른 위어조정에 의해 유출라인이 조절된다.

3. 구조

1) 한 조에서 호기성, 무산소 조건을 수행하므로 내부 반송라인의 설비가 없어도 된다.

2) 산화구는 일반적으로 두 개의 조가 내부로 연결되어 있어 유입폐수방향을 산화구 1 및 2로 전환이 가능하다.

3) 유출수도 산화구 내부연결에 의해 배출구를 바꿀 수 있어 연속적으로 처리수 배출 및 배출수의 BOD와 암모니아성 질소의 농도를 낮게 유지할 수 있다.

4) PID 산화공정은 4개의 분리된 상으로 한 주기의 소요시간은 약 4시간이며 한 주기에서 질소제거가 이루어진다.

5) 4개의 분리된 상을 각각 A, B, C, D라 하고 상 C, D는 상 A, B의 방사상(Mirror Image)이다.

4. 상별 특징

4.1 A상

1) 유입폐수와 반송슬러지가 선택조에서 혼합되어 제1산화구로 유입되어 탈질이 일어나는 영역

2) A상은 무산소상태 유지

3) 탈질반응에 필요한 유기탄소는 유입수의 탄소원을 사용하여 탈질반응을 수행

4.2 B상

1) 두 개의 산화구가 모두 호기성을 유지

2) 유입원수는 제2산화구로 유입

4.3 C상

1) 제1산화구의 유출위어가 낮아짐

2) 제2산화구는 무산소 상태로 변하게 되고 탈질반응이 진행

4.4 D상

1) 상 D는 약 30분간 가동되고 또 다른 중간상으로 제2산화구 대신에 제1산화구로 유입이 다시 바뀌면서 시작되며

2) B상과 유사

3) 그리고 D상 말기에 한 주기가 완전히 끝나며 다시 한 주기의 A상이 진행된다.

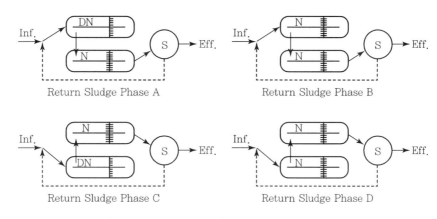

Return Sludge Phase A   Return Sludge Phase B

Return Sludge Phase C   Return Sludge Phase D

Phase A & C (Main Operation Phases) : 60~90min
Phase B & D (Intermediate Operation Phases) : 15~30min

⊣⊢⊣⊢ Rotor Mixing   N : Nitrification
⊪⊪⊪ Aeration   DN : Denitrification
        S : Sedimentation

질소화합물 제거율

처리운전 또는 공정		질소화합물			공정에 유입되는 총질소의 제거율(%)[1]	적용
		유기성 질소	NH₃, NH₄⁺	NO₃⁻		
재래식 처리	1차 처리	10~20% 제거	영향 없음	영향 없음	5~10	초침 8% 적용
	2차 처리	15~20% 제거[2] 요소 → NH₃－NH₄⁺ [3]	< 10% 제거	약간 영향	10~30	포기조 20% 적용
생물학적 처리공정	미생물학적 동화	영향 없음	40~70% 제거	약간	30~70	
	탈질화	영향 없음	영향 없음	80~70% 제거	70~95	
	조류생산	NH₃－NH₄⁺로 부분변환	→ 세포로	→ 세포로	50~80	
	질산화	제한적 영향	→ NO₃⁻로	영향 없음	5~20	
	안정화지 (Oxidation Pond)	NH₃－NH₄⁺로 부분 변환	Stripping에 의하여 부분 제거	질산화/탈질화에 의하여 부분 제거	20~90	
화학적 처리공정	파괴점 염소주입	불명확	90~100% 제거	영향 없음	85~95	
	화학적 응집	50~70% 제거	약간 영향	약간 영향	20~30	
	탄소흡착	30~50% 제거	약간 영향	약간 영향	10~20	
	암모니아의 선택적 이온교환	약간, 그러나 불확실	80~97% 제거	영향 없음	70~95	
	NO₃의 선택적 이온교환	약간 영향	약간 영향	70~75% 제거	70~90	
물리적 처리공정	여과	30~95%의 부유성 유기질소 제거	약간 영향	약간 영향	20~40	30% 적용
	Air Stripping	영향 없음	60~95% 제거	영향 없음	50~90	
	전기투석	100%의 부유성 유기질소 제거	30~50% 제거	30~50% 제거	40~50	
	역삼투	60~90% 제거	60~90% 제거	60~90% 제거	80~90	

주) 1) 제거에 유효한 공정과 처리장 내의 여타 공정에서 유입수 내 질소의 함량에 따른다.
　　2) 요소와 아미노산 형태의 용존 유기질소는 2차 처리에서 상당량 감소된다.
　　3) 화살표는 "~로 변환됨"의 뜻이다.
자료 : 폐수처리공학(Metcalf & Eddy), p.678

인 제거율

처리운전 또는 공정		처리공정으로 유입되는 인의 제거율(%)	적용
재래식 처리	일차 처리	10~20	초침 15% 적용
	활성슬러지	10~25	포기조 25% 적용
	살수여상	8~12	
	회전생물막접촉기(RBC)	8~12	
생물학적 인 제거 전용공정	폐수처리 흐름에서 인 제거	70~90	
	슬러지처리 흐름에서 인 제거	70~90	
	생물학적 질소 및 인 제거 혼합공정	70~90	
화학적 제거	금속염에 의한 침전	70~90	
	석회에 의한 침전	70~90	
물리적 제거	여과	20~50	20% 적용
	역삼투	90~100	
	탄소흡착	10~30	

주) 자료 : 폐수처리공학(Metcalf & Eddy), p.679

전자빔(Electron Beam)을 이용한 수처리

1. 개요

1) 전자를 진공상태에서 고전압을 이용하여 빛의 속도에 가깝게 가속시켜 높은 에너지의 전자빔을 만들어내는 전자빔 가속기를 사용하여 수중의 오염물질을 처리하는 공법

2) 수중에 조산된 높은 에너지의 전자빔은 매우 짧은 시간 동안에 반응성이 강한 Radical($\cdot$HO, H$\cdot$)과 전자(e^-)를 생성시켜

3) 수중의 난분해성 물질을 분해하거나 생물학적으로 분해가능한 물질로 전환(생분해성 증대)

2. 적용분야

1) 난분해성 폐수, 하수처리

2) 유해성 폐기물의 처리

3) 매립지의 침출수 처리

4) 오 · 폐수의 생분해성 증대

3. 특성

1) 반응성이 높은 라디칼의 생성으로 난분해성 오염물질의 분해가 가능하고

2) 생물학적 분해가 쉽도록 생분해성을 증대

3) 반응속도가 빠르다.

4) 설비의 자동화가 용이

5) 운전조작이 간단

6) 처리시설이 간단하고 부지면적을 적게 차지

7) 수처리, 탈색, 살균 및 탈취가 동시에 가능

8) 처리용량이 크게 되면 시설비와 유지관리비의 증대를 초래

하수고도처리(Ⅰ) : 질소 제거

1. 개요

1) 질소화합물은 인과 같이 중요한 영양염류로 수역의 부영양화, 적조현상 방지를 위하여 제거해야 한다.

2) 질소에 의한 피해

　① 정수처리 시 암모니아는 염소소비량 증대를 초래

　② 부영양화, 적조현상 유발

　③ 동식물, 인간에 해(Blue Baby 증후군)

　④ 수중의 용존산소결핍으로 혐기화를 초래

3) 하수 중에 질소화합물 형태는 유기질소와 $NH_3 - N$가 대부분이고 $NO_2 - N$, $NO_3 - N$는 극히 적다.

4) 질소제거법으로는 물리/화학적 방법과 생물학적 방법이 있다.

2. 물리, 화학적 제거방법

2.1 Air – stripping에 의한 NH_3 제거(암모니아의 탈기)

1) 원리

　① 유입하수의 pH를 11 이상으로 높여(석회첨가) 수중의 암모늄이온(NH_4^+)을 암모니아(NH_3)로 변화시킨 후 탈기탑에서 공기와 접촉시켜 기체상태로 날려 보내는 방법

　② $NH_3 + H_2O \rightarrow NH_4^+ + OH^-$

　③ pH가 증가하면 NH_4^+가 NH_3로 변하는 역반응이 진행된다.

2) 장점

　pH 상승을 위해 석회 사용으로 인도 동시에 제거된다.

3) 단점

　① 약품비, 석회 재생비 등 유지관리비가 고가

　② 온도 저하에 따라 처리효율이 극히 나빠짐

　③ 탈기를 위한 공기량이 다량 필요

　④ NH_3 방출로 인한 피해 방지를 위해 산세정기를 설치해야 한다.

　⑤ 소음, 악취, 스케일 발생

2.2 파괴점 염소처리(Break Point Chlorination)

1) 최적 pH 범위는 6~7 정도

2) 장점

① 반응시간이 매우 빠르다.

② 적절히 공정을 관리할 경우 제거가 거의 완벽하다.

③ 살균도 병행된다.

3) 단점

① 약품비가 비싸다.

② 주입량 결정에 숙련을 요하고 염소 요구량이 크다.

③ 염소처리 후 방류 수역에 생태계 변화 우려가 있다.(탈염소처리가 필요)

④ THMs 형성 문제가 있다.

2.3 이온교환(Ion Exchange)

1) 용액을 선택적 이온교환수지를 통과시킴으로써 제거대상물질을 제거하는 공정이다.

2) 폐수의 암모니아 제거에는 천연수지(제올라이트)가 사용된다.

3) 이온교환수지는 천연 및 합성수지가 있지만 내구성 때문에 합성수지가 많이 사용된다.

4) 단점

① 전처리가 필요(여과, 활성탄흡착 등)

② 교환층, 탈기탑, 배관 등에 $CaCO_3$ 퇴적 발생

③ 이온교환수지 역세척이 필요

④ 실용화 실적이 거의 없음

3. 생물학적 질소 제거

3.1 원리

1) 질산화

① 하수 중 질소화합물은 유기성 질소, 암모니아성 질소, 아질산성 질소, 질산성 질소 등이 있으며 TKN 화합물인 유기성 질소와 암모니아성 질소가 대부분을 차지한다.

② 활성슬러지 중에 존재하는 질산화 미생물량은 SRT와 수온에 따라 변하며 저수온 시에는 질산화 미생물을 시스템 내에 유지하기 위해 필요한 SRT는 길어진다.

2) 질산화 공정

① 질산화 공정은 BOD 제거와 질산화가 하나의 반응조에서 일어나는 단일단계(Single-stage) 질산화 공정과 다른 반응조에서 일어나는 분리단계(Separated-stage) 질산화 공정이 있다.

② 공정의 선택은 방류수 질소농도, 운전온도, 경제성, 처리장의 증설 여부 등을 고려하여 결정한다.

공정형태		장점	단점
단일단계 질산화	부유성장식	• BOD와 암모니아성 질소 동시 제거 가능 • BOD/TKN비가 높아서 안정적인 MLSS 운영 가능	• 독성물질에 대한 질산화 저해방지 불가능 • 온도가 낮을 경우에는 반응조 용적이 매우 크게 소요 • 운전의 안정성은 미생물 반송을 위한 2차침전지의 운전에 좌우됨
	부착성장식	• 독성물질에 대한 질산화 저해 방지 가능 • 안정적 운전 가능	• 독성물질에 대한 질산화 저해 방지 불가능 • 유출수의 암모니아 농도가 약 1~3mg/L 정도임 • 추운 기후에서의 운전은 비실용적
분리단계 질산화	부유성장식	• 독성물질에 대한 질산화 저해 방지 가능 • 안정적 운전 가능	• BOD/TKN의 비가 낮을 때는 세심한 슬러지 관리가 필요 • 운전의 안정성은 미생물 반송을 위한 2차침전지의 운전에 좌우됨 • 단일단계 질산화에 비해 많은 단위공정 필요
	부착성장식	• 독성물질에 대한 질산화 저해 방지 가능 • 안정적 운전 가능 • 미생물이 여재에 부착되어 있으므로 안정성은 이차 침전과 무관	• 추운 기후에서의 운전은 비실용적 • 단일단계 질산화에 비해 많은 단위공정 필요

3) 탈질

① 탈질반응은 용존산소가 존재하지 않는 조건하에서 통성혐기성 미생물의 호흡(질산성 호흡 또는 아질산성 호흡)으로 아질산성 질소와 질산성 질소를 질소가스로 환원하는 반응이다.

② 수소(H_2)는 수소공여체인 하수 중의 유기물, 메탄올 등의 유기물과 미생물계 내 축적물 등의 분해에 의해 공급된다.

3.2 MLE 공법(순환식 질산화 탈질법)

1) 개요

① 본 공법은 생물학적으로 질소를 제거하기 위하여 무산소조와 호기조를 조합

② 호기조에서는 유기물 제거와 질산화를 통한 암모니아성 질소를 질산성 질소로 전환시키는 기능을 수행한다.

③ 질산화를 발생시키기 위하여 SRT를 길게 유지시켜야 한다.

④ 호기조에서 질산화된 혼합액을 무산소조로 내부순환시켜 탈질반응에 의하여 질소가스로 제거하며 이때 필요한 유기물은 유입하수를 이용한다. 즉, 무산소조에서는 유입하수의 유기물을 이용하여 호기조에서 반송되는 질산성 질소를 제거한다.

⑤ 하수 중의 유기물의 일부가 탈질 반응 시 수소공여체로 이용되기 때문에 질산화 촉진형 활성슬러지법에 비해 BOD 제거에 필요한 산소공급량이 적어진다.

⑥ 질소제거율 향상을 목적으로 2단 순환방식인 무산소 - 호기반응을 2단 직렬로 조합시켜 유입수를 각 단의 무산소반응조에 단계 유입시킴으로써 높은 MLSS 농도와 긴 SRT 유지가 가능하다.

⑦ 무산소조를 호기조 앞에 두는 이유 : 유입하수의 유기물 중 쉽게 분해가능한 유기물 등을 통하여 탈질 반응 시에 충분한 효율을 유지하기 위함

⑧ SRT가 표준활성슬러지법보다 길게 운전되므로 슬러지 발생량이 작게 발생되나 체류시간이 8~10시간 정도로 길게 운전된다.

⑨ 이 공법은 하수 중의 유기물의 일부가 탈질반응 시 이용되기 때문에 질산화 촉진형 활성슬러지법에 비하여 산소공급량이 적어지게 된다.

2) 유지관리상 유의할 점

① 질소제거율의 목표치를 60~70% 설정한 경우 반응조 용량을 표준활성슬러지법의 반응조의 용량에 비하여 크게 한다.

② 무산소반응조는 무산소 상태가 유지될 수 있는 구조로 한다.

③ 반응조의 MLSS 농도는 활성슬러지법에 비해 높은 2,000~3,000mg/L을 유지한다.

④ 2차침전지의 유입고형물 부하가 크므로 수면적 부하를 작게 하고 유효수심을 크게 해야 한다.

⑤ 무산소반응조에서 스컴 발생이 많으므로 스컴파쇄장치 설치가 바람직함

3) 설계인자

① SRT : 10~20days

② HRT : 7.0~10.0hr(무산소조 2.0~4.5, 호기조 4.0~5.5hr)

③ F/M : 0.2~0.4kg/kg · day

④ MLSS : 2,000~3,500mg/L

⑤ 슬러지반송률 : 20~50%

⑥ 내부순환율 : 100~300%

4) 장점

① 운전이 쉽다.

② 질소제거율이 높다.

③ 슬러지 발생률이 적다.

5) 단점

　① 체류시간이 다소 길다.

　② 인 제거율이 낮다. (10~30%)

　③ 온도에 의하여 질산화 효율이 영향을 받는다.

6) 설계 및 운전 시 고려사항

　① 질소제거율을 60~70% 정도로 유지하기 위해서는 활성슬러지법보다 용량을 증대시켜야 한다.

　② 무산소조는 무산소상태(DO 농도 0.5mg/L 이하)가 유지되도록 한다.

　　예를 들어 무산소조에서 호기조로 월류되는 구조로 하면 호기조에서 포기되는 혼합액의 영향을 없앨 수 있으며 호기조 말단부의 DO 농도를 낮게 유지하여 무산소조로 내부순환되는 혼합액의 DO 영향을 줄일 수 있다.

　③ 내부순환펌프의 선정 시 저양정펌프를 선정하여 동력을 절감하도록 한다.

　④ 시운전 시와 강우 시 유기물이 부족하면 질소제거율이 저하되므로 무산소조에 필요한 유기물을 확보하기 위하여 유입수가 1차침전지를 우회하는 By-pass 수로를 설치

　⑤ 반응조의 MLSS 농도는 활성슬러지법에 비해 높은 2,000~3,500mg/L를 유지하여야 하므로 2차침전지의 고형물 부하가 크게 되면 수면적 부하를 작게 하고 유효수심을 크게 한다.

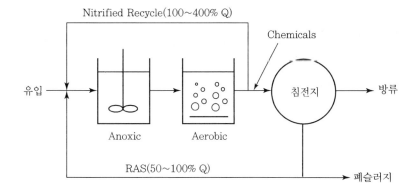

3.3 질산화 내생탈질법

1) 개요

　① 질산화 공정 이후에 탈질공정 배치

　② 탈질반응에 필요한 수소공여체가 활성슬러지에 유착되어 세포 내 축적된 유기물 이용

　③ 질산화액의 순환 불필요

　④ 외부로부터 유기물의 첨가 불필요

　⑤ 호기반응조에 질산화된 질소의 전량을 후단 무산소반응조에서 탈질하므로 높은 질소제거율이 가능

　⑥ 탈질반응의 수소공여체로서 활성슬러지에 흡착되어 세포 내 축적유기물을 이용하므로 탈질속도가 느리고 큰 무산소 반응조가 필요

⑦ 후단의 재포기반응조는 2차침전지에서 탈질에 의한 슬러지부상을 방지하고 방류수의 DO 농도 확보를 위해 설치

2) 특징

① 순환법에 비해 목표치를 70~90%로 높게 설정 가능
② 무산소반응조 후단에 재포기반응조 설치 필요
③ 질산화액의 반송이 불필요
④ 반응조 용량이 순환법에 비해 통상 1.2~1.3배 필요
⑤ 내생탈질용의 유기탄소원 확보를 위해 1차침진지를 생략
⑥ 알칼리도 소비에 의한 pH 저하 대책 필요(통상 수산화나트륨 첨가 설비 설치)

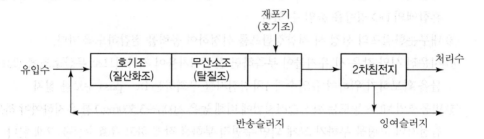

3.4 외부탄소원 탈질법

1) 분리단계 질산화 공정에서 탈질을 유도하기 위해 외부 탄소원을 사용하는 경우
2) 외부 탄소원이 과잉 유입될 경우 유출수 악화에 주의
3) 탄소원은 주로 메탄올을 이용함

Key Point ✦

상기 문제는 답안작성보다는 전반적인 고도처리공법에 대한 정리임. 따라서 답안기술보다는 고도처리에 대한 전반적인 이해를 중심으로 공부할 필요가 있음

하수고도처리(Ⅱ) : 인 제거

1. 개요

1) 인은 모든 생명체의 필수적인 요소로서 세포대사작용 및 세포구성물질로서 중요한 기능을 하며 자연수 중에는 극소량이나 하수에는 많은 양이 존재한다.

2) 질소와 함께 생물에 꼭 필요한 영양염류로서 수역의 부영양화나 적조현상을 유발시키는 중요한 인자이므로 제거할 필요가 있다.

3) 하수 중 인산염의 형태
   ① 유기성 인산염
   ② 무기성 인산염
   ③ 무기성 오르소 인산염 : 하수처리에 유입되는 대부분 형태

4) 인 제거방법으로는 물리적, 화학적, 생물학적 처리법으로 구분

2. 물리적 처리법

2.1 막여과

1) 한외여과, 역삼투 등을 이용

2) 막의 폐색방지를 위한 전처리 설비가 필요

3) 기술적, 경제적 문제점이 많아 실용화되고 있지 않음

2.2 이온교환법

1) 전처리가 필요하고 $CaCO_3$ 퇴적, 이온교환수지 역세척 등이 필요

2) 기술적, 경제적 문제점으로 실용화되지 못함

3. 화학적 인 제거

약품을 이용하여 하수 내 용해성 인을 불용성으로 전환시켜 침전 제거

3.1 응집제 첨가 활성슬러지법

1) 개요
   ① 응집제의 3가 금속이온이 하수 중의 3가 인산이온과 반응하여 불용성 인산염을 생성하는 반응 원리

② $M^{3+} + PO_4^{3-} \rightarrow MPO_4 \downarrow$

③ 응집제는 황산알루미늄, PAC, 황산제일철, 염화제이철

④ 혼화 및 플록 형성은 반응조 내의 흐름에 따라 이루어지고 생물플록과 합쳐진 플록 형성

⑤ 응집제 투입 위치

㉮ 황산제일철, 염화제이철 : 반응조 앞부분 투입(산화 시간을 충분히 갖도록)

㉯ Alum, PAC : 반응조 말단에 투입(Floc 파괴를 방지)

2) 처리특성

① 용해성 총인농도 0.3mg/L 이하, 총인농도 0.5mg/L 이하 처리 가능

② 유기물 제거율은 표준활성슬러지법과 차이가 별로 없음

③ 활성슬러지의 응집제에 대한 순응시간 필요

④ 응집제에 의한 알칼리도 저하에 따른 질산화 반응의 저해를 방지하기 위해 응집제는 반응조 말단에 투입(Alum, PAC의 경우)

⑤ 응집제 주입에 따라 잉여슬러지 발생량이 증가한다.

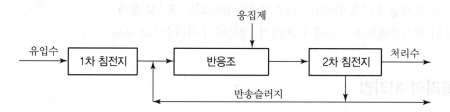

3.2 정석탈인법

1) 개요

① 정석탈인법의 인 제거 원리는 정인산이온(PO_4^{3-})이 칼슘이온과 반응하여 난용해성의 염인 하이드록시아파타이트[$Ca_{10}(OH)_2(PO_4)_6$]를 생성하여 그 결과로 인을 제거

② $10Ca^{2+} + 6PO_4^{3-} + 2OH \rightarrow Ca_{10}(OH)_2(PO_4)_6$

③ 아파타이트의 제거 메커니즘은 어느 물질의 과포화용액에 그 물질의 결정을 넣으면 용질이 결정을 핵으로 하여 석출되는 원리를 응용

④ 인산과 칼슘이 혼합된 용액은 각각의 성분의 농도에 따라서 아파타이트를 검출하는 경계, 즉 용해도 곡선이 존재한다.

2) 정석탈인법의 장점

응집침전법에 비하여 석회의 주입량을 30~90mg/L 적게 할 수 있으며 슬러지의 발생량도 줄일 수 있다.

3) 전처리공정

① 하수 중에 탄산이온의 알칼리도가 존재하면 정석반응을 방해하기 때문에 전단에 산첨가에 의한 탈탄산공정의 전처리가 필요하다.

② 전처리공정 : 전처리공정은 정석탈인반응이 실용적인 속도로 안정되게 진행되도록 유입수를 조정하는 공정이다.

③ 과용해도 부근의 준안정지역의 상태로 하기 위해 칼슘 농도와 pH의 조정을 행하고 필요에 따라서는 방해물질을 제거하는 공정을 포함한다.

4) 정석반응

정석반응은 전처리된 유입수를 인광석, 전로슬래그 및 골탄 등의 종결정과 접촉시켜 인을 제거하는 공정이며 처리수의 pH가 8.6 이하가 되지 않도록 필요시 후처리시설을 설치한다.

5) 처리특성

① 적용범위가 넓다.

비교적 10mg/L 정도의 고농도 인을 함유하는 유입수로부터 1mg/L 정도의 저농도 유입수까지 적용할 수 있다.

② 총인산농도 0.5mg/L, 용해성 정인산(PO_4-P) 0.3mg/L 이하 처리 가능

③ 처리성능에 미치는 인자

총탄산이온, 정석반응조의 공간속도(Space Velocity), 유입수의 인농도, 수온, pH, 칼슘농도, 접촉시간, 종결정의 성질

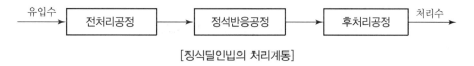

[징식딜인밉의 처리계통]

4. 생물학적 인 제거

4.1 A/O 공법 : 혐기호기조합법, Mainstream

1) 혐기호기활성슬러지법은 반응조를 호기성 상태와 혐기성 상태로 유지하여 활성슬러지를 반복적으로 혐기성상태와 호기성상태를 번갈아 거치게 하면서 활성슬러지 중에 인의 함유율을 높이고 이 활성슬러지를 잉여슬러지로 배출 제거하는 방식

2) 미생물 내의 인의 함량은 4~8% 정도로 활성슬러지법의 1~2% 정도보다 매우 높은 생물학적 인 제거공법이다.

3) 본 공법은 혐기조로 질산성 질소(NO_3-N)가 유입되면 인의 제거 효율에 영향을 미치므로 슬러지 반송률이 낮으며(10~30%) 호기조에서 질산화가 발생되지 않게 하기 위하여 SRT를 짧게 운전하여야 한다.

4) 또한 고부하로 운전(F/M : 0.2~0.7kg/kg·day)되므로 슬러지 발생량이 다소 많다.

5) 혐기성 반응조

① 혐기조에서는 인제거미생물에 의하여 유입수의 유기물(BOD)을 세포 내로 흡수(내생호흡)하면서 세포 내의 인을 방출한다.

② 유입수 인 농도의 3~5배 정도까지 인이 방출되어 인의 농도는 매우 높아지게 된다.

6) 호기성 반응조

① 유기물의 제거와 인의 제거가 이루어지게 된다.

② 이때 인은 미생물의 세포 합성에 필요한 양 이상으로 과잉으로 미생물에게 흡수 제거(Luxury Uptake)된다.

7) 설계인자

① SRT : 2~5days

② HRT : 1.5~4.5hr(혐기조 0.5~1.0, 호기조 1~3hr)

③ F/M : 0.2~0.7kg/kg · day

④ MLSS : 2,000~6,000mg/L

⑤ 슬러지 반송률 : 10~30%

8) 장점

① 운전이 간단하다.

② 슬러지 내의 인의 함량이 높아 비료로 이용 가능하다.

③ HRT가 짧다.

④ 사상미생물에 의한 슬러지벌킹을 억제하는 효과가 있다.

9) 단점

① 질소제거율이 낮다.(10~30%)

② 짧은 체류시간의 고부하운전을 위하여 고율의 산소전달이 필요하다.

③ 슬러지처리시설에서 잉여슬러지가 혐기성 상태에서 섭취한 인을 재방출하기 때문에 인의 재방출 대책이 필요하다.

④ 슬러지 발생량이 많다.

10) 설계 및 운전 시 고려사항

① 활성슬러지법의 포기조 전반 20~40% 정도를 혐기조로 구성하는 것을 표준

② 슬러지 처리시설에서 잉여슬러지가 혐기성 상태로 되면 미생물 내에 함유된 인이 재방출되어 방류수의 인부하에 의하여 처리수의 인 농도가 증가될 수 있다.

따라서 슬러지 처리시설에서 인의 재방출을 방지할 수 있는 대책을 수립

③ 본 공법은 생물학적 방법으로 인을 제거하므로 우천 시에 인 제거효율이 저하되는 경향이 있기 때문에 보다 안정적인 처리를 위하여 보완적 설비로 응집제 주입시설을 설치하는 것도 고려한다.

④ 혐기조의 운전지표로 ORP는 $-100 \sim -250mV$, 호기조의 용존산소농도는 2.0mg/L 이상 유지되도록 한다.

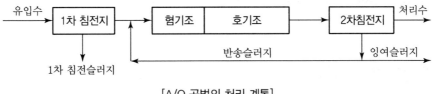

[A/O 공법의 처리 계통]

4.2 Phostrip 공법 : Side – stream 공정

1) 생물학적＋화학적 공법

2) 장점

① 유입수의 BOD 부하에 큰 영향을 받지 않고 방류수 중 인 농도를 1mgT－P/L 이하 유지

② 인이 석회슬러지로 제거되어 인을 과잉으로 함유하는 슬러지보다 처리가 용이

③ 반송슬러지 일부에 석회주입으로 순수 화학적 처리법보다 약품 주입량 절감

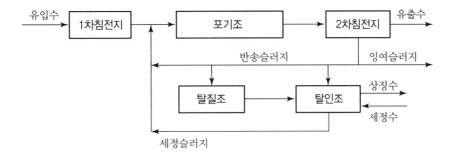

Key Point ＋

• 90회, 100회, 104회 출제
• 상기 문제는 답안작성보다는 전반적인 고도처리공법에 대한 정리임. 따라서 답안기술보다는 고도처리에 대한 전반적인 이해를 중심으로 공부할 필요가 있음

하수고도처리(Ⅲ) : 질소, 인 동시 제거

1. 수정 Phostrip 공법

1) 기존 Phostrip 공법 개조
2) 탈인조 전에 탈질조 설치로 탈인조에 NO_3-N 영향 최소화함과 동시에 질소제거, 인 제거 능력 향상
3) 포기조 전에 미생물 선택조를 설치하여 낮은 F/M비 운전으로 인한 슬러지 팽화 방지
4) 기존 Phostrip 공법보다 향상된 장점
   ① 인 제거 + 질소 제거 기대
   ② 탈질조 설치로 탈인조의 인 제거 능력 향상, 탈인조 크기 축소
   ③ 미생물 선택조 설치로 슬러지 팽화 방지

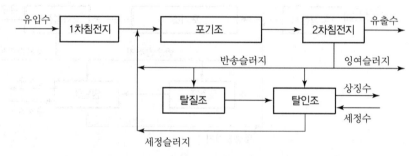

[질소, 인 동시 제거 Stream 공정〈수정 Phostrip 공법〉]

2. 응집제 병용형 생물학적 질소제거법

응집제 병용형 생물학적 질소제거법은 생물학적 질소제거법의 순환식 질산화 탈질법 또는 질산화 내성 탈질법의 생물반응조에 응집제를 첨가하여 기존의 생물처리기능에 인 제거기능을 부가한 고도처리공법이다.

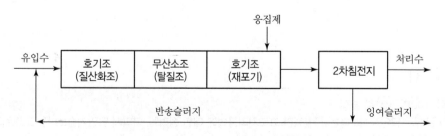

[응집제 병용형 질산화 내생탈질법의 처리계통]

3. A2/O 공법(혐기무산소호기 조합법)

1) 개요

① 본 공법은 생물학적으로 질소와 인을 동시에 제거하기 위하여 혐기 – 무산소 – 호기를 조합한 공정이다.

② 즉, 인을 제거하기 위하여 혐기 – 호기조건을 반복하여 혐기조에서 인을 방출시키고 호기조에서는 미생물에 의하여 인을 과잉섭취하여 제거한다.

③ 또 질소를 제거하기 위해서는 호기조에서 질산화를 선행시켜 무산소조로 내부순환 펌프를 이용하여 반송시켜서 탈질반응에 의하여 질소가스를 제거한다.

④ 본 공법의 가장 중요한 설계 및 운전인자는 SRT로 질소제거율을 향상시키기 위해서는 SRT를 길게 운전하여야 하며, 인의 제거율을 향상시키기 위해서는 SRT를 짧게 유지하여 잉여슬러지로 제거되는 인의 양을 증가시켜야 한다.

⑤ 따라서 질소와 인을 동시에 효율적으로 제거하기 위해서는 이러한 상호 모순되는 SRT 인자를 적절히 유지하여야 한다.

⑥ 또 반송슬러지 내에 포함된 질산성 질소로 인하여 혐기조에서 인의 방출기작이 방해받아 인 제거율이 저조할 수 있다.

⑦ 따라서 반송슬러지율을 최소한으로 운전하며 반대로 내부순환율을 높게 유지하여야 한다.

2) 처리공정

① 혐기성조 : 인 방출, 유기물 흡수(내생호흡)

② 무산소조 : 유입하수 중의 유기물을 탄소원으로 하고 호기성 질화조의 내부반송된 혼합액(질화액)의 질산을 탈질하여 질소가스로 제거

③ 호기성조

   ⑦ 인의 과량 흡수 – 슬러지로 폐기

   ⑭ 혐기성조에서 흡수한 BOD 대사

   ⑮ 질산화

3) 설계 및 운전인자

① SRT : 5~20days

② HRT : 5.0~8.0hrs(운전인자 1.0~1.5, 무산소조 1.0~2.0, 호기조 3.0~4.5시간)

③ F/M : 0.15~0.25kg/kg · day

④ MLSS : 2,000~5,000

⑤ 슬러지반송률 : 20~50%

⑥ 내부순환율 : 100~300%

4) 장점

① 생물학적으로 질소와 인을 동시에 제거한다.

② 약품에 의한 처리보다 경제적

③ 슬러지 발생량을 줄일 수 있다.

④ 체류시간이 6~8시간으로 기존 표준활성슬러지법의 포기조를 개조하여 활용이 가능

5) 단점

① 반송슬러지 내의 질산성 질소로 인하여 인의 제거율이 낮다.

② 내부순환율이 높다.

③ 최적 운전조건의 설정이 어렵고 실제 적용 시 안정한 인 제거가 곤란

④ 슬러지 처리계통에서 인의 용출 가능성이 있다.

6) 설계 및 운전 시 고려사항

① 도시하수의 경우 탈질을 위한 외부탄소원이나 pH 조절용의 알칼리제 주입은 불필요하나, 유입수 알칼리도가 낮은 경우나 강우의 영향이 큰 지역에서는 알칼리제나 메탄올 같은 외부탄소원 주입설비를 설치한다.

② 슬러지 처리시설에서 잉여슬러지가 혐기성 상태로 되면 미생물 내에 함유된 인이 재방출되어 방류수의 인부하에 의하여 처리수의 인 농도가 증가될 수 있다.

따라서 슬러지 처리시설에서 인의 재방출을 방지할 수 있는 대책을 수립

③ 본 공법은 생물학적 방법으로 인을 제거하므로 우천 시에 인 제거효율이 저하되는 경향이 있기 때문에 보다 안정적인 처리를 위하여 보완적 설비로 응집제 주입시설을 설치하는 것도 고려한다.

④ 혐기조의 운전지표로 ORP는 $-100 \sim -250\text{mV}$, 무산소조의 ORP는 $0 \sim -100\text{mV}$, 호기조의 용존산소농도는 2.0mg/L 이상 유지되도록 한다.

4. UCT(University of Cape Town) 공법

1) 개요

① 본 공법은 A2/O의 단점인 반송슬러지 내의 질산성 질소가 혐기조로 유입되어 인의 방출기작이 방해받는 것을 보완하기 위하여, 반송슬러지를 무산소조로 반송시켜서 여기서 탈질반응에 의하여 질산성 질소를 제거시킨 후에 혐기조로 다시 반송하는 공법이다.

② 따라서 혐기조에 질산성 질소를 제거시킨 혼합액을 반송시켜서 인의 방출률을 높여 인의 제거율을 향상시킨 것이다.

③ 그러나, 무산소조에는 반송슬러지뿐만 아니라 호기조에서의 내부순환액도 함께 유입되어 탈질반응으로 질산성 질소를 100% 제거할 수 없으므로 결국 제2내부순환을 통하여 혐기조로 질산성 질소가 유입된다.

④ 따라서 A2/O 공정보다는 향상된 인 제거율을 유지할 수 있지만 충분한 기능을 수행하지는 못한다.

⑤ SRT는 10~30일 정도로 유지하며 체류시간은 10시간 정도이다.

2) 설계인자

① SRT : 10~30day

② HRT : 10hr

③ F/M : 0.1~0.2kg/kg · day

④ MLSS : 2,000~4,000mg/L

⑤ 슬러지 반송률 : 50%

⑥ 제1내부순환율 : 100~200%

⑦ 제2내부순환율 : 100~200%

3) 장단점

① 장점 : 반송슬러지 내의 질산성 질소를 제거하여 혐기조의 인 방출을 향상

② 단점 : 내부순환 2번으로 유지관리비 증가 및 운전의 복잡

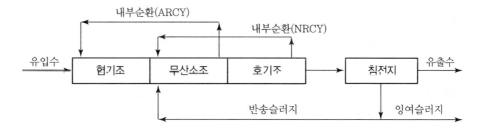

5. MUCT(수정 UCT 공법)

1) 개요

① 본 공법은 A2/O 공법의 단점인 반송슬러지에 의한 혐기조의 영향을 줄이기 위하여 반송슬러지를 무산소조로 유입시키는 UCT 공정을 보완한 생물학적 질소, 인 제거공정이다.

② 즉, UCT 공법에서 반송슬러지와 호기소 혼합액의 반송이 단일 무산소조로 유입되는 데 반하여 MUCT 공법은 반송슬러지는 제1무산소조로 유입시켜서 탈질시킨 후에 혐기조로 반송시켜 미생물을 공급시키며, 호기조 혼합액의 반송은 제2무산소조로 유입시켜 탈질반응에 의하여 질산성 질소를 질소가스로 제거하는 것이다.

③ 따라서 UCT 공정의 무산소조를 분리하여 기능별로 탈질반응을 수행하여 효율적으로 성능을 유지할 수 있다.

2) MUCT 공법 : 무산소조를 2개로 분리

① 제1무산소조

㉮ 반송슬러지 내의 질산성 질소 농도를 낮추는 역할만 수행

㉯ 1단계 무산소조는 무산소조의 약 10% 크기로 함

㉰ 반송슬러지 내 질산성 질소 농도를 낮추는 역할

㉱ 혐기조에 혼합액을 반송(MLSS 조절)한다.

② 제2무산소조

㉮ 포기조에서 반송된 질산성 질소를 탈질시켜 질소를 제거한다.

㉯ 포기조에서 과량으로 질산화가 진행되어도 인 제거를 안전하게 수행 가능

㉰ 실제 처리장 적용실적이 적음

3) 설계 및 운전인자

① SRT : 10~20days

② HRT : 6~8hr

③ F/M : 0.1~0.2kg/kg · day

④ MLSS : 2,000~4,000mg/L

⑤ 슬러지 반송률 : 50%

⑥ 제1내부순환율 : 100~200%

⑦ 제2내부순환율 : 100~200%

4) 장단점

① 장점 : 다른 생물학적 질소, 인 동시제거공정보다 인 제거율이 높다.

② 단점 : 2번의 내부순환으로 유지관리가 복잡하고 동력비가 많이 소요된다.

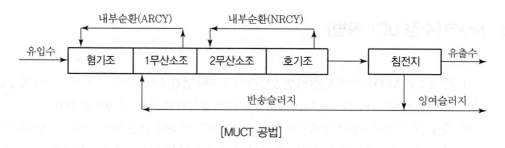

[MUCT 공법]

6. VIP(Virginia Initiative Plant) 공법

1) 개요

① 본 공법은 UCT, MUCT 공법과 유사

② 즉, 반송슬러지가 혐기조로 유입되면 질산성 질소의 탈질반응으로 인제거미생물과 탈질미생
물이 쉽게 분해되는 유기물을 이용하기 위하여 경쟁하므로 인 방출률이 저하된다.

③ 이러한 단점을 보완하기 위하여 반송슬러지를 무산소조로 보내어 질산성 질소를 제거한 후에 혐기조로 다시 반송시키는 것은 UCT, MUCT 공법과 같다.

④ 혐기조, 무산소조, 호기성조를 각각 2개 이상의 완전혼합조를 직렬로 사용함

2) UCT 공법과의 차이점

① 혐기조, 무산소조, 호기조를 한 개의 반응조를 사용하지 않고 최소한 2개 이상 사용하여 첫 번째 호기조에서 유입 유기물의 농도를 높게 유지하여 인의 흡수속도를 증가시키는 것과 고율로 운전하여 활성미생물량을 증가시켜 반응조의 크기(체류시간)를 감소시킨 것이다.

② UCT 공법은 SRT 10~30일로 운전하나 VIP 공법은 SRT 5~10일 정도로 운전

3) MUCT 공법과의 차이점

① MUCT 공법과의 차이점은 무산소조의 혼합액을 혐기조로 반송시키는 위치가 MUCT 공법은 첫 번째 무산소조에서 수행하나, VIP 공법은 마지막 무산소조에서 수행한다는 것이다.

② 즉 MUCT 공법은 반송슬러지를 탈질시키는 무산소조에서 혐기조로 반송시키고 VIP 공법은 호기조 혼합액을 탈질시킨 후 혐기조로 반송시키는 것이다.

4) 설계 및 운전인자

① SRT : 5~10days

② HRT : 6~8hr

③ F/M : 0.2~0.5kg/kg · day

④ MLSS : 2,000~4,000mg/L

⑤ 슬러지 반송률 : 50~100%

⑥ 제1내부순환율 : 100~200%

⑦ 제2내부순환율 : 100~200%

5) 장점

① 짧은 체류시간으로 질소와 인을 비교적 효율적으로 제거한다.

② 체류시간이 6~8시간으로 기존 표준활성슬러지법에 적용가능

③ 시설비용이 표준활성슬러지법보다 크게 비싸지 않다.

6) 단점 : 운전이 복잡하다.

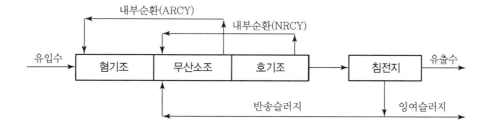

7. Bardenpho 공법

1) 개요

① 본 공법은 유기물의 농도가 높은 경우(BOD 200mg/L 정도)에 24시간 정도의 체류시간으로 질소와 인을 제거하는 공법이다.

② 유입수의 유기물 농도가 BOD 200mg/L 정도로 유지되면 질소와 인을 매우 높은 정도로 처리할 수 있는 공법이나, 국내처럼 BOD 100mg/L 정도에서는 긴 체류시간으로 인하여 탈질 반응에 필요한 유기물이 부족하여 질소제거율이 저조하고 미제거된 질산성 질소가 혐기조로 유입되어 인 제거율도 저조하게 된다.

2) 각 공정별 기능

① 혐기조

함께 반송슬러지가 혐기조로 유입되어 발효반응이 일어나면서 인의 방출과 내생호흡이 진행된다.

② 무산소조

㉮ 유입하수 중의 유기물을 탄소원(BOD)으로 하고 호기성 질화조에서 내부 반송된 혼합액(질화액)의 질산을 탈질하여 N_2로 제거

㉯ 질산의 약 70% 제거

③ 1단계 포기조

㉮ 암모니아를 질산으로 산화(질산화)

㉯ 동시에 BOD 제거

㉰ 과잉의 인을 섭취

④ 2단계 무산소조

㉮ 혼합액 중 미생물의 내생호흡에 의하여 다시 탈질반응을 일으켜 미처리된 질산을 제거

㉯ 질산이 반송슬러지에 포함되어 혐기조로 유입되면 인 방출이 저하되므로 질산의 반송을 최소화한다.

⑤ 2단계 포기조

㉮ 혐기, 호기상태를 거친 슬러지의 Bulking을 방지

㉯ 최종침전지에서 혐기성상태가 되면 인의 재방출이 이루어짐

㉰ 탈질에 의한 슬러지 상승현상방지

3) 설계 및 운전인자

① SRT : 10~30days

② HRT : 10~24hr(An 1~2, 1st Ax 2~4, 1st Ox 4~12, 2nd Ax 2~4, 2nd Ox 1.0)

③ F/M : 0.1~0.2kg/kg · day

④ MLSS : 2,000~4,000mg/L

⑤ 슬러지 반송률 : 50∼100%

⑥ 제1내부순환율 : 100∼200%

4) 장점

① 질소(90%)와 인(85%)의 제거율이 높다.

② 체류시간이 길어 부하변동이 심한 소규모 처리장에 이용

5) 단점

① 긴 체류시간이 필요하다.(공사비 면에서 불리)

② 고농도 유기물이 유입되는 경우에 효과적이나 저농도 유기물이 유입되는 경우에는 질소, 인 뿐만 아니라 유기물 제거율도 저하된다.

③ 따라서 저농도 유기물이 유입되는 지역에서는 사용 시 체류시간의 조정이 필요하다.

④ 질소제거는 우수하나 인은 1mg/L 이하로 제거되지 않아 화학적 처리가 필요하다.

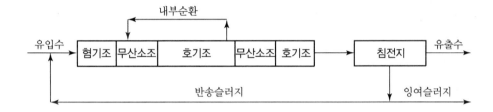

반응조의 운전조건 변화와 다단 막 모듈을 이용한 하수 고도처리 및 호기성 막분리 슬러지 감량기술

1. 개요

1) 분리막을 이용한 하수처리는 슬러지의 침강성에 관계없이 막에 의한 물리적 여과 시스템

  ① 탁도물질과 세균류도 배제 가능하므로 처리수가 매우 안정적이다.

  ② 소독 및 여과공정이 불필요

2) 또한 운전관리가 기존 생물학적 처리방법에 비해 편리하며, 자동화 시스템에 의한 제어가 수월하고 유지관리 인원을 최소화 할 수 있다.

3) 그러나 하수의 유입성상 변화에 따라 질소, 인의 제거효율이 저하되고 MBR 반응조의 지속적인 포기로 인해 운영비용이 상승하는 단점을 가지고 있다.

4) 상기 MBR 공정은 이런 단점 및 최근 재이용수 처리 및 해양투기와 금지에 대응하여 슬러지 감량화가 가능한 MBR 처리 공정이다.

2. 처리공정

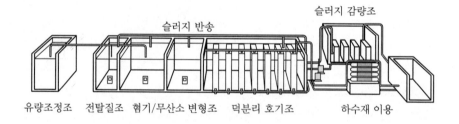

2.1 전탈질조

막분리 호기조(MBR)에서 반송된 슬러지와 유입수 내 포함되어 있는 NO_2^- 및 NO_3^-을 탈질하는 역할

2.2 혐기/무산소 변형조

1) 유입수 내의 영양염류 농도에 따라 무산소조 또는 혐기조로 기능을 달리 하여 충격부하에 유연하게 대처하도록 개발

2) 지역에 따라 유입수 내의 질소 및 인의 농도가 다르므로 반송여부 및 반송량을 결정하여 높은 농도로 유입되는 영양염류의 처리효율을 선택적으로 높일 수 있는 장점을 가짐

2.3 막분리 호기조

1) 유입수 내의 NH_4^+-N을 질산화하고

2) 전단의 혐기조에서 방출된 인을 과잉 섭취한 슬러지를 폐기함으로써 인을 제거

3) 막을 이용하여 고액분리가 가능하도록 설계

2.4 슬러지 감량조

1) 막분리 호기조로부터 잉여슬러지를 공급받아 폐슬러지와 처리수로 분리하며

2) 농축 및 호기성 소화에 의해 슬러지를 감량화

2.5 하수 재이용 공정

MBR 하수고도처리 공정에서 1차 처리된 처리수를 공급받아 가압식 나권형 모듈을 이용하여 재처리한다.

3. 특징

1) 하수의 유입부하 변동에 따라 반송슬러지의 유입위치 및 유입량을 조절

2) 반응조의 운전조건(혐기/무산소조)을 변화시켜 질소 및 인 제거율 향상

3) 일단 또는 이단 등 다단 모듈을 적용함으로써 부지면적을 감소시켜 공사비 및 유지관리비를 절감

4) 하수재이용 공정은 처리수를 가압식 나권형 모듈을 이용하여 처리함으로써 처리수 내의 유기물질 또는 부유물질 등을 다시 제거할 수 있다.

5) 모듈을 상하로 배치할 경우에는 기존 일단 모듈과 동일한 공기 사용량으로 막분리 호기조 내의 적정 DO 농도 유지가 가능하므로 공기 사용량 감소에 따라 전력비를 절감할 수 있으며 사용부지면적 또한 줄일 수 있다.

생물학적 유동상법(Biological Fluidized Bed)

1. 개요

1) **생물학적 유동층** : 미생물이 부착된 입상 매체층을 유동층(Fluidized Bed)이라 함
2) **생물학적 유동상** : 유동하는 Media에 미생물이 부착되어 유입되는 하·폐수와 접촉하는 과정에서 유·무기물 등을 제거하는 방법임

2. 특징

2.1 공정

1) 반응조에 Media를 채우고 상(Bed)의 상향류로 원수를 유입시킬 때 유량의 증가에 따라 Media는 유동을 시작하고
2) 상향유속이 매체 단독입자의 침강유속 이상이 되면 매체는 유체와 더불어 운동하여 반응조 밖으로 유출
3) Media의 유동 및 접촉률의 개선을 위해 처리수를 순환시키기도 한다.

2.2 Media

1) 모래, 활성탄, 갈탄, 유리구, Polyester, 안트라사이트, 기타 입상매체
2) 생물학적 유동층공법에서 활성미생물이 최대한의 부착능력을 갖도록 매질입자의 비표면적이 커야 한다.
3) 입경 : 일반적으로 0.3~0.5mm

2.3 특징

1) 미생물의 농도(≒8,000~40,000mg/L)를 높게 유지
2) 좁은 공간에서 빠른 시간 내에 폐수를 처리
3) 운전조작의 편이성이 좋음
4) 부하변동에 강함
5) 상의 폐쇄현상이나 역세척의 문제가 발생하지 않음
6) 유기물의 제거효율을 안정적으로 유지
7) 슬러지 발생량을 최소화
8) 부유미생물을 이용하는 공법의 처리 효율성을 동시에 가짐

9) 기존시설을 개선할 때 적용이 쉬움

10) 슬러지팽화현상이 발생하지 않음

11) 공기를 이용하여 메디아를 유동시키므로 상대적으로 산소전달이 유리

2.4 영향인자

온도, 용존산소, 미생물 농도, 미생물막의 두께, 부하율, Media의 충전량, Media의 크기 및 종류, 순환유속, 폐수의 종류 및 pH

2.5 팽창률

1) **팽창률** : 100~300%

2) **팽창률 증가** : 시설비, 동력비의 증가 및 Media의 유실, 수리학적 전단력에 의한 생물막 탈리 등의 문제점을 유발하므로 적절한 팽창률을 유지하는 것이 필요하다.

3. 생물활성탄 유동상법(BACFB : Biological Activated Carbon Fluidized Bed)

1) 활성탄에 부착된 미생물에 의한 오염물질의 제거효과뿐만 아니라

2) 활성탄을 유동시킴으로써 운전 중 두꺼워진 생물막으로부터 탈리된 생물 Floc이 배출되지 않고 반응조 내에서 부유하면서 Floc 내에서 생물증식이 일어나므로

3) 부유미생물에 의한 제거효과도 기대

4) 생물활성탄의 단점인 막힘현상이나 손실수두가 요구되지 않음

5) 용존유기물질, 암모니아성 질소, 맛·냄새 유발물질 등의 제거효과가 우수하여 오염이 진행된 하천수나 부영양화된 호수에 극히 유용한 방법임

폐쇄순환형 암모니아 탈기탑과 침지형 중공사막 MBR공정을 결합한 가축분뇨 처리기술

1. 개요

1) 다양한 유기성 폐기물 혹은 유기성 폐기물의 자원화 이후에 발생되는 폐수 등의 통합 정화처리 및 자원화 공법 개발이 목적

2) 2단계에 걸친 고액분리로 폐기물 내 고형성분을 퇴비화에 적합하도록 분리하고

3) 여액 내 함유된 질소 성분을 고농도 액체비료의 원료로 추출한 후, 남은 폐수를 생물학적으로 정화처리하는 공정

2. 처리공정

공정	전처리 공정			물리 · 화학적 처리	생물학적 처리	후처리	
	원심분리기	응집조	고압형 필터프레스	암모니아 스트리핑	MBR (HANT)	AOR	활성탄 흡착
특징	돈모, 사료찌꺼기 제거	원심분리 여액 응집	가축분뇨 내 고형물 및 T−P 제거 (SS 200mg/L, T−P 12mg/L 이하)	유입질소 중 암모니아성 질소 약 80% 제거로 적정 C/N비 유지		색도 및 난분해성 COD 제거	잔류색도 및 COD 제거

• 가축분뇨와 같은 유기성 폐수의 경우, 총 고형물(TS)이 차지하는 오염부하량이 전체 오염부하량의 약 80%(CODMn기준)에 이른다.

• 2단계의 고액분리를 통하여 고형물의 99% 이상을 제거함으로써, 이후 수처리 공정의 − 또한 미생물 활동에 치명적인 약 3,000mg/L의 고농도 암모니아성 질소 함유 폐수를 물리 · 화학적 방법인 스트리핑 공법을 통하여 전처리함으로써 이후 연계처리되는 생물학적 처리가 보다 경제적이고 효율적으로 이루어짐

2.1 처리공정

1) 전처리 공정

① 원심분리 → 응집 → 고압 맴브레인 필터프레서로 구성

② 원심분리로 응집제 주입없이 고액분리를 1차로 수행하고

③ 분리된 여액은 응집 후, 고압 맴브레인 필터프레스 여과를 통해 2차 분리

2) 암모니아 제거 공정

　① 고액분리 여액 내 용존성 암모니아를 물리 · 화학적 방법으로 분리 · 제거하는 공정

　② 폐수의 C/N비를 향상

　　이후 생물학적 탈질이 외부탄소원 없이도 원활하게 수행되도록 함

　③ 고액분리된 여액은 pH 조절 후, Packed Tower 방식의 폐쇄순환형 탈기탑에서 암모니아의
　　약 80%가 탈기

　　탈기된 암모니아는 흡수탑에서 산흡수 용액과 반응하여 고농도의 N, P가 함유된 액상 식물
　　영양제의 원료로 회수

3) 침지식 중공사막 MBR공정(HANT)

　① 2차침전지 대신에 침지식 중공사막을 이용하여 MLSS를 고농도(5,000~9,000mg/L)로 유지
　　처리효율의 안정성 유지

　② 잔류 유기물질뿐만 아니라 암모니아 스트리핑에서 제거되지 못한 질소 성분까지 제거

4) 후처리 공정(필요시)

　① 오존처리와 활성탄 흡착을 연계한 공정을 통하여 잔류색도 및 유기물질을 제거

　② 법적 방류수수질기준을 충족

3. 기술의 특징

3.1 고압필터를 이용한 오염부하 저감 및 슬러지 탈수

1) 기존의 필터프레스를 이용한 고액분리

　① 가축분뇨 처리에 적용 시, 여과포 막힘으로 인해 탈수 효율이 떨어지고 탈수케이크의 탈착분
　　리가 나빠 현장 적용이 어려움

　② 일반 필터프레스보다 높은 압력을 유지할 수 있는 고압 맴브레인 필터프레스를 이용하여 상
　　기의 문제점을 해결

3.2 암모니아 스트리핑을 통한 안정적 질소제거

1) 암모니아 스트리핑은 일반직으로 폐수 내 암모니아 농도가 높을수록 물질 분리가 빠르게 진행

　① 고농도 질소 폐수 처리에 유리

　② 처리수질이 유입 수질의 변동과 관계없이 비교적 일정

　③ 생물학적 탈질의 전처리 공법으로 적용 시 안정적이고 효율적인 생물학적 처리가 가능

2) 일반적으로 고액분리의 효율을 높이면 여액의 C/N비가 낮아지는 문제점이 발생하지만 암모니
　아 스트리핑의 도입으로 대처가 가능

3.3 스트리핑 공정과의 결합을 통한 안정적이고 빠른 생물학적 처리

스트리핑을 통해 질소 농도를 미리 저감

1) 이후 연계되는 MBR 공정에 유입되는 C/N비를 상승

　외부탄소원 주입 없이도 안정적으로 질소처리 가능

2) 질소 농도의 저감으로 생물학적 탈질에 요구되는 공기량 및 질산화 시간을 단축

3) 전체 생물학적 처리 공정에 요구되는 처리시간과 반응조 용량의 감소

섬모상 생물막법

1. 개요

1) 섬모상 생물막법은 생물막법(Biofilm Process)에 해당되며 생물막법 중에서도 접촉폭기법(침적여상법)에 속한다.

2) 섬모상 여재

① 폴리에틸렌, 폴리프로필렌

② 가볍고 부식에 강하고 거의 모든 약품에 대해 내성이 있고 열에도 강해서 폐수처리 여재로서 적합하다.

③ 섬모상 여재는 비표면적이 높아 섬모상 생물막에 부착되는 슬러지의 양이 기타의 여재보다 많으므로 용적부하를 크게 할 수 있다.

④ 아울러 생물막의 슬러지 보유량이 많고 생물상이 다양하므로 부하변동이나 수온 변화에 대한 저항력 또한 크다.

⑤ 뿐만 아니라 섬모상 여재는 수많은 섬모로 되어 있어 슬러지의 정착성(定着性)이 우수하다. 가동 시 빠른시간 내에 정상가동이 가능하다.

⑥ 분해가 어려운 난분해성 유기물을 저농도까지 산화, 분해할 수 있다.

2. 섬모상 생물막법의 특징

2.1 부하변동 및 온도변화에 강하다.

1) 섬모상 생물막의 슬러지 보유량이 많고 또한 생물상(生物相)이 다양하므로 유입폐수의 수질변화, 수량변화, 수온변화에 대한 저항력이 크다.

2) 섬모상 생물막에는 다양한 미생물이 현존하는데 Floc형성 세균, 선상세균, 원생동물, 후생동물 등이 공존하면서 복잡한 먹이연쇄를 이루고 있다.

3) 생물막 내면에는 세균이 우점종으로 흡착하여 유기물을 산화·분해하며, 생물막 외면의 섬모에는 원생동물이 우점종으로 부착하여 물결과 함께 유동하면서 분산세균을 포식

2.2 난분해성 물질의 분해효율이 높다.

1) 섬모상 생물막은 많은 섬모로 이루어져 있으므로 부유물질의 흡착이 잘 이루어진다.
   특히 선상세균은 끈적끈적한 세포 외 Polymer를 생성하므로 유기물의 흡착이 쉽게 이루어진다.

2) 증식속도가 느린 미생물종도 생물막에 붙어 증식할 수 있으므로 유기물 분해에 관여하는 미생물종의 증식이 가능하다.

따라서 난분해성 물질이 생물막에 흡착되어 오래 체류하고 이를 분해하는 미생물 또한 증식할 수 있으므로 난분해성 물질의 분해율이 높다.

2.3 슬러지 보유능력과 정착성이 우수하다.

슬러지나 SS의 보유능력과 정착성이 우수하므로 시운전 시 정상가동이 빠르고 수질의 안정성과 지속성이 있다.

2.4 F/M비가 크다.

생물막의 슬러지 보유량도 많고 생물막과 폐수와의 접촉효과도 높으므로 F/M비를 크게 할 수 있다. 표준활성슬러지법은 F/M비를 $0.2 \sim 0.4kg \cdot BOD/kg \cdot SS \cdot d$로 운전하는 데 비해 섬모상 생물막법은 F/M비를 $0.2 \sim 2.0kg \cdot BOD/kg \cdot SS \cdot d$까지 높여도 처리효율에 지장이 없다.

2.5 잉여 슬러지의 생산이 적다.

생물막법에서는 체류시간이 길어 슬러지의 자기소화가 고효율로 행해질 뿐만 아니라 복잡한 먹이연쇄가 형성되어 있으므로 잉여 슬러지는 현저하게 감소한다.

통상 활성슬러지법보다 잉여 슬러지의 생산이 $30 \sim 40\%$ 감소한다.

2.6 생물막의 막힘이 없다.

1) 섬모상 여재는 공극률이 높아 水流에 대한 저항이 적고 여재판 사이는 비어 있으므로 폐수나 공기의 흐름이 자연스럽다.
2) 따라서 폐수와 생물막과의 접촉효과, 산소전달률이 높아 처리효율이 극대화 된다.

2.7 기존의 조에 설치가 용이하다.

조의 모양, 크기에 맞게 섬모상 여재의 간격이나 투입량을 조절할 수 있으므로 기존의 조에도 설계, 시공할 수 있다.

2.8 유지관리가 쉽다.

1) 슬러지 반송이 필요 없고 환경변화에 저항력이 크므로 유지관리가 쉽다.
2) 따라서 관리자가 상주하기 어려운 중 · 소규모의 처리시설에도 적합하다.

2.9 기타

1) 활성슬러지법에서 가장 문제가 되는 슬러지 팽화현상이 생물막법에서는 발생하지 않는다.
2) 고도처리에 섬모상 생물막법을 이용하면 질산화, 탈질화가 일어나 질소 제거 효율이 높다.

Anammox

1. 개요

1) Anammox(Anaerobic Ammonium Oxidation ; 혐기성 암모니아 산화)

2) 단일 독립영양세균에 의해 NH_4^+-N와 NO_2^--N가 N_2로 변환된다.

3) Anammox는 기존의 질소순환 Cycle에 추가된 새로운 질소대사 경로

4) Anammox 반응을 이용하면 유기물을 필요로 하지 않는 독립영양형 생물학적 질소제거 과정을 실현할 수 있어 유기물부하가 작은 고농도 질소 하·폐수를 대상하는 질소제거에 유용하다.

2. 기존 질산화 – 탈질법과의 비교

1) Anammox 반응은 유기물을 필요로 하지 않으며, 질소가스로의 변환이 가능하다.

　① 유기물이 불필요 : 외부탄소원의 주입이 불필요하다.

　② 탈질단계에서 수소공여체를 첨가할 필요가 없다.

2) NH_4^+-N와 NO_2^--N를 기질로 사용하기 때문에 하·폐수 속의 질소를 완전히 질산화할 필요가 없다.

　질산화에 소비되는 산소량(약 절반 수준)을 줄일 수 있다.

3) Anammox 세균의 증식수율이 낮기 때문에 탈질량당 생물증가량이 작은 특징을 가짐

　슬러지발생량 저감 등과 같은 비용 절감효과를 기대할 수 있다.

4) Anammox 반응에서는 지구온난화 가스인 N_2O 가스가 발생하지 않는다.

3. Anammox 적용 시 고려사항

1) 증식속도가 느린 Anammox 세균을 계내에서 충분히 유지하기 위하여 회분식이나 막분리 등의 부유생물법, 고정상이나 유동상, 이동상, 회선원판법 등의 생물막법, UASB 등의 자기조립법 등 다양한 반응조 형태에 따른 적용이 필요

2) 하수처리시설의 슬러지 처리 반출수를 비롯한 다량의 하·폐수에는 질소형태의 NH4+−N나 유기성 질소가 중심을 이루고 있어 Anammox 반응 단독으로는 처리과정이 성립되지 않는다.

　① 하·폐수 중의 NH_4^+-N 일부를 NO_2^--N로 변환하는 전처리 공정(아질산화 공정)과

　　$2NH_4^+-N + 1.5O_2 \rightarrow NH_4^+-N + NO_2^--N + H_2O + 2H^+$

　② Anammox 반응에 의해 폐수 속의 NH_4^+-N와 아질산화 공정에서 생성된 NO_2^--N를 질소가스로 변환하는 공정(Anammox 공정)의 두 가지 공정이 필요하다.

③ 상기 과정에서 알칼리도가 소비된다.

④ 부분 아질산화 공정에서의 질소성분비($NO_2^- - N/NH_4^+ - N$)를 제어하기 위한 수질센서에 소요되는 설비비도 필요하다.

3) Anammox균은 생육속도가 매우 느리고 기질인 $NH_4^+ - N$와 $NO_2^- - N$가 배양조건(pH, 온도)에 따라 반응저행물질(NH_3, HNO_2)로 변화하므로 Anammox 슬러지를 대량으로 배양하는 것이 쉽지 않다.

4) Anammox 반응은 혐기성 독립영양세균에 의해 $NH_4^+ - N$ 및 $NO_2^- - N$가 N_2로 변환되며 그 과정에서 수소이온(H^+)이 소비됨과 동시에 소량의 $NO_3^- - N$가 생성된다.

5) Anammox 세균의 평균 배수화시간 : 약 11일

6) 증식에 적합한 온도 : 37~40℃

4. Process

1) 2조식 Process

① 아질산화 공정과 Anammox 공정을 다른 반응조에서 실시

② 대표적인 2조식 Process로 SHARON(Single reactor system for High Ammonium Removal Over Nitrite) Process가 있다.

2) 1조식 Process

단일 반응조에서 아질산화 공정과 Anammox 공정을 실시

5. Anammox 적용가능 하 · 폐수

1) C/N비가 낮고 $NH_4^+ - N$ 농도가 높은 하 · 폐수

2) 하수슬러지의 혐기성 질화 탈리액

3) 바이오가스 플랜트 탈리액

4) 분뇨처리수

5) 식품공업 폐수

6) 발전소 탈질처리수

7) IC 공업폐수 처리수

6. 결론

1) Anammox Process는 고효율, 저비용으로 고농도의 질소 함유 하 · 폐수를 처리할 수 있을 것으로 기대

2) 고농도의 질소를 함유하고 있는 질소처리(슬러지 처리계통 반류수)에 적극적 도입이 필요하며

3) 유기물 농도가 낮은 하·폐수 처리에의 적용을 외부탄소원 미주입에 따른 경제성을 고려하여 검토할 필요가 있다.

4) 또한 산소공급량을 줄일 수 있어 에너지 절감 효과도 기대할 수 있음

5) 그러나 상기 장점을 최대로 살린 공정을 적용하기 위해서는 배가기간이 긴 Anammox균의 안정적인 증식을 유도할 수 있는 방안의 모색이 먼저 선행되어야 할 것으로 사료된다.

구분	특징
부분아질산화 + Anammox	두 공정을 조합하면 70~80%의 질소제거율이 기대됨
부분 아질산화공정	전처리 및 프로세스 고유의 조건설정을 적절히 실시함으로써 질산성 질소의 생성을 거의 완전히 제어하면서 안정적으로 아질산화를 실시할 수 있음
Anammox 공정	• 유입 $NO_2^- - N/NH_4^+ - N$비가 적절히 유지되면 80% 이상의 질소변환율이 기대됨 • 단 반응한 아질산성 질소의 일부는 질산성 질소로 산화되므로 이를 가미한 질소제거율은 10% 정도 낮아짐
기타	조건에 따라 아질산화조나 아나목스조에서 종속영양 탈질에 의한 질소제거가 부가적으로 발생할 가능성이 있음

참/고/자/료

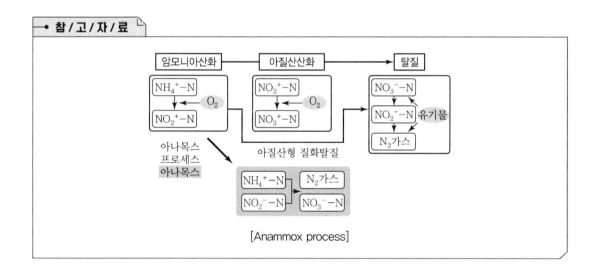

[Anammox process]

Key Point +

111회, 113회, 124회 출제

Lysozyme 분비세균을 이용한 잉여슬러지 감량형 하수고도처리

1. 개요

1) 기존의 슬러지는 매립, 해양투기, 소각 등의 방법으로 처리

2) 2002년 유기성 슬러지의 직매립 금지가 시행되고 직매립 금지에 대비한 대체방안의 개발이 미흡하면서 비용측면에서 저렴하며, 처리시설 설치 등에 대한 건설비 부담이 없는 해양배출을 통한 하수슬러지 처리방법이 급격히 증가

3) 향후 2012년 런던의정서에 의해 하수슬러지의 해양투기 금지될 예정

4) 따라서, 슬러지 처분에 대한 대책 마련의 시급성과 더불어 전체 하수처리장 운영비의 약 40~60%를 차지하는 슬러지의 감량화 또는 재활용이 시급한 실정이다.

2. 기술의 원리

1) Lysozyme은 인간에게 독성이 없고 무미, 무취의 특성을 지닌 천연효소로

2) 활성슬러지균의 세포벽을 구성하는 펩티도글리칸 성분을 가수분해시킬 수 있다.

3) Lysozyme균은 그람 음성균으로 일반 그람 음성균과는 달리 효소의 가수분해 반응에 견디는 외부 세포벽 구조를 가지고 있음

   따라서 자신은 효소에 분해되지 않으면서 잉여 슬러지를 가용화시키게 됨

4) 유사 생물학적 가용화 기술은 고열 또는 화학약품에 의해 슬러지의 세포벽을 파괴하는 것과는 달리 중고온 조건(48℃)에서 최적의 활성을 갖는 균주의 분비 효소만으로 세포벽과 기질파괴가 가능하므로 유지관리비가 저렴

5) 하수처리시설에서 배출되는 잉여 슬러지는 주로 세균으로 이루어짐

   ① 이들의 세포질은 단백질, 지방 및 탄수화물 등으로 구성

   ② 이들 물질은 가용화 효소로 가용화 될 수 있지만 우선 이들을 보호하고 있는 세포벽이 파괴되어야 한다.

   ③ Lysozyme효소가 세포벽을 분해하면 세포질의 구성 물질들이 노출되고 그 외의 효소들에 의해 분해된다.

6) 가용화된 물질은 일반적인 슬러지 중에 포함된 유기성분과 같이 활성 슬러지 미생물에 의해 섭취 및 분해가 가능한 물질

   생물반응조로 반송되어 탄산가스, 물 등의 무기성분으로 분해된다.

3. 공법 개요

본 처리공법은 혐기조 – 무산소조 – 막여과 생물반응조 – 슬러지 감량화조로 구성

3.1 공정 개요

1) 혐기조
① 유입수중의 유기물 제거와
② 무산소조로부터 반송된 미생물 내의 인을 방출

2) 무산소조
막여과 생물반응조에서 반송된 질산성 질소를 질소가스로 환원시켜 질소를 제거

3) 막여과 생물반응조
① 질산화 과정을 수행
② 혐기조에서 방출된 인을 과잉섭취
③ 침지된 막을 이용하여 반응조 내 고형물을 분리하여 처리수를 생산

4) 슬러지 감량화조
① Lysozyme 효소를 분비하는 중고온 호기성 미생물군에 의해 슬러지를 가용화
② 가용화된 슬러지는 무산소조로 반송
공정에서 순환 및 분해과정을 통해 슬러지 발생을 저감

3.2 인처리

1) 생물학적 슬러지 가용화 공정이 적용되면 유기물 및 질소 등의 오염원은 생물반응조에서 처리
가능하지만, 인의 경우에는 축적되어 처리효율이 저하되는 문제점을 갖고 있음
기존 감량화 기술에는 용출된 인에 의한 수질저하 대책이 미비
2) 막여과 생물반응조에 무기 응집제를 직접투여하여 인을 제거

4. 기술의 효과

4.1 환경적 측면

1) 슬러지 발생량 감소로 해양 투기량의 감소
해양수역의 수질보전 및 소각에 따른 대기오염의 미연에 저감
2) 인을 MBR 공정에서 생물학적 처리와 화학적 처리를 병행하여 수계의 부영양화를 방지

4.2 기술적 측면

1) 낮은 약품량 및 에너지 투입

기존의 오존/알칼리 적용이나 고열을 이용한 슬러지 감량화 공정과는 달리 중고온성 미생물에 의한 슬러지 가용화

2) 인 제거 효율 확보

① 인 제거 공정의 추가설비 없이 응집제 양의 조절만으로 인을 제어

② 유지관리가 용이

4.3 경제적 측면

1) 슬러지 발생량을 감소시켜 슬러지 처리 및 처분비용 절감

2) 중고온성 미생물 처리기술로서 슬러지 가용화를 위한 처리비용 절감

3) 별도의 인 응집처리시설 없이 막여과 생물반응조에 응집제를 직접 투입하여 설치, 유지관리비 절감

하수처리장의 생물학적 탈취

1. 서론

1) 하수처리장에서 발생하는 악취의 주성분은 H_2S, 메틸메르캅탄, NH_3, 황화메틸, 아민류 등이며

2) 현재 악취에 대한 법규미비와 탈취설비에 대한 인식이 크지 않은 관계로 하수처리장 탈취문제에 큰 관심을 기울이지 않고 있는 실정

3) 향후에는 처리장에서 근무하는 작업인원이나 주변지역의 주민에 대한 악취피해 최소화와 민원발생에 대비하여 탈취설비를 구비할 필요가 있다.

4) 따라서 재정여건을 감안하여 적절한 탈취대상의 선정 및 취기 포집방법의 강구를 통하여 효과적인 탈취방식 및 시설을 선정·적용해야 한다.

2. 하수처리장 취기의 일반적인 특징

1) 종류가 다양하다.

2) 취기강도가 비교적 저농도이다.

3) 발생원이 넓게 분포되어 있다.

4) 농도 및 강도가 계절, 시간, 온도, 수위변화 등에 따라 다르다.

3. 탈취대상시설물

1) 국내의 취기농도에 대한 규제기준은 명확하지 않으나 관능법에 의한 취기강도별 기준은
① 취기강도 2도 이하 : 적합
② 취기강도 3도 이상 : 부적합
③ 취기강도 2.5도 이상에 대하여 탈취대상을 선정

2) 고농도 취기 발생원
슬러지처리 계통의 취기 : 농축조, 소화조, 탈수기 계통

3) 저농도 취기 발생원
수처리 계통의 취기 : 침사지, 유입펌프장, 1차침전지 계통

4. 탈취방식의 분류

1) 물리적 처리방식 : 수세법, 활성탄 흡착법
2) 화학적 처리방식 : 산화법(오존처리, 염소산화법), 산알칼리 세정법, 이온수지교환법, 연소법, 중화법
3) 생물학적 처리방식 : 토양탈취법, 포기조미생물처리법, 미생물탈취법

5. 생물학적 처리방식

5.1 토양탈취법

1) 개요
   ① 악취가스를 토양에 흡입시켜서 토양 중에 존재하는 미생물에 의해 분해시키고
   ② 토양에 흡착, 수분에 용해, 토양성분과의 화학반응에 의해서
   ③ 복합적인 효과에 의하여 악취를 제거하는 방법
   ④ 즉, 악취발생원에서 악취가스를 흡입하여 토양탈취장치 하부의 분기관을 통하여 토양층 하부 전체에 확산시킨 다음에 자갈층, 모래층을 통과하면서 미생물과 접촉시킨 후 외부로 배출

2) 처리대상물질 및 효율
   ① 처리대상 : 거의 모든 취기물질
   ② 효율 : 환토작업, 적절한 수분 및 pH 유지, 환기횟수 등의 효율적인 관리를 통하여 90% 이상의 효율유지 가능

3) 장점
   ① 고농도 취기 및 복합취기의 제거에 효과적 : 거의 모든 취기물질을 대상
   ② 탈취효율이 높다.
   ③ 장치가 간단하고 시설비가 저렴하며 시설의 내구연한이 길다.
   ④ 시공비가 저렴
   ⑤ 유지관리가 용이하고 유지비가 저렴
   ⑥ 2차 공해의 발생 위험성이 적다.

4) 단점
   ① 넓은 면적이 필요하다.
   ② 토양미생물의 유지관리와 토양세균의 관리가 어렵다.
   ③ 건기에는 토양미생물의 유지관리를 위해 살수가 필요
   ④ 한랭지역에서는 동결방지대책이 필요
   ⑤ 통기성의 유지관리가 필요

⑥ 악취가스를 균일하게 분포시켜 처리하기 위해서 성층구조가 필요

⑦ 생물학적으로 산화되지 않는 물질에 대한 대책이 필요

5.2 포기조미생물 탈취법

1) 개요

① 활성슬러지 중에 서식하는 미생물을 이용하는 방법으로 악취가스를 포기조에 투입하여 생물학적 작용을 이용, 악취물질을 산화·분해하여 무취화하는 방법

② 포기용 공기공급장치를 그대로 사용하기 때문에 특별한 장치를 필요로 하지 않지만

③ 취기가스의 성상 등에 따라 토양탈취법, 활성탄 흡착법, 산알칼리 세정법 등과 병행하여 사용하기도 한다.

2) 처리대상물질 및 효율

① 처리대상물질 : 거의 모든 악취물질(저농도 복합취기)에 높은 효율

② 높은 효율을 위해서는 포기조의 운전상태가 양호하고 정상적인 운영이 되어야 한다.

3) 장점

① 2차 공해의 발생이 적다.

② 적용대상 악취물질이 광범위 : 거의 모든 악취물질, 특히 저농도 복합취기

③ 유지관리비가 저렴

④ 포기조에 악취성분을 그대로 투입하므로 건설비가 저렴

4) 단점

① 포기조 운전상태에 따라서 탈취효율이 영향을 받는다.

② 유지관리에 주의가 필요

③ 고농도 악취성분에는 적용 곤란

5.3 미생물(Bio) 탈취법

1) 개요

① 유기담체를 이용하여 미생물의 서식에 필요한 조건을 인위적으로 만들어 악취성분을 산화분해시키는 방법

② 즉, 악취가스 내의 유기물 및 무기화합물을 매체에 부착 성장하는 미생물을 이용하여 생분해시키는 탈취법

③ 악취가스의 유량 및 농도의 변화가 심할 경우 필터의 완충용량을 증가시키기 위하여 활성탄을 첨가

2) 처리대상물질 및 효율

　① 탈취가스는 아세트알데히드, 스틸렌, 이황화메틸, 황화수소, 메틸메르캅탄, 황화메틸류, 아
　　민류, 암모니아 등을 제거하는 데 효과적

　② 미생물 필터는 개방형과 밀폐형의 2가지로 구분

3) 장점

　① 복합취기 제거효율이 우수

　② 저농도 및 고농도 취기제거에 효과적

　③ 동력소모가 적고 이동식으로 제작 가능, 시설공간을 적게 차지

　④ 유지관리가 용이하고 유지관리비가 저렴

　⑤ 혹서, 혹한, 건기, 수기 등에도 안정적

　⑥ 다습한 가스처리에 용이하다.

　⑦ 시설공간이 적으면서도 다량의 가스처리에 적합

　⑧ 자동운전 가능

4) 단점

　① 탈취용량이 커질 경우 초기투자비가 다소 높음

　② 고온의 가스 및 고농도 분진 함유 시 전처리 필요

　③ 악취성분이 수용성이고 생분해성이어야 함

6. 활성탄 흡착법

1) 원리

　① 악취물질을 물리적, 화학적 친화력으로 활성탄의 경계면에서 농축시켜 악취성분을 제거

　② 필터

　　㉮ 퇴비, 나무껍질, 나뭇잎 등

　　㉯ 최근 : 표면적이 큰 다공성 점토, 폴리스틸렌, 바다조가비

　③ 악취가스의 유량 및 농도의 변화가 심한 경우에는 필터의 완충용량을 증가시키기 위하여 활
　　성탄 첨가

　④ 탈취가스

　　아세트알데히드, 스틸렌 이황화메틸, 황화수소, 메틸메르캅탄, 황화메틸류, 아민류, 암모니
　　아 등

2) 장점

　① 장치구조가 간단

　② 배수시설이 필요 없음

　③ 운전조작이 용이

3) 단점

    ① 수분이 흡착될 경우 효율이 저하 : 활성탄 표면에 응축이 되어 효율 저하

    ② 건설비 및 운전비가 많이 소요

    ③ 고농도 및 흡착률이 적은 가스에 의해 활성탄 수명단축이 우려

    ④ 악취가스 온도가 60℃ 이상이면 흡착효과가 급격히 감소하므로 40℃ 이하로 유지하는 것을 원칙으로 한다.

    ⑤ 가스 중에 분진, 훈연이 다량 함유되어 있으면 활성탄 표면을 폐쇄하므로 효율저하 우려가 있다.

7. 결론

1) 국내 하수처리장 및 분뇨처리장의 탈취시설은 주로 토양탈취법(초기), 활성탄 흡착법, 포기조 미생물 처리법 등의 생물학적 탈취법을 주로 설치

2) 처리장에서 발생되는 취기는 처리효율, 시설비 및 유지관리비, 경제성, 시공성, 시설의 적정 규모, 2차 공해의 발생여부 등을 고려하여 선정하여야 하며

3) 미생물을 이용한 탈취법이 가장 적합한 방법으로 판단되어지며 최근에는 미생물 탈취법을 주로 많이 적용하는 추세

4) 만약 처리장에 소각시설이 설치되어 있다면 이중투자를 방지하기 위해 소각시설을 이용한 탈취 방법도 적극 추진할 필요가 있으며

5) 악취가스 포집을 위한 장치도 저정하게 선정하여 악취기스의 포집률을 높일 필요성이 있으며 악취가스로 인한 기계장비 등의 부식에 대비한 대책도 필요

6) 또한 다중 악취저감(예 미생물 탈취기 + 광촉매 탈취기)와 연속식 악취감시 설비의 도입을 적극적으로 도입할 필요성이 있음

    악취포집방식 및 발생원(고농도, 저농도)별 이원화로 효과적인 처리대책 수립

7) 밀폐식 설비구성으로 악취포집 용이성 및 확산 최소화

8) 반출실 부압유지와 안개분무 탈취기로 악취확산 원천 봉쇄

◐ 악취 포집방식

밀폐포집방식	전면포집방식	부분포집방식	반출 시 (에어커튼+악취포집)
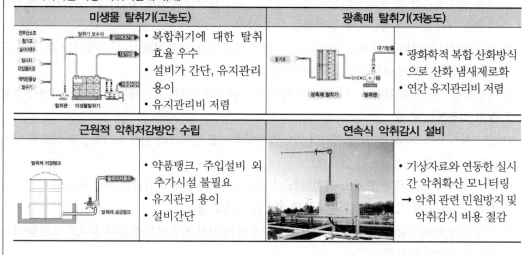			
밀폐형 기기류, 악취포집시설	케이크 반출실	침사스크린, 탈수기, 케이크사일로	차량 진입 시 에어커튼 가동

◐ S처리시설 다중 악취저감대책(예)

미생물 탈취기(고농도)	광촉매 탈취기(저농도)
• 복합취기에 대한 탈취 효율 우수 • 설비가 간단, 유지관리 용이 • 유지관리비 저렴	• 광화학적 복합 산화방식 으로 산화 냄새제로화 • 연간 유지관리비 저렴
근원적 악취저감방안 수립	**연속식 악취감시 설비**
• 약품탱크, 주입설비 외 추가시설 불필요 • 유지관리 용이 • 설비간단	• 기상자료와 연동한 실시 간 악취확산 모니터링 → 악취 관련 민원방지 및 악취감시 비용 절감

◐ 광촉매 탈취기의 특징

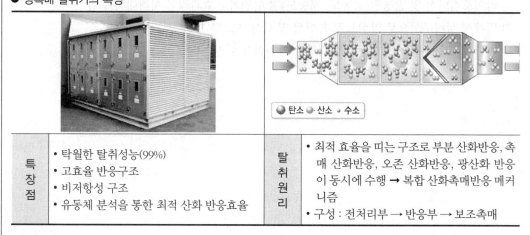

● 탄소 ● 산소 ● 수소

특 장 점	• 탁월한 탈취성능(99%) • 고효율 반응구조 • 비저항성 구조 • 유동체 분석을 통한 최적 산화 반응효율	탈 취 원 리	• 최적 효율을 띠는 구조로 부분 산화반응, 촉 매 산화반응, 오존 산화반응, 광산화 반응 이 동시에 수행 → 복합 산화촉매반응 메커 니즘 • 구성 : 전처리부 → 반응부 → 보조촉매

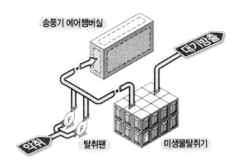

미생물 탈취기(상시) + 호기조 미생물 포기탈취법
(탈취기 유지보수 시) + 광촉매 탈취기
→ 악취방지법 상시 보증 가능

[S처리시설 탈취설비 삼중화 계획(예)]

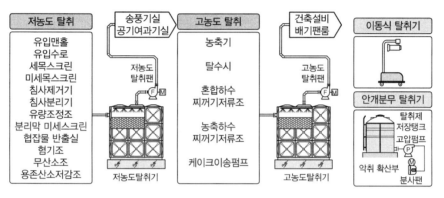

[C처리시설 처리계통도]

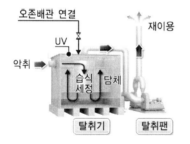

3중 탈취 방식 적용 → 습식세정 + 바이오필터 + 광촉매 탈취(UV, O₃)

[C처리시설 적용 탈취기 특징]

○ C처리시설 악취확산 저감형 설비구성

밀폐식 설비구성	협잡물 및 하수찌꺼기 이송	침사물·협잡물 저장 및 반출
• 외부악취확산 방지 • 악취포집 용이성 확보 • 가동 시 악취확산 최소화	• 공기압형 이송방식 적용 　－ 설치면적 최소화 　－ 장거리 이송 가능	• 침사 협잡물 별도 반출계획 　－ 차량적재 및 반출이 용이 　－ 밀폐형 악취확산 원천봉쇄

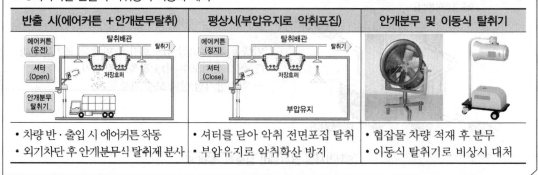

◉ C처리시설 반출식 악취방지 이중화 계획

반출 시(에어커튼 + 안개분무탈취)	평상시(부압유지로 악취포집)	안개분무 및 이동식 탈취기
• 차량 반·출입 시 에어커튼 작동 • 외기차단 후 안개분무식 탈취제 분사	• 셔터를 닫아 악취 전면포집 탈취 • 부압유지로 악취확산 방지	• 협잡물 차량 적재 후 분무 • 이동식 탈취기로 비상시 대처

Key Point **＋**

- 129회 출제
- 상기 문제의 경우 출제 빈도가 상당히 높으며 문제로 출제될 경우 미생물을 이용한 탈취법의 장점과 단점을 정확히 기술할 필요가 있음
- 상기 문제의 출제 시 출제자의 의도에 따라 기술하되 경우에 따라서는 토양탈취법(최근에는 거의 적용이 안 되고 있기 때문에)을 제외하고 총 4page 정도의 분량으로 기술할 필요가 있음

악취방지기술

1. 악취의 법적 정의

1) 악취의 정의 : 악취방지법 제2조

악취라 함은 "황화수소 · 메르캅탄류 · 아민류 그 밖의 자극성이 있는 기체상태의 물질이 사람의 후각을 자극하여 불쾌감과 혐오감을 주는 냄새"를 말한다.

2) **복합악취의 정의** : 악취방지법 제2조 제3호

두 가지 이상의 악취물질이 함께 작용하여 사람의 후각을 자극하여 불쾌감과 혐오감을 주는 냄새를 말한다.

3) **희석배수의 정의** : 악취방지법 시행규칙 별표3

채취한 시료를 냄새가 없는 공기로 단계적으로 희석시켜 냄새를 느낄 수 없을 때까지 최대로 희석한 배수를 말한다.

2. 복합악취 분석

[무취공기 제조장치]

[공기희석관능법]

3. 악취의 특성

1) 악취의 주관성

① 개인에 따라 좋아하는 냄새와 싫어하는 냄새의 차이가 있음

② 예민한 사람과 둔감한 사람의 악취 차이는 최대 10배

2) 악취유발물질의 다양성

    ① 일본 조사에 따르면 주요 악취물질 1,000여 가지

    ② 특성물질 규제에 따른 한계로 복합악취 규제

3) 온도 및 습도의존성

    ① 일반적으로 25~30℃에서 강한 영향(온도가 낮아질수록 악취 세기 감소)

    ② 60~80%의 상대습도에서 인체가 민감하게 반응

4. 인체에 미치는 영향

1) 호흡기계의 영향

    호흡리듬의 변화와 호흡중추 영향 및 회복기능을 저해

2) 순환기계의 영향

    혈압이 하강 후 상승하여 맥박 및 심장혈관 기능 변화

3) 소화기계의 영향

    식욕감퇴, 수분섭취 저하, 소화기능 약화

4) 정신상태의 영향

    두통, 토기 등을 야기하여 판단력 및 기억력 저하

5) 내분비계통의 영향

    ① 내분비계통의 기능 및 유기체의 대사기능에 영향

    ② 지속적인 노출 – 대뇌 억제기능 혼란 초래

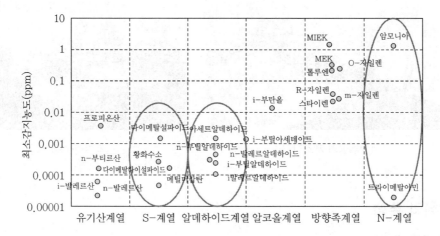

5. 악취규제 현황 : 복합악취

1) 복합악취규제현황(희석배수)

구분	배출허용기준		엄격한 배출허용기준의 범위	
	공업지역	기타 지역	공업지역	기타 지역
배출구	1,000배 이하	500배 이하	500~1,000배	300~500배
부지경계선	20배 이하	15배 이하	15~20배	10~15배

2) 악취관리지역 현황('08년 12. 4) : 19개 지역

울산광역시(2개), 경기도(4개), 충청남도(4개), 인천광역시(4개), 부산광역시(1개), 전라북도(1개), 대전광역시(1개), 강원도(1개), 경상북도(1개)

3) 지정악취물질

① 복합악취

② 암모니아

③ 트라이 메틸아민

④ 황화합물 : 황화수소, 메틸머캅탄, 다이메틸, 설파이드, 다이메틸, 다이설파이드

⑤ 알데하이드류 : 아세트 알데하이드, 프로피온, 알데하이드, 뷰티르 알데하이드, n−발레르 알데하이드, i−발레르 알데하이드

⑥ VOCs류 : 스타이렌, 톨루엔, 자일렌, MEK, MIBK, 뷰티르, 아세테이트

6. 악취관리의 필요성

1) 삶의 질 향상에 따라 환경문제에 대한 인식 확대

2) 최근에는 감각공해인 악취가 사회적 문제로 확대

3) 하수처리시설은 도시발전에 중요한 기반시설로 역할이 중요함. 그러나 악취로 인하여 시민들에게 혐오시설로 인식

4) 하수는 도시의 주요 악취발생원으로 인식

5) 공공하수처리시설 관리자들은 악취관리에 많은 노력

6) 산업재산권과 관련하여 악취민원은 지속적으로 증가

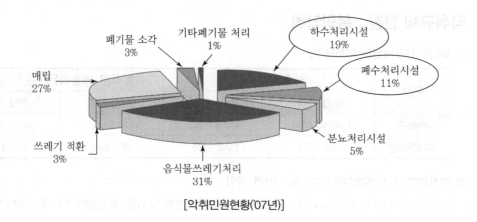

[악취민원현황('07년)]

7. 하수처리시설 악취 원인물질

7.1 대표적 악취 원인물질

1) 휘발성 황화합물(VSCs : Volatile Sulfur Compounds)

2) 휘발성 질소화합물(VNCs : Volatile Nitrogenous Compounds)

3) 휘발성 지방산(VFAs : Volatile Fatty Compounds)

4) 상기 물질의 혼합물로 악취발생

7.2 무기 악취물질

1) 황화수소(H_2S) : 하수도와 관련된 가장 대표적인 악취물질, 콘크리트 하수관을 조기에 부식시키는 주된 원인

2) 암모니아(NH_3) : 질소를 함유한 유기물의 미생물학적 분해를 통해서 부산물로 생성(요소)

7.3 유기 악취물질

1) 유기산, 알데하이드, 케톤

음식물 쓰레기를 포함하는 탄화수소류 분해과정 중간생성물로 발생

2) 메르캅탄, 아민류, 케톤

산업활동의 결과로 생성되는 대표적 악취물질

3) 메르캅탄

① 크라프트 펄프제조공정에서 리그닌의 디메틸화 과정

② 석유정제과정에서 다양한 황함유화합물의 분해과정

③ 의약품, 살충제, 플라스틱 및 고무제조업 등 다양한 화학물질 제조공정의 부산물

—

7.4 하수처리장발생 휘발성 황화합물(VSCs : H_2S, CS_2, DMS, DMDS, MM, EM)

1) 인간에게 불쾌감을 유발하는 화학적 성질 가짐
2) 최소감지농도가 낮으며, 용해성이 있음
3) 반응성이 높아 촉매 등으로 활용
4) 펌프, 관거 부식 등 하수도 및 하수처리시설 운영상 문제 유발
5) 미량 함유되어도 물, 음식, 음료수에 이취미 발생
6) DMS : 브로콜리 저장창고의 불쾌한 냄새, 유제품의 악취, 치즈

7.5 하수처리장발생 휘발성 질소화합물(VNCs : 암모니아, 아민류, 인돌, 스카톨)

1) 높은 증기압, 극성, 독성이 크고 수중에서 강한 염기성, 용해도 높음
2) NH_3 : 생활하수에서 요소($CO-(NH_2)_2$)가 CO_2로 산화하는 과정에서 생성, 다양한 세척제로 사용, 피부 호흡기 계통, 점막 자극

7.6 휘발성 지방산(VFAs)

1) 호기성 조건에서 탄수화물발효과정의 중요한 대사물질 또는 중간생성물로 발생
   탄수화물 − 카르복시산 − 알데하이드 − 케톤류
2) 수처리 과정에서 부식질로부터 생성
3) 혐기성 슬러지 소화를 통하여 VFA, 알데하이드, 케톤 생성
4) 슬러지 열처리 시 미생물 합성에 의해 생성된 VFAs 휘발이 촉진
5) $C_2 \sim C_5$ 정도의 작은 탄소결합을 가진 지방산은 소수성이 강한 화합물로 즉시 수중으로부터 분리

8. 하수 및 하수처리시설 악취발생 특성

1) 유기물, 질소화합물, 황화합물, 인 등 다량 함유된 생활하수
   ① 하수처리장으로 이송되는 과정에서 부패하여 악취물질 생성
   ② 일반적으로 질소함유악취물질들의 양은 적음
   ③ 황화합물은 하수도와 하수처리시설에서 모두 존재
   ④ 하수도에서 체류시간이 길고 온도 상승 시 질소를 함유
   ⑤ 유기화합물의 가수분해 부산물로 암모니아 생성 가능

2) 황산염이온(SO_4^{2-})
   ① H_2S 생성의 주된 전구물질
   ② 생활하수 : 가정용 세척제에 상당량 존재
   ③ 하수관 벽의 Slime : 황산염 분해(환원) 박테리아 성장 증가
   ④ 박테리아 : 하수관망 내 H_2S 생성의 원인

3) 하수관 내 H$_2$S 생성 및 방출량

    ① 체류시간, 깊이에 따른 환경변화, 수온, 용존산소, pH의 영향 받음

    ② Slime층에서 황산을 생성하여 콘크리트관 부식, 하수처리공정 촉매독으로 작용

    ③ 고농도일 경우 하수처리시설 작업자에 건강상 위해 가능

4) 하수처리시설 VSCs 주요 생성경로

    ① 황산염 분해 박테리아에 의한 H$_2$S의 생성

    ② 황 함유 아미노산의 분해

    ③ H$_2$S와 MM의 메틸화

    ④ MM의 DMDS로의 비생물적 산화

9. 하수처리공정별 악취발생 특성

9.1 물리적 처리공정

1) 스크린

유기물질이 스크린에 점착 및 축적, 축적된 유기물 층 내에 혐기성 구역 발생으로 악취발생

2) 침사지

    ① 포기는 침사지 내에 심각한 악취문제 유발

    ② 포기식 침사지 : 유입하수와 공기로 인한 난류형성으로 악취방출

3) 침전지

    ① 체류시간이 길 경우 침전슬러지에 혐기성 구역 발생, H$_2$S, NH$_3$ 등 다양한 악취물질 생성 및 방출

    ② 유입수보다 1차 처리수 중 VSCs 농도가 높을 수 있다.

4) 침전지바닥 혐기성 구역, 슬러지 처리시설 반송하수

TMA, NH$_3$, DMS 등의 악취물질이 고농도로 함유된 것으로 보고

5) 반송하수가 침전지로 급격히 낙하할 경우 악취발생의 원인

9.2 생물학적 처리공정

1) 포기조

    ① 유입부(전단부)에서 악취방출속도가 높으며, 2차침전지 부근 후단에서 감소

    ② 산기관 : 미세는 조대에 비해 50% 미만의 공기 방출(미세 산기관 악취발생 강도 적음)

2) 2차침전지

    ① 1차침전지 및 2차포기조에 비하여 악취발생 적음

    ② 침전지 내 하수표면의 악취물질 농도가 낮음, 액상과 기상 간 상호작용이 최소화되기 때문

9.3 침사물, 협잡물, 슬러지

1) 침사물, 협잡물, 탈수슬러지의 저장기간 장기화로 혐기화 및 부패로 악취발생
2) 안정화되지 않은 슬러지 처리 시 악취발생 많음

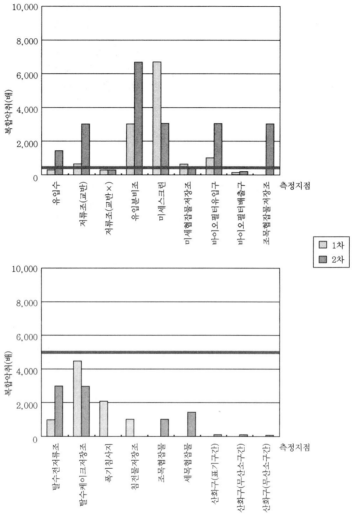

[하수처리시설 복합악취 측정결과]

10. 하수처리시설 악취 저감방안

1) 운영관리 개선
2) 공정개선
3) 시설개선
4) 악취방지시설 개선

악취발생

점검구
신설

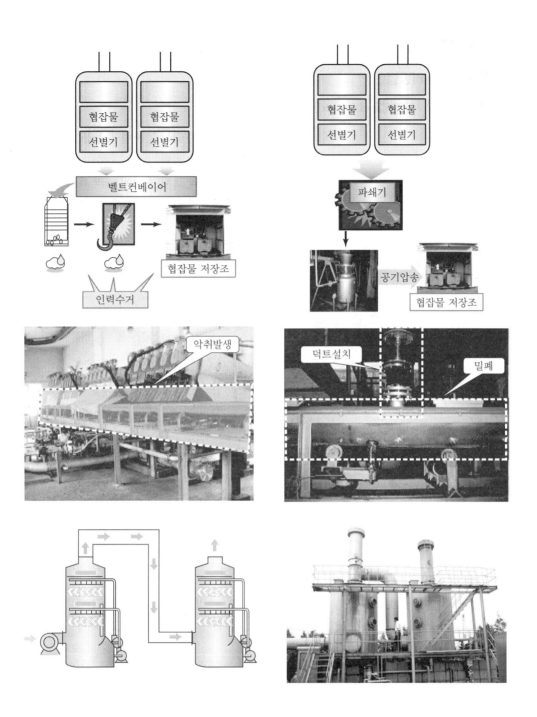

11. 악취저감기술

11.1 물리학적 처리방법

1) 흡착에 의한 처리방법(Adsorption)

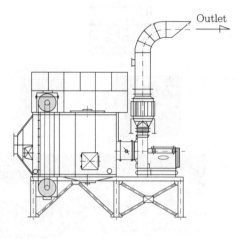

Outlet

- 흡착성 악취물질 처리에 유용
- 설치비가 저렴
- 흡착제의 교체 주기에 따라 효율 결정
- 단점 : 활성탄 교체 비용이 발생

  고농도 악취 처리 시 비용 과다

2) 흡수에 의한 처리방법(Absorbance)

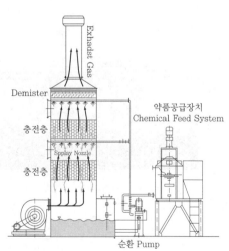

Exhadst Gas

Demister

약품공급장치
Chemical Feed System

충전층

Splay Nozzle

충전층

순환 Pump

- 주로 수용성 악취물질 처리에 적합
- 설치비가 저렴하며, 분진처리도 가능
- 순환수 교체 주기에 따라 효율 결정
- 단점 : 처리수 비용이 발생

  비수용성 악취 처리가 어려움

분류	원리	대상가스
수(물)세정	기액접촉에 의해 물로 녹여 물리적으로 악취물질을 흡수한다.	암모니아, 저급아민, 저급지방산, 황화수소 등
약액세정법	기액접촉에 의해 악취물질을 약액으로 흡수시켜 화학적으로 중화시킨다.	산세정 : 암모니아, 아민 알칼리세정 : 황화수소, 메틸머캅탄 등

3) 응축에 의한 처리방법(Condensing)

11.2 화학적 처리 방법

1) 직접연소에 의한 처리방법(Incineration)

재생열산화(RTO)

- 대부분의 악취물질 처리가 가능
- 타 반응기에 비해 처리 효율이 높음
- 단점 : 초기설치비용이 과다

  저농도 악취처리 시 운전비용 과다

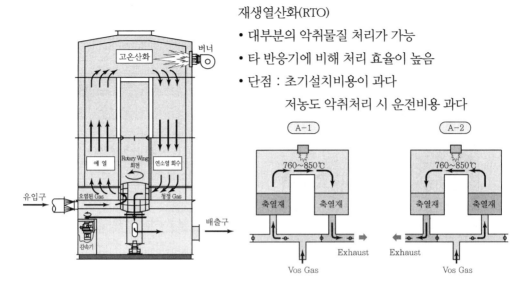

2) 촉매연소에 의한 처리방법(Catalytic Incineration)

재생촉매산화(RCO)

- 대부분의 악취물질 처리가 가능
- RTO에 비해 연료소모량이 적음
- 단점 : 초기설치비용이 과다

  촉매 피독현상 시 촉매 교체가 필요

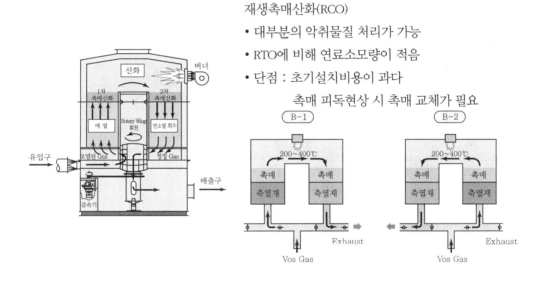

3) 오존산화에 의한 처리방법(Ozoneoxidation)

- 강산화제인 오존을 이용하므로 대부분의 악취 물질 처리가 가능
- 좁은 부지에도 설치가 가능
- 단점 : 잔류오존 처리장치가 필요

악취물질	반응 예
암모니아	$2NH_3 + O_3 \longrightarrow N_2 + 3H_2O$
트라이메틸아민	$(CH_3)_3N + 3O_3$ $\longrightarrow CH_2NO_2 + 2CO_2 + 3H_2O$
황화수소	$H_2S + O_3 \longrightarrow SO_2 + H_2O$
메틸머캅탄	$CH_3SH + O_3 \longrightarrow CO_3OH + SO_2$
다이메틸설파이드	$3(CH_3)_2S + O_3 \longrightarrow (CH_3)_2SO$
	$(CH_3)_2S + O_3 \longrightarrow (CH_3)_2SO_3$
다이메틸다이설파이드	$2(CH_3)_2S_2 + H_2O + O_3$ $\longrightarrow 2CH_3SO_3H$
	$3(CH_3)_2S_2 + 5O_3 \longrightarrow 3(CH_3)_2S_2O_5$

4) 플라즈마산화에 의한 방법(Plasmaoxidation)

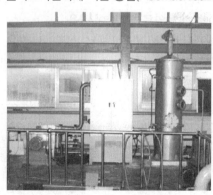

- 다양한 악취의 동시 처리가 가능
- 좁은 부지에도 설치가 가능
- 단점 : 운전비용이 과다하게 발생
  후처리시설이 필요한 경우도 있음

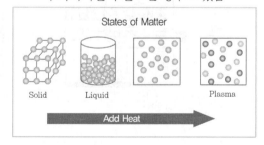

11.3 생물학적 처리 방법

1) 미생물에 의한 처리방법(Biofiltration)

- 유지비용이 저렴함
- 일부 물질에 대해 아주 높은 처리효율을 보임
- 단점 : 상대적으로 설치면적이 큼
  생물학적 처리가 어려운 물질도 있음

  (TCE, VCM, Ether, etc)

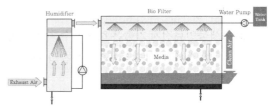

11.4 기타

1) 탈취제 살포에 의한 산화처리법
2) 마스킹제 살포에 의한 처리법(Masking)

미생물연료전지(MFC : Microbial Fuel Cell)

1. 정의

1) 미생물연료전지(Microbial Fuel Cell)는 미생물에 의한 유기물의 분해반응을 통해서 전기를 생산하는 장치
2) 미생물연료전지 기술은 하·폐수 처리와 동시에 전기에너지를 생성할 수 있는 친환경 신기술로 하·폐수에 포함된 유기오염물질의 처리와 동시에 바이오 에너지를 생성하는 지속가능한 기술이다.

2. 구성

1) **미생물 연료전지의 구성** : 양극반응조(산화전극부), 음극반응조(환원적극부), 양이온 교환막
2) **양극반응조(산화전극부)**
   ① 혐기성 미생물에 의해 유기물이 분해(산화)되면서 전자, 수소이온, 이산화탄소가 발생하고
   ② 생성된 수소이온은 수소이온교환막(Proton Exchange Membrane)을 통해 환원전극부로 이동
   ③ 전자는 외부회로를 통해 환원적극부로 이동
3) **음극반응조(환원전극부)**
   ① 산화전극부에서 이동된 수소이온 및 전자는 전자수용체인 산소와 반응하여 물을 생성
   ② 상기 과정에서 발생하는 연속적인 전자의 흐름을 통해서 전기에너지를 회수

3. 영향인자

1) **전기발생량 영향인자** : 기질의 종류 및 농도, 미생물의 종류, 이온강도, pH, 온도, 반응기 구조, 전극종류 등 다양한 요인에 영향을 받음
   ① 기질의 종류와 미생물 종류는 MFC의 전기생산량에 큰 영향을 미침
   ② 일반적으로 기질의 농도가 증가하면 MFC의 전기발생량이 증가
   ③ 기질의 종류 : 전기발생량 뿐만 아니라 산화전극부의 미생물 군집에 영향을 미침
   ④ 사용가능 기질 : 가축분뇨, 주정폐수, 일반하수, 침출수 등 다양한 종류의 하·폐수를 기질로 이용가능

2) 전극의 구비조건

　　① 전기화학적인 반응이 우수하여야 함

　　② 미생물에 무해한 성분

　　③ 활성슬러지와 하·폐수와 같은 물질 등에 적응력이 좋아야 함

　　④ 장기간 운전하여도 부식성이 없어야 함

　　⑤ 가격이 저렴하고 쉽게 구입할 수 있어야 함

4. 적용가능 분야

1) 오염물질 제거와 전기생산

　　① 축산폐수, 질산염의 환원, 아조염료, 니트로벤젠, 황화물, Cr^{6+} 등 환경오염물질 처리와 미생물연료전지 기술을 연계

　　② 오염물질 처리와 연계한 에너지 생산분야의 적용이 필요한 실정

2) BOD 계측

　　미생물연료전지에서 미생물이 유기물을 분해하면서 전기화학적 반응을 통해 전기적 신호를 발생시키기 때문에 하·폐수 내 유기물 농도를 측정할 수 있는 센서로서의 응용이 가능

3) 슬러지 처리에 응용

　　슬러지 처리를 위한 경비 절감

5. 향후 과제

1) 전극, 맴브레인, 촉매 등 사용 재료들이 고가로 초기투자비용이 크기 때문에 경제성 확보가 필요

2) Scale-up을 할 때 내부저항이 커져 출력 에너지 양이 줄어드는 단점 보완이 필요

3) 하·폐수처리에서 최적의 전기를 생산하기 위한 최적 미생물 군집의 확보가 필요

Key Point +

127회 출제

슬러지 처리

함수율과 함수비

1. 함수율의 정의

1) 함수율은 물질의 전체중량에서 물의 중량비율을 백분율로 나타낸 것

2) 고형분(고형물량) = 전체 중량(100%) − 함수율(%)

3) 함수비는 수분의 고형물에 대한 비

4) 즉, 함수율이란 슬러지의 전체 중량에서 물의 중량이 차지하는 비율

$$W(\%) = \frac{W_1}{W_1 + W_2} \times 100$$

여기서, W_1 : 슬러지 내의 수분중량

W_2 : 슬러지 내의 전 고형물 중량(증발잔류물)

5) 함수율과 부피와의 관계

함수율 $W_1(\%)$, 체적 V_1 의 슬러지를 농축 또는 탈수해서 함수율 $W_2(\%)$, 체적 V_2 의 슬러지로 하면 다음의 관계식이 성립한다.

$$V_1(100 - W_1) = V_2(100 - W_2)$$

$$\therefore V_2 = \frac{V_1(100 - W_1)}{(100 - W_2)}$$

2. 슬러지와 함수율

2.1 하수슬러지

1) 하수슬러지는 약 50%의 유기질을 함유하고 있으며, 함수율도 1차 침전지 슬러지 96~98%에서 2차 침전지 슬리지 99~99.5%로 높기 때문에 처리가 어렵다.

2) 지금까지는 혐기성 소화에 의해 슬러지를 안정화시킨 후 탈수하여 매립으로 처분

3) 그러나, 이 방법은 영양염류의 재용출 위험과 유기성 슬러지의 직매립금지법안에 의해

4) 근래에는 하수슬러지를 응집제 주입 후 기계탈수한 후 처분 또는 소각하는 방법을 많이 취하고 있다.

2.2 정수슬러지

1) 정수슬러지는 탁질과 수산화알루미늄이 주성분인데 원수에 따라서 유기물을 20~30% 정도 함유하는 경우도 있다.

2) 정수슬러지도 하수슬러지와 마찬가지로 98% 이상의 함수율이 있어 처분이 곤란

3) 특히 수산화알루미늄의 Floc을 함유하는 슬러지는 탈수 및 농축이 어렵다.

4) 이 때문에 일정량 이상의 정수슬러지는 황산처리를 하여 수산화알루미늄을 황산알루미늄으로 회수하고 탈수성을 향상시킬 필요가 있으며

5) 또는 하수처리장과 연계하여 처리하는 경우도 있다.

3. 제안

1) 유기성 슬러지의 직매립금지와 해양투기의 금지정책에 따라 슬러지의 감량화, 자원화 및 처리장 내에서의 처리가 필요한 실정

2) 따라서 우선은 처리장 내에서 고온호기성균, 금속밀의 마찰력, 초음파, 오존처리 및 용균성 산화제 등을 이용한 슬러지의 감량화가 우선적으로 이루어져야 하며

3) 소규모 처리장의 경우 자원화, 대규모 처리장의 경우 슬러지의 광역화에 따른 소각처리 등의 다각적인 방법의 모색이 필요

4) 또한 고도처리를 하는 경우 슬러지 내에 포함된 영양염류의 재용출을 방지하기 위해
   ① 슬러지의 분리농축과 함께
   ② 기계식 농축의 적용과
   ③ 응집제 주입 후 기계적 탈수를 실시하는 방안의 모색이 필요

Key Point +

125회 출제

슬러지 농축

1. 개요

1) 하수처리과정에서 발생되는 슬러지는 통상 1차 침전지 슬러지와 2차 침전지 슬러지로 이들 슬러지의 함수율은 95~99.5% 정도

2) 2001년 유기성 슬러지의 직매립과 향후(2011년 이후) 적용될 해양투기금지에 따라 각 처리장에서 발생되는 슬러지의 감량화 및 자원확보가 무엇보다 필요한 실정이다.

3) 유기성 슬러지의 직매립금지 이후 각 지자체별로 해양투기가 증가한 현 추세에서 슬러지 자원화에 앞서 각 처리장별로 적합한 슬러지 감량화가 무엇보다 필요한 실정이다.

4) 기존 처리장에 설치 운영 중인 중력식 농축시설의 경우 악취발생 및 고도처리슬러지의 경우 긴 체류시간으로 인해 영양염류의 재용출이 발생할 우려가 상당히 높으므로

5) 각 처리장별로 추진 중에 있는 슬러지 감량화, 자원화 정책과 함께 기계식 농축조의 설치 및 운영 계획을 수립할 필요가 있다.

2. 슬러지 농축의 목적

1) 슬러지의 부피 감소로 소화조와 탈수시설의 용량감소 및 운전비 경감

2) 소화조에서 슬러지 가온 시 필요열량의 감소

3) 슬러지 개량 시 약품소요비의 절감

4) 슬러지의 양이 감소하므로 슬러지 관과 슬러지 이송펌프의 용량감소

5) 탈수효율의 증대

6) 슬러지 개량에 소요되는 약품이 적게 든다.

7) 농축시킨 슬러지의 처리비용이 절감된다.

8) 소화조 내의 미생물과 영양성분이 잘 접촉할 수 있으므로 처리효과가 크다.

3. 고려사항

1) 일반적으로 중력식이 가장 많이 사용되어 왔으나

2) 슬러지 성상 변화에 따라 침강성 및 농축성이 나빠지고 특히 여름철 농축슬러지의 농도가 낮아지거나 슬러지 일부가 부상하여 고형물 회수율이 나빠질 수 있다.

3) 또한 중력식 농축은 심한 악취를 유발하고, 긴 체류시간으로 인한 혐기화로 고도처리공정에서 제거된 인(P)성분이 방출되므로 최근에는 많이 사용되지 않고 있다.

4) 따라서 기계식 농축설비는 현장조건을 고려하여 처리장 용량, 경제성, 유지관리, 투자비 등을 고려하여 결정할 필요가 있다.

4. 농축방식

1) 슬러지 농축방식에는 중력식 농축, 부상식 농축, 원심농축, 벨트농축 등이 있으며

2) 1차 침전지 슬러지 : 농축시설 없이 후속 소화조나 탈수시설로 보내고

3) 2차 침전지 슬러지 : 부상식, 원심농축, 벨트농축으로 처리하여 인의 재용출을 방지하는 방식이 많이 사용되고 있다.

4.1 중력식 농축

1) 개요

① 중력식 농축은 조 내에 슬러지를 체류시켜, 중력을 이용하여 농축한 후 조 바닥에 침강한 농축슬러지를 슬러지 제거기로 제거하는 방식

② 즉, 슬러지 입자와 물과의 비중차를 이용한 중력침강법으로 농축조가 슬러지 저장조 역할을 겸한다.

2) 장점

① 간단한 구조, 유지관리가 용이하다.

특별한 운전기술이 필요 없다.

② 1차 슬러지나 혼합슬러지(1차 침전지 슬러지 + 2차 침전지 슬러지)농축에 적합

③ 저장, 농축이 동시에 가능

④ 약품사용이 없다 : 유지관리비 저렴

⑤ 동력비 소요가 적다.

3) 단점

① 악취문제 : 필요한 경우 환기 및 탈취설비 설치

② 2차(잉여) 침전지 슬러지의 농축에 부적합하다.

잉여슬러지의 경우 농축효율이 감소

③ 2차 침전지 슬러지의 경우 소요면적이 크다.

④ 계절적 영향을 받기 쉬워 안정적인 운전이 어렵다 : 특히 여름철 부패가 쉽다.

4.2 부상식 농축

1) 개요
① 슬러지의 일부를 별도로 인출하여 가압공기를 주입하여 공기를 용해시킨 후 이를 대기상태에 있는 부상조에 순환시키면
② 헨리의 법칙에 의해 수압에 따른 공기용해량의 차이를 이용하여 물에서 분리되는 작은 공기방울을 부유물질에 부착시켜서 슬러지의 비중을 물보다 작게 하여 고액분리하는 방법이다.
③ 공기부상법, 용존공기부상법, 진공부상법 등이 있으며 용존공기부상법이 가장 널리 사용
④ 부상식 농축은 중력식에서는 농축성이 나쁜 2차 침전지 슬러지를 대상으로 함이 바람직

2) 장점
① 잉여슬러지에 적합하다.
② 고형물 회수율(고형물 농도)이 비교적 높다.
③ 약품주입 없이도 운전이 가능
④ 중력식처럼 인의 재용출이 없다.
　 슬러지의 DO 농도를 상승시켜 인의 용출과 악취발생을 감소시킨다.

3) 단점
① 동력비가 크게 소요
② 악취문제가 발생 : 중력식에 비해 더 심해질 우려 존재
③ 소요면적이 크다.
④ 유지관리가 어렵다.
⑤ 실내 설치 시 부식문제 유발 가능성 존재

4) 설계기준
① 체류시간 : 18hr 이하
② 고형물 부하 : $25 \sim 70kg/m^2 \cdot$ 일
③ 미국의 경우
　㉮ 1차 침전지 슬러지 : $100 \sim 150kg/m^2 \cdot$ 일
　㉯ 2차 침전지(잉여) 슬러지 : $20 \sim 40kg/m^2 \cdot$ 일

4.3 원심농축

1) 개요
① 원심농축기는 원심력을 슬러지에 적용시켜 인위적인 비중차이를 유발시켜 슬러지를 농축시키는 방식으로
② 고속으로 회전($2,000 \sim 3,000G$)하는 원통 내에서 물보다 비중이 높은 슬러지 내 고형물이 원심력에 의해 회전원통의 원 주변으로 이동하면 원통회전보다 회전수가 약간 적은 내부 스크류의 추진력을 이용하여 슬러지를 분리·배출하는 방식

2) 장점

　　① 소요면적이 적음

　　② 잉여슬러지에 효과적

　　③ 운전조작이 용이, 자동화가 용이

　　④ 악취발생이 적음

　　⑤ 연속운전이 가능

　　⑥ 고농도의 농축이 가능

　　⑦ 고형물 농도가 높은 슬러지를 회수할 수 있다.

3) 단점

　　① 고속의 회전력을 얻기 위한 소요동력이 크다.

　　② 약품투입량이 많다.

　　③ 스크류의 마모에 의한 정기적인 오버홀이 필요하다.

4.4 벨트농축(GBT)

1) 개요

　　① 벨트농축기(Gravity Belt Thickness)는 유입되는 슬러지를 3~7m/min 속도로 회전하는 GBT
　　　의 벨트 위로 유입 분배시켜

　　② 슬러지의 표면적을 넓혀 중력으로 슬러지를 연속적으로 농축시키는 설비

2) 장점

　　① 인의 용출 전에 처리가 가능하여 처리수의 인 증가 요인을 배제할 수 있다.

　　② 건축물 내에 설치가 가능하며 소요부지가 적다.

　　③ 기후와 계절변화에 따른 영향이 없다.

　　④ 기기가 간편하여 유지관리가 용이

　　⑤ 잉여슬러지 처리에 적합하다.

　　⑥ 투자비용 및 유지관리비가 저렴

　　⑦ 가변속도의 구동모터를 적용하여 기계식 탈수기와 조합하여 처리가 가능하다.

3) 단점

　　① GBT에 별도의 커버를 설치하여 탈수하여야 한다.

　　② 벨트의 세정수가 다른 기종에 비해 많이 소요

　　③ 주기적으로 벨트의 교체가 필요하다.

5. 결론

1) 생슬러지(1차 침전지 슬러지)는 무기물이 많고 침강성, 농축성 및 탈수성이 양호하나 잉여슬러지(2차 침전지 슬러지)는 다량의 유기물을 함유하며 점성이 크고 입경이 작아 침강성과 농축성이 불량하다.

2) 따라서,
   ① 1차 침전지 슬러지(생슬러지)는 중력농축으로 하고
   ② 2차 침전지 슬러지(잉여슬러지)는 가압부상 또는 기계농축 또는 농축과정을 생략하고 응집제 주입 후 바로 탈수

3) 유기성 슬러지의 직매립금지와 2016. 1. 1.부터 시행 중인 해양투기금지에 따라 각 처리장에서 발생되는 슬러지의 감량화 및 자원화 공법과 연계함이 바람직

4) 특히 생물학적 고도처리시설의 경우 농축과정에서 발생될 수 있는 영양염류의 재용출에 특히 신경을 기울일 필요가 있다.

5) 또한 기존 처리장의 경우 상등수의 인용출에 대비하여 응집제 주입시설을 설치하는 것도 검토할 필요가 있다.

6) 기존 처리장의 고도처리 시 중력식 농축조를 생략하고 기존 농축조는 유기산을 생산할 수 있는 공정으로의 전환도 필요하며

7) 국내에서 운영 중인 하수처리시설의 농축슬러지의 TS 농도가 낮아 설계치에 미치지 못하는 사례가 많으므로
   ① 슬러지 배관을 변경하여 1차 슬러지와 잉여슬러지를 분리하여 농축하거나
   ② 1차 침전지 슬러지의 TS 농도가 높은 처리시설의 경우에는 가능한 한 1차 침전지 슬러지는 1차 침전지에서 직접 소화조로 이송하고 농축조에서는 2차 침전지 슬러지(잉여슬러지)만을 농축시키는 방법을 검토하고
   ③ 2차 침전지 슬러지(잉여슬러지)는 가압부상식 또는 원심분리식 농축방법을 사용하는 것이 바람직

Key Point +

112회, 117회, 121회, 130회 출제

○ S 처리시설 농축계획(안)

구분	분리농축	혼합농축
개요	잉여슬러지 → 기계식 농축 → (소화조 → 탈수) / 초기우수 슬러지 → 기계식 농축 → 소화조 → 탈수	잉여슬러지 / 초기우수 슬러지 → 기계식 농축 → 소화조 → 탈수
장단점	• 각 슬러지 성상별 최적 농축설비 적용가능 • 잉여슬러지 내 인 재용출 최소화 : 반류수 부하 감소 • 슬러지 조건에 따른 운전관리 가능 • 슬러지 성상별 최적 농축설비 적용 : 상시 안정적 처리가능	• 혼합 투입 농도 변동 시 농축효율 저하 • 잉여슬러지 내 인 재용출로 반류부하 증가 • 혼합슬러지 악취에 따른 집중포집범위 증가

구분	분리농축/혼합소화	분리농축/잉여직탈수
공정구성 (예)	생슬러지 → 기계농축 → (소화조 → 탈수) / 잉여슬러지 → 기계농축	생슬러지 → 기계농축 → 소화조 → 탈수 / 잉여슬러지 → 기계농축
공정개요	화학적 인 제거 도입으로 소화 시 인 방출 저감 : 혼합소화 도입	생물학적 인 제거 도입 시 인 방출 저감을 위해 잉여슬러지 직탈수 도입
장단점	• 케이크 발생량 저감 및 소화가스발생량 증가 • 소화조 내 스트로바이트 생성 억제 • 약품 사용으로 인한 화학슬러지 발생 증가 • 슬러지 농축함수율 일정하게 유지 : 소화조 운영효율 안정적 유지 • 슬러지 발생량 저감 및 소화가스 생산량 증가 : 분리농축/혼합소화 선정	• 가스발생량 감소 및 케이크 발생량 증가 • 인 방출에 따른 스트로바이트 생성 억제 • 약품 사용에 따른 화학슬러지 발생 없음

Key Point ✦

• 6회, 77회, 83회, 89회 출제
• 슬러지 농축은
　첫째 : 각 공법의 특징의 이해
　둘째 : 생물학적 고도처리 시 농축의 이해
　셋째 : 기존 중력식 농축조의 시설 활용 및 비상시 대책

슬러지 저류조

1) 슬러지 생산량의 변동을 완충시키고 슬러지 처리시설을 운전하지 않을 경우(즉, 야간, 주말, 예 상치 않은 장치의 휴지기간) 슬러지 저장시설이 필요하다.

2) 슬러지 저장은 건조, 기계적 탈수 등의 공정에 앞서 균일한 주입률을 제공하는 데 중요하다. 단 기간의 슬러지 저장 및 소규모 시설에서는 침전지나 슬러지 농축조를 이용할 수 있으나, 질소 · 인을 제거하는 고도처리공정에서는 슬러지 농축조가 영양물질을 재용출하는 문제가 있으므로 사용을 지양하도록 한다.

3) 만일 슬러지를 2~3일 이상 저장하게 되면, 슬러지의 질이 악화되어 탈수하기가 어려워지므로 슬러지 저장시설은 일일 슬러지 발생량과 탈수기 처리능력을 고려하여 산정하여야 하며, 슬러 지 저장시설의 저장용량은 수 시간 내에서 산정될 수 있도록 한다.

4) 슬러지의 부패와 침전을 방지하기 위하여 포기 또는 교반시설이 필요하며, 교반방식을 선정할 때 저류 슬러지에 미치는 영향을 고려하여 선정하도록 하고 슬러지 저장시설 중앙부에 집수 Pit 를 만들고 구배를 주어 슬러지를 완전 배수할 수 있도록 한다.

5) 슬러지 저류조는 철근콘크리트 구조로 하며 내식기능을 고려하여 방식피복을 고려하고 조의 수 는 2조로 한다.

6) 실내의 악취 및 탈취를 충분히 고려한다.

7) 효과적인 슬러지 처리 · 처분을 위하여 여러 개의 중 · 소규모 하수처리장에서 발생하는 슬러지 를 모아 처리하는 방식인 슬러지 광역처리를 검토하여야 한다.

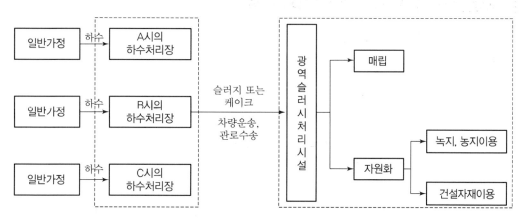

[하수슬러지 광역처리사업 개념도의 예]

슬러지 압축침전

1. 개요

1) 침전은 부유물질 중에서 중력에 의해서 제거될 수 있는 침전성 고형물을 제거하는 것으로 부유물의 농도와 입자의 특성에 따라
   ① 독립침전(Ⅰ), ② 응집침전(Ⅱ), ③ 지역침전(Ⅲ), ④ 압축침전(Ⅳ)의 4종류로 구분

2) 고형물의 농도가 매우 높고 응결성이 큰 경우의 침전으로 침전지나 농축조 하부에서 발생하는 침전형태이다.

3) 침전지나 농축조에서 침전이 계속되면 바닥상부에는 압축된 입자들의 층이 생기고, 이들 입자 간에는 물리적인 접촉이 존재하는 구조를 형성한다.

4) 압축층이 생김에 따라 더 낮은 농도의 부유물을 함유하는 층이 상부에 형성된다.

2. 특성과 적용

1) 특성

   슬러지 침적층의 압축과 간극수의 상승 분리

2) 적용

   최종침전지의 슬러지 침전부, 슬러지 농축조

3. 압축침전 시 슬러지가 압축되는 비율

슬러지가 차지하는 부피를 의미함

1) 시간과 고형물의 무게에 의한 힘에 영향을 받는다.

$$H_t - H_\infty = (H_2 - H_\infty)\,e^{(-i(t-t_2))}$$

   여기서, H_t : 시간 t에서의 슬러지 높이

   H_∞ : 장시간(보통 24시간) 후의 슬러지 높이

   H_2 : 시간 t_2에서의 슬러지 높이

   i : 주어진 시료의 특성계수

2) 슬러지의 농축 시 휘저어 주면 Floc이 파괴되고 물이 빠져나가게 되어 효율이 좋아진다.

4. 농축시간 tu(요구되는 슬러지농도 cu로 농축되는 시간) 측정

슬러지 고형물 중 물의 부착형태

1. 간격수(Cavernous Water)

간격이 큰 고형물 사이의 공간에 위치한 수분으로 농축공정에서도 제거가 가능

2. 모관결합수(Capillary Water)

1) 간격이 좁은 고형물 입자 간의 공간에 모관압으로 결합되어 있는 수분으로 갈라진 틈 모관결합수, 쐐기상 모관결합수 등이 있으며
2) 원심력, 진공압, 기계적 압착 등에 의해 제거가 가능하다.

3. 표면부착수(Adhesion Water)

1) 콜로이드입자의 표면에 부착된 부착수
2) 응집제에 의한 표면전하의 중화로 분리가 가능하나
3) 통상적인 기계적 압력으로는 제거가 어렵다.

4. 내부수

1) 고형물을 이루고 있는 미생물 등의 세포막 내부에 있는 수분으로
2) 열처리 등에 의해 세포막을 파과하지 않으면 제거가 어렵다.

5. 고형물 중 제거의 난이

내부수 > 표면부착수 > 모관결합수 > 간격수

고형물 플럭스 분석(Solid Flux Analysis)

관련 문제 : 농축조와 침전지 단면적 산출방법

1. 개요

1) 간섭침전에 필요한 면적을 산출하기 위하여

2) 즉, 침전이나 농축시설의 필요면적을 구하기 위하여 칼럼 침전실험으로 얻어진 자료를 기초로 하며

3) 다음과 같이 두 가지 방법이 있다.

    ① 단일회분식 침전실험 결과에 의한 소요면적

    ② 고형물 플럭스 분석에 의한 소요면적 계산

2. 고형물 플럭스 해석법

1) 고형물 플럭스란 침전지 내에서 어떤 면을 기준으로 할 때 침전되는 슬러지 내의 고형물 입자가 침전지 바닥으로 이동되는 이동량을 의미하며

2) 고형물 농도를 변화시켜 가면서 행한 일련의 침전실험으로부터 얻어진 자료를 이용한다.

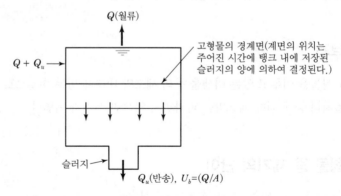

[정상상태로 운전 중인 침전지의 개념도]

3) 총고형물 플럭스

    ① 중력질량플럭스(SF_g) : 슬러지의 중력침강에 의한 플럭스

$$SF_g = C_i V_i \times (10^3 \text{g/kg})^{-1}$$

        여기서, SF_g : 중력에 의한 고형물질 플럭스(kg/m² · h)

                C_i : 알고자 하는 점에서의 고형물 농도(mg/L)

                V_i : 농도 C_i에서의 고형물의 침전속도(m/h)

② 하류질량플럭스(SF_u) : 침전지 하부로 배출되는 슬러지의 이동에 의한 플럭스

$$SF_u = C_i U_b (10^3 \text{g/kg})^{-1} = C_i \left(\frac{Q_u}{A} \right)(10^3 \text{g/kg})^{-1}$$

여기서, SF_u : 하부배출에 의한 고형물 플럭스($\text{kg/m}^2 \cdot \text{h}$)

U_b : 하향속도(m/h), Q_u : 하부배출유량(m^3/h), A : 단면적(m^2)

③ 총고형물 플럭스 : 중력질량 플럭스＋하류질량 플럭스

$$SF_t = SF_g + SF_u = (C_i V_i + C_i U_b)(10^3 \text{g/kg})^{-1}$$

3. 소요면적 결정

3.1 침전조에서의 물질수지를 세운다.

3.2 칼럼 침전실험으로부터 얻은 데이터를 이용하여 고형물 플럭스 곡선을 구한다.

1) 중력에 의한 중력 플럭스와 고형물 농도와의 관계를 그래프로 그린다.

① 침전실험으로부터 여러 가지 농도에 대한 간섭침전속도를 그린다.

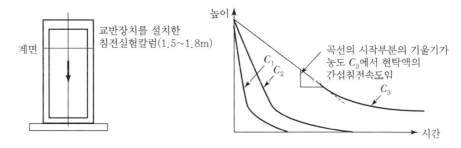

② 상기 ①로부터 간섭침전속도 그래프를 그린다.

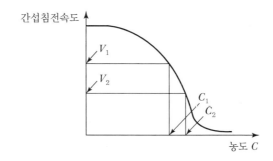

③ 농도에 따라 고형물 플럭스를 그린다.

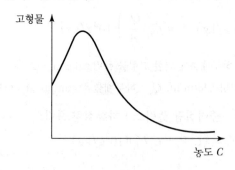

2) 하부배출량에 따라 고형물 농도별 하향류 플럭스 그래프를 그린다.
   ① 하부배출속도를 결정하면 침전시설에 부하되는 유입량은 $Q + Q_o$이므로
   ② 고형물 농도별 단위면적당 고형물 부하율 사이의 그래프는 직선이 된다.

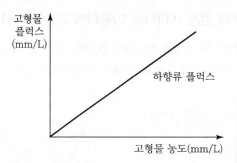

3) 1), 2)그래프로부터 중력 플럭스와 하향류 플럭스를 합한 총고형물 플럭스 그래프를 그린다.
   하향류 플럭스는 조정이 가능하므로 실제 공정제어 시 하향류 플럭스를 변경하여 총고형물 플럭스를 조정할 수 있는 것을 그래프로부터 확인할 수 있다.

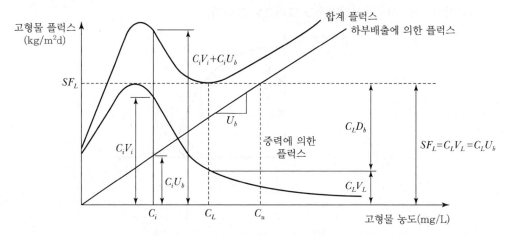

3.3 고형물 플럭스 그래프로부터 필요단면적을 구한다.

1) 총플럭스곡선의 극소점에서 수평선을 그어 그 선이 수직축(y축)과 만나는 값이 한계고형물 농도 SF_L이다. 이 한계 고형물 플럭스로부터 침전농축조의 필요 단면적을 구하게 된다.

2) 한계 고형물 농도 SF_L에 대응하는 하부 배출농도는 SF_L에서 수평선을 그려 이 선이 하부배출 플럭스를 나타내는 직선과 만나는 점으로 x축에 수선을 그려 구한다.

    이때 침전조 바닥에서의 중력 플럭스는 매우 적으므로 무시하고 고형물은 하향류에 의해 제거된다고 가정하였다.

3) 한계 고형물 플럭스로부터 필요단면적을 구한다.

$$A = \frac{(Q + Q_u)C_o}{SF_L} \times (10^3 \text{g/kg})^{-1}$$

$$= \frac{(1 + \alpha)QC_o}{SF_L \times (10^3 \text{g/kg})^{-1}}$$

여기서, A : 단면적(m^2), $(Q + Q_u)$: 침전지 총유입유량(m^3/d)

　　　　C_o : 유입고형물 농도(mg/L), SF_L : 한계 고형물 플럭스($\text{kg/m}^2\text{d}$)

　　　　α : $\dfrac{Q_u}{Q}$

Key Point +

- 87회, 89회, 101회, 112회, 117회 출제
- 상기 문제는 향후 출제가 가능한 문제이며 출제자에 따라 계산문제로 변형 출제도 가능한 문제이므로 완벽한 이해가 필요하며 폐수처리공학(동화기술, 고광백 외 6인) 238page에 계산문제가 있으므로 이론을 바탕으로 계산문제를 이해하기 바람

A/S비

1. 부상분리법

1) 부상분리법이란 미세한 기포를 발생시켜 이 기포를 슬러지에 부착시켜 슬러지의 비중을 1과 같게 하거나 1보다 작게 하여 부상시켜 제거하는 방법으로

2) 부상분리법의 효율을 결정짓는 인자가 바로 A/S비이다.

2. 부상분리법의 종류

2.1 단순공기부상법

산기기나 기계식 포기장치에 의해 기포를 발생시켜 부상 제거

2.2 감압법 : 진공부상법

1) 상압에서 공기를 주입하여 포기한 후 약간의 진공을 걸어 기포를 발생시키는 방법

2) 부분진공을 유지하기 위해 밀폐된 실린더형 탱크를 사용

2.3 가압법 : 용존공기부상법(AF)

1) 대기압하에서 5~7기압 정도의 가압을 걸어 다시 상압으로 낮추면 용존되어 있던 기포가 유리되어 기포를 발생

① 전량가압법

㉮ 저농도 슬러지에 사용

㉯ 유입슬러지 전량을 가압 Pump로 공기포화조에 보냄

② 부분가압법

㉮ 유입슬러지의 일부를 가압 Pump로 공기포화조에 보냄

㉯ 공기포화도가 낮아 슬러지처리에는 거의 사용하지 않는다.

③ 순환수가압법

㉮ 순환수 혼합을 위해 Ejector를 사용하는 방법

㉯ 슬러지펌프의 동력을 절감할 수 있으나, 슬러지 성상에 따라 적합성 여부 판단

3. A/S비

1) A/S비는 슬러지 단위중량당 공급하는 공기의 중량비를 말함

$$A/S = \frac{1.3\,S_a\,(f \cdot P - 1)}{S}\frac{R}{Q}$$

여기서, S : 고형물의 농도(mg/L), S_a : 공기의 용해도

f : 포화상태에서 공기의 실제 용해비(0.5)

P : 압력, R/Q : 반송률

2) 일반적으로 하수처리 시 잉여슬러지의 A/S는 2~4% 정도

3) SVI가 200 이상 되어 침전성이 불량할 경우 A/S비를 증가

4) 너무 높은 A/S비는 전단력에 의한 Floc 파괴 우려가 있다.

5) A/S비가 높을수록 처리효율은 증가하지만, 어느 한도 내에서는 주입동력에 비해 처리효율이 크게 증가하지 않을 수도 있다.

호기성 소화와 혐기성 소화

1. 호기성 소화

1.1 처리과정

슬러지에 공기를 공급하여 호기성 소화균을 배양하여 슬러지의 자산화와 슬러지 내 유기물질을 산화·분해시켜 슬러지량을 감소시킴

1.2 장점

1) 초기투자비가 적게 소요 : 반응조 용량이 작아져 공사비가 적게 소요
2) 유지관리가 용이하다.
3) 상등수의 수질이 좋다 : 상등수의 BOD, 질소, 인의 농도가 낮다.
4) 체류시간이 짧다 : 혐기성 소화보다 분해속도가 빠르다.
5) 소화슬러지의 냄새가 적다.
6) 암모니아성 질소의 산화 : 질산화 발생

1.3 단점

1) 포기를 위한 동력비 소요로 유지관리비 증대 우려
2) 동절기 효율저하 : 체류시간의 증대 필요
3) 소화 슬러지는 탈수성이 나쁘다 : 슬러지 자산화, 탈수 슬러지의 함수율이 낮다.
4) 유기물 감소율이 저조
5) 건설부지가 과다
6) 소화부산물인 메탄가스(CH_4)가 생성되지 않는다.

2. 혐기성 소화

2.1 처리과정

1) 가수분해단계
분자구조가 크고 복잡한 탄수화물, 단백질, 지질 등의 유기물질이 가수분해균에 의해 분해되어 분자량이 적은 단당류, 아미노산 등을 생성

2) 산생성단계

가수분해된 단당류, 아미노산 등을 산생성미생물이 분해하여 초산, 프로피온산 등의 휘발성 유기산(VFA)을 생성한다.

3) 메탄생성단계

산생성단계에서 생성된 휘발성 유기산을 메탄생성균의 영양원으로 이용되어 메탄, 이산화탄소 등의 가스체를 주체로 하는 최종생성물이 된다.

2.2 장점

1) 유기물 안정도가 높다.
2) **슬러지 생산량이 적다** : 메탄균 성장계수가 매우 낮기 때문
   ① 호기성 소화 세포성장계수 : 0.6~0.7
   ② 혐기성 소화 세포성장계수 : 0.04~0.2
3) 혐기성 소화균에 의해 병원균의 대부분이 사멸되어 위생적 안정성이 증대
4) 소화슬러지는 탈수가 용이(슬러지의 탈수성이 개선되어 탈수슬러지의 함수율이 낮아져 슬러지 처리비가 절감)
5) 유용한 메탄가스 생성
6) 처리효율이 좋고 연중효율의 변동이 적다.
7) 유지비가 적게 소요(산소공급을 위한 송풍동력이 소요되지 않는다.)
8) 유지관리에 특별한 기술을 요하지 않고 관리가 비교적 용이하다.

2.3 단점

1) 초기투자비가 많이 소요(가온, 교반, Gas 배관 등)
2) 운전이 어렵다.
3) 냄새가 많이 발생한다.
4) 상등수의 수질이 나쁘다.(상등수의 BOD, 질소, 인 농도는 호기성 소화조의 상등수보다 높다.)
5) 메탄 Gas는 폭발성이 있으며, Gas 누출의 위험이 존재
6) 호기성 소화법에 비해 소화속도가 늦어 시설용량이 커진다.
7) 처리시설의 건설에 넓은 부지가 소요되어 공사비가 증가

Key Point +

최근 기출문제와 연관성이 높은 문제임(86회, 87회 관련 문제 참조. TPAD, 슬러지 감량화 등)

혐기성 소화

1. 서론

1) 혐기성 소화의 목적
   ① 슬러지의 안정화
   ② 유기물 감량
   ③ 부피 및 무게의 감소
   ④ 안전화, 병원균 사멸
   ⑤ 이용가치가 있는 CH_4 Gas를 부산물로 생성

2) 2001. 1. 1부터 유기성 슬러지의 직매립금지와 향후(2011년 이후) 해양투기의 금지정책에 따라 기존 처리장 슬러지의 감량화, 육상처리(처리장 내 처리) 및 자원화가 필요한 실정

3) 따라서 우선은 처리장 내에서 고온호기성균, 금속밀의 마찰력과 마찰열, 초음파, 오존처리, 용균성 산화제 등을 이용한 슬러지 감량화가 필요한 실정

4) 생물학적으로 고도처리를 하는 처리장의 혐기성 소화조에서는 N, P와 같은 영양염류의 재용출이 우려
   ① 신설처리장의 경우 혐기성 소화조의 무설치가 요구
   ② 신설처리장의 경우 기존 혐기성 소화조 대신 → 기계식 농축 후 바로 응집제를 주입하여 탈수시키는 공정으로의 변환 필요
   ③ 기존처리장의 경우 영양염류의 처리가 필요

5) 혐기성 소화조가 설치된 처리장의 경우 기존 소화조를 개량하여 탈질과정에 필요한 수소공여체를 공급할 수 있는 시설로의 전환도 필요
   ① Two-phase 소화
   ② Fermentation

2. 혐기성 소화의 원리

2.1 1단계 : 산성발효기

1) 탄수화물 → 유기산 $+ O_2$ ☞ (산생성균이 관여)

2) 유기물 농도가 일정 이상이고, 대기 중으로부터 산소공급이 차단되면 혐기성 상태로 되어 유기물 부패가 시작

3) 이와 같은 조건하에서 산성발효가 급격히 진행

4) pH는 5.0~6.0으로 급격히 저하되고, 부패취가 발생

5) 탄수화물의 분해와 연속해서 단백질이 분해된다.

6) 소화액의 조성상태는 초산, 프로피온산, 락산 등의 저급지방산이 축적된다.

2.2 2단계 : 산성감퇴기

1) 가수분해에 의해

   지방, 단백질 → 암모니아, 아미노산, 유기산 중화가 일어난다.

2) 산성발효기를 지나게 되면 유기산과 질소, 유기화합물의 분해가 시작되고, 암모니아, 아민, 탄산염 및 소량의 탄산가스, 질소 등의 가스가 발생되며 계속 진행되면 유화수소 등의 불쾌한 냄새가 발생

3) 이 시기에 거품현상이 일어나서 고형물의 상당부분이 부상되며

4) pH는 점차 알칼리 측으로 이동하여 pH 6.0 → 6.5에 달하며

5) BOD는 최고조에 달한다.

2.3 3단계 : 메탄발효기(알칼리성 발효기)

1) 유기산 → CH_4, CO_2, NH_3, H_2, H_2S ☞ (메탄생성균 관여)

2) 혐기성 소화의 최종단계로서 이제까지 축적된 유기물이 거의 분해, 가스화된다.

3) 즉, 산성발효기에서 생성된 각종 저급지방산, 미분해된 아미노산 등이 CH_4, CO_2, NH_3로 분해되며 Cellulose, 질소, 유기화합물도 거의 완전하게 분해된다.

4) pH는 7.5 이상으로 상승한다.

5) BOD도 급격히 감소하여 혐기성 소화는 종료된다.

3. 혐기성 소화의 영향인자

• 혐기성 소화는 산생성균과 메탄생성균의 작용에 의하여 이루어진다.

• 산생성균에 비하여 메탄생성균은 증식이 느리고 온도, pH, 중금속 함유량 등의 외부조건에 민감 → 즉, 메탄생성균에 미치는 영향인자는 소화조의 영향인자인 동시에 슬러지의 혐기성 소화 가능성을 판가름하는 인자로 작용

3.1 체류시간

1) 적절한 온도(35℃)로 적당한 소화일수(약 25일)가 지나면 안정된 소화슬러지

2) **고온소화** : 약 10일 정도 → 중온소화와 경제성 검토 필요

3.2 소화온도

1) 소화온도에 따라 중온소화(30~35℃), 고온소화(55~60℃)로 구분

2) 소화온도가 높아짐에 따라 가스발생량 상승

3) 고온소화의 경우 단시간에 고부하의 소화가 진행되나

 ① 소화조의 온도를 고온으로 유지하기 위한 에너지 소요가 증대되어 비경제적

 ② 따라서 주로 중온소화를 선택

4) 아래와 같은 온도변화가 있으면 가스발생량이 저하 또는 정지

 ① 유입슬러지의 농도 및 양의 급격한 변화

 ② 슬러지 인발량을 증대

 ③ 소화가스의 인발량을 급격히 증대시킬 때

3.3 C/N비

1) C/N비는 가스발생량이나 기질분해속도에 영향

2) C/N비가 높을 때

 ① 산생성단계에서 계속 머무를 가능성이 크다.

 ② 미생물 구성을 위한 질소량 부족

 ③ 소화액의 pH 저하

3) C/N비가 낮을 때 : pH가 높아질 수 있다.

4) 적정 C/N비 : 12~16(하수오니), 10~16(호기성 소화)

3.4 pH

1) 산생성균, 메탄생성균의 활동이 평형되지 못하면 유기산 축적에 의해 pH 저하

 ① 이상발포

 ② CH_4 Gas 발생저하

 ③ 악취발생 : H_2S 액상탈기

 ④ 스컴다량 발생

2) 혐기성 소화의 적정 pH : 7.0~7.2

 ① pH가 6.5 이하로 저하되면 소화는 극단적으로 저하된다.

 ② 알칼리제를 투입하여 pH를 상승시킨다 : $Ca(OH)_2$, CaO, Na_2CO_3, NaOH

3.5 유기물 부하

1) 과부하 : CO_2 발생량이 증가하고, CH_4 발생량이 감소

2) 유기물 부하가 허용한도 이상이 되면 산생성균이 계속 활동하는 상태에서 메탄균의 활동이 저하되고 가스발생이 정지되기 때문에 소화조 내로 지방산이 축적되고 소화액의 BOD 농도가 높아진다.

3.6 알칼리도

일킬리도는 2,000mg/L 이상 되어야 한다.

3.7 교반

1) 소화조 내의 오니를 교반·혼합하여 균일한 상태로 보전하면 소화는 현저히 촉진된다.

2) 고율소화에서는 농축오니를 연속투입하고 강력히 교반하여 단시간에 고부하의 소화를 달성

3.8 독성물질

1) 알칼리성 양이온 : Na^+, K^+, Ca^{2+}, Mg^{2+} 등

　① 낮은 농도 : 반응촉진

　② 높은 농도 : 독성유발

2) 암모니아

　NH_3 농도 1,500mg/L 이상일 경우 메탄발효 거의 정지

3) 황화물 : 100mg/L 이상인 경우 메탄발효 곤란

4) 독성유기물(알코올, 고분자 지방산) : 미생물 활동저하

5) 중금속

　① Cu, Zn, Ni : 상당히 독성이 강함

　　Cu의 경우 용해성 농도 0.5mg/L 정도로 심각

　② Cr^{6+}, Cr^{3+}, Cd, Fe : 소화조 내 황화물이 불충분할 경우 NaS를 첨가하여 침전 제거

　③ 산소 : 혐기성균에 독성

4. 결론

1) 슬러지의 직매립금지와 해양투기의 금지정책에 따라 기존 처리장 슬러지의 감량화, 육상처리 (처리장 내 처리) 및 자원화가 필요한 실정

2) 따라서 우선은 처리장 내에서 고온호기성균, 금속밀의 마찰력과 마찰열, 초음파, 오존처리, 용균성 산화제 등을 이용한 슬러지 감량화가 필요한 실정

3) 생물학적으로 고도처리를 하는 처리장의 혐기성 소화조에서는 N, P와 같은 영양염류의 재용출이 우려

　① 신설처리장의 경우 혐기성 소화조의 무설치가 요구

　② 신설처리장의 경우 기존 혐기성 소화조 대신 　↗ 기계식 농축 후 바로 응집제를 주입하여 탈수시키는 공정으로의 변환 필요

　③ 기존 처리장의 경우 영양염류의 처리 필요

4) 혐기성 소화조가 설치된 처리장의 경우 기존 소화조를 개량하여 탈질과정에 필요한 수소공여체를 공급할 수 있는 시설로의 전환 필요

　① Two−phase 소화

　② Fermentation

5) 기존처리장에 소각시설이 설치된 경우 혐기성 소화과정을 거치게 되면 유기물 함량이 줄어들게 되어 발열량이 저하되어 보조연료의 사용이 불가피하므로 소각시설이 설치된 처리장의 경우 혐기성 소화조 대신 기계식 농축 후 응집제 주입 및 탈수가 바람직함

혐기성 소화조의 분류방법

1. 소화온도

1) 저온 소화조 : 15~20℃

2) 중온 소화조 : 34~38℃

3) 고온 소화조 : 50~55℃

2. 소화조의 모양

1) 원형 소화조 : 소화조 모양이 원형

2) 계란형 소화조 : 소화조 모양이 계란형

3. 소화조의 개수

1) 1단 소화조 : 소화조 1계열이 1개의 소화조로 구성된 소화조

2) 2단 소화조 : 소화조 1계열이 1, 2차 2개의 소화조로 구성

　① 1차 소화조 : 유기물의 분해

　② 2차 소화조 : 고액분리를 주요 기능으로 함

4. 소화조의 교반방식

1) 소화가스 교반방식

　① 소화조의 자체 가스를 가스압축기로 압축한 후

　② 소화조 내부 중심에 설치된 드래프트 튜브(Draft Tube) 하단으로 주입하여

　③ 가스의 상승력으로 소화액이 상승된 후 원주방향으로 내려가고

　④ 다시 드래프트 튜브(Draft Tube)를 타고 상승하여 지속적으로 순환시켜 교반하는 방식

2) 기계 교반방식

　① 소화조 내부 중심에 설치된 드래프트 튜브(Draft Tube) 내에서 기계식 교반장치로

　② 소화조 슬러지를 상부로 유동하게 하여 상승된 슬러지가 원주방향으로 내려가고

　③ 다시 드래프트 튜브(Draft Tube)를 타고 상승하여 지속적으로 순환시키면서 교반하는 방식

5. 소화조의 가온방식

1) 직접 가온방식

소화조 가온을 보일러 스팀을 직접 주입하여 가온하는 방법

2) 간접 가온방식

① 소화조 순환펌프에 의해 소화액을 소화조 외부에 설치된 열교환기로 인출하여

② 보일러의 온수 또는 증기와 열교환 후 다시 소화조에 넣어주는 방식

혐기성 소화조의 설계 및 운영인자

1. 소화조의 설계인자

1.1 소화조 용량

2단 소화조의 용량은 다음 식으로 구한다.

$$V = \left(\frac{Q_1 + Q_2}{2} \right) \cdot T_1 + Q_2 \cdot T_2$$

여기서, V : 소화조의 총용적(m³)

Q_1 : 소화조 투입 슬러지량(m³/d)

Q_2 : 소화조에서 인출하는 슬러지량(m³/d)

T_1 : 1단 소화조 소화일수(d)

T_2 : 소화슬러지 저장일수(2단 소화조 소화일수, d)

1.2 소화효율

1) 소화효율이란 유입슬러지 중의 유기성분이 가스화 및 무기화되는 비율을 뜻함

2) **영향인자** : 소화일수, 소화온도, 투입슬러지의 유기성분함량

3) 통상적으로 소화일수 20일 이상의 중온소화에서 투입슬러지의 유기성분함량이 70% 이상이면 소화효율은 약 50% 정도이다.

$$D = \left(1 - \frac{FS_1 \cdot VS_2}{FS_2 \cdot VS_1} \right) \times 100$$

여기서, FS_1 : 투입 슬러지의 무기성분(%)

VS_1 : 투입 슬러지의 유기성분(%)

FS_2 : 소화 슬러지의 무기성분(%)

VS_2 : 소화 슬러지의 유기성분(%)

1.3 소화슬러지 발생량

1) 소화슬러지량은 소화효율 등을 고려하여 다음과 같이 산출한다.

$$S = Q \times \frac{100 - MC_1}{100 - MC_2} \times \left(1 - \frac{VS_1}{100} \times \frac{D}{100} \right)$$

여기서, S : 소화슬러지 발생량(m³/d)　　　　Q : 투입 슬러지량(m³/d)

MC_1 : 투입 슬러지 함수율(%)　　　MC_2 : 소화 슬러지 함수율(%)

VS_1 : 투입 슬러지의 유기성분(%)　　D : 소화율(%)

1.4 소화온도

1) 혐기성 소화조는 15~20℃를 저온소화, 34~38℃를 중온소화, 50~55℃를 고온소화로 구분한다.

2) 혐기성 소화균은 온도에 민감

① 최적 소화온도에서 ±2℃ 범위에서 운전하여야 소화효율에 영향을 주지 않는다.

② 5℃/d 이상으로 급격하게 소화온도를 변화시키면 이상소화를 일으킬 수 있다.

1.5 알칼리도 및 pH

1) 혐기성 소화조에는 단백질 등에 포함된 질소가 분해되어 발생하는 암모니아의 농도가 높으면 통상 중탄산암모늄의 형태로 존재한다.

2) 소화조에서 이온화되지 않고 분자상태로 용해되어 있는 유리암모니아(Free Ammonia : FA)는 혐기성 소화균에 독성을 미치고 지나치게 높으면 소화가 정지된다.

3) 수중에서 유리암모니아의 농도는 폐수 중의 암모니아의 농도에 비례하고, pH가 증가하거나 수온이 증가하면 증가한다.

4) 수중에서 유리암모니아의 비율(%)

5) 폐수의 온도와 pH에 따른 유리암모니아의 농도

$$FA(\mathrm{mg-NH_3-N/L}) = \frac{17}{14} \times \frac{\mathrm{NH_3-N\,(mg/L)} \times 10^{\mathrm{pH}}}{\dfrac{K_w}{K_b} + 10^{\mathrm{pH}}}$$

$$\frac{K_b}{K_w} = e^{\frac{6,344}{(273 + \mathrm{℃})}}$$

6) 소화슬러지의 알칼리도는 통상 3,000mg/L 이하로 유지

7) pH : 7.0~7.4 범위로 유지

1.6 소화슬러지의 휘발성 유기산

1) 슬러지의 소화과정에서 산생성단계에 기여하는 세균이 메탄생성세균보다 환경여건에 대한 적응능력이 강하므로 소화조의 환경여건이 부적합하면 산생성단계에 기여하는 세균에 의해 생성된 유기산이 메탄생성균에 의해 메탄가스로 분해되지 못하고 소화슬러지 내에 축적된다.

2) 유기산이 축적되면 소화조의 pH가 낮아지고 유기산의 구성성분 중 이온화되지 않은 초산(FA : Free Acetic Acid) 농도가 증가하면

① FA는 미생물 막을 쉽게 통과하여 미생물의 신진대사를 저해

② FA의 증가는 소화효율을 크게 저하시키고 심하면 소화가 정지된다.

3) 일반적으로 이온화되지 않은 유기산의 농도가 10~25mg/L일 경우 : 미생물에 심각한 저해작용을 일으키게 된다.

4) 일반적으로 우리나라 하수처리시설 소화슬러지의 총유기산 농도는 200~500mg/L 정도이다.

1.7 황산이온과 황화수소

1) 혐기성 소화조에서 황산이온은 황산환원세균의 작용으로 황화수소(H_2S)로 전환되며

2) 물에 용해된 황화수소는 약 50%가 HS^-로 전리되며 전리되지 않고 분자상태로 용해되어 있는 황화수소는 미생물에게 강한 독성을 나타낸다.

3) 일반적으로 혐기성 소화조에서 황산이온이 5,000mg/L 이상이거나 물에 용해되어 있는 황화수소가 50mg−S/L 이상일 경우 혐기성 소화를 저해하는 것으로 알려져 있다.

1.8 소화가스의 발생량 및 조성

1) 혐기성 소화조의 분해되는 탄소 1g당 소화가스 발생량은 약 1.86L 정도

2) 조성

CH₄ : 60~70%, CO₂ : 30~40%, H₂S : 200~1,000mg/L

소화가스 탈황법

1. 개요

1) 소화가스에 함유되어 있는 황화수소(H_2S)는 악취원인 물질로 유독성이며, 가스 이용시설의 금속을 부식시킴

2) 또한, 연소 시 아황산가스가 발생하여 탈황시켜야 함

3) 탈황방법 : 건식탈황, 습식탈황

2. 소화가스 내 황화수소 발생의 특성

1) 농도 : 100~200mg/L(통상), 1,000~2,000mg/L(병합소화 시)

2) 탈황 기준(부식성 및 연소 후를 고려하여) 50mg/L 이하

3. 건식 탈황

3.1 원리

1) 철스펀지가 채워진 내식성 탈황기에 소화가스를 통과시켜 황화물 제거

2) 황화철로 변한 철스펀지는 공기에 노출시켜 재생

$$Fe_2O_3 \cdot 3H_2O + 3H_2S \rightarrow Fe_2S_3 + 6H_2O$$

$$Fe_2O_3 \cdot 3H_2O + 3H_2S \rightarrow 2FeS + S + 6H_2O$$

3.2 특징

1) 장점 : 부지면적 작음

2) 단점 : 탈황제 교체 및 재생 필요

4. 습식 탈황

4.1 종류 및 원리

1) 수세정 : 황화수소 제거율 낮음, 세정수 발생

2) 알칼리세정 : 탄산나트륨 또는 수산화나트륨 용액에 황화수소 접촉 제거

$$Na_2CO_3 + H_2S \rightarrow NaHS + NaHCO_3$$

$$NaOH + H_2S \rightarrow NaHS + H_2O$$

3) **약액세정** : 알칼리 세정 후 약액을 촉매를 사용하여 황화물 분리재생

4.2 특징

1) **장점** : 황화수소 제거율 높음, 유지관리비 저렴
2) **단점** : 건설비 큼

5. 제안사항

1) 소화가스량이 작을 경우에는 시설비가 저렴한 건식탈황이 유리하나 소화가스량이 많은 경우에는 유지관리비가 과다하여 습식탈황이 적합함
2) 소화가스에 실록산이 포함되어 있는 경우 가스이용설비(발전기 등)의 내구연수를 줄이는 원인이 되므로 제거가 요구됨
3) 매립지 가스 탈황 계획 시 매립 종료 후 시간이 지날수록 황화수소 농도가 증가하므로 탈황시설의 증설계획을 사전에 수립할 필요가 있음
4) 약액세정 방식 중 촉매 대신 미생물을 이용한 황화물 분리재생방법이 있으며, 이 공법을 이용 시 촉매비용을 줄일 수 있어 경제적임

Key Point

- 117회, 118회, 122회 출제
- 혐기성 소화조 관련 문제로 최근 혐기성 소화 이외의 부분에서 광범위하게 출제되고 있음
- 시설기준의 혐기성 소화에서 최종처분까지 광범위하게 준비할 필요가 있음

혐기성 소화조 이상현상(소화가스 발생량 저하)

1. 혐기성 소화의 목적

1) 슬러지의 안정화

2) 부피 및 무게의 감소

3) 병원균 사멸

4) 이용가치가 있는 CH_4 Gas를 부산물로 사용

2. 이상 현상

1) 소화가스 발생량이 크게 감소한다.

2) 소화가스 중의 CH_4가스 함량이 50% 이하로 감소하고, CO_2 함량이 높아져 소화가스의 발열량 감소로 보일러 등에서 소화가스가 점화되지 않는다.

3) 소화슬러지의 휘발성 유기산의 농도가 500mg/L 이상으로 크게 증가한다.

4) 소화슬러지의 pH가 6.5 이하로 크게 감소

5) 소화조 상부에서 거품이 발생한다.

3. 소화가스 발생량 저하 원인과 대책

3.1 저농도 슬러지의 유입

1) 저농도 슬러지가 다량으로 유입될 경우 → 소화조 내 온도 저하 → 가스발생량 저하

2) 대책 : 유입슬러지의 농도를 높인다.

3.2 소화슬러지의 과잉배출

소화슬러지의 배출량 조절

3.3 조내 온도저하

1) 급격한 온도변화 : 가스발생량이 저하

2) 소화조의 소화온도를 5℃/일 이상으로 갑자기 변화시켜 미생물에 충격을 주는 경우

3) 대책

① 조의 온도를 올리고 보일러, 보온시설 및 열교환기의 점검

② 소화온도가 높아짐에 따라 가스발생량 증가

③ 고온소화가 유리하나 에너지 소비가 증가하여 비경제적

④ 소화조의 온도를 2℃/일 이상 과다하게 변화시키지 않는다.

3.4 소화가스 누출

소화가스 누출확인 점검

3.5 pH 저하 : 과도한 산생성에 의해

1) 산생성균, 메탄생성균의 활동이 평형되지 못하면 유기산 축적에 의해 pH 저하

2) 혐기성 소화의 적정 pH : 7.0~7.2

3) pH 6.5 이하로 저하되면 소화는 극단적으로 저하

4) 대책

① 알칼리제 투입 : $Ca(OH)_2$, CaO, Na_2CO_3, NaOH

② 토적된 스컴, Grit의 준설(산생성 방지)

3.6 과부하

1) 소화조의 투입슬러지량을 허용부하량 이상으로 갑자기 증가시켜 소화조에 과부하가 생기는 경우나

2) 소화조 내 토사, 스컴 등이 축적되어 소화조용량을 지나치게 감소시켜 실질적인 고형물 부하량이 허용부하량 이상으로 증가되는 경우

3) 과부하일 경우 CO_2 함유율이 높고, CH_4는 감소한다.

4) 유기물부하가 허용한도 이상이 되면 산생성균이 계속 활동하는 상태에서 메탄생성균의 활동이 저하되고 가스발생이 정지된다.

① 따라서, 소화조 내 지방산이 축적되고, 소화액의 BOD가 높아진다.

② 거품현상이 발생되고 고형물의 상당부분이 부상

5) 대책

① 소화조 투입슬러지량을 적정 고형물 부하량의 범위로 감소시킨다.

② 소화조 내에 퇴적된 토사와 스컴을 제거한다.

3.7 높은 C/N비

1) C/N비는 가스발생량이나 기질분해속도에 영향을 미친다.

2) C/N비가 높을 경우 pH가 저하되어 가스발생량이 감소

3) 대책 : 적정 C/N를 유지(하수오니 : 12~16, 호기성 소화 : 10~16)

3.8 교반불량

1) 소화조의 교반이 적정하지 않은 경우

2) 대책 : 소화조의 교반이 적정한지를 검토하고 적정하게 유지한다.

3.9 소화슬러지에 중금속 등의 독성물질이 유입된 경우

1) 소화슬러지에 중금속 등의 독성물질이 유입된 경우

2) 대책 : 소화슬러지에 중금속 등의 독성물질이 유입되는 경우 이를 차단한다.

Key Point +

- 110회, 115회, 121회1 129회, 131회 출제
- 상기 문제는 1차 시험 및 면접시험에서 출제 빈도가 상당히 높은 문제이며 가스발생량의 원인과 대책은 반드시 숙지 바람
- 특히 산생성균과 메탄생성균의 관계를 염두하고 공부하기 바라며 25점 문제로 출제될 경우 혐기성 소화(25점)의 서론과 혐기성 소화 원리 및 결론을 포함하여 25점 문제로 기술하기 바람

ATAD(Auto Thermal Aerobic Digestion)

1. 개요 및 원리

1) 유기성 슬러지의 직매립금지와 향후 해양투기의 금지정책에 따라 발생 슬러지의 감량화 및 자원화가 필요한 실정

2) 하수슬러지의 감량화를 위해 적용되고 있는 호기성 소화는 생물학적으로 안정한 최종 생성물을 얻을 수 있으며, 처리수의 수질 또한 유기물의 제거라는 면에서 양호하다는 장점을 가지고 있다.

3) 그러나 공기(산소)소요량이 많아 동력비가 많이 들며, 체류시간이 길고, 질소제거가 제대로 이루어지지 않아 별도의 질소처리단계를 거쳐야 하는 단점을 가지고 있다.

4) 이러한 단점을 보완한 것이 자체 발열을 이용한 고온호기성 소화이며, 호기성 소화 시 발생하는 열을 이용하여 주입되는 슬러지와 소화조의 온도를 높여 약 5~10일 정도의 체류시간으로 슬러지를 소화시키는 공법이다.

2. 특징

1) 호기성 소화이므로 소화속도가 빠르다.

2) 병원균의 사멸

3) 고농도 유기성 슬러지뿐만 아니라 독성물질 등에 대하여도 안정적, 효율적인 처리가 가능

4) 산소소비량이 활성슬러지법에 비해 적어 유지관리비가 저렴

5) 소화과정에서 질소가 제거되지 못하여 처리수의 수질악화 우려 존재

6) 슬러지 성상에 따라 슬러지 내 VS 함량이 낮을 경우 온도가 잘 올라가지 않는다.

7) 소화조를 45℃ 이상 고온으로 유지해야 한다.
    ① 발열손실을 최소화할 필요가 있다.
    ② 산소 이용률을 높여 적은 송기량으로도 고온성 미생물의 산소 이용량을 만족시켜 주어야 한다.
    ③ 주입되는 슬러지의 고형물 농도를 높임
    ④ 처리수의 열(온도)을 회수하여 재이용

TPAD(Temperature – phased Anaerobic Digestion)

1. 개요

1) 혐기성 소화의 주요 목적인 폐슬러지 악취제거, 병원균 감소, 부피감량, 즉 슬러지의 안정화 공 정이다.

2) 그러나 혐기성 소화공정은 긴 체류시간, 낮은 처리효율 그리고 공정의 불안정성을 내포하고 있다.

3) 상기 중온혐기성 소화의 한계점을 극복하기 위하여 최근에는 생화학적 대사속도가 상대적으로 빠르고 병원균 사멸률이 높은 고온혐기성 소화에 대한 관심이 고조되고 있다.

4) 그러나 고온혐기성 소화는 공정의 안정성이 환경조건에 민감하며, 메탄수율이 중온혐기성 소화 에 비해 적고, 유출수의 수질이 나쁜 단점을 가지고 있다.

5) 따라서 기존 중온 및 고온혐기성 소화공정의 단점 보완이 필요한 실정이다.

2. 정의

1) TPAD는 고온 혐기성 소화와 중온 소화조를 직렬로 연결한 형태

2) 중온 혐기성 소화와 고온 혐기성 소화의 단점을 상호 보완 : 장점을 모두 활용

   ① 고온 혐기성 소화

      ㉮ 빠른 대사속도 활용

      ㉯ 높은 유기물 부하율에서 운전 가능(높은 유기물 분해율)

      ㉰ 병원균의 사멸률이 높음

   ② 중온 혐기성 소화

      ㉮ 높은 안정성

      ㉯ 우수한 유출수 수질 확보

3) 2상 소화조에서 가수분해 · 산 발효 반응과 메탄 발효 반응을 인위적으로 분리

   ① 2상 소화조에서 다른 두 미생물군을 각각 선택적으로 농축 · 성장

   ② 앞 단계에 산 발효조를 둠으로써 독성물질에 민감한 메탄 발효 반응에서의 완충효과를 상승

4) 2상 소화공정과의 차이점

   ① 2상 소화공정보다 상대적으로 높은 유기물 부하와 짧은 수리학적 체류시간을 가짐

   ② 가수분해와 산 발효를 담당했던 반응조가 고온 메탄 발효조로 대체 : 산 발효균과 메탄 발효 균과의 공생관계를 유지

5) 하수슬러지의 효율적인 혐기성 소화와 관련된 새로운 대안

3. 특징

1) 유입부하의 변동에 유동적으로 대처
2) 높은 소화율(유기물 감량)
   ① 후속 탈수공정의 부하저감
   ② 기존 중온소화 : 미소화된 슬러지는 주로 단백질 계통인 잔류 점액성의 물질함유로 탈수효율이 낮음
3) 동절기 메탄생성량 증가
4) 기존 고온소화조의 단점 보완
   ① 온도, 유기물 부하에 민감
   ② 유출수는 휘발성 지방산 농도가 높고 악취가 심함
5) 거품발생 현상 저감 : 고온소화조에서 생성되는 높은 VFA

→ 참/고/자/료

❍ 소화가스 생성을 위한 소화공법

구분	재래식 단상소화	중온 2상 소화	고온 2상 소화	CDS+단상소화
형태				
특성	• 산·메탄발효 단일소화조에서 반응 • 산·메탄발효 미생물 성장조건 미흡 • 잉여슬러지 소화 시 다량 거품 발생	• 유입슬러지 부하변동에 매우 강함 • 산·메탄발효 별도 소화조에서 반응 • 산·메탄발효 미생물 최적 성장조건 제공 • 고효율 소화방식으로 슬러지 감량 및 소화가스 발생량 극대화	• 산발효조, 메탄발효조 분리 • 산발효조 고온소화 (55℃) 적용 : 용량 감소, 효율증대	• Cavitation 효과에 의한 세포벽 파괴(가용화) • 잉여슬러지 30% 가용화에 의한 소화조 내 슬러지감량 효과 적음 • 후단 단상소화로 산·메탄 발효반응 최적화 어려움
소화일수	25일 이상	산발효조 2일, 메탄발효조 18.4일	10 ~ 15일	25일
VS 제거율	40%	58%	65% 이상	46%
소화가스 생성률	0.90m³/kgVSS	0.95m³/kgVSS		0.95m³/kgVSS
소화가스 발생량	12,376Nm³/일(일평균)	18,879Nm³/일(일평균)		14,235Nm³/일(일평균)
TSS감량	33%	46%		37%
CH₄/ 소화가스	60%	65%	65% 이상	60~65%

● S처리시설 소화가스 활용방안 검토(안)

구분	열병합발전+차량연료화(제안)	수소스테이션	열병합발전
계통도			
잉여가스량	18,879Nm³/일	18,879Nm³/일	18,879Nm³/일
에너지 생산량	• 열병합발전 : 2,611TOE/년 • 차량연료화 : 1,505TOE/년 (제안)	2,951TOE/년	3,731TOE/년
TOE당 판매단가	• 열병합발전 : 399,000원 • 차량연료 : 813,000원	–	399,000원
기술적 검토	• 기존차량 연료사업 연계 • 고부가가치 창출 • 소화가스량 불규칙시 능동적 대처	• 수소개질기 기술 발전시 적용가능 • 향후 수소차량 상용화시 적용	• 전기, 열원 수요처 확보 필요 • 발전가동 유지관리비 소요 • 에너지 효율 낮음

● 소화조 교반방식

구분	기계식 교반		가스 Draft Tube 교반	
개요				
	• 하이드로포일 교반기 → 축류흐름 • 슬러지 적체현상 해소 및 고농도 슬러지 교반능력 탁월 • 동력비 절감		튜브에 가스 공급 → Air Lift 교반	

Key Point +

115회 출제

혐기성 유동상

1. 개요

1) 부착성장시스템의 한 종류로서 미소 담체를 유동시켜 미생물과 유입수의 접촉면적을 극대화하여 처리효율을 증가시키고
2) 폐쇄, 단회로 등의 문제를 극복할 수 있으며
3) 저농도 유기성 폐수에 적용이 가능하다.
4) 이 방법은 혐기성 고정상의 단점인 공극의 폐쇄와 단회로, 압력강화를 방지하기 위하여 개발되었다.

2. 특징

2.1 장점

1) 짧은 수리학적 체류시간과 높은 부하율로 운전이 가능하다.
2) 미생물 체류시간을 적절히 조절하여 저농도 유기성 폐수처리도 가능하다.
3) 부유 미생물의 축적으로 인한 압력강하나 단회로 현상이 거의 없다.
4) 매질의 첨가나 제거가 쉽다.
5) 설치면적이 작고 고농도 폐수처리도 가능하다.

2.2 단점

1) 유출수 재순환이 필요하므로 공정이 복잡하다.
2) 매질의 가격이 비싸다.
3) 편류발생을 방지하기 위하여 유입수 분산장치가 필요하다.
4) 담체의 손실 방지를 위한 특수 장치가 필요하다.
5) 초기 운전시간이 길다.

소화조 준설

1. 소화조 준설 필요성

1) 슬러지 혐기성 소화조는 장기간 준설을 하지 않으면 소화조 하부의 토사 퇴적 및 상부 스컴이 단단한 층을 형성함에 따라 유효용적이 감소

2) 조 내부 고형물 및 침적물에 대한 준설을 시행하는 것이 추가시설 설치나 설비교체에 따른 효과를 향상

3) 소화조 준설작업 시 조 내부에 설치된 시설의 점검 및 보수작업을 시행할 수 있어 유지관리 측면에서도 반드시 필요

4) 준설 전후의 체류시간(소화일수)의 증가효과는 대략 40% 정도 증가

2. 소화조 준설 효과

1) 교반효과 상승
   ① 슬러지의 완전 혼합
   ② 소화조 운영의 안정성 향상

2) 침사물 제거
   ① 소화조 유효용적 증대
   ② 소화조 적정 체류일수 확보

3) 소화효율 향상

3. 소화조 준설 시 고려사항

소화조의 준설은 하수처리장 운영에 대한 영향뿐만 아니라, 작업 여건의 안전사고가 매우 우려되는 상황으로서 다음의 사항에 유의하면서 시행함

1) 공정에 미치는 영향 최소화 방안
   조내 축적 슬러지의 수처리 계통으로의 유입방지

2) 2차 오염 방지방안
   준설토의 처리

3) 안전사고 예방

 ① 가스폭발 및 질식사고 방지

 ② 안전장비 확보 및 안전교육 실시

4. 준설절차

1) 사전조사

 ① 사전 준설물량 조사

 ② 처리계획 수립

2) 장비설치 및 작업준비

 ① 소화조 가동 중지

 ② 장비설치 및 작업준비(안전교육)

3) 상등수 양수작업

 ① 양수펌프 설치

 ② 임시 가배수로 설치

4) 준설작업

 ① 소화조 슬러지 협잡물 및 토사류 제거

 ② 순수 슬러지는 탈수기로 이동

5) 장비해체

6) 준설토 및 슬러지 처분

슬러지 개량(슬러지 조정)

1. 서론

1) 유기성 슬러지의 직매립금지와 해양투기의 금지정책에 따라 슬러지의 감량화와 육상처리 및 자원화가 무엇보다 필요한 실정이다.

2) 슬러지는 유기물과 무기물의 복잡한 구조의 집합체로 탈수저항이 크기 때문에 탈수하기 전에 전처리로 슬러지의 탈수성을 증가시킬 필요가 있으며

3) 이를 위해 물리·화학적 방법을 이용하여 슬러지 내 입자의 안정성을 파괴하여 인위적으로 응결성을 증가시킬 필요가 있으며 이를 슬러지 개량이라 한다.

4) 슬러지의 특성상 1차 침전슬러지가 다른 슬러지에 비해 비교적 개량하기가 쉽지만

5) 슬러지 처리과정이 상당히 긴 슬러지의 경우 슬러지 개량 시 많은 약품이 소요되기 때문에 지나치게 긴 공정은 피하는 것이 좋으며

6) 처리장에서 발생되는 슬러지의 감량화와 탈수효율의 증대를 위해 발생슬러지의 특성에 적합한 개량과정이 반드시 필요한 실정이다.

2. 슬러지 개량의 목적

1) 슬러지 표면전하의 중화

2) 슬러지 입자 크기의 증대

3) **알칼리도 감소** : 응집제 주입량 감소

4) 슬러지 내부함수비 감소

5) 슬러지의 탈수효율 증대

3. 슬러지 개량 시 슬러지의 응집성을 최적화하기 위한 조건

1) 개량조에는 속도조절이 가능한 혼합기나 관내혼합기를 사용하여 개량된 슬러지의 전단력을 최소화

2) 슬러지와의 접촉기회를 향상시키기 위해 낮은 농도의 응집제를 사용

3) 각각의 탈수기에 여러 개의 고분자 응집제 주입구를 설치한다.

4) 약품주입량을 일정하게 유지하기 위하여 농축조나 탈수를 위한 약품개량조를 설치한다.

5) 발생된 Floc의 파괴를 방지하기 위하여 약품주입 위치를 가급적 탈수기와 가깝게 한다.

6) 약품주입을 일정하게 유지하기 위해 슬러지를 균일화시킨다.

4. 개량방법

4.1 세정

1) 목적

① 소화슬러지는 물과의 친화도가 높고 알칼리도가 2,000~3,000(5,000)mg/L 정도로 높아 탈수
  시 탈수케이크의 함수율이 높아지고 탈수약품이 많이 소모

② 소화슬러지에 세정수를 첨가하여 알칼리도를 희석

  알칼리도 2,000~3,000 → 400~600mg/L로 유지

③ 소화슬러지를 세정하면 슬러지 내의 미세한 기포가 제거되어 부력감소로 탈수성 증대

④ 세정 시 미세입자를 제거

  ㉮ 탈수효율 향상

  ㉯ 여포의 막힘을 방지

2) 세정방법

소화슬러지는 통상 하수처리장의 처리수로 세정하며 세정수량은 다음과 같이 산정한다.

세정 후 알칼리도와 세정수량의 관계

$$A_{eff} = \frac{A_{in} + R \cdot A_w}{1 + R} (\mathrm{mg/L})$$

여기서, A_{eff} : 세정 후 알칼리도(통상 400~600mg/L)

A_{in} : 세정 전 알칼리도

A_w : 세정에 사용하는 물의 알칼리도

R : 세정수량/오니량

※ 세정조의 고형물 부하 : 60~90kg/m² · 일

4.2 약품처리

1) 목적

① 물과의 친화력 감소

② 응집력의 증가

③ 입자의 대형화(가교작용)하여 슬러지의 비저항을 감소

④ 탈수효율 향상

2) 기존에는 염화제2철과 석회가 많이 사용되었으나 최근에는 유기고분자응집제의 사용이 증가

3) 약품의 사용순서에 따라서도 개량의 차이가 발생

석회 사용 이전에 염화철을 주입하면 개량성이 다소 증가

4) 유기성 슬러지 : 철염과 석회를 동시에 사용함이 바람직

5) 친수성 수산화기 슬러지 : 석회만을 첨가하여도 충분히 탈수성 향상

6) 탈수 시 : 고분자응집제와 석회를 첨가할 경우 탈수성 증가

7) 약품처리를 할 경우 효과적인 방법으로 약품의 종류별 주기적인 교체 필요

한 가지 약품 사용 시 미세한 입자들이 특정약품으로 제거가 안 될 경우가 발생

4.3 열처리

1) 친수성 콜로이드로 형성된 슬러지를 130℃ 이상(130~220℃)으로 열처리하면 세포막의 파괴 및 유기물의 구조변경이 일어나 탈수성 개선
2) 실제 처리장에서는 열처리 설비의 단독 운영보다는 슬러지 소각시설이 설치된 경우 회수열을 이용하면 경제적
3) 장점
    ① 약품첨가에 의한 슬러지량의 증가가 없음
    ② 탈수케이크 중 미생물이 사멸되어 슬러지 퇴비화 등에 유효이용 가능
4) 단점
    ① 상등수의 수질이 나쁘면 가열 중 악취가 나는 경우가 발생
    ② 연료의 소모가 많아 운전비가 고가

4.4 동결융해법

1) 슬러지 내 포함된 고형물은 적당한 동결과정을 거쳐 물과 고형물로 분리가 가능
2) 동결 후 동결된 고형물을 녹이면 슬러지의 경우 탈수성이 증가하고 안정화
3) 동결온도 범위 : -10~-20,℃
4) 동결시간 : 1~4시간 정도
5) 슬러지 탈수성 향상에서는 효과적이나 에너지 소요가 크고 설비의 유지관리비가 비싸 경제적인 면에서 실제로 적용하기는 어렵다.

4.5 기타

1) 소각재(Fly ash) 첨가
    ① 탈수성 증대
    ② 함수율 감소
    ③ 응결핵으로 작용
    ④ 슬러지 발생량 증가

2) 초음파 처리
   Zeta Potential의 평형을 파괴하여 응집효율을 향상

3) 오존주입
   슬러지에 오존을 주입하여 슬러지량을 직접적으로 감소

5. 결론

1) 전술한 바와 같이 유기성 슬러지의 직매립금지와 함께 해양투기금지정책에 따른 대책이 무엇보다 필요
   ① 슬러지의 육상처리
   ② 슬러지의 감량화
   ③ 슬러지의 자원화
   ④ 슬러지의 광역처리

2) 따라서, 우선 슬러지의 육상화, 즉 처리장 내 처리의 원칙하에 슬러지의 감량화가 우선적으로 실시되어야 하며
   ① 고온호기성균 이용
   ② 금속밀의 마찰력, 마찰열
   ③ 오존처리
   ④ 초음파 처리
   ⑤ 용균성 산화제 등

3) 발생되는 슬러지 특히 고도처리를 실시하는 슬러지의 경우 긴 체류시간으로 인해 영양염류의 재용출이 우려되므로 1차침전지 슬러지와 잉여오니의 분리농축에 따른 슬러지 처리가 필요하다.

4) 필요에 따라서는 기계적 농축 후 바로 응집제를 첨가하여 탈수하는 방법도 필요하다.

5) 이상과 같이 슬러지 개량의 경우 슬러지 탈수성의 향상을 위한 목적을 위한 대책에서 처리방법별 슬러지의 특성과 자원화 및 감량화 대책과 연계하여 적합한 방법을 모색할 필요가 있다.

슬러지 탈수

1. 서론

1) 2001년 유기성 슬러지의 직매립금지와 향후 실시될 해양투기금지정책에 따라 슬러지의 감량화와 자원화가 필요한 실정이다.

2) 특히, 지자체별로 직매립금지 이후 쉽게 처리할 수 있는 해양투기가 증가한 실정이다.

3) 따라서 처리장에서 발생하는 슬러지의 적정 처리를 위해서는 해양투기금지정책에 따른 육상처리 또는 처리장 내에서의 처리와

4) 슬러지 감량화와 이를 바탕으로 슬러지 자원화에 대한 대책이 필요한 실정이다.

5) 이를 위해 기존 처리장의 경우 우선적으로 슬러지 탈수를 비롯한 전형적인 슬러지처리시스템의 처리효율 향상이 필요하며

6) 경우에 따라서는 슬러지 감량화 설비의 구축이 필요하다.

7) 따라서 우선적으로는 기존시설을 활용한 탈수효율의 증대 대책의 수립과 함께 슬러지 감량화 기술의 도입이 필요하다.

2. 탈수의 목적

1) 슬러지의 함수율을 감소 → 부피 감소 → 최종 처분 시 취급 및 처리를 용이

2) 슬러지 처리비용 감소

3) 소각 시 발열량 증가 : 보조연료의 사용량 절감

4) 소각, 건조, 퇴비화 등 후처리시설의 용량과 처리비를 절감

3. 탈수기의 선정조건

1) 응집제 등 약품사용 여부, 동력소모 등 경제성 검토

2) 유지관리의 난이도

3) 최종처분장의 입지조건 및 제약조건 등을 감안하여 산정

4) 슬러지 감량화 시설, 소각시설 및 자원화 시설과의 연계성 확보여부

4. 종류

1) 자연건조법

2) **기계식 탈수법** : 진공탈수기, 가압탈수기, 원심탈수기, 스크류탈수기, 여과포탈수기

5. 감압탈수기(진공여과 : Vacuum Filter)

5.1 개요

1) 미세기공의 여과포로 둘러싸인 원통의 약 1/2을 슬러지에 담그고
2) 원통 내부에 진공을 걸어주고 서서히 회전시키면 원통 외부에 부착된 슬러지의 수분이 흡인되면서 탈수되고
3) 탈수된 슬러지는 스크레이퍼로 제거하는 방식
4) **탈수효율 인자** : 슬러지의 응집특성, 원통의 진공압력, 회전속도

5.2 장점

1) 구조 및 운전조작이 간단하다.
2) 기계하중을 받은 부분이 적다.
3) 슬러지 상태를 보면서 운전이 가능하다.
4) 회전수를 변화시켜 Cake의 함수율 조정이 가능
5) 전자동화 가능
6) 탈수케이크의 함수율이 비교적 낮음
7) 일차 슬러지나 소화슬러지의 탈수에 모두 적용 가능

5.3 단점

1) 설치면석이 크고 취기 발생 및 보수공간이 크다.
2) 여포교환이 필요
3) 여포세정수가 많이 소요
4) 보조기기가 많고 사용전력이 많이 소요
5) 외형치수가 크다.
6) 근래에는 사용실적이 크게 감소

6. 가압탈수(Filter Press)

6.1 개요

1) 여실의 여포 사이에 슬러지를 투입시켜 채운 후 유압실린더에 의해 탈수판을 가압하여 탈수하는 방법
2) 생슬러지의 탈수에 유리하며 소화슬러지는 전처리가 필요
3) 최근 함수율 저하 목적으로 적용이 증가하는 추세

6.2 장점

1) 함수율(60~70%)이 낮고 고형물 회수율이 높다.
2) 배출 Cake 양이 적다.
3) Cake 함수율의 조정이 가능
4) 전자동이 가능
5) 소음이 적다.
6) 세척수량이 적다.

6.3 단점

1) 설치면적이 크다.
2) 기계중량이 많다.
3) 보조기기가 많다.
4) 여포의 교환이 필요
5) 슬러지 공급이 고압상태이므로 펌프의 고장이 잦다.
6) Cake 발생이 Batch식
7) 슬러지와 약품의 혼합이 어렵다.
8) 소석회에 의해 여포가 막힐 우려가 있다.
9) 가격이 고가
10) 소석회, 염화제2철 등 무기응집제를 사용하여 응집제 사용량이 많음

7. 여과포 탈수기(Belt Press)

7.1 개요

1) 벨트와 롤러를 이용하여 압력을 가하는 방식으로
2) 여포를 연속으로 이동시키면서 슬러지를 주입하면 응결물 사이의 간극수가 중력에 의해 탈수된 후
3) 이동된 슬러지는 상하의 여포압축에 의해 탈수된다.

7.2 단계

1) 1단계 : 화학적 개량단계
   혼합장치에 의하여 슬러지에 고분자응집제를 주입하여 슬러지를 개량한다.
2) 2단계 : 중력에 의한 배수단계
   여포를 계속 이동시키면서 여포 위에 고분자 응집제를 첨가한 슬러지를 공급하면 중력에 의해 탈수
3) 3단계 : 이 슬러지를 이동시키면서 상하의 여포압력에 의하여 탈수

7.3 장점

1) 운전이 간단하고 유지관리가 용이
2) Cake의 함수율이 낮고 안정적
3) 피로를 받는 부분이 적다.
4) 동력비가 적게 소요
5) 주로 건물 내에 설치, 밀폐형으로 취기대책이 쉽다.
6) 유기고분자 응집제를 사용하며 약품주입률이 적어 약품비가 저렴
7) 대당 처리용량이 커서 대규모 처리장의 탈수기로 경제성이 큼
8) 사용실적이 많음

7.4 단점

1) 여포의 교환이 필요
2) 약품사용에 의한 약품비 필요
3) 여포세정수가 많이 필요
4) 슬러지 성상에 따라 운전결과가 상이하므로 개량은 필수적

8. 원심탈수기(Screw Decanter)

8.1 개요

슬러지에 약품을 첨가하여 중력가속도의 2,000~3,000G 정도의 원심력으로 회전시켜 탈수슬러지를 배출시키는 방법

8.2 장점

1) 구조가 간단하고 운전 및 유지관리가 편리
2) 자동화 용이
3) 고형물의 회수율이 양호
4) 고농도 농축 가능
5) 설치면적이 적게 소요
6) 밀폐식으로 악취발생이 적음
7) 세척수량이 적음
8) 슬러지와 약품의 혼합이 용이

8.3 단점

1) 고속회전으로 인한 내부 스크류의 마모로 주기적인 오버홀이 필요
2) 동력비가 많이 소요
3) 여과포 탈수기에 비하여 유기고분자응집제 주입률이 높아 탈수약품의 사용량이 증가

9. 탈수기의 비교

1) 탈수효율 : Cake 농도

Filter Press > Belt Press > 원심탈수기 > Vacuum Filter

2) 소화시킨 슬러지의 탈수

Cake 내의 고형물 함량은 2차 슬러지가 많이 포함될수록 감소한다.

3) 약품소요량

Filter Press > Vacuum Filter > Belt Press > 원심탈수기

4) 에너지 소요

원심탈수기 > Vacuum Filter, Filter Press > Belt Press

10. 결론

1) 슬러지의 함수율을 감소시켜 취급의 용이성, 슬러지의 자원화 및 감량화를 위해 슬러지 탈수가 필요하다.

2) 고도처리과정에서 발생된 슬러지의 경우 영양염류(N, P)를 고농도로 함유하기 때문에 적절한 슬러지 처리대책이 필요하며

3) 각 처리장에서 탈수기를 선정할 경우 BFT, Filter Leaf Test, CST 측정을 실시하여 주입할 응집제의 종류 및 주입량, 탈수방법 및 탈수기를 선정할 필요가 있다.

4) 또한 슬러지의 감량화, 자원화 대책과 연계와 가능한 슬러지 탈수기의 선정이 필요하며

5) 최근 법적 규제에 따른 함수율 문제로 인해 Filter Press, 원심탈수기 등의 도입을 적극적으로 검토할 필요가 있다.

6) 무엇보다 중요한 것은 유기성 슬러지의 직매립금지와 해양투기의 금지 정책에 따라 각 처리장별로 슬러지의 육상처리, 슬러지 감량화 대책과 슬러지 자원화 계획을 장기적으로 수립할 필요가 있다.

7) 농축 · 탈수기도 경제성 등을 고려하여 검토가 필요함

[Filter – press]

[Belt – press]

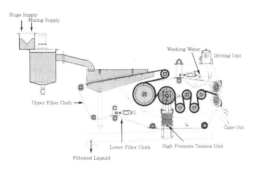

[Filter – press의 구조]

[원심탈수기]

[다중원판 농축 · 탈수기]

● 처리방식에 따른 탈수케이크 함수율 검토

구분		기계농축 + 탈수			직탈수			
처리시설		연천군 신서	음성군 금왕	양평군 양평	광주시 광동	광주시 경안	경주시 경주	옥천군 이원
함수율 (%)	설계	80	75	75±3	80	78	75	75
	운영	74.5	74.3	77.1	81.5	82.5	86.4	81.4
검토결과		기계농축 + 탈수 방식의 경우 함수율 78% 이하로 운전가능하나 직탈수의 경우는 대부분의 하수종말처리시설에서 78%를 초과하여 운영됨						

주) '05 하수종말처리장 고도처리시설 실태점검결과(2006. 2, 환경관리공단)

● 슬러지 처리시설 비교 · 검토

구분	기계농축 + 탈수	직탈수
공정개요	잉여슬러지와 약품슬러지를 혼합하여 기계농축 후 탈수 처리	잉여슬러지와 약품슬러지를 혼합하여 기계농축을 하지 않고 직탈수 처리
장단점	• 기계농축으로 슬러지 함수율을 조정한 후 탈수기로 유입되어 탈수효율 향상 • 공정이 추가되어 유지관리 다소 불리	• 슬러지 농축설비 생략으로 슬러지 함수율 보증(78%) 어려움 • 농축이 생략되어 유지관리 단순

Key Point +

• 73회, 82회, 92회, 96회, 131회 출제
• 슬러지 자원화, 감량화에 비하여 출제 빈도는 다소 낮으나 탈수기의 원리와 특징의 숙지는 필요함
• 25점 문제로 출제될 경우 보다 간략히 하여 총 4page 분량의 답안으로 기술할 필요가 있으며 향후 변화는 정책에 대한 슬러지 대책을 탈수와 연관지어 기술할 필요가 있음

슬러지 탈수, 탈수효율 향상방안

1. 개요

1) 슬러지의 함수율이 높으면 부피 증가, 취급 불편, 소각 시 보조연료 사용량 증가, 소각, 건조, 퇴비화 등 후속시설 용량 및 처리비 증가

2) 함수율 96~98%의 슬러지를 80%로 탈수 시 부피 1/5~1/10로 감소

2. 탈수기 종류별 비교

항목	가압탈수기		벨트프레스탈수기	원심탈수기
	Filter Press	Screw Press		
유입슬러지 고형물농도	2~3%	0.4~0.8%	2~3%	0.8~2%
케이크 함수율	55~65%	60~80%	76~83%	75~80%
용량	3~5kgDS/m² · h	−	100~150kgDS/m · h	1~150m³/h
소요면적	많다.	적다.	보통	적다.
약품주입률 (고형물당)	Ca(OH)₂ : 25~40% FeCl₃ : 7~12%	고분자응집제 : 1% FeCl₃ : 10%	고분자응집제 0.5~0.8%	고분자응집제 1% 정도
세척수	수량 : 보통 수압 : 6~8kg/cm²	보통	수량 : 많다. 수압 : 3~5kg/cm²	적다.
케이크의 반출	사이클마다 여포시 개방과 여포 이동에 따라 반출	Screw 가압에 의해 연속 반출	여포의 이동에 의한 연속 반출	스크류에 의한 연속 반출
소음	보통(간헐적)	적다.	적다.	보토 (패키지 포함)
동력	많다.	적다.	적다.	많다.
부대장치	많다.	많다.	많다.	적다.
소모품	보통	많다.	적다.	적다.

3. 탈수효율 향상방안

3.1 소화조 효율 개선

1) 소화율 증가 시 탈수성 향상 : VS/TS 저감

2) 슬러지 가용화 → 소화율 증대

3.2 적정 응집제 주입량 산정

CST, BFT 등을 통해 적정 응집제 및 주입량 산정 → 슬러지 함수율 감소

3.3 응집제 자동용해시설 설치

1) 유기고분자 응집제 점성 높음 → 용해율 향상 필요

2) 탈수효율 향상, 응집제 사용량 감소

3.4 탈수기 적정 유지관리

1) 정기적 여과포 교체

2) 적정 여과포 속도 및 압력 유지

3.5 슬러지 개량

1) 슬러지 세정 : 미세입자 침전·제거, 가스방울 제거 → 탈수성 증가

2) 약품처리 : 응집제 주입 → 입자 대형화 → 탈수효율 증가

3) 열처리 : 130℃ 이상으로 가열 → 세포막 파괴 → 탈수성 향상

4) 동결 융해법 : 에너지 소모가 커 실제 적용 곤란

5) 소각재(Fly Ash) 첨가 : 슬러지 발생량 증가

6) 초음파, 오존 주입 등

4. 제안사항

1) 일반적으로 대규모하수처리장에는 벨트프레스탈수기가 경제성이 있으나, 중소규모의 경우 소요면적이 작은 점, 악취발생이 적은 점, 세척수량이 적은 점 등의 이유로 원심탈수기가 많이 적용되고 있음

2) 하수처리장에서 Filter Press를 운전해 본 결과, 여포 세척이 용이하지 않아 설계치보다 세척수량이 증가한 바 있음. 따라서 탈수기 선정 시 세척수량이 적은 원심탈수기 적용을 검토할 필요가 있음

3) 탈수기 선정 시에는 BFT, Filter Leaf Test, CST 측정을 실시하여 주입할 응집제 종류 및 양, 탈수 방법 등을 검토하는 것이 바람직함

4) 최근 함수율을 60%까지 낮출 수 있는 전기탈수기가 개발되어 있음. 슬러지 최종 처분 시 부피를 줄이기 위해 일반기계식 탈수 후 전기탈수기를 적용하는 방안 검토 필요

Key Point ✦
115회, 116회 출제

탈수슬러지 함수율 저감방안

1. 소화조 적정 운영

1) 탈수슬러지의 함수율을 저감시키려면 소화슬러지의 성상과 탈수슬러지 함수율의 상호관계를 검토하여 탈수성이 양호한 소화슬러지가 생산되도록 소화조를 운영하여야 한다.

2) 소화슬러지의 TS 농도와 탈수슬러지의 함수율

소화된 슬러지의 고형물 농도가 상승하면 탈수슬러지의 함수율은 오히려 감소하므로 소화된 슬러지의 고형물 농도를 상승시켜야 한다.

3) 소화된 슬러지의 VS 농도와 탈수슬러지 함수율

소화된 슬러지의 VS 농도 증가는 탈수슬러지의 함수율을 상승시키므로 소화효율을 상승시켜 VS 농도를 감소시켜야 한다.

4) 소화슬러지 알칼리도와 탈수슬러지 함수율

① 소화슬러지의 알칼리도가 상승하면 응집제 소요량이 증가하고

② 탈수슬러지의 함수율이 상승하므로 소화슬러지의 알칼리도를 적절히 유지하여야 한다.

2. 응집제 선정

1) CST, 비저항 측정 등을 통하여 슬러지의 계절별 성상에 적합한 탈수약품을 선정하고

2) 탈수약품주입률을 최적화하면 탈수슬러지의 함수율이 감소한다.

3. 응집제 자동용해시설의 설치

유기고분자 응집제는 점성이 높아 용해작업이 어려우므로 응집제 자동용해시설을 설치하여 응집제의 용해율 향상이 필요. 탈수효율이 향상되고 응집제의 사용량이 감소

4. 탈수기의 적절한 유지관리

탈수기의 정기적인 Overhaul, 여과포의 교체, 탈수기 여과포의 적정한 속도와 압력의 유지 등 탈수기를 최적의 상태로 유지하고 관리

Key Point   ❋

115회, 116회 출제

벨트프레스 탈수기

1. 유효여과포 폭

탈수기 1대당 유효여과포 폭은 1m, 1.5m, 2m, 2.5m, 3.0m를 표준으로 하고, 필요 벨트 폭은 다음 식에 의한다.

$$W = \frac{Q \times 10^3}{V \times t}$$

여기서, W : 필요 벨트 폭(m), Q : 탈수기 투입고형물량(ton/day)
R : 여과속도(kg/m · hr), t : 운전시간(hr/day)

2. 여과속도

$$V = \left(1 - \frac{W}{100}\right) \times \frac{Q}{A} \times 10^3$$

여기서, V : 여과속도(kg/m · hr), W : 슬러지의 함수율(%)
Q : 슬러지량(m³/hr), A : 유효여과포 폭(m)

3. 구동장치 및 전동기 출력

1) 여과포 구동장치는 유성치차방식 또는 유성콘방식의 변속기능을 갖는 감속기부착 전동기에 구동용 롤러에 직접 연결, 스프라켓, 체인 등에 연결하여 회전수를 무단변속이 가능한 것으로 검토한다.

2) 변속범위는 여과포 주행속도 0.2m/min 이상으로 Belt Press의 성능이 충분히 만족될 수 있는 범위에서 적절히 변속할 수 있는 것으로 한다.

3) 전동기 출력은 본체 및 응집장치 등을 범위로 하고, 여과포 긴장장치(공압, 유압)의 동력은 포함하지 않는 것으로 한다.

4. 여과포 세정

1) 여과포 세정수량은 여과포 폭 1m당 100~150L/min을 표준으로 한다.

2) 여과포의 세정압력은 일반형은 3~4kg/cm², 고압형은 5~6kg/cm²를 표준으로 한다.

5. 슬러지 공급펌프

1) 탈수기 1대에 대해서 펌프를 1대 설치하고 탈수기 2대 또는 3대에 대해서 공통예비를 1대 설치한다.

2) 슬러지 공급펌프 용량

$$Q = \frac{V \times W}{60} \times \frac{100}{C} \times K$$

여기서, Q : 슬러지 공급펌프 1대당 토출량(L/min)
V : 여과속도(kg/m · hr)
W : 벨트 폭(m)
C : 투입슬러지 농도(%)
K : 계수(가변범위) 0.5~1.5

6. 약품주입률

1) 응집제는 원칙적으로 고분자응집제로 한다.

2) 약품은 응집테스트, 탈수테스트 등으로 확인하고 약품용해농도는 약품의 특성과 슬러지성상에 따라서 결정한다.

3) 용해농도를 낮게 설정하면 약품용해탱크의 용량이 커지고, 약품주입량이 커지므로 0.2% 정도 이하로 하는 것을 표준으로 한다.

4) 약품용해수도 모래여과수 등을 사용하는 경우는 2자적으로 상수도 사용가능한 배관설치를 검토한다.

7. 약품공급펌프

1) 펌프형식은 원칙적으로 일축나사식 정량펌프, 다이어프램펌프, 용적형 트윈펌프로 하고, Belt Press 1대마다 설치하는 것으로 한다.

2) 슬러지성상의 변화에 약품주입량의 변동을 고려하여 50~150%까지 가변속으로 주입 가능하도록 고려한다.

$$Q = \frac{R \cdot C_s \times Q_s}{100 \times C} \times \frac{1}{60} \times K$$

여기서, Q : 약액공급펌프 1대당의 용량(m³/min)
Q_s : 탈수기 1대당의 처리량(m³/hr)
C_s : 슬러지 농도(%)
C : 약품용액 농도(%)
R : 약품주입률(%)
K : 계수(가변범위) 0.5~1.5

8. 케이크 수송장치

1) 수송장치는 크게 Belt Conveyors, Screw Conveyors, Pumps 등이 있으며, 슬러지 형태 및 양 등을 고려하여 적합한 수송장치를 사용하도록 한다.

2) 벨트는 수평벨트를 표준으로 하고 벨트 폭은 40~90cm 정도로 한다.

3) 벨트컨베이어의 기울기는 슬러지 케이크의 성상에 따라 다르나 벨트에서 미끄러지지 않도록 20° 이하로 하며, 케이크의 낙하방지를 위해 컨베이어 밑에 탈수케이크 낙하방지 트랩을 설치하도록 하고 세척장치를 하도록 한다.

9. 기타

Belt Press 자체와 탈수기실 전체에 대하여 악취방지대책을 수립하도록 한다.

Key Point +

115회, 116회 출제

원심탈수기

1. 원심탈수기

횡형연속식 원심탈수기를 표준으로 한다.

2. 처리용량

$$Q = \frac{100 \times q}{C \times t}$$

여기서, Q : 처리슬러지량(m^3/hr), q : 탈수기 투입고형물량(ton/d)
C : 투입슬러지 농도(%), t : 탈수기 운전시간(hr/d)

3. 슬러지 공급펌프

1) 설치대수는 기계식 원심농축/탈수기 1대에 대해서 원칙적으로 펌프 1대를 설치하는 것으로 한다.
2) 펌프토출량은 기계식 원심농축/탈수기 1대에 대한 처리량의 50%～150%까지 가변 가능한 양을 정한다.
3) 슬러지 공급펌프 용량

$$Q_s = K \times Q \times \frac{1}{60}$$

여기서, Q_s : 슬러지 공급펌프 1대당의 용량(m^3/min)
Q : 탈수기의 처리량(m^3/hr)
K : 계수(가변범위) 0.5~1.5

4. 약품주입률

1) 응집제는 원칙적으로 고분자응집제로 한다.
2) 약품은 응집테스트, 탈수테스트 등으로 확인하고 약품용해농도는 약품의 특성과 슬러지성상에 따라서 결정한다.
3) 용해농도를 낮게 설정하면 약품용해탱크의 용량이 커지고, 약품주입량이 커지므로 0.2% 정도 이하로 하는 것을 표준으로 한다.
4) 약품용해수로 모래여과수 등을 사용하는 경우는 2차적으로 상수도에 사용가능한 배관설치를 검토한다.

5. 약품공급펌프

1) 펌프형식은 원칙적으로 일축나사식 정량펌프, 다이어프램펌프로 하고, Belt Press 1대마다 설치하는 것으로 한다.

2) 슬러지성상의 변화에 약품주입량의 변동을 고려하여 50~150%까지 가변속으로 주입 가능하도록 고려한다.

3) 약품공급펌프 용량

$$Q = \frac{R \cdot C_s \times Q_s}{100 \times C} \times \frac{1}{60} \times K$$

여기서, Q : 약액공급펌프 1대당의 용량(m^3/min)

Q_s : 탈수기 1대당의 처리량(m^3/hr)

C_s : 슬러지 농도(%)

C : 약품용액농도(%)

R : 약품주입률(%)

K : 계수(가변범위) 0.5~1.5

Key Point

115회, 116회 출제

탈수시험법

1. 목적

슬러지의 탈수를 위한 응집제 종류 및 주입량, 슬러지 비저항계수, 압축성 등을 측정하여 탈수방법 및 탈수기를 선정하는 데 그 목적이 있다.

2. 종류

1) Bucher Funnel Test(BFT) : 비저항 계수를 측정
2) Filter Leaf Test : 진공여과기의 운전자료를 제공
3) CST(Capillary Suction Time) : 응집제 주입량 결정을 위한 모세관 흡입시간을 측정

3. Filter Leaf Test

1) 진공여과 시 약품소요량, 탈수시간, 드럼의 소요수심 및 흡입력의 결정에 사용
2) 숙련된 기술과 시간이 소요

4. Bucher Funnel Test(BFT)

1) 비저항계수 측정에 사용
2) 슬러지의 여과비저항 측정 : 슬러지의 탈수성을 나타내는 지표
3) 액체의 점성이 일정한 경우 여과면적에 있어 단위건조고형물 중량의 Cake를 투과하는 물이 단위유속을 가지게 하는 데 필요한 압력으로 정의
4) 숙련된 기술과 시간이 소요

$$L_f = \sqrt{\frac{2PC}{\mu r t_f}}$$

여기서, L_f : 슬러지 여과속도(kg 건조고형물/m² 여포면적 · hr)

P : 진공압력(kg/m²)

C : 단위여과액당 슬러지케이크의 단위중량(kg/m³)

μ : 여과액의 점성계수(kg · hr/m²)

r : 슬러지케이크의 비저항계수(m/kg)

t_f : 고형물 흡착시간(hr)

5. CST(Capillary Suction Time)

1) 여과지 위에 슬러지를 놓고 모세관 흡입압력에 의해 여액을 얻는 데 걸리는 시간을 측정하여 슬러지의 탈수능(약품종류, 약품량)을 평가하는 시험

2) 약품이 첨가된 슬러지 시료를 여과지를 통하여 중력과 모세관 흡입압력으로 여과한다.

3) CST는 슬러지의 여액이 모세관 흡입현상으로 흘러나와 10mm 이동하는 시간으로 정의

4) 시간이 짧을수록 탈수가 잘되는 것을 의미한다.

6. CST의 특징

1) 실험방법이 간단하고 측정시간이 짧다.

2) 비저항계수와 상관관계가 높다.

3) 슬러지의 여과능력이나 탈수능력(약품종류, 약품량)을 결정할 수 있다.

4) 같은 슬러지에 대해서는 거의 같은 값을 나타낸다.

5) 실험의 결과에 신뢰성이 있다.

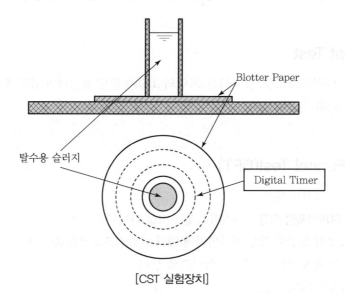

[CST 실험장치]

Key Point

- 89회, 131회 출제
- 상기 문제는 향후에도 출제 빈도가 높은 문제이므로 각 실험의 명칭과 원리를 숙지하시고 특히, CST의 특징에 대해서는 필히 숙지하기 바람

슬러지건조의 평형함수율

1. 개요

1) 슬러지건조는 녹·농지 이용, 소각·용융처리 시 함수율 조절을 위해 실시

2) 평형함수율이란 슬러지 건조 종료시점에서 함수율이 평형에 도달한 때의 함수율을 말함

3) 응집제 종류, 슬러지 특성에 따라 상이

4) 목표함수율 설정 자료로 활용

2. 슬러지 건조과정

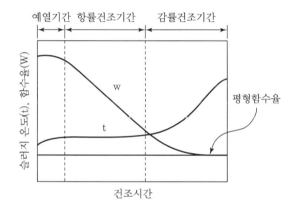

1) 예열기간

2) **항률건조기간** : 함수율이 직선적으로 감소하고, 온도가 일정한 기간

3) **감률건조기간** : 함수율 감소비율이 완만하고, 평형함수율에 도달

4) **한계함수율** : 항률건조기간에서 감률건조기간으로 변화하는 점(25~40%)

5) **평형함수율** : 감률긴조기긴의 종료시점에서 평형에 도달한 함수율

3. 건조방식

1) **직접가열** : 교반기부착 열풍회전건조기, 기류건조기

2) **간접가열** : 교반구형 건조기

4. 제안사항

1) 건조에 소요되는 에너지를 저감하기 위해서 탈수기의 효율을 높일 필요가 있음
2) 건조 시 함수율이 낮은 경우 착화연소에 주의해야 함

Key Point ✦

• 110회, 129회 출제
• 최근 하수슬러지의 해역배출 금지에 따라 건조연료화 사업이 증가하고 있어 향후 건조 관련 문제가 자주 출제될 것으로 예상됨

슬러지 퇴비화(Ⅰ)

1. 서론

1) 슬러지 퇴비화는 슬러지 처분방법의 일종으로

2) 2003년 1월부터 유기성 슬러지의 직매립금지 이후부터 처리공정에서 발생되는 슬러지 처분의 필요성이 대두

3) 특히 지자체의 경우 쉽고 값싸게 처리할 수 있는 해양투기가 증가하고 있는 실정

4) 또한 고도처리공정에서 발생되는 슬러지의 경우 영양염류(N, P)를 고농도로 함유하고 있기 때문에 적절한 감량화와 처리가 이루어지지 않으면 2차 오염을 유발할 가능성도 있다.

5) 향후 유기성 슬러지의 직매립금지(시행)와 더불어 해양투기도 불가능(2011년 이후)하기 때문에

6) 슬러지의 감량화 및 슬러지의 육상처리와 더불어 슬러지의 퇴비화와 같은 자원화 방안이 절실히 필요한 실정이다.

2. 슬러지 자원화의 분류

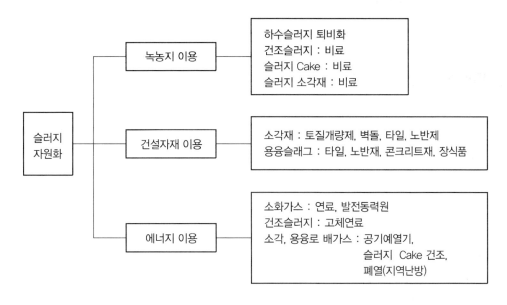

3. 슬러지 퇴비화의 특징

3.1 장점

   1) 영양염류 환원 및 토지개량제 역할

   2) 모래가 많은 흙에 수분함량과 수분 보유력 증대

   3) 토양의 단립조직을 증대

   4) 점토성분이 많은 경우에는 투수율 증대

   5) 토양 내 미생물의 수 증가

   6) 토양 내의 딱딱한 껍질형성 감소

3.2 단점

   1) 퇴비 운반비용의 과다

   2) 퇴비 내 분해성 유기화학물질이나 병원균 또는 중금속으로 인한 위해 우려

   3) 퇴비생산과정에서 질소질 유실 우려

   4) 원료분리수집 곤란

      ① 슬러지 및 폐기물은 크기, 수분, 영양염류 등 성분이 불균등

      ② 유해물질, 퇴비불가능물질의 혼입

   5) 소비확대를 위한 적극적 지원이 필요

   6) 소각이나 위생매립에 비해 생산비가 고가

   7) 악취발생 우려

4. 퇴비화 시설 운영(설계)인자

   1) 유해물질

     유해물질은 퇴비화 시 오염을 유발하고 미생물 활동을 억제하며 퇴비화 진행을 불가능하게 한다.

   2) 입도조건

      ① 최적입도 : 20~50mm

      ② 퇴비화에 필요한 공기통기능력과 비표면적 증가를 위해 입도조절이 필요하다.

      ③ 주퇴비화 공정 이전에 적절히 입도를 조절한다.

   3) 수분함량

      ① 최소수분함량 : 40%

        너무 낮으면 미생물 활동이 정지

      ② 최적수분함량 : 60%

        ㉮ 수분함량이 높을 때 : 부패, 악취 발생

        ㉯ 슬러지의 수분함량이 너무 높으면 : Bulking Agent를 섞는다.

4) 온도

　① 55～65℃ 유지가 필요

　　㉮ 병원균을 사멸시킬 수 있음

　　㉯ 수분을 증발시켜 자체적으로 수분함량이 조절

　② 80℃ 이상으로는 운전하지 않는 것이 좋다.

　③ 퇴비 내의 위치에 따라 온도가 다르며 수분함량, 공기사용량 및 외부기온 등에 따라 온도가 다르다.

5) pH

　① 미생물 활성도 유지 및 악취발생 최소화가 목적이다.

　② 박테리아 : pH 6.0～7.5, Fungi : pH 5.5～8.0

　③ 석회를 주입한 슬러지의 pH는 일반적으로 높은데 이 경우에는 질소가 암모니아 형태로 대기 중에 유실

　　초기 pH 3.5～5.5, 후반기 pH 6～8 유지하여 질소분을 고정한다.

6) C/N비

　① 최적 C/N비 : 25～35

　② C/N비 20 이하

　　㉮ 탄소원이 부족하여 퇴비화가 어렵다.

　　㉯ 퇴비화 중 질소분이 유실

　③ C/N비 80 이상

　　㉮ 질소결핍으로 미생물 증식이 어려워 퇴비화가 곤란

　　㉯ 퇴비화 기간이 오래 걸린다.

7) 공기공급

　① 목적 : 미생물 활성조절, 온도제어, 호기성 조건 제공

　② 슬러지 체적당 약 5～15%의 산소를 공급하는 것이 좋다.

　　㉮ 15% 이상 : 냉각작용에 의해서 온도가 저하

　　㉯ 0.5% 이하 : 혐기성 상태가 된다.

　③ 공극률은 20% 정도 유지하는 것이 좋다.

8) 교반/혼합

　통기력 확보를 위해 주퇴비화 시 1～9회/주, 안정화 시 1～3회/주 실시

9) 병원균 사멸

　온도 Control(55～60℃)에 의한 병원균 사멸

5. 결론

1) 2003년 1월 1일부터 유기성 슬러지의 직매립금지와 향후 해양투기의 금지정책에 따라 슬러지의 감량화와 육상처리 및 자원화가 필요

2) 따라서 우선은 처리장 내에서 고온호기성균, 금속밀의 마찰력, 초음파처리, 오존처리, 용균성 산화제 등을 이용한 슬러지 감량화가 우선시 되어야 하며

3) 소규모 처리장의 경우 자원화, 대규모 처리장의 경우 소각처리에 의한 슬러지 처리가 필요

4) 소규모 처리장과 인근 대규모 처리장을 연계한 슬러지 광역처리도 필요하며

5) 퇴비화와 같은 자원화 시 정부의 재정적 자원과 생산 퇴비의 수요처 확보 및 저장시설의 확보가 필요하며 퇴비화 후 퇴비를 적극적으로 이용할 수 있는 정책과 수요처의 인센티브 부여도 고려하여야 한다.

Key Point

- 90회, 93회, 102회, 124회 출제
- 상기 문제의 경우 상하수도기술사에서는 자주 출제되는 문제는 아니지만 상하수도기술사에서 슬러지의 자원화로 나올 경우 언급하여야 할 내용임
- 자원화의 분류표는 숙지하기 바람
- 퇴비화나 슬러지 자원화가 나올 경우 항상 유기성 슬러지 직매립금지 → 이에 따라 해양투기 증가 → 해양투기 금지(2011년 이후) → 육상처리(처리장 내 처리) 필요 → 슬러지 감량화 필요 → 슬러지 자원화 필요 → 슬러지 광역화 방안 필요의 흐름을 반드시 숙지하고 답안을 기술하기 바람

슬러지 퇴비화(Ⅱ)

1. 개요

하수슬러지 중 분해가 쉬운 유기물을 호기성 분위기에서 미생물을 이용해 분해시켜 녹지·농지로의 이용 가능한 형태로 안정화시키는 과정

2. 슬러지 퇴비화 방법

2.1 퇴비화조 형식 및 구조

분해조 형식		구조	혼합물의 이동 뒤집기 빈도	통기방법	장점	단점
퇴적형	자연통기식	칸막이, 울타리가 없는 평면바다	트럭, 자동 굴진차 등으로 수행한다. (1회/주 정도)	−	• 시설이 간단하여 신속하고 저렴하게 실시할 수 있다. • 고도의 기술을 필요로 하지 않는다.	• 덩어리화로 인해 통기불량 발생 • 장기간의 분해시간 필요 • 넓은 부지 필요 • 발효물의 균일화 곤란 • 기상조건에 쉽게 영향을 받는다.
	강제통기식			조 바닥의 통기관으로 수행한다.		
횡형	자동굴진차량방식	상부, 측면 개방식 사각형조	트럭, 자동 굴진차 등으로 수행한다. (1회/주 정도)		• 시설이 간단하며 쉽게 시설할 수 있다. • 개방식 구조이기 때문에 육안으로 감시가 가능하다.	• 악취제거 설비가 대형화된다. • 분진대책 곤란 • 덩어리화로 인한 동기 불량 발생 • 반응물의 균일화 곤란
	패들식	상부 개방식 사각형조	패들의 지그재그 운전(전진, 후진 또는 횡단방향)에 따라 이동, 뒤집기 (1회/주 정도)	조 바닥의 통기관으로 행한다.	• 패들의 뒤집기에 의해 덩어리화가 발생하지 않으며 통기는 양호하다. • 발효기간이 짧다. • 대형발효조의 운전이 가능하다.	악취제거 설비의 대형화
	Scoop식		이동 Scoop에 의한 이동, 뒤집기 (2~6회/주)	Scoop의 분쇄 혼합에 의해 덩어리화가 발생하지 않으며 통기가 양호하다.		• 악취제거 설비가 대형화된다. • 반응조의 최대 규모가 작다.

분해조 형식		구조	혼합물의 이동 뒤집기 빈도	통기방법	장점	단점
입형	패들식	밀폐식 원형조	각 단의 회전 패들들에 의해 동시에 교반이동시키며, 벨트 반대측으로 날려서 연속적으로 아래쪽으로 이동퇴적된다. (1회/주 정도)	각 단의 바닥으로부터 통기하며, 반응조 상부로 배기된다.	• 반응물이 회전판에 의하여 교반되며 압축되지 않는다. • 통기 저항이 작고 필요동력은 작다. • 소규모의 악취제거 설비로 좋다.	다단 형식으로 기계 높이가 높아진다.
	다단 낙하식		각 단의 낙하문의 개폐에 의하여 연속적으로 낙하하며 교반, 이동된다. (1회/2~4일)	통기와 배기는 각 단의 교차로 인해 행해진다.	• 부지면적이 작다. • 소규모의 악취제거 설비로 좋다.	• 자연 낙하에 의해 교반되기 때문에 적당한 분쇄와 통기는 기대할 수 없다. • 구조가 비교적 복잡하다. • 다단형식으로 기계 높이가 높다.

2.2 퇴비화조 용량

1) 1차 분해 : 10~14일
2) 2차 분해 : 30~60(자연통기), 20~30(강제통기)

3. 슬러지 퇴비화 운전 시 유의사항

1) 유해물질 여부
2) 입도조건 : 최적입도 20~50mm
3) 수분 함량
   ① 너무 낮을 시 : 미생물 활동 정지
   ② 너무 높을 시 : 부패, 악취 발생
4) 온도 : 55~65℃ → 병원균 사멸
5) pH : 박테리아 6.5~7.5, Fungi 5.5~8.0
6) C/N
   ① 낮을 시 : 퇴비화 곤란
   ② 높을 시 : 질소 결핍
7) 공기 : 미생물 활동 조절, 호기성 조건 제공
8) 교반 · 혼합 : 통기력 확보

4. 슬러지 퇴비화 문제점

1) 품질관리 : 「비료관리법」 기준 만족 필요

   ① 중금속 기준 초과 우려

   ② 병원균, 기생충, 바이러스, 잡초씨 등에 대한 위생처리 필요

2) 유통체계

   ① 연중 지속적 생산 : 농가의 수급시기와 맞지 않음

   ② 운반비용 및 저장비용 과다 : 소각 및 매립에 비해 고가

5. 제안사항

1) 슬러지 퇴비화는 자원화 방안의 대안이 될 수 있으나 농림부와 환경부 간에 관련 규정에 대한 이견이 있어 활성화가 어려움

2) 슬러지 퇴비의 보급확대를 위해 부처 간 일관된 정책, 정부의 재정적 지원, 생산 퇴비의 수요처 확보, 퇴비 활용에 대한 인센티브 등이 필요함

3) 슬러지 퇴비화는 톱밥, 왕겨 등 혼합물 비용 등으로 생산단가가 비싸 경제성이 떨어짐
   혐기성 소화를 이용해 슬러지로부터 바이오가스를 회수하고 전체적인 양을 감량하는 방안이 효과적일 것으로 사료됨

Key Point +

124회 출제

유기성 폐기물의 바이오가스 및 퇴비화 공법 및 고농도 질소폐수의 경제적 처리방법

1. 서론

1) 2001년 유기성 슬러지 직매립이 금지되면서 하수처리장에서 발생하는 슬러지는 농축, 탈수 후 소각 또는 해양투기로 처리되어 왔음

2) 그러나 2011년 슬러지의 해양투기가 금지되면서 감량화와 자원화 등 육상에서의 처리방안 마련 이 시급한 실정임

3) 특히, 하수슬러지의 자원화는 저탄소 녹색성장 기반 구축 측면에서도 매우 중요함

4) 유기성 폐기물의 자원화 방법으로는 혐기성 소화 및 퇴비화 등이 있으며, 혐기성 소화 과정에서 고농도 암모니아성 질소폐수가 발생함

5) 혐기성 소화 반류수를 직접 수처리공정으로 유입 시 수처리공정이 충격부하를 받게 되므로 적 절한 처리가 필요함

2. 유기성 폐기물 바이오가스 생산공법(혐기성 소화)

2.1 원리

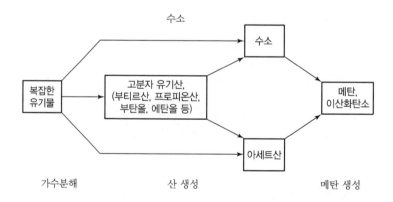

1) 가수분해단계

슬러지의 혐기성 소화과정 중 율속단계

2) 산생성단계

① 가수분해된 유기물 → 고분자 유기산 → 아세트산, H_2, CO_2

② pH 저하 : 6.0~6.5

3) 메탄생성단계

    ① 아세트산 → CH_4, CO_2

    ② 유기물 대부분 분해, 가스화(40~60%)

    ③ pH 상승 : 7.5 이상

    ④ 메탄함량 : 약 70%

2.2 공법 종류

1) 중온 혐기성 소화, 고온 혐기성 소화

2) 1단 소화, 고율 2단 소화

3) TPAD(Temperature-phased Anaerobic Digestion)

3. 퇴비화 공법

3.1 퇴비화 공법별 특징

구분	호기성 퇴비화	혐기성 퇴비화	지렁이 퇴비화
처리기간	20~60일	10~20일	1~60일
폐수	무	발생	무
악취	보통	강함	약함
투입부형재	톱밥, 왕겨	무	무
부산물	퇴비	퇴비, 메탄가스	분변토, 지렁이

3.2 슬러지 퇴비화 특징

1) 슬러지로 생산한 퇴비는 경제성이 낮고 수요처 확보가 곤란

2) 호기성 퇴비화는 톱밥, 왕겨 사용으로 경제성이 낮고, 혐기성 퇴비화는 고농도 질소폐수와 악취가 발생

3) 지렁이퇴비화는 경제적이고 부산물인 분변토와 지렁이의 활용도가 높음

4. 반류수 질소의 처리방법

4.1 Ammonia Stripping

1) 원리 : pH를 11 이상으로 상승 → NH_4^+ → Free Ammonia → 폭기 → Free Ammonia 탈기

2) 장점 : pH 상승제로 석회 사용 시 인도 동시 제거 가능

3) 단점

    ① 약품 소요비 큼(pH 상승 및 중화 필요) : 비경제적

    ② 탈기 암모니아 제거 위해 탈취장치 필요

4.2 생물학적 처리

1) **원리** : 질산화($NH_4-N \rightarrow NO_3-N$) → 탈질($NO_3-N \rightarrow N_2$)

2) **장점** : 수처리 BNR 공정과 연계하여 처리가능 – 유지관리 용이

3) **단점**

   ① 반응조 설치를 위한 넓은 부지 필요 : 비경제적

   ② C/N비 낮을 시 외부탄소원 주입 필요, 알칼리제 주입 필요

4.3 MAP

1) **원리** : 마그네슘 + 인산 + NH_4-N → Struvite 형성 → 침전

2) **장점** : 시설비 저렴, 운전용이, 인 동시 제거 가능

3) **단점**

   ① 약품 소요비 큼 : Struvite 비료로 사용 검토 필요

   ② 스케일 형성 – 배관 폐쇄 우려

4) **담체를 이용한 생물학적 처리**

   ① 원리 : 질산화 미생물을 고농도로 부착·고정시킨 담체를 이용한 생물학적 질소 제거 공정

   ② 장점

   ㉮ 작은 용량의 반응조로 높은 질산화율 확보 가능

   ㉯ 슬러지 관리 용이 또는 불필요

   ③ 단점

   ㉮ C/N비 낮을 시 외부탄소원 주입 필요, 알칼리제 주입 필요

   ㉯ 담체 유동 및 질산화를 위한 소요 폭기량 큼

5) **Anammox 공법**

   ① 원리 : Anammox 미생물에 의해 NH_4-N, NO_2-N을 직접 N_2로 변환

   ② 장점

   ㉮ 외부탄소원 주입 불필요

   ㉯ 산소소비량 적음, 슬러지 발생량 적음

   ③ 단점

   ㉮ Anammox 미생물 배양 어려움 : 증식속도 매우 느림

   ㉯ 부분 아질산화 제어 어려움, 높은 수온 필요 : 37~40℃

6) **경제적 처리방법**

   ① 위에서 살펴본 공법 중 Anammox 공법이 가장 경제적일 것으로 보임

   ② MAP 공법도 생산된 Struvite를 비료로 활용할 경우 경제성이 있을 것으로 판단됨

   ③ 담체공정은 일본에서 적용사례가 많고 안정적으로 운영이 되고 있으므로 부지가 협소한 처리장의 경우 경제성이 있을 것으로 보임

5. 결론 및 제안

1) 혐기성 소화공정에서 Biogas 생산율을 높이기 위해서는 적절한 전처리(가용화) 및 TPAD와 같은 고효율의 소화공법을 도입할 필요가 있음

2) 슬러지 퇴비화의 가장 큰 문제점은 경제성과 수요처 확보로, 수요처 확보를 위한 제도개선과 행정적 지원이 무엇보다도 중요함

3) 퇴비화는 경제성이 낮고, 생산하는 데 시간이 많이 소요되며, 수요처 확보에 곤란한 문제점들이 있으므로 부숙토 생산, 탄화 등 다양한 자원화 방안을 검토할 필요가 있음

4) 반류수 처리를 위해 생물학적 처리공정이 많이 사용되고 있으나 경제적이고 효과적인 Anammox 공법 도입을 적극 검토할 필요성이 있으며, 이를 위한 조사 · 연구가 필요할 것으로 사료됨

임호프탱크(Imhoff Tank)

1. 개요

1) 임호프조(Imhoff Tank)는 분뇨 및 오수처리방법으로

2) 부유물질의 침전과 침전물질의 혐기성 소화가 한 조에서 일어나는 처리방법

3) 물리적 방법과 생물학적 방법을 동시에 이용

4) Imhoff Tank는 통상 2개의 층으로 구성

   ① 상층 : 부유물질의 침전조가 배치

   ② 하층 : 슬러지의 소화조와 스컴실이 배치

5) 임호프탱크방법 및 살수형부패방식의 정화조가 처리효율이 낮아 이들 정화조의 제조를 95년 7월 부터 전면 금지시키고 폭기방식 등의 정화조를 설치토록 했다.

2. 구조 및 원리

1) 탱크의 상부와 하부 사이에 開口가 있어서 오 · 폐수로 채워짐

2) 부유물질은 하부로 침전할 수 있으나

3) 슬러지 소화 시 발생되는 가스는 Scum실을 통해 대기 중으로 방출

4) 구성 : 침전실, 소화실, 스컴실로 구성

3. 설계조건

1) 침전조 체류시간 : 2~3hr

2) 침전조 표면부하율 : 25~35m³/m² · 일

3) 침전조의 유속 : 약 0.3m/min

4) 소화실 : 소화된 슬러지를 약 6~12개월 저장할 수 있는 용적

5) Scum실 : 소화조의 약 1/2용량

6) 노출면적 : 소화실 평면의 25~30%

UASB(Upflow Anaerobic Sludge Blanket)

1. 개요

1) 혐기성 생물막법의 일종으로 자기조립법이라고도 한다.

2) 원리

① 혐기성 조건에서 미생물 스스로 자신의 응집능력으로 입상화된(1mm 정도) 입자를 만들어 Sludge Blanket을 조성

② 폐수는 이 Sludge Blanket층에 상향류로 유입되며

③ Sludge Blanket층을 통과하면서 미생물과 접촉하고, 미생물의 신진대사에 의해 제거

3) 슬러지 입자는 반응조 윗부분에서 상향류 유속과 맞먹는 침강속도에 의해 상징수와 분리되고 Sludge Blanket 유지

4) 상향류이기 때문에 조 하부에서 미생물의 대사활동이 더욱 활발하고 위로 갈수록 기질농도가 저하되며 미생물 하부보다 더 내생호흡을 할 확률이 높아진다.

2. 구조 및 형태

반응조는 하부에 Sludge Blanket이 있고, 상부에 침전부, 기액분리부, 유출부가 일체화되어 있는 구조

2.1 유입수 분산장치

1) 유입수 균일분산, Sludge와 폐수의 접촉을 균등화

2) 단회로 방지

3) Dead Space 방지

2.2 기액분리장치

1) Sludge와 부착된 가스(CH_4, CO_2) 분리

2) Gas 상승, Sludge 하강

3) Sludge의 Wash-out 방지

4) 편류생성 억제

5) Gas의 신속한 배제

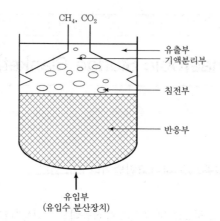

CH₄, CO₂ → CH_4, CO_2

유출부
기액분리부
침전부
반응부

유입부
(유입수 분산장치)

3. 특징

3.1 장점

1) 고액 및 기액분리장치를 제외하면 전체적인 구조가 간단하다.

2) HRT가 작아(4∼12hr) 반응조 용량이 적어진다.

3) 높은 기질부하율(250kg BOD/m^3 day) 유지 → 고농도 유기성 폐수의 처리가 가능

4) 기계적 교반이나 여재가 필요하지 않고 에너지가 적게 든다.

5) 유출수의 재순환이 없어 에너지가 적게 소요된다.

6) 조에 내장된 고액분리시설을 이용하여 유출수의 SS 농도를 낮게 할 수 있다.
   소화효율 극대화, CH_4 가스 회수(에너지 이용)

7) 미생물 체류시간을 적절히 조절하면 저농도 유기성 폐수처리도 가능하다.

3.2 단점

1) 미생물을 입상화하는 데 시간과 기술이 필요하다.
   슬러지의 입상화는 폐수의 성상에 많은 영향을 받는다.

2) 효율적인 가스 – 고형물의 분리장치가 필요하다.

3) 인 방출의 억제가 곤란하다.

4) 폐수성상에 따라 입상화에 영향을 받기 쉽고 조작방법이 확립되어 있지 않다.

5) Sludge Blanket의 안정적 유지에 기술을 요함

6) 고형물의 농도가 높은 경우 고형물 및 미생물의 유실 우려가 있다.

Key Point +

- 상기 문제의 경우 향후 출제가 예상됨
- 특히 UASB의 장점과 단점을 꼭 숙지하기 바라며 고속응집침전의 원리(Blanket 생성)와 비교 분석하여 UASB 의 처리 원리와 차이점을 숙지하기 바람

석회안정화법

1. 개요

1) 석회안정화법의 목적은 슬러지 안정화에 있다.

병원균의 사멸, 악취의 감소, 부패의 억제 등

2) 처리원리

① 생성된 슬러지에 생석회를 첨가하여 슬러지 중의 수분과 소석회를 생성하면서 발생되는 열과 높은 pH(12 이상)를 이용하여

② 슬러지 내의 물을 탈수 · 증발시켜 슬러지를 건조시키며

③ 슬러지 내의 H_2S(pH 9 이상에서는 거의 없음)를 제거시키는 방법이다.

$$CaO + H_2O \rightarrow Ca(OH)_2 + \Delta H$$

④ 석회주입 시 슬러지의 pH가 11~11.5, 온도 15℃에서 4시간 이상 지속되면 슬러지 내 병원균 사멸

⑤ 또한 슬러지 내의 중금속 함량은 주입된 생석회에 의해 희석되어 감소된다.

⑥ 토지개량 및 저급비료로 사용할 수 있다.

2. 적정 석회주입량

1) 슬러지 건조무게 기준으로 80~100%

2) pH 12 이상으로 2시간 이상 유지해야 병원균이 사멸

3. 처리방법

3.1 전석회처리법

1) 탈수 전의 액상슬러지에 생석회(CaO) 또는 소석회($Ca(OH)_2$)를 주입하는 방법

2) 병원균을 사멸시키기 위하여 약 2시간 동안 슬러지의 pH를 12 이상 유지하여야 하며, pH가 현저히 감소하기 전에 처분하여야 한다.

3.2 후석회처리법

1) 탈수한 슬러지에 생석회 또는 소석회를 혼합하는 방법

2) 생석회를 혼합하는 경우 물과의 발열만으로도 온도가 50℃ 이상 상승하여 pH가 12 이상으로 상
   승하므로 대부분의 병원성 균과 기생충 알을 사멸시킨다.

3) 후석회처리법은 건조석회를 이용하므로 석회주입에 의한 배관계통의 Scale 문제가 없으며 석회
   주입량이 적어지는 장점이 있다.

4. 특징

4.1 장점

1) 처리시설이 간단하고 설치비가 적게 소요된다.

2) 처리과정에서 온도와 pH가 11 이하로 저하되기까지는 부패로 인한 악취가 발생하지 않는다.

3) 처리과정에서 온도와 pH가 상승하여 병원성 균과 기생충 알이 사멸된다.

4) 생석회의 발열반응에 의해 수분이 감소되고 고화되어 취급이 용이하고 처분량이 감소한다.

5) 슬러지에 석회를 첨가하면 슬러지의 비저항이 감소하여 탈수성능이 개선된다.

4.2 단점

1) 안정화슬러지를 재활용하지 못하면 약품(석회)비가 소요되어 경제성이 저하된다.

2) pH가 11 이하에서는 슬러지가 다시 부패하므로 높은 pH가 필요

Key Point +

• 본 문제의 경우 출제 빈도는 낮지만 슬러지처리에 관한 문제는 출제될 확률이 높으므로 기존의 전형적인 슬러
  지처리 처분방법의 단점을 보완할 수 있는 문제가 출제된다면(ex 슬러지 감량화, 슬러지 자원화) 함께 기술할
  필요가 있는 문제임

• 석회안정화 처리 시 pH 12 이상, 특징은 숙지하기 바람

반류수 처리방법

1. 개요

1) 반류수 : 슬러지 처리공정에서 발생하는 농축분리액, 소화탈리액, 탈수여액 및 여과공정에서 발생하는 역세척수 등을 재처리하기 위하여 하수처리공정으로 반송되는 물을 말한다.

2) 특징

① 고농도이다.

② 간헐적으로 발생하는 경우가 많다.

③ 반류되는 경우 주처리 공정에 고부하를 야기시켜 생물학적 질소제거의 효율을 저해시키는 원인이 된다.

④ 발생량은 적으나 고농도의 질소와 인을 함유하고 있고 C/N비가 낮음

　유입유량 대비 1~3%의 적은 유량

3) 외국의 경우 반류수를 효과적으로 처리하기 위한 기술개발에 광범위한 연구가 활발히 진행되고 있다.

이는 반류수 내 고농도의 질소를 제거하면 기존 처리장에서도 상당한 수준의 질소 제거가 가능하다는 판단에서 비롯된 것이다.

4) 슬러지처리공정의 반류수 처리기술은 하수처리공정 전체의 공정 자동화를 위한 필수적인 선결기술로 인식되고 있다.

이는 반류수에 의한 수처리 공정에의 영향여부가 파악되어야 컴퓨터를 이용한 전체적인 처리공정 시뮬레이션과 설계가 가능해지기 때문이다.

2. 반류수 특성 및 처리장에 미치는 영향

2.1 반류수 발생원

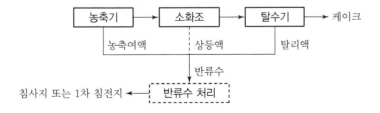

1) 농축 상등액 또는 여액 : 고농도 SS, 질소, 인

2) 혐기성 소화 상등액 : 고농도 COD, 질소, 인

3) 탈리액 : 소화공정이 있는 경우 고농도 질소, 인

4) 건조, 소각, 용융 등 : 고농도 질소 응축수, 중금속, 다이옥신, 시안 등

2.2 반류수 수질 특징 및 처리장에 미치는 영향

1) 발생량 : 유입하수 대비 0.2~0.3%

2) 수질 특징(예시, 단위 : mg/L)

구분	BOD	COD	SS	TN	TP
소화조 無	130	60	160	40	7
소화조 有	700	500	1,400	130	75
분뇨 병합	600	300	700	210	30
음폐수 병합	300	1,000	600	1,000	210

① 소화조 無 : 유입하수와 유사

② 소화조 有 : 유기물, SS, 질소, 인 농도 높음

③ 분뇨, 음폐수 병합처리 : TN, TP 농도 증가, C/N 낮음

2.3 수처리 공정 영향

1) 일반적으로는 방류수질에 영향을 미치지 않음

2) 분뇨, 음폐수의 병합처리 또는 타 처리장 슬러지 연계처리 시 고부하로 방류수 수질에 영향을 줄 수 있으므로 별도 처리시설 설치

3. 반류수 처리방법(질소 제거)

3.1 Ammonia Stripping

1) 원리

① pH를 11 이상으로 올리면 수중의 $NH_4^+ \rightarrow NH_3$로 전환

② 기액 접촉 → NH_3 탈기

2) 장점 : pH 상승제로 석회 사용 시 인도 동시 제거 가능

3) 단점

① 약품 소요비 큼(pH 상승 및 중화 필요)

② 탈기된 암모니아의 처리 필요

3.2 생물학적 처리

1) 원리 : 질산화($NH_4-N \rightarrow NO_3-N$) $\rightarrow$ 탈질($NO_3-N \rightarrow N_2$)

2) 장점 : 유지관리 용이

3) 단점

① 반응조 설치를 위한 넓은 부지 필요 : 비경제적

② C/N비 낮을 시 외부 탄소원 주입 필요, 알칼리제 주입 필요

3.3 Anammox 공법

1) 원리 : Anammox 미생물에 의해 NH_4-N, NO_2-N을 직접 N_2로 변환

2) 장점

① 소요부지 작음

② 외부 탄소원 불필요, 송풍동력 작음, 슬러지 발생량 작음

3) 단점

① Anammox 미생물 배양 어려움 : 증식속도 매우 느림

② 부분 아질산화 제어 어려움, 높은 수온 필요 : 37~40℃

4. 반류수의 경제적 처리방법

1) 반류수의 수량 및 수질 변동이 큰 경우 반류수 저류소를 설치하여 일정유량을 수처리 공정으로 유입

수처리시설의 물질수지를 고려하여 처리수질 결정

2) 반류수 부하가 클 경우 계획설계부하를 검토 후 경제성과 처리수질의 안정성 등을 종합적으로 판단하여 처리방법 결정

① 송풍동력비, 약품비, 건설비가 낮은 Anammox 공법이 가장 경제적

② 인은 MAP 공법을 통해 Struvite를 비료로 활용하는 방안 적용

3) 반류수의 수리적 안정화 및 오염부하 균등화를 위해 혼합균등조를 설치한다.

4) 하수처리장 반류수의 TSS 농도가 높은 경우

① 반류수 처리 공정 도입 전에 농축조 운영조건을 개선하거나

② 고형물 회수율이 높은 농축 및 탈수기 선정 등을 검토한다.

5) 혐기성 소화공정이 있는 하수처리장 반류수는 고농도의 질소와 인을 함유할 수 있음

이때는 수처리 공정에서 충분한 처리가 어려울 경우 별도의 반류수 처리 공정 도입을 검토한다.

5. 결론 및 제안

1) 최근 가용화를 통한 혐기성 소화효율 증대사업, 음폐수 병합소화 등 사업추진 시 반류수 부하 증가로 사업추진에 어려움이 있음

2) 반류수 처리에 암모니아스트리핑 또는 일반적인 BNR을 채용 시 과도한 운전비용으로 처리장 운영이 어려우므로 Anammox 도입이 시급함

3) Anammox는 아직 국내 적용사례가 없으므로, 시범사업 등을 통해 조속한 실증연구사업 추진이 필요함

Key Point +

113회, 117회, 122회, 123회 출제

하수슬러지 감량화

관련 문제 : 하수슬러지 가용화시설

1. 서론

1) 2003년 1월 1일부터 유기성 오니의 직매립이 금지되면서 처리공정에서 발생하는 슬러지에 대한 새로운 처분기술의 필요성이 대두되었다.

2) 특히 지자체의 경우 직매립금지 이후 쉽고 값싸게 처리할 수 있는 해양투기가 증가하고 있는 실정이다.

3) 하지만 런던의정서에 의해 2011년 이후 폐기물 해양투기가 금지됨에 따라 슬러지 감량화, 육상처리(처리장 내 처리 또는 감량화)의 필요성이 높아지고 있다.

4) 또한 생물학적 고도처리공정에서 발생되는 슬러지의 경우 영양염류(N, P)를 고농도로 함유하기 때문에 적절한 감량화와 처리가 이루어지지 않으면 2차 오염을 유발한 가능성이 상당히 높다.

5) 따라서 기존 하수슬러지의 처리시설로는 슬러지 감량화에 많은 제약점이 있으므로 처리장 내에서 고온호기성균, 금속밀의 마찰력과 마찰열, 초음파처리, 오존처리 및 용균성 산화제 등을 이용한 슬러지 감량화 방법이 필요하다.

2. 기존 하수슬러지의 처분방법

해양투기, 매립, 소각, 용융, 감량화, 건조, 열분해, 고화, 퇴비화 등

2.1 해양투기

1) 가장 많은 처리비중을 차지

2) 2011년 이후 런던협약에 의해 폐기물 해양투기가 금지될 예정

2.2 매립

1) 수분함량이 높아 매립작업이 원활하지 못하며 지반다짐에 여러 문제점 야기

2) 침출수 및 악취발생

3) 2003년 1월 1일부터 유기성 오니의 직매립금지

2.3 소각

1) 슬러지의 소각에 의해 감량화가 우수

2) 고온에서 소각을 하므로 세균류의 사멸 : 위생적으로 안전하고 무해함

3) 수분함량이 높고, 유기물 함량, 즉 저위발열량이 낮아 보조연료의 사용이 필요

4) 소각재의 처분, 소각 시 발생하는 비산재, 악취발생 및 소각가스 중 다이옥신에 대한 대책 필요

5) 인근주민의 민원이 예상

2.4 건조처리

1) 수요창출의 문제점

2) 수분의 감소를 위한 에너비 비용이 많이 소요 : 비경제적

3) 건조 중 악취발생 우려

2.5 퇴비화

각종 규제에 의하여 촉진이 규제를 받고 있는 실정

3. 새로운 하수슬러지의 감량화 기술

- 농축단계에서 발생하는 농축슬러지에 대하여
- 초음파처리, 오존처리, 고온호기성균, 용균성 산화제, 물리적 파쇄장치 및 이들을 조합한 감량화 기술이 필요한 실정

3.1 고온호기성균을 이용한 감량화 기술

1) 기본원리

① 가용화 시설에서 약 55~65℃로 활성슬러지를 가열하면 활성슬러지를 보호하는 점성물질이 해체되고

② 고온호기성세균이 가열에 의해 활성화되어 효소를 분비

③ 이 효소가 세포벽을 파괴하여 파쇄가 이루어져 원형질의 용출이 발생

④ 이는 BOD 성분으로 고온호기성균이 일부 분해하고

⑤ 나머지는 생물반응조로 유입되어 최종적으로 이산화탄소로 분해되고 일부는 생체합성에 사용되어 잉여슬러지의 감량화가 이루어진다.

2) 고온미생물

① Bacillus Stearothermophilus로 분류되는 병원성이 없는 안전한 세균

② 고온미생물이 분비하는 체외효소에 의해 가용화

③ 고온미생물은 55~65℃의 호기성 조건하에서 활발하게 증식하며, 가용화 효소를 분해하여 오니를 가용화

50℃ 이하에서는 증식하지 않고 오니가용화 효소도 불활성 상태이기 때문에 폭기조 내의 활성슬러지에 대한 악영향은 없다.

④ 아포형성세균의 일종 : 아포는 환경변화에 따라 잘 사멸하지 않고 생존

⑤ 설비기동 시에 종균을 투입하면 그 후의 고온미생물의 추가접종은 불필요

3) 설비구성

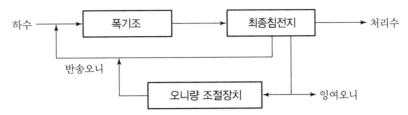

① 오니 조정기구에서는 반송오니 일부를 제거하여 가용화 처리를 실시한 후 폭기조로 반송
② 반송된 가용화액은
    ㉮ 일부가 폭기조 안에서 활성오니로 재합성되고
    ㉯ 나머지는 이산화탄소와 물로 생분해되어 잉여슬러지량이 감소하게 된다.

4) 특징
① 오니발생량을 저감
② 고온미생물은 가용화할 때 가용화액 중의 BOD 등을 소비 → 폭기조로 반송되는 부하가 적어 수처리에 미치는 영향이 적다.
③ 유지관리에 특별한 운전요원을 배치하지 않아도 된다 : 온도만 자동제어
④ 자연계에 존재하는 미생물을 이용한 자연친화적인 공법

5) 제안
기존 처리장에 혐기성 소화조가 설치되어 있는 경우 고온호기성조로 활용을 모색할 필요가 있다.

3.2 산화제를 이용한 오니감량화 : 바이오 – 다이어트법

1) 기본원리
① 바이오 – 다이어트법은 OH 라디칼의 산화력을 이용한 처리법으로
② OH 라디칼은 강력한 산화력을 가지고 있어 잉여오니 중의 박테리아 살균처리, 세포벽 가수 분해, 세포질의 저분자화가 가능하기 때문에
③ 슬러지를 생분해 가능한 상태로 만들 수가 있다.

2) 산화제(SL제)
① 무기계 산화제와 반응보조물질을 혼합제조한 액상제로
② SL제를 잉여오니슬러지에 첨가하면 산화력이 강한 OH 라디칼이 발생 → 오니미생물의 세포 벽을 파괴하여 가수분해시킴
③ OH 라디칼의 산화생성물은 물과 이산화탄소로서 유해한 염소화합물을 생성하지 않으므로 처리수에 악영향을 미치지는 않는다.

3) 특징

① 잉여오니의 감량화   ② 생분해성 증대

③ 설비가 간단하고 소형   ④ 살균효과 기대

⑤ 색도제거도 가능   ⑥ 유지관리가 용이

⑦ 이 · 취미 제거효과 기대   ⑧ 처리수에 영향을 미치지 않는다.

4) 제안

부상분리공법이 도입된 처리시설의 경우 슬러지 가용화 시설에 적용된 압축오존을 주입하여 부상분리의 효율을 증대시킬 필요가 있다.

3.3 초음파에 의한 감량화

1) 원리

① 초음파 조사 시 발생되는 공동에 의해 슬러지 입자의 크기감소뿐만 아니라

② 세포벽 파괴에 의한 세포 내 유기물질을 유출시켜

③ 소화조 내의 미생물의 증식과 활성화를 증대하여 혐기성 소화공정을 향상

④ 분해 메커니즘 : 유체역학적 전단력과 OH, H, N, O와 같은 자유라디칼에 의한 산화작용

2) 특징

① 슬러지의 감량화

② 최종슬러지 처리비용 절감

③ 소화효율 증대

④ 소화기간 단축

⑤ 바이오가스 발생량 증가에 따른 바이오에너지의 자원화

⑥ Zeta Potential의 감소 : 응집효율 증대

3.4 금속밀의 마찰력 및 마찰열을 이용한 감량화

1) 원리

① 잉여슬러지를 농축한 후 금속밀 파쇄기에 유입시키고 금속밀을 상호유동시켜

② 볼과 볼 사이의 마찰력과 마찰열에 의해 활성슬러지의 세포벽을 강제적으로 파쇄

③ 가용화시킨 후 생물반응조로 유입시켜 최종적으로 이산화탄소로 분해되고 일부는 생체합성에 사용되어 잉여슬러지의 감량화가 이루어짐

4. 슬러지감량화 기술 도입에 따른 처리수질에 미치는 영향

잉여슬러지 배출에 의해 제거되는 N, P 및 COD 성분 등의 제거효율이 저하될 우려가 있다.

1) 질소 : 생물반응조로 유입되어 질산화 및 탈질에 의한 질소제거 필요

2) 인 : 잉여슬러지 배출 외에는 제거가 어려우므로 감량화율이 클수록 인 제거 효율의 저하 정도가 크게 되어 약 40~80% 정도까지 악화될 수 있다.(응집제 투입 등의 후단처리가 필요)

5. 결론

1) 유기성 슬러지의 직매립금지와 금지된 해양투기에 대한 대책이 필요하며
2) 특히, 슬러지의 감량화, 자원화 및 육상처리가 필요한 실정이다.
3) 기존의 전형적인 슬러지 처리처분기술로는 그 감량화 정도에 한계가 있기 때문에
4) 고온호기성균, 용균성 산화제, 초음파, 오존처리, 물리적 파쇄장치 등을 이용한 새로운 슬러지 감량화 기술이 필요하며
5) 새로운 감량화 기술의 적용 시 발생할 수 있는 영양염류 제거효율 저하에 대한 대책이 필요한 실정이다.
6) 각 처리장의 실정에 적합한 공정의 도입이 필요하며 필요시 여러 개의 처리시설을 조합하여 운영할 필요가 있다.
7) 또한 경제성 및 슬러지의 재이용을 고려하여 2차 슬러지감량화 기술(예, 건조)의 도입을 적극적으로 도입할 필요성이 있다.

▶ 참 / 고 / 자 / 료

❍ S 처리시설 2차 슬러지 감량화 방안

구분	진공유증 건조	슬러지열풍	전기가압탈수
개요	매체유 혼합에 의한 감압 증발	열풍에 의한 슬러지 건조	전기 투사에 의한 슬러지 건조
긴조슬러지 함수율	1% 이하	40% 이하	15% 이히
에너지 자급률	60.8 %	65.1 %	—
지하화 적합성	• 감압공정으로 악취 외기누출 원천 차단 • 건조온도 낮아 실내온도 변화 미미	• 열풍건조로서 배기 불량 시 악취 확산 • 건조온도가 높아 실내온도 상승	• 전기투사 방식으로 실내 환경 양호 • 설치면적 과다
연료적합성	사용 가능	사용 불능	사용 가능

● 슬러지 건조방식 비교 · 검토

구분	슬러지 감량화 및 자원화	간접가열 디스크 건조	열풍 직접가열 3중 드럼 건조
구조			
원리	증발기 전열판 내에 증기를 공급하고 진공상태로 건조	원통디스크 및 자켓을 통과히는 스팀열에 의한 간집건조	원통 3중 드럼 내에서 열풍과 슬러시 접촉에 의한 건조
특징	• 에너지 사용량 최소화 • 건조물 발열량 높아 연료가치 우수 • 배가스 발생없고 악취발생 적음 • 우수한 경제성, 높은 연료가치, 환경 친화적 건조방식 가능 • 건조슬러지 100% 연료화 가능 • 건조슬러지 슬러지 소각로 보조연료로 사용 가능 • 슬러지 자원화 시설로서 신재생 에너지 생산	• 전열면적 및 시설규모 큼 • 기류건조로 악취발생 매우 많음 • 마모 심하고 함수율 조절 어려움	• 기계구조 복잡하고 구동부 많음 • 열전달 효율이 비교적 우수 • 반송슬러지 혼합설비 필요

Key Point +

• 상기 문제는 기존 처리 처분에 관련된 내용보다는 새로운 기술, 즉 가용화 시설에 대한 문제가 출제될 확률이 높으며 실제로 면접고사(80회) 때 출제된 문제임
• 따라서 슬러지 가용화 시설의 종류와 특징 원리에 대한 숙지가 필요하고 슬러지에 대한 문제는 자주 출제되는 경향이므로 이런 유사한 문제가 출제될 경우 언급할 필요가 있음

스크류형 연속식, 스팀 직접가열식 열가수분해반응기를 이용한 고농축 하수슬러지 감량화 기술

1.개요

1) 현재 하수슬러지 처리방법은 해양투기가 가장 많은 비중을 차지

2) 해양투기의 경우 가장 저렴하고 취급이 용이한 방법이지만, 향후 '12년 이후 런던의정서에 의해 해양배출이 금지

3) 소각처리 : 비용이 높고 다양한 대기오염물질 배출 문제를 가짐

4) 매립 : 침출수의 2차 오염, 악취 등 민원발생, 매립지 지반 다짐의 문제점을 가짐

5) 따라서, 공공하수처리시설에서 발생되는 하수슬러지를 감량화하거나 재활용하는 처리방법이 절실히 필요한 실정이며

6) 또한 폐기물 발생을 최소화 하고 재활용하며, 신재생에너지를 생산하는 저탄소 녹색성장 정책에 부응하는 경제적이고 환경친화적인 하수슬러지 감량화기술 개발이 요구되는 실정임

2. 하수슬러지 처리기술

2.1 처리기술 구분

1) 국내의 하수슬러지 처리기술은 열적처리, 자원화 및 저감화 기술로 구분

2) **열적처리** : 건조, 소각, 탄화, 가스화 및 용융처리기술

3) **자원화** : 퇴비화, 고화/안정화, 시멘트화, 경량 골재화 및 연료화 기술

4) **저감화 기술** : 중온 및 고온 혐기성 소화, 초음파, 오존 및 밀파쇄 기술

2.2 열적처리기술

1) 시설비 및 처분비가 고가

2) 중금속 용출이나 오염방지시설 필요

3) 환경에 미치는 영향이 큼

2.3 자원화 기술

1) 운영상의 어려움

2) 화학약품의 투입 필요

2.4 저감화 기술

1) 감량률이 낮고
2) 최종폐기물의 함수율이 높아 취급이 어려움

3. 기술의 개요 및 특징

3.1 기술의 개요

1) 하수 생슬러지와 잉여슬러지를 농축, 탈수한 슬러지(TS 20%)를 저임계 온도(160~180℃), 압력 (8~13kg/cm²)의 스팀과 기계적인 교반에 의한 연속적인 공정으로 열가수분해시켜 저분자 유기물로 전환시키고
2) 탈수효율을 증대시킴으로써 슬러지를 감량화하는 기술
3) 최종 슬러지 케이크는 에너지원(고형 연료화), 매립장 복토재로 재활용하고
4) 가수분해여액은 고속 액상 혐기성 분해로 공정기간을 단축하고
5) 생산된 바이오가스를 에너지화

3.2 기술의 특징

1) 슬러지 감량화
   ① 고온, 고압 스팀을 이용
   ② 연속식 열가수분해
      ㉮ 고농도 고형 유기물의 세포벽을 파괴하여 세포 클러스터와 중합체(단백질, 다당류)를 결속하고 있는 겔상태의 천연 접착제를 용해시키고
      ㉯ 당과 아미노산 같은 저분자 유기물로 분해함으로써
      ㉰ 고형 유기물을 감량화하고 탈수성을 향상
      ㉱ 가수분해 용액은 휘발성 지방산 농도가 증가되어 생물학적 분해 공정의 효율을 증가시키고 거품 발생억제 등에 효과적이다.
2) 자동제어시스템으로 유지관리가 간편
3) 밀폐 공정으로 구성되어 운전하므로 소음 및 악취발생이 적어 2차 환경오염을 방지

4. 기술의 기대효과

4.1 환경적 기대효과

1) 슬러지량 감소
2) 슬러지 함수율이 50% 이하로 취급이 가능하여 매립장 복토재 및 고형연료로 재활용이 가능
3) 공정설비의 밀폐성 유지로 악취발생 유지
4) 저임계 온도 및 압력 열가수분해로 유해균을 사멸시켜 2차 환경오염 방지

4.2 기술적 기대효과

1) 연속운전 및 자동제어 시스템 도입으로 운전관리가 용이

2) 열가수분해에 의해 유기물의 분해로 휘발성 지방산 농도를 증가

　① 질소, 인성분이 풍부하여 생물학적 분해 공정효율을 증가

　② 혐기성 소화에 의한 바이오가스 생성효율을 증가

4.3 경제적 기대효과

1) 타 슬러지 감량화기술 대비 설치면적 감소 및 기술 집약화로 투자비 감소

2) 최종 폐기물의 획기적인 감량화 및 고형연료, 복토재 등의 재활용으로 최종 처분비용 절감

3) 바이오가스의 생산성 증대 및 신재생 에너지화로 운영비 절감

하수찌꺼기 유동층 소각시설의 노상면적 산정 시 검토사항

1. 개요

1) 슬러지 소각 : 슬러지에 열을 가해 유기물질을 이산화탄소와 수분으로 전환시켜 감량화하는 방법

2) 소각로 종류 : 다단소각로, 회전소각로(로터리킬른), 기류건조소각로, 유동층소각로, 분무소각로, 사이클론소각로, 열분해

2. 유동층 소각로 개념

1) 원리 : 슬러지가 유동층 내 고온의 유동매체와 접촉해서 소각분해됨

2) 특징

① 연소효율 높음, 소각로 콤팩트

② 유지관리 용이

③ 악취성분이 열분해되어 탈취시설 불필요

3. 유동층 소각시설의 노상면적 산정 시 검토사항

1) 공탑속도 : 유동매체 유동상태 유지(0.5~1.2m/s)

2) 용적부하율 : 25~60만 kcal/m³ · h

$$A = \frac{Q_t}{L_b \cdot H_s}$$

3) 노상면적 부하율 : 300~200kg/m² · h(함수율 65~80%)

$$A = \frac{F_f}{V}$$

4) 노상수분 부하율 : 200~280kg/m² · h

$$A = \frac{F_h}{L_h}$$

여기서, A : 노상면적(m²)

L_b : 연소실의 용적부하율

H_s : 정지 시의 모래층 높이(kcal/m³ · h)

Q_t : 노에 공급된 전열량(kcal/h)

F_f : 슬러지 케이크 공급량(kg/h)

V : 노상면적부하율(kg/m$^2 \cdot$ h)

F_h : 투입슬러지 케이크 수분량(kg/h)

L_h : 수분부하율(kg/m$^2 \cdot$ h)

4. 제안사항

슬러지 소각은 유지관리비가 높고 대기오염 등 주변환경에 대한 영향이 크므로 입지조건 등을 충분히 검토하여야 함

Key Point   +

103회 출제 문제로 출제 빈도는 낮음

슬러지 가용화(Ⅰ)

1. 서론

1) 최근 하수도보급률 증대 및 하수관거 정비사업으로 인해 슬러지 발생량이 증가

2) 2003년 7월 1일부터 유기성오니의 직매립이 금지되면서 처리공정에서 발생하는 슬러지에 대한 새로운 처분기술의 필요성이 대두되었다.

3) 특히 지자체의 경우 직매립금지 이후 쉽고 값싸게 처리할 수 있는 해양투기가 증가하고 있는 실정이다.

4) 하지만 런던의정서에 의해 2011년 이후 폐기물 해양투기가 금지됨에 따라 슬러지 감량화, 육상처리(처리장 내 처리 또는 감량화)의 필요성이 높아지고 있다.

5) 따라서, 슬러지 발생의 원칙적 감량화 기술개발이 필요

6) 하수슬러지를 또 하나의 자원으로 보고 이를 자원화 하려는 저탄소 녹색성장의 기여할 필요성이 있다.

7) 특히 슬러지처리비용이 전체 유지관리비용의 많은 부분을 차지하므로 환경친화적이면서 경제적이고 대규모처리가 가능한 새로운 처리기술의 개발이 시급한 실정이다.

8) 기존 하수슬러지 감량화를 위해 적용된 혐기성 소화공정의 경우 긴 체류시간과 가온을 위해 유지관리비 및 넓은 부지면적을 요구하므로 혐기성 소화효율을 향상 및 반응조 용량을 대폭 줄일 수 있는 가용화 기술의 도입이 적극적으로 필요하다.

2. 가용화 기술

슬러지 가용화 방법은 크게 다음과 같이 구분됨

- 열처리
- 기계적 방법 : 기계적 파쇄, 고압파쇄
- 화학적 방법 : 산, 알칼리 및 오존처리
- 초음파 처리
- 생물학적 방법
- 혼합처리방법 : 둘 이상의 방법을 동시에 적용

2.1 오존처리

1) 원리

① 오존에 의한 Floc 파괴

② 입자성 물질의 용존성 전환 및

③ 무기화

2) 특징

① 오존의 주입으로 운전비용 증가

② 잔존하는 오존에 의한 피해

3) 향후방안

① 잉여슬러지 발생의 최소화를 위해 오존 처리된 슬러지를 생물반응조로 재순환

② 잉여슬러지는 성상 변화가 많기 때문에 오존단독처리보다는 산처리 혹은 알칼리처리와 결합된 복합처리가 필요

오존의 소모량 감소효과 발휘

③ 오존의 접촉효율을 높이기 위해 오존을 마이크로 버블화할 필요가 있다.

2.2 초음파 처리

1) 원리

① 국지적인 압력상화로 인해 발생되는 캐비테이션(Cavitation)을 이용

② 캐비테이션 기포의 성장과 파괴 시 생성되는 순간적인 고온 및 고압조건에 따라 발생되는 충격파와 전단력을 이용하여 미생물 세포를 파괴

③ 즉 Cavitation Bubble에 의한 현상과 온도 상승에 의한 열적 처리가 결합된 형태

2.3 알칼리 처리

1) 원리

첨가된 알칼리가 세포와 반응하여 세포벽의 지질 비누화 반응(Saponification) 등 다양한 반응에 의해 세포막을 용해 또는 분해시켜 세포 내 물질을 용출

2.4 열수가압법

1) 원리

① 하수슬러지의 열처리에 의한 가수분해 방법

② 압력과 열에너지를 통하여 슬러지의 Floc과 세포벽을 파괴

2.5 금속밀의 마찰력 및 마찰열을 이용한 감량화

1) 원리

① 잉여슬러지를 농축한 후 금속밀 파쇄기에 유입시키고 금속밀을 상호유동시켜

② 볼과 볼 사이의 마찰력과 마찰열에 의해 활성슬러지의 세포벽을 강제적으로 파쇄

③ 가용화시킨 후 생물반응조로 유입시켜 최종적으로 이산화탄소로 분해되고 일부는 생체합성에 사용되어 잉여슬러지의 감량화가 이루어짐

2.6 고온호기성균을 이용한 감량화 기술

1) 원리

① 가용화시설에서 약 55~65℃로 활성슬러지를 가열하면 활성슬러지를 보호하는 점성물질이 해체되고

② 고온호기성세균이 가열에 의해 활성화되어 효소를 분비

③ 이 효소가 세포벽을 파괴하여 파쇄가 이루어져 원형질의 용출이 발생

④ 이는 BOD 성분으로 고온호기성균이 일부 분해하고

⑤ 나머지는 생물반응조로 유입되어 최종적으로 이산화탄소로 분해되고 일부는 생체합성에 사용되어 잉여슬러지의 감량화가 이루어진다.

2.7 산화제를 이용한 오니감량화 : 바이오-다이어트법

1) 원리

① 바이오-다이어트법은 OH 라디칼의 산화력을 이용한 처리법으로

② OH 라디칼은 강력한 산화력을 가지고 있어 잉여오니 중의 박테리아 살균처리, 세포벽 가수분해, 세포질의 저분자화가 가능하기 때문에

③ 슬러지를 생분해 가능한 상태로 만들 수가 있다.

3. 가용화의 효과

1) 세포파괴로 인한 COD, 단백질, 탄수화물 또는 핵산 등의 농도 증가

2) Floc 크기의 감소

3) 생분해성 향상

4) 탈수능 향상(모세관 흡입시간 증가)

5) SCOD 증가 : 슬러지 가용화 시 세포용해와 Floc 파괴 시 세포 내 물질의 외부 방출

6) 탁도 증가

7) 가용화된 슬러지를 외부탄소원으로 활용가능

8) 혐기성 소화효율 향상

9) 바이오 가스의 생산량 증가

4. 슬러지 가용화율

4.1 개요

1) 슬러지의 가용화율은 TCOD에서 SCOD로의 전환율을 기준으로 평가하거나

　파쇄기나 초음파의 경우 슬러지의 셀이 파괴되어 SCOD가 증가

2) SS제거량을 기준으로 평가

　오존처리의 경우 SCOD의 증가와 함께 SCOD가 무기화되어 CO_2와 H_2O로 전환되므로 가용화와

　함께 감량효과가 동시에 일어남

4.2 가용화율

$$DD_{COD}(\%) = \frac{SCOD_t - SCOD_o}{TCOD - SCOD_o} \times 100$$

　　　여기서, DD_{COD} : 가용화 효율

　　　　　　$SCOD_t$: 반응 후 용존성 화학적 산소요구량

　　　　　　TCOD : 초기 시료의 총 화학적 산소요구량

　　　　　　$SCOD_o$: 초기 SCOD

5. 슬러지감량화 기술 도입이 처리수질에 미치는 영향

1) 잉여슬러지 내 존재히는 질소 및 인이 다른 공정의 부하로 작용할 우려가 있음

　① 질소 : 생물반응조로 유입되어 질산화 및 탈질에 의한 질소제거 필요

　② 인

　　　㉮ 잉여슬러지 배출 외에는 제거가 어려우므로

　　　㉯ 감량화율이 클수록 인제거효율의 저하 정도가 크게 되어

　　　㉰ 약 40~80% 정도까지 악화될 수 있다.

　　　㉱ 응집제 투입 등의 후단처리가 필요

2) 특히 전처리된 잉여슬러지를 외부탄소원으로 활용 시에는 질소 및 인의 제거를 위한 추가공정

　이 필요

6. 결론

1) 유기성 슬러지의 직매립 금지와 금지된 해양투기에 대한 대책이 필요하며

2) 특히, 슬러지의 감량화, 자원화 및 육상처리가 필요한 실정이다.

3) 기존의 전형적인 슬러지 처리 · 처분 기술로는 그 감량화 정도에 한계가 있기 때문에

4) 고온호기성균, 초음파, 오존처리 등을 이용한 새로운 슬러지 감량화 기술이 필요

5) 새로운 감량화기술의 적용 시 발생할 수 있는 영양염류 제거효율 저하에 대한 대책이 필요한 실정이다.

6) 각 처리장의 실정에 적합한 공정의 도입이 필요하며 필요시 여러 개의 가용화시설을 조합하여 운영할 필요가 있다.

7) 또한 현재 기술 및 감량화 방안이 주로 슬러지 발생 후 방안수립에 초점이 맞추어져 있음
   ① 이러한 방안은 슬러지 처리를 위한 근본적인 방안 도출이 어려움
   ② 하수슬러지를 발생단계에서 원천적으로 저감시킬 수 있는 방안 도출이 필요하며

8) 잉여슬러지 가용화 후 혐기성 처리는 처리효율 향상, 감량화율 증대 및 바이오가스 생산량 증대를 가져올 수 있으므로 종합적인 에너지 자립화 및 신재생에너지의 활용도 충분히 검토되어야 함

Key Point ✳

111회, 112회, 123회, 124회, 127회, 128회 출제

슬러지 가용화(Ⅱ)

1. 개념

1) 하수슬러지의 혐기성 소화공정이 효율을 발휘하지 못하는 원인 중 하나는 하수슬러지를 구성하고 있는 호기성 미생물의 두꺼운 세포벽에 의해 기질이 차단되어 있어 생물학적인 분해가 용이하지 않기 때문이다.

2) 혐기성소화 공정이 일반화되어 있는 독일 등 유럽지역에서는 하수슬러지를 가용화할 수 있는 다양한 전처리 기술을 도입하고 있는 실정이다.

2. 슬러지 가용화 방법

1) 가용화 기술의 분류

하수슬러지 감량화 기술은 크게 생물학적·화학적·물리적 처리, 그리고 복합처리로 분류할 수가 있다.

저리기술	생물화학적 처리	화힉적 처리	물리적 치리	복합 처리
처리방법	• 고온 호기성 세균을 이용한 방법 • 소화균을 이용하는 방법	• 오존을 이용한 처리 방법 • 전기분해를 이용한 처리방법 • 알칼리 약품처리법 • 펜톤 처리법 • 초음파를 이용한 처리방법	• Cavitation 파쇄법 • 초임계수를 이용한 방법 • Mill 파쇄법	• 알칼리처리 + 기계적 파쇄 • 감압파쇄 + 가열 + 초음파

2) 전처리 방법별 특징

평가항목 / 전처리 방법	기계적 파쇄법	열전처리	화학적 처리 오존	화학적 처리 산/알칼리	생물학적 전처리	동결/용해
슬러지 세포파괴	+	+	+	+	+	0
슬러지 분해정도	+	0	+ +	0	0	0
박테리아의 사멸 정도	+	+ +	+	+	0	+
후속 응집제 소요량	−	0	− −	−	−	0
후속탈수성과의 관계	0	+	0	+	0	+ +
슬러지 상등액의 오염물질농도	0	−	−	−	−	−
악취유발정도	−	− −	−	−	−	0
처리시설비	보통	높음	보통	낮음	낮음	낮음 − 보통
가동 및 유지관리비	보통 − 높음	높음	보통 − 높음	보통	낮음	낮음 − 보통

(+ + : 매우 좋음, + : 좋음, O : 보통, − : 나쁨, − − 매우 나쁨)

3. 국내의 슬러지 가용화 기술

기술원리	기술명
열가수분해	저임계 습식산화공법을 이용한 하수 농축슬러지의 고형분 감량화 기술
오존 · 알칼리병합전처리 +호기소화	오존처리 및 가성소다를 이용하여 슬러지를 분해시키고 호기성 소화 및 침지식 평막을 결합한 하수슬러지 저감기술
오존전처리 + 수처리	오존분해기술을 이용한 슬러지자원화 및 감량화기술
생물학적 가용화제제	Salicylanilide의 화합물을 이용한 생물잉여슬러지 저감제 개발
초음파에 의한 감량화	폐활성 슬러지의 초음파를 이용한 슬러지 감량화 기술
초음파와 캐비테이션을 이용한 감량화	초음파와 수리동력학적 캐비테이션을 이용한 하수 및 슬러지 처리장치 및 이를 이용한 하수 및 슬러지 처리방법

4. 슬러지 감량화 설비 공법

항목 \ 공법	열적 가수분해	가압파쇄	초음파
형상			
가용화 원리	잉여슬러지를 예비가온과 Reac-tor에서 급격하게 온도를 165℃까지 올려줌으로써 세포막을 파괴하여 소화효율을 증가시켜 최종적으로 슬러지를 감량화하는 기술	잉여슬러지를 균질화하고 가압(12bar)한 후, 급격한 압력강하에 의한 공동화 현상(Cavita-tion)을 이용하여 미생물 세포막을 파괴하여 세포구성 물질을 유동성 물질로 전환하여 혐기성 소화효율을 증가시킴	초음파의 공동화 현상을 이용하는 기술로서, 반응기에 교반과 동시에 초음파를 주사하여 물리적으로 세포를 파괴하여 혐기성 소화효율을 증대시켜서 슬러지를 감량하는 공법
감량효율	우수	보통	보통
장점	• 소화조 가온열을 재이용 • 살균이 동시에 진행 • 고형물 부하에 대응성 탁월	• 슬러지 저감효율이 비교적 우수 • 기존의 처리시설에 설치가능 • 설비가 콤팩트함 • 살균이 동시에 진행	• 설치, 시공이 간편하고 운전관리 용이 • 전력소모가 적음
단점	소요부지가 비교적 큼	• 전력소모가 비교적 큼 • 전처리 과정이 필요 • 가용화 효율이 낮음 • 소요부지가 비교적 큼	• 유지관리비 비교적 고가 • 설치면적이 다소 큼 • 가용화효율이 낮음

Key Point +

111회, 112회, 123회, 124회, 127회, 128회 출제

세정산 발효(Elutriated Acid Fermentation)

1. 개요

1) 하수처리장 유입수의 특징
   ① 유입 유기물 농도가 매우 낮음
      ㉮ 영양염류처리를 위한 유기물 부하를 유지하기 어려움
      ㉯ 원인
         • 하수관거의 정비불량 및 노후화
         • 하수관거의 대부분이 합류식 : 우수발생 시 초기 저농도의 하수 유입
         • 하수관거의 시공불량
         • I/I 발생으로 지하수의 침투
   ② RBDCOD(Readily Biodegradable Chemical Oxygen Demand)의 함량이 불충분
   ③ C/(N+P)의 비가 낮음
   ④ 유입하수의 농도가 일변화 및 계절적 변화가 큼
2) 상기의 결과로 인해 BNR(Biological Nutrient Removal) 공정에 필요한 탄소원이 영양염류 제거 효율의 제한요인으로 작용

2. 세정산 발효

1) 혐기성 소화과정 중 고형물 내 유기물의 가용화 및 산발효단계에서 생성되는 물질을 별도의 세정수를 사용하여 세정 유출시키는 공법
   ① VS를 가용화하고 생분해가 가능한 유기물을 VFAs로 전환
   ② 생성된 유기산을 메탄으로 전환하기 이전에 세정 · 유출시킴으로써 VFAs 생산을 극대화
2) 즉, 생분해가 가능한 유기물을 생물학적인 영양염류 제거를 위한 외부탄소원으로 이용 가능한 VFAs(Volatile Fatty Acids)로 전환

3. 세정산 발효의 특징

1) 협잡물 처리시설을 단순화시킬 수 있다.
   ① 음식물 쓰레기를 세정산발효공정으로 처리하는 경우
   ② 혐기성 소화나 활성슬러지공법에서는 협잡물을 완벽히 제거할 수 없음

2) 생성된 세정유출수는

　　① BNR 공정의 외부탄소원으로 사용 가능 : 탈질효율 증대

　　② 수소와 메탄과 같은 Biogas를 생산하는 혐기성 발효공정의 유입기질로 이용가능

3) 퇴비화 시 염분문제를 해결할 수 있다.

　　세정산 발효 공정에서 발생되는 폐슬러지는 세정수의 영향으로 염분농도가 낮아 퇴비화 시 발생되는 염분문제를 해결할 수 있다.

4) 음식물쓰레기, 슬러지의 자원화 및 감량화 가능

　　유입슬러지의 VS 성분이 SCOD로 가용화되는 과정에서 VS 감량과 농축현상으로 부피가 감소

5) 혐기성 소화의 문제점 해결

　　안정화 반응시간이 길어 긴 SRT 및 큰 반응조로 인한 부지확보 문제점 해결

4. 영향인자

1) pH

　　① 반응조 내의 운전상태를 평가하는 인자

　　② 가용화율 : 알칼리 주입농도가 증가할수록 가용화율 증가

　　③ 산생성률 : pH 5.5 정도가 최적

　　④ 높은 가용화율을 얻기 위해 반응조 내 pH를 높게 유지한다면, 산생성이 저해를 받게 된다.

　　⑤ 따라서, 높은 가용화율과 산생성률을 동시에 달성하기 위해서는 세정수의 pH 조질이 매우 중요

　　⑥ 유기성 슬러지를 이용한 세정산 발효 공정에서 세정수의 최적 pH는 9 정도

2) Cl^- 농도

　　음식물쓰레기와 같은 높은 염분함유 물질을 하수처리시설에서 연계처리하거나 바이오가스 생산을 위한 혐기성 소화를 적용시킬 때 큰 저해요인으로 작용한다.

Key Point

- 수질관리기술사 기출문제이나 상하수도에서는 출제된 적이 없는 문제임. 그러나 향후 출제가 예상됨
- 특히 탈질반응에 필요한 외부탄소원의 자체생산관점에서의 접근이 필요함

슬러지의 농경지 주입

1. 슬러지 주입 시 이익

1) 작물에 유기물질, 질소, 인, Ca, Mg, K 등의 영양소를 공급
2) 토양의 투수성과 통기성을 증대
3) 토양의 수분함량을 증대
4) 토양의 단립조직을 증대
5) 토양미생물의 성장과 식물의 뿌리를 보호

2. 슬러지 주입에 의한 위해성

2.1 염도

1) 농업용수에 있어 염도가 큰 경우 삼투압에 의해 식물의 성장이 저해
① 만약, 토양의 성질이 양호하여 배수가 잘 되는 경우에는 뿌리 밖으로 이러한 염분이 배출되어
  그 피해가 경감된다.
② 온도가 높거나 낮은 경우 및 강우량이 적은 경우 염도에 의한 영향이 증대될 우려가 높다.

2) 염도에 의해 토양의 투수력 및 통기성이 감소
SAR(Sodium Adsorption Ratio)이 높은 경우 배수가 불량한 토양이 되어 식물의 성장을 저해

$$SAR = \frac{Na^+}{\sqrt{\dfrac{Ca^{2+} + Mg^{2+}}{2}}} \quad 또는 \quad \frac{Na^+}{Na^+ + Ca^{2+} + Mg^{2+} + K^+} \times 100$$

여기서, Ca, Mg, K, Na의 단위는 me/L

2.2 질소

질소과잉에 의해 식물의 겉자람 유발

2.3 중금속

1) 식물 성장에 영향을 주는 중금속 : Zn, Cu, Ni
2) 중금속에 의한 식물의 영향정도
CEC(Cation Exchange Capacity : 양이온 교환능력)와 pH에 따라 상이
pH가 5.5 이하, CEC가 적은 경우 영향을 많이 받게 된다.

2.4 병원균

1) 병원균에 의한 영향정도

① 토지 주입 후의 토양이나 작물에서 병원균의 서식 기간

② 주입 당시의 Aerosol의 형성 여부

③ 강우에 의한 병원균의 유출이나 지하수 침투 정도

2) 잘 소화된 슬러지를 주입할 경우 병원균에 의한 문제점 해결 가능

3. 허용부하율 결정방법

3.1 영양소에 의한 허용부하율

식물의 성장에 필요한 영양소는 토양으로부터 획득하므로 토양에 영양분이 과다 또는 과소하여 영양소의 불균형 유발 시 작물의 성장에 위해를 줄 수 있으므로 영양소에 의한 허용부하율을 고려하여야 한다.

3.2 중금속에 의한 허용부하율

1) 슬러지는 일반적으로 토양보다 중금속의 농도가 높으며

2) 토양의 중금속 농도가 높으면 작물을 오염시켜 먹이연쇄를 통한 생물농축이 발생할 수 있으므로 이를 고려하여야 한다.

3.3 과다 살포에 의한 수질오염을 고려한 허용부하율

1) 퇴비화된 슬러지를 특정지역에 살포할 경우 비점오염물질로 작용하며

2) 강우에 의해 주변 지하수 및 수역의 오염을 유발할 수 있다.

하수슬러지 처리 및 처분방법

1) 슬러지 처리시설계획 시 일반적으로 조합 가능한 공정은 다음 표와 같으며

2) 슬러지의 처리단계 및 처분단계로 나누어지며, 처리단계는 다시 농축단계, 소화단계, 탈수단게로 나누어진다.

3) 슬러지 처분방법은 최종처분지의 여건에 따라 달라질 수 있으나 퇴비화 및 토지주입, 건설자재화 및 매립, 소각 등의 방법으로 처분되고 있다.

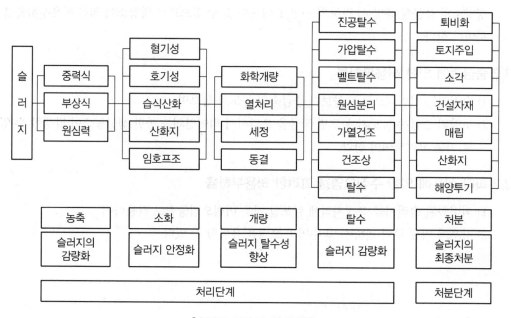

[슬러지 처리 및 처분방법]

하수슬러지 처리방식 선정을 위한 기본조건

하수슬러지 최종처리방식의 선정은 다음의 흐름도에 의해 기본적 조건을 충족하여야 하며 또한 유지관리 및 경제성 등의 비교를 통하여 최적의 방식을 선정한다.

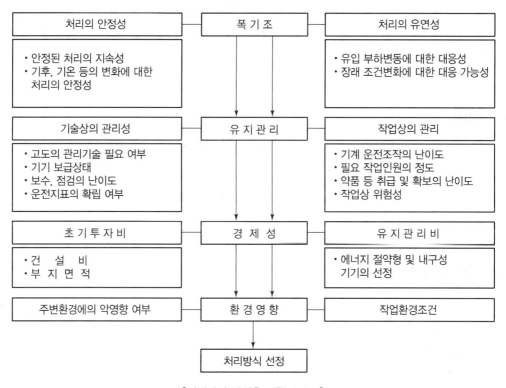

[처리방식 선정을 위한 흐름도]

하수슬러지 관리계획 수립지침(2006. 3 환경부)

1. 개요

환경부는 하수슬러지 관리계획을 수립함에 있어 지방자치단체가 지역적 특성 등을 감안하여 계획을 수립할 수 있도록 하기 위해 하수슬러지 관리계획 수립지침을 수립하고, 이를 기초로 2차 오염 등 환경적 조건과 건설비 및 운영비 등의 경제적인 문제, 주민반대 등 사회적 문제를 종합적으로 감안하여 계획하도록 하고 있다.

2. 계획

하수슬러지로 인한 2차 환경오염을 방지하는 한편 유용한 자원으로 활용하기 위함
1) 제1기준 초과처리장은 2008년 7월 말까지 처리시설 완비
2) 제2기준 초과처리장은 2011년 1월 말까지 처리시설 완비
3) 기타 처리장은 2011년 말까지 처리시설 완비

3. 계획수립 시 고려사항

1) 슬러지 처리과정, 처리 후 2차 환경오염(악취, 유해물질의 먹이사슬 유입 등)을 최소화할 수 있는 방안으로 계획
2) 규모, 처리방식은 건설비 및 운영비 등을 고려하여 가장 경제적인 방안으로 계획
3) 민원발생 등으로 인한 사회적 비용을 최소화할 수 있도록 규모, 처리방식 등을 계획
4) 유용한 신기술이 있는 경우에는 성공불제 등을 활용하여 신기술 적극 적용
5) 지역적 특성(시멘트 공장, 화력발전소, 농촌 등)을 최대한 고려하여 계획

4. 계획의 단위

1) 계획의 지역적 범위는 시·군단위로 하되, 2개 이상의 시·군 또는 시·도가 협력하여 광역화할 수 있는 경우는 이를 권장
2) 처리장별 슬러지 발생규모에 따른 시설계획
   ① 슬러지가 대규모로 발생(1일 50톤 이상)되는 처리장의 경우는 처리장 단위로 하되 광역화할 수 있는 경우는 이를 권장

② 슬러지가 중규모로 발생(1일 20톤 이상)되는 경우는 자치단체 단위로 광역화 방안을 추진하되, 불가피한 경우에는 처리장 단위로 계획

③ 슬러지가 소규모로 산재되어 발생(1일 20톤 미만)되는 경우는 광역화 또는 집중화 방안으로 계획

5. 관리방법 계획

5.1 감량화

1) 소화조가 있는 처리장에서는 소화효율 개선사업 시행 권장
2) 소화조가 없는 처리장에서는 감량화 기술을 적용하여 슬러지 발생을 줄이는 방안 적극 검토, 추진

5.2 재활용

1) **퇴비화**
   ① 식용작물 외의 용도로 퇴비를 활용할 수 있는 경우 퇴비화 방안 권장
   ② 특히 군지역의 슬러지는 퇴비화 방안 적극 권장
   ③ 도시하수슬러지의 퇴비화를 금지한 비료공정규격 개정을 검토할 예정인 바, 퇴비수요가 많은 자치단체는 퇴비화 확대방안 적극 검토

2) **복토재**
   ① 자체 매립장을 보유하고 있는 자치단체는 부숙 또는 고화처리하여 복토재로 재활용하는 방안 적극 추진
   ② 수도권의 경우 건설예정인 수도권광역자원화시설 활용(추가 신청할 지자체가 있는 경우 도를 통해 신청)

3) **시멘트 원료**
   시멘트 공장과의 수송거리가 멀지 않은 자치단체는 시멘트 원료로 활용하는 방안 강구

4) **경량골재**
   블록, 타일 등 건축자재 수요가 많은 지역은 골재로 활용하는 방안 강구

5) **녹생토**
   법면녹화기반재 등 녹생토의 공급선을 안정적으로 확보할 수 있는 지역은 녹생토로 활용하는 방안 강구

6) **연료화**
   화력발전소, 기타 고체연료 사용시설이 있는 지역은 연료화 방안 추진 권장

7) **기타**
   ① 상기 이외의 유용한 재활용기술이 있는 경우 적용
   ② 민간의 재활용시설을 활용할 수 있는 경우 활용 추진

5.3 매립

1) 매립가스 재이용시설이 있거나 계획이 있는 경우는 매립하여 에너지 회수 재활용으로 계획(잠
   정계획으로 수립하고, 최종 방침에 따라 수정)

2) 1만 톤/일 미만 처리장의 슬러지로서 지역특성상 재활용이 곤란한 경우로서 매립장 여유용량이
   있는 경우 매립으로 계획

3) 폐기물처리업체의 매립시설을 이용할 수 있는 경우에는 이용방안 검토

5.4 소각

1) 생활쓰레기 소각시설이 있거나 건설 중인 경우 일정량(전체 소각물량의 15~30%에 해당하는
   슬러지)을 혼합 소각하는 것으로 계획(잠정계획)

2) 폐기물처리업체가 보유한 소각시설을 이용할 수 있는 경우에는 이용방안 추진

3) 매립, 재활용이 곤란한 경우는 별도 소각시설을 건설하는 것으로 계획

TOPIC **43**

하수슬러지 처분관련 규제동향 및 향후정책

1. 직매립 금지

1) 1997년 수도권매립지에서 발생하는 침출수와 악취문제를 검토하는 과정에서 기술적 한계에 부딪히면서 문제의 근원이 되는 높은 수분함량을 가지고 있는 유기성 폐기물에 대하여 폐기물관리법에 근본적으로 반입을 금지하는 조항을 명시하게 되었다.

2) 폐기물관리법의 개정에 반영된 주요 사항은 음식물쓰레기와 폐·하수슬러지로 구분할 수 있으며, 음식물쓰레기가 2005년 1월 1일, 폐·하수슬러지는 2001년 1월 1일로 직매립금지조항이 적용되었다.

3) 그러나 국내 경제여건의 악화 및 적정 처리기술의 부재 등으로 법에 명시된 폐·하수슬러지 자원화를 위한 적절한 조치가 뒤따르지 못하므로 환경부는 2000년 7월 동법령을 다시 개정하여 단서조항으로 함수율 75% 이하로 탈수하는 경우에는 2003년 6월말까지 육상매립을 한시적으로 허용하였다.

2. 해양배출 규제

1) 하수슬러지 처리에 영향을 미칠 수 있는 국제 동향은 1972년 채택된 폐기물 및 기타 물질의 배출에 대한 해양오염방지에 관한 협약으로, 통상 런던협약(London Convention)을 들 수 있다.

2) 런던협약에서는 하수슬러지의 해양배출처리가 가능하나, '96년 개정의정서가 2006년 3월 발효되어 2016. 1. 1. 이후 해양배출이 전면 금지되었다.

3) 하수슬러지의 해양배출 요건으로 육상처리가 불가한 과학적 이유, 바다에 버려도 해양생태계 등에 해가 없다는 입증, 그리고 불가피하게 해양배출을 하더라도 최소화 입증 등의 책무가 뒤따르게 되어 있기 때문이다.

4) 일본에서도 하수슬러지 해양배출에 대해서는 엄격한 규제항목과 규제기준에 의해서 허용하고 있다. 다음 표에 런던협약과 개정된 의정서를 비교하여 나타내었다.

◎ '72런던협약과 '96개정 의정서 비교

'72런던협약	'96개정 의정서
모든 물질의 해양배출은 가능하지만, 아래 열거한 물질의 해양배출을 금지(Positive System)	모든 물질의 해양배출은 불가능하지만, 아래 열거한 물질의 해양배출을 허용(Negative System)
• 유기할로겐화합물	• 준설물질
• 수온과 수은화합물	• 하수오니
• 카드뮴과 카드뮴화합물	• 생선 및 생선가공과정 발생폐기물
• 플라스틱류	• 선박, 플랫폼, 해상인공구조물
• 원유와 그 화합물	• 비활성, 무기질 지질물질
• 생물 · 화학전을 위하여 생산한 물질	• 천연성 유기물질
※ 방사선폐기물의 해양배출 금지	• 컨테이너, 고철 및 벌크형태의 폐기물
※ '95. 12. 31까지 산업폐기물 배출 금지 ('96의정서 허용물질 제외, '93년 개정)	※ 폐기물 해양배출 전 재활용, 재사용 등 육상처리 방안 강구
	※ 해양배출폐기물은 유해성분 제거 또는 감소 후 처리 ※ 폐기물의 특성, 생태계 영향, 배출장 모니터링 등 폐기물 배출 사전 · 사후 평가체제 도입

3. 하수도 관련 지침 및 재활용 규정

『하수도시설운영 · 관리업무처리통합지침(2006. 7, 환경부)』에 하수슬러지 관련 지침 및 재활용에 관련된 사항을 살펴보면 다음과 같다.

1) 하수처리시설에서 발생되는 슬러지는 폐기물관리법상 사업장폐기물에 해당되므로 폐기물관리법규정에 의거 적법하게 처리하여야 한다.

① 2001년 1월 1일부터 하수도법 제2조제5호의 규정에 의한 1일 처리용량 1만세제곱미터 이상인 하수종말처리시설의 유기성 오니는 바로 매립하여서는 아니되므로(다만 수분함량 75% 이하인 유기성 오니는 2003년 6월 30일까지 그러하지 아니하다.) 이에 대한 적정한 하수슬러지 처리대책을 강구하여야 한다.

② 비료관리법 등에 의한 적법한 절차를 받지 아니하고 퇴비화를 목적으로 농가 등에 슬러지를 공급할 경우에는 불법투기에 해당되므로 위반사항이 발생되지 않도록 하여야 한다.

2) 하수 슬러지는 폐기물관리법시행규칙 별표 4 제3호 가목 및 제4호 라목(2)(나)①의 규정에 의하여 토지개량제 및 매립시설 복토용으로 재활용할 수 있도록 적극 노력하여야 한다.

유기성 오니를 토량개량제 및 매립시설 복토용으로 재활용할 경우에는 "유기성 오니 등을 토지개량제 및 매립시설 복토용 도로의 재활용 방법에 관한 규정(환경부고시 2003−214호, 2003. 12. 20)"에 따라 적정하게 처리하여야 한다.

3) 공공하수도관리청은 하수슬러지를 재활용 또는 재이용할 경우에 대비하여 하수슬러지의 성분이 재활용기준 등을 준수할 수 있는지를 확인할 수 있도록 매분기별 1회 이상 하수슬러지에 대한 성분분석을 실시하고 그 기록을 보관 관리하여야 한다.

하수 슬러지의 성분분석항목은 유기성 오니의 재활용기준 등을 감안하여 비소(As), 카드뮴(Cd), 구리(Cu), 납(Pb), 수은(Hg)은 반드시 실시하여야 한다.

슬러지 처리 · 처분방법의 예

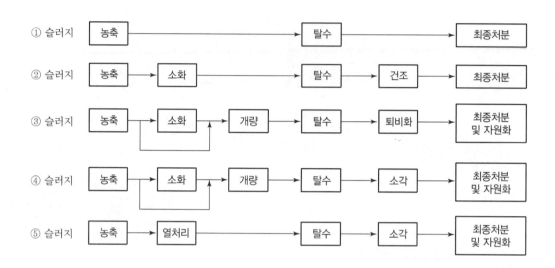

①의 방법은 슬러지를 함수율만 낮추어서 최종처분하는 것으로 슬러지 내의 유기물이 안정화되어 있지 않으며 위생적으로도 안전하지 못하나 소규모 시설에 이용가능하다. 원심농축탈수기를 이용하여 별도의 농축공정 없이 직접 탈수하기도 한다.

②의 방법은 슬러지를 소화시킨 후 탈수 건조시켜 최종처분하는 것으로 유기물을 안정화시키고 슬러지 부피도 감소시킬 수 있다.

③의 방법은 탈수케이크를 퇴비로 사용하는 것으로 탈수케이크는 함수율이 높아 퇴비화가 곤란하므로 수분함량을 조정하여야 한다. 슬러지를 녹지에 투여하는 경우에는 슬러지의 직접 주입이 고려되는 경우도 있다.

④의 방법은 소각하는 방법으로 도시지역 등과 같이 매립지 확보가 어렵거나 매립처리가 어려운 경우에 검토할 필요가 있다. 슬러지를 소각하는 경우에 혐기성 소화의 채택 여부는 슬러지 소화 시 슬러지의 감량화로 인한 후속 처리시설규모의 축소, 소화가스의 이용, 슬러지의 저류효과 등의 장점과 수처리시설에 미치는 상징수의 영향, 슬러지 발열량의 저하, 가온의 필요성, 부지면적, 시설의 복잡정도 등의 단점을 종합적으로 판단해서 결정한다.

⑤의 방법은 열처리에 의해 탈수성을 향상시키는 것으로 가열에너지가 필요하므로 슬러지 소각 시 발생하는 폐열 이용을 전제로 하며, 탈리액은 BOD가 높고 슬러지에서는 독특한 악취가 난다. 또한, 유지관리가 어려운 단점이 있다.

상하수도 계획

하수도 기본계획

1. 개요

1) 하수도정비에 대한 최상위 행정계획, 20년 단위 5개년 시행단계

2) 목적

① 하수를 체계적 수집 · 이송 · 저류 · 처리 → 공공수역 수질개선 및 생활환경 개선

② 강우 시 우수 신속 배제 → 도심침수 예방 및 강우월류수 최소화

③ 수립주체 : 특별시장 · 광역시장 · 특별자치시장 · 특별자치도지사 · 시장 또는 군수(광역시의 군수는 제외)

④ 계획수립 절차

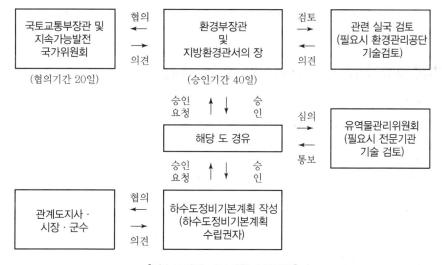

[하수도정비 기본계획 수립절차]

㉮ 기본계획 수립권자 ↔ (해당 도 경유) ↔ 유역물관리위원회에 심의 요청

• 기본계획 수립권자는 물관리기본법에 따라 유역물관리위원회에 심의를 받아야 한다.

• 유역물관리위원회 심의 결과 계획 조정의 요구가 있는 경우 기본계획 수립권자는 특별한 사유가 없으면 이에 따라야 한다.

2. 주요 고려사항

1) 전체 구상이 창의적 · 포괄적이며, 시행과정에 있어서 변화에 대한 탄력성이 확보되어야 한다.

2) 지표설정 및 세부계획 수립 시 하수도정비 목적을 달성할 수 있도록 방향을 설정한다.

3) 기본계획 전체에 걸쳐 목표연도를 기분으로 단계별 시행계획을 수립한다.

4) 하위 시설계획의 방향 및 지침을 제시하되, 하위 시설계획의 세부적 결정사항은 피한다.

5) 관계 법령 및 문헌ㆍ연구보고서 등 철저한 자료조사 후 유사지역의 기수립된 기본계획은 참조하여 치밀한 계획을 수립한다.

6) 기초조사는 실측 조사를 원칙으로 하고 곤란한 경우 공인된 기관의 최근 자료를 활용한다.

7) 하수도의 신설계획뿐만 아니라 기존 하수도 시스템(수집-이송-저류-처리-방류 전과정)의 문제점을 도출, 원인분석ㆍ대책을 마련하여 계획에 반영하여야 한다.

8) 하수도 시설개선은 최근 5년 이내 기술진단 결과를 검토ㆍ분석하여 기본계획에 반영한다.

9) 오염총량관리계획 시행대상지역은 총량관리단위유역의 목표수질을 달성할 수 있도록 유역관리개념이 고려된 기본계획을 수립한다.

10) 유역하수도정비계획 등 상위계획, 관련계획의 상호연관성 등을 검토하여 일관되고 유기적인 계획이 수립되도록 한다.

11) 분류식 하수관로 지역의 문제점을 개선하기 위한 자체 이행계획을 수립ㆍ제출 → 차기 변경승인 요청 시 그 계획의 이행성과를 평가하여 제출하여야 한다.

12) 수립지침의 일부가 불합리하다고 판단되는 경우에는 기준을 수정하여 적용할 수 있다.

3. 기본계획 수립 시 포함되어야 할 주요내용

1) 제1장 총설

계획의 목적, 범위, 기본방침

2) 제2장 기초조사

자연적 조건, 관련계획, 부하량, 처리구역 현황조사, 환경기초시설 조사, 하수도 연혁 조사

3) 제3장 지표 및 계획기준

목표연도, 계획구역, 계획인구 및 하수처리인구, 계획하수량, 계획 수질

4) 제4장 처리구역별 하수도 계획

① 배수구역 설정

② 하수처리구역

③ 하수 수집 및 이송 계획 : 강우 시 미처리 하수(CSOs, SSOs 및 우수관로 유출수) 발생에 따른 문제점 및 대책을 제시

④ 하수 수집 및 이송 실태조사 : 유량 및 수질조사, 변동부하율 조사, CCTV조사, 수위조사

⑤ 하수관로의 현황 및 문제점 : 문제의 소구역 지정 → CCTV조사, 기술진단 → 개량 등의 정비계획 수립

⑥ 하수 수집 및 이송시설 정비의 기본방향 : 현장여건 고려, 최적의 배제방식

⑦ 배제방식 계획

⑧ 관로 개량계획

⑨ 관로 신설계획

⑩ 분류식 관로계획

⑪ 합류식 관로계획

⑫ 펌프장 계획

⑬ 강우 시 하수관리 대책 : CSOs · SSOs 관리계획, RDII 저감계획

⑭ 하수저류시설 계획 : 도시 내수침수 예방, 초기빗물 오염저감, 물 재이용 고려

⑮ 침수대응 하수도시설 계획 : 강우유출해석 모형 → 내수침수 예방 계획 수립

⑯ 합류식 지역의 하수도 악취저감 계획 : 하수도 서비스 품질향상을 위해 하수도 악취 발생원, 발산원, 배출원에 대한 체계적 대응을 통해 악취 저감계획 수립

⑰ 배수 설비 : 분류식 지역의 배수설비 우수배제 계획 시 오수관로에 빗물이 유입되지 않도록 계획을 수립

⑱ 공공하수처리시설 계획, 현황 및 문제점 : 처리시설은 계획하수량을 모두 처리할 수 있도록 계획하고 증설계획은 지하수유입량(I/I)과 관로정비계획을 함께 고려하여 수립

⑲ 공공하수처리시설 신설(증설) 계획

⑳ 간이공공하수처리시설

5) 제5장 하수찌꺼기(슬러지) 처리 · 처분계획

슬러지 발생량 예측, 안정화 · 감량화, 광역처리

6) 제6장 분뇨처리시설 계획

전량 수거 원칙, 직투입률 증가하도록 계획

7) 제7장 개인하수처리시설 계획

8) 제8장 재정계획

사업우선순위, 시설별 · 처리구역별 소요사업비, 유지관리비, 재원조달계획 및 하수도요금 현실화 계획 수립

9) 제9장 운영 및 유지관리계획

단계별 개선방안, 통합 · 운여관리체계, 재해대책, 하수도대장 정비대책 수립

10) 제10장 사업의 시행 효과

Key Point ✦

• 76회, 80회, 83회, 86회, 89회, 91회, 92회, 98회, 105회, 111회, 122회, 123회, 124회, 125회, 126회 출제
• 상기 문제는 출제 빈도를 떠나서 하수도계획 전반에 대한 이해를 위해 숙지할 필요성이 있음
• 계획오수량 산정방법에 대해서도 숙지 필요

하수도 기본계획 수립(변경) 관련계획 및 변경대상

1. 의의 및 목표

1) 하수도정비기본계획이란 하수도시설 및 분뇨처리시설의 계획적·체계적 정비를 도모하기 위하여
   ① 하수도법 규정에 근거하여 기본계획의 수립권자가 수립하는 하수도정비에 관한 최상위 행정계획이다.

2) 공중위생 및 생활환경의 개선과 환경정책기본법에서 정한 수질환경기준을 유지하고, 침수를 예방하기 위하여
   ① '국가하수도종합계획' 및 '유역하수도정비계획'을 바탕으로 관할 구역 안의 유역별로 하수도정비에 관한 20년 단위의 기본계획을 수립하여야 한다.

3) 기본계획은 공공수역의 수질보전 및 생활환경 개선을 위하여
   ① 청천 시와 강우 시의 하수(오수·빗물·지하수)를 체계적으로 수집·이송·저류·처리하고
   ② 강우 시 우수배제를 통한 도시침수 예방 및 강우월류수 최소화 등
   ③ 효율적인 하수를 관리하기 위한 계획이다.

2. 타 계획과의 관계

1) 상위계획

   국토종합계획, 도시·군기본계획, 국가하수도종합계획, 유역하수도정비계획, 공공수역의 수질개선 계획

2) 하위계획

   각종 하수도 시설계획

3) 관련계획
   ① 오염총량관리계획, 댐건설기본계획, 수도정비기본계획, 시·군 종합계획, 산업단지개발계획, 택지개발계획, 농어촌정비계획, 하천정비계획, 관광지조성계획 등 각종 개발계획
   ② '23년 추가 : 자연재해 저감종합계획, 자연재해위험개선지구 정비계획, 특정하천유역치수계획 등

3. 계획수립범위

1) 시간적 범위(목표연도)

① 원칙적으로 20년을 단위로 하고 5개년의 시행단계로 구분하되, 년도의 끝자리는 0 또는 5년을 원칙으로 한다.

㉮ **예** 기준년도 2021년에 계획을 수립하는 경우에는 1단계 2025년, 2단계 2030년으로 계획

㉯ 다만, 일부 지역변경(부분변경)은 종전의 목표연도와 동일하게 작성하여야 한다.

2) 지역적 범위(계획구역)

① 시·군 단위의 전체 행정구역을 원칙으로 하되

㉮ 효율적인 하수처리계획을 위해 향후 전체계획 수립 시 통합을 전제로 지역단위 계획(부분변경)의 수립도 가능하다.

4. 기본계획 변경 대상

1) 수변구역

① 공공하수처리시설·간이공공하수처리시설의 위치 변경

② 공공하수처리시설·간이공공하수처리시설의 신설·증설

③ 하수저류시설의 신설

④ 하수정비기본계획에서 정한 하수처리구역의 변경(면적의 증·감 등을 포함)

⑤ 합류식 하수관로·분류식 하수관로의 배치 변경(2020.2.24. 개정)

2) 상기 수변구역 외

① 공공하수처리시설·간이공공하수처리시설의 신설

② 1일 하수처리시설 용량이 500m³ 이상인 공공하수처리시설로서 용량의 100분의 20 이상의 증설

③ 하수저류시설의 신설

④ 하수정비기본계획에서 정한 하수처리구역 면적이 100분의 10 이상의 확대

⑤ 합류식 하수관로·분류식 하수관로의 배치 변경(2020.2.24. 개정)

3) 기존 공공하수처리시설을 폐쇄하고 부지 내 동일 위치, 부지 내·외로 이전하여 새로이 설치하고자 하는 경우

① 공공하수처리시설 신설에 해당하므로 하수도정비기본계획의 변경승인을 받아야 한다.

㉮ 다만 홍수, 해일, 지진 등 자연재난과 화재, 붕괴, 폭발 등 사회재난으로 인해 기존 공공하수처리시설을 정상운영 할 수 없게 되어 복구를 위해 이전·설치하는 경우 → 변경승인 받기 전에 이전·설치할 수 있다.('23년 신설)

4) 기본계획 수립권자는 기본계획을 수립한 후 5년마다 기본계획의 타당성 여부를 검토하여 필요한 경우에는 이를 변경하여야 한다.

5) 도시 · 군기본계획, 댐건설기본계획, 오염총량관리계획, 그 밖의 공공계획이 수립 · 변경되는 등 기본계획의 변경 사유가 발생한 때에는 이를 반영하여 기본계획을 변경하여야 한다.

6) 환경부장관 또는 지방환경관서의 장은 정책방향의 변경 등으로 인하여 종합계획 또는 유역하수도정비계획의 중요한 사항이 변경된 경우에는 기본계획 수립권자에게 기본계획의 변경을 요청할 수 있다.

4. 전체변경 및 부분변경

4.1 전체변경

1) 시 · 군의 주요 사항(도시계획 등)이 변경되어 전체적으로 기본계획의 수립 시점이 다시 시작되는 경우
   ① 최종 목표연도가 달라질 때 수립

4.2 부분변경

1) 전체 기본계획의 목표연도와 주요 사항의 틀 안에서 일부 사항을 변경하는 경우
   ① 최종 목표연도가 달라지지 않을 때 수립
2) 1일 하수처리시설 용량 500㎥ 미만의 공공하수처리시설(처리시설과 하수관로를 포함)의 경우
   ① 기본계획 수립(변경) 후 불가피하게 소규모 하수도를 설치하고자 할 경우 기본계획을 부분변경하여 수립할 수 있다.

하수도 기본계획 수립(변경) 기초조사 항목

1. 자연적 조건에 관한 조사

1.1 지역의 개황

위치, 면적, 지형, 지세 등

1.2 하천 및 수계현황 조사

1) 하천수계 현황조사 시 하수도계획과 관련이 있는 부분 위주로 기술

2) 하천수계 현황조사

① 등급, 수질기준, 수질측정망 현황, 연간수질 측정자료 제시

② 상수원 1일 취수량과 하천유량과의 관계를 수질과 연계검토하여 제시

③ 방류수 수질기준과 연계하여 방류수역의 연간 수질변화자료(측정망 자료 등)를 활용하여 하수도와 하천 연관성 분석

3) 하천수계 현황도 작성

1.3 기상자료 분석

1) 도시침수 및 하수이송과 관련된 중요 인자인 강우에 대하여 단순 개황 자료가 아닌

① 침수, 월류 등 강우가 하수도에 미치는 영향을 분석하기 위해

② 필요한 강우특성을 하수도와 연계하여 분석 제시

2) 최근 20년 이상의 시 강우, 일 강우 기록을 조사하여 분석

3) 강우횟수, 강우량 분포현황, 월별 강우량 분포, 강우일과 강우영향일 분포현황, 지속시간, 강우사상의 누적확률빈도, 강우횟수별 강우강도, 방재성능 달성을 위한 확률강우량

① 합류식(CSOs), 분류식(I/I), 도시침수, 하수처리에 대한 영향 등을 고려하여 하수도 각 분야별 대책 수립에 활용될 수 있도록 검토

4) 하수처리 적정성 파악을 위해 월간 기온변화 추이

하수도와 연계·분석하여 간략화하여 제시

5) 지진

발생했던 지진의 규모, 피해 상황, 최고 진동수

2. 관련 계획에 대한 조사

2.1 상위계획

1) 국토계획, 도시·군기본계획, 댐건설기본계획, 도종합계획, 시·군종합계획, 부문별 계획, 지역계획, 국가하수도종합계획, 유역하수도정비계획 등
   ① 하수도와 관련된 계획을 비교요약
   ② 하수도정비기본계획 부분 및 전체 변경 연혁을 요약·수록하여야 함(승인년도, 하수도시설 규모, 목표연도 등)
2) 수자원 장기종합계획, 환경보전 장기종합계획
3) 인구, 산업배치 등 계획지역에 관련된 각종 장기계획
4) 도시계획(국토의 계획 및 이용에 관한 법)
   ① 도시지역, 도로계획, 주택단지 및 산업단지 개발계획, 도시개발 및 재개발 사업계획, 토지구획정리계획
   ② 인구밀도계획, 주거환경계획(주택밀도계획 등) 반영
5) 수도권정비계획(해당 시·군)

2.2 오염총량관리계획 및 수계 환경관리계획

1) 오염총량관리기본계획, 오염총량관리시행계획(시행지역 자료활용) 제시
   ① 해당수계의 오염총량관리제 수립지역에 한해 추진현황 및 계획 제시
   ② 공공하수처리시설 설치로 인한 시기별 삭감부하량 제시

2) 수계영향권별 환경관리계획
   정비계획 대상지역 내 수계별 종합계획(4대강수계 물관리종합대책 등)

3) 하천정비기본계획 및 하천환경정비사업계획
   ① 계획홍수위 및 홍수량, 계획저수위 및 계획저수량 등 하천정비계획의 개요를 간략화하여 기술
   ② 하수도시설(처리장, 우수토실)과 관계, 침수 및 하수도계획과 연계하여 계획에 활용될 수 있는 내용 위주로 작성

2.3 자연재해대책 계획 및 물수요관리종합계획

1) 댐 및 식수전용저수지 계획
2) 도시관리계획구역 내 자연재해 예방을 위한 종합적 치수계획 및 강우유출수 관리계획
   ① 하수저류시설, 빗물펌프장, 우수침투시설 현황과 위치도 제시
   ② 자연재해저감 종합계획, 자연재해위험개선지구, 하천기본계획, 특정하천유역치수계획 등과의 연계성 검토

3) 수도정비기본계획 및 유수율 제고계획

　　① 취・정수장의 위치, 급수구역(광역, 지방, 전용, 마을상수도, 소규모급수시설)을 도면(1/2만5
　　　천~1/5만)으로 제시

　　② 단계별 유수율 제고계획

4) 수돗물의 공급과 이용에 있어 수요관리를 위한 물수요관리 목표 및 물수요관리종합계획

2.4 기타 계획

1) 농어촌 발전계획

2) 인접지역의 하수도정비기본계획

3) 환경정비계획

4) 기타 관련계획

5) 휴양시설현황 및 개발계획

6) 지하수관리기본계획

　　지하수측정망을 조사하여 최근 3년이내 수질 및 수위현황과 위치도를 제시

3. 부하량에 관한 조사

총량규제(관리)가 필요한 수역에 한하여 실시

3.1 발생부하량 조사

오염원 분포현황을 바탕으로 하여 실측치 또는 원단위를 이용하여 하수처리구역별로 산정

3.2 하수처리구역 내 오염원별 발생부하량 조사

1) 오염원별 발생부하량 조사

2) 하수처리구역 내 오염부하량 조사지점의 설치현황 및 계획수립

3) 오염원별 발생부하량 조사방법

　　① (수질오염물질의 배출허용기준)의 '나지역' 기준으로 배출하는 시설
　　　계절별 1회(3계절), 강우 시 1회, 일별 2시간 간격 이내로 유량과 수질을 동시에 측정

　　② 하수처리시설로 연계하는 시설(분뇨처리시설, 환경기초시설의 침출수, 가축분뇨공공처리
　　　시설, 비점오염저감시설 등)
　　　연계처리시설 유입 전, 하수관로 유입 전 또는 이송 전에 계절별 1회(3계절), 일별 2시간 간격
　　　이내로 유량과 수질을 동시에 측정

　　③ 별도배출허용기준을 적용받는 시설
　　　계절별 1회(3계절), 일별 2시간 간격 이내로 유량과 수질을 동시에 측정

④ 하수도시설로 유입되지 못하는 오염부하량

자연발생적 소수계(소하천 및 하수천화된 하천 등)

㉮ 소수계에서 본류로 유입되는 말단 지점(하수처리구역당 2개소 이상)

㉯ 계절별 1회(3계절), 강우 시 1회, 일별 2시간 간격 이내로 유량과 수질을 동시에 측정

⑤ 하수도시설로 유입되는 오염부하량

㉮ 하수처리구역 내 하수관로관리를 위한 시스템이 구축되지 않은 경우

- 주거, 상업, 공업지역 등 계획수립대상 지역의 용도지역별
- 계절별 1회(3계절), 강우 시 1회, 일별 2시간 간격 이내로 유량과 수질을 동시에 측정

㉯ 하수처리구역 내 하수관로관리를 위한 시스템이 구축된 경우

- 하수처리구역당 2개소 이상 조사지점을 선정
- 계절별 1회(3계절, 동·하절기 포함), 강우 시 1회, 일별 4회 이상 수질만 측정
- 강우 관련 자료는 강우량, 강우강도, 강우지속시간

3.3 배출부하량 조사

오염총량관리대상지역의 경우는 관련 지침을 참고하여 조사

3.4 공공수역의 허용부하량 조사

3.5 오염부하량의 관리목표

오염원 및 비점오염원에 의한 오염부하량의 관리목표를 단계별, 하수처리구역별로 제시

3.6 배출허용기준고시 현황 조사

4. 처리구역 현황조사

1) 기존 처리구역을 지번 단위로 구분 및 분할하여 물 사용량, 인구 등 하수도 관련 기초데이터를 구축

2) 소구역 분할

오수간선관로 등 하수관로 구축현황과 지역여건 등을 고려한 소구역 분할 기준 제시

- 소구역 : 차집관로/오수간선관로에 연결되는 최소단위의 지역

5. 환경기초시설에 대한 조사

1) 분뇨 및 축산폐수처리시설의 처리현황 및 계획

2) 폐기물처리시설 및 처리현황, 침출수처리시설 현황 및 계획

3) 공업단지, 농공단지 공공폐수처리시설 현황 및 계획

과거 5년 이상의 운전현황(월별기준)조사 분석 · 제시

4) 기타 환경기초시설 현황 및 계획

공공하수처리시설과 연계처리 시(동일 부지 내 연계처리 시는 제외) 이송 방법을 포함하여 위치
도로 제시

6. 하수도 연혁 조사

하수도 관련 사업 전체에 대한 연혁을 연대순으로 정리하여 제시

1) 기본계획 수립 이력, 하수처리시설 추가/증설, 하수관로 정비사업 및 타 개발사업에 의하여 시
행된 하수도 관련 사업

2) 도시침수사업, CSOs 등 하수도 관련 사업목적 및 특성이 계획내용에 포함되도록 작성

3) 처리구역 확대 및 관로정비사업 이력은 도면화하여 제시

7. 기타

하수도시설계획에 영향을 미치는 고적 · 문화재의 위치

하수도 기본계획 수립(변경) 지표 및 계획기준

1. 목표연도

1) 기본계획 수립예정일을 기준으로 20년 후를 기준으로 한다.

   년도의 끝자리는 0 또는 5년으로 한다.

2) 목표연도는 5년 단위(해당연도 12월말 기준)로 4단계의 시행단계로 구분하는 것을 원칙으로 한다.

   ① 하수처리용량 500m³/일 미만인 소규모 하수도의 목표연도는 5년 단위 2단계의 시행단계로 구분한다.

   ② 하수저류시설의 목표연도는 5년 단위 2단계의 시행단계로 구분한다.

2. 계획구역

1) 관할 전체 행정구역 및 실질 하수처리구역 단위로 설정

2) 도시계획상 시가화구역뿐 아니라 장래에 시가화구역으로 될 가능성이 있는 구역은 도시계획구역이 아니더라도 계획구역에 포함

3) 공공수역의 수질보전 및 자연환경보전을 위하여 하수도정비가 필요한 지역

3. 계획인구 및 하수처리인구

3.1 계획인구

1) 계획인구 추정은 자연적 증가(출생과 사망)와 사회적 증가(지역 간 인구이동 : 전출입률)를 고려하여 자연증가인구를 추정하는 조성법(Cohort Component Method)을 기준으로 한다.

   ① 인구변화의 추이는 과거 10년간을 기준으로 행정구역(읍, 면, 리)별, 하수처리구역(분구)별로 분석제시

   ② 최근 5년간의 추이는 별도제시

2) 인구변화 추이를 파악

   ① 거주인구, 세대수, 인구 전·출입 변화를 기초로 인구증가율, 세대당 인구수, 인구의 순이동 항목으로 분석 제시

   ② 계획인구는 자연증가 인구와 각종 개발사업으로 인한 사회적 유입인구를 구분하여 제시

3) 개발계획에 의한 외부유입률

   ① 계획구역 내 전출·전입 인구의 변화인 실제적인 외부인구 유입률을 산정(개발계획 포함)

② 택지개발 등에 의한 인구증가요인은 계획구역 내 외부유입과 내부이동 등을 구분하여 분석·제시

③ 인근지역 또는 비슷한 여건의 택지 개발 등 개발계획에 관한 외부유입률 조사 및 제시
유동인구가 많은 지역에서의 계획인구 추정은 상주인구 및 유동인구로 구분하여 제시

④ 유동인구 중 관광인구(당일 관광객과 숙박객으로 구분) 및 군부대 인구 등은 별도 구분함을 원칙으로 한다.

4) 오염총량관리 시행계획이 승인된 지역에서는 오염총량관리 계획상의 계획인구 참조

5) 주야간 인구 및 계절별 인구 변동이 현저히 큰 지역에 대해서는 이를 고려하되 타당한 근거를 제시

6) 공공폐수처리구역으로 설정된 지역은 계획인구 배분 시 제외

3.2 하수처리인구 및 하수도보급률

1) 하수처리인구

계획지역 내의 하수처리구역에 하수도를 이용하는 인구를 의미

2) 하수도보급률

공공하수처리시설 처리인구, 공공폐수처리시설 처리인구 등을 포함한 인구를 총 인구(행정구역 내의 계획인구)로 나눈 비율을 의미

3) 단계별 하수도보급률 달성 목표 설정

관할지역의 목표수질을 만족하고 오염총량관리목표를 달성할 수 있는 수준에서 결정

4) 소규모하수도('23년 신설)

소규모하수도는 하수처리인구의 증감에 민감하게 영향을 받음

① 따라서, 실제 거주인구를 대상으로 조사하여 산정하는 것을 원칙으로 한다.

② 마을단위 인구 수 일괄적용, 하수도보급률을 감안한 하수처리인구 추정치 적용 등은 지양

4. 계획하수량

4.1 계획하수량 산정기준

1) 계획하수량은 상수·지하수 등의 급수량·물사용량, 하수도 운영 시는 운영자료를 분석하여 계획하수량 산정 결과를 비교·검토하여 설정

2) 용수의 공급계획이 없는 막연한 지표에 의한 하수량 산정은 적용 불가

3) 지역의 특성상 계절별로 하수량의 변화가 있는 지역은 별도 구분

4) 물수요관리종합계획의 물수요관리목표를 참조

5) 오염원 유형별 발생하수량의 원단위는 현장 조사에 의한 실측치를 바탕으로 제시

① 부득이한 사유로 실측치를 구하기 힘든 경우에는 별도 산정 근거를 합리적으로 작성

② 당해 지역과 여건(도시 특성, 인구, 시가화 면적, 하수발생량 등)이 비슷한 지역의 기본계획과도 비교, 검토하여 제시

6) 하수량원단위

하수관로관리를 위한 시스템이 구축되거나 정기적으로 조사·분석하는 처리구역

① 측정된 하수발생량을 기초로 당초 예측된 원단위와 비교하여 객관적이고 신뢰도가 높은 원단위를 제시

7) 상수도 실적 및 계획

광역상수도, 지방상수도, 마을상수도, 소규모 급수시설에 의한 급수구역으로 구분

① 급수원단위를 달리 적용 가능

4.2 생활오수량 산정

4.2.1 생활오수량 산정

1) 생활오수량은 최근 5년간 상수도사용량을 기준으로 산정

① 계량기불감수량 등의 유효무수수량을 감안한 양에 오수전환율을 적용하여 생활오수량을 산정

② 지하수를 사용하는 미급수 가옥

상수도사용량 원단위를 준용하여 산출

③ 최근 상수도사용량의 증가나 감소하는 경향이 뚜렷한 경우

최근 3년간 상수도사용량을 기준으로 산정

④ 생활오수량 = (상수도사용량 + 유효무수수량) × 오수전환율

4.2.2 생활오수량 원단위 결정

1) 평균 오수원단위 = 1인1일 평균 급수량 × 유효수율 × 오수전환율

1인1일 평균 급수량 = 요금수량(유수량) / 유수율

2) 영업오수량

① 용도지역별(주거지역, 상업지역, 공업지역)로 구분하여 영업용수율을 적용

② 용도지역별로 과거 10년 이상의 영업용 급수실적을 분석하여 타당하게 제시

4.2.3 급수원단위

1) 과거 10년 이상의 급수실적(사용실적 포함)과 관련 계획상의 장래급수량, 국내 유사규모(급수인구기준)도시의 급수량(사용수량 포함) 및 급수실적(사용실적 포함)을 종합적으로 비교·검토하여 단계별 계획급수량 원단위(일평균)를 결정

4.3 지하수 사용량 산정

기존 하수배출원에 대한 지하수사용량을 지하수 대장을 기준으로 실제 지하수사용량에 오수전환율을 적용하여 산정

4.4 공장폐수량 산정

전용공업용수와 같이 별도의 구분이 없는 한 공장폐수량은 영업오수량에 포함되어 있으므로 제외

4.5 관광오수량 산정

1) 관광객 산정은 관광지역의 특성을 토대로 관광 관련 부서의 관광객 자료(과거 5년 이상)를 분석한 결과를 이용하여 일별 및 월별, 계절별로 추정 제시

2) 관광오수량은 오수발생량을 실측하는 것이 원칙

   부득이 발생량의 실측이 불가할 경우는 유사한 관광형태 사례를 조사하고 비교·검토하여 결정

3) 소규모하수도의 경우 관광오수량이 계획하수량에 큰 영향을 미치는 경우

   반드시 오수발생량을 실측 또는 유사 사례 등을 조사

4) 별도 구분이 없는 한 영업오수량에는 관광오수량이 포함되어 있음

4.6 군부대오수량

1) 전체 하수량에서 군부대 오수량이 차지하는 비율이 높을 경우

   영업용수나 업무용수로 구분하지 말고 별도의 군부대 오수량을 산정

4.7 지하수량

1) 지하수유입량 원단위는 하수관로기술진단을 통한 비강우 시 I/I 분석결과와 관로정비계획에 의한 목표저감량을 고려하여 반영

2) 지하수량 산정기준

   ① 지하수량은 1인1일 최대오수량의 20% 이하 적용

   ② 하수관 길이 1km당 0.2~0.4L/sec로 가정

   ③ 배수면적기준 17,500~36,300L/day/ha로 가정

4.8 계획하수량 결정

1) 계획하수량 산정기준

   ① 계획1일 최대오수량은 1인1일 최대오수량 원단위에 하수도 계획인구를 곱한 후 여기에 공장폐수량, 지하수량, 관광오수량(별도 산정시) 및 기타 오수량을 더한 것으로 함

   ② 계획1일 평균오수량은 계획1일 최대오수량의 70~80%를 표준으로 함

   ③ 계획시간 최대오수량은 계획1일 최대오수량의 1시간당 수량의 1.3~1.8배를 표준으로 함

2) 합류식에서 지선관로의 강우 시 계획하수량

   계획우수량과 계획시간 최대오수량을 더한 것으로 함

3) 합류식에서 차집하는 강우 시 계획하수량

   ① 원칙적으로 계획시간 최대오수량의 3배 이상으로 함

   ② 별도 초기빗물오염 저감대책을 수립하여 타당성이 인정될 경우에는 변경 가능함

5. 계획 수질

5.1 생활오수 및 영업오수 오염부하량

1) 생활오수의 오염부하량은 1인1일당 오염부하량을 기초로 하여 정함

　① 국내·외 문헌 및 실측자료를 비교·검토하여 결정

　② 이론적인 오염부하량의 연차별 증가는 사용하지 말 것

5.2 관광오수 오염부하량

1) 실측수질이 없는 경우에는 관광지역의 형태가 유사한 지역의 수질 자료를 수집하여 비교·검토하여 결정

2) 운영 중인 경우에는 관광지역에서 실측된 수질 자료를 토대로 산정

5.3. 공장폐수 오염부하량

1) 실측자료를 기초로 하여 정함을 원칙으로 한다.

2) 실측치가 없는 경우

　① 계획구역 내 폐수배출시설조사표에 의한 업종별 오염부하량을 산정하고

　② 국내 유사업종에 대한 실적치와 업종별 수질표준치 및 '배출허용기준(폐수) 적용을 위한 지역지정기준(환경부고시 제2007-107호)'과 비교·검토하여 합리적으로 결정

5.4. 군부대오수 오염부하량

군부대오수의 오염부하량은 실측하여 산정하는 것을 원칙으로 한다.

5.5. 계획유입수질 산정

1) 계획유입 수질은 생활오수 및 공장폐수로 구분

　① 계획오염부하량을 계획1일 평균오수량으로 나눈 값으로 산정

　　처리시설 및 단계별로 설정

2) 수질은 BOD, CODMn('21년 이후, TOC), SS, T-N, T-P, 대장균군수, 생태독성(하수도법에 따른 대상 처리시설에 한함) 항목에 관하여 정함

3) 공장폐수의 계획수질

　① 3종 이상의 기존 배출시설 : 실제 방류수질을 적용

　② 합류식 관로에 연결되어 폐수 배출 : '나'지역 기준 적용

　③ 분류식 관로에 연결되어 폐수 배출 : '나'지역 또는 별도배출허용기준 적용

　④ 공장폐수 오염부하량을 발생유량(유량가중평균)으로 나눈 수질을 적용

　　가축분뇨 및 분뇨, 매립장 침출수, 음식물류 폐기물처리시설 배출수의 연계처리

　⑤ 연계 전 처리수의 총질소 및 총인의 오염부하량

　　㉮ 설계 시 유입 하수오염부하량의 10% 이내까지 전처리 후 연계처리

⑭ 공공하수처리시설 중 총질소·총인의 오염부하량이 10%를 초과하더라도 장래 정상 운영에 지장을 주지 않는 범위 내에서 연계처리를 할 수 있음

4) 분뇨

공공하수처리시설 신설 및 개량계획 시 기존 오염부하량에 이미 반영된 경우가 있으므로 중복 반영되지 않도록 유의

국가하수도 종합계획

1. 개요

1) 주민생활환경 개선, 물환경 개선, 침수피해저감 등 하수도사업과 관련된 정부 최상위 계획

2) 하수도법 제4조(국가하수도종합계획의 수립) 규정에 의한 10년 단위의 법정계획

2. 필요성

1) 10년간 국가하수도정책의 체계적인 발전과 사업추진을 도모

2) 하수도관련계획 수립 시 국가방침을 반영하여 지방자치단체의 특성에 맞는 하수도계획 수립

　　→ 하수도정비기본계획의 업무지침으로 활용

3. 계획의 범위

1) 계획기간 : 2007년~2015년

2) 대상범위 : 하수처리구역 내외지역을 포함하는 전국

4. 기존 하수도정책의 문제점

1) 대규모 공공하수처리시설 건설 및 현안지역 집중투자

　　→ 도시와 농어촌의 하수도보급률 격차 심화

2) 하수관거와 공공하수처리시설 분리건설

　　→ 공공하수처리시설 확충에 비해 하수관거의 간선과 지선, 배수설비와 하수관거 등 접속이 늦어짐

3) 개인하수도의 운영관리 부실

4) 빗물관리 기능 소홀

5) 하수처리에만 급급(보급률에만 치중)하여 하수 자원화율 저조

6) 행정단위별 하수도관리로 효율적인 시설설치가 미흡

7) 주민이 기피하는 시설

8) 국내 하수도 기술의 미흡

5. 주요정책방향

1) 농어촌지역 등 하수도 보급률 향상

2) 개인하수도시설 관리체계 구축

3) 국지성 호우에 대비한 하수도시설의 침수방지기능 확충

4) 비점오염원 발생원 관리 및 저감대책

5) 물순환구조 개선 및 수생태공간 창출

6) 하수도시설 투자합리화 및 효율증진

7) 유역별 하수도 관리체계 구축

8) 에너지 자립형 하수도

9) 과학적 하수도관리 기반구축

10) 전문인력 양성 및 교육홍보 강화

11) 재정투자의 효율화

Key Point +

• 102회, 124회, 130회 출제
• 출제 빈도는 낮으나 계획기간이 2015년에 완료되므로 향후 성과를 묻는 내용으로 출제될 수 있을 것으로 예상됨

하수도정비 기본계획의 작성기준

1. 총설

1) 계획의 목적 및 범위
2) 기본방침
3) 계획의 수립

2. 기초조사

1) 자연적 조건에 관한 조사
2) 관련계획에 대한 조사
3) 공공수역에 대한 조사
4) 부하량에 관한 조사
5) 하수도시설의 현황 조사
6) 환경기초시설에 대한 조사
7) GIS 구축에 관한 조사
8) 기타

3. 지표 및 계획기준

3.1 목표연도

1) 기본계획 수립예정일을 기준으로 20년 후를 기준으로 하되
2) 연도의 끝자리는 0 또는 5년으로 한다. (예 2010년, 2015년)
3) 목표연도는 5년 단위로 4단계의 시행단계로 구분함을 원칙

3.2 계획구역

1) 관할 전체 행정구역 및 실질 하수처리구역 단위로 설정
2) 도시계획상 시가화구역뿐 아니라 장래에 시가화구역으로 될 가능성이 있는 구역은 도시계획구역이 아니더라도 계획구역에 포함
3) 공공수역의 수질보전 및 자연환경보전을 위하여 하수도정비를 필요로 하는 지역
4) 마을하수도 처리구역

3.3 계획인구

1) 계획인구

① 계획인구는 도시계획 등 상위계획, 지역개발사업과 과거 인구증감 및 사회적 조건에 따른 인구변동을 고려하여 합리적으로 결정

② 인구변화의 추이는 과거 10년간을 기준으로 행정구역별, 처리구역별로 분석 제시하되 최근 5년간의 추이는 별도 제시

2) 관련변화의 분석

인구에 대한 변화경향을 파악하기 위하여 인구 및 세대 수, 인구의 전출입의 변화를 기초로 인구증가율, 세대당 인구 수, 인구의 순이동 항목으로 분석 제시

3.4 공공수역의 수질개선목표

1) 수질개선목표의 설정

① 오염총량관리를 위한 목표수질이 설정된 경우 이를 수질개선목표로 함

기본계획의 시행단계별로 달성하여야 할 수질개선목표를 점오염원과 함께 비점오염원도 고려하여 수계별, 단계별로 설정

② 오염총량제를 시행하지 않은 지역은 수역별 환경기준적용등급 및 달성기간을 기준으로 목표를 설정하는 것을 원칙으로 하되 지역적 여건을 고려하여 이와 다른 목표(공공수역의 이용현황 고려)를 정할 수 있음

이 경우 하류지역에 상수원이 있는 때에는 최소한 2등급 수준으로 수질목표를 설정하되 불가피한 경우 공공수역의 이용현황을 고려하여 정할 수 있음

2) 수질측정 및 측정지점의 선정

① 수질측정의 목적은 하수도시설의 설치에 따른 공공수역의 수질개선효과를 파악하기 위하여 기본계획 수립 시 수질측정 시행

② 수질측정항목 : 법정 방류수질 평가항목 이상

3.5 하수도보급률 달성 목표

관할지역의 목표수질을 만족하고 오염총량관리목표를 달성할 수 있는 수준에서 하수도보급률 달성목표를 설정

3.6 계획방류수 수질

1) 오염총량관리제 시행대상지역은 고시된 유역의 목표수질달성여부를 고려하여 설정
2) 오염총량관리제 시행대상 외 지역은 수역별 환경기준적용등급, 공공수역의 허용가능한 총오염부하량을 고려하여 환경기준 2등급 수준을 유지할 수 있도록 설정

단, 하류지역에 취수시설이 없는 경우에는「물환경보전법」상의 방류수 수질기준 및 공공수역에 대한 단계별 수질개선목표를 고려하여 설정

3.7 오염부하량의 관리목표

1) 오염부하량은 발생부하량, 유입부하량, 삭감부하량 등으로 구분하여 단계별로 제시
2) 처리구역 내 조사된 오염부하량에 대한 자료를 분석하여 발생특성에 따라 점오염원 및 비점오염원에 의한 오염부하량의 관리목표를 단계별, 처리구역별로 제시

4. 배수구역 및 처리구역

우수배수구역, 하수처리구역

5. 하수관거계획

1) 관거시설 현황 및 문제점
2) 관거정비의 기본방향
3) 우·오수의 배제방식
4) 관거개량 및 신설계획
5) 우수 및 오수관거계획
6) 펌프장 계획
7) 우수유출수 저감시설계획

6. 공공하수처리시설계획

1) 시설현황 및 문제점
2) 처리장 정비계획의 기본방향
3) 시설개량계획
4) 하수종말처리시설 신설(증설)계획

7. 하수처리수 재이용계획

8. 하수찌꺼기(슬러지) 처리 및 처분계획

9. 분뇨처리시설계획

10. 재정계획 : 시설설치비, 유지관리비 등의 재원조달계획

11. 하수도시설 운영 및 유지관리

1) 하수도시설의 통합·운영관리체계 구축
2) 민영화 추진방안 검토

12. 사업의 시행효과

기후변화 대응을 위한 다기능하수도 구축 기본계획

1. 빗물관리기능 강화의 배경

1.1 세계적인 기후변화 징후 가중화

1) 범지구적 기후변화가 우리나라에도 뚜렷이 발생

우리나라 지구평균기온 상승의 2배인 1.5℃ 상승

1.2 기후변화에 따른 강우패턴 변화

집중호우의 증가

1) 연평균 강우량은 지속적으로 증가하는 반면, 독립강우의 발생횟수 및 평균 지속시간은 감소
→ 집중호우 증가

2) 강수 일수는 감소하나 호우 일수는 증가하는 경향

1.3 도시환경의 변화와 내수침수 피해 증가

도시환경의 변화와 내수침수 피해증가

1) 도시화로 인한 불투수면적의 증가로 지표유출수의 첨두유출시간 감소, 단기간 집중유출 증대

2) '60년대에 비해 우수 침투는 2배 감소, 표면 유출량은 5배 증가

3) 청천 시는 건천, 우천 시는 홍수피해 발생

1.4 오수처리 중심의 하수관거 확충 정책

하수관거의 분류식화 위주의 시설확충

1) 그간 하수처리장 확충 등 오수 처리능력 확충 위주의 투자

① 전국적인 하수관거정비사업, 댐상류하수도사업, BTL사업 등 분류식화를 목표로 한 오수관거 설치 위주로 투자

② 하수관거가 가지는 생명 및 개인재산 보호를 위한 도시기반 시설로서의 기능 확보 미흡

2. 현재 공공하수도의 문제점

2.1 집중강우로 인한 피해 확대

1) 배수능력을 초과하는 강우가 저지대 지하 및 반지하 건물로 유입
2) 도시 전반의 배수시스템 성능향상 절실

2.2 공공하수도의 빗물 차집, 배제능력의 재고 필요

기후변화에 대응하지 못한 하수도시스템
1) 과거 하수도시설 기준상의 강우 확률연수는 5∼10년(50∼70mm)이었으나 게릴라성 폭우 시 빗물의 신속한 배제 곤란
2) 하수도시설의 시설기준을 크게 초과

2.3 도시지역 비점오염원대책 시급

1) 도시지역의 높은 하수도 보급률
   대부분의 도시지역 비점오염문제 하수도시설에서 발생

2) 구 도심지역 합류식 관거 존치 필요성
   ① 서울시 합류식 하수관거 85.8%
   ② 강우 시 합류식 하수관거 월류수(CSOs) 문제 발생

3) 도시개발에 따른 불투수면 증가
   ① 도로 및 대지면적 증가로 토지의 불투수면 증가
   ② 강우 시 오염물질 그대로 유출

4) 전형적인 도시지역 비점오염 배출
   대부분의 비점오염원은 CSOs 형태로 발생하며 강우 시 불투수면에 의해 비점오염문제 가중

5) 우천 시 도시지역 비점오염물질 유출 증가
   도시지역 발생 초기빗물은 강우 초기에 발생하여 고농도 오염물질 유출, 수계 및 생태계에 악영향

6) 도시지역 비점오염 관리의 중요성 대두
   ① 환경기초시설 확충을 통한 점오염원의 배출량 감소로 비점오염원의 하천오염 기여율은 상대적으로 증가 추세
   ② 4대강 및 지류ㆍ지천 수질개선에 도심 비점오염물질 처리가 핵심과제

2.4 초기강우에 의한 피해발생

1) 갈수기 하천수질 악화
2) 고농도 초기강우로 인한 물고기 폐사

3. 공공하수도 선진화 계획

3.1 관계법령 및 제도의 정비

1) 하수도법 개정 추진

① 하수저류시설 설치에 대한 관리강화

㉮ 초기강우(CSOs, SSOs) 처리시설을 포함하는 "하수저류시설" 법적 근거 마련

㉯ 하수저류시설 계획 및 강우 시 오염부하 저감계획을 하수도정비기본계획에 반영토록 추진

② 특별관리구역의 지정 및 관리 추진(안)

㉮ 집중강우 시 배수구역 내 하수도의 용량초과로 인한 피해가 발생한 지역 및 피해우려지역, 지자체 요청지역에 대하여 "특별관리지역" 지정, 고시

㉯ 시장, 군수는 특별관리구역에 대한 대책을 하수도정비기본계획에 반영

㉰ 특별관리대책 사업시행에 대한 경비는 예산범위 내에서 우선 지원 계획

2) 하수도 관련 지침의 정비

① 공공하수도시설 운영관리 업무지침 개정(2011. 1)

㉮ 공공하수처리시설 중심으로 작성된 과거 지침의 전반에 걸쳐 하수관거시설 관련 조항을 신설 및 강화

㉯ 집중강우 중점관리지역의 하수관거에 대한 정기 지도, 점검(연 1회) 신설

㉰ 공공하수처리시설 우천 시 간이처리(1차 처리)에 대한 관리 강화

② 공공하수도시설 설치사업 업무지침 개정 추진 중('11. 5)

㉮ 도시지역 침수예방 및 비점오염물질 저감을 위한 "하수저류시설" 반영

㉯ 관리 대상 강우유출수로 기존 CSOs, SSOs에 분류식 우수관거 유출수 추가

㉰ 지역여건에 맞는 "하수저류시설" 설치계획 수립

• 도시규모 및 설치위치에 따른 시설형식(일반형 또는 터널형), 규모(대규모, 중 · 소규모)를 검토

• 초기강우 비점오염물질 저감, 침수피해 예방, 물재이용을 통한 지역특성에 맞는 다기능 활용방안 검토

③ 하수도정비 기본계획 수립지침 개정 추진 중('11. 5)

㉮ "하수저류시설" 용어의 정의

"하수저류시설"이란 하수관거로 유입된 하수에 포함된 오염물질이 하천 · 바다 그 밖의 공유수면으로 방류되는 것을 줄이고 빗물이 하수도를 통해 신속히 배수될 수 있도록 하수를 일시적으로 저장하는 시설(기존의 CSOs 및 초기빗물저류시설 포함)을 말한다.

㉯ 관거정비계획 수립의 강화

• 계획수립 시 조사대상 강우유출수로 분류식 우수관거 유출수 추가

- 관거 신설 및 개량 시 효율적인 월류수 관리 및 분류식 우수관거 유출수 관리를 위하여 우수토실 및 토구의 최소화 계획
  - ㉠ 하수저류시설 저류수의 연계처리 시 처리시설의 여유용량 활용
    - 청천 시 또는 야간시간대 등 하수유입량이 적을 때에 공공하수처리시설의 정상운영에 지장을 주지 않는 범위 내에서 연계처리

3.2 집중강우에 대비한 하수도환경 구축

기후변화에 대응한 설계기준 변경(하수도시설기준)

1) 하수관거의 확률연수 강화 추진
   ① 당초 : 5~10년(50~70mm) ☞ 10~30년(70~110mm)
   ② 미국, 영국, 호주 등은 최대 50~100년 빈도 설계반영 중

2) 빗물펌프장 확률연수 신설
   30~50년을 원칙으로 하되 방재상 필요성에 따라 조정

3) 도로상 빗물받이 설치기준의 개선
   10~30m 당 1개소 설치를 원칙으로 하되 상습침수지역/침수예상지역의 경우 이보다 좁게 설치할 수 있도록 개정

3.3 초기강우의 규제방안 마련

1) 현재 CSOs의 관리 규정
   ① 하수도법 시행규칙(시행 2009. 7, 환경부령 제335호)
   제3장 개인하수도의 설치 및 관리 제25조(하수관거정비구역 공고기준, 절차 등) 제1항 제2호에 의해 "2. 월류수 수질의 생물학적 산소요구량이 1리터당 40밀리그램 이하로 관리할 것"으로 명하고 있음
   ② 하수도시설기준(2011)
   우천시 합류식 하수도의 방류부하량 저감목표는 대상 처리구역 혹은 배수구역에서 배출되는 연간 오염방류부하량이 인근 수계에 악영향을 미치지 않을 수준 이하로 삭감하거나 혹은 분류식 하수도로 전환하였을 경우에 배출되는 연간 오염 방류부하량과 같은 정도로 하거나 그 이하로 한다.
   ③ 현재수준 미흡, CSOs 등 도시지역의 하수도시스템에서 발생하는 초기강우에 대한 관리 강화 필요성

2) 국내 실정에 적합한 초기강우 규제방안 마련
   ① 강우 시 하수처리구역 내의 합류식 하수도 월류수 및 분류식 우수관거 유출수 오염부하를 해결하기 위하여 법적 규제방안 도입/강화 타당성 검토

② 국내 실정에 적합한 초기강우 규제방안에 관한 연구용역 진행 중(~'11. 7)

    ㉮ 국내 초기강우 발생특성 분석

    ㉯ 선진국의 초기강우 관리정책 벤치마크

    ㉰ 국내 초기강우 적정관리를 위한 법적 규제 방안을 도입할 계획

③ 연구용역 완료 이후 초기강우 배출규제를 위한 하수도법 개정 추진

④ 국내 실정을 고려하여 단계적 규제방안 검토

3.4 공공하수도의 빗물 배제능력 확보

1) 시설설치를 위한 기본방향

  ① 단계적 우선순위 선정

    ㉮ 오염부하 삭감 및 수질개선효과가 높은 지역

      • 상수원 상류지역, 4대강 본류, 새만금유역 등 비점오염 삭감이 필요한 지역 우선 선정

    ㉯ 우수배제능 향상이 필요한 지역의 비점오염저감과 침수방지효과 극대화

      • 집중강우 시, 저지대 지역 우수저류를 통해 침수피해 예방

      • 평상시는 고농도의 초기강우 저류로 수질오염 방지기능 수행

  ② 설치 고려 최소 대상시설

    ㉮ 초기강우(CSOs, 우수관거 유출수)의 적정 연계처리(저류조→처리장)를 위해 10천m^3/일 이상 하수처리장 보유 지자체(105개 시군)으로 대상지역 선정

      • 저류시설 개소당 시설용량은 특·광역시 20천톤, 일반 시·군 10천톤 기준

2) 전국 다기능 하수저류시설 설치확대

  ① '20년까지 단계별 설치하여 도시지역 하수도시스템에서 발생하는 초기강우의 오염부하량 60% 이상 삭감 추진

  ② 연간 70천톤의 오염부하량(BOD 기준) 삭감효과 기대

3) 초기강우 저류시설의 다기능 활용 추진

  ① 저류를 통한 비점오염물질 저감과 집중강우 시 도심 내 침수피해 예방을 동시에 고려한 하수 저류시설 설치 추진

  ② 운영 및 실시간 제어((RTC)를 통한 탄력적 운영, 두 가지 목표 달성

4) 대형 빗물 저장터널 설치

대도시 지하에 대형 빗물 저장터널 등을 설치하여 도시의 우수관리능력 강화

  ① 홍수예방, 비점오염저감, 기후변화 대응, 빗물재이용 등 다목적 기능 검토

  ② '20년까지 연간 72백만톤의 빗물저장능력 확보

Logistic−S 인구추정방법

1. 개요

1) 한 지역에서 요구되는 급수량이나 하수량은 그 지역의 인구와 단위시간당 급수량 또는 오수량에 의해 결정된다.

2) 한 지역의 장래인구를 추정한다는 것은 대단히 어려운 문제이므로 일반적으로 과거의 인구자료로부터 장래인구를 추정하게 되는데 그 지역의 사회적, 경제적 변화요인에 대해서도 충분한 검토가 필요하다.

2. 장래인구 추정방법

1) 등비급수법
2) 등차급수법
3) Peggy 함수식에 의한 방법
4) 지수함수법
5) 최소자승법
6) Logistic−S법

3. Logistic 곡선식에 의한 방법

3.1 개요

1) 이 방법을 논리법 또는 수리법이라 하는데 대표적인 곡선식으로는 다음 식으로 표현되는 S곡선법이 있으며 도표상으로는 다음의 그림과 같이 나타난다.

2) 이는 인구가 시간이 증가함에 따라 초기에는 점차 증가하여 중간에는 증가율이 가장 커지고 그 이후에는 증가율이 차차 감소하여 무한 년에는 포화에 달하게 된다는 이론에 기초를 두고 있다.

3.2 Logistic 곡선

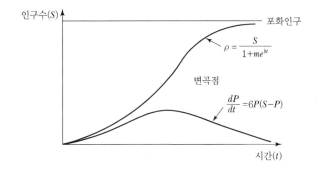

3.3 계산식

$$P = \frac{S}{1 + me^{bt}}$$

$$S = \frac{2P_o P_1 P_2 - P_1{}^2(P_o + P_1)}{P_o P_2 - P_1{}^2}$$

$$m = \frac{(S - P_o)}{P_o}$$

$$b = \frac{1}{n} \ln \frac{P_o(S - P_1)}{P_1(S - P_o)}$$

여기서, P : 인구 수, S : 포화인구 수, m, b : 상수

P_o, P_1, P_2 : 시간 t_1, t_2, t_3에서의 인구 수

$n : t_1 - t_0 = t_2 - t_1$

4. 특징

1) 상기 방법으로 추정한 인구 수는 실제와 차이를 갖는데 특히 소도시일수록 그 차이가 크게 나타난다.

이는 인구 증가에 대한 여러 요소들이 소도시일수록 영향을 미치는 폭이 크고 민감하게 작용하기 때문이다.

2) 따라서 추정한 인구 수는 장기적인 안목으로 볼 때 평균적인 값이라 할 수 있다.

3) 인구추정의 신뢰도는 다음 조건일수록 감소한다.

① 추정연도(계획연도)가 커질수록

② 인구가 감소하는 경우가 많은 경우

③ 인구증가율이 증가될수록

방류수 수질기준 개정

구분		BOD	COD	SS	T-N	T-P	총대장균
현행		10 이하	40 이하	10 이하	20 이하	2 이하	3,000 이하
2012년	I 지역	5 이하	20 이하	10 이하	20 이하	0.2 이하	1,000 이하
	II 지역	5 이하	20 이하	10 이하	20 이하	0.3 이하	3,000 이하
	III 지역	10 이하	40 이하	10 이하	20 이하	0.5 이하	
	기타지역	10 이하	40 이하	10 이하	20 이하	2 이하	

구분	지역
I 지역	• 상수원보호구역 • 특별대책지역 • 수변구역
II 지역	중권역 중 화학적 산소요구량(COD) 또는 총인(T-P)이 당해 권역의 목표기준을 초과하였거나, 증가하고 있는 지역으로 환경부 장관이 정하여 고시하는 지역
III 지역	중권역 중 I, II 지역을 제외한 4대강 본류에 유입되는 지역으로서 한경부 장관이 고시하는 지역
기타 지역	I, II, III지역을 제외한 지역

Key Point +

• 115회, 117회, 119회, 121회, 124회, 126회, 127회, 128회 출제
• 총인처리시설 도입에 따른 수질기준의 숙지가 필요함

하수처리시설 동절기 방류수 수질기준 조정

1. 필요성

1) 현행 총질소, 총인의 동절기 방류수 수질기준이 현실적이지 못함

① 연평균 유입수질이 현행 동절기(12~3월) 기준보다 매우 낮아 동절기 기준 적용 무의미

② '09년 평균유입수질 : $T-N$: 34.4mg/L, $T-P$: 3.8mg/L

    기존 동절기 수질기준 : $T-N$: 60mg/L, $T-P$: 8mg/L

2) 봄철 부영양화

갈수기인 겨울철 하천에 공공하수처리시설 방류수 중 비교적 높은 농도의 $T-N$과 $T-P$ 방류로 봄철(4~5월)에 영양염류의 증대로 나타나 인근 하천이나 호수에 부영양화를 초래할 가능성 상존

3) 총인처리시설

정부와 지자체는 2011년부터 Ⅰ~Ⅲ지역을 대상으로 공공하수처리시설 내 총인처리시설의 증설 또는 개보수 작업을 위하여 국고지원

4) 폐수종말처리시설

공공하수처리시설과 거의 유사한 생물학적 공법임에도 동절기에 대한 방류수 수질기준의 구분이 없다.

5) 환경영향평가 협의 및 수질오염 총량제 실시 지역과 형평성 문제

동일 또는 유사한 공법임에도 환경영향평가 협의대상 여부에 따라 동절기에 대한 방류수 수질기준의 구분이 없다.

2. 방류수 수질기준 : 2012년 1월 1일부터 적용기준

아래 수질기준 참조

3. 향후 방안

1) 동절기 수질기준 준수를 위해서는 상당한 재정적 문제가 있으나, 수계에 미치는 영향의 최소화를 위해 연중 동일하게 적용함이 타당성 있고 합리적으로 판단됨

2) 총질소의 경우, 겨울철 질산화 작용 활성화를 위한 대책이 필요

3) 총인의 경우, 응집제 사용에 따른 유지관리비용 및 슬러지처리비용 증대 등에 대한 대책수립이 필요

○ 방류수 수질기준 (단위 : mg/L, 개/mL)

구분		BOD	COD	SS	T-N	T-P	총대장균군수
시설용량 500m³/d 이상	Ⅰ지역	5 이하	20 이하	10 이하	20 이하	0.2 이하	1,000 이하
	Ⅱ지역	5 이하	20 이하	10 이하	20 이하	0.3 이하	3,000 이하
	Ⅲ지역	10 이하	40 이하	10 이하	20 이하	0.5 이하	
	Ⅳ지역	10 이하	40 이하	10 이하	20 이하	2 이하	
시설용량 500m³/d 미만 50m³/d 이상		10 이하	40 이하	10 이하	20 이하	2 이하	
시설용량 50m³/d 미만		10 이하	40 이하	10 이하	40 이하	4 이하	

주) 1일 하수처리용량이 500m³ 미만인 공공하수처리시설의 겨울철(12~3월)의 T-N과 T-P의 방류수수질기준은 2014년 12월 31일까지 60mg/L 이하와 8mg/L 이하를 각각 적용한다.

하천, 호소, 해역의 대장균군 환경기준

1. 개요

1) 대장균이라 함은 그람음성, 무아포성 간균으로 유당을 분해해서 가스와 산을 생성하는 모든 호기성 노는 통성혐기성균을 말한다.

2) 먹는물 수질기준에는 총대장균군, 대장균, 분원성 대장균군으로 분류

① 이는 미생물의 분류상 구분이라기보다는 검사방법에 의하여 구분되는 특징

② 대장균군 > 분원성 대장균군 > 대장균

2. 대장균의 측정 의의

1) 인축의 장내에 서식하므로 소화기계 수인성 전염병원균의 추정이 가능함

2) 소화기계 전염병원균은 언제나 대장균과 함께 존재

3) 소화기계통 병원균보다 저항력이 강하고 일반세균보다 약하다. 또한 수중에서도 병원균보다 오래 생존한다. 따라서, 대장균군이 검출되지 않으면 대부분의 병원균이 사멸된 것으로 볼 수 있다.

4) 병원균보다 검출이 용이하고 신속함

5) 시험의 정밀도가 높고 극히 적은 양도 검출이 가능함

3. 하천 및 호소의 환경기준

등급		기준	
		대장균군(군수/100mL)	
		총대장균군	분원성대장균군
매우 좋음	Ia	50 이하	10 이하
좋음	Ib	500 이하	100 이하
약간 좋음	II	1,000 이하	200 이하
보통	III	5,000 이하	1,000 이하
약간 나쁨	IV	−	−
나쁨	V	−	−
매우 나쁨	VI	−	−

4. 해역의 환경기준

해역의 생활환경 기준, 총대장균군 1,000 이하/100mL

하수처리시설 설계용량

1. 개요

1) 하수처리장의 경우 항상 계획오수량을 처리할 수 있어야 하며 수리적으로 수리계산에 적합하여야 하며 자연유하에 의해 방류가 가능하여야 한다.

2) 합류식의 경우 유입하수는 우천 시 계획오수량(3Q 이상)이며, 분류식 하수관거의 경우는 계획 1일최대오수량을 기준으로 한다.

2. 하수처리시설 용량

1) 하수처리시설 용량

구분		합류식	분류식
1차침전지까지 (소독시설 포함)	유입유량	우천 시 계획오수량 (계획시간최대우수량의 3Q 이상)	계획1일최대오수량
	구내관로	우천 시 계획오수량	계획시간최대오수량
2차 처리	유입유량	계획1일최대오수량	
	구내관로	계획시간최대오수량	
고도처리	유입유량	대상수량	
	구내관로	대상수량	

2) 유량조정조
   ① 계획1일최대오수량을 초과하는 양을 일시적으로 저류
   ② 시간최대오수량이 $1.5 \times$ 계획1일최대오수량 이하

3) 슬러지 농축조
   ① 계획슬러지량의 18시간 분 이하
   ② 상수도 : 계획슬러지량의 24~48시간

4) 슬러지 소화조
   ① 1단계 소화조 : $V_t = V_1 \times T$

② 2단계 소화조

$$V_{II} = (\frac{V_1 + V_2}{2})T_1 + V_2 T_2$$

여기서, V_1 : 1단계 소화조 용량

V_2 : 2단계 소화조 용량

T_1 : 1단계 소화조에서 머무는 시간

T_2 : 2단계 소화조에서 머무는 시간

5) 펌프장

① 분류식 : 계획시간최대오수량

② 합류식 : 우천 시 계획오수량(계획시간최대오수량의 3배(3Q) 이상)

하수처리방법 선정 시 고려사항

1. 서론

1) 하수처리장은 기능상 각 단위공정이 서로 밀접한 관계를 유지하며 가동되어야 할 뿐만 아니라

2) 일단 건설이 완료되고 나면 개조가 곤란하고 그 파생효과가 장기간에 걸쳐 발휘되므로 처리효율과 안전도가 높으며 경제적인 처리방식을 선정할 필요가 있다.

3) 기존하수처리장은 설계 BOD 농도보다 낮은 농도의 유입으로 하수처리장 효율이 저하되기 때문에 하수관거정비사업과 동시에 추진할 필요가 있으며

4) 지역별 유입원수의 수질을 파악하여 처리효율이 좋은 방법을 선택해야 한다.

5) 또한 지역별로 수질오염총량 규제에 따른 수질기준 만족, 2008년부터 기타 지역도 특별지역의 기준에 준하는 수질기준의 만족 및 하수처리장 재이용기준에 적합한 공법의 선정이 필요하며

6) 수질기준의 만족과 수역의 부영양화 방지를 위한 고도처리시설의 선정이 반드시 필요하다.

2. 처리방법 선정 시 고려사항

1) 처리장 시설은 난위공성을 조합한 종합적인 Plant이므로

2) 각 공정의 특성을 파악하여

3) 경제성, 유지관리 및 운전의 난이도, 처리효율과 에너지 사용량 등에 대한 종합적이고 충분한 검토가 필요하며

4) LCC 또는 VE/LCC 분석을 통한 최적의 처리방법을 선정하여야 한다.

3. 계획하수량

구분		합류식	분류식
1차침전지까지 (염소접촉지 포함)	유입유량	우천 시 계획오수량 (계획시간최대우수량의 3Q 이상)	계획1일최대오수량
	구내관로	우천 시 계획오수량	계획시간최대오수량
2차 처리	유입유량	계획1일최대오수량	
	구내관로	계획시간최대오수량	
고도처리	유입유량	대상수량	
	구내관로	대상수량	

4. 처리수의 목표수질

1) 방류수역의 현재 유량 및 수질
2) 동일수역 내에 방류되는 기타 배출원과의 관계
3) 다른 오염원과의 장래 오염부하량 예측
4) 방류수역의 자정능력 등을 고려하여 처리수 목표수질을 설정
5) 수질오염총량관리제에 의한 법적 수질기준
6) 방류수 허용기준
   ① 2008년 이후 기타 지역 → 특별지역의 기준 적용
   ② 지역에 따라 총량관리제에 의한 보다 강화된 방류수허용기준

5. 방류수역의 현재 및 장래 이용현황

생활용수, 공업용수, 농업용수 및 레크리에이션 용수로의 이용 등을 파악하여 이에 적합한 처리방법 및 방류방법 선정

6. 지역적 특성과 주변 환경과의 조화

1) 지역적 기후(기온, 일조일수, 강우량) 및 지역적 특성을 고려
2) 악취, 소음 등 2차 공해를 방지하고 가능한 한 주변 환경과의 친화적인 방법 선정

7. 처리장의 입지조건

1) 상수원의 지하수를 오염시키지 않는 곳
2) 침수의 염려가 없고 자연유하식 처리 및 방류가 가능한 곳
3) 방류수역과 가까운 곳 : 역류에 의한 침수에 대한 검토
4) 주거 및 상업지역의 주변을 피하고 주변 환경과의 조화를 이룰 수 있는 곳
5) 슬러지 최종처분을 고려한 위치
6) 처리시설의 규모와 형식 및 장래확장계획을 고려

8. 법규 등에 의한 규제

1) 처리시설의 방류수수질기준, 재이용기준에 대한 검토
2) 수질오염총량관리제의 수질기준 검토
3) 유기성 슬러지의 직매립금지와 향후 해양투기금지에 대한 처분의 용이성 검토

9. 처리수의 재이용계획 검토

10. 처리방법별 선정기준

1) **처리효율** : 유입하수의 수질, 방류수질
2) **처리규모** : 유입하수량
3) 유입수량, 수질변동에 대한 대응성
4) **경제성** : 건설비 및 유지관리비, LCC, VE/LCC 분석이 필요
5) **입지조건** : 지역적 특성을 고려
6) 슬러지 발생량, 처리처분의 용이성
7) 필요시 고도처리 검토

11. 기존 활성슬러지 공법의 고도화

1) 운전개선방식(Renovation)과 시설개량방식(Retrofitting)
2) 처리장의 운영실태의 분석이 필요
3) 운전개선방식에 의한 추진방식을 우선적으로 검토
   방류수 수질기준의 준수가 곤란한 경우 시설개량방식으로 추진
4) 하수처리장의 부지여건을 충분히 고려하여 고도처리시설의 설치계획 수립
5) 기존 시설물 및 처리공정을 최대한 활용하여 중복투자의 방지
6) LCC 분석에 의한 고도처리공법 선정의 타당성 검토

12. 하수처리장 악취대책 수립

13. 결론

1) 방류수 수질기준을 만족시킬 수 있는 공법을 우선적으로 채택하여야 하며
2) 또한 유입수질 및 유량변동에 안정적인 공법의 선정도 필요하다.
3) 각 처리항목별로 처리효율을 향상시킬 수 있는 방법을 모색해야 하며
4) 시설비, 건설비 및 유지관리비가 저렴한 공법선정 필요
   이는 LCC, VE/LCC 평가 후 적정공법 선정

5) 다음의 검토가 필요

　① 처리시설의 계열화 및 계열별 단독운전 가능성 확보

　② 손실수두의 최소화

　③ 동선의 최적화

　④ 처리장과 도로의 연결성

　⑤ 주변과의 조화

　⑥ 고장 시 또는 비상시 대응가능시설

　⑦ 소음·진동 및 악취발생의 최소화

　⑧ 장래 시설확장 고려

6) 끝으로 기존처리장 또는 신규처리장의 경우 하수관거정비사업과 연계하여 추진함이 바람직

하수처리장 설계기준

1. 계획오수량

1) 계획1일최대오수량=(1인1일최대오수량×계획인구수)+공장폐수량+지하수량(1인1일최대오수량의 10~20%)+기타 배수량

2) 계획1일평균오수량 : 계획1일최대오수량의 70~80%

3) 계획시간최대오수량 : (계획1일최대오수량/24)×1.3~1.8

4) 합류식 지역의 우천 시 계획오수량 : 계획시간최대오수량의 3배 이상(3Q 이상)

2. 계획오염부하량과 계획유입수질

1) 계획오염부하량=생활오수+영업오수+공장폐수+관광오수+연계처리수+기타 배수량

2) 계획유입수질=계획오염부하량/계획1일평균오수량

3. 침사지

1) 수면적 부하

① 오수침사지 : 1,800m³/m²day

② 우수침사지 : 3,600m³/m²day

2) 평균유속 : 0.3m/sec 이하(입경 0.2mm 이상 제거)

3) 체류시간 : 30~60sec

4) 침사량(오수 1,000m³ 당)

① 분류식 : 0.001~0.015m³

② 합류식 : 0.001~0.025m³

4. 1차침전지

1) 수면적부하(표면부하율) : 25~40m³/m²day

2) 유효수심 : 2.5~4m

3) 여유고 : 50cm

4) 평균유속 : 0.3m/min 이하

5) 체류시간 : 2~4hr

합류식은 우천 시 계획오수량을 고려하여 최소 0.5시간 이상

6) 월류위어부하 : 250m³/m day

5. 2차침전지

1) 수면적부하(표면부하율) : $20 \sim 30 m^3/m^2 day$

　　생물학적 고도처리 시 침강성 저하에 대비하여 $15 \sim 25 m^3/m^2$ day로 함이 바람직

2) 고형물부하율 : $95 \sim 145 kg/m^2$ day

3) 침전시간 : $3 \sim 5hr$

4) 유효수심 : $2.5 \sim 4.0m$

5) 여유고 : 50cm

6) 월류위어부하 : $190 m^3/m$ day

6. 중력농축조

1) 고형물부하 : $25 \sim 70 kg/m^2$ day

2) 유효수심 : 4m

3) 체류시간 : 18hr 이하

4) 투입오니함수율 : 99%

5) 인출오니함수율 : 97%

7. 원심농축기

1) 인출오니함수율 : 96%

2) 원심효과 : $2,000 \sim 3,000G$

8. 부상농축조

1) 고형물부하 : $100 \sim 120 kg/m^2$ day

2) A/S비 : $0.006 \sim 0.04 kg - Air/kg - SS$

9. 혐기성 소화조

1) 체류일수 : $20 \sim 30 days$

2) 소화온도 : 약 35℃

3) 소화율 : 50%

Key Point ✛

- 121회, 124회 출제
- 상기 문제의 경우 단독으로 출제될 수도 있지만 특히 2차침전지의 기준 같은 경우는 면접이나 2차침전지와 관련된 문제에서도 출제가 되니 숙지하기 바람
  슬러지계통의 함수율 관계도 면접에서 자주 물어보는 문제임

TOPIC **15**

하수처리장 시운전

1. 목적

하수처리장 시운전은 모든 시설의 설치공사 완료 후 시설의 정상운전에 대비하여 무부하, 부하운전을 실시하여

1) 토목, 기계, 전기, 계장, 기타 부대설비의 개별운전과 설비 간의 연계운전을 실시

2) 각 설비 간의 작동상황과 총괄적인 Plant로서의 기능을 확인

3) 시설물의 성능과 정상적인 작동상황 확인

4) 시설물의 부적합 요소와 최적운전조건을 도출

5) 시설물을 조기에 정상적으로 가동하도록 유지관리

6) 각 기기의 초기 고장과 유지관리상의 부적합 요소 등을 사전에 발견

7) 정상운전 개시 후 원활한 유지관리가 가능하도록 함

2. 시운전 계획

1) 시운전 일정 수립

2) **수행조직의 편성** : 업무구분, 인력배치

3) **자재공급계획** : 약품, 유류 등

4) **수전계획** : 용수 및 전력공급

5) 포기조 및 소화조 식종계획

6) 탈수 슬러지 및 협잡물 처분계획

7) 기기의 Check List 작성

3. 사전 점검

각종 토목구조물, 기계, 전기, 계장 및 부대설비의 규격과 사양이 도면 및 시방서와 일치하는지 확인

3.1 시공상태 점검

1) **구조물 점검** : 최종 마감상태, 각 수조의 균열상태, 누수 여부 확인

2) **기기설치 점검** : 설치위치, 수평도, Centering, 회전방향

3) **계장공사 점검** : 결선상태, 절연상태, 공기 Line Flushing 점검

4) **전기공사 점검** : 결선상태, 절연상태, 수배전 설비 조명

5) 배관공사 점검 : 수압시험 용접상태, 배관 Support, Paint 육안점검

4. 무부하시험

1) 시설물 청소
2) 시설물의 기능, 용량 및 운전방법 확인
3) 구조물의 누수 여부 및 수밀상태 점검
4) 각종 설비 및 기기의 무부하 동작시험
5) 관련 설비 간의 작동시험

5. 부하시험

1) 중계펌프장 및 유입펌프장 감시요원 배치
2) 유입하수의 수질분석 및 가동 시 부하율 계산
3) 하수유입 : 유량조절유입 or 간헐유입
4) 각 설비의 개별 운전 및 계열별 연동운전
5) 포기조 식종, 소화조 식종
　① 식종미생물 및 필요량 산정
　② 식종방법 선정 : 연속배양, 회분배양, 1차침전지 By-pass 배양, 종슬러지 또는 미생물처리
　　 제 투입배양방법 중 현장여건에 맞게 선정
6) 포기조 MLSS, 소화조 TS 증식
7) 유입수, 공정별 처리수, 발생슬러지의 분석
8) 슬러지 처리공정으로 슬러지 이송 및 처리
9) Mass Balance의 작성 및 공정분석 : 최적 운전조건의 도출
10) 방류수수질기준과 설계처리효율의 달성여부 확인
11) 시운전 Data의 기록 및 보관

6. 시운전 보고서 작성

7. 처리장 운영요원의 교육

8. 처리장 운영요원과 합동근무

9. 처리장의 운영관리 인계 및 인수

1) 도 보건환경연구원 수질분석 의뢰

2) 법적 기준치 및 설계기준치 보증(합격)

3) 시운전 결과보고서 작성

4) 환경사업소 등 인수기관 인계

5) 유지관리지침서 작성

6) 시운전 후 기술자료 및 자문

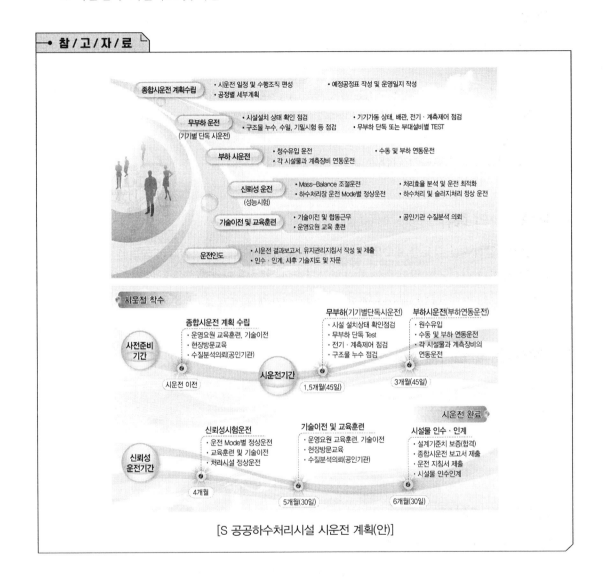

[S 공공하수처리시설 시운전 계획(안)]

Key Point +

시운전의 경우 1차 시험에서도 가끔 출제되지만 면접고사에서 출제되는 문제임. 따라서 시운전에 관한 전반적인 내용의 숙지가 필요하며 특히 무부하시험, 부하시험에 대한 이해가 필요함

제해시설(除害施設)

1. 개요

1) 폐수의 성질에 따라서 폐수를 그대로 하수관거에 배출시키면 여러 가지 장해를 발생시킬 우려가 있다.

2) 이와 같은 하수도시설 및 처리기능에 장해를 주는 폐수에 대해서는 부대설비 이외에 제해시설을 만들어서 관거에 배출되기 전에 폐수의 종류에 따른 처리를 실시하여 하수도시설에 미치는 피해를 최소화할 필요가 있으며

3) 이런 피해를 최소화하기 위한 시설을 제해시설이라 한다.

2. 제해시설의 종류

1) 산이나 알칼리를 함유한 폐수와 같이 관거나 그 밖의 시설을 침식시키는 물질을 처리하는 시설

2) 부유물이나 침전물이 많아 관거의 유하능력을 저해할 때 이러한 물질을 제거하는 시설

3) 독성물질과 유지류를 다량으로 함유하여 처리기능에 장해를 줄 때 이를 처리하는 시설

3. 제해시설의 설치목적

1) 하수관거의 손상 방지

2) 하수관거의 기능유지

3) 처리장의 처리효율 향상

4) 방류수의 수질기준 만족

4. 종류별 제해시설

4.1 온도가 높은 폐수 : 45℃ 이상

1) 온도가 높은 폐수는 관거 내에서 악취를 발산시키고 관거를 침식시킨다.

2) 또한 처리장에서 침전지의 분리기능을 저하시켜 활성슬러지나 살수여상의 미생물에 악영향을 미침

3) 제해시설 : 온도가 높은 폐수는 냉각탑이나 기타의 제해시설을 만들어 냉각 후 관거로 배출하여야 한다.

4.2 산(pH 5 이하) 및 알칼리(pH 9 이상) 폐수

1) 산 및 알칼리폐수는 관거, 맨홀, 받이 및 처리시설 등의 구조물을 침식하여 파괴

2) 또한 처리기능상에도 여러 가지 장애를 발생

3) 제해시설

산 및 알칼리폐수는 중화설비를 설치하여 각각의 중화제에 의해 중화시킨 후 관거로 배출시킨다.

4.3 BOD가 높은 폐수

1) 다량의 부유성 유기물이 관거 내에 유입
   ① 유기물이 관저부에 체류하게 되어 유해가스를 발생
   ② 악취를 발생

2) 용해성 유기물 농도가 높은 폐수
   ① 생물처리에 과부하를 주게 되어 처리기능 악화
   ② 특히, 탄수화물을 다량으로 함유한 폐수는 활성슬러지의 분해와 침강성을 감소시켜 팽화현상(Bulking)을 일으키기 쉽다.

3) 제해시설 : 하수도에서의 허용농도
   ① 생활오수 : BOD가 평균 300mg/L 정도
   ② BOD 600mg/L 허용 : 수량이 적고 또한 도중의 관거 내에서 퇴적의 우려가 없다고 판단되는 경우

4.4 대형 부유물질을 함유한 폐수

1) 부유물이 많으면 관거 내에 침전되어 하수의 흐름을 방해

2) 대형 부유물질은 소량이라도 관거를 폐쇄시켜 범람의 원인으로 작용

3) 제해시설 : 관거에 배출되기 전에 침전지 등에서 수거하거나 스크린을 설치하여 제거한다.

4.5 침전성 물질을 함유한 폐수

1) 침전성 물질은 폐쇄 및 범람의 원인으로 작용

2) 제해시설 : 침전지에서 제거한다.

4.6 유지류를 함유하는 폐수 : 300mg/L 초과

1) 유지류는 관거의 벽에 부착하여 관거를 폐쇄하여 처리기능을 저해

2) 제해시설
   ① 침전지로 보내어 침전하는 것은 침전물과 같이 제거하고
   ② 부상하는 것은 스컴과 함께 제거하지만

③ 부상하는 양이 많을 경우 부상분리장치를 설치하여 스컴과 함께 별도로 처리

④ 필요에 따라 조의 저부에 설치한 산기장치에 의해 압축공기를 폐수 중에 불어넣어 스컴의 분리를 좋게 할 필요도 있으며

⑤ 원심분리설비에 의해 유지류를 분리시키는 방법도 있음

4.7 페놀 및 시안화합물 등의 독극물을 함유하는 폐수

1) 페놀 및 시안화합물 등은 처리기능에 악영향을 주는 것으로

2) 활성슬러지나 살수여상 등의 미생물을 사멸시켜 생물학적 처리에 치명적인 악영향을 끼침

3) 제해시설 : 독성물질의 독성을 제거한 후에 관거로 배출

4.8 중금속류를 함유하는 폐수

1) 중금속류를 함유하는 폐수는 농도가 높은 경우에는 처리기능을 파괴하며

2) 농도가 낮은 경우라도 처리장으로부터의 방류수 중에 기준 이상의 중금속이 들어 있으면 안 된다.

3) 제해시설 : 중금속류를 제해시설로 제거시킨 후 관거로 배출

4.9 기타 하수도시설을 파손 또는 폐쇄하여 처리작업을 방해할 우려가 있는 폐수, 사람, 가축 및 기타에 피해를 줄 우려가 있는 폐수

1) 그 밖의 휘발성 물질을 다량 함유하는 폐수는 폭발의 우려가 있고

2) 또한 황화물, 악취를 발생하는 물질 및 착색물질 등은 여러 가지 장해를 일으키기 쉽다.

3) 제해시설 : 적당한 제해시설을 설치할 필요가 있음

5. 제해시설 계획 시 조사내용

1) 제해시설의 설치 또는 개조에 있어서는 충분한 사전조사를 하여 적절한 처리방법을 선택할 필요가 있으며

2) 특히 공장폐수 등의 폐수 성질에 따라 제해시설에서의 폐수처리방법은 여러 가지가 있어 그 설치장소, 처리과정도 상이하므로 철저한 조사가 필요하다.

3) 제해시설의 계획에 관한 일반적인 사항은 다음과 같다.

5.1 사전조사

1) 공장의 규모와 장래계획

2) 생산공정 및 시간적 변화

3) 공장 내 폐수처리시설용 부지

4) 배제해야 할 하수도와의 관계

5) 공장폐수와 다른 오수와의 관계

6) 공정 중 폐수를 생성시키는 부분의 명확성

7) 생산물 또는 원료 단위량의 폐수량 및 처리해야 할 물질의 부하량

8) 폐수의 양 및 질의 시간적 변화와 공장 측 자료의 신뢰성

9) 분리처리의 가능 여부

10) 발생슬러지의 양 및 성상

5.2 처리방법의 선정

1) 종합적인 처리계획

2) 처리해야 할 항목과 처리정도

3) 처리공정

4) 처리방법의 경제성

5) 배출지역의 특성

6) 폐수관찰 및 시료채취장소의 결정

하수처리시설 에너지 절감 및 에너지 자립화

1. 서론

1.1 하수처리시설의 높은 에너지 소비량에 대한 대책 필요

1) 하수의 수집 · 처리과정에서 다량의 에너지 소비

2) 에너지 자립률이 매우 낮은 상황

3) 그동안 하수도사업은 시설확충과 처리효율 증가에 집중 → 에너지 효율성에 대한 고려가 미흡

1.2 에너지 다소비 시설에서 재생산 시설로의 패러다임 전환 필요

1) 하수처리 과정 및 입지특성상 풍부한 에너지 잠재력 보유
소화가스, 소수력 발전, 하수열, 풍력 및 태양광 발전

2) 하수처리시설 기능확대 요구에 따른 저탄소 · 녹색성장 및 기후변화에 대비한 에너지 자립화 및
온실가스 감축 필요

1.3 하수처리시설을 저탄소 · 녹색성장의 성장동력으로 활용

1) 에너지 절감을 위한 고효율 기기 · 설비 도입, 신 · 재생에너지 시설확대 등의 녹색기술 도입 활
성화 및 일자리 창출 도모

2) 국내 실정에 적합한 하수처리시설 에너지 자립화 프로젝트 수행
하수분야 국내 물산업 경쟁력 제고

2. 에너지 자립률

$$에너지\ 자립률 = \frac{하수처리시설\ 연간전력사용량}{신 \cdot 재생에너지\ 생산을\ 통한\ 전력발생량 + 에너지절감량} \times 100$$

3. 에너지 절감방안

3.1 기계설비분야 에너지 절감방안

1) 공통사항

① 비효율적인 운전설비 검토 : 가동시간

② 노후화에 따른 효율저하설비

③ Pump, 송풍기류 Discharge Valve Close 상태운전으로 인한 손실

④ Pump, 송풍기류 등 Belt 느슨함 및 노후화로 인한 손실

⑤ 감속모터 사용 : 교반기 등 감속기가 들어가는 모터설비는 무부하 시 감속용 모터로 개선하여 전력비 절감

⑥ 저농도 탈취에 대한 처리방법을 생물반응조로 유입처리

⑦ 공동구 전등 자동점멸 시스템 구축

2) 유입 및 중계펌프장

① 유입펌프 자동운전 : 빈번한 기동정지 검토(양정 Setting), 수동운전에 대한 인력 Loss 점검, 유입량 후단공정으로 일정하게 공급방안 검토(단속운전에서 연속운전)

② 중계 및 유입 Pump류 노후화로 교체 및 신설 시 Type을 수중모터펌프로 개선 : 유지관리 및 운전비용 절감(고압일 경우 빈번한 단속운전 시 재검토)

③ 중계펌프장, TM/TC 검토로 비상주에 의한 인력손실 절감

④ Screw 펌프 적정 Level에 의한 운전효율 향상방안 검토

3) 침사지

① 미세스크린 설치로 후단부하 감소(중·소형처리장)

② 침사수로 적정 유속 유지에 따른 설비운전방안 검토

4) 1차침전지

① 슬러지 수집기의 재질 변경(Non Metal)으로 운전 및 유지보수비용 절감

② 슬러지 수집기 간헐운전 절전도모(수처리에 지장이 없는 범위 내)

③ 생오니 인발펌프 자동운전 방안 검토(1차침전지 슬러지 계면에 의한 자동인발 기능)

5) 포기조

① Root Type Blower 노후화 교체 시 단단터보송풍기로 교체(중·대형처리장)

② 노후 산기관 교체

③ 포기조 효율적 운영관리를 위한 송풍기 자동화 : DO값에 의한 송풍기 자동운전

6) 2차침전지

반송펌프 반송량 조절을 위한 회전수 제어방법 검토 : 인버터, Pully 조정 → 적정 반송량 이송

7) 용수공급 설비

① 용수공급장치의 타입을 가압식 용수공급 장치로 검토 : 압력식의 경우 단속운전으로 손실 발생

② 사여과지 형식을 중력식으로 대체 : 대형처리장의 경우

③ 처리수(중수도) 활용방안 검토 : 인근 공단지역, 조정수, 화장실 등

④ 여포세척수 Filtering 후 재사용 : 여포여액 재활용방안 강구, 세척수 재활용

8) 농축조

　① 농축슬러지 펌프 자동운전 : 균등슬러지 인발을 위해

　② GBT 적용으로 농축효율 및 운전비용 절감

　③ 소포수 용수 활용방안 검토 : 중간처리수

9) 소화조

　① 잉여가스 재활용 방안 검토 : 발전기 등

　② 가스 Blower 단속운전 방안 검토

　③ 소화조 상부 브리더 밸브 누설 여부 검토

　④ 열교환기, 보일러 자동운전 방안 검토 : 소화조 적정온도 유지

10) 탈수기

　① 여과포 세척수 압력 적정유지

　② 여과포 세척수량 확인

　③ 세척수 펌프 Auto Strainer 압력감소 여부 확인

　④ Air Compressor 가동방법 검토 : 직입기동 방식을 Soft Start 방식으로

　⑤ 공기라인 누설 여부 확인

3.2 전기설비 에너지 절감

1) 부하관리

　① 부하율 개선

　② 최대수요전력 관리 개선

2) 역률관리

3) 전압관리

　① 적정 전압유지

　② 전압 변동의 최소화

　③ 전압 불평형 억제

4) 고율기기 사용

3.3 부생물질의 자원화 및 미활용 · 재생에너지 이용

1) 하수열이용 냉난방

　① 열교환 효율이 우수

　② 열원으로서 안정적

　③ 부존열량이 많음

　④ 열수요지에 근접하여 존재

　⑤ 물절약 가능

⑥ 열섬화 현상 방지

2) 하수열원 히트펌프

3.4 소화가스 이용

1) 활용방안

① 가온 및 난방

② 발전과 열회수를 위한 열병합발전 : 전기는 Blower용 동력, 폐열은 소화조 가온 및 난방에 사용

③ 연료전지 이용발전, 메탄으로부터 수소를 추출하여 에너지 생산

2) 특징

① 하수슬러지는 양적·질적으로 안정적이며, 수집을 위한 별도 에너지지가 필요 없는 집약형 유기성 자원

② 하수처리장은 바이오매스(하수슬러지, 분뇨, 음폐수 등)를 에너지로 전환할 수 있는 소화조 등의 처리공정 도입이 용이

③ 하수처리 과정과의 연계를 통해 바이오매스 처리에 따라 발생하는 폐수의 처리도 용이하므로 주변지역 바이오매스의 효율적인 활용가능

3.5 시설공간 활용

1) 태양광 발전

하수처리시설의 침전지, 생물반응조, 관리동 지붕 등에 태양광 발전 도입 가능

2) 풍력발전

① 풍황조건이 좋은 처리시설 여유부지에 풍력발전 도입 가능

② 도입 타당성 및 발전 가능량은 개별처리장의 풍속(풍속, 크기, 분포)에 좌우

3.6 하수처리수

1) 소수력 발전

① 비교적 짧은 계획, 설계 및 시공기간

② 낮은 투자비용

③ 돌발사고에 대한 유연성

④ 기존 구조물의 설비변경만으로 설치 가능

3.7 하수슬러지 소각발전

4. 결론

에너지 자립화 및 에너지 절감을 위해서는 다음 사항을 검토하여야 한다.

1) 하수처리시설 에너지 자립화 계획 수립

    ① 하수처리시설 에너지 이용 실태조사 및 진단

    ② 중 · 대형 하수처리시설별 에너지 자립화 목표 및 시행계획 수립

    ③ 에너지 자립화 평가지표 개발

    ④ 에너시 사립화 계획평가

2) 에너지 자립화 확대를 위한 관련제도 개선

    ① 하수처리시설 신 · 증설 시 에너지 자립화 관련 사업에 대해 국고 우선 지원 추진

    ② 에너지 자립화 촉진을 위한 관계법령 정비

3) 에너지 자립화 관련 R & D 활성화

4) 에너지 자립화 전문가 포럼 운영

5) 저탄소 · 녹색성장 홍보 및 교육기반 확대

6) 에너지 사용에 대한 관리체계 구축

7) 에너지 절감을 위한 담당부서 및 Data − base 구축

Key Point +

- 73회, 77회, 85회, 90회, 93회, 94회, 96회, 101회, 118회 출제
- 녹색성장 및 온실가스 저감에 따라 상기 문제의 출제 빈도는 상수도 시설의 에너지 절감방안과 함께 출제 빈도가 높은 문제이며
- 하수처리장의 에너지 및 유지관리비 절감방안과 함께 기존 처리장의 처리효율 향상에 따른 절감효과가 높다는 것을 숙지할 필요가 있으며 슬러지의 자원화와 감량화에 대한 내용을 함께 기술할 필요가 있음
- 또한 상수도 및 하수처리장의 LCC 또는 VE/LCC 분석을 통한 설계가 무엇보다 필요하다는 점을 꼭 기술하기 바람

공공하수처리시설 에너지 자립화 방안

1. 서론

1) 하수처리시설의 높은 에너지 소비량에 대한 대책 마련이 필요한 실정
   ① 하수의 수집 · 처리 과정에서 다량의 에너지 소비
      ㉮ 에너지 자립률은 : 0.8%에 불과
      ㉯ 에너지 자립률 $= \dfrac{(신 · 재생에너지 생산을 통한 전력발생량 + 에너지절감량)}{연간 전력사용량} \times 100$
   ② 그동안 하수도 사업은 시설확충과 처리효율을 높이기 위한 신기술 도입에 집중하였으나 에너지 효율성에 대한 고려 미흡
2) 에너지 다소비 시설에서 재생산 시설로의 패러다임 전환 필요
   ① 하수처리과정(소화가스, 소수력 발전, 하수열) 및 입지특성(풍력, 태양광 발전)상 풍부한 에너지 잠재력 보유
   ② 하수처리시설의 기능 확대 요구에 따른 저탄소 · 녹색성장 및 기후변화에 대비한 에너지 자립화 및 온실가스 감축 필요
3) 하수처리시설을 저탄소 · 녹색성장의 성장동력으로 활용
   ① 에너지 절감을 위한 고효율 기기 · 설비 도입, 신 · 재생에너지 시설확대 등의 녹색기술 도입 활성화 및 일자리 창출 도모
   ② 한국형 하수처리시설 에너지 자립화 프로젝트 수행을 통해 하수분야 국내 물산업 경쟁력 제고
4) 따라서 범정부적으로 추진 중인 "저탄소 · 녹색성장"과 관련, 에너지 다소비 시설인 하수처리시설에 녹색기술을 적용하여 에너지를 절감하고 청정에너지를 생산하는 "에너지 자립화"의 추진이 절실한 실정임

2. 하수처리시설의 에너지 잠재력

2.1 하수슬러지

1) 소화가스 이용
   ① 하수처리과정에서 필히 발생하며 양적 · 질적으로 안정적이며
   ② 수집을 위한 별도의 에너지가 필요없는 집약형 유기성 자원
   ③ 하수처리시설 내 바이오매스(하수슬러지, 분뇨, 음폐수 등)를 에너지로 전환할 수 있는 소화조 등의 처리공정 도입이 용이

2.2 하수 · 하수 처리수를 이용한 재생에너지

1) 소수력 이용

① 하수처리수 방류 낙차 · 방류관거 유속 등을 이용하여 소수력 발전 도입이 가능

② 발생 에너지량 : 유량과 유효낙차에 비례

2) 하수열 이용

① 하수는 계절에 영향을 받지 않고 안정된 양, 온도를 유지

② 히트펌프를 활용 : 여름(냉열원), 겨울(온열원)

③ 하수관망이 도시 내에 펼쳐져 있어 에너지 주 수요지인 도시 내 추가 열원으로 활용 잠재력 광범위

2.3 시설 공간 활용

1) 태양광 이용

하수처리시설의 침전지, 생물반응조, 관리도 지붕 등에 태양광 발전 도입 가능

2) 풍력 이용

① 풍향 조건이 좋은 처리시설 여유 부지에 풍력 발전 도입 가능

② 도입 타당성 및 발전 가능량 : 처리시설의 풍황(풍속, 크기, 분포)에 좌우

3. 에너지 자립화 기본계획

3.1 목표

'30년 하수처리시설 에너지 자립률 50%

3.2 추진단계

1) 1단계('10~'15년) : 에너지 자립률 18%

① 에너지 절감 및 생산사업 도입

㉮ 소화가스, 소수력 도입 완료

㉯ 에너지 절감, 태양열, 풍력 도입

2) 2단계('16~'20년) : 에너지 자립률 30%

① 에너지 절감 및 생산 사업 단계적 확대

㉮ 풍력 완전 도입

㉯ 에너지 절감, 태양광 확대

3) 3단계('21~'30년) : 에너지 자립률 50%

① 에너지 절감 및 생산 사업 완료

㉮ 에너지 절감, 태양광 도입 완료

3.3 추진과제

1) 에너지 절감 대책 추진

    ① 에너지 절감 운전 활성화

    ② 에너지 절감 기기 · 설비 교체

    ③ 신규시설 에너지 절감 기기 · 설비 도입 확대

2) 미활용 에너지 이용

    ① 기존 · 신규 시설 : 소화가스 이용 확대

    ② 소화가스 발생량 증가 대책 추진

    ③ 소수력 · 하수열 이용 확대

3) 자연 에너지 생산

    ① 태양광 발전 확대

    ② 풍력 발전 확대

    ③ 신규시설 태양광, 풍력 도입 확대

4) 에너지 자립화 기반 구축

    ① 시설별 에너지 자립화 계획 수립

    ② 제도 개선 및 R & D 활성화

    ③ 저탄소 · 녹색성장 홍보 및 교육

4. 에너지 절감 대책 추진

4.1 운영효율 개선을 통한 에너지 절감 추진

1) 하수처리시설 에너지 절감 가이드북 개발 · 보급('10)

    ① 공정별, 설비별, 도입단계별 개별 에너지 절감 기술 및 대책

처리공정	설비	에너지절약대책
전처리	침사지설비	침사기계 스크린설비의 타이머 운전
	주펌프	펌프의 인버터 제어
수처리	초침 · 종침설비	반송슬러지펌프 인버터 제어
		반송슬러지율 설정 최적화
	여과설비	여과역세 블로어 간헐운전
	반응탱크	초미세기포장치 도입
		폭기풍량 설정 최적화
		반응탱크의 풍량제어밸브 도입
		인버터형 터보블로어 도입
슬러지처리	슬러지탈수설비	고효율탈수기 채용에 의한 탈수효율 향상
공통 설비	공조설비	하수열원 히트펌프 도입

2) 하수처리시설 저에너지 · 고효율 시스템 최적화 지원('11)

    ① 하수처리시설 저에너지 · 고효율 최적운전 기술지원 및 교육 실시

    ② 하수처리시설 에너지 소비 산정 · 예측 프로그램 개발

4.2 에너지 절감 시스템 구축 시범사업 추진

적용 가능한 에너지 고효율 기기 · 설비진단 및 적용 모델 개발, 에너지 고효율 기기 · 설비의 교체 및 도입 시범사업 추진('10~'11)

초미세기포 산기장치, 저에너지 · 고효율의 탈수기, 송풍기, 교반기 등

4.3 에너지 절감 시스템 구축 확대

1) 저에너지 · 고효율 설비, 기기를 하수도 시설기준 등에 반영('10~)

2) 하수처리시설 에너지 고효율 시스템 적용 모델에 따라 에너지 고효율 기기 및 설비의 단계적 교체 및 도입 확대 추진('12~)

5. 에너지 이용 · 생산 확대

5.1 추진 방향 및 단계

1) 에너지 이용 · 생산 시범사업 추진('10~'11)

    ① 선제적 적용이 가능한 지자체를 대상으로 소화가스, 소수력, 하수열 이용 등이 결합된 패키지형 시범사업 추진

    ② 에너지 이용 · 생산 사업 확대 추진을 위해 "하수처리시설 에너지 잠재력 지도" 작성('10~)

2) 에너지 이용 · 생산 사업 확대 추진('12~)

    ① 시범사업 분석 · 평가, 에너지 잠재력 지도를 바탕으로 적용기준 및 모델 등을 마련하여 단계별 에너지 이용 · 생산 사업 추진

    ② 소화가스 이용은 "소화조 효율 개선사업"과 병행, 태양광, 풍력 발전은 "환경기초시설 탄소중립프로그램"과 연계 추진

5.2 부문별 에너지 이용 · 생산 계획

1) 하수처리과정 연계 미활용 에너지 이용

    ① 소화가스 이용

      ⑦ 소화조 설치 시설

        • 소화가스 이용 에너지 회수 확대

        • 소화조 가온, 열병합 발전, 냉난방 연료, 정제 판매(차량용, 도시가스, 연료) 등 적용시설별 공급 여건 및 용도를 고려하여 추진

㉯ 소화조 미설치 시설
　　　　　• 처리용량 10만톤/일 이상의 소화조 미설치 시설에 대해 소화조 신규 설치사업 추진
　　　　　　('11~)
　　　　　• 기존 슬러지 최종 처분 방법, 유입수질, 향후 음식물 및 분뇨 등 연계처리 가능성 등에 대
　　　　　　한 검토('10) 후 신설 추진
　　　㉰ 소화가스 발생량 증가 대책 추진
　　　　　• 소화효율 개선 : 소화효율 개선사업 지속 추진, 소화가스 발생량 증가를 위한 음식물,
　　　　　　분뇨 등의 고함수 바이오매스 연계처리('10~)
　　　　　• R & D 활성화 : 전공정 혐기성 하수처리 기술, 슬러지 전처리 기술 등 소화가스 발생량
　　　　　　증가를 위한 기술 개발 및 적용('11~)
　　② 소수력 발전
　　　㉮ 방류수 낙차 2m 이상, 발전설비 용량 10kW 이상인 처리시설에 소수력 발전 도입('10~'15)
　　　㉯ 저낙차 및 관거 유속을 이용하는 마이크로 소수력 발전 도입('10~)
　　③ 하수열 이용
　　　㉮ 단기적 : 히트펌프 설치 확대를 통해 하수열을 관리동 냉난방 시스템 및 소화조 가온용으
　　　　　로 이용 추진('10~)
　　　㉯ 중 · 장기적 : 열수요지가 근접한 처리시설을 중심으로 하수 및 하수처리수를 지역 냉난
　　　　　방 시스템의 열원으로 공급 확대 검토

5.3 하수처리시설 부지활용 자연 에너지 생산

1) 풍력발전
　　① 연평균 풍속 5m/sec 이상인 처리시설에 풍력 발전기 도입('10~'20)
　　② 시범사업을 통해 풍력 발전기의 규모별 경제성, 소음 및 풍황조건 등을 고려한 적용 모델 도
　　　출 후 세부 추진

2) 태양광 발전
　　하수처리시설 침전지, 생물반응조, 관리동 지붕 등에 태양광 발전을 도입('10~'30)

6. 에너지 자립화 기반 마련

1) 하수처리시설 에너지 자립화 계획 수립
2) 에너지 자립화 확대를 위한 관련 제도 개선
　　① 하수처리시설 신 · 증설 시 에너지 자립화 관련 사업에 대해 국고 우선 지원 추진 및 국고지원
　　　대상 조정
　　　에너지 절감 설비, 기기 및 에너지 생산 설비 도입 시 생애주기 전 과정의 CO_2를 평가하여
　　　LCC뿐만 아니라 $LCCO_2$ 관점에서 유리한 경우 적극적 지원 추진

② 에너지 자립화 촉진을 위한 관계법령 정비 추진('10)

3) 에너지 자립화 관련 R&D 활성화

4) 에너지 자립화 전문가 포럼 운영

5) 저탄소 · 녹색성장 홍보 및 교육 기반 확대

7. 결론

1) 에너지 자립화를 위해 각 처리시설별 현황조사를 선행하여 시설별 우선순위 선정

2) 무리한 정책 추진보다는 LCC, LCA, 및 LCCO$_2$를 통한 경제성 분석 필요

3) 적극적인 사업추진을 위해 국고지원으로 추진하되, 지자체 여건에 따라 민간자본 활용(BTO, BTL)을 고려

4) 에너지 자립을 통한 전력대체 및 온실가스 감축에 적극적으로 대처할 필요성이 있음

5) 에너지 절감, 생산설비 및 운영으로 새로운 고용창출 및 경제적 효과를 기대할 수 있는 사업추진이 바람직

Key Point

118회, 127회 출제

물 재이용 관리계획

1. 서론

1) 도시화, 산업화, 생활수준 향상 등으로 물수요는 지속적으로 증가

2) 우리나라 상수원은 하천수에 대한 의존도가 매우 높음

3) 댐 개발에 의한 수자원 공급은 한계

　→ 건설 적지 부족, 사회적 반대 등

4) 빗물이용, 중수도, 하수처리수 재이용 등 취수원 다변화 정책 필요

5) 최근 온실가스 저감 및 에너지 절감을 통한 녹색성장의 기반 구축 측면에서도 물 재이용은 매우 중요

6) 「물의 재이용 촉진 및 지원에 관한 법률」 제정에 따라 정부는 「물 재이용 관리계획(2011. 10.)」 수립 세부지침 마련

2. 물 재이용 필요성

1) 취수원 나변화 및 용수 확보

2) 침수방지

3) 사회 · 경제적 비용 절감

4) 수질개선 – '수질오염총량제' 오염부하 삭감

5) 생태계 복원

3. 관리계획수립 절차

1) 기간 : 20년 5단계 계획

2) 승인 절차

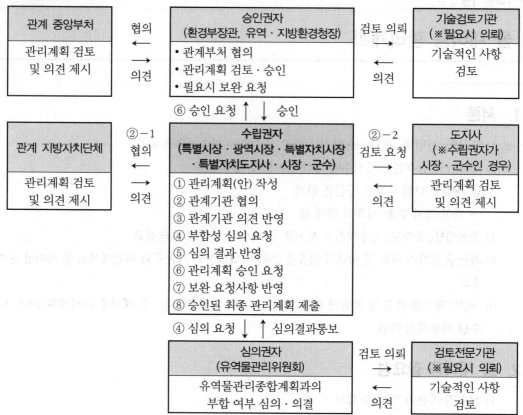

4. 관리계획 주요내용

4.1 기초조사

1) **자연적 조건** : 지역 개황, 지형 및 지세, 하천 및 수계 현황, 기상 등
2) **사회적 특성** : 행정구역, 인구, 하천 이수현황, 물 재이용산업 현황
3) **관련 계획**
4) **물 이용 전망** : 향후 10년간 물 이용 전망, 물수요관리 목표

4.2 물 재이용 현황 및 목표설정

1) 빗물이용시설 현황 및 목표

① 적용기준

구분	의무 대상시설		비의무 대상시설
	면적기준	적용시기	
체육시설	지붕면적 1,000m² 이상	2011년 6월 9일 이후	• 지자체별 조례에 근거하여 설치·운영 중인 빗물이용시설
공공청사			
공공주택	건축면적 1,000m² 이상	2014년 7월 17일 이후	• 녹색건축물 조성 지원법에 근거하여 설치·운영 중인 빗물이용시설
학교	건축면적 500m² 이상		
골프장	부지면적 100,000m² 이상		• 기타 : 기 설치된 빗물이용시설
대규모점포	매장면적 3,000m² 이상		

② 설치규모

㉮ 지붕의 빗물 집수면적에 0.05를 곱한 규모 이상의 용량

㉯ 골프장 : 연간 물 사용량의 40% 이상 활용가능한 용량

2) 중수도 현황 및 목표

① 적용기준

구분	외무 대상시설		비의무 대상시설
	면적기준	적용시기	
숙박업, 목욕업	건축연면적 60,000m² 이상	2011년 6월 9일 이후	• 개별사업자에 의해 설치·운영 중인 중수도 시설
대규모 점포			
물류, 운수시설 등			• 1일 폐수배출량 1,500m³ 이상 공장 중 의무시설에 해당되지 않는 시설
공장	1일 폐수배출량 1,500m³ 이상		
관광단지 개발사업	국가, 지자체, 공기업에서 시행하는 사업		
도시 개발사업			
산업단지 개발사업			
택지 개발사업			

② 설치규모

물 사용량의 10% 이상을 재이용할 수 있는 용량

③ 목표량 설정

$$목표량 = 중수도 \ 설치 \ 목표량 \times 평균 \ 가동률 \ \% \left(\frac{\sum 중수도 \ 이용량}{\sum 중수도시설 \ 용량} \right)$$

3) 하수처리수 재이용 현황 및 목표

① 적용기준

구분	2011년 6월 8일 이전	2011년 6월 8일 이후
관련법	하수도법	물의 재이용 촉진 및 지원에 관한 법률
법적 의무대상	신설, 증설 해당	신설, 증설 해당(총인처리시설 제외)
대상용량	5,000m³/일 이상	5,000m³/일 이상
재이용량	1일 하수처리수 양의 5% 이상	1일 하수처리수 양의 10% 이상

② 목표량 설정

㉮ 공업용수

- 대상 : 처리용량 5,000m³/일 이상의 하수처리장
- 산업단지 및 농공단지 중 용수가 부족하여 용수 공급시설 계획이 요구되는 지역

㉯ 농업용수

- 대상 : 처리용량 5,000m³/일 이상의 하수처리장
- 공급가능량과 수요량으로부터 목표설정

㉰ 하천유지용수

- 재이용 목적 설정 : 생태계, 경관, 친수
- 계획공급량＝필요수량－갈수량

4) 폐수처리수 재이용 현황 및 목표

5) 물 재이용 총 목표량

4.3 물 재이용에 따른 영향 분석

1) 하천영향 : 시·군 작성

2) 물순환 : 특별시·광역시·도 작성

4.4 물 재이용사업 계획 수립

1) 정책비전 및 주요 지표

2) 빗물이용시설 설치사업 추진계획

비의무대상의 빗물이용 확대 방안 추진

3) 중수도 설치사업 추진계획

① 비의무대상의 중수도이용 확대 방안 추진

② 활성화를 위한 제도개선 및 인센티브(조세감면, 저리융자 등) 계획 수립

4) 하수처리수 재이용사업 추진계획

① 양적 확대 이외에 질적 확대 모색

② 민간투자사업 활성화

③ 가동률 70% 이상 되도록 사업 계획 수립

④ 위치 : 가능한 한 공공하수처리시설 부지 내

5) 폐수처리수 재이용사업 계획

신규 공공폐수처리시설은 적극적으로 방류수를 재이용하는 계획 수립

4.5 물 재이용사업 시행 및 재정계획

1) 물 부족의 시급성, 재정현황, 사업시행 우선순위 등 고려 → 사업효과가 가장 높은 사업부터 시행

2) 민간기업의 자본 및 선진기술의 도입 검토

4.6 물 재이용 교육 및 홍보

4.7 물 재이용 관리계획 추진성과 평가

5. 결론 및 제언

1) 「물의 재이용 촉진 및 지원에 관한 법률」 제정으로 물 재이용이 더욱 촉진될 것으로 기대됨

① 하수도관리청뿐만 아니라 폐수종말처리시설 설치 · 운영자 등도 재처리수 공급 가능

② 하 · 폐수처리수 재이용시설 설계 · 시공업 면허 신설로 재처리수의 안전성을 확보할 수 있을 것으로 기대됨

2) 재이용수의 활성화를 위해서는 수도요금의 현실화 필요

3) 위생 및 심미적 불안감 해소를 위한 적극적인 홍보 및 인센티브 부여

4) 재이용수(특히 하 · 폐수)에는 중금속, 항생제, 미량유해오염물질 등이 함유되어 있을 수 있음

① 처리공법 선정 시 검토 필요

② 수질기준 강화 필요

5) 경기도 B 처리장 운영 시, 재이용 처리시설로 입상황생물막여과기(황탈질) 도입한 바 있음

① 배관 등 부식이 심하고, 처리수에 황산화미생물 스컴이 유출됨

② 석회 혼합 입상황 여재 사용 등 검토 필요

6) 하 · 폐수 재이용은 B/C가 높게 나오기 어려우므로 녹색성장 기반 구축 및 물 산업 육성 측면에서 정부의 지원 필요

Key Point +

126회 출제

빗물이용 가능량(빗물이용시설)

1. 잠재적 빗물이용 가능량

1) 유효강우 발생특성, 평균 강우량, 평균 강우발생횟수 조사

   ① 최근 10년간의 강우량 자료를 토대로

   ② 빗물이용시설에서 이용할 수 있는 5mm 이상의 유효강우 발생 특성 분석

   　5mm 이상의 평균 강우량 및 평균 강우발생횟수(회/월) 조사

2) 대상시설별 빗물이용 가능량 산정

   평균저장률과 월평균 강우발생횟수를 고려 : 의무대상 및 비의무대상별

3) 빗물이용 가능량

   ① 평균저장률(%/회) $= \dfrac{\sum 빗물저장량(\text{m}^3) \times 100}{저류조용량(\text{m}^3) \times 유효독립강우\ 발생횟수(회)}$

   ② 빗물이용 가능량(m^3) $= 유효독립강우\ 발생횟수(회) \times \dfrac{평균저장률(\%/회)}{100} \times 저류조용량(\text{m}^3)$

2. 빗물이용 목표량

1) 기존 시설, 의무시설 및 다량의 빗물을 이용하는 시설의 건설계획 등을 통해 실수요처를 파악하고 해당 수요처와 협의하여 목표량 산정

   ① 환경영향평가, 산단개발계획, 도시개발계획 등 검토

   ② 계획기간까지 빗물이용 목표량을 4단계로 산정

2) 목표량

   ① 빗물이용시설(골프장 제외)

   　㉮ 최대 빗물이용 목표량＝이용가능한 빗물량

   　㉯ 유효독립강우량

   　　저류 및 침투에 의한 손실뿐만 아니라 고농도의 오염물질이 포함된 초기우수도 손실로 제외한 독립강우량

   　㉰ 빗물이용 가능량

   　　• 강우 시 초기우수를 제외한 빗물 저류조로 유입가능한 유효독립강우량

   　　• 강우 종료 후 저류조에 저장된 이용 가능한 빗물량

ⓐ 평균저장률 : 빗물 저류조 용량 대비 빗물이용가능량 비율 평균값
② 골프장
최소 빗물이용 목표량＝연간 물사용량의 40%

→ 참/고/자/료

- 빗물이용시설의 유효독립강우량 산정

유효독립강우량(mm)＝유출율(유출계수)×독립강우량(mm)−초기우수(mm)

- 유효독립강우별 빗물저장량 산정

$$빗물집수량(m^3)＝\frac{유효독립강우량(mm)}{1,000(mm/m)}×집수면적(m^2)$$

－저류조 용량(m³) ≤ 빗물집수량(m³)인 경우

빗물저장량(m³)＝저류조 용량(m³)

－저류조 용량(m³) ＞ 빗물집수량(m³)인 경우

빗물저장량(m³)＝빗물집수량(m³)

- 실제 빗물이용량 산정(빗물이용시설 계획 시)

$$실제이용 빗물량(m^3)＝\frac{빗물이용률(\%)}{100}×빗물이용가능량(m^3)$$

- 빗물이용률 산정(유지관리 시)

$$빗물이용률(\%)＝\frac{실제이용빗물량(m^3)}{빗물이용가능량(m^3)}×100$$

하수처리수 재이용(Ⅰ)

1. 개요

1) 환경부는 그동안 대체 수자원개발, 물절약, 중수도시설 의무화, 절수기기 보급, 수도요금현실화 등 물 수요관리정책을 추진

　① 그러나 증가하는 물수요를 충족하기에는 부족한 실정

　② 2001년 3월 하수도법을 개정하여 하수처리수 재이용을 유도

2) 그동안 문제점

　수요처 확보의 어려움, 재이용을 위한 초기설치비, 유지관리비에 많은 비용 소요, 재이용수의 수질기준이 없어 재이용이 널리 확산되지 않고 있다.

3) 2003년 말 약 5.4%의 재이용

4) 하수처리수의 경우 발생량이 대규모이며 연중 발생량이 일정하여 중수도개념을 도입하여 하수처리수 재이용을 확대 보급할 필요가 있다.

5) 최근 온실가스 저감 및 에너지 절감을 통한 녹색성장의 기반 구축을 위해 하수처리장 방류수의 재이용이 필요한 실정임

6) 또한 점차 부족해지는 수자원의 확보를 위해 대체수자원 확보, 간접취수의 개념도입과 함께 수자원 부족을 극복하기 위해 적극적인 추진이 필요함

2. 재이용의 필요성

1) 기후변화로 인한 가뭄빈발과 수질오염으로 사용 가능한 깨끗한 물이 줄어들면서 향후 물부족 문제가 심화될 것으로 예상

　① 우리나라의 1인당 강수량(2,591m³/년)이 세계 평균의 약 1/8 수준

　② 우리나라는 하천 취수율이 약 36%로 물에 대한 스트레스가 높은 국가군에 속하며 가뭄 시 물 이용에 취약한 실정

2) 향후 물부족에 선제적 대응을 위해서는 수자원의 최대한 확보와 함께 한번 사용한 물을 재이용하는 것도 필요

　① 댐건설 적지 곤란, 자연환경 파괴논란, 주변지역 마찰 등으로 전통적 용수공급 확대는 점점 어려워지는 추세

　② 물은 관리만 잘하면 계속해서 이용 가능한 순환자원

3) 물 재이용은 에너지 소비를 획기적으로 줄여 저탄소 녹색성장을 리드할 대표적 친환경 산업(상수, 하수에 이은 『제3의 물산업』으로 유망)

① 현지(現地) 물 공급(On-site Water Supply) 시스템으로써 광역 상수도의 장거리 물 수송에 따른 에너지 사용 문제해소 및 절감

② 국내산업 육성을 기반으로 중국, 아프리카 및 중동 등 물부족 국가에 대한 진출 유망 → 국가적 지원 필요 분야

4) 물 재이용은 물 부족 대비 수자원 확보, 자연취수 감소에 따른 생태 건정성 향상, 신규산업 육성, CO_2 배출 감소 등 다수의 효과 기대

3. 국내하수처리장의 재이용 방법

3.1 간접 재이용

1) 하수처리장에서 처리된 방류수를 공공수역으로 방류하고 그 수역의 물과 혼합 희석한 후 다시 취수하여 각종 용도로 재이용하는 방법

2) 종류 : 자연유하식, 유황조절법(갈수기에만)

3) 활용

① 하수처리에 재사용 : 냉각수, 잡용수

② 관개용수, 하천유지용수

③ 하수처리 슬러지 퇴비화 이용

3.2 직접 재이용

1) 처리된 방류수를 농지, 공장, 오락용 수역으로 송수하여 재이용하는 방법

2) 생활용수로서 중수도개념의 잡용수로 재이용하는 방법이 여기에 속하며

3) 일반적으로 하수의 재이용은 직접 재이용을 말한다.

3.3 하수처리장 내에서의 재이용

1) 하수처리장 내에서 중수도 개념으로 최종유출수 내에 존재하는 SS을 제거하는 정도만으로도 유출수를 이용할 수 있으므로 최종유출수를 재이용하여 상수도와 공업용수의 절감을 도모

2) 활용

처리장 내 세척용수, 침사지의 기계시설 등의 세정수, 폭기조 등의 소포수, 소독시설용 급수, 슬러지탈수시설의 여포세정수, 슬러지소각시설의 세정기에 이용되는 세정수, 화장실 세척용수, 살수용수, 수경용수

4. 환경부의 재활용 시행

재이용수의 활용처는 여러 가지를 고려할 수 있으나 환경부에서는 우선 다음 사안들을 고려하여 계획

4.1 농업용수

농업용수 상습 부족지역 및 갈수기 시 충분한 공급원

4.2 공업용수

1) 산업체에 저렴하게 공급하여 경제활성화 기여
2) 냉각수, 세척수로 사용

4.3 하천유지용수

건천화된 하천유지 및 도심지 내 인공생태하천 조성 용수

4.4 기타 분야

1) 고정관념을 탈피한 새로운 분야에 재이용
2) 수변공원 및 생태공원의 조경용수
3) 택지지역 : 수세식 화장실 용수, 소방용수

5. 재활용수 수질기준계획

1) 환경부에서는 하수처리수 재이용 수질 권고기준을 마련하여 검증된 하수처리수를 안전하게 공급할 계획을 수립
2) 하수처리시설의 처리수 재이용계획을 수립할 경우 우선적으로 재이용용수의 공중위생성과 관련법령에 적합한 수질기준을 준수
3) 재이용량이 5,000m³/일 이상인 처리장을 대상으로 용도별(공업용수, 농업용수, 환경용수, 청소용수) 재이용수질 권고기준 제시
4) 농업용수, 환경용수, 청소용수는 처리장에서 권고기준 이내로 처리하여 수요자에게 공급(공업용수는 필요시 수요자가 재처리 사용)
5) 앞으로 환경부는 신규설치처리장에 대하여는 하수처리수 재이용을 의무화하도록 하수도법을 개정하고, 지방자치단체 및 관계자를 대상으로 설명회, 평가회를 개최하여 하수처리수 재이용 시책을 조기에 정착시켜 나갈 계획이다.

6. 결론

1) 하수처리수 재이용수는 그 발생량이 대규모이며 연중 발생량이 일정하므로 수자원으로서의 활용가치가 매우 높다.

2) 2005년 하수처리수 재이용수의 수질권고안이 마련되었으므로

3) 하수처리 재이용수의 사용처 확보가 우선 이루어져야 하며

4) 하수처리장에서는 수요처에 적합한 수질기준을 만족시키기 위한 대책이 필요하다.
   ① 필요시 고도처리설치
   ② 가장 경제적이며 효과적인 시스템 구축 필요

5) 또한 사용과정과 하수처리수재이용수의 사용과정에서 발생될 수 있는 문제점을 사전에 파악하여 예방할 필요가 있으며

6) 부족한 수자원의 활용방안으로서 정부, 지자체별로 적극적인 홍보 및 각종 인센티브부여가 필요하다.

Key Point +

- 72회, 79회, 81회, 87회, 88회, 90회, 92회, 97회, 100회, 102회, 103회, 110회, 111회, 113회, 115회, 116회, 117회, 118회, 120회, 124회, 125회, 129회 출제
- 상기 문제는 출제 매우 빈도가 높으며 하수처리수 재이용의 문제점과 함께 숙지하기 바람
- 또한 녹색성장 및 에너지 절감차원에서의 접근도 필요한 문제임
- '물 재이용시설 설치관리 통합 가이드북'을 참조할 것

하수처리수 재이용(Ⅱ)

1. 우리나라 수자원 이용의 특성

1) 강우의 계절적 편중, 지역적 불균형 발생
2) 신규 수자원 확보의 어려움
   ① 신규 저수지 및 댐건설 적지 부족
   ② 개발에 대한 사회적 반대 및 민원
3) 하상계수가 매우 큼
   ① 이용 가능한 수자원의 부족
   ② 홍수 및 침수 가능성
   ③ 게릴라성 집중호우 발생 우려

2. 추진 배경

1) 하수처리수 재이용으로 기후변화에 따른 물부족에 대응하고 녹색성장 실천
2) 민간의 자본 및 기술을 도입하여 새로운 물 시장 및 산업육성으로 일자리 창출
3) 재이용 필요처에 재이용수 공급으로 용수부족 문제 해소, 생산성 향상 및 지역경제발전에 기여
4) 민간의 자본과 기술 도입으로 재이용사업의 육성
   ① 제3의 물 산업 『The 3rd Water Industry』으로 육성
   ② 2016년까지 재이용시설 초기투자비 : 1조 4천억 원 예상
   ③ 농업 · 하천유지용수 등 공익적 비수익 사업은 재정사업으로 계속 추진

3. 법적 근거

1) 사회기반시설에 대한 민간 투자법
   하수도법에 따른 하수도, 공공하수처리시설 및 분뇨처리시설

2) 물의 재이용 촉진 및 지원에 관한 법률
   ① 제6조 : 물재이용 관리계획 수립
   ② 제10조 : 공공하수도관리청의 하 · 폐수처리수 재처리수공급
   ③ 제12조 : 공공하수도관리청의 하 · 폐수처리수 재처리수 공급대상시설 등

4. 재이용의 정의 및 효과

4.1 정의

공공하수처리시설 방류수를 용도(농업용수, 공업용수 등)에 맞도록 재처리하여 이용하는 것

4.2 효과

1) 양질의 안정적 용수공급원으로 활용 : 대체 수자원 활용
   ① 고도처리에 따라 수질이 양호하고 연중 발생량이 일정한 하·폐수처리수를 각종 용수로 재이용할 경우, 물 수급의 지역적인 불균형 완화
   ② 하수처리수 재이용은 『국가 물 수요관리 종합대책』의 목표달성 핵심수단
   ③ 환경부 기후변화대책, 저탄소−녹색성장의 중점추진과제로 선정 및 추진
   ④ 지역적인 물부족 해결
2) 생태계 확보 및 용수확보원으로 활용
   농업용수 확보, 하천유지용수 공급으로 건천화된 도심하천의 생태계 회복 및 상수도 미보급 지역의 용수확보
3) 오염부하량 감소에 따른 수질개선
   막대한 양의 처리수를 다양한 용도로 재이용 할 경우 유입부하량의 감소로 하천의 수질개선
4) 수질오염총량관리제 시행지역은 오염부하량 삭감수단으로 활용가능
5) 사회·경제적 비용절감
   ① 수돗물 사용량 및 댐 주변지역 지원비 절감 등의 사회적 편익과 저렴한 재이용수 공급으로 수요처의 비용절감 및 경쟁력 제고
   ② 댐건설로 인한 생태계 불균형 해소
   ③ 하수처리기술의 개발·보급 촉진 등 간접적인 효과 기대
6) 저탄소−녹색성장의 추진

5. 하수처리수 재이용 현황

1) 연차별
   ① 매년 점진적 증가 : '01년 2.9% → '07년 9.9%
   ② '07년 하수처리수 65억 톤 중 6.4억 톤 재이용 : 9.9%

2) 용도별
   ① 대부분 하수처리장 청소용수, 농업용수, 하천유지용수로 활용
   ② 공업용수 : 0.1억 톤(0.15%)

구분	계	처리장 내 용수	처리장 외 용수				
			소계	하천유지용수	농업용수	공업용수	기타
재이용량(m^3)	641,914	371,980	269,934	193,623	40,383	9,899	26,029
비율(%)	100	57.9	42.1	30.2	6.3	1.5	4.1

3) 공업용수 재이용 사례

구분	공정	용량(m^3/d)	BOD	COD	SS
오산	여과＋R/O	12,000	2	2	1
부천	생물막＋UV/염소소독	45,000	6	10	1
포항	전처리＋MF＋R/O	100,000	2	3	1
인천 가좌	전처리＋다단여과＋R/O	12,500	0	< 3	< 1
미국 Tampa, FL	활성슬러지＋산소주입＋염소소독	35,000	–	–	–
싱가폴 Water Fab. Industry	MF＋R/O＋UV	80,000	ND	ND	TDS(48.5)

4) 농업용수 재이용 사례

① 농업용수 하수재이용 현황

전국적으로 127개 하수처리장의 방류수가 적절한 재처리공정 없이 직·간접적으로 농업용수 재이용

② 농업용수 재이용시스템의 활용

㉮ 수원 병점양수장 : 수원하수처리장

㉯ 제주도 하수처리장 재이용 사업 : 판포 등

㉰ 하수재이용사업지구 기술협약 및 지원 : 상주, 창원, 김해 등

6. 민간투자사업

1) 사업대상지역

① 대상지역

㉮ 하수처리장 인근(5km)에 산업단지 또는 공업지역이 있는 지역

㉯ 용수가 부족(예상)한 지역 또는 기존 용수단가가 높은 지역

② 대상지역 선정

㉮ 하수처리장 및 수요처의 여건, 지자체 의지, 사업성 등을 고려

㉯ 예비대상지역 선정 48개소

㉰ 수요조사 및 현지조사, 간담회를 통하여 대상지역 선정

2) 재이용사업 규모

단계	지자체	처리장	수요처	용량(천m³/d)		사업비 (억원)
				처리장	재이용	
	계	19개소		5,209	1,220	13,756
1단계 (5개소)	포항시	포항	포스코	232	100	1,045
	대구시	북부	대구염색	170	100	985
	안산시	안산	안산반월	534	100	1,045
	양주시	신천	검준산단	70	30	481
	당진군	고대부곡	동부제철	11.4	8	115
2단계 (14개소)	아산시	아산신도시	아산탕정	48	32	454
	군산시	군산	군장, 군산	240	80	900
	울산시	용연	울산	250	100	1,102
	구미시	구미	구미	330	100	979
	동두천시	동두천	동두천	86	30	391
	인천시	승기	남동	240	50	617
	전주시	전주	전주산단	403	50	617
	영양군	대불	대불	56	10	200
	시흥시	시흥	시흥시화	279	100	1,054
	대전시	대전	대전	900	100	1,054
	기타	4개소		1,360	230	2,714

3) 국고, 지방비 부담

구분	국고	지방비
광역시	60%	40%
도청소재지	80%	20%
일반 시 · 군	90%	10%

Key Point ✦

110회, 111회, 113회, 115회, 116회, 117회, 118회, 120회, 124회, 125회, 130회 출제

하수처리수 재이용의 문제점

1. 서론

1) 하수처리수의 재이용은 부족한 수원의 확보와 상수처리비용, 하수처리비용절감, 지역적인 물수급의 불균형을 해소할 수 있는 하나의 대안이지만

2) 기술적, 경제적, 정책적인 여러 문제점을 가지고 있다.

3) 하수처리장 방류수의 재이용은 대량의 물을 재처리해서 사용할 수 있는 방법이지만,

4) 지금 현재의 배관문제와 수도요금과 비교해서 생산비가 크게 들어 현시점에서 적용한다는 것은 많은 문제점을 가지고 있다.

5) 2011년 말 하수처리장 재이용수의 수질기준이 마련된 상태이므로

6) 전술한 여러 문제점을 해결할 수 있다면 하수처리장 재이용수가 가지고 있는 가장 큰 장점(발생량이 대규모, 연중 발생량이 일정)을 최대한 활용할 수 있을 것으로 판단된다.

2. 재이용의 목적

1) 하수처리비용의 절감

2) 상수처리비용의 절감

3) 수원확보의 어려움 해결

4) 지역적인 물수급 압박의 해결

5) 갈수기 때 안정적인 수량공급

6) 하천유지용수의 확보

7) 물절약의 의식 고취

3. 재이용의 형태적 분류

3.1 개방형

1) 개방형

① 하수처리수를 방류수역으로 방류하여 하류지역의 농업용수, 공업용수, 생활용수로 취수해서 재활용할 수 있는 방법

② 종류

㉮ 자연유하식

㉯ 유황조절식 : 갈수기 때 펌프에 의해 상류지역으로 방류

3.2 폐쇄형

1) 단독순환방식

① 하수발생원 자체적으로 처리하여 이중배관을 통하여

② 하수처리장이나 발생원 자체적으로 사용하는 방법

2) 지구순환방식

두 개 이상의 하수발생원의 하수를 처리하여 각 발생원에서 다시 사용할 수 있는 처리수를 이중배관을 통해 공급하는 방식

3) 광역순환방식

① 대규모 하수처리장에서 발생되는 처리수를 재이용하여 배관을 통해 광역적으로 공급하는 방식

② 처리수가 대량이고 안정적인 공급이 가능하다는 장점도 있지만

③ 처리수를 공급하기 위한 이중배관의 설치와 수도요금과의 차이가 크게 나지 않아 현시점에서 바로 적용하기에는 어려움이 있다.

4. 문제점

4.1 기술적인 문제점

1) 처리공법의 개발

① 중수도는 원래 음용과 인체와의 접촉을 제외한 용도로만 사용가능하다.

② 각각의 목적에 적합한 공법개발이 필요하다.

2) 부식문제

① 재이용수의 수질에 의해 부식이 일어날 수 있다. (적수, 흑수 유발가능)

② 원인 : 낮은 pH(8 이하), 낮은 알칼리도, 높은 유리탄산농도, 수온, 전기전도도, 유속

③ 대책

㉮ pH가 원인인 경우 : pH 조정(알칼리제 주입), 라이닝 실시 등

㉯ 수온이 높은 경우 : 제해설비를 통해 온도를 낮추어 공급

㉰ 방청제 주입 : 일시적인 방법이며, 약품비 소요, 2차 오염 발생 우려

3) 스케일 형성

① 관내 LI 지수가 높아($CaCO_3$ 과포화) 스케일 형성 우려

② 관의 통수능력을 저하시키고 내구연한 감소 우려

③ 스케일 억제제나 pH 조정에 의해 스케일 형성 방지

4) 슬라임(Slime) 형성

① 관내 슬라임이 형성될 경우 이·취미 발생 우려

② 혐기성 상태에서 $CaCO_3$ 등의 스케일 형성하여 관의 부식 우려

③ 미생물 억제제나 염소, 과망간산칼륨 등의 투입으로 해결

5) 슬러지처리

① 처리 중 발생하는 슬러지를 처리하는 방법을 강구할 필요가 있다.

② 소규모 시설 : 액상상태로 진공차를 이용하여 배출

③ 대규모 시설 : 농축 → 탈수를 거쳐 처리함이 바람직

6) 오음·오사용

① 음용과 신체접촉을 피하는 게 원칙이지만 오음·오사용의 우려가 발생할 가능성이 있다.

② 식별표시 부착, 형상구분, 테이프, 도색 등에 의한 구분이 필요

③ 상수도는 내식동관, 중수도 및 재이용수는 덕타일주철관을 사용 : 다른 재질 사용

4.2 위생적 문제점

1) 재이용수에 포함된 병원균이나 바이러스에 의한 오염

2) 냉각탑에서 사용할 경우 물발이나 VOC의 발생우려가 있다.

3) 필요한 경우 염소처리나 오존처리 후 공급

4.3 경제적 문제점

1) 처리수의 재이용에 따른 생산비와 수도요금의 차이가 크지 않은 문제점

2) 수도요금을 현실화하여 해결할 수 있지만, 현상황에서 당장 시행하기에는 여러 어려움이 존재

3) 시설설치비에 대한 경제적 부담 존재 : 중앙정부 및 지자체별 재정적 지원과 인센티브 부여

4.4 전문기술인력 부족문제

순환적인 관리제도나 상주기술인력의 배치 또는 설치 후 행정기관의 관리제도 실시

4.5 수요처의 확보

5. 결론

1) 대규모 하수처리장의 경우 전술한 여러 가지 장점을 살리기 위해서는 재이용을 적극 추진하고 향후 전 처리장에서 실시함이 바람직

2) 처리수의 확대보급을 가로막는 여러 문제점 중에서 가장 문제가 되는 기술적인 면과 경제적인 문제는 시급히 해결해야 할 사항

3) 특히, 각 처리용도에 적합한 처리공법의 개발보급과 재이용시설을 점진적으로 설치 및 의무화할 필요가 있다.

4) 신규 및 일정규모 이상의 처리장의 재이용시설의 설치 의무화

5) 정부나 지자체의 재정지원 및 각종 인센티브의 부여

6) 법적 기준을 만족시키기 위해 2차 침전 후 급속여과, 막여과 및 소독시설과 같은 처리시설을 설치할 필요가 있고

7) 무엇보다 중요한 수요처의 확보를 적극적으로 추진해야 할 것이다.

Key Point

110회, 111회, 113회, 115회, 116회, 117회, 118회, 120회, 124회, 125회, 129회, 131회 출제

하수처리수 재이용 수질 권고기준

1. 처리수 재이용 용도

"하수처리수 재이용 가이드북(2009. 10, 환경부)"에서는 재이용수의 용도를 다음과 같이 8개 분야로 구분하고 대표적 용도와 제한조건을 기술하고 있다.

❍ 재이용수의 용도 구분 및 제한조건

구분	대표적 용도	제한조건
도시 재이용수	① 주거지역 건물 외부 청소 ② 도로 세척 및 살수(撒水) ③ 기타 일반적 시설물 등의 세척 ④ 화장실 세척용수 ⑤ 건물 내부의 비음용, 인체 비접촉 세척용수	① 도시지역 내 일반적인 오물, 협잡물의 청소 용도로 사용하며 다량의 청소용수 사용으로 직접적 건강상의 위해 가능성이 없는 경우 ② 비데 등을 통한 인체 접촉 시와 건물 내 비음용ㆍ비접촉 세척 시에는 잔류물 등에 의한 위생상 문제가 없도록 처리하여야 함
조경용수	① 도시 가로수 등의 관개용수 ② 골프장, 체육시설의 잔디 관개용수	주거지역 녹지에 대한 관개용수로 공급하는 경우로 식물의 생육에 큰 위해를 주지 않는 수준이어야 함
친수용수	① 도시 및 주거지역에 인공적으로 건설되는 수변 친수(親水)지역의 수량 공급 ② 기존 수변(水邊)지구의 수량 증대를 통하여 수변 식물의 성장을 촉진시키기 위하여 보충 공급 ③ 기존 하천 및 저수지 등의 수질 향상을 통하여 수변휴양(물놀이 등) 기능을 향상시킬 목적으로 보충 공급되는 용수	① 재이용수를 인공건설된 친수시설의 용수로 전량 사용하는 경우, 친수 용도에 따라 재이용수 수질의 강화 여부를 결정 ② 일반 친수목적의 보충수는 기존 수계수질을 유지 혹은 향상시킬 수 있어야 하며 목적에 따라 재이용수의 처리정도를 강화할 수도 있음
하천유지용수	① 하천의 유지수량을 확보하기 위한 목적으로 공급되는 용수 ② 저수지, 소류지 등의 저류용량을 확대하기 위한 목적으로 공급	기존 유지용수 유량 증대가 주된 목적이므로 수계의 자정용량을 고려하여 재이용수의 수질을 강화시킬 수 있음
농업용수	① 비식용 작물의 관개를 위하여 전량 또는 부분 공급하는 용도 ② 식용농작물 관개용수의 수량 보충용으로 인체 비유해성이 검증된 경우 • 직접식용은 조리하지 않고 날것으로 먹을 수 있는 작물 • 간접식용은 조리를 하거나 일정한 가공을 거친 후에 식용할 수 있는 작물	기존 농업용수 수질을 만족하여야 하나, 관개용수의 유량 보충 시 농업용수 수질 이상 및 기존 수질보다 향상 가능하도록 처리하여야 함

구분	대표적 용도	제한조건
습지용수	① 고립된 소규모 습지에 대한 수원으로 사용하는 경우 ② 하천유역의 대규모 습지에 대한 주된 수원으로 공급하는 경우	습지의 미묘한 생태계에 악영향을 미치지 않도록 영양소 등의 제거와 생태영향 평가를 거쳐 공급하여야 함
지하수 충전	① 지하수 함양을 통한 지하수위 상승 목적 ② 지하수자원의 보충용도	지하수계의 오염물질 분해제거율과 축적가능성을 평가하여 영향이 없도록 공급하여야 함
공업용수	① 냉각용수 ② 보일러 용수 ③ 공장 내부 공정수 및 일반용수 ④ 기타 각 산업체 및 공장의 용도	일반적인 수질기준은 설정하되 공업용수는 기본적으로 사용자의 요구수질에 맞추어 처리하여야 하므로 산업체 혹은 세부적인 용도에 따른 수질 기준은 지정하지 않음

2. 재이용수 수질기준(2014년 개정)

구분	도시 재이용수	조경 용수	친수 용수	하천 유지용수	농업용수		습지 용수	지하수 충전	공업 용수
총대장균군수 (개/100mL)	불검출	불검출	불검출	≤1,000	직접식용 불검출 간접식용 ≤200		≤200	먹는 물 수질기준을 준수할 것	≤200
결합잔류염소 (mg/L)	≥0.2	—	≥0.1	—	—		—		—
탁도(NTU)	≤2	≤2	≤2	—	직접식용 ≤2 간접식용 ≤5		—		≤10
SS(mg/L)	—	—	—	≤6	—		≤6		—
BOD(mg/L)	≤5	≤5	≤3	≤5	≤8		≤5		≤6
냄새	불쾌하지 않을 것	불쾌하지 않을 것	불쾌하지 않을 것	불쾌하지 않을 것	불쾌하지 않을 것		불쾌하지 않을 것		불쾌하지 않을 것
색도(도)	≤20	—	≤10	≤20	—		—		—
T−N(mg/L)	—	—	≤10	≤10	—		≤10		—
T−P(mg/L)	—	—	≤0.5	≤0.5	—		≤0.5		—
pH	5.8~8.5	5.8~8.5	5.8~8.5	5.8~8.5	5.8~8.5		5.8~8.5		5.8~8.5
염화물	—	≤250	—	—	≤250		≤250		—
전기전도도 (μs/cm)	—	—	—	—			—		—

○ 농업용수 수질권고기준 추가항목(mg/L)

Al	As	B-total	Cd	Cr^{+6}	Co	Cu	Pb
5 이하	0.05 이하	0.75 이하	0.01 이하	0.05 이하	0.05 이하	0.2 이하	0.1 이하
Li	Mn	Hg	Ni	Se	Zn	CN	PCB
2.5 이하	0.2 이하	0.001 이하	0.2 이하	0.02 이하	2 이하	불검출	불검출

주 1) 직접식용은 조리하지 않고 날것으로 먹는 경우, 간접식용은 조리를 하거나 일정한 가공을 거쳐 먹는 경우에 적용한다.

2) 지하수 충전 또는 보충하는 경우로서 재이용수의 수질이 먹는물 수준을 유지하여야 한다.

3) 산업용수로 사용하는 경우에 적용하며, 다회순환냉각수, 공정수, 보일러용수 등은 수요처와 협의하여 수질을 정할 수 있다.

※ 재이용수 수질기준은 하수처리수 재처리시설에서 최종처리하여 송수하는 수질에 대하여 적용하며, 공공하수처리시설의 방류수 수질기준을 기본적으로 만족하여야 한다.

하수처리수 재이용을 위한 용도별 처리공정

1. 서론

1) 우리나라는 상수원의 하천수에 대한 의존도가 매우 높다.

2) 그러나 댐 개발에 의한 수자원 공급은 댐 건설 적지 부족, 사회적 반대 등으로 그 한계에 달해 있다.

3) 하수처리수는 발생량이 대규모이며, 연중 발생량이 일정하고, 고도처리 도입으로 수질이 양호하여 수자원으로서의 활용가치가 매우 높다.

4) 특히, 하수처리수 재이용은 최근 온실가스 저감 및 에너지 절감을 통한 녹색성장 기반구축 측면에서도 매우 중요하다고 할 수 있다.

5) 따라서 하수처리수 재이용 확대보급을 위해서는 용도별로 최적의 처리공정에 대한 검토가 조속히 이루어질 필요성이 있다.

2. 하수처리수 재이용 필요성

1) 양질의 안정적 용수공급원으로 지역적인 물 부족 해소

2) 오염부하량 감소에 따른 수질개선 : '수질오염총량관리제' 오염부하 삭감

3) 사회 · 경제적 비용 저감 : 수돗물 사용, 댐 건설 등

4) 신규 고용창출효과 : 관련 분야 제3의 물 산업으로 집중 육성

3. 재이용수 용도 구분

1) 도시 재이용수 ┬ 도로세척 및 살수
               └ 건물 내 · 외부, 시설물, 화장실 등 세척용수

2) 조경용수 ┬ 도시 가로수 등의 관개용수
          └ 골프징, 체육시설 잔디 관개용수

3) 친수용수 ┬ 수변 친수지역 수량 증대
          └ 하천 · 저수지에서의 물놀이를 위한 수질향상

4) 하천유지용수 ┬ 건천화된 하천의 유지수량 확보
             └ 저수지 저류용량 확대

5) 농업용수 : 식용 · 비식용 작물의 관개, 유량 보충

6) 습지용수 : 습지 수원

7) 지하수 충전 : 지하수 함양 → 지하수위 상승

8) 공업용수 : 냉각, 보일러 용수, 공정수, 일반용수 등

4. 재이용수 수질기준

1) 위 8개 분야 용도별로 기준 상이

2) 총 12개 항목 : 결합잔류염소, 색도, 염화물 등

3) 농업용수는 중금속 등 유해오염물질 16개 항목 추가

4) 공업용수는 수요처와 별도로 수질협의 가능

5. 용도별 처리공정

1) 고려사항

① 처리공정은 유입원수의 특성(유량 및 수질)을 고려하여 설정하여야 함

② 위 용도별 제한조건과 수질권고 기준을 만족하여야 함

2) 세부용도별 처리공정 사례

① 청소용수 : 사여과

② 도시조경용수 : 사여과

③ 친수용수 : 사여과＋활성탄

④ 하천유지용수 : 사여과, MF

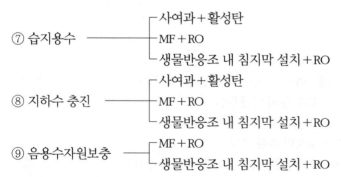

⑤ 인체접촉 세정용수 ┬ MF＋RO
                    └ 생물반응조 내 침지막 설치＋RO

⑥ 직접관계용수 : MF＋RO

⑦ 습지용수 ┬ 사여과＋활성탄
           ├ MF＋RO
           └ 생물반응조 내 침지막 설치＋RO

⑧ 지하수 충진 ┬ 사여과＋활성탄
              ├ MF＋RO
              └ 생물반응조 내 침지막 설치＋RO

⑨ 음용수자원보충 ┬ MF＋RO
                └ 생물반응조 내 침지막 설치＋RO

⑩ 공업용수 : 위 조합 모두 가능

6. 결론 및 제안

1) 현재 8개 용도에 대한 수질기준이 마련되어 있으나 위에서 살펴본 바와 같이 적용할 수 있는 처리공정은 한정되어 있다. 따라서 용도 분류를 처리기술에 근거하여 축소할 필요성이 있다고 사료된다.

2) 하수처리수 재이용수를 농업용수로 사용 시 중금속, 항생제, 미량유해오염물질 등이 문제가 될 수 있으므로, 처리공정 선정 시 이러한 점에 유의하여야 하고 수질권고 기준을 재검토할 필요성이 있다.

3) 강화되는 방류수 수질기준은 재이용수 권고기준을 대부분 만족한다. 따라서 용도별로 재이용 처리기술을 고려하여 기준을 강화할 필요가 있다.

4) 현재 재이용 처리공정으로 RO가 많이 적용되고 있다. MBR의 경우 MBR 막에 의해 RO 전처리 (MF) 비용을 줄일 수 있으므로, 하수처리수 재이용 측면에서 MBR 도입을 함께 검토할 필요가 있다.

5) 경기도의 B 처리장 운영 시, 재이용 처리공정으로 입상황생물막여과기(황탈질)를 도입하였으나, 배관 및 설비의 부식이 심하고, 처리수에 황산화 미생물 스컴이 유출되는 문제가 있다. 따라서 이러한 문제를 해결한 석회혼합 입상황 여재 사용 등을 검토할 필요가 있다.

6) 하수처리수 재이용은 타당성 검토 시 B/C가 높게 나오기 힘들므로 녹색성장 기반 구축 및 제3의 물산업 육성 측면에서 정부의 적극적인 지원이 필요하다고 사료된다.

Key Point +

110회, 111회, 113회, 115회, 116회, 117회, 118회, 120회, 124회, 125회, 129회 출제

수질원격감시체계(TMS) 구축

1. 개요

1) 현재 폐수배출 허용기준, 하수종말처리장의 방류수허용기준 준수 여부를 확인하기 위하여 환경부장관 또는 시·도지사는 관계공무원으로 하여금 폐수배출시설 또는 사업장을 출입하여 수질오염물질을 채취하도록 규정

2) 수질오염물질 검사결과 배출허용기준 또는 방류수수질기준을 초과할 때에는 기간을 정하여 사업자에게 개선명령을 명하고

3) 기준을 초과하여 배출하는 수질오염물질에 대하여 초과배출부과금을 부과하고 있다.

4) 지도·점검 공무원이 1회 채취한 시료의 측정결과를 기초로 수질오염물질 초과배출농도가 개선완료일까지 지속될 것으로 추정하여 초과배출부과금을 산정하는 방식은 불리함

5) 이와 같은 이유로 수질원격감시시스템(TMS)을 구축하여 자동측정 자료에 의해 배출부과금 산정방법을 마련할 것이며

6) 1일 200m³ 이상 폐수를 배출하는 업소 중 1~3종 사업장과 1일 처리능력이 200m³ 이상의 공동방지시설을 설치한 사업장은 수질자동측정기를 부착하도록 규정

2. TMS 구축의 필요성

1) 1회 수질측정으로 배출부과금을 산정하는 기존 체계의 불합리성 제고

2) 폐수의 오염도 및 배출량을 과학적으로 측정

3) TMS 부착 사업장에 대해서는 현장 지도·점검을 면제

   → 지도·점검을 현장방문에서 원격감시로 전환

4) 지도·점검 업무의 투명성과 효율성을 제고

5) 낙동강, 금강, 영산강에서 실시 중인 수질오염총량관리제를 과학적·합리적으로 추진

3. 기대효과

1) 24시간 상시 감시시스템 구축으로 오염물질 불법 배출을 획기적으로 저감

2) 객관적인 데이터를 바탕으로 배출사업장 지도·점검의 투명성을 높여 과학적인 행정체계를 구축

3) 배출농도를 실시간으로 파악 가능하므로 사업장 공정개선 등에 활용

4) 국가 수질자동측정망과 연계하여 효과적인 하천 수질종합감시시스템의 구축이 가능

4. TMS 부착대상 사업장

1) 1일 200m² 이상 폐수를 배출하는 1~3종 배출사업장
2) 1일 처리능력 700m² 이상의 공동방지시설, 공공하수처리시설, 산업단지(농공단지 포함)

5. TMS 부착면제 대상 사업장(수질 및 수생태계 시행령 별표 7)

1) 다음 각 목의 어느 하나에 해당하는 시설에는 수질자동측정기기 및 부대시설을 모두 부착하지 아니할 수 있다.
   ① 폐수가 최종 방류구를 거치기 전에 일정한 관로를 통하여 생산공정에 폐수를 순환시키거나 재이용하는 등의 경우로서 최대 폐수배출량이 1일 200세제곱미터 미만인 사업장 또는 공동 방지시설
   ② 사업장에서 배출되는 폐수를 법 제35조 제4항에 따른 공동방지시설에 모두 유입시키는 사업장
   ③ 법 제48조 제1항에 따른 폐수종말처리시설 또는 「하수도법」 제2조 제9호에 따른 공공하수처리시설에 폐수를 모두 유입시키거나 대부분의 폐수를 유입시키고 1일 200세제곱미터 미만의 폐수를 공공수역에 직접 방류하는 사업장 또는 공동방지시설(기본계획의 승인을 받거나 공공하수도 설치인가를 받은 폐수종말처리시설이나 공공하수처리시설에 배수설비를 연결하여 처리할 예정인 시설을 포함한다.)
   ④ 제33조에 따른 방지시설설치의 면제기준에 해당되는 사업장
   ⑤ 배출시설의 폐쇄가 확성·승인·통보된 시설 또는 시·도지사가 제35조 제2항에 따른 측정 기기의 부착 기한으로부터 1년 이내에 폐쇄할 배출시설로 인정한 시설
   ⑥ 연간 조업일수가 90일 미만인 사업장
   ⑦ 사업장에서 배출하는 폐수를 회분식(Batch Type, 2개 이상 회분식 처리시설을 설치·운영하는 경우에는 제외한다.)으로 처리하는 수질오염방지시설을 설치·운영하고 있는 사업장
   ⑧ 그 밖에 자동측정기기에 의한 배출량 등의 측정이 어려워 부착을 면제할 필요가 있다고 환경 부장관이 인정하는 시설

6. 수질자동측정기기 부착대상 종류

1) 부착 측정기기 : pH, 유기물질(BOD 또는 COD), SS, T−N, T−P 등 5개 항목
   유기물질 측정기인 BOD와 COD 중 배출허용기준 대비 배출농도의 비율이 상대적으로 높은 항 목 1개만 부착
2) 원폐수 중에 BOD, COD, SS, T−N, T−P의 오염물질이 배출되지 않거나 원폐수의 농도가 항상 폐수종말처리시설의 방류수수질기준 이하로 배출되는 경우에는 그 해당 물질의 수질자동측정 기기를 부착하지 않아도 된다.

3) 수질오염방지시설을 2개 이상 설치 · 가동하는 사업장

　　① 방지시설별로 해당 항목의 측정기기를 각각 부착

　　② 부대시설인 : 자동시료채취기, 자료수집기, 적산유량계를 각각 부착하여야 한다.

4) 최종방류구가 2개 이상인 사업장 : 중간자료수집기를 부착하여야 한다.

5) 수질자동측정기기와 그 부대시설 및 적산유량계는 측정 · 기록된 자료가 관제센터에 전송이 가능한 기기를 부착하여야 한다.

7. 수질자동측정 자료의 활용

1) 수질자동측정기를 관제센터에 연결한 후 6개월간 통합시험, 확인시험 등을 거쳐 정상적으로 측정될 경우 측정자료를 행정자료로 활용

2) 자동측정 자료의 배출허용기준 초과 여부의 판단

　　① 매시 정각부터 3시간 동안 자동측정기기로 측정한 자료를 산술평균(3시간 평균치) 값이 배출허용기준을 초과하는 경우로 하고

　　② 개선명령 처분

　　　㉮ 3시간 평균치가 하루에 연속하여 3회 이상

　　　㉯ 1주에 10회 이상 초과

3) 초과배출부과금 초과배출량 산정기준

　　(3시간 평균치 − 배출허용기준 농도) × 초과시간 동안의 적산유량

8. 결론

1) TMS를 적기에 설치하여 운영하기 위해서는 수질자동측정기기의 설치비용 및 기술지원이 필요하며

2) 자동측정자료에 의한 기본부과금 및 초과부과금의 산정방법, 관제센터 운영 및 기술지원 업무를 환경관리공단에 위탁할 필요가 있다.

3) 수질오염총량관리제와 함께 원활한 운영을 위해 자동측정장치의 신뢰성 확보도 필요

4) 향후 실시될 생물을 이용한 독성감시계획과도 연계하여 계획할 필요가 있다.

Key Point +

- 95회, 104회, 118회, 128회 출제
- 상기 문제 중 설치대상 시설의 기준 및 기한 및 부착기기는 숙지하기 바라며 총량관리실시지역 및 향후 물벼룩을 이용한 생물독성감시와도 연관지어 설명할 필요가 있다.
- 하수도시설기준이 개정되면서 새로이 추가된 사항으로 향후 계속해서 출제될 것으로 예상됨

축산폐수의 하수처리장 연계처리

1. 서론

1) **축산폐수의 정의** : 축산폐수는 젖소, 소, 말, 돼지, 닭, 오리, 양, 사슴 등 가축의 분뇨와 가축의 사육사를 청소한 물이 가축의 분뇨에 섞인 것을 말한다.

2) 70년대 이전에는 가축의 사육두수가 적고 전국에 분산되어 있어 발생되는 가축분뇨의 대부분이 농경지에 퇴비로 환원되어 가축분뇨의 처리문제가 대두되지 않았다.

3) 그러나, 70년대 이후 국민소득의 증가로 1인당 육류 및 유제품의 수요가 급격히 증가하여 가축의 사육두수가 크게 증가하고 축산농가가 집단화되어 오염량의 국지화와 대량화로 축산폐수에 의한 수질오염이 심각한 수준에 이르렀다.

4) 국내에서 발생되는 총오폐수의 발생량 중에서 축산폐수량은 수량 면에서는 약 0.6%에 불과하지만 오염부하량에서는 약 26%에 달하고 있다.

5) 축산폐수는 그 발생량으로는 양이 매우 적은 편이나 오염물질농도는 매우 높은 편이므로 철저한 관리와 적절한 처리가 필요하다.

2. 축산폐수의 특징

1) 분과 뇨의 분리가 어렵다.
   ① 슬러리 돈사의 폐수는 분과 뇨의 분리가 어렵고
   ② 고형물, 유기물질 등의 농도가 매우 높고
   ③ 발생폐수량의 수질변동이 크다.

2) 축산폐수에는 질소, 인, 칼슘 등 3대 비료성분과 유기물질, 기타 작물생육에 필요한 각종 미량물질이 함유되어 있다.

3) 고형물, 유기물질의 농도가 높다.(TS, BOD, COD : 약 5,000~50,000mg/L)

4) 영양염류의 농도가 높다.(T−N : 약 5,000mg/L, T−P : 약 500mg/L)

5) 대장균의 농도가 높다.(총대장균 : 약 $10^6 \sim 10^7$개/mL)

6) 악취가 많이 발생한다.

7) 질소화합물 중 암모니아성 질소($NH_4−N$)의 농도가 높아 알칼리도가 높다.

8) 전염병의 발생 시는 사육사를 소독제로 방역하거나 가축에 항생제를 다량 투여하여 생물학적 처리에 큰 장애를 일으킬 수 있다.

3. 축산폐수의 문제점

1) 축산폐수는 고형물, 유기물질, 영양염류 등의 농도가 높아 처리에 고도의 기술이 필요하다.

2) 수질의 변동이 심하여 충격부하가 자주 발생되므로 안정적인 처리가 곤란하다.

3) 축산농가의 영세성으로 폐수처리시설의 설비투자가 미흡하다.

4) 축산농가의 인력과 기술이 부족하여 축산폐수처리장의 적정 운영에 애로가 있다.

5) 공공축산폐수처리장의 설계유입수질농도를 BOD 5,000mg/L로 너무 낮게 설정

6) 방류수수질기준을 준수하지 못하는 처리장이 대다수이다.

4. 대책

1) 개별축산농가의 폐수처리장에 대한 시설설치비와 폐수처리기술을 지원

2) 공공축산폐수처리장의 설치를 확대하여 축산농가는 축산업에만 전념토록 하며 아울러 폐수처리효율을 제고

3) 공공축산폐수처리장의 유입수질을 현실에 맞게 조정하고 슬러리 돈사의 폐수로 인한 수질변동을 감안하여 전처리시설을 보강

4) 하수처리장과의 연계처리

5) 축산폐수의 자원화 대책

　① 친환경적인 사육환경을 조성

　② 가축분뇨의 자원이용을 확대

　　㉮ 축산분뇨 자원화시설의 지원

　　㉯ 축분퇴비의 유통망 구축

　　㉰ 축분퇴비의 가격 보조

6) 친환경 축산기반을 구축하고 자원화를 촉진하기 위한 제도를 정비

7) 축산농가의 인식개선을 위한 홍보, 교육 및 지도

5. 축산폐수의 단독처리 및 연계처리

5.1 단독처리

1) 수거 : 자체별로 개별 수거차량에 의해 축산농가의 폐수저장조 및 정화조에 저장된 뇨와 오수를 수거

2) 전처리와 1차처리

　① 수거된 축산폐수를 전처리 및 1차 처리

　② 협잡물 및 미세물질 등을 제거

3) 2차 처리

    ① 소화조나 액상부식조 운영

    ② 유기물 제거

4) 3차 처리

    ① 약품처리

    ② 처리효율에 따라 가변적이며

    ③ 축산폐수처리시설 방류수 수질기준을 근거로 결정

5) 여과와 소독 후 방류

5.2 연계처리

1) 전처리단계까지는 단독처리방식과 유사하나

2) 전처리 이후 하수종말처리시설과 연계하는 방식과 1차 처리 또는 2차 처리 후 연계하는 방식으로 나눌 수 있다.

3) 전처리 및 1차 처리 후 연계

    ① 연계가능 수질보다 BOD와 질소, 인의 농도가 높아서

    ② 비록 소량이지만 하수처리장에 고부하를 유발하여 적정처리가 어려울 것으로 판단

4) 따라서 2차 처리 또는 화학적 처리 후 차집관로를 통한 연계처리를 유도하는 것이 적정한 방법일 것으로 판단된다.

6. 단독처리와 연계처리 비교

6.1 단독처리

1) 기술적

    ① 법적 방류수 수질기준 이하로 처리해야 하므로 처리공정이 복잡하다.

    ② 관련시설인 하수종말처리장에 부담을 줄 우려가 없다.

    ③ 부하 변동 시 처리효율을 유지하기가 어렵다.

    ④ 소요부지면적이 크다.

2) 경제적

    ① 초기공사비가 많이 소요된다.

    ② 완전처리를 요구하므로 약품사용량 및 전력 사용량이 많이 소요된다.

    ③ 유지관리인원이 많이 소요된다.

3) 유지관리

① 하천에 직접 방류해야 되므로 방류수 수질조건에 부합되기 위해 연계처리방식에 비해 복잡한 처리시설이 요구

② 따라서 유지관리가 힘들고

③ 유지관리인원도 많이 소요

6.2 연계처리

1) 기술적

① 전처리개념이므로 처리공정이 단순하다.

② 관련시설인 하수종말처리장의 유효용량이 확보되지 않을 경우 부담을 줄 우려가 있다.

③ 부하 변동 시에도 처리효율에 미치는 영향이 적다.

④ 처리장 유지관리가 단순 용이하다.

⑤ 소요부지를 최소화할 수 있다.

2) 경제적

① 시설물이 단순하여 공사비가 저렴하다.

② 처리공정이 단독처리보다는 많이 축소됨에 따라 약품사용량 및 전력사용량이 적게 소요된다.

③ 유지관리인원이 적게 소요된다.

3) 유지관리

① 분뇨 및 축산폐수처리시설에서 어느 정도 처리 후 하수처리장으로 연계되므로 처리시설이 비교적 단순하다.

② 유지관리가 간단하고 유지관리인원도 최소인원으로 계획한다.

③ 축산폐수로 인한 하수처리장 운전상태 불량 시 하수처리장에 큰 피해 유발

개선명령 및 부과금 부과

7. 고려사항(결론)

1) 전처리시설

① 유기물부하 및 영양염류부하를 적절히 저감시켜 주어야 한다.

② 축산폐수와 같이 고농도 유기성이면서 영양염류의 농도가 높은 점을 감안할 때 전처리에 의한 기대효과는 단순히 협잡물과 부유물질의 제거만을 목적으로 하기보다는 후속공정인 생물학적 처리공정이 원활히 운전되도록 유기물 부하 및 영양염류부하를 적절히 저감시킬 필요가 있다.

2) 전처리효율을 증대를 위해 응집 침전조 설치

 ① 대부분 전처리시설로 침사지나 스크린 시설로 협잡물을 제거

 ② 기존 전처리공정의 효율 극대화를 위해 응집 침전조 설치를 검토

3) 가능한 한 기존의 시설을 이용하거나 최소의 보완에 의해 처리효율을 향상시키는 방안 검토

 추가적인 시설의 설치비용을 저감

4) 방류수 수질기준 준수 여부

 ① 향후 축산폐수의 방류수 수질기준의 강화 예상

 ② 응집침전법의 적용 검토 : 단점으로 화학약품비 유지관리비용 증대 우려

5) 고도처리 하수처리장 연계처리

 하수처리장에서의 BOD와 $T-N$비, BOD와 $T-P$비를 검토한 후 처리공정을 선정

Key Point ✦

- 축산폐수는 수질관리기술사에서는 가끔 출제되는 문제로 향후 상하수도기술사에서 나올 경우 출제자의 의도에 따른 답안기술이 필요(총 4page 분량)
- 축산폐수의 특징, 대책, 연계처리에 대한 기본적인 내용의 숙지는 필요하다고 판단됨

분뇨처리방법 선정 시 고려사항

1. 개요

1) 하수도보급률의 증가에 따라 분뇨 발생량이 급감하고 있음

2) 분뇨는 도시하수의 100배 이상인 고농도 폐액임

2. 분뇨처리방법

1) 혐기성 소화 → 호기성 처리 → 화학적 처리

2) 호기성 소화(또는 산화) → 호기성 처리 → 화학적 처리

3) 고도처리 : 질산화－탈질, 오존처리, 사여과

   ※ 화학적 처리 : 응집＋침전, 응집＋부상분리

4) 하수처리시설 연계처리 : 전처리 → 하수처리시설 합병처리

   투입지점 : 농축조 또는 소화조

3. 고려사항

1) 분뇨에 다량 함유되어 있는 조 · 세협잡물을 완벽히 제거해야 함

2) 악취의 포집 · 이송 · 탈취에 만전을 기해야 함

3) 시간최대반입량을 고려하여 전처리설비를 갖추어야 함

4. 제안사항

1) 분뇨발생량이 급감하고 있으므로 분뇨처리시설 계획 시 장래 감소량을 고려하여 시설계획을 수립해야 함

2) 분뇨는 하수와 처리방식이 유사하므로 하수처리장에서 연계처리하는 것이 바람직함

3) 하수처리장 소화조 투입 시 반류수의 TN, TP 농도가 증가하므로 이에 대한 대책을 마련해야 함

Key Point ✦

- 118회 출제
- 하수도시설기준 개정 이후 자주 출제되는 문제임. 기출문제 유형을 고려하여 25점 문제로 정리 필요

기존 하수처리장의 고도화(Ⅰ) (고도처리시설 설치 시 검토하여야 할 주요사항)

관련 문제 : 운전개선방식(Renovation)과 시설개량방식(Retrofitting)

1. 서론

1) 현재 국내에서 가동 중인 하수처리장과 폐수종말처리장은 대부분 활성슬러지공법에 의한 2차 처리를 목표로 하고 있다.

2) 따라서 이와 같은 경우 유입오염물질 특히 유입하수의 영양염류 중 60~70%가 미처리된 상태로 방류됨으로써

3) 하천이나 해안에 부영양화 현상이 발생하고 있음

4) 이에 따라, 정부의 환경정책은 하수처리체계를 BOD 등 유기물 처리에서 질소, 인 처리체계로 전환하여 질소, 인 등의 방류수 수질기준을 강화하고 있다.

5) 하수처리장 방류수 수질기준이 강화됨(2008년 특별지역 기준)에 따라 기존 하수처리장을 고도 처리시설로 전환하는 사업이 필요하다.

6) 또한 지역에 따라서는 수질오염총량관리제의 적용을 받는 지역도 있으며 2차 수질오염총량관 리제부터는 T−P의 기준이 적용되므로 영양염류의 처리효율향상을 위한 공법으로의 전환이 필 요하다.

2. 고도처리시설 설치사업 추진방식

2.1 운전개선방식(Renovation) : 기존처리공법 유지 또는 수정

1) 운영실태 분석결과 기존하수처리장의 성능이 양호하여 운전개선방식 및 일부설비보완 등으로 강화된 방류수 수질기준 준수가 가능한 경우

2) 기존에 운영 중인 하수처리장 중 상당수 하수처리장은
   ① 유입유량의 조절, 포기방식의 개선, 구내반송수 등 슬러지 계통의 운영개선, 연계처리수의 효율석 관리, 여과시설 설치
   ② 상기의 조치만으로도 수질기준 준수가 가능

3) 운전개선방식에 의해 목표수질의 달성이 가능하면 시설투자비가 절감되고 개선기간이 단축되 므로 운전개선방식에 의해 목표수질의 달성이 가능한지를 우선적으로 검토

2.2 시설개량방식(Retrofitting) : 기존처리공법 변경

1) 기존 하수처리장의 성능이 운전방식의 개선 및 설비의 보완만으로는 강화된 방류수 수질기준 준수가 곤란하여 처리공법 변경이 필요한 경우

2) 시설개조비용이 많이 소요되므로 운전개선방식으로는 목표수질의 달성이 불가능한 경우에 한하여 시설개량방식으로 추진

3. 고도처리시설 설치 시 검토하여야 할 주요사항

3.1 처리장의 운영실태 정밀분석을 실시한 후 이를 근거로 사업 추진방향 및 범위 등을 설계에 반영하고, 그 결과가 수록된 설계보고서를 설계자문 요청 시 제시하여야 함

운영실태분석을 자체적으로 수행하기가 곤란한 경우에는 하수처리장 기술진단을 담당하는 환경 관리공단 등 전문기관에 위탁가능

1) 유입하수의 수량 및 수질특성 조사

　① 유입하수량 및 수질특성 분석(분뇨, 축산폐수, 침출수 등 연계처리수가 차지하는 오염부하량 등), 연계처리규정 준수여부

　② 하수처리구역 내 배출특성 및 주요 하수관거 실태조사

2) 하수처리장의 현상진단

　① 각종 설비의 기능평가

　② 처리시설 운전방법 및 처리효율 검토

　③ 인력, 조직 및 유지관리 등 하수처리장 운영실태 조사

3) 시설개선 및 효율화 방안 제시

　① 현상진단에서 도출된 문제점에 대한 원인분석 및 대안제시

　② 처리효율 및 경제성 향상을 위한 장단기대책 방안제시

　③ 시설개선의 방향설정 및 소요되는 개략비용의 산정

4) 처리효율 개선사업의 시행 타당성 검토 제시

3.2 기존 하수처리장의 고도처리시설 설치사업은 운전개선방식에 의한 추진방안을 우선적으로 검토하되, 방류수 수질기준 준수가 곤란한 경우 시설개량방식으로 추진

1) 운전방법개선 등으로 처리효율을 향상시켜 고도처리시설 도입을 불필요하게 하는 등 사업비를 절감할 수 있는지 여부를 우선적으로 검토한 후 이를 사업계획에 반영

2) 시설용량 증설 없이 처리공법 개선 등으로 처리능력을 증대시켜 사업비를 절감할 수 있는지 여부를 우선적으로 검토한 후 사업계획에 반영

3.3 기존하수처리장에 고도처리시설을 설치할 경우에는 하수처리장의 부지여건을 충분히 고려하여 고도처리시설 설치계획을 수립

1) 기존 하수처리장 부지확장의 한계성 등 입지여건을 최대한 고려하여 처리효율 및 경제성이 비슷할 경우에는 처리장의 부지가 가급적 적게 소요되는 고도처리시설을 선정

2) 특히, 기존 하수처리장에 고도처리시설 부지가 미확보된 경우에는 부지확장의 어려움을 감안하여 이에 적합한 고도처리시설 도입을 우선적으로 검토하여 선정

3.4 기존 하수처리장에 고도처리시설을 설치할 경우에는 기존 시설물 및 처리공정을 최대한 활용하여 중복투자가 발생되지 않도록 사업추진

1) 고도처리시설 설치에 수반되는 수처리 및 슬러지 처리시설은 기존시설과 호환성이 없을 경우 가능한 고도처리공법이 우선적으로 도입되도록 검토
   산화구법은 시설운전 최적화도모 및 간이약품처리시설(인 제거)도입 등을 우선적으로 검토

2) 처리장의 수처리구조물, 건축물 및 기계 전기설비 등 기존 시설물을 최대한 활용한 고도처리시설이 설치되도록 검토
   ① 기존의 수처리시설을 최대한 활용할 수 있는 고도처리공법을 도입하여 기존시설의 사장, 공사의 난이성 및 효율성 저하를 방지하고, 불필요한 공사비 지출이 최소화되도록 검토
   ② 구조물, 기계 및 전기설비의 전면 교체 등으로 인한 공사비의 과다산정 및 중복투자가 되지 않도록 검토

3) 고도처리공법을 선정할 때에는 LCC(Life Cycle Cost)에 의하여 고도처리공법 선정의 타당성을 검토하고, 그 검토결과에 의해 하수처리공법 선정사유를 설계보고서에 구체적으로 제시하여 설계자문을 받아야 함

4) 하수처리장을 증설하면서 고도처리시설을 설치하는 경우에는 기존 처리시설과의 연계성 및 오염물질 제거효율이 우수하고 유입수량과 수질의 변동에 유연하게 대응할 수 있는지 여부를 검토하여 선정

5) 하수처리장에 고도처리시설을 설치할 경우에는 설치 운전실적여부 등을 감안하여 안정적이고 경제적인 기술을 선정
   ① 기존 시설을 고도처리시설로 개량하는 경우와 국내에서 1년 이상 운영한 실적이 없는 공법을 도입하여, 신규로 고도처리시설을 설치하는 경우에는 성능확인이 가능한 한 최소규모의 시설을 시범설치하여 성능확인을 실시한 후 전 계열로 확대 적용
   ② 단, 민자사업 및 성공불제로 추진하는 사업과 마을하수도는 제외하며, 또한 신규로 고도처리시설을 설치하는 경우에는 환경기술개발 및 지원에 관한 법률 시행령 제18조의 규정에 의한 환경기술검증을 받은 기술도 제외
   ③ 성능확인은 당초 공법사가 제시한 처리효율 및 수질의 만족 여부를 의미하며, 기간은 겨울철(12, 1, 2, 3월 중 2개월 이상)을 포함한 총 6개월 이상이 되어야 함

6) 고정상 담체(MEDIA) 충진공법 선정 시에는 담체에 부착된 Slime을 효과적으로 탈리시킬 수 있는 시설을 설치하고, 담체 미생물 부착여부를 정기적으로 확인할 수 있는 시편(1프레임 이상)을 설치

3.5 고도처리시설 공법선정을 위한 공법 비교 시 적용한 공사비 산출자료와 실시설계 시 적용한 공사비 자료가 서로 상이하여 공법선정의 신뢰성이 떨어지는 문제점이 없도록 하기 위하여 실시설계 시의 공사비는 당초 공법선정 시 제출한 자료를 적용하되, 공법선정 시 제시한 금액을 초과할 수 없음

공사비 자료는 처리공정별, 공종별(구조물공(부지설치비 포함)), 기계설치공(전기 및 계장공 등)을 포함하여야 한다.

3.6 신기술의 경우 유입수질 범위별(현재 수질, 장래 수질)로 각 공정별 성능보증 수질을 제시토록 하고 보증확인서를 반드시 설계단계에서 제출하도록 하여야 함(물질수지도 포함)

신기술로 등록된 공법을 도입하고자 하는 경우, 하수처리장의 유입수질조건 및 운전조건이 신기술 지정 및 기술검증 시 제시한 조건과 상이할 때에는 이에 대한 대책방안을 마련하여 설계자문 시 제시

3.7 고도처리공법이 도입된 하수처리장에 대해서는 공법제공사에서 시운전 전에 시운전 업체에게 다음의 내용이 포함된 운전매뉴얼을 작성하여 제출하게 하고, 시운전 업체에 대한 교육을 실시하도록 하여야 한다. 또한 시운전 완료 후에는 시운전 결과 보고서를 제출하도록 하여야 한다.

1) 하수처리시설의 운전 및 관리
2) 슬러지 처리시설의 운전 및 관리
3) 전기설비의 운전 및 관리
4) 계측제어장치의 운전 및 관리

4. 결론

1) 기존 하수처리장의 고도처리시설로 전환 시 무엇보다도 방류수 수질기준을 만족시킬 수 있는 공법을 우선적으로 채택하며 지금 현재의 방류수 수질기준뿐만 아니라 2008년 이후 적용된 기준 만족
2) 기존 하수처리장의 현황파악을 실시하여 현 처리장의 문제점을 도출
3) 고도처리 변경 시 운전개선방식에 의한 처리효율 향상방안을 우선적으로 검토
4) 각 처리 항목별로 처리효율을 향상시킬 수 있는 방법을 모색

5) 시설비와 처리비가 저렴한 공법 선정(시설개량 시)

    ① LCC, LCA 분석기법을 통한 공법 선정이 필요하며

    ② 가치평가, 즉 VE/LCC 분석을 통한 처리공법의 선정도 필요

6) 부지가 적게 소요되는 공법과 현 처리장에 적용 가능한 공법 선정

7) 지역에 따라 수질오염총량관리 규제를 받는 처리장의 경우 시설개량 또는 운전개선을 통한 영양염류의 처리효율 향상뿐만 아니라 수질오염총량관리 규제를 만족시키는 처리공법의 적용이 필요하다. 또한 경우에 따라서는 기존 처리시설에 총량관리규제에 따른 항목(총량관리제에 의해 처리가 필요한 항목)만의 처리효율을 향상시키기 위해 처리공법을 추가로 설치할 필요가 있다.(이 경우 중복투자 및 건설비용절감 기대)

Key Point +

- 70회, 72회, 74회, 76회, 78회, 79회, 81회, 83회, 85회, 86회, 93회, 94회, 95회, 104회, 111회, 122회, 123회, 126회, 129회 출제
- 상기 문제는 출제 빈도가 매우 높은 문제로 25점 문제로 출제됨

  예 Retrofitting과 Renovation에 대한 설명

  상기의 문제는 출제자의 의도에 따라 여러 가지 유형으로 변형 출제될 가능성이 상당히 높으므로 일련의 문제에 대한 숙지가 필요함
- Retrofitting과 Renovation에 대한 내용 숙지는 반드시 필요하며 처리항목별 기준도 숙지하기 바람
- 만약 이와 같은 문제로 출제 시 상기 답안의 내용을 좀더 간략히 하여 총 4page 분량의 답안으로 기술하기 바람

기존 하수처리장의 고도화(Ⅱ) (처리대상물질에 따른 사업진행방식)

관련 문제 : 운전개선방식(Renovation)과 시설개량방식(Retrofitting)

1. 서론

1) 현재 국내에서 가동 중인 하수처리장과 폐수종말처리장은 대부분 활성슬러지 공법에 의한 2차 처리를 목표로 하고 있다.

2) 따라서 이와 같은 경우 유입 오염물질 특히 유입하수의 영양염류 중 60~70%가 미처리된 상태로 방류됨으로써

3) 하천이나 해안에 부영양화 현상이 발생하고 있음

4) 이에 따라, 정부의 환경정책은 하수처리체계를 BOD 등 유기물 처리에서 질소, 인 처리체계로 전환하여 질소, 인 등의 방류수 수질기준을 강화하고 있다.

5) 하수처리장 방류수 수질기준이 강화됨(2008년 특별지역 기준)에 따라 기존 하수처리장을 고도처리시설로 전환하는 사업이 필요하다.

6) 또한 지역에 따라서는 수질오염총량관리제의 적용을 받는 지역도 있으며 2차 수질오염총량관리제부터는 T-P의 기준이 적용되므로 영양염류의 처리효율 향상을 위한 공법으로의 전환이 필요하다.

2. 고도처리시설 설치사업 추진방식

2.1 운전개선방식(Renovation) : 기존처리공법 유지 또는 수정

1) 운영실태 분석결과 기존하수처리장의 성능이 양호하여 운전개선방식 및 일부설비 보완 등으로 강화된 방류수 수질기준 준수가 가능한 경우

2) 기존에 운영 중인 하수처리장 중 상당수 하수처리장은

① 유입유량의 조절, 포기방식의 개선, 구내반송수 등 슬러지 계통의 운영개선, 연계처리수의 효율적 관리, 여과시설 설치

② 상기의 조치만으로도 수질기준 준수가 가능

3) 운전개선방식에 의해 목표수질의 달성이 가능하면 시설투자비가 절감되고 개선기간이 단축되므로 운전개선방식에 의해 목표수질의 달성이 가능한지를 우선적으로 검토

2.2 시설개량방식(Retrofitting) : 기존처리공법 변경

1) 기존 하수처리장의 성능이 운전방식의 개선 및 설비의 보완만으로는 강화된 방류수 수질기준 준수가 곤란하여 처리공법 변경이 필요한 경우
2) 시설개조비용이 많이 소요되므로 운전개선방식으로는 목표수질의 달성이 불가능한 경우에 한하여 시설개량방식으로 추진

3. 처리대상물질에 따른 사업진행방식 : 기존시설이 표준 활성슬러지법인 경우

3.1 유기물질(BOD, COD) 항목만 처리효율 향상이 필요한 경우

1) 표준활성슬러지법과 호환성이 가장 용이한 A2/O와 비교 시
  ① 처리효율 면에서는 거의 유사
  ② 오히려 ASRT(호기상태의 미생물 체류시간)의 축소로 BOD 제거율이 저하될 수 있음

2) 고도처리방식은 운전개선방식으로 추진하는 방안을 우선적으로 검토
  ① 노후설비의 교체 및 개량
  ② 유량조정시설 및 전처리시설 기능 강화
  ③ 운전모드 개선(포기조 관리)
  ④ 슬러지 처리계통 기능 개선(구내 반송수 관리)
  ⑤ 연계처리수(분뇨, 축산, 침출수 등)의 효율적 관리
  ⑥ 2차 처리시설 후단에 여과시설 설치 등 : 급속여과, 막분리시설 등

3.2 부유물질(SS) 항목만 처리효율 향상이 필요한 경우

1) 운전개선방식으로 사업을 추진할 경우
  ① 유량조정기능 및 전처리설비 개선
  ② 슬러지 설비 기능 개선(구내반송수 관리)
  ③ 최종침전지 용량 및 구조(경사판 설치, 정류벽 설치 등)
  ④ 여과시설 설치

2) 시설개량방식으로 사업을 추진할 경우
  ① 운전방식에 의한 사항을 검토하여 반영
  ② 침전지 용량 증설 및 여과시설 설치 등

3.3 T−N 항목만 처리효율 향상이 필요한 경우

시설개량방식으로 추진하는 방안 검토
1) T−N은 기존시설로는 제거효율이 낮으므로 새로운 처리공정 도입
2) 운전개선방식을 우선적으로 검토하여 반영

3) 기존포기조의 수리학적 체류시간(HRT)이 6시간 이상인 경우

기존처리시설과 호환성이 있는 MLE, A2/O 계열 등의 공법으로 변경하는 것이 바람직하며 이를 우선적으로 검토

4) 기존포기조의 수리학적 체류시간(HRT)이 6시간 이하이거나 유입 T−N이 고농도일 경우

① 반응조 증설방안 등을 검토하되

② 우선적으로 연계처리수의 처리대책(설계 T−N 유입 오염부하량의 10% 이내) 관리를 검토

5) 표준활성슬러지법을 SBR로 시설을 개량할 경우 : 기존처리시설의 사장화가 발생되므로 반드시 지양

3.4 T−P 항목만 처리효율 향상이 필요한 경우

1) 기존하수처리장의 T−P 처리는 생물학적 처리방식보다 화학적 처리방식이 효율적, 경제적이므로 운전개선방식으로 추진하는 방안을 우선적으로 검토하고

2) 필요시 시설개량방식을 검토

3.5 T−N과 T−P 항목이 동시에 처리효율 향상이 필요한 경우

1) T−N 처리방법은 상기의 T−N 처리방식을 채택하되

2) T−P의 경우

① 생물학적 처리방식과 화학적 처리방식에 대한 경제성, 효율성 비교 평가 후 결정

② T−P의 경우에는 간이약품처리로 제거가 가능하므로 이에 대한 경제성 및 효율성에 대한 검토 필요

4. 결론

1) 기존 하수처리장의 고도처리시설로 전환 시 무엇보다도 방류수 수질기준을 만족시킬 수 있는 공법을 우선적으로 채택하며 지금 현재의 방류수 수질기준 뿐만 아니라 향후(2008년 이후) 적용될 기준 만족

2) 기존 하수처리장의 현황파악을 실시하여 현 처리장의 문제점을 도출

3) 고도처리 변경 시 운전개선방식에 의한 처리효율 향상방안을 우선적으로 검토

4) 각 처리 항목별로 처리효율을 향상시킬 수 있는 방법을 모색

5) 시설비와 처리비가 저렴한 공법 선정(시설개량 시)

① LCC, LCA 분석기법을 통한 공법 선정이 필요하며

② 가치평가, 즉 VE/LCC 분석을 통한 처리공법의 선정도 필요

6) 부지가 적게 소요되는 공법과 현 처리장에 적용 가능한 공법 선정

7) 지역에 따라 수질오염총량관리규제를 받는 처리장의 경우 시설개량 또는 운전개선을 통한 영양염류의 처리효율 향상뿐만 아니라 수질오염총량관리규제를 만족시키는 처리공법의 적용이 필요하다. 또한 경우에 따라서는 기존 처리시설에 총량관리규제에 따른 항목(총량관리제에 의해 처리가 필요한 항목)만의 처리효율을 향상시키기 위해 처리공법을 추가로 설치할 필요가 있다. (이 경우 중복투자 및 건설비용절감 기대)

기존 하수처리장의 고도화 III (기존 처리공법별 검토사항)

관련 문제 : 운전개선방식(Renovation)과 시설개량방식(Retrofitting)

1. 서론

1) 현재 국내에서 가동 중인 하수처리장과 폐수종말처리장은 대부분 활성슬러지공법에 의한 2차 처리를 목표로 하고 있다.

2) 따라서 이와 같은 경우 유입오염물질 특히 유입하수의 영양염류 중 60~70%가 미처리된 상태로 방류됨으로써

3) 하천이나 해안에 부영양화 현상이 발생하고 있음

4) 이에 따라, 정부의 환경정책은 하수처리체계를 BOD 등 유기물 처리에서 질소, 인 처리체계로 전환하여 질소, 인 등의 방류수 수질기준을 강화하고 있다.

5) 하수처리장 방류수 수질기준이 강화됨(2008년 특별지역 기준)에 따라 기존 하수처리장을 고도 처리시설로 전환하는 사업이 필요하다.

6) 또한 지역에 따라서는 수질오염총량관리제의 적용을 받는 지역도 있으며 2차 수질오염총량관리제부터는 T-P의 기준이 적용되므로 영양염류의 처리효율 향상을 위한 공법으로의 전환이 필요하다.

2. 고도처리시설 설치사업 추진방식

2.1 운전개선방식(Renovation) : 기존처리공법 유지 또는 수정

1) 운영실태 분석 결과 기존하수처리장의 성능이 양호하여 운전개선방식 및 일부설비 보완 등으로 강화된 방류수 수질기준 준수가 가능한 경우

2) 기존에 운영 중인 하수처리장 중 상당수 하수처리장은

① 유입유량의 조절, 포기 방식의 개선, 구내반송수 등 슬러지 계통의 운영개선, 연계처리수의 효율적 관리, 여과시설 설치

② 상기의 조치만으로도 수질기준 준수가 가능

3) 운전개선방식에 의해 목표수질의 달성이 가능하면 시설투자비가 절감되고 개선기간이 단축되므로 운전개선방식에 의해 목표수질의 달성이 가능한지를 우선적으로 검토

2.2 시설개량방식(Retrofitting) : 기존처리공법 변경

1) 기존 하수처리장의 성능이 운전방식의 개선 및 설비의 보완만으로는 강화된 방류수 수질기준 준수가 곤란하여 처리공법 변경이 필요한 경우
2) 시설개조비용이 많이 소요되므로 운전개선방식으로는 목표수질의 달성이 불가능한 경우에 한하여 시설개량방식으로 추진

3. 운전개선방식과 시설개량방식의 검토

3.1 운전개선방식(Renovation) 검토

1) 질소나 인의 처리효율 향상이 필요한 장기포기법이나 표준활성슬러지법
   유입하수량이 적어 체류시간이 충분한 경우에는 생물반응조 내에 교반기를 설치하고 간헐포기식으로 운영하면 질소, 인의 처리 효율을 상승시킬 수 있다.
2) 인의 처리효율만 상승시킬 필요가 있을 경우
   포기조 후단의 최종침전지 연결수로에 응집제를 투입 : 응집제주입활성슬러지법으로 운영방법을 개선하여 인처리 효율을 상승
3) 유기물질(BOD, COD)에 대한 처리효율의 향상이 필요한 경우
   ① 포기조의 미생물농도(MLSS)를 증가시켜 운영하거나
   ② 포기조에 접촉여재(Media)를 넣어 바실러스균, 토양미생물 등의 특수미생물 등의 배양에 의해 처리효율을 상승시킬 수 있다.
4) 하절기 일부 기간만 대장균군 처리효율의 향상이 필요한 경우
   대장균의 농도가 높은 분뇨, 축산폐수, 음식물 침출수 등의 연계처리수에 소독시설을 설치하여 하수처리장 방류수의 대장균군 농도를 감소
5) 기타 처리효율의 향상이 필요한 항목과 기존정수장의 특성을 검토하여 운전개선방식에 의한 처리효율 향상 방안을 우선적으로 검토한다.

3.2 시설개량방식(Retrofitting) 검토

1) 고려사항
   ① 시설투자비와 낭비요인을 제거하기 위하여 기존시설물과 처리공정을 최대한 활용할 수 있는 공법으로 선정한다.
   ② 처리장에 유입되는 하수량, 수질, 요일별, 시간대별 유입량 및 수질의 변동폭 등의 특성을 고려하여 처리효율이 높고 안정적인 공법을 선정한다.
   ③ 기존 하수처리장의 유입수질이 낮은 경우에는 장래 하수관거정비 시 유입수질의 증가를 고려하여 적합한 공법으로 선정

④ 기존시설을 고도처리시설로 개조한 후에도 가능한 한 처리용량을 감소시키지 않는 공법을 우선적으로 선정한다.

⑤ 시설설치비와 유지관리비가 적은 공법으로 선정한다.

⑥ 하수처리장의 부지여건을 감안하여 부지가 적게 소요되고 기존처리장의 부지와 조화되는 공법으로 선정한다.

⑦ 공법선정 시 제출한 수질보증자료와 공사비 자료는 공사 시에도 그대로 적용하여 공사업체에게 당초부터 신뢰성 있는 자료를 제공받도록 한다.

2) 장기포기법, 표준활성슬러지법

① 생물반응조가 분할된 경우

공간적으로 혐기, 무산소, 호기조건을 조성하는 A2/O 공법, Bardenpho 공법 등으로 활용

② 생물반응조가 분할되지 않은 경우

반응조에 교반기를 설치하고 구조물을 그대로 활용하여 시간적으로 혐기, 무산소, 호기조건을 조성하는 SBR 공법

③ 생물반응조에 접촉여재를 부설하여 미생물 농도를 증가시킨 후 혐기, 호기, 무산소 조건을 조성하는 공법

④ 생물반응조에 토양미생물 등의 특수미생물을 투입하여 고도처리하는 공법

3) 산화구법

산화구법은 설계체류시간이 고도처리를 위한 체류시간에 충분

기존산화구를 그대로 이용하여 간헐포기법으로 개조하거나 복수 개의 산화구를 이용하여 PID 공법 등으로 개조

4) RBC법

기존 RBC 공정은 질산화 공정으로 활용하고 RBC 전단이나 후단에 별도의 탈질공정을 추가하는 공법

현실적으로는 RBC 공정으로 된 대부분의 처리장에서 설계체류시간이 3~5시간으로 적어 기존시설만을 이용하여 완전한 질산화를 일으키는 데 한계가 있음

4. 결론

1) 기존 하수처리장의 고도처리시설로 전환 시 무엇보다도 방류수 수질기준을 만족시킬 수 있는 공법을 우선적으로 채택하며 현재의 방류수 수질기준 뿐만 아니라 향후(2008년 이후) 적용될 기준 만족

2) 기존 하수처리장의 현황파악을 실시하여 현 처리장의 문제점을 도출

3) 고도처리 변경 시 운전개선방식에 의한 처리효율 향상 방안을 우선적으로 검토

4) 각 처리 항목별로 처리효율을 향상시킬 수 있는 방법을 모색

5) 시설비와 처리비가 저렴한 공법 선정(시설개량 시)

    ① LCC, LCA 분석기법을 통한 공법 선정이 필요하며

    ② 가치평가, 즉 VE/LCC 분석을 통한 처리공법의 선정도 필요

6) 부지가 적게 소요되는 공법과 현 처리장에 적용 가능한 공법 선정

7) 지역에 따라 수질오염총량관리규제를 받는 처리장의 경우 시설개량 또는 운전개선을 통한 영양염류의 처리효율 향상뿐만 아니라 수질오염총량관리규제를 만족시키는 처리공법의 적용이 필요하다. 또한 경우에 따라서는 기존 처리시설에 총량관리규제에 따른 항목(총량관리제에 의해 처리가 필요한 항목)만의 처리효율을 향상시키기 위해 처리공법을 추가로 설치할 필요가 있다. (이 경우 중복투자 및 건설비용 절감 기대)

Key Point +

• 70회, 72회, 74회, 76회, 78회, 79회, 81회, 83회, 85회, 86회, 93회, 94회, 95회, 104회, 111회, 122회, 123회, 126회, 129회, 131회 출제
• 상기 문제는 출제 빈도가 매우 높은 문제로 25점 문제로 출제됨
  예 Retrofitting과 Renovation에 대한 설명
    상기의 문제는 출제자의 의도에 따라 여러 가지 유형으로 변형 출제될 가능성이 상당히 높으므로 일련의 문제에 대한 숙지가 필요함
• 또한 Retrofitting과 Renovation에 대한 내용 숙지는 반드시 필요하며 처리항목별 기준도 숙지하기 바람
• 만약 이와 같은 문제로 출제 시 상기 답안의 내용을 좀더 간략히 하여 총 4page 정도로 기술하기 바람

소규모 공공하수도(Ⅰ)

1. 개요

1) 소규모 공공하수도는 인구 10,000명 이하의 소규모 시설로서

2) 농어촌 지역의 마을 단위로 설치되는 하수도를 말함

3) **처리용량** : 50~500m³/day

4) 소규모 공공하수도는 농어촌 지역의 주거환경과 수질보호측면에서 농림부, 행자부, 환경부에서 설치 운영(2006년 이전)

5) 소규모 공공하수도의 처리공법

    ① 개별처리공법

    ② 공동처리방법 : 호수별 이격거리는 20~70m 정도

6) 향후 농어촌지역의 생활환경개선과 하수발생원 중심의 하수처리, 수역의 부영양화 방지 측면에서 상수원 상류 하수도정비사업과 함께 확대 실시가 바람직

2. 필요성

1) 대규모 하수도가 가지고 있는 문제점 해결

    불명수 유입(I/I 유입), 하수처리용량 부족, 하수처리효율 저하 문제점 해결

2) 차집관거가 짧아 관로부설비가 적게 소요

3) 소규모이므로 부지확보 용이, 건설비 저렴, 지하건설이 가능

4) 하천유지용수의 활용 가능 : 하천의 건천화 방지

5) 발생원 중심의 처리

    ① 농어촌 지역의 수질오염을 사전에 방지

    ② 상수원 오염저감 및 공공수역의 수질오염방지

6) 소하천 및 지천의 양호한 수질의 농업용수 확보 : 하천수의 재이용

7) 농어촌지역의 쾌적한 생활환경 조성과 공중위생 향상

8) 축산업 위주의 집단마을, 관광지 주변 등의 수질오염 방지 효과

3. 특징

3.1 고유특성

1) 유입하수의 수질 및 수량 변동이 크다.

2) 시간대별, 월별, 계절별 유량 및 수질의 변동이 크다.

3.2 지역적 특성

1) 주거지역이 널리 분포

2) 지형조건의 변화가 심하다.

3) 기술자의 확보가 곤란

4) 유지관리 면에서 서비스 받기가 어렵다.

5) **건설비 및 유지관리비가 높다** : 단위면적당 대규모 처리장에 비해

6) 급격한 사회변동이 적다.

7) 슬러지 발생량이 적고 녹농지가 크므로 녹농지의 이용이 용이

8) 재정규모가 작고 재원확보가 곤란

9) **처리수의 영향을 받기 쉽다** : 농업용수로, 소하천 등

10) 계획구역면적이 작고 처리시설까지 도달시간이 짧아 하수가 처리장에 단시간에 유입

11) 처리장의 규모가 작아 부지확보가 용이

4. 설계기준

1) **계획목표연도** : 20년(예전 : 10년, 2년 단위로 5단계로 계획)

2) **하수배제방식** : 분류식을 원칙

3) **최소관경**

   ① 오수관거 : 150mm, 우수관거 : 200mm

   ② 진공식 또는 압송식 오수관 : 100mm 이하 가능

   관거의 매설깊이가 5m 이상일 경우 관거의 매설경비를 줄이기 위해 압력식이나 진공식을 채택

4) **계획인구** : 인구가 정체 및 감소하는 농어촌지역의 경우 현재인구를 계획목표인구로 산정한다.

5) **방류수질** : 방류수 수질기준 적용

6) 발생되는 슬러지는 공공하수처리시설과 연계하여 처리

소규모 공공하수도(Ⅱ)

1. 서론

1) 소규모 공공하수도는 인구 10,000명 이하의 소규모 시설로서

2) 농어촌 지역의 마을 단위로 설치되는 하수도를 말함

3) 처리용량 : 50~500m³/day

4) 소규모 공공하수도는 농어촌 지역의 주거환경과 수질보호측면에서 농림부, 행자부, 환경부에서 설치 운영(2006년 이전)

5) 소규모 공공하수도의 처리공법

　① 개별처리공법

　② 공동처리방법 : 호수별 이격거리는 20~70m 정도

6) 향후 농어촌지역의 생활환경개선과 하수발생원 중심의 하수처리, 수역의 부영양화 방지 측면에서 상수원 상류 하수도정비사업과 함께 확대 실시가 바람직

2. 필요성

1) 대규모 하수도가 가지고 있는 문제점 해결

　불명수 유입(I/I 유입), 하수처리용량 부족, 하수처리효율 저하 문제점 해결

2) 차집관거가 짧아 관로부설비가 적게 소요

3) 소규모이므로 부지확보 용이, 건설비 저렴, 지하건설이 가능

4) 하천유지용수의 활용 가능 : 하천의 건천화 방지

5) 발생원 중심의 처리

　① 농어촌 지역의 수질오염을 사전에 방지

　② 상수원 오염저감 및 공공수역의 수질오염방지

6) 소하천 및 지천의 양호한 수질의 농업용수 확보 : 하천수의 재이용

7) 농어촌지역의 쾌적한 생활환경 조성과 공중위생 향상

8) 축산업 위주의 집단마을, 관광지 주변 등의 수질오염 방지 효과

3. 소규모 하수도의 특징

3.1 고유특성

1) 유입하수의 수질 및 수량 변동이 크다.
2) 시간대별, 월별, 계절별 유량 및 수질의 변동이 크다.

3.2 지역적 특성

1) 주거지역이 널리 분포
2) 지형조건의 변화가 심하다.
3) 기술자의 확보가 곤란
4) 유지관리 면에서 서비스를 받기가 어렵다.
5) 건설비 및 유지관리비가 높다.(단위면적당 대규모 처리장에 비해)
6) 급격한 사회변동이 적다.
7) 슬러지 발생량이 적고 녹농지가 크므로 녹농지의 이용이 용이
8) 재정규모가 작고 재원확보가 곤란
9) 처리수의 영향을 받기 쉽다.(농업용수로, 소하천 등)
10) 계획구역면적이 작고 처리시설까지 도달시간이 짧아 하수가 처리장에 단시간에 유입
11) 처리장의 규모가 작아 부지확보가 용이

4. 설계기준

1) **계획목표연도** : 20년(예전 : 10년, 2년 단위로 5단계로 계획)
2) **하수배제방식** : 분류식을 원칙
3) **최소관경**
   ① 오수관거 : 150mm, 우수관거 : 200mm
   ② 진공식 또는 압송식 오수관 : 100mm 이하 가능
      관거의 매설깊이가 5m 이상일 경우 관거의 매설경비를 줄이기 위해 압력식이나 진공식을 채택
4) **계획인구** : 인구가 정체 및 감소하는 농어촌지역의 경우 현재인구를 계획목표인구로 산정한다.
5) **방류수질** : 방류수 수질기준 적용
6) 발생되는 슬러지는 공공하수처리시설과 연계하여 처리

5. 소규모 공공하수도의 문제점

1) 예전 : 소규모 공공하수도 부처별 개별 추진(사업추진의 일관성 결여)

2) 예전 : 지자체 내 소규모 공공하수도 담당부서의 다양화

3) 소규모 공공하수도 담당자의 전문성 결여

4) 각 지자체별 소규모 공공하수도 기본계획 미비

5) 소규모 공공하수도에 대한 주민의 의식 부족

6) **불명확한 하수발생량 및 오염부하량 발생**

   농어촌 지역의 하수발생량은 지역적인 특성과 지리적인 조건, 관거미비, 정비불량 등으로 인하여 지하수 유입이 발생하여 수질이 불안정하고 오염부하의 저하로 인한 처리효율 저하가 발생

7) **영양염류(N, P) 처리효율 저하**

   ① 유기물 중심의 처리공법으로 영양염류 처리효율 저하

   ② 향후 설치되는 마을하수도의 경우 고도처리 적용이 필수적

   ③ 슬러지 체류시간 증가 → 슬러지 내 영양염류 재용출 → 유입수질 < 방류수질이 발생하는 경우도 발생

8) 유입수질이 저농도

9) **유입유량의 변동이 큼**

   ① 평일과 휴일 비교 시 유입유량의 변동이 크며

   ② 관광지의 경우 계절별로 유입유량이 크게 나타남

10) **처리시설 운영 및 유지보수 기술의 미비**

   전담관리자의 인원부족, 빈번한 인사이동 등으로 운전 및 유지관리 보수에 대한 기술의 축적이 어려움

11) 처리시설 점검체계의 미흡

12) 처리시설 적용공법의 적정성 및 시공성 검토 필요

13) 이전에 설치된 모관침윤트렌치의 처리효율 악화

14) 방류수역의 수위변동에 의한 우수 시 역류현상 및 침수발생

6. 결론

1) 환경친화적인 자정 기능 활용기술의 적용 : 기계설비의 최소화

2) 무인 자동운전 및 원격제어기술의 활용

3) 처리효율 향상과 강화된 방류수 수질기준을 만족시키기 위한 고도처리기술의 적용

4) 상수원보호구역 및 수변지역부터 우선적으로 설치

5) 발생원 중심에서 처리하는 소규모 하수도의 경우 정부에서도 적극 추진하는 사안이므로 지자체 및 중앙정부의 재정적 지원을 적극적으로 추진

6) 장·단기 종합계획에 의거 시설설치부터 운전, 유지관리까지 일관성 있게 사업추진

7) 유입하수의 불명확과 농도의 부정확 등에 대한 근본적인 원인 파악

8) 강우 시 역류현상이나 침수피해를 사전에 방지

9) 시공 시 오접사례가 발생하지 않도록 하여 하수관거 내 불명수의 유입 차단

10) 방류수 소독설비 설치 및 검토

11) 슬러지 발생량이 적은 공법 선정

Key Point +

기존 마을하수도가 공공하수처리시설로 편입됨에 따라 예전 마을하수도 용어 및 기준은 공공하수처리시설의 기준을 적용해야 함

소규모 공공하수도사업 통합지침

1. 목적

1) 소규모 공공하수도 사업계획 수립, 시행 및 운영관리에 관한 세부업무추진요령과 절차 등을 규정하여

2) 관계기관 간 업무협의 및 사업추진 관리의 효율성을 제고하고

3) 하수도시설을 적정 유지 관리하기 위함

2. 적용대상 사업

사업명	농어촌생활환경정비사업	하수도사업
주관부처	농림축산식품부	환경부
근거법	농어촌정비법	하수도법
개선사업 내용	농어촌지역에 신규 및 기존마을 정비(농어촌생활환경정비)를 위한 각종 생활환경정비사업 시행	• 일정 규모 이상의 하수를 최종처리하기 위한 공공하수도시설설치사업 시행 • 자연마을 단위로 농어촌주거환경개선사업 지구 지정 후 농어촌 마을하수도 정비사업 시행
마을하수도 사업내용	농어촌생활환경정비사업의 일환으로 시행하는 시설용량이 50m³/일 이상 500m³/일 미만인 시설	수질개선대책사업 및 농어촌주거환경개선사업 등의 일환으로 시행하는 시설용량이 50m³/일 이상, 500m³/일 미만인 시설

3. 사업추진 기본방향

1) 소규모 공공하수도사업은 환경부장관이 주관하여 관리하되, 관계법령의 규정에 따라 환경부와 농림부의 협의하에 추진한다.

2) 농림부장관은 소규모 공공하수도사업이 포함된 농어촌생활환경정비사업계획을 승인하고자 할 경우에는 환경부장관과 사전 협의하여야 한다.

3) 지방자치단체장이 사업계획을 승인하는 경우에는 관할 유역(지방) 환경청장과 사전협의하여 추진

4) 기존 소규모 공공하수도시설이 방류수 수질기준 또는 각종 시설기준에 부합하지 못할 경우

　① 해당 시 · 군에서는 관계 전문기관 등의 기술지원을 받아 그 원인을 파악하고

　② 시설개선이 필요하다고 판단되는 때에는 소요예산을 확보하여 시설을 개선하여야 한다.

4. 사업대상지역 선정

소규모 공공하수도사업의 효율성 제고를 위하여 다음 지역이 우선적으로 선정되도록 고려한다.

1) 수질오염방지사업이 시급한 지역 : 상수원보호구역 등 상수원에 영향을 미치는 지역, 생활하수로 인한 농업용수의 오염우심지역 등

2) 수질오염방지효과가 큰 지역 : 축산업 위주의 집단마을, 관광지 주변 등

3) 생활환경개선의 파급효과가 큰 지역 등

5. 설계방류수질

소규모 공공하수도의 설계방류수질은 하수도법의 규정에 의한 방류수 수질기준 등을 감안하여 적정하게 결정하여야 한다.

1) 신규로 설치하는 소규모 공공하수도는 정부의 물 환경관리기본계획 및 하수도법 시행규칙상의 방류수 수질기준 강화 등을 감안하여 BOD 10mg/L 이하, COD 40mg/L 이하, SS 10mg/L 이하, T－N 20mg/L 이하, T－P 2mg/L 이하, 대장균군수 3,000개/mL 이하로 계획

2) 다만, T－N, T－P의 경우에는 수온이 낮은 겨울철(12∼3월)에 오염물질처리의 합리성을 도모하기 위하여 별도의 완화된 방류수 수질기준을 적용하도록 규정하고 있으므로 설계 시 고려하여야 한다.(2014년 12월까지 적용)

6. 운영관리

1) 소규모 공공하수도의 유입하수는 방류수 수질기준 이하로 처리한 후 방류하여야 한다.

2) 운영관리자는 하수종말처리시설과 마찬가지로 소규모 공공하수도에 대한 유지관리지침서 및 운영일지를 작성 관리하고, 운영일지에는 소규모 공공하수도 및 하수관거의 운영에 대한 전반적인 상황을 기록 관리하여야 한다.

3) 소규모 공공하수도의 시설설치 및 운영관리의 효율적인 재정관리를 위하여 지자체 하수도특별회계에 소규모 공공하수도를 포함시켜 관리하는 방안을 강구하여야 한다.

7. 기존 간이오수처리시설의 소규모 공공하수도 등으로 전환

1) 기존의 간이오수처리시설 중 시설용량이 50m³/일 이상, 500m³/일 미만인 시설

2) 기존 간이오수처리시설이 각종 하수도시설 기준에 부적합한 경우 : 시설개선사업을 추진

3) 기존의 간이오수처리시설 중 시설용량이 50m³/일 미만인 경우 시설을 개선한 후 공공하수도로 관리하는 방안을 강구하여야 한다.

4) 해당 지방자치단체 및 관계부처에서는 기존 간이오수처리시설을 소규모 공공하수도 등으로 전환하는 데 소요되는 예산확보방안을 강구하여야 한다.

간이공공하수처리시설

1. 개요

1) 정의

강우로 인하여 공공하수처리시설에 유입되는 하수가 일시적으로 늘어날 경우 하수를 신속히 처리하여 하천·바다, 그 밖의 공유수면에 방류하기 위하여 지방자치단체가 설치 또는 관리하는 처리시설과 이를 보완하는 시설을 말한다.

2) 설치

① 간이공공하수처리시설은 I, II지역의 합류식 지역 내 500m³/일 이상 공공하수처리시설에 설치하는 것을 원칙으로 한다.

② 모니터링 분석 및 결과를 토대로 간이공공하수처리시설 설치계획을 수립

㉮ 모니터링 : 강우량, 강우 시 유입량, 방류량, 유입수질, 처리수질 등

㉯ 일차침전지 유무, 일차침전지가 있는 경우 시설용량 및 처리효율, 새로 설치할 경우 필요한 부지의 확보 여부 등을 고려하여 설치계획을 수립하여야 한다.

③ '24년 이후 강화되는 방류수수질기준을 고려하여 중복 및 과잉투자가 발생되지 않도록 효율적인 시설계획을 수립하여야 한다.

④ 강우 시 간이공공하수처리시설의 삭감부하량 목표를 설정하고, 관련계획 및 지역특성에 적합한 목표 방류부하량을 제시하여야 한다.

2. 모니터링 수행 시 참고사항

1) 강우량 : 일누적 강우량 자료는 처리장 일보 기록치를 우선하되, 없는 경우 처리시설에서 가장 가까운 기상청 측정소 자료 활용

2) 강우 시 유입량 : 1차 침전지 전단의 유입유량계 측정값

3) 강우 시 방류량 : 1차침전지 방류(월류)량 및 반응조 후단 방류유량계 측정값

4) 강우 시 유입수질 : 1차 침전지 전단 유입수질 측정값

5) 강우 시 방류수질 : 1차 침전지 방류(월류) 수질 및 하수처리시설 공정수 방류수질 측정값

3. 간이공공하수처리시설 용량 산정

1) 간이공공하수처리시설 용량(A)

간이공공하수처리시설의 용량은 우천 시 계획오수량과 공공하수처리시설의 강우 시 처리가능량을 고려하여 결정하여야 한다.

① 간이공공하수처리시설 용량(A) = 우천 시 계획오수량(B) - 공공하수처리시설의 강우 시 처리가능량(C)

② 기존 공공하수처리시설로 우천 시 계획오수량의 처리가 가능한 경우(A ≤ 0) 간이공공하수처리시설 신·증설 필요 없음

③ 분류식화 사업을 추진 중인 경우 간이공공하수처리시설의 방류수 수질기준 적용시점의 분류식화율을 기준으로 간이공공하수처리시설 용량을 산정하여야 한다.

④ 강우 시 유입량을 적정하게 검토하여 최소시설 설치로 최대처리 효과를 얻을 수 있도록 시설을 계획하여야 한다.

2) 하수관로정비(분류식화)사업 추진에 따른 간이공공하수처리시설의 적정 용량 검토

① 분류식화 사업이 완료된 경우

간이공공하수처리시설 설치 대상이 아님

② 분류식화 사업이 계획 또는 추진 중인 경우

간이공공하수처리시설 완공시점의 분류식화 현황에 따라 간이공공하수처리시설 용량을 산정

③ 분류식화 사업계획 없음(합류식 지역)

강우 시 유입량(3Qhr)에 대해 기존 공공하수처리시설에서 처리가능한 용량을 제외한 후 간이공공하수처리시설 용량을 산정

3) 우천 시 계획오수량(B)

① 합류식 지역의 우천 시 계획오수량

계획시간최대오수량의 3배(3Qhr)로 산정하여야 한다.

② 합류식과 분류식이 병용된 지역

㉮ 우천 시 계획오수량 : 분류식 지역의 우천 시 계획오수량(계획시간최대오수량(Qhr)) + 합류식의 우천 시 계획오수량

㉯ 분류식 지역에서 발생된 하수(Qhr)는 기존 공공하수처리시설(반응조 후단)에서 적정처리하되, 강우 시 침입수/유입수 등으로 계획하수량이 추가 발생할 경우에는 우선 하수관로 정비에 의한 침입수/유입수 저감 대책을 강구하여야 한다.

㉰ 하수관로 정비로 침입수/유입수 저감에 한계가 있는 경우에는 경제성을 검토하여 적정한 대책(저류시설 설치 후 청천 시 전량 하수처리장 유입 처리 등)을 강구할 수 있다.

4) 공공하수처리시설의 강우 시 처리가능량(C)

강우 시 유입하수량, 유입수질, 체류시간, 처리수량, 처리수질 등을 종합 검토하여 기존 공공하수처리시설에서 최대 처리할 수 있는 용량으로 한다.

4. 간이공공하수처리시설 설계 시 고려사항

1) 위치 및 배치

간이공공하수처리시설은 공공하수처리시설 부지 내에 설치하는 것을 원칙으로 한다.

부지에 여유가 없는 경우 기존 공공하수처리시설과 연접하거나 연계가 용이한 부지를 선정하여야 한다.

2) 유입수문 및 유량계

① 간이공공하수처리시설 유입전단 및 방류지점에 각각 유량을 측정할 수 있는 설비를 설치하고 중앙제어실에서 실시간 모니터링 할 수 있도록 시스템을 구축하여야 한다.

② 농축조, 소화조, 탈수기 등의 반류수와 분뇨처리시설, 가축분뇨 등의 연계수는 간이공공하수처리시설의 효율증대를 위하여 충격부하를 최소화 하는 방법을 강구하여야 한다.

반응조로 연계수 이송관로의 유입위치 변경, 저류시설 설치를 통한 연계차단 및 지연 등

3) 침사지 및 유입펌프시설

① 펌프용량 증설이 필요하나 흡수정 및 펌프실 공간이 부족한 경우

구조물 개량보다는 기존 펌프를 고효율 펌프로 대체하는 방안을 우선 검토하여야 한다.

② 펌프의 설치대수는 강우 시 유입량의 변화에 따라 경제적으로 운전하기 위하여 동일 형식의 대·소 펌프용량으로 설치하여야 한다.

예비대수는 배제지역의 용도(주거 및 상업용지, 공업용지 등), 지역적 특성과 고장빈도 및 가능성 등을 종합적으로 검토하여 설치여부를 결정하여야 한다.

4) 간이공공하수처리시설

① 기존 일차침전지 용량이 우천 시 계획오수량의 30분 이상 침전시간을 만족하고 간이공공하수처리시설 방류수 수질기준을 준수할 수 있는 경우

간이공공하수처리시설의 설치를 지양하고 기존시설을 최대한 활용하여야 한다.

② 기존 일차침전지가 하수도시설기준에 따른 우천 시 계획오수량을 30분 이상 체류할 수 있는 용량이나 간이공공하수처리시설 방류수 수질기준을 준수할 수 없는 경우

경제성, 운영관리 편의성 등을 고려하여 일차침전지의 운전개선, 시설개량 등을 통해 처리효율을 제고하거나 별도의 시설 설치를 검토할 수 있다.

③ 기존 일차침전지의 간이처리 용량이 부족한 공공하수처리시설

㉮ 우천 시 계획오수량의 30분 이상 침전시간이 확보되도록 일차침전지를 증설하거나

⑭ 일차침전지 개선(개량) 또는 별도 처리시설 설치 등을 통해 간이공공하수처리시설의 방류수 수질기준을 준수할 수 있는 방안을 검토하여야 한다.

④ 간이공공하수처리시설을 새로 설치할 경우

기존 공공하수처리시설에 대한 공정진단과 운전방법 개선 등을 통해 기존 공공하수처리시설에서 최대한 유입 처리 가능한 용량을 산정하고 이를 고려한 설치계획을 수립하여야 한다.

⑤ 일차침전지가 없는 공공하수처리시설

우천 시 계획오수량의 30분 이상 침전시간 확보 및 방류수 수질기준을 준수할 수 있도록 일차침전지를 신설하거나 별두설비 설치를 검토할 수 있다.

⑥ 중력침전 방식이 아닌 간이공공하수처리시설을 설치할 경우

협잡물 제거, 장비수선, 유지관리 등이 용이한 구조로 설치하여야 하며, 방류수 수질기준을 준수할 수 있도록 최적 시설이 도입되어야 한다.

⑦ 슬러지 계면 측정장치와 연동하여 자동 인발이 될 수 있도록 시스템을 구축하여야 한다.

⑧ 기존 일차침전지 효율개선 또는 별도 간이공공하수처리시설 설치 시 강우 시 유입하수량 변동에 탄력적으로 대응하기 위하여 계열별로 운전이 가능하도록 시설을 설치하여야 한다.

5) 소독시설

① 소독방법은 강우 시 유입되는 하수의 높은 탁도에 대응할 수 있는 염소소독방법을 원칙으로 한다.

설치부지 및 접촉시간이 부족할 경우 효율성, 경제성, 환경성 등의 검토를 통하여 강우 시 일시적 사용에 적합한 소독방법을 도입하여야 한다.

② 간이처리를 거친 하수는 탁도가 높아 이차처리수와 혼합하여 UV소독을 하면 소독효과가 저하되어 비효율적이므로 별도의 수로에서 염소소독을 하여 방류하는 것이 바람직하다.(하수도시설기준, 환경부, 2011)

③ 간이처리수 소독은 발암물질인 THM 발생을 최소화 할 수 있는 방식으로 선정하여야 한다.

④ 기존 공공하수처리시설에 운영되지 않는 염소접촉지가 있는 경우 이를 최대한 활용하는 방안을 검토하여 중복투자가 발생되지 않도록 한다.

⑤ 간이처리수의 별도 방류수로가 있는 경우에는 수로 안에 도류벽 등을 설치하여 염소접촉조로 활용하는 간이소독방식을 선택할 수도 있다.

방류수로를 염소접촉조로 활용하는 경우에는 방류관로 연장 및 유속 등을 검토하여 접촉시간을 충분히 확보하여 간이공공하수처리시설 방류수 수질기준을 준수할 수 있도록 하여야 한다.

5. 유지관리 및 방류수 수질기준

5.1 유지관리

1) 강우 시 차집관로에 유입된 하수는 기존 공공하수처리시설에서 최대 가능한 양까지 처리하여야 한다.

   ① 초과되는 하수에 대해서는 간이공공하수처리시설로 유입시켜 처리하여야 한다.

   ② 강우 시 차집관로에 유입된 하수를 공공하수처리시설 또는 간이공공하수처리시설에 유입시키지 않고 배출하여서는 아니된다.

2) 간이공공하수처리시설에서 처리 후 방류되는 하수에 대해서는 소독을 실시한 후 TMS 후단에서 공정수와 합류하여 방류하거나 별도 방류관로를 통해 방류하여야 한다.

5.2 방류수 수질기준

구분	BOD(mg/L)		총대장균군수(개/mL)	
Ⅰ지역	2014. 7. 17 ~ 2018. 12. 31	60 이하	2014. 7. 17 ~ 2018. 12. 31	–
	2019. 1. 1 ~ 2023. 12. 31	60 이하	2019. 1. 1 ~	3,000 이하
	2024. 1. 1 ~	40 이하		
Ⅱ지역	2014. 7. 17 ~ 2019. 12. 31	60 이하	2014. 7. 17 ~ 2019. 12. 31	–
	2020. 1. 1 ~ 2024. 12. 31	60 이하	2020. 1. 1	3,000 이하
	2025. 1. 1 ~	40 이하		
Ⅲ, Ⅳ지역	–		–	

Key Point +

115회, 121회, 126회 출제

공공하수처리시설 수질검사

1. 고려사항

1) 시료채취시기
   ① 강우 시 우수가 유입되거나 하수 및 폐수발생이 적은 시간내(야간)의 하수가 유입 · 처리되어
      방류되는 시간은 배제하고
   ② 정상적으로 유입 또는 처리되는 시간대를 고려하여 채취하여야 한다.

2) **유입수 및 방류수의 시료채취** : 수질오염공정시험법 중 배출허용기준 적합 여부 판정을 위한 복
   수시료 채취방법에 준하여 채취하여야 한다.

3) **유입수의 채취지점** : 하수 차집관로 말단부(하수처리시설 유입 직후 : 반송수, 분뇨, 축산폐수,
   침출수 등 연계처리수 혼합 전)에서 채취하여야 한다.

4) **방류수의 채취지점**
   ① 최종방류구에서 채취하는 것을 원칙으로 한다.
   ② 다만, 염소소독을 실시하는 처리시설의 경우에는 잔류염소 등 산화성 물질에 의해 BOD나
      COD의 분석결과에 영향을 미칠 수 있으므로
   ③ 동 항목의 분석 시에는 수질오염공정시험방법에 따라 시료를 전처리한 후 분석하여야 한다.

5) 분뇨 · 축산폐수 · 침출수 등 연계처리수의 채취지점은 생활하수와 연계처리수가 혼합되기 이
   전의 지점에서 채취하여야 한다.

2. 유입수 및 유출수 수질검사

1) 유입수 및 유출수의 수질검사는 방류수 수질기준 6개 항목에 대하여 실시하여야 한다.

2) 또한, 산업폐수 등의 다량 유입으로 독성물질에 대한 수질검사가 필요하다고 판단될 경우에는
   이에 대한 검사를 병행 실시하는 방안을 강구하여야 한다.

3) 공공하수처리시설은 매일 1회 이상 유입수 및 유출수에 대한 수질검사를 실시

4) 소규모 공공하수도는 매월 1회 이상 유입수 및 유출수에 대한 수질검사를 실시하여야 한다.

5) 분뇨 · 축산폐수 · 침출수 등 연계처리수의 유입수질은 매주 1회 이상 검사하여야 한다.

6) 수질분석은 수질오염공정시험법에 따라 분석하고

7) **수질분석 결과** : BOD, COD, SS의 경우 소수점 첫째 자리까지만 기록하고, T−N, T−P의 경우 소
   수점 셋째 자리까지 기록한다.

3. 수질연속자동측정

1) 오염총량관리시행지역 내 700m³/일 이상의 하수처리시설은

 ① BOD 또는 COD 연속자동측정기기, 유량연속자동측정기, 자료 수집장치(Data Logger)를 설치하여 방류수수질을 측정하여야 하며

 ② 장래에 대비하여 pH, SS, T−N, T−P 연속자동측정기기 및 자동시료채취기를 동시에 설치하는 등 필요한 조치를 하여야 한다.

2) **오염총량관리시행 이외 지역** : 단계별 시행(TMS 관련 편 참조)

3) 수질연속자동측정기기 및 부대시설은 수질오염공정시험방법이 정하는 바에 따라 자동측정기기로 측정·기록된 자료가 수질원격감시체계(TMS)관제센터에 전송이 가능하도록 부착하여야 한다.

공공하수도 기술진단

1. 기술진단 대상시설 및 시기

대상시설	시기
• 공공하수처리시설(50m³/일 이상) • 분뇨처리시설	사용 개시 공고일로부터 5년마다
• 하수관거 • 하수저류시설	시설 준공일로부터 5년마다
공공하수도관리청이 필요하다고 인정하는 공공하수도시설	사용개시 공고일로부터 5년마다
가축분뇨공공처리시설	사용개시 공고일로부터 5년마다
폐수종말처리시설	방류수 오염도검사에서 당해 방류수를 채취한 날부터 최근 2년간 3회 이상 방류수수질기준을 초과한 경우
악취배출시설(공공하수처리시설, 분뇨처리시설, 가축분뇨공공처리시설, 폐수종말처리시설, 음식물류폐기물처리시설, 그 밖에 지방자치단체의 장이 기술진단을 실시할 필요가 있다고 인정하는 시설)	5년마다
폐기물처리시설(소각시설, 매립시설, 음식물류폐기물처리시설)	기술진단을 받을 경우 정기검사를 받은 것으로 본다.

1) 이 규정에도 불구하고 대상시설의 증설 또는 고도처리시설 등을 신설하는 경우에는 관할 감독기관의 장과 협의하여 해당 시설의 사용 개시 공고일로부터 5년 이내 기술진단을 받을 수 있다.

2) 하수처리구역 전체 관거연장 대비 50% 이상의 관거를 대상으로 정비사업(분류식화, 개보수)을 계획 또는 수행 중인 관거는 관할 감독기관의 장과 협의하여 기술진단을 준공연도 다음해로 유예할 수 있다.

　다만, 하수처리구역이 크고 여러 개의 배수분구가 있는 경우 배수분구별로 기술진단 유예대상 여부를 검토할 수 있다.

3) 하수관거 진단 대상이 아래에 해당되어 공공하수도관리청에서 이를 입증하는 자료를 관할 감독기관에 제출하고 관할 감독기관에서 이를 인정한 경우 기술진단을 실시한 것으로 본다.

　① 유입성상

　　㉮ 유입 하수처리장이 500m³/일 이상 규모로서 진단 실시 전년도 연평균 유입수질(BOD)이 계획유입수질 대비 60% 이상이고, 청천 시 유량대비 우천 시 유량이 1.5배 이하로 운영상

에 지장이 없는 경우(단, 합류식 관거는 유입수질(BOD)이 계획유입수질 대비 60% 이상으로 운영상에 지장이 없는 경우)

    ㉯ 500m³/일 미만 규모로서 방류수 수질기준 준수에 문제없고, 불명수로 인해 운영상 지장이 없는 경우

② 민간투자사업(BTL사업 등) 추진으로 정기적인 관거 운영 성과평가를 시행 중인 경우

2. 기술진단 범위와 방법

공공하수처리시설, 분뇨처리시설, 가축분뇨공공처리시설, 폐수종말처리시설

1) 유입오염물질의 특성

오염물질의 유입특성 조사

2) 시설 및 운영에 대한 현상진단

① 시설진단

② 공정진단

③ 운영진단

3) 시설개선 및 효율화 방안

개선대책 및 최적화 방안 수립

4) 시설관리 방안

적정효율 유지를 위한 일반적인 사항

3. 하수관거시설 기술진단 범위와 방법

1) 현황조사

① 기초자료 조사 및 분석

② 현황조사

    ㉮ 제출자료(대장도 및 조서)와 현장상황 불일치가 10%를 초과하는 경우 진단을 중지하고 신청기관에 하수관거 대장도 및 조서 재작성을 요청한다.

    ㉯ 하수관거 대장도 및 조서를 재작성하는 경우 이에 소요되는 기간은 진단기간에서 제외한다.

2) 현상진단

현상진단내용은 현장여건에 따라 공공하수도관리청과 협의하여 전체 비용 범위 내에서 조정할 수 있다.

① 유량 및 수질조사

    ㉮ 소유역별 관거 끝단에서 유량·수질(BOD)조사에 의한 하수발생특성 및 정량적인 관거상태 진단

     ④ 유량조사
- 청천일 : 약 7~17일 범위 내에서 측정
- 강우일 : 도로에 물이 흐르는 정도의 강우 시 측정
- 유량조사는 청천일 및 강우일 조사가 포함되어야 한다.
- 유량조사 기간 중 강우로 인해 도로에 물이 흐르는 정도의 강우일 측정이 포함되어야 하며, 기상상황에 대해 강우일 측정이 불가능한 경우 진단기간을 연장한다.(필요시 신청 기관과 협의)

    ⑤ 수질(BOD)조사 : 유량조사지점과 동일지점에서 12회/1일(2시간 간격) 기준으로 조사
- 청천일 : 2일 이상 측정
- 강우일 : 1일 이상 측정
- 수질조사는 유량조사지점에 대하여 BOD항목을 측정한다.(청천일 2일, 강우일 1일을 포함하여 총 3일 실시)
- 수질조사는 유량조사지점과 동일 지점에서 BOD측정을 원칙으로 하되 불명수 유입이 의심될 경우 별도 지점을 선정하여 조사할 수 있으며, BOD측정으로 하수유입성상 판단 곤란 시 COD측정 등으로 대체할 수 있다.

② 표본지역 상세조사
    ㉮ 관거연장 대비 최소 10%에 대한 상세조사로 정성적인 관거상태 진단
    ㉯ 관거 내부 조사에 의한 관거불량도 진단
- 관거 내부 CCTV조사를 표준으로 하며, 관경 800mm 이상은 육안조사 가능
- 합류식 하수관거는 조사물량을 20% 이상으로 한다.
    ㉰ 송연조사주에 의한 오접상황 진단
- 기존관거의 오접여부 확인을 위한 연막조사를 표준으로 한다.
- 기존관거의 오접과 가옥 내 배수설비 오접을 함께 조사하는 경우에는 송연조사 대상연 장의 1/2만을 조사하는 것으로 한다.
- 합류식 하수관거는 송연조사를 생략할 수 있다.

Key Point ✦

- 118회, 129회 출제

하수관로 기술진단

1. 개요 및 목적

1) 공공하수도 중 하수관로 시설의 관리상태 점검을 위하여 5년 주기로 기술진단을 수행
2) 체계적이며 효율적으로 하수관로시설의 주요 문제점 및 개선방안을 도출 → 시설물 운영관리의 효율성 향상을 도모

2. 기술진단 주기

대상시설	진단시기(주기)
• 공공하수처리시설(50m³/일 이상) • 간이공공처리시설(50m³/일 이상) • 분뇨처리시설 • 중계펌프장, 빗물펌프장	사용개시 공고일로부터 5년마다
• 하수관로(합류식, 오수, 우수) • 하수저류시설	시설 준공일로부터 5년마다
공공하수도관리청이 필요하다고 인정하는 공공하수도	–

3. 기술진단 범위

1) 일괄 진단
　　① 하수처리구역 내 전체 합류식 하수관로 및 분류식 오수관로를 대상으로 진단을 수행한다.
　　② 배수구역 내 전체 분류식 우수관로를 대상으로 진단을 수행한다.
　　③ 전체 관로에 대한 문제점 도출이 용이하다.
　　④ 개선사업에 따른 효과를 기대할 수 있다.
　　⑤ 일괄진단을 우선적으로 고려하여야 한다.
　　⑥ 대규모 하수처리구역 및 배수구역의 경우 진단비용이 많이 발생한다.
　　　　예산확보가 어려울 수 있음 → 이 경우 분할 진단 및 개별 진단을 고려

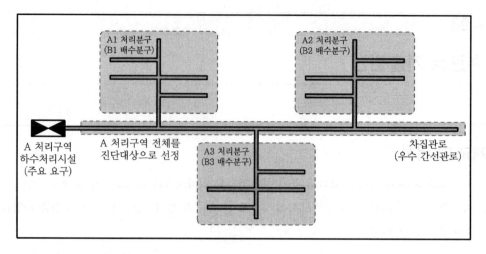

2) 관로 노선을 고려한 분할 진단

① 전체 하수처리구역 및 배수구역 진단이 곤란한 경우

관로 노선을 분할하여 구간을 선정하여 기술진단을 수행

② 노선을 분할하여 진단하므로 개선사업도 단계별로 수행

㉮ 단계별로 예산 확보 필요

㉯ 개선에 따른 사업효과도 점진적으로 발생

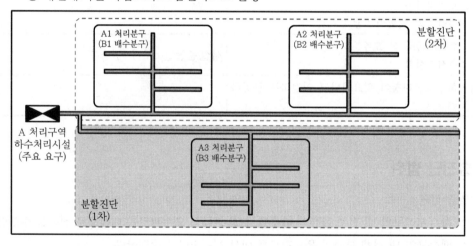

3) 개별 진단

① 전체 하수처리구역 및 배수구역 노선별 분할진단이 곤란한 경우

각 처리분구, 배수분구 및 복수의 처리분구, 배수분구를 진단대상으로 선정하여 기술진단을 수행

② 장점 : 예산에 준하여 지역을 분할하여 진단을 수행할 수 있다.

③ 단점 : 일부 지역에 대한 진단 및 개선으로 단기간의 가시적 효과를 얻기 힘들다.

④ 차집관로만을 대상으로 진단을 할 경우

㉮ 간·지선관로의 위치와 수량에 따라 조사결과의 변동성이 증가 → 유량 및 수질조사에 영향을 미치게 된다.

㉴ 송연조사 : 일반적으로 차집관로로 유입되는 배수설비가 존재하지 않기 때문에 송연조사
자체가 무의미하다.

⑤ 부득이한 경우를 제외하고는 분구와 차집관로를 포함하여 진단을 수행하는 것이 권장된다.

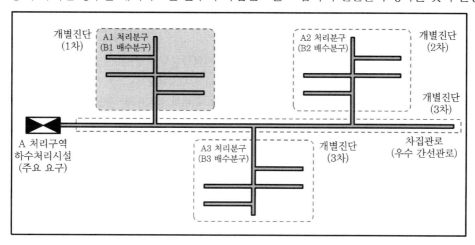

4. 하수관로 기술진단 표본조사

표본지역 상세조사 물량은 진단대상 관로연장 대비 최소 10% 이상
(합류식 하수관로 및 분류식 우수관로는 최소 20% 이상)

구분	내용	고려사항
유량조사	• 청천일 : 약 7~17일 범위 내에서 측정 • 강우일 : 도로에 물이 흐르는 정도의 강우 시 측정	강우일 측정 불가 시 진단기간 연장 필요
수질조사	• 유량조사 지점과 동일지점에서 12회/1일(2시간 간격) 기준으로 조사 • 청천일 : 2일 이상 측정 • 강우일 : 1일 이상 측정	BOD 항목 측정, 필요시 타 항목 가능
CCTV 조사	• 관로연장 대비 최소 10%에 대한 상세조사 • 관로내부 CCTV 조사 → 관경 800mm 이상은 육안조사	합류식 하수관로 및 분류식 우수 관로 조사물량은 20% 이상
송연조사	• 관로연장 대비 최소 10%에 대한 상세조사 • 기존관로 오접여부 확인을 위한 연막조사	합류식 하수관로 및 분류식 우수 관로는 생략가능

5. 수행범위 및 내용

구분	수행범위	내용
현황조사	기초자료 조사 및 분석	• 하수도정비기본계획, 하수처리장 계획 등의 관련계획 자료조사 • 하수관로 공사 설계, 시공도서 및 하수관로 청소, 준설, 보수 등의 유지관리 자료조사 • 하수의 유하계통 파악, 지역특성 및 유량·수질조사를 고려한 소유역 분할

	현황조사	• 자료조사 결과와 현황의 일치여부 확인
		  − 하수도대장도를 기초로 현황 일치여부 샘플조사 확인
		  − 과도한 오류 발생 시 지자체와 별도협의 필요
		• 상세조사 구간 선정을 위한 현장파악
		• 유량·수질조사지점 현황파악(분류식 우수관로의 경우 침수이력 현황 파악)

현상진단	유량 및 수질조사	• 소유역별 관로 끝단에서 유량·수질(BOD) 조사에 의한 하수발생특성 및 정량적인 관로상태 진단
		• 유량조사
		  − 청천일 : 약 7~17일 범위 내에서 측정
		  − 강우일 : 도로에 물이 흐르는 정도의 강우 시 측정
		• 수질(BOD)조사 : 유량조사 지점과 동일지점에서 12회/1일(2시간 간격) 기준으로 조사
		  − 청천일 : 2일 이상 측정
		  − 강우일 : 1일 이상 측정

	표본지역 상세조사	• 관로연장 대비 최소 10%에 대한 상세조사로 정성적인 관로상태 진단 • 관로내부조사에 의한 관로불량도 진단 − 관로내부 CCTV 조사를 표준으로 하며, 관경 800mm 이상은 육안조사 가능 • 송연조사에 의한 오접상황 진단
	맨홀펌프 조사	• 장치 및 기계·배관설비 : 맨홀구조물 육안점검, 펌프상태 진단 • 전기·계장설비 : 전원 및 통신설비 상태점검

대책진단	문제점 도출 및 개선대책 수립	• 현황조사 및 현상진단 결과를 기초로 관로상태 분석, 문제점 도출 및 개선대책 수립
		  − 관로정비 필요지역 판단
		  − 개략 사업비 추정

	시설유지관리 방안수립	점검, 청소 주기 및 중점관리사항 등 관로 유지관리 방안 제시

1) 현상진단

  ① 현장여건에 따라 공공하수도관리청과 협의하여 전체 비용 범위 내에서 조정할 수 있다.

  ② 현상진단 대상 관로선정 시 침수 취약지역 등을 우선으로 검토해야 한다.

2) 관로 현황조사

　① 제출자료(대장도 및 조서)와 현장상황 불일치가 10%를 초과할 경우

　　　진단을 중지하고 신청기관에 하수관로 대장도 및 조서 재작성을 요청한다.

　② 하수관로 대장도 및 조서 재작성 시

　　　이에 소요되는 기간은 진단기간에서 제외한다.

3) 유량 및 수질조사

　① 합류식 하수관로와 분류식 오수관로를 대상으로 하는 것을 원칙으로 한다(분류식 우수관로

　　　제외).

　② 강우일 측정이 불가능한 경우 : 진단기간을 연장한다.

　③ 조사 지점 : 불명수 유입이 의심될 경우 별도 지점을 선정하여 조사할 수 있다.

　④ BOD 측정으로 하수유입성상 판단 곤란 시 COD 측정 등으로 대체할 수 있다.

4) 관로 내부조사

　① 합류식 하수관로와 분류식 우수관로는 조사물량을 20% 이상으로 한다.

　② 관로 내부조사 결과 동공 등 지반침하 개연성이 확인된 구간

　　　GPR, 시추공 및 내시경 등 추가조사의 필요성을 즉시 보고 → 별도로 추가조사를 수행하여

　　　야 한다.

5) 송연조사

　① 기존관로의 오접여부 확인을 위한 연막조사를 표준으로 한다.

　② 관리청과 협의하여 합류식 하수관로와 분류식 우수관로는 송연조사를 생략할 수 있다.

Key Point ✦

129회 출제

슬러지 광역처리

관련 문제 : 광역소각시설을 중심으로

1. 개요

1) 유기성 슬러지의 직매립금지와 해양투기금지정책에 따라 슬러지의 육상처리, 감량화, 자원회가 필요한 실정이다.

2) 또한 고도처리를 실시하는 처리장의 경우 슬러지의 긴 체류시간으로 인하여 영양염류의 재용출 문제도 안고 있는 실정이다.

3) 발생원 중심처리를 목적으로 설치한 소규모 공공하수도의 경우 넓은 지역에 분포하고 있으며 발생 슬러지를 제대로 처리하지 못하고 있는 실정이다.

4) 따라서 슬러지 발생량이 소규모이고 넓은 지역에 분포하고 있는 소규모(마을하수도 포함)하수처리장, 대규모 하수처리장의 발생 슬러지를 처리할 수 있는 대규모 처리시설(광역처리시설)을 설치하여 슬러지 처리시설에 대한 중복투자와 효율적이고 일관성 있는 슬러지 처리대책을 수립할 필요가 있다.

2. 광역처리시설의 장점

1) 처리시설의 규모가 커지므로 단위처리량당 설치비가 감소

2) 처리시설이 대규모이고 단일 장소에서 처리하므로 운영비 및 인건비의 절감

3) 시설이 대형화되어 소각열의 유효이용에 유리(소각처리시설인 경우)

4) **부지확보가 용이** : 처리장의 개수가 감소

5) **광역시설의 설치로 소각기술과 처리기술의 신기술 적용 용이**
  ① 다이옥신 등 환경오염물질의 배출량 저감
  ② 각종 법적인 규제에 유동적인 대처가 가능

6) 운영인원의 확보가 유리

3. 광역처리시설의 단점

1) 하수슬러지의 운반거리가 증가하여 운송비용이 증가

2) 소각로 배기가스의 국지화, 대량화가 우려

3) 주민합의 및 지자체 간의 업무 협조가 필요

4) 막대한 예산확보가 필요

4. 고려사항

1) 슬러지 발생량 및 성상을 정확히 파악하여 장래의 변화에 유연하게 대처할 필요가 있으며

2) 경제성 및 슬러지의 자원화 감량화 정책과 비교 · 분석을 통한 광역처리시설의 설치

3) 운송거리, 주민합의 및 지자체 간의 업무협조를 통한 최적의 장소 선정이 필요

4) 처리시설에서 발생할 수 있는 2차 오염문제를 사전에 검토하여 오염을 최소화할 수 있는 처리공법 및 처리시설을 설치

런던협약(London Convention)

1. 개요

1) 런던협약은 해양오염을 방지하기 위하여 선박, 항공기 또는 해양시설로부터 폐기물 등의 해양투기 및 폐기물의 해상소각의 규제를 목적으로 하는

2) "폐기물 및 기타 물질의 투기에 의한 해양오염방지에 관한 협약"을 말함

3) 1972년 런던협약 체결 후 최근 96년에 전면적 개정

4) 96년 의정서가 빠른 시일 내 발효될 예정임(2011년 이후 발효 예정)

5) 우리나라의 경우 2001년 유기성 슬러지의 직투입금지 후 해양투기에 의존하는 지자체가 상당수 존재

6) 런던협약의 발효에 따라 향후 유기성 슬러지의 자원화 및 퇴비화 등 새로운 처리방법의 모색이 필요한 실정

7) 즉, 우선은 하수처리장 내 처리를 목표로 슬러지 감량화, 자원화를 추진하여야 한다.

2. 96년 – 의정서 주요 내용

2.1 폐기물 해양배출 금지원칙

13개의 폐기물 종류에 한해서만 예외적 허용

1) 하수오니, 준설물 등 : 분뇨, 축산폐수, 일반폐수, 하수오니(침전물), 폐수오니, 분뇨처리장오니, 정수오니, 건설오니, 하수도준설물질, 준설토사, 동식물폐기물, 수산물가공 잔재물, 광물성 폐기물

2) 폐수처리오니(염색, 섬유, 피혁 등에서 발생하는 오니)는 하수오니 범주에 포함

2.2 예방원칙(Precautionary Approach)

1) 해양배출이 허용되더라도 대체방안을 마련해야 하고

2) 불가피한 경우에는 해양환경에 최소한의 피해를 줄 수 있는 기준 내에서 허용

2.3 오염자부담원칙(Polluter Pays Principle)

1) 해양배출을 허가받은 자는 배출로 인해 초래될 오염을 방지하고

2) 이에 관한 규제조치 시행 시 발생하는 모든 비용을 부담

2.4 보고의무

체약 당사국들이 배출하는 폐기물에 대한 모든 사항을 매년 및 주기적으로 보고

1) 매년 보고 : 폐기물 해양배출 허가현황, 폐기물투기장 환경상태 보고

2) 주기적 보고 : 법, 제도적인 조치

3. 72년 런던협약과 96년 – 의정서의 비교

구분	72년 – 런던협약	96년 – 의정서
규제방식	해양투기를 허용하되 특정물질만 금지	해양투기를 금지하되 특정물질 허용(Reverse List)
일반원칙		예방원칙, 오염자부담원칙
적용범위	내수면(Internal Water) 적용 배제	해양투기 및 해양소각 규제를 내수면에도 적용
목적	해양투기 통제	모든 오염원(육상오염원)으로부터 해양환경보호, 해양소각금지

4. 대책

4.1 하수슬러지 대책

- 2001년에 발효된 유기성 슬러지의 직매립 방지대책과 더불어
- 런던의정서 발효에 대비한 하수슬러지의 육상처리 및 자원화 감량화를 통해 해양배출을 억제할 수 있는 방안

1) 슬러지 감량화

　① 슬러지 자원화 대책수립 이전에 처리공정에서 발생되는 슬러지 감량화를 먼저 고려

　② 농축 → 소화 → 탈수 → 건조의 전형적인 방법과

　③ 오존, 초음파, 고온호기성균, 금속밀의 마찰열 및 마찰력을 이용한 최신공법 검토

2) 슬러지 자원화

　① 녹농지 이용

　　㉮ 하수슬러지 퇴비 : 퇴비, 토지개량제

　　㉯ 건조슬러지 : 퇴비

　　㉰ 슬러지 Cake : 퇴비

　　㉱ 슬러지 소각재 : 퇴비

　② 건설자재 이용

　　㉮ 소각재 : 토질개량제, 벽돌, 타일, 노반개량제

ⓝ 용융슬래그 : 타일, 노반재, 콘크리트, 골재, 장식품
　　③ 에너지 이용
　　　㉮ 소화가스 : 연료, 발전동력원
　　　ⓝ 건조슬러지 : 고체연료
　　　ⓓ 소각, 용융 배가스 : 공기예열기, 슬러지 Cake 건조, 폐열(지역난방)
　　④ 기타
　　　㉮ Two-pases 소화 : 유기산 생성(고도처리 시 외부탄소원으로 사용), 소화가스 CH_4 이용
　　　ⓝ 메탄화 : CH_4 생산
　　　ⓓ 지렁이 사육 : 슬러지 감량화, 분변토생산

4.2 국제법 변화에 따른 해양투기제도의 수용

1) 육상오염원과 연근해 오염원에 대한 통제까지 확대하려는 경향을 가진 국제적 추세를 적극 반영
2) 폐기물의 해양투기를 최대한 줄이도록 노력

4.3 해양모니터링의 개선

1) 개정된 의정서의 폐기물 평가체계에서도 규정된 사항
2) 해양환경이 일정한 수질기준을 충족하는지 감시, 판단하고 이를 폐기물 처분정책에 반영

4.4 해역 수질기준의 검토

1) 현재 해역의 수질기준을 생활환경, 생태기반 해수수질 기준, 해양생태계 보호기준 및 사람의 건강보호 총 4분류의 기준을 설정
2) 이를 과학적으로 재조정, 이용별로 구획하여 → 합리적인 해역관리 수질기준 설정

4.5 해양수산부

1) 해양배출신고제를 평가제와 허가제로 전환
2) 폐기물의 육상처리나 재활용 또는 감량화가 가능한 경우는 해양배출을 금지시킬 예정

4.6 지역적 국제협력

1) 우리나라의 동해나 서해는 반폐쇄성 해양으로 해양오염에 의한 오염부하가 높음
2) 우리나라 연근해의 해양환경 개선과 보존을 위해 중국, 일본, 북한, 러시아 등 동북아 인접 국가들과의 긴밀한 국제협력 추진

5. 결론

1) 96년 런던의정서가 빠른 시일 내에 발효될 예정

2) 현재 우리나라에서 추진하고 있는 정책의 적극적 추진

    ① 유기성 슬러지의 직매립금지 : 2001년 1월 1일부터

    ② 음식물 쓰레기의 직매립금지 : 2005년 1월 1일부터

3) 최종처분에 있어 하수(폐수, 분뇨, 축산) 슬러지의 자원화 및 육상처리 추진

    ① 자원화 시행 전 감량화를 먼저 추진

    ② 감량화된 슬러지의 자원화 추진 필요

    ③ 소규모 하수도 : 녹농지 이용

    ④ 대규모 하수도 : 광역처리하여 소각 후 건설자재 등으로 이용

       지역별 타당성 조사 후 소각시설 건설 추진 검토

4) 슬러지 자원화 시 가장 큰 문제점으로 대두되는 문제 해결 추진

    수요처 확보, 2차 오염(토양오염에 관련된 기준 및 소각 시 문제점)

5) 해역의 수질기준의 과학적 재검토 필요

6) 지역적 국제협력을 위한 정부의 적극적 계획 수립 필요

Key Point *

- 지금까지는 출제된 적은 없지만 2007년 독성검사 이후 2011년부터 발효되었으므로 향후 출제가능하며 이와 관련된 문제(슬러지 처분 등) 출제 시 반드시 런던의정서에 의한 해양투기금지를 언급해야 함
- 런던의정서도 슬러지 감량화 및 슬러지 자원화와 같은 맥락에서 숙지하기 바람

수질오염총량관리제

1. 서론(정의)

1) 수질오염총량관리제도는 관리하고자 하는 하천의 목표수질을 정하고
2) 하천의 목표수질을 달성하기 위하여 필요한 수실오염물질의 허용부하량(허용총량)을 산정하고
3) 해당유역에서 배출되는 오염물질의 배출부하량(배출총량)을 허용부하량(허용총량) 이하로 규제하고 관리하는 제도이다.
4) 즉, 오염총량제도는 일반적으로 수계나 수역의 수질현황, 오염부하량의 발생상황, 수질오염메커니즘 등의 특성을 충분히 파악하여 해당 수역의 수질보전상의 목표수질을 달성, 유지하기 위한 오염물질의 허용한도량을 말하며, 허용한도량의 범위 내에서 상시 유지되도록 해당 수역의 유입 오염부하량을 규제하는 방식
5) 수질오염총량관리제도는 4대강 특별법의 제정과 함께 오염총량제를 도입하여 하천에 배출되는 오염총량을 기준으로 수질을 관리하여 하천의 오염부하량을 근본적으로 감축하려는 제도이다.
6) 수질오염총량관리제도는 개발과 보전을 함께 추구하는 정책으로
7) 지역에 따라서는 개발에 제한이 가해지기도 하며, 여러 처리장의 경우 방류수허용기준보다 엄격한 기준(총량관리)을 만족시키기 위한 시설개선 및 시설개량이 필요한 실정이다.

2. 도입의 필요성(도입 배경)

1) 하천의 허용오염부하량을 고려하지 않는 배출허용기준 중심의 농도규제만으로는 오염부하의 양적 증가(배출허용기준 이하 오·폐수의 양적 팽창에 따른 오염부하의 증가)를 통제할 수 없어 수질개선에 한계가 있음
   ① 농도규제는 오염원이 밀집한 경우에는 지나치게 무력하고
   ② 오염원이 희소한 경우에는 지나치게 엄격한 규제가 되는 비합리적인 제도
2) 우리나라 하천의 중하류에는 인구 및 산업시설이 밀집되어 있어 농도규제방식으로는 하천의 환경기준 달성에 근본적인 한계가 있음
   방류수수질기준과 배출허용기준을 준수하여도 하천의 수질환경기준을 달성할 수 없음

3. 수질오염총량관리제도의 의의

1) 개발과 환경보전을 함께 고려함으로써 지속가능한 개발을 유도

2) 과학적인 수질관리를 통하여 환경규제의 효율성을 제고

   ① 불필요한 규제를 줄임

   ② 총량제 시행지역에 대한 건축면적 규제 등 합리적 조정 가능

3) 지자체별, 오염자별 책임을 명확히 하여 광역수계의 수질을 효율적으로 관리

4) 상하류 유역구성원의 참여와 협력을 바탕으로 유역의 효율적인 수질관리

5) 물관리정책과 개발사업에 대한 사전협의 환경영향평가 등 유관정책의 실질적 연계관리를 통한 환경정책 효율성 증대

6) 오염물질의 허용총량범위 안에서 지역개발을 허용함으로써 수질보전과 지역개발이라는 두 가지 목표를 조화롭게 달성할 수 있는 제도이다.

4. 농도규제방식과 총량관리방식의 장단점

참고사항의 표 참조

5. 오염총량관리제도의 시행절차(그림 참조)

1) 기본방침의 수립(환경부장관)

   ① 지방자치단체에서 기본계획과 시행계획을 수립할 수 있도록 오염부하량의 할당 방법 등 오염 총량제를 시행하기 위한 기본방침을 수립

   ② 수계관리위원회와 협의

2) 목표수질의 설정

   ① 목표수질은 총량관리목표설정을 위한 기준치로서 삶의 환경질을 제고하기 위한 장기적 수질목표

   ② 오염원밀도, 지역개발도, 환경기초시설 투자도, 수량 및 수질, 수중생태계의 건전성을 고려하여 해당 수계의 환경용량범위에서 설정되는 지표

3) 오염총량관리대상 기간 및 오염물질의 종류

   ① 제1차 총량관리계획기간(2004~2010) : 광역시(2004년 8월부터), 시(2005년 8월부터), 군(2006년 8월부터)

   ② 대상물질 : BOD(2차 : $T-P$)

   ③ 기준유량 : 10년 평균 저수량

   ④ 계획수립지침

      ㉮ 환경기초조사, 토지이용계획 조사 등

      ㉯ 허용부하량, 삭감부하량 등 산정절차 및 기준

      ㉰ 기본계획에 포함되어야 할 사항 등

⑤ 제2차 총량관리계획기간(2011~2015)
　T-P 항목의 추가

6. 오염부하량의 할당방법

1) 할당절차
① 단위유역별 할당
② 소유역(지자체)별 할당
③ 오염원 그룹별 할당
④ 사업장별 할당

2) 오염부하량의 할당 시 고려사항
① 실행가능성(Feasibility)
② 형평성(Equity)
③ 오염부하량 삭감에 소요되는 비용(Cost)
④ 지역의 정책(Policy)

7. 수질오염총량관리제도의 문제점

1) 기초환경시설(하수처리, 분뇨, 쓰레기 등)의 절대부족
수질오염의 60% 이상이 생활하수에 의한 것임을 감안할 때 기존환경시설의 확충 없이 배출업소를 대상으로 총량규제를 실시하는 것은 문제가 있다.

2) 자연적 환경용량(비점오염원)의 산정이 곤란
① 우리나라는 하상계수가 다른 나라보다 매우 큼
② 유역의 특성, 계절적 변화가 매우 큼
③ 따라서 총량규제의 가장 기본적인 사항인 수역의 환경용량 산정이 어려운 실정

3) 비점오염원에 대한 원단위 산출 미흡

8. 결론

1) 외국의 경우 총량관리는 제한적 적용
① 미국 : TMDL을 적용
② 일본 : 환경기준의 달성이 곤란한 경우 특별히 고려되는 규제방식

2) 총량규제를 실시할 경우 비점오염원의 원단위 산출, 지역별 수질오염모델링 적용과 최상의 모델링 적용, 환경용량의 설정을 위한 조사 연구가 필요

3) 짧은 시간 동안의 조사연구만으로 환경용량의 설정은 많은 문제점을 야기할 수 있음

4) 기존의 환경오염이 심각한 지역의 경우 환경기초시설의 확충, 하수관거정비, 비점오염원의 저 감대책을 수립 후 점진적으로 시행함이 바람직하다고 판단되며

5) 환경기준이 잘 지켜지는 도시부터 실시함이 바람직하다고 판단

6) 총량관리제를 실시한다면 규제대상물질을 수역의 부영양화와 관련된 영양물질 위주로의 전환 이 필요(2차부터 적용, 3차 처리 설비의 구축이 필요)

❏ 농도규제방식과 총량관리방식의 장단점

구분	농도규제방식	총량관리방식
규제방식	• 배출수의 오염물질농도를 규제 －농도(C) = 오염부하량(L)/폐수량(Q)	• 폐수 중 오염물질의 총량을 규제 －오염부하량(L) = 농도(C) × 폐수량(Q)
환경기준과의 관계	• 간접적 －폐수배출시설에만 환경기준에 따라 차 등기준 적용 －하수처리장 등에는 환경기준과 관계없 이 전국 일률기준을 적용	• 직접적 －환경기준을 달성할 수 있는 허용부하량 이내로 배출오염물질의 총량을 할당 규 제함
장점	• 기준설정이 용이 －지역별로 기준농도만 정하면 되므로 기 준설정이 용이 －업소별 기준을 설정하지 않음에 따라 기 준설정의 불공평 등에 대한 시비의 소지 가 없음 • 집행이 용이하고 저비용 －농도검사만으로 기준의 준수여부를 확 인할 수 있어 단속이 용이하고 관리비용 이 저렴	• 규제의 효과가 높음 －배출되는 오염물질의 총량이 환경용량 이하로 항시 유지되므로 환경기준 준수 가 보장 • 오염자 간 형평성 유지 －오염물질 다량 배출자에게는 많은 부담 을, 소량배출자에게는 적은 부담을 주 게 됨 • 유역관리기술의 발전을 도모 －유역환경정보조사, 분석기법 개발 －비점오염원 처리기술의 개발
단점	• 규제효과 미흡 －오염원밀집지대 또는 폐수 다량배출업 소가 있는 경우 농도기준을 준수하더라 도 오염물질 배출총량은 다량이 되어 환 경기준 준수가 곤란 • 소규모 배출자에게 불리 －폐수량의 다소에 관계없이 동일 농도기 준이 적용되어 소규모 배출자에게 불리 • 수질관리기술의 제한 －배출시설에 대한 BAT에 한정된 수질 관리 • 경제적 유인효과가 미흡 －배출허용기준만 달성하면 되므로 오염 물질저감시설의 설치와 처리효율증대, 공정개선 등의 유인효과가 미흡	• 허용오염총량의 설정이 곤란 －허용총량을 결정하기 위하여 수역별 오 염원 현황, 하천유량, 자연정화율, 환경 기준 등 많은 정보가 필요 －유역별, 배출자별 배출부하량의 할당이 어렵고 관리비용이 고가 －오염부하량의 할당에 대한 시비의 소지 가 큼 • 집행이 어렵고 고비용 －순간의 채수만으로 일정기간 동안 허용 총량 이내로 배출하였는지 알 수 없어 단 속에 애로 －배출부하량의 관리가 복잡하고 비용이 많이 소요

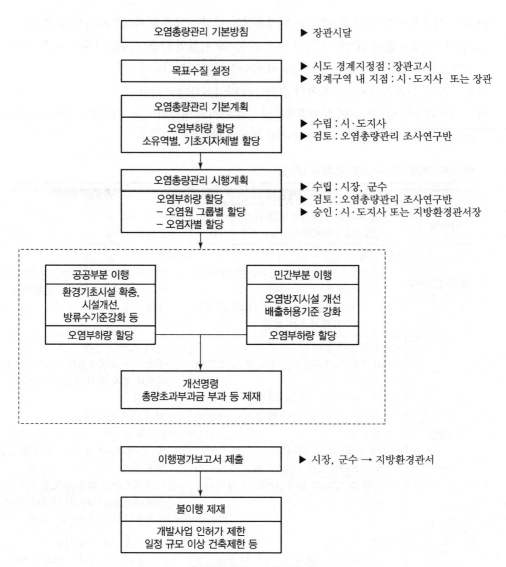

[오염총량관리제 추진체계]

Key Point

- 83회, 90회, 102회, 111회, 116회 출제
- 2차 수질오염총량관리제가 시행됨에 따라 출제됨. 출제자의 의도에 따라 단순한 총량관리, 총량관리의 장단점, 총량관리제에 대한 의견, 총량관리제의 문제점 등으로 출제되니 상기 답안을 중심으로 출제자의 의도에 맞게 총 4page 정도로 정리하여 기술
- 총량관리제의 장단점은 반드시 숙지하기 바람

한강수계와 3대강 수계의 수질오염총량제도

1. 서론(정의)

1) 수질오염총량관리제도는 관리하고자 하는 하천의 목표수질을 정하고

2) 하천의 목표수질을 달성하기 위하여 필요한 수질오염물질의 허용부하량(허용총량)을 산정하고

3) 해당 유역에서 배출되는 오염물질의 배출부하량(배출총량)을 허용부하량(허용총량) 이하로 규제하고 관리하는 제도이다.

4) 즉, 오염총량제도는 일반적으로 수계나 수역의 수질현황, 오염부하량의 발생상황, 수질오염메커니즘 등의 특성을 충분히 파악하여 해당 수역의 수질보전상의 목표수질을 달성, 유지하기 위한 오염물질의 허용한도량을 말하며, 허용한도량의 범위 내에서 상시 유지되도록 해당 수역의 유입오염부하량을 규제하는 방식

5) 수질오염총량관리제도는 4대강 특별법의 제정과 함께 오염총량제를 도입하여 하천에 배출되는 오염총량을 기준으로 수질을 관리하여 하천의 오염부하량을 근본적으로 감축하려는 제도이다.

6) 수질오염총량관리제도는 개발과 보전을 함께 추구하는 정책으로

7) 지역에 따라서는 개발에 제한이 가해지기도 하며, 여러 처리장의 경우 방류수허용기준보다 엄격한 기준(총량관리)을 만족시키기 위한 시설개선 및 시설개량이 필요한 실정이다.

2. 우리나라 수질총량제

2.1 시행시기

한강(임의제), 3대강(의무제)

1) 1단계
   ① 2004~2010년 : 지자체별로 시행시기를 달리함
   ② 한강
      ㉮ 시장, 군수 자율시행
      ㉯ '04. 7. 5부터 경기도 광주시 시행
   ③ 낙동강
      ㉮ 광역시 : '04. 8
      ㉯ 시 : '05. 8
      ㉰ 군 : '06. 8

④ 금강 · 영산강

㉮ 시 : '05. 8

㉯ 상수원 상류 : 군('06. 8), 기타 군('08. 8)

2) 2단계

2011~2015년(5년), 이후 매 5년

2.2 대상물질

1) 1단계 : BOD

2) 2단계

① 낙동강, 영산강 · 섬진강 : BOD, T−P

② 금강 : BOD, T−P(대청호 상류에 한함)

2.3 기준유량

1) 1단계 : 10년 평균 저수량

2) 2단계

① 낙동강, 영산강 · 섬진강

㉮ 10년 평균저수량(BOD)

㉯ 10년 평균저수량 및 10년 평균평수량(T−P)

2.4 한강수계와 3대강 수계의 총량관리 차이점

1) 한강수계총량제를 의무제로 전환하고, 총량제 시행지역에서는 자연보전권역 내의 행위제한(대형건축물, 관광지 개발 등 하수배출시설)을 완화하기로 결정

2) 한강수계는 '98년 전국 최초로 수계법을 제정하고, 선진적인 수질오염총량제를 도입했으나, 임의제로 운영된 탓에 실제 시행은 광주, 용인 등 2개 시에 불과한 실정(3대강 수계는 전면 시행 중)이다.

또한 임의제는 한강수계 상하류를 포괄하는 유역통합적 수질관리가 어렵고, 총량계획 위반 시에도 이행수단이 없는 한계가 있다.

3) 한강 총량제가 의무제로 전환될 경우, 팔당유역을 포함한 한강수계 전역에 체계적인 수질관리를 통한 수질개선과 지역개발을 함께 하는 지속가능한 발전이 가능할 전망이다.

4) 향후 환경부는 한강, 낙동강, 금강, 영산강 · 섬진강 등 4개의 수계법을 통합한 『4대강수계법(가칭)』을 새로이 개정('09년 중), 4대강 전역에 수질오염총량제(의무제)를 시행할 예정이다.

3. 향후 발전방향

1) 과학적 기반이 취약한 비점오염 및 유량조사 부분에 대하여 우리의 현실에 적합한 과학적인 조사방법의 개발 및 활용이 필요

2) 지자체 공무원이 직접 계획을 수립하고, 집행할 수 있도록 총량관리계획과 관리방법 정형화

3) 국립환경과학원의 전문인력과 지자체 전담인력, 전문용역기관 등 기술기반 대폭 확충

4) 우리나라처럼 인구밀도가 높고, 상수원 인근지역에 대한 개발이 높은 나라는 오염총량제가 반드시 필요하다는 공감대를 형성할 필요가 있음

5) 국토이용계획(도시관리계획 등) 수립 시 오염총량관리제도가 될 수 있도록 관련법령체계 정비

6) 총량관리항목 확대(BOD, T-P, 유해물질 등) 필요

2단계 수질오염총량관리제도

1. 개요

1) 기존 배출시설 농도규제만으로는 오염물질의 총량이 증가하여 수질개선에 한계

2) 상수원 보호구역, 특별대책지역과 같은 입지규제, 건축면적 규제방식에 대한 새로운 접근방법이 필요

3) 이에 따라 과학적인 수질관리방식인 지역별 오염물질 배출총량을 설정·관리하는 수질오염총량관리제를 도입

4) 농도규제(사후처리) → 총량관리(사전예방, 유역통합관리)

2. 총량제의 정의

1) 하천구간별 목표수질을 정하고

2) 목표수질을 달성·유지하기 위한 오염물질의 허용총량을 산정하여

3) 해당 유역에서 배출되는 오염물질의 배출총량을 허용총량 이하로 관리하는 제도

4) 지자체에서 배출량을 줄인 양만큼 해당지역 개발용량이 증가되고 지자체의 개발 인센티브가 되는 제도

5) 사전환경성검토 및 환경영향평가 대상사업, 공동주택(아파트) 등을 개발사업으로 분류, 총량계획에서 정해지는 지역개발 부하량 범위 내에서 추진토록 조치

6) 허용총량(할당부하량) = 자연증감 부하량 + 지역개발 부하량

7) 미이행 시 : 총량초과부과금, 개발사업 및 건축행위 제한

3. 2단계 수질오염총량관리제도 주요 변경사항

3.1 오염총량관리 계획기간

1) 3대강 수역 : 낙동강, 금강, 영산강, 섬진강

① 1단계 : '04. 8. 1~'10. 12. 31

② 2단계 : '11. 1. 1~'15. 12. 31

3단계부터 10년 단위

2) 한강수계

    ① 1단계 : '13. 6. 1~'20. 12. 31(이후 10년 단위)

    ② 한강수계는 임의제 오염총량제를 실시하였으나, 한강수계법 개정('10. 5. 31)으로 오염총량
제 의무제 실시

    ③ 강원도, 충북지역은 2020년 이내에 의무제 실시

3.2 오염총량관리대상 오염물질

1) 3대강 수계 1단계 : BOD

2) 3대강 수계 2단계 : BOD, T-P

    ① 금강수계 지역 : 대청호 상류지역에 한하여 적용

    ② 부영양를 유발하는 총인(T-P)이 추가 : 하천과 호소의 부영양화와 이로 인한 조류발생에
대해서도 체계적이고 과학적인 관리가 가능

3) 한강수계 : BOD, T-P

3.3 기준 유량

1) BOD : 과거 10년간 평균 저수량

2) T-P : 과거 10년간 평균 저수량 및 평수량

3.4 LID(Low Impact Development) 기법 도입

1) 하전의 오염에 영향을 미지는 비점오염원의 저감

2) 개발사업에는 친환경 개발방식을 적용

4. 시행절차

    ① 목표수질 설정(환경부/시·도) → ② 「총량관리 기본계획」 수립(시·도지사) ③ 「총량관리 시
행계획」 수립(시장·군수) → ④ 총량관리제 이행 → ⑤ 이행평가(지자체 → 환경부)

총량관리 오염부하량 할당

1. 오염부하량 할당

단위유역별 → 기초자치단체별 → 오염원 그룹별 → 사업장별 할당

2. 오염총량 관리대상

1) 목표수질을 초과한 오염총량관리 단위유역 내의 점오염원(하수 및 오·폐수처리시설 등)과 비점오염원(농업, 축산 등)을 포함한 모든 수질오염원
2) 오염원 그룹
   생활계, 축산계, 산업계, 토지계, 양식계, 매립계

3. 오염부하량 할당대상 및 지정기관

1) 공공하수처리시설, 폐수종말처리시설, 분뇨처리시설, 가축분뇨공공처리시설
   지방환경서장(이해 관계자와 사전 협의)
2) 200m³/일 이상 오·폐수 배출 또는 방류 시설, 목표수질 달성을 위해 시행계획에서 정하는 시설
   오염총량관리 목표수질을 달성·유지하기 위하여 필요하다고 인정되면 이해관계자의 의견을 수렴하여 할당시설을 지정함

4. 할당·지정 시기 및 방법

1) 시행계획에 대한 승인을 얻은 날로부터 30일 이내에 할당 또는 지정
2) 시행계획이 정하는 바에 따라 오염부하량 할당 또는 배출량 지정대상자(오염부하량 할당대상자)에게 오염부하량 할당 또는 배출량 지정(지정명세서 통보)
   지정권자는 이해관계자가 지정내용을 미리 알 수 있도록 필요한 조치 강구

5. 지정명세서 통보내용

1) 최종방류구별 오염부하량의 할당 또는 배출량의 지정 사항

2) 할당된 오염부하량 또는 지정된 배출량을 지켜야 하는 이행시기

시행계획 승인 후 설치되는 시설 중 할당 대상시설은 시행계획이 정하는 바에 따라 설치에 관한 인·허가, 승인, 신고 등을 하는 때에 오염부하량 할당 또는 배출량 지정

6. 과도한 개발에 대한 제한

6.1 취지

오염총량관리시행 계획상 오염부하량 할당계획과 달리 과도한 개발요구 등에 따라 목표수질 달성, 유지가 어렵다고 판단되는 경우 건축허가 등 제한 조치 가능

6.2 내용

1) 목표수질 달성·유지를 위하여 건축허가 제한 등 자치단체장에게 권한 부여
2) 낙동강 수계

건축물 신축허가 제한

광역시장, 시장, 군수는 관할지역 수질이 목표수질보다 나쁠 경우 제한 가능
3) 금강, 영산강·섬진강 수계

건축물 신축허가, 폐수배출시설 및 가축분뇨배출시설의 설치허가 제한

환경부장관, 광역시장, 시장, 군수는 관할지역 수질이 목표수질보다 나쁠 경우 제한 가능

총량관리와 다른 제도와의 관계

1. 수질환경기준과 목표수질과의 관계

1) 환경정책기본법에 의한 수질환경기준은 국가 및 지방자치단체가 궁극적으로 달성하여야 할 행정목표로서 모든 환경기준 항목(하천 : BOD 등 8개 + 건강항목 20개, 호소 : COD 등 9개 + 건강항목 20개)을 적용함

2) 그러나, 4대강 수계법에 의한 목표수질은 오염총량관리제도의 시행을 위하여 일정기간 내에 달성하여야 할 관리목표로서 일부 항목(BOD, T-P)에 대해서만 설정되어 있음

3) 수질환경기준은 주로 하천유역을 단위로 설정한 반면, 목표수질은 시·도 경계, 시·군 경계 수역에 설정하여 지자체 간 책임을 명확히 하고자 하는 정책 의지가 담겨져 있음

2. 수질오염 농도규제와의 관계

1) 수질환경기준 달성을 위하여 물환경보전법, 하수도법 등에 따라 폐수배출허용기준 또는 방류수 수질기준을 정하여 농도규제를 시행 중임

   ① 폐수배출허용기준(36개 항목)은 지역별, 배출량에 따라 차등 설정되어 있으며

   ② 방류수수질기준(6개 항목)은 지역별, 처리용량별 차등 설정

2) 오염총량관리 시 농도규제가 없어지는 것으로 오해할 소지가 있으나 오염총량관리는 농도규제만으로는 수질환경기준을 달성할 수 없기 때문에 오염물질 다량배출사업장에 오염부하량을 할당하여 오염배출량을 더 줄이도록 총량규제를 실시하는 것이며, 그 외 소규모 사업장은 농도규제만을 적용받게 됨

3. 사전환경성 검토, 환경영향평가제도와의 관계

1) 지역개발사업이 오염총량관리계획에 포함되어 있어도 다른 법령에 따른 제한사항이 있는 경우에는 그에 따라야 하며, 전략 및 소규모환경영향평가, 환경영향평가 협의 등의 대상이 되는 경우에는 관련법에 의한 절차를 준수하여야 함

2) 오염총량관리제는 BOD, T-P 항목에 대하여 실시하므로 질소, 부유물질 등의 수질항목은 수질환경기준, 물환경관리기본계획의 수질개선목표 등을 고려하여야 함

3) 오염총량관리계획에는 관리대상물질(BOD, T−P)의 기초자치단체별, 단위유역별 할당부하량 (허용총량)이 정해져 있으며, 환경영향평가 협의 등의 대상이 되는 개발사업은 사업지구가 위치한 단위유역의 할당부하량 초과 여부 등을 검토하여야 함

4. 도시계획과의 관계

1) 도시계획(지구단위계획 등 포함) 등은 오염총량관리계획이 정하는 할당부하량의 범위 내에서 시행이 가능함

2) 따라서, 원칙적으로 오염총량관리계획과 도시계획을 함께 수립하는 것이 바람직하나 계획기간이 상이하여 현실적 어려움이 있으므로, 오염총량관리계획과 도시계획의 총량지표(인구, 산업, 토지 이용 등)를 고려하여 협의하고 도시계획의 시행은 오염총량관리계획상 단위유역별 할당부하량 범위 내에서 시행하여야 함

환경영향평가와 전략환경평가

1. 개요

1.1 전략환경영향평가

1) 행정계획에 대한 사전환경성검토를 이행함으로써 개발사업에 영향을 미치는 정책과 계획에 대한 환경적 영향을 평가할 수 있는 전략환경평가(SEA : Strategy Environment Assessment)가 가능해짐

2) 계획 초기단계에서 주변 환경과의 조화 등 환경에 미치는 영향을 고려하여 입지의 타당성을 검토하는 제도
   ① 개발계획 입안단계(사업 시행 전)에서 사업의 타당성 여부
   ② 공사 시 주변 환경에 미치는 영향을 미치는지를 고려하여
   ③ 계획의 적정성 및 입지의 타당성을 위주로 검토하는 제도

1.2 환경영향평가

1) 사업의 경제성, 기술성 및 환경적 요인 등을 종합적으로 비교 · 검토하여 최적의 사업계획안을 모색하는 과정

2) 환경적으로 건전하고 지속가능한 개발이 되도록 함으로써 쾌적한 환경을 유지 · 조성함을 도모하는 제도
   ① 개발계획이 확정된 이후 개발 사업의 시행으로 인해 주변 환경에 영향을 미치는 정도를 예측하여
   ② 그 영향을 최소화하는 방법을 모색하여, 지속가능한 개발 및 쾌적한 환경을 유지하기 위해 평가하는 제도이다.

2. 환경영향평가와 전략환경영향평가 비교

구분	사전환경성검토 (전략환경평가)	소규모 환경영향평가	환경영향평가
법적 근거	환경영향평가법	환경영향평가법	환경영향평가법
주요기능	정책계획 및 개발기본계획의 적정성 및 입지의 타당성	소규모 개발사업으로 인한 환경영향을 최소화하는 저감방안 강구	대규모 개발사업으로 인한 환경영향을 최소화하는 저감방안 강구
협의시기	계획의 수립 확정 전	계획이 확정된 개발사업에 대한 인 · 허가 전	계획이 확정된 개발사업에 대한 인 · 허가 전
대상사업	정책계획 7개 분야 개발기본계획 17개 분야	소규모개발사업 9개 분야	대규모개발사업 17개 분야
의견수렴	주민공람 및 설명회, 공청회		주민공람 및 설명회, 공청회 전략환경영향평가서의 협의 내용을 통보받은 날부터 3년 이 경과하지 않고, 사업규모 가 30퍼센트 이상 증가되지 아니한 경우
협의체계	• 중앙행정기관의 장인 경우 환경부장관과 협의 • 그 외는 지방환경관서의 장 과 협의	• 중앙행정기관의 장인 경우 환경부장관과 협의 • 그 외는 지방환경관서의 장 과 협의	• 중앙행정기관의 장인 경우 환경부장관과 협의 • 그 외는 지방환경관서의 장 과 협의
협의기간	30일 이내(10일 연장)	30일 이내(10일 연장)	45일 이내(15일 연장)

BTL & BTO

1. 개요

1) BTL & BTO는 민간투자사업(SOC)의 일종

2) 민간투자방식의 종류

① BTO(Built Transfer Operate)

㉮ 설치사업의 준공과 동시에 당해 시설의 소유권이 지자체에 귀속되며 시설시행자에게 일정기간 시설관리운영권을 인정

㉯ 최종사업자(시민)에게 시설이용료를 징수하여 투자자금을 회수하는 방식

② BTL(Built Transfer Lease)

㉮ 시설물의 완공과 동시에 국가에 기부체납되며 국가로부터 시설임대료와 운영비를 받아 투자비를 회수

㉯ 최종수요자에게 사용료를 부과해 투자비 회수가 어려운 시설을 짓는 데 주로 사용

③ BOO(Built Own Operate)

사업의 준공과 동시에 사업시행자에게 당해 시설의 소유권이 인정

2. 하수관거 BTL 사업

1) 전국 주요 상수원의 수질개선을 위한 "하수관거종합투자계획"의 일환

2) 환경부, 지방자치단체, 환경관리공단간의 위탁 – 수탁계약에 의해 이루어짐

3) 정부 지급금 수준과 사업수익률을 감안해 최장 30년까지 관리운영권 기간을 설정

4) BTL 사업이 전문성과 경험이 요구되므로 건설공사 관련 업무는 공단에서 전담

3. BTL과 BTO의 방식 비교

추진방식	BTO	BTL
대상시설 성격	최종수요자에게 사용료 부과로 투자비 회수가 가능한 시설	최종수요자에게 사용료 부과로 투자비 회수가 어려운 시설
투자비 회수	최종사용자의 사용료	정부의 시설 임대료
사업리스크	민간의 수요위험 부담	민간의 수요위험 배제

4. BTL 방식의 특징

4.1 장점

1) 운영기간 중의 리스크 제거로 낮은 수익률 제시

2) 정부의 낮은 초기투자비와 재정지원 부담 감소

3) 긴요하고 시급한 공공시설을 적기에 공급 가능

4) 민간사업자의 활발한 참여와 경쟁을 유도

5) 창의적인 사업발굴이 가능하고 국민의 요구수준에 부합하게 사업내용 다각화

6) 정부가 시공할 때에 비해 목표공기 준수율과 사업비 준수율을 높일 수 있다.

7) 민간의 경영기법을 활용해 시설운영의 효율성과 이용자의 서비스 만족도를 높인다.

8) 정부재정의 탄력성을 높일 수 있다.

9) 단년도예산주의 제약을 벗어나 중장기 관점에서 시설투자가 가능

10) 예산집행과 상관없이 필요할 때마다 탄력적으로 시설을 공급할 수 있다.

11) 민간휴자금을 장기 공공투자로 전환할 수 있다.

4.2 단점

1) BTO보다 생소한 방식이므로 별도의 홍보 필요

2) 상하부 시설에 대한 투자주체가 다를 경우 혼란야기 우려

3) 상하부 시공의 일체성 측면에서 문제점 야기 우려 : 공기준수, 공기연장 시 책임규명, 공사구간 상호협조 부족 등

4) 시공 후 하자 발생 시 하자책임을 명확히 규명하기 어려움 : 하부시설공사의 입찰자격을 상부시설 사업참여자로 제한하는 것도 검토가 필요

5) 정부의 하부공사 발주 및 감독에 대한 관리비용의 증가 우려

Key Point ✦

- 124회 출제
- 민간투자 방식인 BTL과 BTO 방식의 차이점 특히, 투자비 회수의 차이점과 BTL 방식의 장점과 단점은 숙지할 필요가 있음

하수관거정비 BTL 방식

1. BTL 방식의 정의

민간이 자금을 투자하여 사회기반시설을 건설(Build)한 후 국가·지자체로 소유권을 이전 (Transfer)하고, 국가·지자체 등에 시설을 임대(Lease)하여 투자비를 회수하는 사업방식

2. 하수관거정비 BTL 사업 목적

1) 재원조달의 한계로 장기간이 소요되는 하수관거정비사업을 민간자본을 활용하여 단기에 정비 함으로써 하수처리장 운영효율제고, 하천수질개선 등 쾌적한 환경을 앞당겨 제공

2) 건설과 운영을 함께 책임지는 공사관리방식을 하수관거정비에 적용함으로써, 부실시공 방지 및 책임운영 강화

3) 민간의 경영기법 활용 및 창의적 설계유도로 건설·운영상의 투자효율 제고

3. 주무관청

하수도법에 의한 공공하수도 관리청

4. 대상사업

예산지원이 가능한 하수관거정비 사업 및 배수설비 설치사업

5. 민간사업자의 사업참여 범위

1) 민간사업자가 설계, 자금조달, 건설, 운영(관 내부 검사, 모니터링, 개보수, 준설 등)을 모두 담당 하는 방식으로 추진

2) 공사준공 후 민간사업자의 운영범위는 운영기간 중 사업의 성과를 보증할 수 있는 범위 내에서 주무관청이 결정

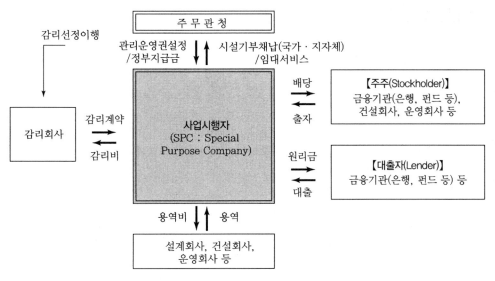

[하수관거정비 BTL 사업의 추진구조]

6. 사업추진방식

1) 주무관청인 지자체에서 사업을 추진하고, 환경부는 사업총괄 및 행정적·재정적으로 주무관청 지원

2) 사업자는 민간자본으로 하수관거정비를 우선 시행하고, 사업완료 다음 연도부터 20년간 임대료를 받아 사업비 보전

3) 주무관청은 임대기간 중 정비사업비, 수익, 운영비를 포함한 정부지급금을 사업자에게 균등분할지급

7. 예산지원기준

1) 재정사업으로 추진할 경우와 동일한 국고지원기준(대상 및 지원율)에 따르고, 운영기간을 균등분할하여 예산지원

2) 사업준비금은 재정사업시설지원율에 따라 예산으로 지원
   현장조사, 기본계획 수립, 민자적격성 조사, 사전환경성 검토 등

3) 주무관청은 탈락 사업자에 대한 제안비용보상금을 실시협약 체결 후 일정기간 이내 예산에서 지급할 수 있으며 재정사업 신설지원율에 따라 국고지원

4) 민간의 창의·효율을 기대하기 어려운 성격의 보상비 등의 비용은 민간투자비 범위에서 제외하고 주무관청이 부담

8. 추진절차 및 방법

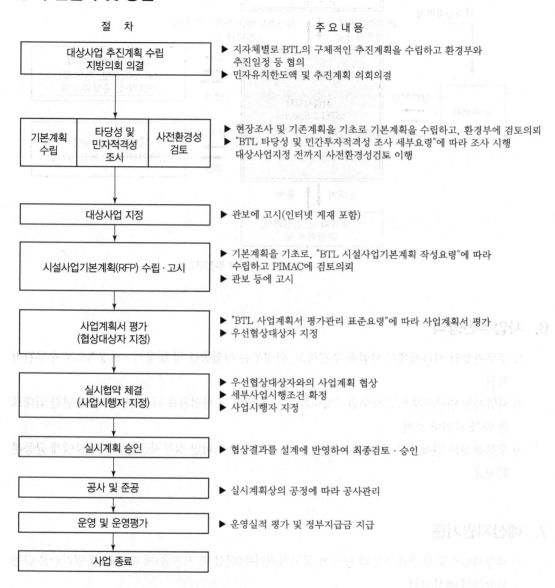

절 차	주 요 내 용
대상사업 추진계획 수립 지방의회 의결	▶ 지자체별로 BTL의 구체적인 추진계획을 수립하고 환경부와 추진일정 등 협의 ▶ 민자유치한도액 및 추진계획 의회의결
기본계획 수립 │ 타당성 및 민자적격성 조사 │ 사전환경성 검토	▶ 현장조사 및 기존계획을 기초로 기본계획을 수립하고, 환경부에 검토의뢰 ▶ "BTL 타당성 및 민간투자적격성 조사 세부요령"에 따라 조사 시행 대상사업지정 전까지 사전환경성검토 이행
대상사업 지정	▶ 관보에 고시(인터넷 게재 포함)
시설사업기본계획(RFP) 수립 · 고시	▶ 기본계획을 기초로, "BTL 시설사업기본계획 작성요령"에 따라 수립하고 PIMAC에 검토의뢰 ▶ 관보 등에 고시
사업계획서 평가 (협상대상자 지정)	▶ "BTL 사업계획서 평가관리 표준요령"에 따라 사업계획서 평가 ▶ 우선협상대상자 지정
실시협약 체결 (사업시행자 지정)	▶ 우선협상대상자와의 사업계획 협상 ▶ 세부사업시행조건 확정 ▶ 사업시행자 지정
실시계획 승인	▶ 협상결과를 설계에 반영하여 최종검토 · 승인
공사 및 준공	▶ 실시계획상의 공정에 따라 공사관리
운영 및 운영평가	▶ 운영실적 평가 및 정부지급금 지급
사업 종료	

스마트 상하수도

1. 개요

    1) 스마트 상하수도 : 상하수도 시설에 ICT 기술을 활용하여 실시간 모니터링, 원격 제어 및 관리체계를 구축하는 기술

    2) 스마트 상수도 : 수질, 유량, 수압, 누수를 실시간으로 측정 · 관리

    3) 스마트 하수도 : 스마트 하수처리장, 스마트 하수관로, 하수도 자산관리

2. 스마트 상수도

2.1 사업기간 : 2020~2022년

2.2 사업내용

    1) ICT 기반 수질관리(재염소설비, 정밀여과장치 등), 수질감시(자동수질측정장치), 위기대응(자동드레인, 관세척) 및 물관리(스마트미터 등) 시설 구축

    2) 수도시설 이력관리, 노후시설 유지 · 보수 필요시기 · 사항 등 예측을 통해 사고를 사전 대비하도록 생애주기 관리체계(자산관리시스템) 구축

2.3 기대효과

    1) 수돗물 인식 개선 : 음용률 제고

    2) 수질개선 : 잔류염소 균등화 및 소독부산물 저감 등

    3) 유수율 제고 : 원격 누수감시시스템 적용

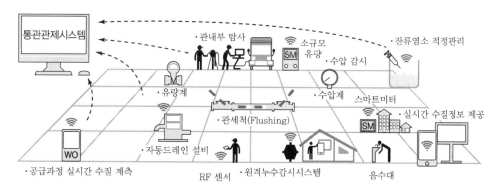

3. 스마트 하수도

3.1 사업기간 : 2021~2024년

3.2 사업내용

1) 스마트 하수처리장

에너지 절감, 수질개선, 휴먼에러 제로화 등을 위해 하수처리장에 ICT 기반 계측·감시시스템 및 디지털 기반 의사결정 지원체계 구축

2) 스마트 하수관로

① 도시침수 대응 : 침수피해 예방을 위해 하수관로에 ICT 기반 실시간 수량 모니터링 및 제어 시스템 시범 구축

② 하수악취 관리 : 하수악취 저감을 위해 하수관로에 ICT 기반 실시간 악취 모니터링 및 제어 시스템 시범 구축

③ 하수도 자산관리

체계적인 하수도시설 유지관리 및 최적 투자 의사결정을 위한 자산목록 DB화 및 자산관리시 스템 구축

3.3 기대효과

1) 안전한 물관리 체계 및 안정적 하수도 운영·관리체계 구축에 기여

2) 스마트 기술 기반의 저비용·고효율 관리체계 도입으로 하수도 안전 강화 및 저탄소 하수도 관 리체계 구현

4. 제안사항

1) 스마트 상수도 도입으로 붉은 수돗물 사고 등 수질 사고 시 신속히 대처할 수 있어 수돗물 신뢰 도가 제고될 것으로 예상함

2) 국내 상하수도 보급률은 각각 99.3%와 92.9%로 이미 한계에 달해 있으나 요금현실화율은 낮음. 스마트 상하수도 및 자산관리 도입으로 효율성을 확보할 필요 있음

Key Point ✱

124회, 125회, 128회, 130회, 131회 출제

상수도기본계획 수립절차

1. 총칙

기본계획은 수도사업자나 원수공급사업자 등이 처한 자연적·사회적·지역적인 여러 가지 조건을 기초로 하여 상수도시설의 확장과 개량·갱신 등 미래까지 대비하는 사업내용의 근간에 관한 장기적이고 종합적인 계획이어야 하며, 이는 기본방침, 기본사항, 정비내용으로 이루어진다.

2. 고려사항

2.1 수량적인 안정성의 확보

1) 상수도는 평상시의 물 수요에 해당하는 급수는 물론이고 갈수 시나 지진 등의 재해 시 및 사고 등의 유사시에도 주민들의 생활에 현저한 지장을 미치지 않도록 수량적으로 안정성을 확보하고 궁극적으로 무단수 급수를 추구한다.

2) 수원의 복수계통화, 원수조정지의 설치, 정수장의 예비용량 확보, 배수지의 용량증대와 적정배치, 관로의 루프화와 복수계통화, 간선관로의 상호연결, 사업자 간의 상호연결시설 등을 고려해야 하며, 평상시는 물론 비상시의 수운용 시뮬레이션을 실시하여 필요한 배수지의 용량, 관로의 구경 및 펌프용량 등을 결정해야 한다.

3) **댐의 신규개발수량** : 계획대상의 갈수빈도를 10년에 1회 정도

4) **계획취수량** : 계획1일최대급수량의 10% 정도의 여유를 고려

5) **계획정수량** : 계획1일최대급수량 이외에 정수장 내의 작업 수량 등을 감안하여 결정

6) **계획송수량** : 계획1일최대급수량을 기준

7) **계획배수량** : 계획시간최대배수량

8) 급수의 수량적인 안정성(안정급수)의 확보

9) 수도시설 전체로서 균형이 잡힌 여유를 확보한다.

10) 기본적인 고려
   ① 수량적인 저류·조정기능을 높인다.
   ② 종합적인 수운용기능을 높인다.
   ③ 예비능력의 보유 등

11) 구체적인 대책
   ① 수원의 다계통화·복수화
   ② 원수조정지의 설치

③ 정수장에서의 예비용량 확보

④ 조정지 · 배수지의 용량 증대

⑤ 관로의 루프화 · 복수계통화

⑥ 간선관로의 상호연결시설 보유

⑦ 사업자 간 상호연결시설 보유

⑧ 평상시와 비상시의 수운용 시뮬레이션에 대한 시설규모 결정

2.2 수질적인 안전성의 확보

2.3 적정한 수압의 확보

2.4 지진 등의 비상대책

2.5 시설의 개량과 갱신

2.6 환경대책

3. 기본계획수립 절차

기본계획을 수립할 때의 절차는 기본방침 수립(계획목표 설정), 기초조사, 기본사항 결정, 정비내용의 결정 등의 순서로 한다.

3.1 기본방침 수립

기본방침을 수립할 때에는 다음 각 항에 대하여 명확하게 하여야 한다.

1) 급수구역에 관한 사항

2) 상수도정비기본계획 등 상위계획과의 일치성에 관한 사항

3) 급수서비스 향상에 관한 사항

4) 갈수, 지진 등 비상시의 대비책에 관한 사항

5) 유지관리에 관한 사항

6) 환경에 관한 사항

7) 경영에 관한 사항

3.2 기초조사

기본계획을 수립할 때의 기초조사는 필요에 따라 다음 각 항에 의하여 실시한다. 또 실시할 때에는 각 항에 기술한 조사사항을 참고한다.

1) 급수구역의 결정에 필요한 기초자료의 수집과 조사

2) 급수량 결정에 필요한 기초자료의 수집과 관련 계획 등의 조사

3) 종합적인 상위계획 및 관련 상수도 사업계획 또는 상수도용수 계획에 대한 조사

4) 상수도시설의 위치 및 구조 결정에 필요한 자연적, 사회적 조건의 조사

5) 유사하거나 동일한 규모의 기존 상수도시설 및 그 관리실적에 대한 자료수집과 조사

6) 각종 수원에 대한 이수(利水)의 가능성과 수량 및 수질 조사

7) 개량하거나 갱신해야 할 시설의 범위와 시기를 결정하기 위한 현재 보유시설의 평가

8) 공해방지 및 자연환경보전을 도모하기 위한 환경영향평가의 조사

3.3 기본사항의 결정

기본계획을 수립할 때에는 다음 각 항에 의한 계획의 기본사항을 정리해야 한다.

1) **계획(목표)연도** : 기본계획에서 대상이 되는 기간으로 계획수립 시부터 15~20년간을 표준으로 한다.

2) **계획급수구역** : 계획연도까지 배수관을 부설하여 급수하고자 하는 구역에 대하여 광역적으로 고려하여 결정한다.

3) **계획급수인구** : 계획급수구역 내의 인구에 계획급수보급률을 곱하여 결정한다.

　계획급수보급률은 과거의 실적이나 장래의 수도시설계획 등을 종합적으로 검토하여 결정한다.

4) **계획급수량** : 원칙적으로 용도별 사용수량을 기초로 하여 결정한다.

　① 계획1일평균급수량＝계획1일평균사용수량/계획유효율

　② 계획1일최대급수량＝계획1일평균급수량/계획부하율

　③ 계획유효율 : 급·배수관 정비계획 등을 반영하여 설정하는 것으로 계획적으로 누수방지대책을 진행시키는 등에 의하여 95% 정도를 장래목표치로 하는 것이 바람직

　④ 부하율 : 급수량 변동의 크기를 나타내는 것

3.4 정비내용의 결정

정비내용을 결정할 때에는 시설의 전체적인 합리성 등을 감안하여 사업의 내용, 공정, 개괄적인 사업비 등을 밝혀야 한다.

1) 정비내용＝시설확장을 중심으로 하는 확장계획＋시설개량을 중심으로 하는 정비계획

2) **확장계획** : 급수구역의 확장에 수반되는 송·배수관이나 배수지 등의 신설, 정수장의 증설·신설, 신규 수원의 개발, 저수시설의 정비 등

3) **정비계획** : 정수시설의 정비나 도·송·배수시설의 정비, 또는 취수에서부터 배수시설에 이르기까지 수운용시스템의 통합관리, 수질정보의 수집, 시설의 무인화에 따른 원격조작 등을 위한 텔레미터·텔레컨트롤시스템(원격계측·원격제어시설)의 정비, 시설 전체에 관련된 내진성을 향상시키기 위한 시설 내진화 등 다양한 것들이 있다.

상수도 기본계획 수립 시 급수량 예측방법

1. 서론

1) 상수도 기본계획 수립 시 계획급수량 산정을 위해 급수 인구 및 수요량 추정을 실시

2) 특·광역시는 통계청의 추계자료 확보가 가능하여 개별추정이 가능하나, 시·군 단위의 지자체는 추계자료 확보가 곤란하여 시계열 모델 또는 조성법을 이용해 수요량을 추정

3) 시계열 모델은 논리적인 근거 없이 모델값들의 평균을 채택하여 추정치가 왜곡될 가능성이 높음

4) 또한, 유수율, 첨두부하, 지역의 특색(관광, 군부대 등)을 고려하지 않아 비정상적으로 높은 급수량이 산정되곤 함

5) 이에, 환경부는 이와 같은 문제점 해결을 위해 2007년 '상수도 수요량 예측 업무편람'을 제작하였고 주요내용은 다음과 같음

2. 상수도 수요량 산정절차

1) 절차도

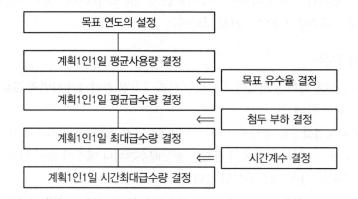

2) 1인1일 평균사용량 산정

① 국가계획 및 광역상수도

㉮ 10만 이상 도시 : 개별 추정

㉯ 중·소도시 : 표준원단위 – 가급적 개별 추정

② 지자체

㉮ 시계열 추정 – 20년 이상 과거자료 사용

㉯ 자료 불충분 시 유사 도시 사례 참고

3) 1인1일 평균급수량 산정

$$계획 1인 1일 평균급수량 = \frac{계획 1인 1일 평균사용수량}{계획유효율 \ 또는 \ 유수율}$$

4) 계획인구 예측

① 국가계획 및 광역상수도 : 통계청의 시 · 도별 추계인구 적용

② 지자체 : 시계열 모델로 추정

5) 첨두부하율 산정

$$첨두부하율 = \frac{일최대급수량}{일평균급수량}$$

6) 유수율과 수요량 결정

① 지자체의 목표 유수율 계획 적용

② 지자체별 수요관리정책 추진에 따른 절감량 고려

3. 시계열 수요 추정모델

1) 등차급수 : 몇 개의 자료로부터 최소자승법에 의해 추정

$$y = ax + b$$

여기서, y : 추정치, x : 경과연수, a : 증가율, b : y절편

2) 등비급수 : 연평균 인구증가율에 의해 추정

$$y = a(1 + b)^x$$

여기서, a : 현재의 인구, b : 연평균 인구증가율

3) 베기함수

$$y = a(1 + b)^x + c$$

여기서, c : y절편

4) 지수함수

$$y = ax^b + c$$

여기서, a, b : 정수, c : 인구지수

5) 로지스틱 함수

$$y = \frac{k}{1 + e^{a - bx}}$$

여기서, k : 포화인구, a, b : 정수

6) 수정 지수함수

$$y = k - ab^x$$

4. 시계열 모델 적용 시 문제점 및 대책

1) 문제점

　① 모델들의 상관계수 값이 낮음

　② 논리적인 근거 없이 c, k 값 가정

　③ 논리적인 근거 없이 각 모델들의 평균값 사용

2) 대책

　① 각 모델값의 오차자승합(SSE), 상관관계(R2), 평균절대비율오차(MAPE) 등을 기본적인 판단 기준으로 적용

　② 6개의 모델값을 평균하지 않고 과거치와 최근 경향을 가장 잘 표현하는 모델 선택

　③ 요인별 분석에 의한 장래인구 추계법(조성법) 사용

5. 요인별 분석에 의한 장래인구 추계법(조성법)

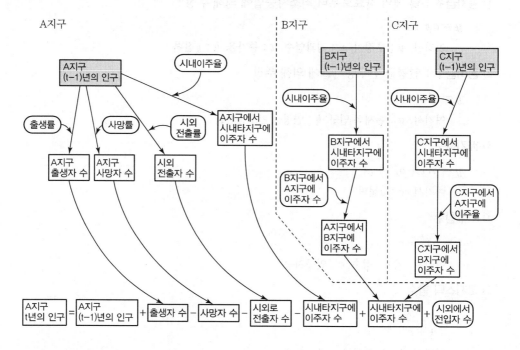

1) 개념

   ① 인구변동요인인 출생, 사망, 전출, 전입을 가감하여 추계하는 방법

   ② 총인구 외에 연령별 인구가 추계 가능

   ③ 지역별 인구추계 가능(인구이동 파악)

6. 계획급수량 산정 시 고려사항

1) 계획연도

   ① 15~20년을 표준, 가능한 한 장기간으로 설정

   ② 장래예측의 확실성, 시설정비의 합리성, 경영상황 등 고려

2) 계획급수구역

   다른 상수도사업, 간이상수도사업 등을 통합하여 종합적으로 검토

3) 계획급수인구

   ① 계획급수구역 내의 인구에 계획급수보급률을 곱하여 결정

   ② 계획급수보급률은 과거의 실적과 장래의 수도시설계획 등을 종합적으로 검토하여 결정

4) 계획급수량

   ① 용도별 사용수량을 기초로 결정

   ② 기본계획의 큰 틀에서 장래의 사업경영 고려

7. 결론 및 제안

1) 실무에서는 일반적으로 조성법을 이용하여 인구추정을 하고 있으나, 신뢰성 입증을 위해 시계열 추정법도 병행하여 실시할 필요가 있음

2) 일부 지자체의 경우 유수율 고려 시 목표유수율에 물수요관리에 의한 효과를 기 반영한 경우도 있으므로 중복, 산정되지 않도록 주의하여야 함

3) 수도정비기본계획과 물수요관리종합계획의 수요추정업무가 중복되므로, 목적에 따라 수요예측업무를 할당할 필요가 있음

Key Point +

• 71회, 73회, 75회, 78회, 84회, 87회, 93회, 95회, 96회, 98회, 99회, 100회, 103회, 104회 출제
• 출제 빈도가 매우 높은 문제로 상수도 수요량 산정절차 및 인구추정 예측방법에 대하여 반드시 숙지하기 바라며, 문제출 제 시 요인별 분석에 의한 장래인구 추계법(조성법)에 대하여 언급할 필요가 있음

수도정비기본계획 – 상수도시설 안정화 계획

1. 개요

목적 : 수도시설의 안정적 용수공급

1) 생산시설(수원, 취수시설, 정수시설 등) 및 공급시설(도송수시설, 배수시설, 급수시설) → 안정적 공급시스템 구축 계획 수립

2) 사고 발생 시나리오 분석 → 단수 발생 가능 구간 선정 → 안정화 방안 비교ㆍ검토(복선화, 비상연계 등)

2. 생산시설의 안정화 계획

2.1 상수원의 안정화 구축

1) 수량부족, 수질저하, 취수원 유입 오염원, 기타 수질오염 원인 → 분석ㆍ제시 → 지역 여건에 적합한 안정화 방안 제시

2) 가뭄 또는 상수원 오염 취수 장애 경험한 시설과 장래 상수원의 기능 상실 우려가 있는 경우 안정적 용수공급이 가능한 방안을 비교ㆍ검토 → 안정화 계획 수립(위치도 제시)

3) 지자체 여건에 적합한 안정성 확보방안 검토ㆍ수립

   ① 취수원 다변화, 대체 수원개발 등

   ② 취수원 및 정수수시설의 신뢰성 확보

4) 계획구역 내의 기타 수원(농업용저수지 등) 현황 및 설치계획 조사

   ① 대체수원으로 개발 가능한 경우 : 최근 10년간의 수질 추이 분석

   ② 수질이 양호한 수원 → 활용방안 및 개발계획 수립

2.2 정수시설의 예비능력 도입계획

1) 정수시설의 여유용량 설정기준 마련 및 여유용량 분석

2) 예비용량 결정 시 시설용량의 일정비율을 추가하는 방안 외 지자체 전체적인 배수시설(관망포함), 급수구역 간 비상연계, 인근지자체 및 광역상수도와의 용수 융통성 등을 고려하여 결정

3) 예비용량 확보 방안

① 아래의 방안 중에서 한정된 수자원의 효율적 활용, 수도시설 가동률 제고, 수도사업 효율성 등 국가 정책을 고려하여 결정

㉮ 물 수요관리 계획과 예비용량을 고려한 정수시설 확충방안

㉯ 용수공급 전망에 따라 상수도 확충용량에 따른 시설을 설치한 후 → 가동율 수준에 따라 시설을 추가 확충(증설 등)하는 방안

② 물 수요관리를 통한 용수공급(상수도 사용량 저감)계획을 포함

3. 공급시설의 안정화 계획

3.1 관로의 복선화

3.2 지하 수도터널

1) 관망 기능 외에 저류조 기능을 통해 비상급수가 가능한 지하 수도터널 도입 타당성 검토

2) 지하 수도터널 계획 시 : 시설의 안정화 및 신규 물 수요에 대처할 수 있도록 계획

기존 관로의 기능 개선과 공급 노선의 복선화가 필요하나 인구 도심지 위치 등으로 시설 정비 및 개량이 곤란한 지역

3) 생산시설의 안정화 계획과 연계

정수장 간 또는 배수지 간을 연결하는 환상형 지하 수도터널 계획을 검토하여 반영

3.3 사고 및 재해 위험요소 해소대책

방재 성능 검토, 과거의 사고 또는 재해 이력 검토

4. 수도시설 비상연계 계획

1) 인근 광역상수도 또는 지방상수도와의 비상시 연계 운영방안 검토

2) 정수장 간, 급수구역 간 비상공급체계 수립

3) 비상급수 체계를 검토하고 계획을 수립

① 송배수시설의 유지관리 및 배수계통의 관로사고에 대비

② 1개 배수지에 대한 2개 이상의 정수장에서의 공급계획 검토

5. 재해 및 위기관리 대책

5.1 수질사고 대책

1) 수원으로 유입 가능한 유해물질 조사 및 유입차단 대책 수립

2) 정수시설 운영관리 시 안전관리대책

3) **정수과정 중 수질사고 대책**

　약품투입 착오, 인위적인 유해물질 투입 시

4) **정수장별 과거 수질사고 이력 조사 → 수질사고 대응책 제시**

5) **사고 시 주민 공지 및 홍보방안 요약 제시**

5.2 비상급수대책

1) 비상급수 시행 사례(급수구역별) 제시 → 대책수립에 반영

2) 비상급수대책 수립

① 고지대 등 급수 불량지역, 수질오염 사고, 급·배수관로 사고 등에 대비

② 수질사고 등 비상시 대처능력 확보 및 안정적인 용수공급 계획 검토·반영

　대상지역 선정 및 시설계획 검토

5.3 가뭄대책

5.3.1 가뭄 시 취수가능량 검토(취수시설별)

1) 취수지점의 수위, 유량자료 또는 인근 수위관측소(환경부 등) 자료

① 최소 20년 이상 수집하되 최근 5년 이내 자료는 반드시 확보

② 자료 부재 시 : 자료 수집을 위한 모니터링체계 구축계획 수립

2) 취수지점의 10년 빈도 갈수량 산정

3) 취수지점의 자료(수위, 유량자료) 부재 시

① 수문 모형을 이용한 장기유출 분석 → 10년 빈도 갈수량 산정

② 자료수집이 곤란한 합리적 사유가 있는 경우

　㉮ 비유량법에 의한 10년 빈도 갈수량을 산정하거나

　㉯ 최근 5년 이내 수립된 하천기본계획을 인용

4) 취수가능량 과부족 분석

① 용수배분계획 조사

　취수원의 생활용수, 공업용수, 농업용수, 하천유지용수 등

② 가뭄 시 취수가능량 산정

　10년 빈도 갈수량, 용수배분계획, 취수시설 위치(계획고 및 지반고 등)을 고려

③ 용수공급계획을 고려한 가뭄 시 취수량 확보 스트레스 분석

　취수시설 용량 및 과거 10년간 취수량 분석

5.3.2 수량 안정화 대책

1) 용수공급 안정화 계획 수립

① 중장기 용수공급 안정화 계획을 반드시 수립

　㉮ 가뭄 시 취수량 확보에 문제가 있거나

⑭ 최근 5년 이내 가뭄으로 인해 취수장애(취수량 부족에 의한 제한 및 운반급수 포함)를 경험한 취수시설

② 대체수원 개발계획은 선택적으로 반영

㉮ 대체수원 개발계획 및 비상연계 구축계혹으로 구분하여 수립

㉯ 수량 안정성 확보 가능

2) 비상연계 구축계획 수립

① 지자체 간, 지자체 내(배수지 이상 연계), 지자체 – 광역수도 간 비상연계 계획

② 도 · 송수 관로 복선화에 대한 계획

③ 지자체 내(배수지 이하 연계, 소블록 간)에 대한 비상연계 구축계획을 세부적으로 수립

④ 사고 시나리오별 공급방안을 분석한 후 시설계획을 수립

3) 대체수원 개발계획 수립

① 용수 수요량 이상의 취수량을 확보할 수 있어야 함

취수원 다변화, 대체수원 개발 등 검토

② 기타 수원(농업용저수지 등) 현항 조사 후 활용방안 및 개발계획 수립

대체수원 개발가능 수원 → 10년간의 수질 추이 분석 → 수질양호 → 활용방안 및 개발계획 수립

③ 광역상수도 여유용량을 활용하는 방안을 검토

④ 폐쇄 또는 휴지된 상수도시설의 복원 또는 비상 이용방안 검토

5.3.3 수질 안정화 대책

1) 취수원 및 정수처리 수질대책 수립

① 최악의 상황을 고려 : 최대 가뭄 시의 취수원 수질을 예측

② 수질관리 및 수원 대책

가뭄 또는 갈수기 취수원의 수질을 개선하기 위한 대책

③ 정수시설 대책

원수수질 악화 시 정수처리에 문제가 없도록 정수처리공정 개선방안 수립

5.3.4 가뭄 시 용수공급 및 비상대응대책

1) 가뭄단계(평상 시 → 주익 → 심함 → 아주심함)별 다음의 계획 수립

① 용수공급 우선순위와 공급량 목표를 설정

② 가뭄단계, 관련주체별 실행계획(비상행동계획) 수립

2) 제수밸브를 활용한 제한급수 시행계획 수립 → 관망 수리계산 및 현장 확인을 통해 용수공급 절감 효과 검증

제수밸브 조절 시 : 수압 변화, 누수량 변화, 사용량 변화, 공급수량 변화를 예측 및 검증

5.4 내진대책

1) 신규 수도시설 설치 시 내진설계 적용방안 제시

2) 기존 수도시설에 대한 내진 평가 및 보수보강 계획 수립

5.5 동절기 대책 수립

5.6 기타 안전관리 대책

1) 정수장 안전사고 대비대책 수립

    염소 · 오존가스 유출, 누전, 화재, 유해물질 누출 등

2) 수도시설 위기별 대응방안 수립

    ① 자연재해와 인전재해(테러, 독극물 투입 등)

    ② 위기별 대응방안 : 비상연락체계, 응급복구 인력 및 장비확보 계획

3) 실무 매뉴얼을 바탕으로 훈련 및 교육훈련 마련 및 실천방안 제시

4) 수도시설 사고 시 : 보고체계, 연락체계, 기간별 역할 및 대응체계 요약 제시

5) 수도사업자(광역상수도 포함) 파업 시 수도공급대책 마련 및 제시

6. 상수도시설 안정화 재정계획

1) 상수도시설 안정화에 소요되는 사업비를 항목별, 단계별로 제시

2) 국가, 원인자부담금, 민간개발 사업자 부담비용 제시

3) 사업별 연차별 투자계획 및 재원확보 계획 제시

Key Point *

• 129회 출제

물수요관리 종합계획

1. 목적

1) 수도사업의 효율성을 높이고 물의 수요관리를 강화하기 위하여

2) 1인당 적정 물사용량을 고려하여 물수요관리목표를 정하여 이를 달성하기 위한 종합계획으로서

3) 수도에 관한 정책의 우선순위를 물수요관리에 두고 종합적으로 시행하여 국가의 물부족사태를 미리 예방하는 데 그 목적이 있다.

2. 필요성

1) 수자원장기종합계획상 '06년부터 물부족 전망

2) 댐 건설에 의한 공급위주의 수자원정책의 지속적 추진 곤란 : 댐 건설비 상승, 댐 개발의 적지 감소, 지역주민의 반대

3) 물의 효율적 사용 및 관리의 필요성

① 수돗물 누수율 및 1인 1일 물사용량은 선진국보다 높은 수준

② 수도요금 현실화율 저조로 지방상수도 부채 증가

3. 계획수립 주체

1) 종합계획수립의 주체 : 특 · 광역시 · 도지사

2) 종합계획의 검토 : 환경부 상하수도국, 환경관리공단, 자문위원 등

3) 종합계획의 협의 : 국토해양부

4) 종합계획의 승인 : 환경부

5) 기 수립된 종합계획을 변경하고자 하는 경우에도 동일함

4. 검토방안 및 절차

1) 환경관리공단 상하수도지원처에 검토 전문인력 확보

2) 관련전문가로 자문위원 구성 : 10명 내외

3) 물수요관리종합계획 추진상황에 대한 지속적인 모니터링 실시

4) 물수요관리종합계획 검토 절차

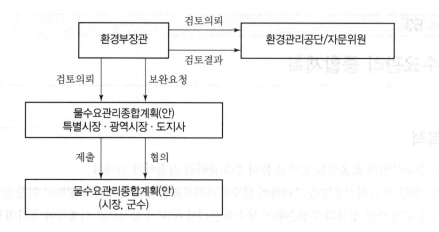

5. 종합계획의 기본방향

1) 종합계획은 5년 단위의 목표를 달성하기 위한 정책수단 및 세부계획 수립
2) 정책수단의 우선순위 선정과 세부계획의 수립 등은 정책목표 달성이 가능하도록 수립
3) 세부시행계획에서 시행해야 할 실행항목 제시
4) 사업의 추진성과에 대하여 평가 가능하도록 계량화
5) 수도사업시행자 및 공공기간의 수요관리목표제 도입

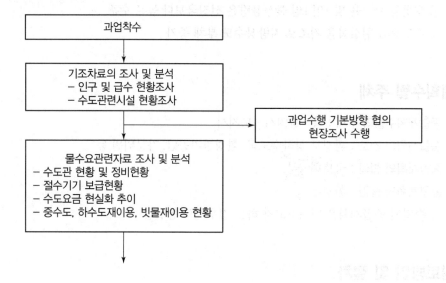

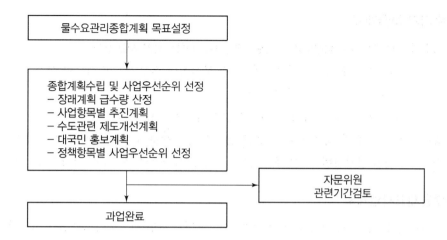

6. 물수요관리종합계획 목표설정

물수요관리종합계획 목표설정

1) 기준연도 대비 추진항목별 사업비 및 정책목표 설정

① 절수기 설치, 유수율 제고 사업, 수도요금 현실화, 중수도설치, 하수처리수 재이용 등

② 상시·비상시(가뭄 등)에 시행할 정책 고려

2) 각 정책수단별로 정량화가 가능한 부분과 불가능한 부분을 구분하여 제시

3) 정책수단별 지표는 해당 지역 실정에 맞게 제시

4) 정책추진 항목 중 사업효과가 가장 큰 사업부터 우선적으로 실시

7. 종합계획의 작성기준

7.1 계획지표 검토기준

1) 인구계획

① 상위계획인 도시기본계획을 참조하되 현실적인 측면을 고려하여 계획수립

② 장래인구추정방법은 자연증가분과 사회적 증가분을 구분하여 제시 : 사회적 증가분은 외부 유입률, 산입단지는 입주율, 가동률 등 고려

③ 시계열추정법을 사용할 경우에는 5가지 추정법 중 가장 신뢰도가 높은 상위 3개의 함수식에 의한 추계치를 산술평균하여 추계함 : 추정치 중에서 최댓값과 최솟값은 제외

2) 단위급수량계획

① 최근 5개년 이상의 상수도소비량을 업종별로 분석한 근거로 단위급수량 산정

② 시·군별로 행정구역단위별로 단위급수량 변화추이를 참조

③ 본 종합계획의 정책수단별 절감량을 반영하여 산정하여야 함

7.2 절수기기 보급계획

1) 절수기기 보급사업은 정량화가 가능한 사업이기에 정량적인 지표설정

    ① 기존 설치지역에 대한 전후의 물 사용량 분석하여 절수기기별 절수량 산정

        ㉮ 의무화사업/공공근로사업 구분

        ㉯ 기존설치현황과 향후 보급가능한 절수기기의 수요 파악

2) 공동주택, 단독주택, 공공건물, 사무실, 공장지역 등으로 구분하여 현황 조사 및 보급계획수립

3) 절수기 보급률 평가방법은 의무화사업과 공공근로사업으로 구분하여 각각 절수기 보급률로 평가

7.3 유수율제고사업계획

1) 유수율제고사업은 기 시행한 사업에 대해 시·군별로 사업 전·후의 효과를 분석하여 지표정량화

2) 유수율제고사업에 있어 필수적인 배수량을 항목별로 분석

3) 유수율제고사업의 종류

    ① 관망도 작성 및 전산화작업 현황

    ② 블록시스템 구축

    ③ 노후수도관 개량

    ④ 불감수량 저감계획

4) 블록시스템 정비계획 수립

5) 노후관 개량계획

    매설연수에 의한 판단이 아니라 관로진단을 통해 노후관을 선정 : 간접진단법, 직접진단법

6) 불감수량 저감계획

    부적정 계량기 사용에 의한 계량기 불감수량을 줄이고, 누수율을 감소시키며 유수율제고를 위한 단계별 사업추진이 필요

7.4 수도요금 현실화

1) 시·군별로 단위소비량을 분석하여 필수소비량, 가격변동 가능량 등으로 분석하여 수도요금 체계 개선 시 절수가능량 산정

2) 수도요금 중 정액요금 비율을 15% 이하로 유지

3) 단기적으로 물수요 특성에 대한 자료축적 및 분석연구 수행

4) 계절별 또는 갈수기 요금제도를 단계적으로 도입

7.5 급수원 다원화 계획

1) 빗물 이용 방안

    ① 설치대상 : 운동장 또는 체육관으로서 지붕면적이 2,400m² 이상이고, 관람석 수가 1,400석 이상인 시설물

② 용도 : 위생상 문제가 없고, 이용상 불쾌감을 주지 않을 것

　　　　　시설구조상 문제가 없고, 유지관리상 지장이 없을 것

　③ 빗물이용량 산정을 위해서는 해당 지역의 강수량에 대해 최근 10년 이상의 자료를 분석하여 평균강수량을 산정하여야 함

2) 중수도 보급계획

　① 시·군별 중수도 도입에 장애가 되는 경제적, 기술적, 위생상, 관리상, 법령상의 문제에 대한 개선방안을 수립

　② 기 설치된 중수도시설에 대한 용량대비이용률 등을 통해 문제점 확인

　③ 중수도 의무화 대상시설 현황조사 및 설치계획 조사

　④ 중수도 설치자에 대한 지원제도

3) 하·폐수 처리수 재이용 방안

　① 광역 중수도 설치운영 적극 검토

　② 하수처리시설의 용량을 검토하고, 최근 5년 이상의 연간 재이용의 실적 조사

8. 물수요관리성과 평가계획

1) 향후 정책추진성과를 점검하고 물수요관리종합계획의 사업결과를 점검, 평가하기 위한 성과관리체계 구축

2) 기본지표인 1인1일급수량, 유수율, 절수량 등의 정량화를 통해 평가하여 시업의 성취도 고취

9. 향후계획

1) 지자체의 예산확보 및 용역사업 관리철저 등 차질 없는 계획수립 및 추진

2) 검토기준 작성 및 지자체와 정보공유

3) 중수도 활성화를 위한 제도개선 T/F Team 구성 및 운영

Key Point +

- 77회, 85회, 87회, 91회 출제
- 물수요관리수립절차 및 물 절약 수단에 대하여 숙지할 것
- 유수율 고려 시 목표유수율에 물수요관리에 의한 효과를 기 반영한 경우도 있으므로 중복 산정되지 않도록 하여야 한다는 내용 언급 필요

물이용부담금

1. 개요

상수원 지역의 주민지원사업과 수질개선사업의 촉진을 위해 상수원 수질개선 및 주민지원 등에 관한 법률에 따라 부과하는 부담금을 말한다.

2. 물이용부담금제도의 목적

1) 상수원 지역 주민의 지원사업 시행
2) 수질개선사업 촉진
3) 상수관련사업의 재원 마련
4) 물자원의 절약 유도

3. 물이용부담금 부과내용

1) 수돗물 공급 최종 수요자가 대상
2) 공공수역 취수 전용수도 설치자 대상
3) 농업용수는 제외
4) 물사용량에 비례하여 부과
5) 4대강 수계관리위원회에서 부과요율 결정
6) 부과주체
   ① 일반 가정 및 공장
      수도사업자 : 시장, 군수, 수자원공사
   ② 전용수도 설치자 : 4대강 수계관리위원회

4. 물이용부담금제도의 개선사항

1) 수변구역 토지소유자 위로금 지급에 대한 투명성 확보
2) 환경기초시설 등 확충 시 경제성 등의 관리가 필요
3) 부담금 납부자들이 만족 가능한 수질개선이 필요

물환경관리기본계획의 목표와 정책기본방향

1. 서론

1) 우리나라는 4대강 수역의 수질악화 및 낙동강 페놀 유출사건 등을 계기로 1989년 초부터 '맑은 물공급종합대책', '4대강 물관리종합대책' 등을 수립하여 지속적인 물관리정책을 추진하여 왔다.

2) 정부는 이와 같은 정책에 2004년까지 약 30조원의 예산을 투입하여 수계의 BOD 부하를 저감시키는 데에는 어느 정도 성과를 거두었으나

3) 수생태의 건전성을 회복시키고 급증하는 유해화학물질로부터 국민건강을 지키기 위한 근본적인 정책적 접근은 미비하였다.

4) 이에 정부에서는 2015년까지 생태적으로 건강한 하천을 복원한다는 목표로 2006년에 '물환경관리기본계획'을 수립하였고,

5) 최근 4대강사업이 시행됨에 따라 4대강 수질개선사업의 목표연도를 2012년으로 앞당겨 추진하고 있다.

6) 따라서 정책의 실효성 확보와 목표 달성을 위해 정책 추진상의 문제점 및 개선방안에 대하여 살펴볼 필요성이 있다.

2. 정책의 목표

2.1 목표

물고기가 뛰놀고 아이들이 멱 감을 수 있는 물환경 조성
 ─생태적으로 건강한 하천과 유해물질로부터 안전한 물

2.2 주요지표

1) 전국 하천의 85%를 '좋은 물' 이상으로 개선
2) 전국 하천의 25%를 자연형 하천으로 복원
3) 상수원 상류지역 30%를 수변생태벨트로 조성

3. 정책 기본방향

3.1 목표연도

2015년(4대강 수질개선사업 2012년)

3.2 방향

1) **정책지표** : BOD, COD 위주 → 위해성, 생태성 종합관리
2) **주민참여** : 바라보기, 제한적 → 적극적으로 참여하고 함께하기
3) **대책범위** : 본류 및 상수원 중심 → 실개천부터 하구, 연안까지
4) **대책S/W** : 포괄적, 거시적 → 통합적, 미시적

3.3 주요 내용

1) 생태적으로 건강한 물환경 조성
2) 전체수계의 위해성 관리체계 강화
3) 수질환경기준 및 평가기법의 선진화
4) 호소, 연안, 하구지역의 물환경정책 강화
5) 수질오염총량관리제도 본격 시행 및 정착
6) 비점오염원과 가축분뇨에 대한 체계적 관리시스템 구축
7) 물순환구조 개선 및 수요관리 강화
8) 환경기초시설 투자 합리화 및 효율 증진
9) 물환경정책 관리체제 강화
10) 과학적 물환경관리 기반 구축
11) 전문인력 양성 및 교육 홍보 강화
12) 재정 투자의 효율화(사회적 형평성 증진)

4. 정책의 문제점

4.1 목표설정이 과대

1) 본 정책은 궁극적으로 도심하천까지 몀 감을 수 있는 친수환경을 조성한다는 목표를 설정하고 있으나, 환경용량을 고려할 시 비현실적임
2) 실제로 현재까지 추진되고 있는 생태하천복원사업은 친수용도로 사용할 수 있는 수질의 하천유지용수 확보가 곤란하여 당초 목표를 변경하여 건천화 개선 정도에 그치고 있는 경우가 많음

4.2 지천, 지류에 대한 관리방안 미흡

본 정책의 목표는 실개천부터 수질관리를 하는 것으로 되어 있으나, 2012년 강화되는 방류수 기준에는 500m³/d 이하의 시설에 대하여 완화된 기준을 적용하고 있음

4.3 축산폐수 관리대책 미흡

축산폐수처리장의 건설이 곤란하고, 적정 처리공법에 대한 검토 부족

5. 결론 및 제안

1) 본 정책은 그동안 환경기초시설 확충에 치중되어 비교적 등한시되어 왔던 비점오염원관리, 축산폐수관리, 위해성관리 분야 등에까지 확대한 점은 긍정적이라 할 수 있다.

2) 따라서 목표의 성공적인 달성을 위해 체계적이고 과학적인 실시계획을 수립할 필요가 있으며,

3) 단순히 양질의 하천유지용수 유입을 통한 친수활동이 가능한 생태하천 복원에 치중하는 것보다는, 체계적인 비점오염원, 축산폐수, 유해오염물질 관리에 주력할 필요가 있다고 사료된다.

4) 또한, 하천의 본래의 기능인 이수, 치수를 함께 고려한 통합물관리정책 마련이 필요하다고 사료된다.

수도정비기본계획

1. 개요

1) 수도정비기본계획은 수도법에 따라 일반수도 및 공업용 수도를 적정하고 합리적으로 설치 · 관리하기 위한 장기적 · 종합적 계획이다.

2) 목적
   ① 양질의 수돗물을 안정적으로 공급(수량＋수질)
   ② 공중위생 향상과 생활환경 개선을 도모

2. 기본계획 수립의 범위

2.1 계획기간

원칙적으로 10년마다 작성하고 5년마다 타당성을 검토하여 변경한다.

1) 계획의 목표연도는 20년 후로 한다.
   5년마다 4단계로 계획을 수립한다.

2.2 계획구역

시 · 군 단위의 전체 행정구역을 원칙으로 한다.

2.3 타 계획과의 관계

1) 상위계획

전국수도종합계획, 수자원장기종합계획, 물환경관리기본계획, 광역상수도계획, 도시기본계획

2) 하위계획

각종 상수도 및 중수도 시설계획

3) 기타관련계획
   ① 물수요관리종합계획(물수요관리시행계획 포함), 물재이용기본계획(물재이용관리계획 포함),
      산업단지개발계획, 택지개발계획, 농어촌정비계획, 하천정비계획, 관광지조성계획 등
   ② 기타 관련 개발계획

2.4 기본계획 수립의 절차

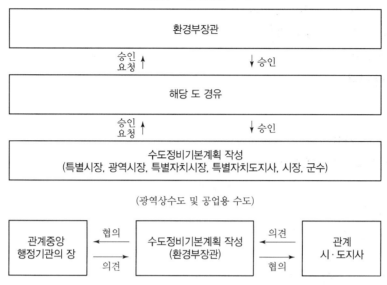

[수도정비기본계획 승인 또는 변경 흐름]

3. 기본계획 수립의 주요사항

1) 수도(전용수도 제외)의 정비에 관한 기본방침 및 비전 제시

2) 수돗물의 중장기 수급에 관한 사항

3) 광역상수원 개발에 관한 사항

4) 수도공급구역에 관한 사항

5) 상수원 확보 및 상수원보호구역 지정·관리

6) 수도(전용수도 제외) 시설의 배치·구조 및 공급 능력

7) 수도사업의 재원 조달 및 실시 순위

8) 수도관의 현황 조사 및 개량교체 등

9) 광역상수도와 지방상수도를 연계하여 운영할 필요가 있는 지역의 통합 급수구역에 관한 사항

10) 수돗물의 수질개선에 관한 사항

11) 수도시설의 정보화에 관한 사항

12) 수도법에 따른 기술진단 결과에 따라 수도시설을 개선하기 위한 사항

13) 인접 지방자치단체와 지방상수도 사업의 연계 운영에 관한 사항

4. 수도정비기본계획의 주요 내용

4.1 총설

1) 계획의 목적 및 범위(시간적, 공간적)
2) 기본방침 : 수도사업 비전 제시
3) 추진실적 평가
4) 계획 수립 이력

4.2 기초조사

1) 자연적 조건, 사회적 특성, 관련계획
2) 급수량 산정을 위한 기초조사
   ① 과거 20년간 용도별 사용실적 조사 및 분석
   ② 공급량 변화 분석
   ③ 지하수 등 자가 용수 이용 실태
   ④ 유사 도시와의 비교 분석
      용도별 사용수량, 1일 1인당 급수량 추이
   ⑤ 과거 20년간의 유수율 현황조사
3) 제한 및 운반급수 현황 조사
4) 상수도 현황
   ① 과거 급수현황
   ② 수원현황
   ③ 취 · 정수 시설 현황
   ④ 송 · 배수시설 현황
5) GIS 구축에 관한 조사
6) 수도시설 운영에 대한 조사
7) 기타
   ① 기타 장래 용수 수요량 산정에 필요한 사항
      빗물이용시설, 중수도시설, 하 · 폐수처리수, 기타 용수공급원으로 사용 가능한 시설

4.3 기본사항의 결정

1) 목표연도
2) 계획급수구역
3) 계획급수인구
4) 계획급수량 원단위(Lpcd)
   ① 계획 1인1일 평균사용량 원단위
   ② 계획 1인1일 평균급수량 원단위

③ 계획 1인1일 최대급수량 원단위

5) 용수사용량

① 생활용수 수요량 : 일평균 급수량, 일최대 급수량

② 공업용수 수요량

③ 기타용수 수요량

④ 용수 수요량 : 생활용수(일최대), 공업용수, 기타 용수를 총괄하여 산정

6) 용수공급 전망 및 용수공급 계획

① 용수수급 전망

② 용수공급 계획

4.4 시설확충 계획

1) 수원 및 취수시설

① 수원의 결정

② 취수위치 및 취수방식의 결정

2) 정수시설

① 위치의 결정

② 정수 처리방법의 결정

㉮ 원수의 수질, 정수량, 용지확보 용이성, 건설비, 유지관리의 난이도, 관리수준 고려

㉯ 원수수질 고려 → 고도처리 대상항목 선정 → 고도정수처리시설 도입 필요성 검토

③ 정수 공급능력의 설정

④ 배출수 처리시설

3) 송 · 배수시설

① 급수구역의 설정

② 관망도 작성 및 보완

③ 송 · 배수계획

4.5 시설개량 계획

1) 시설개량 기본방향 설정

2) 취수시설 개량계획

3) 정수시설 개량계획

4) 송 · 배수시설 개량계획

5) 유량계 등 설비 신설 및 개량계획

6) 소규모 수도시설 정비계획

시설현황조사, 운영현황 조사 및 분석, 시설 개선계획 수립

7) 시설의 폐지 또는 휴지

4.6 상수도 수질관리 계획

1) 상수원 수질관리

2) 정수 수질관리

　　① 수돗물 수질기준 및 수질 검사결과 분석

　　② 정수처리 공정의 관리 및 개선계획

3) 송 · 배수시설 수질관리

4) 먹는 물 수질 모니터링 계획

5) 기타 수질관리

4.7 상수도시설 유지관리 계획

4.8 상수도시설 정보화 계획

4.9 상수도시설 온실가스 저감계획

Key Point ＋

73회, 78회, 93회, 96회, 104회, 117회, 119회 출제

수도정비기본계획의 작성기준

1. 총설

1) 계획의 목적 및 범위
2) 기본방침
3) 계획의 개요
4) 계획의 수립

2. 기초조사

1) **자연적 조건에 관한 조사**
   ① 지역의 개황
   ② 취수원이 있거나 계획 중인 하천 및 수계현황
   ③ 기상개황
2) **사회적 특성에 관한 조사**
   ① 행정구역 및 인구현황
   ② 지역경제
   ③ 산업현황
   ④ 토지이용현황
3) **관련계획에 대한 조사**
   ① 장기 및 상위계획
   ② 기타 계획
4) 급수량 산정을 위한 기초조사
5) **상수도 현황**
   ① 수도의 급수현황 및 관리실적, 개발현황 등에 관한 조사
   ② 수원의 수량, 수질현황 및 변화
   ③ 취 · 정수시설 현황
   ④ 송 · 배수시설
6) GIS 구축에 관한 조사
7) **기타** : 빗물이용시설의 설치현황, 경제성 평가 및 기존시설의 설치 및 운영 개선사항

3. 기본사항의 결정

1) 목표연도
2) 계획급수구역
   ① 계획급수구역
   ② 급수구역 검토
3) 계획급수인구 및 관련변화의 분석
   계획급수인구
4) 계획급수량 원단위(Lpcd)
   ① 계획1인1일평균급수량 원단위
   ② 계획1인1일최대급수량 원단위
5) 계획급수량
   ① 계획1일평균급수량
   ② 계획1일최대급수량
   ③ 기타 급수량
6) 관망도 작성

4. 시설확충계획

1) 확장용량계획
2) 수원 및 취수시설
   ① 수원의 결정
   ② 취수위치 및 취수방식의 결정
3) 정수시설
   ① 위치의 결정
   ② 정수처리방법의 결정
   ③ 예비용량 설정 및 시설의 계열화
   ④ 배출수 처리시설
4) 송 · 배수시설
   ① 급수구역의 분할
   ② 송 · 배수계획
   ③ 가압장계획

5. 시설개량계획

1) 자료수집 및 평가
   ① 수질자료수집 및 평가
   ② 시설자료수집 및 평가
   ③ 운영시스템 자료수집 및 평가
2) 취수시설
   ① 기본사항
   ② 단위시설별 개량계획
3) 정수시설
   ① 기본사항
   ② 단위시설별 개량계획
4) 배출수 처리시설
5) 송 · 배수시설
   ① 기본사항
   ② 노후관로 개량계획
   ③ 관망 블록화 계획
6) 유량계 등 설비 및 시스템 개량계획
7) 시설의 폐지 또는 휴지

6. 마을상수도 및 소규모 급수시설 정비계획

1) 현황조사
2) 운영현황 조사 및 분석
3) 시설개선계획 수립
4) 도서지역 정비계획

7. 대체수원 개발계획

8. 상수도 수질관리계획

1) 상수원 수질관리
2) 정수 수질관리
   ① 수돗물 수질기준 및 수질검사결과 분석
   ② 정수처리공정의 관리 및 개선계획
3) 송 · 배수 수질관리
4) 먹는물 수질검사 강화

9. 상수도 수요관리계획

10. 운영관리 개선계획

1) 경영체계개선
2) 연구 및 기술개발
3) 교육훈련
4) 정보화 관리
　① 상수도 정보화 계획
　② 시설현대화 및 자동화 계획
5) 기구정비

11. 기술진단계획

1) 일반기술진단
2) 전문기술진단
3) 관망진단

12. 재해대책

1) 수질사고대책　　　　　　　　2) 비상급수대책
3) 내진대책　　　　　　　　　　4) 동절기대책
5) 기타 안전관리대책

13. 사업시행 및 재정계획

1) 소요사업비
2) 사업시행 우선순위
3) 재정계획

Key Point ✦

- 73회, 78회, 93회, 96회, 104회 출제
- 전체 절차 및 내용에 대하여 개략적으로 작성할 수 있도록 숙지하여야 하며, 관련 법률까지 숙지할 것
- 수도정비기본계획 수립 시 수량과 수질 각각에 대하여 안정성을 확보할 수 있는 방안에 대해서도 정리해 둘 것

수도정비기본계획 수립 시 기초조사항목

1. 자연적 조건에 관한 조사

1.1 지역의 개황

1) 위치, 면적, 지세, 지형 및 지질 : 지질분포현황은 지질도(색상)로 제시
2) 지진
  ① 발생했던 지진의 규모, 피해상황, 최고진동수
  ② 수도시설의 내진설계기준과 비교 제시

1.2 하천 및 수계 현황

1) 계획구역 내 및 그 인근의 수계현황
2) 하천 및 호소의 개요
  ① 조사지역 내 하천, 호소 등의 유량·수위의 현황
  ② 국가하천, 지방하천 : 개략 종단면도
3) 공공수역에서는 갈수위(하천)나 저수위(호소) 때가 한계수질상태가 되므로 평수위와 평수량을 포함하여 하천이나 호소의 유량이 최저일 때를 조사하여 수록
  ① 20년 이상의 유량 및 수위기록 조사
  ② 하천의 갈수 상황(갈수위, 유량 등)

1.3 기상개황

1) 최근 20년 이상의 침수의 기록 및 침수피해 상황 등
  최근 20년 이상의 강우기록(일별 및 월별, 최대 및 최소 강우량 구분)
2) 호우, 침수, 녹조 등의 문제로 인한 상수도시설의 가동중단이 있는 경우
  가동중단기간 동안의 강우 및 녹조자료 등 제시

2. 사회적 특성에 관한 조사

2.1 행정구역 및 인구현황

과거 20년간 이상의 인구실태 조사

2.2 지역경제

1) 전국, 도 단위 및 해당 지자체의 지역경제규모를 비교 서술

2) 지역경제의 발전 추이를 수치로 제시

2.3 산업현황

1) 해당 지자체의 주요산업 구성 항목과 비율을 서술

2) 전국, 도 단위에서 차지하는 주요 산업항목별 비율과 과거변화 추이를 제시

2.4 토지이용현황

1) 도시계획상의 용도지역별 토지이용계획

2) 현재 토지이용 항목별(대지, 전, 답, 산림 등) 면적과 구성 비율 제시

3) 도시계획상 토지이용면적 중 개발 실현성이 불가능하거나 매우 낮은 용도별 면적을 분석하여 제시

3. 관련계획에 대한 조사

1) 국토종합계획, 도종합계획, 시군종합계획 → 상수도와 관련된 계획 비교 요약

2) 전국수도종합계획, 수자원장기종합계획, 물환경관리기본계획, 물재이용기본계획 및 물재이용 관리계획, 수질오염총량관리계획 등 → 수량 및 수질관련 계획

3) 도시계획, 도로계획, 주택단지 및 산업단지개발계획, 도시개발 및 재개발계획, 농어촌정비계획, 관광개발계획 등 → 인구, 산업배치 등과 관련된 각종 장기계획

4) 인접지역의 수도정비기본계획, 하수도정비기본계획 등

4. 급수량 산정을 위한 기초조사

1) 과거 20년간 용도별 사용실적 등 급수량 실적 조사
   급수보급률은 대급수구역 및 정수장별로 구분

2) 급수구역별(정수장별)로 공급량의 변화 분석 제시(최근 20년간)
   ① 시간별, 일별, 월별, 연도별 분석
   ② 공급량에 따른 변동부하율(일최대계수) 및 시간계수의 분석

3) 광역상수도 급수구역
   ① 광역상수도 계통별 또는 광역상수도를 공급받는 배수지별 공급량 분석
   　㉮ 시간별 · 일별 · 월별, 연도별 분석, 첨두부하 및 시간계수 등

4) 용도별 사용수량의 변동요인 분석 및 관련자료 조사

5) 지하수 등 지기용수 이용 실태

6) 도시의 성격 및 인구, 발전현황 등이 유사한 다른 도시의 용도별 사용수량 및 1일1인당 급수량 추이 조사 제시

7) 과거 20년간의 유수율 현황조사

　① 유수율 자료 : 유수수량, 무수수량 등

　② 기 추진한 유수율 향상방안

　③ 유수율 영향인장 및 인자별 기여도 등

5. 제한 및 운반급수 현황 조사

1) 최근 20년 이상의 가뭄으로 인한 상항

　① 취수량 부족, 제한 및 비상급수(물차, 병입수, 샘물지원 등)

　② 가뭄피해 기간 및 일수, 제한 급수(가구 및 인구)

2) 가뭄 발생에 따른 비상급수 시 수도시설 운영현황 및 대체시설 확충현황 조사

　① 취 · 정수시설 가동 및 중단시간, 비상연계 공급 현황

　② 신규 수원개발, 관정개발, 농업용 저수지 이용사례 등

6. 상수도 현황

6.1 과거 급수현황

1) 일반수도(광역, 지방, 마을상수도)의 급수현황, 관리실적 및 개발 현황

　① 강변여과수, 해수담수화 용수 등을 포함하되 별도 구분

6.2 수원현황

1) 상수원보호구역 지정현황

2) 지난 20년간 상수원보호구역 신규지정, 변경, 해제 현황

3) 최근 10년 이상 수원의 수량 · 수질자료 분석 제시

4) 취수지점 상 · 하류 1개 지점 이상 환경부 수질측정망에 의한 수질자료와 비교 · 분석 제시

　① pH, DO, BOD, COD, SS, T−N, T−P

5) 취수원수 수질의 추계 분석 및 평가항목

　① 월별 및 계절별로 구분하고, 목표연도별로 예측 제시

　② 원수의 수질검사기준 항목기준

6.3 취 · 정수 시설현황

1) 기존시설의 현황조사는 개량 및 확장계획에 반영할 수 있도록 시설규모, 사용빈도 및 사용여부 (가동률 등), 유지관리 및 보수이력(최근 10년 이상) 등에 관한 현황자료를 조사

2) 인근 지자체의 수도시설 및 광역수도시설 현황, 사용실태

3) **취수시설**

① 취수 및 도수시설의 기능 저하, 취수능력 저하에 대한 조사

② 호소 또는 저수지에서 취수하는 경우 계절에 따른 선택취수방식의 운영여부에 대한 조사

③ 최대 가뭄 시의 취수능력

4) **정수시설**

① 정수시설(단위시설별로 구분), 정수처리공정(고도정수처리시설 포함), 수리계통도 조사

② 배출수 처리시설 등에 대한 조사

③ 기계, 전기, 계장설비 등의 기능 및 자동화 시설 운영에 대한 조사

5) 취수장 유출부, 정수장 유입 및 유출부의 유량에 대한 자료(최근 10년 이상)를 수집하여 분석 · 제시

6.4 송 · 배수시설

1) 배수지 및 펌프장 시설

2) 송 · 배수시설의 시설규모, 사용빈도 및 사용여부, 유지 및 보수 이력(최근 10년 이상)에 관한 현황자료 조사 제시

3) 급수구역, 급수분구별 누수율, 관종, 관경, 부설연도(관의 노후도), 전식방지 현황 등에 대하여 조사 제시

4) 상수도 관망도 현황 조사

5) 상수도 요금현황 및 유수율(전체 및 블록별) 현황 조사

6) 누수탐사 조사내용 요약 수록

7) 유량계 및 밸브류 설치현황(설치연도 및 교정연도, 형식, 오차 등)

7. GIS 구축에 관한 조사

1) GIS 구축현황 및 계획, 상하수도시설 통합관리계획

2) GIS 구축에 관한 사전연구 및 기본계획, 연도별 사업추진계획

3) 국가지리정보체계(NGIS) 수치지도 제작, 수치지도활용 관련부서 및 활용업무

4) 시스템 개발 및 활용효과에 관한 조사

8. 수도시설 운영에 대한 조사

1) 수도사업자 전체 생산원가(총괄원가) 관련 자료 조사

2) 취 · 정수장별 생산원가 산정

3) 경영효율화 계획 수립에 필요한 기초자료 조사

7. 기타

기타 장래 용수 수요량 산정에 필요한 사항

상수도 사용을 대체하거나, 용수공급원으로 사용 가능한 기타 시설의 설치현황, 이용현황, 운영비
용 및 경제성 등 조사(빗물이용시설, 중수도시설, 하·폐수처리수 등)

먹는물 수질관리정책

1. 먹는물의 안정성 확보

1.1 상수원수, 정수장 및 수도꼭지에 대한 수질검사 내실화

1) 법정 수질검사제도 강화(일반수도사업자 주관)

2) 정수처리기준 준수

① 병원성 미생물 제거를 위한 정수처리기준 준수

② 바이러스(99.99% 제거), 지아르디아 포낭(99.9% 제거)

3) 정수장 시설용량별 탁도관리 강화

① 매월 측정된 시료수의 95% 이상이 0.3NTU(완속여과의 경우 0.5NTU)를 초과하지 아니하고 각각 1.0NTU를 넘지 않아야 함

② 연속측정장치를 사용하여 매 15분 간격으로 개별여과지에 대한 탁도감시 및 정수지 잔류염소 측정 의무화

③ 시행시기 : 시설용량이 1일 10만 톤 이상인 정수장 – 2004. 7. 1부터

시설용량이 1일 5만 톤 이상인 정수장 – 2005. 7. 1부터

시설용량이 1일 5천 톤 이상인 정수장 – 2007. 1. 1부터

시설용량이 1일 5천 톤 미만인 정수장 – 2010. 7. 1부터

4) 수도관 수도꼭지 수질검사 실시

국민이 직접 이용하는 수도꼭지 수돗물을 대상으로 수질의 이상 여부를 검사하여 수돗물에 대한 주민의 막연한 불신을 해소

5) 수돗물 급수과정별 시설에서의 수질검사 실시

1.2 민·관 합동 수질확인검사 및 먹는물 수질감시항목(20항목, '05.7) 검사강화

수도사업자가 실시하는 법정검사와는 별도로 정수장 및 수도꼭지 등에 대하여 민·관 합동으로 수질확인검사를 실시하고, 그 결과를 공표함으로써 수돗물에 대한 국민 불신 해소 및 신뢰성 회복

1.3 저수조, 옥내급수관 등 급수설비 관리 강화

저수조 및 옥내급수관 수질검사는 '06. 12. 30부터 연 1회 실시

저수조 : 6개 항목, 옥내급수관 : 준공 후 5년이 경과한 날부터 7개 항목

1.4 정수처리기준 강화 및 시행에 따른 준비 철저

연속측정장치를 통한 개별여과지별 탁도 감시 및 잔류소독제 농도 연속측정 실시

시설용량 1일 5천 톤 미만 정수장, 2010. 7. 1

2. 수돗물의 불신 해소 및 신뢰도 제고

2.1 소비자가 만족하는 수돗물 수질관리강화

1) 수돗물평가위원회 운영 활성화

2) 수도꼭지 수질검사체계 구축 · 운영 및 수질기준 초과 시 주민공지 실시

3) 주요행사 및 회의 시 PET병 수돗물의 사용 활성화 등

2.2 마을상수도 등의 관리 강화 및 수돗물품질보고서 발간 · 제공

1) 마을상수도 및 소규모 급수시설에 대한 세부관리계획 수립 · 추진

　① 가급적 연 1회 먹는물 수질기준 전 항목(55개 항목)을 검사

　② 마을상수도, 전용상수도 및 소규모 급수시설 매년 1회 이상 전 항목 수질검사

　　2008. 1. 1 시행

　③ 천재지변, 수인성 전염병 발생 시 등을 대비한 시설의 긴급복구 및 비상급수계획 수립

2) 시설점검 및 수질검사에 철저를 기하고, 기준초과시설에 대해서는 철저한 원인규명 및 개선대책 수립 · **추진**

　① 자동염소투입기 설치, 대체수원 개발, 일반상수도시설 공급방안 마련 등 근원적인 대책 추진

　② 기준초과 시 단순소독 후 재검사를 실시하는 형식적인 조치 지양

　③ 2회 이상 지속적인 기준초과시설은 관리기관이 직접 수질검사 및 시설점검을 실시하고, 부적합할 경우 개선명령 또는 폐쇄 조치

3) 먹는물의 안전성 확보를 위한 교육 및 홍보활동 강화

4) 지방상수도 공급지역은 특별한 사유가 없는 한 마을상수도를 폐쇄

　① 기존의 상수도 공급지역 중 수질기준 초과사례 등이 발생한 마을상수도에 대하여는 조속한 시일 내 시설 폐쇄

　② 시방상수도 공급이 불가능한 시역(소규모 마을단위로 산재한 지역 등)은 연자적으로 마을상수도를 전면 개량하여 안전한 수돗물 공급체계 확립

　③ 해수담수화 시설을 마을상수도로 지정 · 관리하는 경우 먹는물 수질 안전성을 확보할 수 있도록 현행 수질검사 항목 이외에 염소이온이나, 보론 등 추가적인 수질관리가 필요한 항목에 대하여 관리강화

2.3 수질관리 강화를 위한 연구사업 지속적 추진

2.4 수처리제 관리강화 및 먹는물수질검사기관(법정기관)의 지정기준 준수

3. 세부 추진계획

3.1 깨끗하고 안전한 먹는물 공급을 위한 기반 강화

1) 막여과 등 첨단 정수방식의 도입추진계획 수립(2007. 12)

　① 미세 막여과를 통한 이물질 제거로 자연의 맛에 가까운 고품질의 수돗물 공급 추진(2009년 7월부터 5천 톤 이상 정수장에 적용 가능)

　② 시설개량 수요 및 운영실태 파악 등을 통해 국내 도입기준(안) 마련

　　㉮ 막여과시설을 구성하는 막모듈(Module) 등에 대한 표준화 방안 마련

　　㉯ 원수수질, 기존 공정 등을 고려하여 막여과 등 도입 대상 정수장 선정

2) 노후 옥내급수관 관리를 통해 수도꼭지까지 깨끗한 수돗물 공급 추진

　① 2007년부터 대형 다중이용건축물(연면적 6만 m² 이상) 및 공공시설(연면적 5천 m² 이상)에 대한 옥내급수관 검사 및 관리 의무화

　② 급수관 세척 · 갱생 등에 대한 공사품질관리방안 마련

3) 수돗물 수질기준의 강화와 원 · 정수에 대한 수계별 맞춤형 유해물질모니터링을 통해 수돗물 안전성 강화

　① 수돗물 수질기준 2개 항목 신설(브로모디클로로메탄, 디브로모클로로메탄), 3개 항목 강화 (망간, 비소, 납)

　② 국내 산업입지 및 화학물질 유통현황 등을 감안하여 지역별 여건에 맞는 모니터링 대상물질 선정

3.2 급수취약지역에 대한 상수도 보급 확대

농어촌 · 도서지역에 대한 식수원 개발지원으로 도시 · 농어촌 간 수돗물 공급 격차 완화

3.3 먹는물 수질검사기관 관리제도 개선

1) 국가의 수질검사 검증체계 구축을 위한 추진계획 마련(2007. 12)

신뢰성 확보를 위해 지자체 및 먹는물 검사기관의 수질검사를 이중으로 검증하는 방안 마련

2) 먹는물 검사기관의 지정 · 관리업무 이관 등 검사기관 관리제도 개선

　① 지정 · 관리업무를 현재 국립환경과학원에서 유역(지방)환경청으로 이관

　② 수질검사조작 등 부정한 행위에 대한 검사기관 지도 · 점검을 강화(1회/3년 → 1회/년)하고, 부정행위에 대한 벌칙규정 신설 추진

계획목표연도

1. 개요

1) 상하수도계획의 목표연도는 시설물의 용량을 결정하기 위하여 설정한 연도

2) **너무 길게 계획할 경우** : 초기시설비가 커져 비경제적

3) **너무 짧게 계획할 경우** : 자주 확장공사를 해야 하는 불합리한 단점이 있다.

4) 그러므로, 도시발전 추세를 감안하여 적정히 정하여야 한다.

2. 고려사항

1) 상하수도시설의 능력결정은 장기간에 걸친 예측을 기초로 할 필요가 있다.

2) **하수도계획의 목표연도** : 20년

① 시설의 내용연수 및 건설기간이 길고

② 특히 관거의 경우는 하수량의 증가에 따라 단계적으로 단면을 증가시키기가 곤란하기 때문에

③ 장기적인 관거계획을 수립할 필요가 있다.

3) 개개 시실의 **규모** 결정에 있어서 계획언노는 앞으로의 공사의 난이노를 고려하여 서로 다른 계획연도를 설정할 수 있으며 이때 고려할 점은 다음과 같다.

① 설치하는 구조물이나 기계의 내용연수

② 시설확장의 난이도

③ 도시의 발전상황(인구의 증대, 상공업의 발전 등)

④ 자금사정 및 이자율(자금확보의 난이)

⑤ 건설비 및 유지관리비

3. 시설별 계획연차

1) 계획 당시의 자금사정, 건설비 및 유지관리비, 사용의 내용연수 및 시설의 확장난이도 등을 고려하여

2) 장기적인 전망을 수립하여야 하며 계획을 수립하는 것이 좋다.

3) 상수도시설

시설물	특징		목표연도
큰 댐, 큰 암거	확장이 어렵고 고가		25~50년
배수시스템, 여과지	확장이 쉽다.	도시성장 및 금리가 낮을 때	20~25년
		도시성장 및 금리가 높을 때	10~15년
직경 300mm 이상 관	소관으로 대치는 비경제적		20~25년
직경 300mm 이하 관	요구도가 빨리 변함		완전이용에 이르는 연수

4) 하수도시설

시설물	특징	목표연도
간선, 토구, 차집관거	확장이 어렵고 고가	40~50년
직경 300mm 이상 관	도시성장 및 금리가 낮을 때	20~25년
	도시성장 및 금리가 높을 때	10~15년

① Ductile 주철관, 강관 통수연수 : 15~20년 후의 관경을 고려

② 하수도계획의 목표연도 : 20년

③ 상수도 계획연도 : 5~15년간 고려

④ 우수조정지 계획우수량 확률연수 : 5~10년 원칙

Key Point ✦

상기 문제는 출제여부를 떠나 기본적으로 숙지해야 할 내용임

정수시설의 배치계획

1. 개요

1) 목표수질을 달성하기 위해 여러 가지 단위공정을 조합하여 수처리시설을 결정한다.

2) 가능하면 건설비, 운전비, 유지관리비가 적도록 공정을 구성한다.

3) 수처리공정을 직렬로 연결 시 경제적인 배열원칙은 큰 불순물 성분과 농도가 높은 불순물을 먼저 처리하는 것이 원칙이다.

4) 취수시설, 정수설비, 배수설비가 결정되면 각 시설 간의 수위관계가 적합하여야 한다.

2. 정수시설 배치

1) 좋은 수질을 생산할 수 있는 배열의 구성

2) 최소한의 시설로 쉽게 운전될 수 있어야 한다.

3) 유지관리의 집중화가 필요하다.

4) 약품주입관은 되도록 짧게 설치하여야 한다.

5) 약품의 주입 및 관리가 쉽게 이루어지도록 한다.

6) 꼭 필요한 장비만 설치한다.

7) 적절한 자동화의 구성

8) 수리적으로 무리가 없고 비정상 시에도 수리적, 수질적 장애가 없을 것

9) 일부 시설의 운전정지 시 흐름의 변경이 용이하고 응급성이 높을 것

10) 개개의 공정평가 개선이 독립하여 가능할 것

11) 작업자 및 인근주민을 위한 환경의 조성

12) 관리실로부터 감시 및 제어가 가능할 것

상수도시설의 에너지 및 유지관리비 절감방안

1. 서론

1) 상수도시설의 유지관리비의 약 50% 정도를 전력비와 약품비가 차지하고 있으며
2) 최근에는 인건비가 차지하는 비중이 상승하는 추세에 있다.
3) 따라서 상기의 전력비, 약품비 및 인건비의 절감을 통한 상수도시설의 에너지 및 유지관리비의 절감이 필요하며
4) 이를 위해서는 설계 시부터 정수처리시설뿐만 아니라 송·배수시설과 펌프시설의 에너지 절감방안을 적용할 필요가 있다.
5) 특히 설계 시에는 건설, 시설운영, 폐기 시 각 처리시설의 기능을 수행하기 위한 생애주기비용 즉, VE/LCC 분석을 통한 설계와 시설의 적용이 필요하다.

2. 에너지 절감계획의 수립순서

에너지 절감목표의 설정 → 추진조직의 편성 → 설비별 에너지 사용 실태조사 → 개선설비에 대한 손실량 및 개선방안 검토 → 추진계획의 수립 → 예산편성 → 시설개선 및 유지관리 개선 시행 → 개선효과의 평가 → 타 시설로 전파

3. 인건비 절감

3.1 개요

1) 상수도시설의 유지관리비 중 인건비가 차지하는 비중은 시설의 규모, 처리방법 등에 따라 다르지만
2) 최근 인건비의 상승으로 유지관리비 중 인건비 비율이 계속 증가하는 추세
3) 따라서 인건비의 절감이 매우 중요하며
4) 인건비 절감을 위해 시설의 자동화에 의한 유지관리인력의 절감이 필요

3.2 인건비 절감방안

1) 취수펌프, 송수펌프, 배수펌프 등은 수위 및 수량변화에 대응이 가능한 자동운전시설로 설치
2) 응집제 주입시설은 수량 및 수질변화에 대응한 자동투입시설로 설치
   ① SCM, 제타전위계 및 Particle Counter와 연계 운전

② 유입수질 변화에 능동적으로 대처하는 최적주입시스템 구축

3) 여과지의 역세척시설은 여과지속시간, 여과지의 손실수두 등에 대응한 자동역세척시설로 설치

4) 원수, 여과수, 정수 등의 수질을 자동으로 측정하기 위하여 On－line 자동측정설비로 설치

4. 전력비 절감

전력비는 상수도시설의 유지관리비에서 가장 큰 비중을 차지하고 있는 항목 중의 하나이므로 전력비 절감을 통한 에너지 및 유지관리비 절감을 도모할 필요가 있다.

4.1 전력비 절감방안

1) 정수장 내의 각 시설 간의 수위차가 자연유하에 의해 흐를 수 있도록 설계

2) 기계설비의 장단점을 충분히 파악하여 효율이 높고 설치조건에 가장 적합한 설비의 설치

3) 각 정수처리시설은 수두손실이 가장 적은 방법으로 설치

4) 여과지의 시설과 역세척방법의 개선, 전처리 효율의 향상 및 여과지의 철저한 관리로 여과지속시간을 증가시켜 역세척수 및 전력비를 절감

5) 송 · 배수시설의 전력비 절감

   ① 경제적인 관경 결정

   ② 관로의 Flat화

   ③ 관내면의 라이닝

   ④ 중간가압장의 측관 설치

   ⑤ 송배수관의 개량

   ⑥ 배수구역의 적정 Block화 및 상호연결

   ⑦ 배수지의 위치는 배수구역 중앙에 설치

   ⑧ 경제적인 배수지 용량 결정

   ⑨ 급수구역의 최적화, 고저차에 따른 세분화 및 가압장 설치로 수압손실을 최소화

   ⑩ 관말압력에 의한 펌프의 유량제어

6) 펌프설비의 전력비 절감

   ① 펌프의 성능곡선과 운영조건을 검토하여 효율이 떨어지는 경우 펌프를 교체하거나 회전수 제어, 대수제어 및 고저 양정펌프의 조합을 통한 전력비 절감

   ② 적정 토출량 및 양정을 결정하고 고효율의 펌프를 선정

   ③ 계장설비의 자동화

   ④ 펌프 설치 높이의 적정화와 경제적인 배관 설치

   ⑤ 최고 효율점 운전

   ⑥ 정기적인 점검 및 보수

   ⑦ 과대 유량에 따른 과부하 운전 방지

5. 약품비 절감

1) 응집약품 절감
  ① Jar−test를 통한 적정 응집약품의 선정과 적정 투입량 결정
  ② 약품투입시설을 수량과 수질에 대응가능한 자동투입시설로 설치하여 약품의 과다 또는 과
    소 투입을 방지
  ③ SCM, 제타전위계 및 Particle Counter와 연계 운전
  ④ 고속응집침전지의 설치에 의한 약품비 절감
  ⑤ 혼화(순간혼화)와 Floc 형성에 필요한 적성 G值(또는 G · T, G · C · T值)의 유지를 위한 설계
    와 운영
  ⑥ Enhanced Coagulation에 의한 약품비 절감

2) 염소투입량 절감
  ① 적정 C · T值 확보를 통한 염소주입량의 감소
  ② 정수지의 수위관리, 도류벽의 설치 등으로 체류시간의 증대를 통한 약품비 절감
  ③ 계절별로 관말 수도전의 수질검사를 통하여 관말의 수도전에서 유지하여야 하는 적정 잔류
    염소량을 파악하여 정수장에서 투입하는 소독약품의 투입농도를 명확히 설정하여 소독약품
    의 과다 또는 과소 투입을 방지

6. 슬러지 처리비

1) 침전슬러지, 역세척수 등으로부터 배출되는 슬러지의 농축효율을 높여 탈수슬러지의 함수율을
   저감시킴으로써 탈수슬러지의 처리비용을 절감
2) 슬러지 탈수성 시험을 통한 탈수약품의 선정 및 적정투입량을 결정하여 약품비 및 슬러지 처리
   비를 절감
3) 슬러지를 가능한 고농도로 배출
4) 슬러지의 성상 및 처분 등을 고려한 설계를 통하여 최적의 처리방법을 조합하고 에너지 소비가
   적은 시설이 되도록 설치

7. 수선유지비

1) 설계 시 설비의 수명에 따른 수선유지비 및 설비의 감가상각비를 적용
2) 펌프 등 각종 설비에 대한 예방정비를 철저히 하고 필요시 분해정비를 실시하여 고장을 사전에
   예방함으로써 유지보수비를 절감
3) 각종 설비의 이력카드를 작성하여 고장을 사전에 방지하고 신속한 수리를 도모

4) 각 설비별 소모품 및 부속품의 적정 재고량을 파악하고 사전에 구매, 저장하여 고장 발생 시 신속한 수리를 도모

8. 결론

1) 처리장의 유입수질 및 현황조사를 통한 에너지 절감방안의 계획을 수립할 필요가 있으며

2) 정수장의 유지관리비 중 많은 비중을 차지하는 전력비, 인건비, 약품비에 대한 유지관리비의 절감 대책을 중점적으로 수립할 필요가 있으며

3) 설계 시 각 처리시설의 기능을 완벽히 수행하기 위한 생애주기비용(LCC)을 적용한 가치평가(VE/LCC)를 통하여 기능을 수행하는 데 최소의 비용이 소비되는 공법 및 처리설비의 구축이 무엇보다 필요하며

4) 신규처리장의 설계 및 기존 처리장의 개선 및 개량을 할 때 의무적으로 시행할 필요가 있다.

Key Point

- 최근 기출문제이며 녹색성장 온실가스 저감에 따라 향후에도 출제가 예상되는 문제임
- 하수도시설의 에너지 절감과 함께 전체적인 내용의 숙지가 필요함
- 또한 출제자에 따라 전력비, 인건비, 약품비의 절감방안이 아닌 각 처리시설별 대책으로 변형되어 출제될 수 있으니 이에 대한 대책과 기술이 필요한 문제

고도정수처리시설 도입기준

1. 개요

1) "고도정수처리시설"이라 함은 일반정수처리공정(응집/침전 → 여과 → 소독)인 완속 또는 급속 여과공성 등으로 구성된 기존의 성수방법으로는 완전히 제거되지 않는

2) 맛·냄새 유발물질, 미량유기오염물질, 암모니아성 질소 등을 제거하기 위하여 생물처리, 오존 처리, 활성탄처리 등의 공정을

3) 일반정수처리방법에 추가하여 설치한 시설을 말한다.

2. 검토대상

대상 시설의 정수장에서 다음 각 호의 어느 하나에 해당하는 수질문제가 발생하고 있는 경우에는 고도정수처리시설 도입을 검토하여야 한다.

1) 원수의 연평균 수질이 3급수인 경우(소독부산물 생성이 높은 경우를 포함) 또는 수돗물의 맛· 냄새로 인한 민원이 발생하는 경우

2) 현재 고도정수처리시설이 도입되어 있는 정수장과 같은 수계에 있으면서, 당해 고도정수처리시 설이 도입되어 있는 정수장에서 발생한 문제점과 유사한 문제점이 예상되는 경우

3) 원수의 연평균 수질이 2급수 이상인 경우에도 일반정수처리방법으로는 처리가 곤란한 인체 유 해물질이 원수에 유입되는 경우

4) 일반정수처리방법으로는 먹는물 수질기준 확보가 사실상 어려운 경우

5) 환경부장관이 고도정수처리시설 도입 검토를 요청한 경우

3. 시설도입 절차

1) 각종 수질 기초자료 수집 : 취수원 등의 수질자료를 수집·분석하기 위하여 정기적으로 수질검 사를 실시하여 고도정수처리시설 도입의 타당성을 종합적으로 검토

2) 고도정수처리시설 이외의 각종 대안 검토 및 고도정수처리시설 도입과의 상호 비교·분석

3) 고도정수처리시설 도입을 위한 실험실 규모 및 실증 규모의 모형실험 수행

4) 고도정수처리시설 도입 기본계획 수립

5) 고도정수처리시설 설계 및 시공사업 시행

4. 대안검토

수도사업자는 고도정수처리시설의 도입을 결정하기 이전에 다음 각 호의 대안을 비교·검토하여야 한다.

1) 수질보전대책으로 취수원의 수질개선 가능성
2) 취수원 변경 가능성
3) 광역상수도 수수 또는 인근 정수장 간 연계 운영
4) 기존의 일반정수처리방법의 개선 또는 부분적인 시설개선

5. 공정결정

1) 대안검토 결과 고도정수처리시설의 도입이 필요하다고 결정한 경우에는 모형실험을 수행
2) 모형실험 결과에 대하여 상수도 분야의 고도정수처리시설 전문가 10인 이상으로 구성된 전문가 자문회의를 통하여 그 적합성을 검증받은 후 고도정수처리시설 도입을 최종적으로 결정

6. 고도정수처리시설 도입을 위한 수질조사항목

6.1 조사지점

1) 기존 정수장의 원수 및 처리수(여과수 및 정수장 유출수)
2) 여건에 따라 수질조사지점의 추가(침전수 등)가 바람직

6.2 조사 수질항목

1) 원수

① BOD, COD, TOC, UV_{254}, 색도, 탁도, 맛·냄새, 병원성 미생물, 소독부산물 생성능(THM_{FP}, HAA_{FP}), 합성유기물질

㉮ BOD는 하천수, COD는 호소수에 대하여 측정

㉯ 합성유기물질은 먹는물 수질기준에 제시된 항목을 기준으로 하되, 과거 측정결과와 관련 자료를 토대로 추가 또는 제외(과거 1년간 정수처리수에서 검출한계 이하로 나타난 항목은 제외 가능)

㉰ THM_{FP}, HAA_{FP}는 실험에 의해 측정하고, pH 7, 온도 20℃, 주입염소농도는 $3TOC + 7.6$ $NH_3 - N$, 반응시간은 3일을 기준으로 함

㉱ 맛, 냄새는 TON을 기준으로 하되, 2−MIB 및 Geosmin 등이 맛, 냄새의 주요인자로 판단될 때는 추가

2) 처리수

TOC, UV$_{254}$, 색도, 탁도, 맛 · 냄새, 병원성 미생물, 소독부산물생성능(THMs, HAAs), 합성유기물질

THMs, HAAs는 기존 정수장 유출수에서 측정되는 THM과 HAA의 농도임

6.3 조사주기

상기 조사 수질항목에 대하여 주 1회 이상을 기준으로 1년 이상의 자료

유수율(I)

1. 서론

1) 수도시설은 국민의 생산 및 소비활동과 직결되는 필수적인 요소

2) 최근 상수원의 오염에 따른 취수의 제약, 에너지 비용 및 정수처리 비용의 상승 등으로 인하여 정수된 물의 손실에 대한 관심이 증가되고 있다.

3) 우리나라의 평균 누수율은 약 14%로 선진외국에 비해 높은 수준이며

4) 이는 수자원의 낭비 및 상수처리와 공급을 위한 비용증가를 초래

5) 경제적인 손실뿐만 아니라 부족한 수자원의 효율적인 이용이라는 차원에서는 지속적인 유수율 제고 노력에 대한 현황을 조사 분석하여

6) 체계적인 유수율 제고방법에 대한 기본방향, 누수 및 계량기 불감수량 등에 의한 무수수량을 감소시켜 경제적 손실을 줄일 수 있는 방안을 모색할 필요가 있다.

2. 유수율

1) 뉴수수량

① 상수도 공급량 중 요금수입의 대상이 되는 요금수량

② 즉, 다른 수도사업자에게 분수하는 분수수량, 기타 공원녹지용수, 공중화장실용수 및 공사용수 등으로서 타 회계로부터 요금징수로 수입이 있는 수량 등을 유수수량이라고 한다.

2) 유수율

① 전체생산량에서 유수수량이 차지하는 비율을 유수율이라 한다.

② 유수율(%) $= \dfrac{\text{유수수량(부과량)}}{\text{생산수량}} \times 100$

3. 생산량의 분류

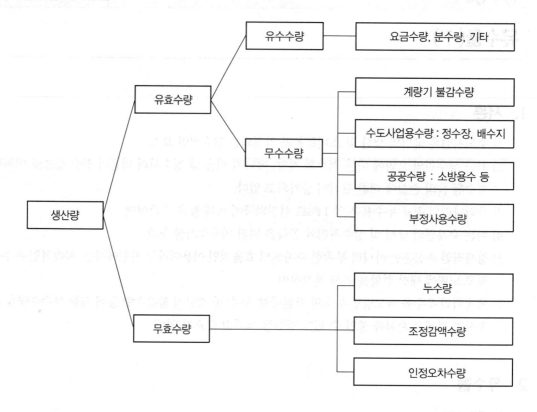

4. 유수율의 향상대책

4.1 관망도 작성 및 전산화 계획

1) 상수시스템 구축을 체계적으로 관리
2) 누수 등 긴급사태 시 신속히 대처
3) 양질의 급수 서비스 제공 및 시설정보시스템 구축으로 유수율 제고업무에 활용
4) 도면관리시스템 및 지리정보체계(GIS)의 도입

4.2 Block System 구축

1) 관망의 효율적 관리
2) 누수방지의 효율성 제고
3) 정수장에서 생산된 수돗물을 대·중·소구역의 체계적인 관로를 통하여 관로 내 수돗물의 정체 없이 최단거리로 안정적 공급이 가능
4) 2차 발생 가능한 수질오염 예방과 누수사고로 인한 누수수선비용 절감, 수자원의 낭비로 인한 국가적인 손실예방과 시민의 재산과 인명피해를 예방할 수 있다.

5) 배수구역 내의 수계분리작업을 기존의 구역화(행정구역, 도로)와 다르게 실제 배수지로부터 수돗물이 공급되는 지역으로 분리하여, 보다 효과적으로 검침이 가능한 수계분리가 선행되어야 한다.

4.3 누수탐사 체계화 구축

1) 기존 누수탐사방법과 새로운 누수탐사방법을 접목
2) 누수량 감소를 위한 누수탐사와 부과량을 증대시킬 수 있는 수용가조사 실시
   구역 전체 유효율을 증대
3) 탐사장비 현대화 및 탐사요원의 지속적인 교육 실시

4.4 누수원인별 저감대책 수립

1) 관의 부식 및 노후화
   ① 내식성 자재로 교체 : DCIP, 도복장 강관, SUS관, GRP관
   ② 토질조건을 고려한 관종 선택
2) 높은 수압
   수압조절, 감압밸브 등을 활용한 수압저하
3) 토양의 이동
   내진설계 적용, 충분한 다짐, 충분한 심도 유지
4) 도로의 교통하중
   ① 교통량이 적은 보도측 시공
   ② 충분한 심도 유지
5) 불용 및 폐기 관의 미비
   관로 통폐합 등 정비 공사 시 불용 및 폐기 관의 철저 시행
6) 자재불량, 토질조건
   ① 자재 조달 시 시험을 통한 반입
   ② 토질조건을 고려한 관종 선택
7) 시공불량 : 공사관리 철저

4.5 노후관 교체 및 정비

1) Block – system 구축사업과 연계된 노후관 개량사업이 Block – system 구축에 따른 사업비와 중복투자가 되지 않도록 한다.
2) 기존 노후관의 누수발생이 높은 에폭시관, PE관 등은 스테인리스관으로 순차적으로 정비
3) 잔존노후관 및 도로횡단 관로 정비는 급수계통의 원활한 통제와 유지관리를 위하여 상수도 관종에 구분없이 Block – system 구축 사업계획과 병행하여 폐쇄 또는 교체

4.6 계량기 불감수량 저감대책 수립

4.7 관망정비

4.8 관망진단

1) 관로시설 및 운영관리 실태를 조사 · 분석하여 유수율 관리의 문제점 분석

2) 관로시설 개선 및 운영관리에 대한 기본방향을 수립하고

3) 급수체계 현황을 조사 · 분석하여

4) 장래 용수수요에 대한 안정적인 용수공급을 위한 배수지 및 가압장에 대한 효율적인 시설물 운영방안에 대한 기본방향을 제시하며

5) 관망의 수리적 거동분석을 통하여 현 관망의 문제점을 도출하고 급 · 배수시설의 최적운영을 위한 개선방향을 수립하는 데 활용

4.9 정수장 유량계 검 · 교정 검사

4.10 요금부하량 증대 및 배수량 분석관리

4.11 관망 내 압력관리

1) 관망 내 압력과 누수량의 관계는 비례

2) 유수율 관리와 안정적인 수돗물 공급서비스를 위해서는 관망 내 압력관리는 필수적

3) 효율적인 압력관리를 위해서는 수압상태에 따라 감압 또는 가압을 통해 급배수 관망이 $1.5 \sim 4.5 kg/cm^2$ 으로 유지될 수 있도록 대응방안의 수립이 필요

4.12 절수시설의 보급화 증대

5. 유수율 향상의 효과

1) 부과량 증대에 따른 요금수익 증대

2) 낭비수 제거에 따른 수돗물 생산비용의 절감

3) 누수로 인한 오염물 유입 가능성 저감(수질개선)

4) 누수로 인한 도로의 함몰 제거

5) 건물의 안전도 저해요인 제거

6) 침수 및 타 지하시설물의 안전 위협요수 제거

7) 수자원 및 상수도 개발 및 확장으로 인한 비용을 절감

8) 누수방지로 정수장 생산량 절감

6. 유수율 제고사업의 향후과제

1) 요금현실화로 유수율 제고사업 투자재원을 확보하여야 한다.

2) 조직과 인력의 정비로 고객중심의 상수도 행정을 추구하여 대시민 서비스 개선과 상시 서비스 체제를 유지하여야 한다.

3) 누수탐사반 및 누수탐사장비의 현대화로 지하누수의 신속한 탐사가 필요하다.

4) 배수지 시설을 확충하여 급수방식을 간접배수방식으로 전환하여 균등수압 유지로 누수를 저감하여야 한다.

5) 유수율 제고를 가장 합리적이고 체계적으로 추진할 수 있는 상수도 관망의 현대화 사업인 Block −system을 구축하여, 사고나 누수 등을 조기 발견이 가능하도록 하고 누수저감 및 경영합리화를 위하여 지속적으로 노력하여야 한다.

6) 누수탐사의 체계화로 생산량 절감에 따른 생산비용 절감과 수자원의 효율을 극대화하여야 한다.

7) 노후 상수도관 및 수도계량기를 교체 또는 정비하여야 한다.

8) 관망도 작성 및 시설정보시스템 구축 등 전산화하고, 수운용센터를 구축하여 TM/TC가 가능하도록 구축하여야 할 것이며, 기타 유량계 검 · 교정 및 요금부하량 증대와 배수량 분석 등으로 유수율 제고를 위하여 노력하여야 한다.

7. 결론

1) 유수율 제고를 위한 대책으로는 관망노의 확보, Block −system 구축, 노후관 대책, 누수탐사, 누수량의 산정 등의 대안이 제시되고 있다. 그러나 지자체의 상황과 재정능력 등이 상이하여 해당 지역에 적합한 것은 아니다.

2) 먼저 각 지자체의 현황파악, 관망 조사를 통한 우선순위지역의 선정과 배수구역을 중심으로 한 Block −system의 구축이 무엇보다도 필요한 실정이다.

3) 노후관 판단 기준, 누수 원인 분석 기준, 수도계량기 불감률 산정기준, 유수율 및 생산량 분석기준에 대한 명확한 제시가 없으므로 지자체마다 상이한 판단기준과 방법이 적용되고 있다. 따라서 체계적인 판단기준이나 방법 수립이 필요한 것으로 판단된다.

4) 상수도의 수질개선과 누수방지를 위해서는 현행 체제인 사후개선식으로는 막대한 예산낭비에 비해 수질개선 효과가 떨어지고 유수율 향상 효과도 크지 않다.
따라서 선진국처럼 철저한 유지관리를 할 수 있는 지침이나 정책이 필요하다.

Key Point +

- 115회, 116회 출제
- 중요한 문제이나 최근 출제 빈도가 낮았던 문제이므로 향후 출제가 예상됨. 특히, 물절약, 에너지 절약과 더불어 출제될 확률이 높음
- 유수율의 정의, 생산량의 분류, 유수율 향상대책은 반드시 숙지 바람

유수율(Ⅱ)

1. 서론

1) 유수율이란 상수도 생산량 중에서 요금수입이 발생하는 비율을 말함
2) 우리나라 유수율은 약 80%로 낮음. 그 주된 원인은 약 20%에 달하는 누수율로 누수율 저감을 위한 근본적인 대책 필요
3) 기존의 유수율 제고사업은 누수복구와 경년관 교체 위주로 진행되어 관망의 구조적인 문제 해결 불가
4) 부분적인 송·배·급수관로 확장공사로 인해 배수구역, 블록, 관망체계가 혼재되어 효율적인 유지관리가 곤란
5) 효과적인 관로 진단 및 정비를 통해 누수 및 수질오염을 예방하여 수돗물 신뢰도 제고 필요

2. 유수율 개념

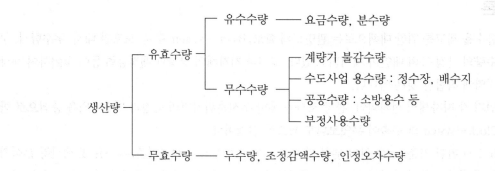

2.1 유효수량

1) 유수수량과 무수수량의 합 : 전체 생산량 중 무효수량을 뺀 양
2) 유수수량 : 생산량 중 요금수입의 대상이 되는 수량
3) 무수수량 : 부정사용수량 비중이 가장 큼

2.2 유수율

1) 전체 생산량에서 유수수량이 차지하는 비율
2) 유수율(%) = (유수수량/생산량) × 100
3) 국내 유수율 : 약 80%(서울시 93%)

2.3 누수량

1) 실손실량과 명목손실량의 합계

2) 허용누수량 or 허용오차량(Allowable Leakage) : S시에서 야간최소유량 측정 시 사용하고 있는 기준값

3) 연간허용누수량, 허용실손실량(UARL : Unavoidable Annual Real Losses)

　① 특정 시스템이 가장 효과적인 동작조건하에서 달성할 수 있는 최소의 실 손실 수준

　② 불가피 연간 실 손실량은 누수량을 최소화하기 위해 모든 필요한 조치를 했을 경우 이론적으로 도달할 수 있는 누수 수준을 나타내기 때문에 일반적으로 대부분의 용수 공급자에게는 성취하기 힘듦(UARL은 대개 경제적 누수량보다 훨씬 작기 때문)

4) 현재의 연간실손실량(CARL : Current Annual Real Losses or TIRL : Technical Indicator for Real Losses)

　－ 현재 상태의 시설여건과 기술수준에서 발생하고 있는 실손실량의 연간총량

5) 누수평가지표(ILI : Infrastructure Leakage Index) : 현재의 연간실손실량

　　ILI ＝ CARL/UARL

3. 유수율 향상방안

3.1 약 20%에 달하는 누수량과 부정사용량을 줄이는 것이 효과적

3.2 방법

1) 기술진단 : 누수탐지, 관망성능 평가 등

2) 누수원인별 저감대책 수립 : 노후관 정비, 부적합 계량기 교체 · 정비

3) 최적관리시스템 구축 : 블록시스템 구축 등

4) 부정사용 방지 : 계량기 봉인관리, 업종 간 급수혼용 방지, 과태료 징수

4. 기술진단

4.1 일반기술진단

1) 일반현황 조사

　① 블록별 관망현황

　② 블록시스템 구축사항

　③ 유수율 관리현황

　④ 노후관 개량에 대한 실적 및 계획

　⑤ 출수불량, 수질, 단수 및 누수 등 발생원인별 민원발생건수 및 처리내역

2) 개략적인 진단 및 평가(등급 판정)

3) 개선방안 제시

    ① 노후관망에 대한 원인 분석

    ② 불량 및 심각한 블록에 대한 개량방안

    ③ 상수도관망에 대한 종합적인 구축방안

4.2 전문기술진단

1) 대상

일반기술진단 결과 불량으로 판정된 블록을 대상으로 현장조사

2) 현장조사 내용

    ① 블록 내의 수압편차 적정성 분석

    ② 적정배수관경 및 적정공급 여부 분석

    ③ 소블록의 정체수역 발생 여부 및 구간 확인

    ④ 배관 샘플 채취 : 노후도 및 상태 분석

    ⑤ 블록구축 및 밸브설치 여부, 단수 시 우회 공급 배관망 구성 등

    ⑥ 야간최소유량 조사

        − 허용누수량($1.0m^3/hr-km$) 초과 시 누수탐사를 실시하여 누수 복구 후 재측정

3) 개선방안 제시

    ① 상수도관망을 체계적으로 관리할 수 있는 종합적인 관망 구축 방안

    ② 불량 블록에 대한 원인 분석

    ③ 노후관 총연장 및 개량계획

    ④ 급수구역 및 블록별 사업의 우선순위

    ⑤ 블록별 개략공사비 산출

5. 상수관망 최적관리시스템 구축

5.1 사업 목적

1) 수돗물 생산 · 공급비용 저감을 통한 수도경영 효율화

2) 유수율 제고를 통한 수자원 및 에너지 절감

3) 누수 및 수질오염 예방을 통한 수돗물 신뢰도 제고

4) 선 진단 후 개량을 통한 효과적인 관망정비

5) 블록시스템을 통한 관망최적관리체계 구축

6) 선제 · 예방적 유지관리를 통한 관망기능 및 유수율 유지

7) 관망정비기술 발전을 통한 녹색성장산업 발굴 및 해외진출

5.2 사업 내용

1) 기본계획 수립
    ① 현장조사 및 측정
    ② 관망도 정비 및 GIS 반영계획
    ③ 블록시스템 구축계획
    ④ 관망성능 평가
    ⑤ 누수탐사에 따른 누수지점 확인
    ⑥ 관망정비계획
    ⑦ 유지관리시스템 구축계획
    ⑧ 사업성과 측정지표 및 관리방안
    ⑨ 유지관리계획
    ⑩ 사업비
    ⑪ 사업시행계획

2) 사업시행
    ① 기본 및 실시설계
    ② 배수구역 분리 및 배수지 급수체계 정비
    ③ 구역(구간) 고립 및 블록시스템 구축
    ④ 관망체계 정비 및 기능별 송·배·급수관로 분리
    ⑤ 누수관 등 불량관 개량 및 대체
    ⑥ 부적합 계량기 교체 및 대체
    ⑦ 유지관리시스템 구축
    ⑧ 준공 관망도 보완 및 GIS 연계자료 구축
    ⑨ 성과보증
    ⑩ 사업효과 분석
    ⑪ 유지관리지침서 작성

3) 유지관리
    ① 운영관리
        ㉮ 관망운영 및 자료·통계 관리
        ㉯ 상수도 관로 및 시설물 이력관리
        ㉰ 관망도 관리
        ㉱ 민원관리
        ㉲ 운영모의
    ② 보전관리
        ㉮ 유입량 : 부과량 분석 및 수량·수압·수질 분석

㉯ 정비우선순위 선정 및 정비방향 결정

　㉰ 누수탐사 및 누수지점 보수

　㉱ 수압 조정 및 복원, 누수 저감

　㉲ 부적합 계량기 교체, 정비

　㉳ 시설, 설비, 계측기, 정비 및 불량관 개량, 대체

6. 야간최소유량 측정에 의한 누수량 정량화

6.1 목적

1) 유수율은 퍼센트 단위로 누수를 평가하는 지표이므로, 기저용수량의 변동에 의해 왜곡될 수 있음

2) 배수유역의 특성(배급수 관로연장, 수도전 수 등)이 다른 지역 간에 상호비교가 어려움

3) 최근 누수량 평가방법은 구역이 고립된 유역을 대상으로 야간유량 즉, 물사용량이 가장 적은 시간대 유량분석을 통하여 산정

　－합리적이고 과학적으로 누수 정량화 가능

6.2 방법

1) 각 세대별로 설치된 수도계량기의 앵글밸브를 열어 놓은 상태로 블록을 경계로 하는 제수밸브를 잠금

2) 블록 인입 제수밸브를 열어, 수도사용 수량이 제일 작은 시간대에 최소 유량치를 측정하여 누수량 측정

$$최소유량＝누수량＋사용량$$

6.3 조치

구분	야간최소유량 측정값 (m³/hr · km)	작업내용
양호 (상)	1.0 이하	• 별도의 누수방지를 위한 작업 불필요 • 블록 내 누수가 발생 시 누수복구작업으로 조치
보통 (중)	1.1~3.0	블록 내의 제수밸브, 퇴수밸브 및 소화전과 배수관로 등을 대상으로 누수 조사 및 보수
불량 (하)	3.1 이상	• 하수도 유량 및 수질조사, 하수도 맨홀 간 유량비교를 하는 등의 작업으로 철저한 누수 조사 • 도심재개발 및 주택재개발 사업 등의 구간 내 상수도 배수관 정비 및 급수관의 배수관 분기점에서 철거 • 상관식 누수탐지나 수요가의 수도계량기 보호통에서의 청음, 제수밸브, 퇴수밸브 및 소화전에서의 음청작업 • 누수가 많은 노후 관로에 대한 배급수관의 교체작업과 누수원인 분석 • 노후 관로 정비사업 구간 중 남아 있는 잔존관을 정비 • 하수도 내 유수장에 상수도관 통을 이탈하는 등으로 누수방지를 적극 조치

7. 관망 수압제어를 통한 누수저감

7.1 개요

1) 관망 내 누수는 압력이 크면 증가
2) 감압밸브 및 가압밸브 설치 등으로 적정 압력을 제어하여 누수량 저감

7.2 압력제어방안 수립절차

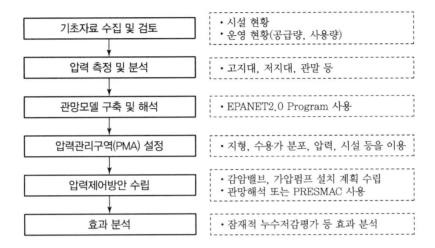

기초자료 수집 및 검토	• 시설 현황 • 운영 현황(공급량, 사용량)
압력 측정 및 분석	• 고지대, 저지대, 관말 등
관망모델 구축 및 해석	• EPANET2.0 Program 사용
압력관리구역(PMA) 설정	• 지형, 수용가 분포, 압력, 시설 등을 이용
압력제어방안 수립	• 감압밸브, 가압펌프 설치 계획 수립 • 관망해석 또는 PRESMAC 사용
효과 분석	• 잠재적 누수저감평가 등 효과 분석

7.3 고려사항

1) 경제성을 최대한 고려해야 함
2) 급수관 분기지점에서 배수관 내 최소동수압 $1.5kg/cm^2$ 이상 확보
3) 감압밸브 설치 시 고지대의 출수 불량이 발생하지 않도록 용량 선정
4) 신뢰도 확보를 위해 압력 측정은 최소 일주일 이상 실시

8. 결론 및 제안사항

1) 유수율 향상을 위해서는 노후관 정비 위주의 관망관리에서 격자식의 블록시스템으로 전환하는 등 체계적인 최적관리시스템 구축이 필요함. 배수관망을 격자식으로 전환하는 것만으로도 유수율을 10~15% 향상시킬 수 있음
2) 이는 댐 건설적지 확보 곤란, 사회적 반대 등으로 추가적인 댐 건설이 어려운 현실에서 가장 현실적인 수자원 확보 대안이 될 수 있음
3) 서울시는 1990년부터 연간 약 1,000억 원의 예산을 들여 관망최적관리시스템 구축사업을 추진하여 현재 선진국 수준의 93%의 유수율을 보이고 있으나 재정규모가 작은 지자체는 적극적인 유수율 제고사업을 추진하기가 곤란한 실정임

4) 따라서 지자체별로 제각기 운영되고 있는 지방상수도를 최근 태백권 유수율 제고사업 사례에서 보는 바와 같이 통합·광역화하여 상수도 관망 최적관리시스템을 구축하는 것이 타당함

유수율 제고 상수도관망 최적관리시스템

1. 서론

1) 유수율이란 상수도 생산량 중에서 요금수입이 발생하는 비율을 말함
2) 우리나라 유수율은 약 80%로 낮음. 그 주된 원인은 약 20%에 달하는 누수율로 누수율 저감을 위한 근본적인 대책 필요.
3) 기존의 유수율 제고사업은 누수복구와 경년관 교체 위주로 진행되어 관망의 구조적인 문제 해결 불가
4) 부분적인 송·배·급수관로 확장공사로 인해 배수구역, 블록, 관망체계가 혼재되어 효율적인 유지관리가 곤란

2. 사업목적

1) 수돗물 생산·공급비용 저감을 통한 수도경영 효율화
2) 유수율 제고를 통한 수자원 및 에너지 절감
3) 누수 및 수질오염 예방을 통한 수돗물 신뢰도 제고
4) 선 진단 후 개량을 통한 효과적인 관망정비
5) 블록시스템을 통한 관망최적관리체계 구축
6) 선제·예방적 유지관리를 통한 관망기능 및 유수율 유지
7) 관망정비기술 발전을 통한 녹색성장산업 발굴 및 해외진출

3. 사업 주요내용

3.1 기본계획 수립

1) 현장조사 및 측정
2) 관망도 정비 및 GIS 반영계획
3) 블록시스템 구축계획
4) 관망성능 평가
5) 누수탐사에 따른 누수지점 확인
6) 관망정비계획
7) 유지관리시스템 구축계획

8) 사업성과 측정지표 및 관리방안

9) 유지관리계획

10) 사업비

11) 사업시행계획

3.2 사업시행

1) 기본 및 실시설계

2) 배수구역 분리 및 배수지 급수체계 정비

3) 구역(구간) 고립 및 블록시스템 구축

4) 관망체계 정비 및 기능별 송 · 배 · 급수관로 분리

5) 누수관 등 불량관 개량 및 대체

6) 부적합 계량기 교체 및 대체

7) 유지관리시스템 구축

8) 준공 관망도 보완 및 GIS 연계자료 구축

9) 성과보증

10) 사업효과 분석

11) 유지관리지침서 작성

4. 유지관리 업무

4.1 운영관리

1) 관망운영 및 자료 · 통계 관리

2) 상수도 관로 및 시설물 이력관리

3) 관망도 관리

4) 민원관리

5) 운영모의

4.2 보전관리

1) 유입량 : 부과량 분석 및 수량 · 수압 · 수질 분석

2) 정비 우선순위 선정 및 정비방향 결정

3) 누수탐사 및 누수지점 보수

4) 수압 조정 및 복원, 누수 저감

5) 부적합 계량기 교체, 정비

6) 시설, 설비, 계측기, 정비 및 불량관 개량, 대체

5. 결론 및 제안

1) 유수율 향상을 위해서는 노후관 정비 위주의 관망관리에서 격자식의 블록시스템으로 전환하는 등 체계적인 최적관리시스템 구축이 필요함. 배수관망을 격자식으로 전환하는 것만으로도 유수율을 10~15% 향상시킬 수 있음

2) 이는 댐 건설적지 확보 곤란, 사회적 반대 등으로 추가적인 댐 건설이 어려운 현실에서 가장 현실적인 수자원 확보 대안이 될 수 있음

3) 서울시는 1990년부터 연간 약 1,000억원의 예산을 들여 관망최적관리 시스템 구축사업을 추진하여 현재 선진국 수준의 93%의 유수율을 보이고 있으나 재정규모가 작은 지자체는 적극적인 유수율 제고사업을 추진하기가 곤란한 실정임

4) 따라서 지자체별로 제각기 운영되고 있는 지방상수도를 최근 태백권 유수율 제고사업 사례에서 보는 바와 같이 통합·광역화하여 상수도 관망 최적관리시스템을 구축하는 것이 타당함

Key Point +

110회, 114회, 124회, 127회, 128회 출제

블록시스템 구축단계

1. 개요

1) 블록시스템이란 수도관의 관망이 바둑판 모양으로 구성된 블록형태로서

2) 수돗물 공급을 위한 송 · 배수 시설의 체계적인 관리와 수질관리, 누수방지 및 유수율 제고를 위한 이상적인 관망구성 형태를 말한다.

2. 기대효과

1) 기존 노후관 개량사업 위주에서 구역통제 · 관리체계 확립

2) 유량측정에 의한 과학적이고 효율적인 유수율 관리

3) 균등수압에 의한 누수율 감소

4) 상수도 관망의 최적관리구축으로 효과적인 누수방지사업, 유수율 제고를 통한 상수도 경영합리화를 도모할 수 있다.

3. 블록시스템 구축 추진단계

3.1 제1단계 : 블록 설정

• 블록의 효율적 유지관리를 위한 이상적인 블록형태를 설정

• 정수장, 배수지 중심의 배수구역 설정

• 수도사업자는 급수구역을 대블록, 중블록, 소블록으로 구분하여 관리

1) 대블록

   ① 정수장의 송수계통 급수구역

   ② 도로(폭 25m 이상), 하천 및 복개천, 철도 등을 경계로 블록 구분

2) 중블록

   ① 가압장 및 배수지 급수구역

   ② 도로(폭 8m 이상), 철도, 하천 및 복개천, 하수본관, 행정구역 등을 경계로 블록 구분

   ③ 급수전 1,500~5,000전 규모

   ④ 소블록 5~10개 포함

3) 소블록

   ① 도로(폭 8m 이하), 철도, 하천 및 복개천, 하수본관, 행정구역, 공원, 공단, 대단위 아파트 등을 경계로 블록 구분

② 급수전 500~1,000전 규모

3.2 제2단계 : 블록별 수도관 정비

1) 블록 고립화를 위한 수도관 정비계획을 아래 사항을 고려하여 수립 · 시행

　① 블록별 주요 인입관로 신설 등 관망 재구성 계획 수립 · 시행 : 기존 관로를 최대한 활용

　② 노후수도관, 관다발 및 누수다발 수도관, 녹물발생 및 단면 부족 수도관 등의 교체 및 갱생계획

　③ 배수구역을 소구역으로 분할, 배수관망의 블록별 급 · 배수관 순환 배관망 형성

　④ 급 · 배수관 주요 지점별 유량 및 수압 등의 측정 · 관리방안 고려

　⑤ 블록 간 비상급수방안 수립 : 비상연결관로 설치

2) 블록시스템을 위한 수도관 정비공사 후 성과분석

　구역 고립 여부를 조사

3.3 제3단계

1) 유량계, 수압계 설치

　① 블록 내의 유수율 및 누수율 분석, 누수지점을 효과적으로 예측하고, 송 · 배수시설의 효율적 운영관리를 위해 유량계 및 수압계 등을 설치한다.

　② 수도사업자는 설치된 유량계, 수압계 등을 분기 1회 이상 이상 유무를 점검하고, 연 1회 이상 정확도를 검정하며, 6년 경과 후에는 검정기관의 검교 및 교정을 받는다.

2) 원격관리시스템(Tele Monitoring System) 구축

　① 블록별 내 유수율, 누수율, 수압데이터 분석을 원격으로 전산화 관리할 수 있는 방안을 강구하여 추진한다.

　② 배수량, 블록별 누수량, 사용량의 Data를 원격으로 전송관리함으로써 신속하고 정확한 물관리시스템을 구축하고, 유수율 저하요인별 추적이 가능하여 사안별 정책수립의 기초자료를 제공하여 정책의 효율성을 극대화한다.

3.4 제4단계 : 블록별 유수율, 누수율 등 분석

1) 블록별 유수율 분석

　블록에 설치된 구역유량계를 실시간으로 계측히여 블록별 유수율, 누수율 등의 유량자료를 분석하여 블록의 유지관리에 대한 정책결정의 기초자료로 활용한다.

2) 블록별 등급화

　블록별 유수율의 분석결과 유수율의 정도에 따라 불량, 보통, 양호, 우수 등으로 등급화하여 관리한다.

3.5 제5단계 : 블록시스템 구축에 따른 구역관리 계획수립 및 시행

1) 구역고립 및 소블록 내 배수관망 구축설계 적정 수압·수량이 유지되도록 배관시스템 개선

   ① 관내 동수압 : $1.5 \sim 4.0 \mathrm{kg/cm^2}$로 유지

   ② 가압펌프, 감압밸브 설치, 제수밸브 조작 및 펌프운전에 의한 수압조정 등으로 적정수압·수량 유지

2) 블록별 통제, 관리체계 수립 등 예방차원의 지속적인 누수방지사업 시행

   ① 공급량과 사용량 및 수압측정 : 이상징후 발견 시 즉시 대처

   ② 균등수압 유지를 통한 누수발생 요인 감소

3) 불량등급의 블록에 대하여 우선적으로 누수탐사, 노후관 교체 및 정비 등 누수저감대책을 강구하여 조속히 추진

4) 구역개량, 단순 누수탐사 등 블록의 현황에 따른 용역 시행

5) 구역별 책임경영제 도입

6) 블록 간 비상급수방안 수립 : 비상연결관로 설치

Key Point +

110회, 114회, 124회, 127회 출제

수돗물 급수과정별 수질검사

1. 필요성

현재 지자체 등에서 수행하고 있는 수질검사는 표본수가 적어 대표성이 부족하고, 시료의 채취지점에 관해 정확한 규정이 미흡하여 합리적인 수질검사방법 도입이 필요

1) 수돗물 수질검사의 검체지점(檢體地點)을 명확히 하고, 마을상수도 등에 대한 수질기준 전 항목 검사제도를 도입
2) 수도꼭지의 수질검사결과에 따라 그 수질검사지점을 변경할 수 있도록 함

2. 수돗물 급수과정별 시설에서의 수질검사(광역상수도 및 지방상수도)

1) 기존의 수돗물 수질검사의 검체지점

   수돗물의 급수과정에 따라 정수장, 배수지, 가압장, 급·배수관, 저수조, 수도꼭지

2) 향후 수돗물 수질검사의 검체지점

   ① 명확하고 구체적으로 정하기 위하여 정수장, 정수장으로부터 물을 공급받는 주 배수지를 기준으로 하여
   ② 급수구역별로 주 배수지 전후, 급수구역 유입부, 급수구역 내 가압장 유출부, 광역 및 외부수 수계통의 수수지점, 정수계통이 다른 계통과 합쳐지는 지점, 급수구역 관말 수도꼭지로 정함

3. 마을상수도·전용상수도 및 소규모 급수시설의 경우

1) 마을상수도·전용상수도 및 소규모 급수시설
   ① 현재의 일부항목의 검사 외에 : 매 분기 1회 이상
      반세균, 총대장균군, 대장균 또는 분원성 대장균군, 불소, 암모니아성 질소, 질산성 질소, 냄새, 맛, 색도, 망간, 탁도, 알루미늄, 잔류염소
2) 향후 분기별 검사에 보론 및 염소이온에 관한 검사를 추가하여
3) 원수가 해수인 경우에 한하도록 하였으며(2007년 1월 1일부터 시행)
4) 수질기준 전 항목(55개 항목)에 대한 검사제도를 별도로 도입하여 연 1회 이상 실시하도록 하되
5) 3년간 수질검사 결과가 수질기준의 10퍼센트를 초과하지 아니하는 검사항목에 대하여는 3년에 1회 이상만 검사하면 되도록 간소화 : 2008년 1월 1일부터 시행

4. 광역상수도 및 지방상수도

1) 수도꼭지에서의 검사결과 1년 동안 지속적으로 수질기준에 적합하다는 결과가 나오는 경우 수질검사지점을 다른 곳으로 변경할 수 있도록 함

2) 일반수도사업자가 수도꼭지에서의 수질검사를 실시한 결과 1년 동안 지속적으로 수질기준에 적합하다는 결과가 나오는 경우에는 그 수질검사지점을 다른 곳으로 변경할 수 있도록 함

마을상수도

관련 문제 : 현황과 개선대책

1. 서론

1) 2004년 말 전국 10,824개(전체인구 3.8%, 187만 명)의 마을상수도가 설치 운영 중에 있으나 이 중 60%는 80년대 이전에 설치되어 매우 노후화되어 있는 상태

2) 시설설치 및 운영관리책임이 시장, 군수에게 있으나 설치개수의 과다로 마을대표가 관리하고 있는 실정이며 극히 일부 지자체는 민간위탁을 실시하고 있는 실정

3) 일반세균, 대장균, 질산성 질소 등 분원성 오염원과 관련된 항목이 대부분 초과되고 있는 실정이며 주원인은 염소소독 미실시로 판단됨

2. 문제점

2.1 안정적 수량 · 수질 확보 곤란

1) 취수원의 80%가 지하수이나 취수정의 심도가 낮아 가뭄에도 수원이 조기 고갈되고, 농경지, 축사, 주택 인근에 위치하여 수질오염 가능성이 높음
   ① 일정한 수량과 수질이 보장되는 암반지하수의 안정적 확보 곤란
   ② 지하관정 상부보호공 미설치 또는 케이싱과 암반 접촉 불량시공으로 주변의 오염원에 취약

2) 취수원의 20%가 계곡수를 사용하며 계곡수, 하천수를 수원으로 하는 경우 수원보호시설이 없어 축산폐수, 산성강우, 농경지 등 주변오염원에 매우 취약

3) 지하관정은 세척 등 관리가 미흡하여 스케일 등으로 인한 출수량 감소, 녹물발생 및 지하수 오염원으로 작용

2.2 배수지 관리의 문제점

1) 물과 함께 유입되는 흙, 모래, 낙엽 등의 물질과 소독약품의 찌꺼기, 시설물의 부식으로 부산물들이 배수지 내 수질오염을 가중시킴

2) 배수지 청소는 대부분 마을주민들의 자율적인 청소를 실시하며 관리 미흡으로 내부부식, 이끼발생 등 2차 오염 유발

2.3 먹는물 수질기준 확보 곤란

1) 대부분 여과 등 정수시설 없이 원수를 단순히 물탱크 저장 및 소독한 후 공급하므로 주민건강을 크게
   위협 : 소독의 경우에도 자동염소투입기 등이 설치된 곳은 극히 일부이고 마을이장 등이 간헐적
   으로 소독약품을 물탱크에 주입

2) 시설 자체가 간이로 설치되어 매우 열악하고, 대부분 노후화되어 수질기준 준수 곤란
   지방자치단체장은 시설 개·보수 등의 예산확보에 소극적이며 관심 부족

2.4 이용주민의 인식 부족

1) 지역주민이 냄새, 맛 등을 이유로 염소소독제 사용을 반대, 기피 : 대장균군 등 수인성 전염병에 상
   시 노출

2) 일부 지역에서는 일반상수도 공급이 가능한 지역에도 가구별 급수시설 설치비용 및 수도요금에
   대한 부담으로 마을상수도를 계속 사용하고 있는 실정

3) 농어촌 지역은 촌락이 산재되어 있어 관로 연결에 따른 소요예산 등이 도시지역보다 상대적으
   로 비싸 일반상수도 공급가능지역도 일반상수도 사용을 기피

2.5 시설개량을 위한 국비지원 예산 확보 곤란

1) 마을상수도 시설개량업무는 지자체 고유의 관리업무라는 이유로 국고지원 난색

2) 지자체에서는 마을상수도 대체수원개발 및 시설교체비용 등에 대하여 국고지원만 요청하고 지
   방비 투자를 기피

3) 시설노후화 및 열악한 시설의 과다로 시설 개체에 약 6,500억 원 이상 소요될 것으로 예상

3. 마을상수도 개선방안

3.1 취수원 및 배수지 관리 개선방안

1) 지하수를 사용하는 마을상수도 개선방안
   ① 현재 취수원의 원수 수질조사 및 취수원 사용 여부 검토
   ② 수질이 악화된 관정 및 설치가 잘못된 관정 등을 파악, 원인분석을 통한 시설개선방안 마련
   ③ 암반관정 및 일체형 정수시스템 설치
   ④ 수질이 악화되고 대체수원이 없는 지역의 마을상수도 시설에 환경신기술 인증제품 등 일체
      형 정수시스템(여과, 소독 등) 적극 도입

2) 계곡수를 사용하는 마을상수도의 개선방안
   ① 계곡수 특성상 물이 지속적으로 배수지로 유입되므로 배수지 내의 소독된 물이 희석되어 소
      독효과 저감문제 등이 발생되므로 유입차단시설 설치
   ② 계곡수는 산성비, 황사, 농약, 동식물의 오염물질 유입가능성이 높으므로 최대한 지하수를
      주 취수원으로 사용하고 계곡수는 보조수원으로 활용하거나 일체형 정수시스템을 도입

③ 콘크리트 물탱크를 부식방지 및 청소가 용이한 재질로 교체

3.2 수질관리 개선방안

1) 전염병 발생가능성이 높은 하절기 시설점검 및 관리강화

강우기인 6~8월에는 매월 1회 물탱크, 수원 주변을 매일 소독할 수 있는 제도 정립

2) 수질기준강화

분기별 14개 항목 이외에 1년에 1회 이상 55개 항목 측정

3.3 운영관리 개선방안

1) 운영관리 실태에 대한 평가실시

2) 상수도 공급이 가능한 지역에 대해서는 단계적으로 지방상수도 공급

3) 마을상수도는 전문수탁기관 또는 민관관리 유도

① 위탁관리에 필요한 위탁절차, 범위 등을 명확히 규정(수도법 개정)

② 유지관리비용은 주민부담 또는 일부 자치단체

4) 통합운영관리시스템 도입

① 마을상수도시설의 염소투입시설, 수질측정 등에 대한 운영의 자동화 도모

② IT 기술 활용, 광역통합관리 및 비상주순환관리체제로 전환

③ 지역별 통합관리를 위한 감시, 제어시스템 구축 등

3.4 주민홍보 및 주민참여형 시설 유지관리

1) 주민에게 안전한 물 사용을 위한 소독 및 오염원 관리 필요성 등을 홍보

2) 전염병 발생 가능성이 높은 하절기 시설 점검 및 관리강화

3) 인구감소, 취수원의 수질악화, 노후시설 교체 등으로 경제성이 없는 마을상수도시설을 지방상수도로 전환

3.5 급수지역 확대로 지방상수도 전환 추진

농어촌 지방상수도 사업 추진 시 마을상수도 공급지역을 지방상수도 급수구역으로 우선 편입 추진

Key Point +

• 80회, 89회, 91회 기출문제
• 전반적인 내용의 검토를 통한 답안 기술이 필요함
• 면접에서도 출제된 문제이니 문제점과 대책에 대한 내용 숙지하기 바람

지방상수도 통합계획

1. 현황 및 문제점

1) 규모의 영세성

2) 만성적 적자운영으로 일반회계 및 타 회계 전입금에 의존

① 소규모 시·군일수록 급수인구가 적고 관망이 길어 생산원가가 높으나

② 공공요금 인상억제정책 등으로 요금인상은 매우 어려운 실정

3) **신규 및 재투자 곤란** : 서비스질 저하

① 적자운영, 낮은 재정자립도로 인해 신규투자는 물론 기존 시설에 대한 개·보수도 곤란한 상황

② 투자저조로 시설 낙후, 수도사업 소실 및 서비스질 저하

기존 공정으로 처리가 어려운 신종 화학물질(항생제) 등에 대응 곤란

4) **지역 간 서비스 격차 심화**

① 지역간 급수보급률, 누수율, 정수장 노후정도, 요금 등 격차 심화

② 지자체 재정여건 및 단체장 의지에 따라 서비스 불균형 심화

5) **지방상수도 개선 노력 부족**

① 중앙정부 : 지자체 고유 수익사무라는 이유로 재정지원 미흡

② 자치단체 : 선출직 단체장의 한계로 자발적 경영개선 노력 미흡

2. 필요성

1) 수도사업에 대한 과감한 방향전환 절실

① 국내·외 요구에 부응하는 고품질의 수도서비스를 제공하기 위해 통합을 통한 대형화 및 전문 경영기법 도입 필요

② 국내

수도사업 현대화, 서비스 품질 및 형평성 제고, 경쟁력 강화를 통한 안전하고 좋은 물을 효율적으로 제공

③ 국외 : 서비스 국제 표준 제정 및 WTO, FTA를 통한 물시장 개방 압력에 대응하고, 수도운영 전문기관 육성을 통한 해외진출 도모

3. 추진현황

1) 통합운영 관리권역 설정('06~'09)

   99개 대권역, 39개 지방상수도 통합권역

2) 통합운영 예산 확보('09. 12)

3) 통합운영 MOU 체결

4. 추진계획

4.1 기본체계

1) **통합규모** : 소규모 행정구역 중심 → 대규모 유역 중심

2) **운영방식** : 직영 → 대규모 수도사업자 및 공기업 위탁 체제

3) **추진방법** : 중앙 − 지자체 간 역할분담

   ① 지자체 : 통합의 주체, 운영방식 결정 등 주도적 역할 수행

   ② 중앙정부 : 통합 활성화를 위한 행 · 재정적 지원

4) **통합관리권역**

   ① 기존 행정구역 경계를 넘어, 수원, 급수인구 규모, 지역특성, 행정구역 통합 등을 고려하여 39개 권역 설정

   ② 실제 통합실행 과정에서 관리권역 범위 및 수 조정 가능

   ③ 최종적으로 유역 내 물 순환 이용, 장래 상하수도 통합관리 등을 고려하여 하천유역을 기반으로 대형화(5개)

4.2 단기계획

1) **통합 후 운영관리 체계**

   ① 통합 후 운영방식은 지자체 간 합의에 따라 자율 전환하는 것을 원칙으로 추진

   ② 한국환경공단, 한국수자원공사, 특 · 광역시 상수도사업본부를 수도전문기관으로 육성하여 경영체계 유지

2) **통합모델 창출**

4.3 중 · 장기 계획

단계적 통합 및 경쟁체제 구축

1) 매년 2~4개 권역의 통합추진 및 소유, 경영 분리로 경영전문화 유도

   최종적으로 하천유역을 기반으로 대형화(5개 내외)

2) 적정 규모와 기술력을 갖춘 공공부분 내 기존 사업자를 수도사업 전문기관으로 육성하여 경쟁 체제 유지

3) 궁극적으로 전문기관을 통해 유역단위로 상수도와 하수도를 통합운영 추진

5. 통합 활성화 방안

5.1 상수관망 최적화 사업 예산집행 및 제도 개선

1) 통합에 대한 재정적 인센티브로 상수관망 최적화 사업예산 지원
2) 그동안 상수관망 관리는 경과연수(21년 이상)에 기초한 단순 교체 수준
   선진단 · 후개량 원칙에 따라 진단에 필요한 과하저 관망정비 및 IT를 활용한 첨단유지 · 관리 시스템 구축

5.2 통합권역에 대한 재정적 인센티브 확대

국가적 차원의 지원시스템 구축
1) 관망사업 외 상수도 분야 신규 보조사업 예산확보 후 통합 인센티브 활용
2) 상 · 하수도를 포함한 환경부 기존 보조사업 예산 우선 지원
3) 통합권역에 관망예산 추가보조(광역 지자체), 교부세 상향 지원(행안부)등 병행 검토

5.3 수도 서비스 평가체계 구축

사업자 단위의 객관적 · 정량적 서비스 평가 체계로 구축
1) 전국 수도사업자를 대상으로 수도서비스 전반을 평가할 수 있는 지표 적용
2) 평가결과 공개, 인센티브 연계를 통해 동기 부여
3) 장기적 지방 공기업, 경영평가와 단일화 방안 검토

5.4 수도사업의 공공성 · 투명성 강화

1) 위탁제도의 공공성 강화
2) 수도사업 경영 투명성 강화
3) 민간부분 감시기능 강화

5.5 통합 시 · 군 간 요금격차 해소

통합 후 일정기간 동안 차등유지, 경영개선효과 고려 단일화 유도
일부 지자체는 통합 후 요금인상을 우려하여 통합에 소극적인 문제점 해결

6. 기대효과

1) 경영효율화를 통한 경영 개선
2) 에너지 손실 절감 및 온실가스 저감

3) 지역주민 수도서비스 품질향상

4) 수도 전문기관 육성 및 해외진출 기반 마련

Key Point +

70회, 82회, 110회 출제

광역상수도

1. 개요

1) 광역상수도는 급수대상 도시 자체에서 개별적으로 수원개발이 어려울 경우 하나의 수원을 지자체 간에 공동으로 개발하여 용수를 공급하는 방식

2) 광역상수도의 기본계획수립은 중앙정부에서 하고, 설치운영은 수자원공사에서 담당

2. 필요성

1) 지역적 또는 수질적으로 편중되어 있는 수자원을 확보하여 효율적인 이수가 가능

2) 개개의 수원을 개발하여 원거리를 도수할 경우 중복시설투자에 의한 경제성 결여

3) 개별적으로 수도시설을 계획할 경우 행정구역과 지형이 반드시 일치하지 않아 지역 전체로 볼 때 합리성 및 경제성이 결여되고

4) 행정구역의 경계에는 급수불량이 되거나 화재 시 긴급급수가 어려워진다.

5) 기술인원의 확보가 어렵고 유지비가 많이 들며, 각 행정구역마다 수도요금의 차이가 발생

3. 장점

1) 안정적 용수공급 가능

　　수량적으로 풍부한 대규모 취수원을 이용하므로 갈수기에도 필요한 수량 공급

2) 안전한 원수확보 가능

　　상류의 댐이나 오염이 덜한 하천수의 이용 가능

3) 지방부담 경감

　　① 전액 국고투자로 건설되므로 지자체 비용부담 경감

　　② 수자원공사의 능률적 관리로 용수비 저렴

　　③ 소규모 취수원시설의 설치 및 유지관리비에 비해 저렴

4) 효율적인 시설관리

　　① 수자원공사의 전문기술인력에 의해 관리

　　② 기존 광역상수원 운영 경험을 살려 합리적인 관리

　　③ 지자체의 지방상수도를 비상시 활용 가능

5) 수도요금 평준화에 기여

광역상수도 공급단가에 전국 균일요금체계로 개별 도시 간의 요금격차 해소 가능

4. 문제점

1) 시설이 대규모가 되므로 부지면적이 크게 되어 일괄용지 매입이 어렵다.
2) 사업비가 크고 공사기간이 길기 때문에 사업의 효과 발효가 늦어진다.
3) 도수 및 송수관로가 길어져 Pump 용량이나 Syphon 등의 시설이 필요한 경우가 많아져 사업비가 증대
4) 행정구역이 다수가 되어 전체구성이 어렵다.
5) 앞부분에서 사고가 발생하면 전 구간에 대한 단수가 될 가능성이 높다.
6) 광역상수도 개발에 따른 피해주민에 대한 적극적인 보상, 지원대책이 필요

5. 기타

1) 수도를 광역화하는 것은 수자원의 운용, 경제성, 기술인력의 확보, 수질보전대책 등에서 많은 장점을 가지고 있으나
2) 일시에 많은 자금이 소요되는 대규모 사업이 되므로 정부차원의 사업추진이 필요하고
3) 광역화의 범위는 경제적이고 합리적인 한도 내에서 가능한 한 넓게 계획하며
4) 사업의 범위는 기존시설에 대해서는 용수공급까지 신설의 경우에는 급수시설까지를 대상으로 하는 것이 바람직하다.

LCC(Life Cycle Cost)

1. 서론

1) 상하수도시설은 기본적으로 수중의 오염물질을 제거하기 위한 수환경관련시설이지만

2) 시설 자체의 선설 및 유지관리에 있어서 다량의 자재 및 에너지가 투입되며

3) 또한 해체 시에도 다량의 폐기물이 배출되어 기타 환경에 미치는 영향도 크다.

4) 따라서 향후 상하수도시설에 대해서는 수질오염물질의 제거량이나 제거효율 등의 단편적인 측면이 아닌 지구환경적 측면을 포함한 종합적 평가가 필요

5) **기존 평가의 경우 기능성을 중점적으로 평가** : 경제성과 환경성은 부분적 항목에 대해서만 평가

6) 따라서 기존평가에서 환경성과 경제성을 보강하고 건설, 운영, 폐기를 모두 고려하는 평가, 즉 전과정평가가 LCC의 목적이다.

2. LCC

1) LCC는 제품의 환경라벨링 및 환경성적표시제도 등과 같은 제품의 환경성 인증에 이미 활용

2) LCC는 제품의 제조, 사용, 폐기 등 전체적인 Life Cycle로부터 발생하는 환경부하를 평가하기 위해 ISO에서 채택한 방법

   개별 제품뿐만 아니라 건축물이나 사회기반시설과 같은 복잡한 시스템에 광범위하게 적용

3) LCA(Life Cycle Assessment)

   ① 환경성 평가

   ② 상하수처리장 및 관거시설을 포함하는 시스템의 효율적인 평가 및 관리를 위한 환경성 평가를 정량적으로 평가

4) LCC

   ① 경제성 평가

   ② 건설비, 운영비, 유지관리비 등 상하수처리시스템의 Life Cycle에 걸쳐 투자되는 비용을 분석

5) **가치평가**

   ① VE/LCC 분석

   ② VE/LCC＝F/LCC(여기서, F : 기능)

   ③ 즉, 기능(하수처리장의 경우 처리효율 만족 등의 기능)을 수행하기 위한 전 경비

3. 평가항목 및 방법

1) 적산방식 : 개별의 제품이나 재화에 대한 분석

   비교적 정량화하기 쉬운 기계설비, 전력, 약품, 연료

2) 산업연관방식 : 시스템과 도시 등 비교적 큰 대상

   토목공사나 건축공사 등 물량의 세분이 곤란한 항목

3) 이상의 적산방식과 산업연관방식에 의해 상하수도처리시스템의 환경부하량을 산정

구분	환경평가 항목	평가범위	분석방법
상하수처리시설	CO_2, BOD, COD	건설, 운영, 폐기	적산방식 + 산업연관방식
관거시설	Energy	건설, 운영	적산방식 + 산업연관방식
슬러지처리시설	CO_2	건설, 운영	적산방식 + 산업연관방식

4. 평가범위

1) 평가의 대상이 되는 상하수도시설의 전 과정을 건설, 운영, 폐기단계의 3단계로 구분하여

2) 자원소비나 에너지 소비과정에서 발생되는 CO_2, BOD, COD 등의 환경부하를 각 단계별로 산정

   각 단계에서 발생되는 CO_2, BOD, COD 등의 발생량은 공사수량, 자재소비량, 전력 및 약품사용량 등에 산업연관표, 에너지 밸런스표 및 폐수배출시설 원단위표로부터 구한 원단위를 적용하여 산정

건설단계	• 자재소비(원료채취, 가공 및 조립 등) • 자재수송(연료소비, 자동차의 상각비 등) • 시공장비의 운전(연료소비, 시공기계의 상각비 등)
운영단계	• 플랜트 동력(전력) • 처리설비 동력(전력) • 약품소비 및 수송 • 세정수 및 물 소비 • 세부장비 보수(교환 등)
폐기단계	• 시공장비의 운전(연료소비, 시공기계의 상각비 등) • 폐재의 수송 • 폐재의 처분

5. 결론

1) 상하수도 시스템이 처리시설 내에서의 수질오염물질의 제거량이나 제거효율 등 시설의 자체적인 측면이 아닌 지구환경 측면과 사회 전체에서 환경조화성의 유지가 필요
2) 이를 위해 시스템의 효율적인 평가할 수 있는 방법으로 LCC, LCA의 적용이 필요
3) 향후 LCC, LCA적 접근 외에도 사회자본, 노동, 타 산업 등과 연관된 동적이며 유기적인 해석이 필요
4) 이와 같은 방법을 통해 상하수시설의 구조물뿐만 아니라 이를 둘러싼 시스템에서 발생되는 환경부하 그리고 자원에너지의 투입을 가장 효과적으로 저감하기 위한 종합적인 환경부하평가를 실시
5) 신설 처리장의 경우 적극 적용 : 특히 VE/LCC 분석

LCC & LCA

1. LCC(Life Cycle Cost)

1) 정의

시설물의 생애주기 동안 발생하는 모든 비용을 바탕으로 한 경제성 평가방법

2) 포함비용

① 초기투자비용(공사비, 설계비, 감리비, 보상비 등)

② 유지관리비용(점검 및 진단비, 관리비, 에너지비용, 보수비, 교체비, 보강비 등)

③ 이용자비용, 사회 · 경제적 손실비용, 해체 · 폐기비용, 잔존가치

3) LCC 비용집계

① 시간의 흐름에 따른 비용의 가치 변화를 고려하여 LCC 분석을 실시

② 발생시점이 서로 다른 비용을 모두 현재가치로 환산하여 집계

4) 할인율

① "할인율"은 시간의 흐름에 따른 비용의 가치 변화를 나타내는 비율을 말한다.

② LCC 분석 시 적용할 할인율은 실질할인율을 적용하는 것을 원칙으로 한다.

5) 효과

① 설계의 합리화

② 발주처의 비용절감

③ 설계자의 노동력 절감

④ 시공자의 시공편리

⑤ 유지관리비 절감

⑥ 시설물의 효과적인 운영체계 확립

2. LCA(Life Cycle Assesment)

1) 정의

① 시설물의 전과정(원료채취, 수송, 건설, 유지관리, 해체, 폐기)에서 소모되는 자원과 발생되는 배출량(환경부하)을 정량화하여

② 환경에 미치는 영향을 평가하는 환경영향 평가기법

③ 친환경적인 공법을 선정하는 환경성 평가기법

2) 도입배경

발전에 초점을 둔 경제 패러다임에서 보존과 개발의 균형을 이룬 발전에 대한 요구가 증대되면서 각종 환경규제가 발효

3) 효과

① 환경성적 표시를 위한 환경성적 산출

② 에코디자인을 통한 친환경적인 제품생산

③ 지속가능한 지표결과 산출 및 관리

④ 통합폐기물 처리방안 등 정책수립

⑤ 온실가스 배출량 산정

3. LCC와 LCA의 비교

구분	LCC	LCA
목적	생애주기비용 산출, 경제성 평가	구조물의 종합적인 환경성 평가
적용성	설계, 발주단계 적용	환경 부하량에 맞추어 적용
도입근거	비용분석법	ISO14,000

LCA & PDCA Cycle

1. LCA(Life Cycle Assesment)

1) 정의

① 시설물의 전과정(원료채취, 수송, 건설, 유지관리, 해체, 폐기)에서 소모되는 자원과 발생되는 배출량(환경부하)을 정량화하여

② 환경에 미치는 영향을 평가하는 환경영향 평가기법

③ 친환경적인 공법을 선정하는 환경성 평가기법

2) 도입배경

발전에 초점을 둔 경제 패러다임에서 보존과 개발의 균형을 이룬 발전에 대한 요구가 증대되면서 각종 환경규제가 발효

3) 효과

① 환경성적 표시를 위한 환경성적 산출

② 에코디자인을 통한 친환경적인 제품생산

③ 지속가능한 지표결과 산출 및 관리

④ 통합폐기물처리방안 등 정책수립

⑤ 온실가스 배출량 산정

2. PDCA Cycle

1) 정의

① Deming Cycle이라고도 하며, 지속적인 품질관리를 위한 모델

② Plan → DO → Check → Action 과정을 사이클화하여 단계적으로 목표를 향해 진보, 개선, 유지해 나가는 것을 말한다.

③ PDCA Cycle에 따른 품질관리(QM : Quality Management)가 반복되면서 개선되어야 한다.

④ 조치된 내용은 반드시 다음 Cycle 계획단계에 반영되어야 한다.

2) 구성

① 통제기능

㉮ 계획단계(Plan) : 목표설정, 방법계획

㉯ 실시단계(Do) : 교육실시, 실행

② 개선기능

　　㉮ 평가단계(Check) : 평가

　　㉯ 조치단계(Action) : 시정조치, 개선유지

3) 효과

　① 시공능률 향상

　② 품질 및 신뢰성 향상

　③ 설계의 합리화

　④ 작업의 표준화

빗물이용시설

1. 개요

1) 빗물이용시설은 빗물을 모아 생활용수, 조경용수, 공업용수 등으로 이용할 수 있도록 처리하는 시설

2) 물의 재이용 촉진 및 지원에 관한 법률에 따라 "종합운동장, 실내체육관 및 공공청사, 공동주택, 학교, 대규모점포, 골프장"을 신축·증축·개축 또는 재축하려는 자는 빗물이용시설을 설치 및 운영하여야 한다.

3) 집수시설, 여과장치 등의 처리시설, 저류조, 배수시설 및 햇빛차단 구조를 갖추고 연 2회 이상 청소를 하여야 한다.

2. 필요성

1) 불리한 수자원 여건의 극복
   ① 우리나라는 연평균강우량은 많지만 유효이용강우량은 적은 형편
   ② 강수량은 장마철(6~8월)에 집중
   ③ 하상계수가 크기 때문에 유효이용강우량이 적음
2) 수원개발이 가능한 지역의 감소
3) 물사용량의 증가와 수자원량의 감소
4) 강우에 의한 홍수피해 및 도시 저지대 침수를 방지
5) 초기강우에 의한 비점오염물질의 유출을 억제

3. 의무 대상시설

구분	빗물이용시설	우수유출저감시설
근거	물의 재이용 촉진 및 지원에 관한 법률	자연재해대책법
목적	물 자원의 효율적 이용, 물 절약	도시 침수 등 재해예방
설치대상	• 종합운동장, 실내체육관, 공공청사 지붕면적 1,000m² 이상 • 공동주택(건축면적 4,000m² 이상), 학교, 골프장(부지면적 10만 m² 이상), 유통산업발전법 제2조 제3호에 따른 대규모 점포	관광단지, 산업단지, 골프장, 택지개발사업, 건축법에 따라 대지면적 2,000m² 이상 또는 건축연면적 3,000m² 이상인 건축물 등
빗물집수면	지붕면(골프장 제외)	지표면
빗물이용 용도	조경용수, 화장실, 청소용수 등	하천 방류 및 하수처리장 유입

구분	빗물이용시설	우수유출저감시설
종류	집수시설	• 침투시설 : 침투통, 침투측구, 침투 트렌치, 투수성 포장 등 • 저류시설 : 쇄석공극 저류시설, 운동장저류, 공원저류, 주차장 저류, 단지 내 저류 등
용량	• 지붕집수면적 × 0.05(m) • 연간 물 사용량의 40% 이상을 활용 가능한 용량(골프장)	− (용량에 대한 언급 없음)

4. 빗물이용시설 설치기준

1) 집수시설

2) 여과시설 : 초기 강우 배제시설이나 빗물에 포함된 이물질 제거

3) 빗물 저류조

　① 지붕면적에 0.05m³/m²을 곱한 양 이상의 용량

　② 이물질과 햇빛을 차단할 수 있는 구조

　③ 내부 청소에 적합한 구조

4) 송수시설 : 사용처로 빗물을 운반할 수 있는 펌프 및 송수관

5. 빗물이용시설 관리기준

1) 연 2회 이상 시설물의 청소

2) 배관의 색을 달리하여 오음 및 오사용 방지

3) 관리대장 설치 : 빗물사용량, 시설물 점검상황, 청소일시 등을 기재

6. 확대보급방안

1) 의무화 시설의 타당성 및 경제성 분석

2) 의무화 시설의 확대 보급 : 공공건물, 공동주택

3) 초기 강우 대책과 연계한 정책 추진 필요

4) 의무화 시설에 대한 법규 제정

Key Point ✛

• 112회, 130회 출제
• 강우 시 우수저감 및 빗물재이용 측면에서의 접근이 필요하며 이와 관련된 문제가 출제될 경우 반드시 언급할 필요가 있음
• 또한, 최근 출제가 많이 되고 있는 빗물관련 문제들과 연관지어 숙지하기 바라며, 초기강우, CSOs의 처리대책과 연계된 문제로 출제될 확률이 높은 문제임
• 향후 출제가 예상되는 문제임

하천정화사업

1. 서론

1) 원래의 하천정화사업이란

하도, 고수부지, 유수지 등에 물리적, 화학적, 생물학적인 처리방법을 이용하여 하천오염을 정화하는 방법을 말함

2) 최근의 하천정화사업이란

① 그 하천이 지닌 본래의 자연성을 최대한 살릴 수 있도록 조성된 하천

② 즉, 자연형 하천으로 조성

3) 자연형 하천

① 목적 : 이·치수기능, 하천오염 방지, 하천의 생태적 회복, 인간의 삶의 질 향상, 환경개선

② 오염된 하천의 치수기능 유지 및 증진

③ 수질개선을 위한 하천의 자정기능 향상

㉮ 수역 및 호안, 둔치 등에 수초대, 식생대, 수생식물 식재, 자연하천정화시설 설치

㉯ 하천의 수질을 개선

④ 하천의 생태계 회복 및 복원

식생대를 설치하여 동식물의 서식처 제공

2. 필요성

1) 현재까지의 하천정화사업은 하천 생태계에 대한 고려가 부족하였다.

① 생물의 서식환경이 파괴

② 수질오염

③ 자연성이 사라진 하천으로 전락

2) 따라서 다음의 자연형 하천이 아닌 사업(기존의 사업)과 자연형 하천으로의 전환이 필요한 하천의 경우 자연형 하천으로의 전환사업이 필요

3. 기존의 하천정화사업(즉, 자연형 하천이 아닌 사업)

1) 하천의 직선화 : 하천 내 여울, 소 등을 제거하여 하천의 다양성을 파괴

2) 고수부지 개발 : 하천 내 동식물 서식처와 생태계의 순환고리를 파괴

각종 체육시설, 주차장 설치

3) 하상의 굴착 : 하천의 유수단면적 확대에 따른 유속 저하로 오염물질의 퇴적이 가중되고 어류의 서식처를 파괴

4) 하천의 복개 : 햇빛을 차단하여 하천의 자정작용을 저해하고 하천생태계를 근본적으로 파괴함

5) 낙차공 및 보의 설치 : 어류의 상하류 통과를 저해하여 생태계의 순환고리를 단절시킴

6) 호안과 제방의 콘크리트 타설

7) 퇴적오니 준설 : 골재채취 등으로 생태계 파괴, 유속의 변동

4. 자연형 하천 정화사업의 대상하천

1) 오염이 심하여 하천의 환경개선이 시급한 하천

2) 오염이 심하고 악취가 발생하여 시민의 생활환경을 저해하는 도시 소하천

3) 유해물질이 퇴적되어 있는 공단의 관류하천

4) 상수원의 상류에 있는 수질이 악화되어 있는 하천

5) 하천종말처리장의 설치와 연계하여 생태환경의 개선이 필요한 하천

6) 하천의 자연성이 크게 훼손되거나 왜곡되어 있는 하천

5. 자연형 하천의 종류

5.1 자연형 호안

1) 호안의 기능

① 치수적 기능 : 제방을 보호하고 고수부지의 침식을 방지

② 생태적인 기능 : 하천생태계와 고수부지 및 제방의 생태계가 연결되는 지점
   종다양성이 가장 풍부한 지역

③ 기존의 호안은 치수적인 기능에서는 문제가 없었으나, 생태적인 측면에서는 불리

2) 자연형 호안

① 하천 호안의 기울기를 완만하게 조성

② 환경친화적 재료 사용 : 다양한 식생대를 이루고, 자연에 가까운 생물서식처를 조성

③ 치수적으로도 안전하며, 생태계에 유리한 환경을 조성

5.2 자연하천의 흐름 조성

1) 자연하천의 선형을 반영

2) 여울과 소를 조성 : 어류서식처를 제공, 하천경관을 개선

5.3 여울과 소

하천에서 수생생물이 생존할 수 있는 환경을 만들어 줌

가장 간편하고 효과적인 방법

5.4 어도의 설치

1) 낙차공과 보의 설치를 최소화

2) 낙차공과 보의 설치 시

    ① 용존산소공급량의 증대 등을 위하여 부득이 보와 낙차공을 설치할 경우

    ② 반드시 어도를 설치 : 하천의 상하류 간 생태통로를 조성

5.5 자연형 고수부지 및 제방

고수부지 및 제방에 녹지를 조성하여 동식물의 서식처를 제공하고 생태환경을 유지

5.6 불필요한 포장, 콘크리트 구조물의 제거

불필요한 포장과 콘크리트 구조물을 철거하고 녹지를 조성하여 수변 동식물의 서식처 제공

5.7 자연하천 정화기법

1) 자연하천이 갖는 정화능력을 물리, 화학, 생물학적인 방법을 사용하여 정화능력을 인위적으로 향상시키는 방법

2) 수질, 생태계, 하천기능의 회복을 극대화

3) **공법** : 역간 자갈접촉산화법, 목탄정화법, DCF 공법, 산화지, 토양처리, 침투수로, 식생정화법

6. 자연형 하천정화사업 추진절차

자연형 하천정화사업은 조사, 계획, 설계, 시공, 유지관리, 점검, 평가 등으로 구성

7. 결론

1) 기존의 하천정화사업의 문제점인 생태적인 기능과 하천의 자정능력을 향상시키기 위해 전국에서 많은 지자체가 시행하고 있다.

2) 자연정화공법 추진 시

    ① 기존 하천의 조사와 더불어 자연정화공법의 우선순위를 결정

    ② 먼저 시행한 지역의 문제점 및 효과를 분석

    ③ 동일한 효과를 달성하기 위한 공법 및 방법 중 가장 경제적인 방법을 선택

    ④ 지역 주민의 참여 유도 및 의견 수렴 : 땅값 및 지역적인 민원 야기 문제 해결

    ⑤ 하천 생태계에 적합한 재료 선택

        ㉮ 가능한 자연재료, 재료의 구매 가능성

        ㉯ 작업의 용이성

3) 앞으로 하천정화사업을 실시할 경우 자연하천정화공법을 우선 적용

가뭄 대응형 하수도 구축

1. 서론

1) 최근 이상기후와 지구온난화 등으로 국지성 호우와 더불어 갈수기에는 지역적으로 가뭄발생 빈도가 증가하고 있는 실정임

2) 또한 겨울철 공공하수 방류수질기준이 $T-N$ 60mg/L, $T-P$ 8mg/L로서 갈수기에 하천의 수질악화가 우려됨

3) 또한 미량유해물질의 증가 및 적정처리의 어려움으로 수계의 오염이 가중되고 있음

4) 따라서, 현 정부가 추진 중인 4대강 정비사업을 계획할 때 수계를 보전할 수 있는 하수도 대책을 수립하여 수계오염의 진행을 방지하고 가뭄 대응형 하수도를 구축하여 지속발전 가능한 기반을 마련할 필요가 있다.

2. 국내 수계의 문제점

2.1 가뭄

1) 기후변화를 통한 가뭄 발생빈도의 증가

2) 국가 간, 지역 간 물 경쟁 초래

3) 지표 및 지하수 오염 등 가용수자원의 수질악화

4) 극심한 가뭄 시 급수제한 등 문제 심화

2.2 미량유해물질

1) 산업발달로 유해화학물질 사용 및 유출 증가

2) 인체 및 수생태계 위협

3) 미량유해물질 관리부실

4) 하수처리 시 완전한 제거가 어려움

5) 상수원 오염 우려

6) 오락활동 시 심미적 영향 초래

2.3 생활용수 부족

1) 하천 취수율이 약 36%로 물스트레스 심화

2) 우수, 하수처리수 등 재이용 부족

3) 대체 수자원의 부족

3. 국내 수계의 문제점 해결방안

3.1 가뭄문제 해결

1) Soft 전략

  ① 기존 하수고도처리공정의 최적화

  ② 빗물재이용 확대 : 분산형 빗물관리시스템 구축

  ③ 하수처리수 재이용 확대

  ④ 가뭄대비처리장의 운영기법의 합리화

  ⑤ 가뭄관련 운영매뉴얼 구축

  ⑥ 방류수계의 유량, 수질상태와 연계 운영

  ⑦ 가뭄대응 운전 시뮬레이션 기법 구축

  ⑧ 수질관리 모델링 및 모의훈련

2) Hard 전략

  ① AOP 공정 등 비상시 운영체계 구축

  ② 보다 엄격한 방류수질 준수 사전 확보

  ③ 극한 가뭄 시 가동 가능한 해수담수화 공정 구축

3.2 미량 유해물질 대책

1) 특정 유해물질 확대 지정

  ① 특정 유해물질 배출사업장 상수원 보호지역 및 특별 대책지역 입주 금지

  ② 그 외 지역에서도 엄격한 배출기준 적용

2) 완충저류시설 확대

  비상시 폐수 등 공공수역 유입방지

3) 생태독성 감시제도 추진

  ① 물벼룩을 이용한 TU(Toxicity Unit) 관리

  ② 각종 개인 의약품 및 내분비 장애물질 유입관리

3.3 물 재이용 활성화

1) 하수처리수 재이용 확대

2) 민간투자유치 추진

3) 새로운 물산업으로 육성

4) 한정된 수자원의 효율적 이용

5) 지역 간 물부족 현상 완화

6) 신규고용 창출

7) 하천 유지용수 활용

8) 공장용수, 농업용수 등 이용

4. 결론

1) 기상이변과 지구온난화 등으로 국지성 호우와 가뭄발생 빈도가 증가하고

2) 미량유해물질과 비점오염원, First Flush 등으로 수계오염이 가중화되고 있다.

3) 또한 상수원수 부족과 지하수위 고갈 등으로 지속이용 가능한 수자원의 개발이 절실해진 상황이다.

4) 따라서, 가뭄 대응형 하수도를 구축함이 국가 간 물경쟁에서 우위를 차지하도록 해야 하며

5) 그 방안으로 우선 비점오염물질의 관리를 통해 수질 및 수생태계를 회복시키고

6) 빗물이용과 하수처리수 재이용 등을 활성화하여 가용 수자원을 다량 확보해야 한다.

7) 아울러 총체적인 가뭄 대책을 수립하고 각종 시스템을 정비하여 비상시 활용할 수 있도록 대비한다.

8) 특히, 정부가 추진 중인 4대강 사업을 계획할 때 하수도 대책을 면밀히 검토하여 이수와 치수뿐만이 아닌 근본적인 수질과 수생태계 회복을 위해 접근하는 것이 바람직하다.

분산형 빗물관리

1. 서론

1) 최근 가속화되는 도시화로 인해 강우 시 우수의 유달시간이 짧아지고

2) 방류수역의 수위가 홍수 시 토구, 방류구, 우수토실의 수위보다 높아져 저지대의 침수가 빈번이 발생하고 있는 실정

3) 침수방지를 위해서는 지역별 발생형태별, 원인별로 적절한 대책이 필요하다.

4) 침수의 원인은 하나의 원인에 의해 발생되는 지역도 있지만 각각의 원인들이 복합적으로 작용하여 일어나는 경우가 많다.

5) 또한 CSOs, SSOs도 침수의 한 원인으로 작용하고 있다.

6) 이러한 복잡한 원인으로 발생하는 침수방지를 위해서는 적절한 대책이 요구되고 있는 실정이다.

2. 침수의 원인

2.1 기상이변

1) 지구온난화, 라니냐, 엘니뇨 현상

2) 게릴라성 집중호우

3) 집중적인 강우 시 첨두유출량 증가

2.2 도시화

1) 도시화에 의해 도로포장률 증가 → 유출계수 증가 → 지체시간 감소 → 최대우수유출량 증가

2) 유달시간이 짧아져 강우 시 단시간에 유입

3) 우수저류능력의 저하

4) 지리적으로 낮은 저지대의 배수불량

2.3 기존시설의 문제점

1) 빗물펌프장의 용량 부족 및 침수

2) 방류수로의 유하능력 부족

3) 차집관거의 용량 부족

4) 우수받이의 용량 부족

5) 하수관거의 경사불량

6) 관내퇴적물에 의한 배수불량

7) 연결관 접합부의 돌출

8) 관침하

9) **오접** : 특히 우수관을 오수관에 접합 시나 우수받이를 오수관에 접합 시

3. 침수방지대책의 분류

3.1 하수관의 통수능력 증대

1) 유역 전체의 통수능력을 증대시켜야 함

2) 경제적으로 불합리

3.2 첨두유량의 감소

1) **토지이용제한** : 유출계수를 낮춤

2) 빗물 유출량의 최대치(피크유량)를 낮춤

3) **방법** : 빗물저장조 설치, 옥상녹화, 투수성 포장

4. 빗물관리방안

4.1 하천변 빗물관리시설(분산형 소규모 저류조)

1) 하천변을 따라 소규모 빗물저류조를 상류에서 하류까지 설치하는 방법

2) 입자의 제거를 위해 필터나 침전형 시설 사용

3) 자연형 처리시설 또는 집수시설로서 인공연못을 사용할 수 있음

4) 대규모의 집중형 유수지에 비해 설치가 간단

5) 운전 및 제어가 용이

6) 일정 수준 이상의 강우 사상에 대해서는 효율저하

4.2 가정집용 소규모 빗물저류시설

1) 상기 시설 외 별다른 추가시설이 필요 없다.

2) 소규모 빗물저류시설과 동시에 Multi−block 설치 가능

3) **개별 주택 설치비 부담** : 인센티브 부여 등 제도확립이 필요

4) 개별 주택별로 설치된 시설물을 활용하여 분산형 시스템 구축이 가능하며

5) 집중호우 시 첨두유량을 줄일 수 있음

4.3 빗물저류 · 침투시설(Multi-block) 설치

1) 저류와 침투가 가능한 시설물
2) 효과가 매우 큼
3) 빗물의 첨두유량 감소가 가능하며
4) 빗물의 도달시간 및 지체효과 발휘
5) 매설에 필요한 경비와 토지매입비용이 필요

4.4 대형건물용 빗물저류 시스템

4.5 도로변 침투시설

1) 침투시스템 구축 : 침투통, 침투측구, 침투트렌치의 조합
2) 하천의 건천화 방지
3) 가뭄방지 및 지하수원 확보 가능

5. 결론

1) 초기강우에 대한 대책, 저지대 침수대책, CSOs, SSOs 방지대책과 함께 추진함이 바람직
2) 빗물에 포함된 부유물질 및 문제가 될 수 있는 항목을 제거할 수 있는 방안모색이 필요
3) 개별화된 빗물이용시설의 운영을 위한 운영시스템 개발이 필요
4) 개별 주택에 설치 시 또는 설치확대를 위한 제도적 인센티브의 확립이 필요

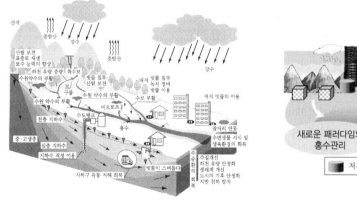

[도시 물순환 개념도]

[빗물이용]

하수처리장 설비별 주요 점검사항

점검주기	점검설비	점검내용
일상점검	펌프류	1. 양수량, 전동기의 전류치 정상 여부 2. 스트레이너, 회전날개의 막힘 여부 3. 수위계에 따른 레벨제어의 정상 여부 4. 펌프 주위 및 배관계통 점검 5. 이상소음 여부 6. 전기의 절연상태
	산기식 폭기장치	1. 산기장치 정상 여부(산기장치 막힘 여부) 2. 산기장치 이상전동 여부 3. 송기관 공기 누출 여부 4. 산기장치 파손 여부
	송풍기	1. 전동기 전류치, 온도 정상 여부 2. 흡입, 토출밸브의 개도율 3. 흡입, 토출 공기온도, 압력 정상 여부 4. 베어링 온도 정상 여부 5. 이상소음 여부
	슬러지 수집기	1. 전동기 전류치, 온도 정상 여부 2. 체인의 마모 및 파손 여부 3. 급유부족 및 오일교환 여부 4. 볼트류의 느슨함 및 철물 등의 파손 여부 5. 이상소음 여부
	스크린	협잡물 제거상태
정기점검	급유	기기의 마찰면 간에 급유를 행하여 금속과 마찰을 적게 하고 발열, 극도의 마모, 타서 눌어붙는 등의 방지를 할 수 있다. 급유는 각 기기에 맞는 유류종류, 급유간격 등 취급설명서에 따라 실시하며, 과잉주유를 하지 않도록 한다.
	도장	물을 취급하는 기기류는 습도, 가스, 오수의 성질에 빨리 부식되기 때문에 금속의 부식을 방지하기 위한 도장이 필요하며, 특히 습도 및 소화가스에 부식이 심하기 때문에 도장의 수명이 짧아지기 쉽다. 따라서 기기의 설치장소 및 부식의 원인물질에 따라 적정도료를 선택하고 정기적으로 점검할 필요가 있다.
특별점검	–	재해예방을 위해 실시하거나 특별한 일이 생겼을 경우 실시하며, 평소에 정상가동을 하지 않거나 예비용 기기에 대해서 이상 유무를 점검하여, 재해나 사고를 미연에 방지하도록 한다. 특히 장마철 전후, 태풍 전후, 한파 등 재해가 우려되는 시기에는 구조물 및 기기의 점검에 세심한 주의가 필요하다.

◉ 주요 점검사항 및 고장원인

점검설비	점검내용	고장원인
전동기	스위치를 넣어도 회전하지 않는다.	• 브레이크가 떨어졌다. • 퓨즈가 끊어져 있지 않으면 단선이다.
	회전이 역으로 움직인다.	단자 접속의 실수이며 접속을 바꾼다.
	퓨즈가 잘 끊어진다.	불량, 단선에 의해 단상운전으로 되고 있다.
	소리가 크다.	하중이 크다. 또는 단자가 불량하다.
펌프	전동기의 전류치가 지나치게 크다.	그랜드패킹을 지나치게 조였거나 이물질로 막혔다.
	전류치가 낮다.	• 밸브가 소정의 위치까지 열려 있지 않거나 배관, 밸브 등이 이물질에 막혔다. • 흡입관 측에 공기가 주입되고 있다. • 흡입량이 지나치게 높다. • 밸브의 열림이 모자란다.
	양수량이 적거나 안 된다.	• 배관, 밸브 등이 이물질에 막혔다. • 흡입관 측에 공기가 주입되고 있다.
송풍기	폭기상태가 일정치 않다.	송풍기 회전상태가 일정하지 않다.
	용존산소가 낮아진다.	반송량을 줄인다.
	전류계 전류치가 지나치게 크다.	밸브의 개폐도의 조정이 안 되어 있다.
	소음, 진동이 크다.	• 볼트의 느슨함이 있다. • 밸브의 풍량조절이 나쁘다.
슬러지 수집기	볼트 등이 느슨하다.	
	전동기는 회전하고 있지만, 체인은 멈춰 있다.	체인이 파손되어 있다.

전기설비

1. 전력수전방식 및 수전전압 선정

1) 수전설비 용량산정은 시설단계별 최대수용전력 이상으로 한다.

2) 고압 이상 수전인 경우에는 2회선 수전을 원칙으로 하며 현장여건을 고려하여 2개 변전소 2회선 수전, 동일변전소 2개 뱅크 수전, 한전전원 및 비상발전기 설치방안에 대하여 전원공급의 신뢰성 및 경제성을 고려하여 선정하여야 한다.

3) 계약전력에 따른 수전전압의 선정은 한국전력공사의 전기공급약관에 규정된 계약전력 규모에 따른 수전전압선정에 따른다.

2. 수전설비

1) 상용 · 예비 2회선 수전 시에는 자동부하전환개폐기(ALTS)를 설치하여 상용선로 정전 시 예비선로로 자동절체되도록 구성한다.

2) 변전 및 배전계통 구성방식은 설비의 신뢰성 요구, 단계별 증설계획, 운영형태, 자가발전설비의 유무와 경제성 등을 고려하여 변압기의 2뱅크 또는 3뱅크 여부를 결정한다.

3) 수전설비에는 수전선로를 안전하게 개폐할 수 있는 개폐기와 부하전류 및 고장전류를 안전하게 차단할 수 있는 차단기를 설치하며 주회로의 기본 구성은 내선규정 및 한국전력공사의 설계지침에 의한다.

4) 고압 이상의 수전반은 폐쇄형 배전반 사용을 표준으로 한다.

5) 변압기는 사고에 대비하여 예비변압기 설치를 원칙으로 한다.

6) 변압기의 강압방식은 설비용량의 규모, 전력손실, 단락용량 및 경제성을 종합적으로 검토하여 1단 강압 또는 2단 강압방식을 선정한다.

3. 변압기

1) 변압기의 형식은 옥외설치 시 유입변압기 사용을 원칙으로 하고 옥내에 설치할 경우 몰드변압기 사용을 원칙으로 한다. 또한 전력손실을 최소화하기 위하여 아몰퍼스 몰드변압기와의 경제성, 신뢰성 등을 종합적으로 검토 선정한다.

2) 변압기의 용량은 부하 측의 최대수용전력 이상으로 하며, 최대전동기 기동 시 모선의 전압강하와 산출부하용량에 여유율(10%)을 고려한 용량 중 큰 값을 선정한다.

4. 배전 및 동력설비

1) 배전설비는 폐쇄형 배전반 사용을 표준으로 하며, 배전전압은 사용목적 및 부하 측의 특성을 충분히 고려하여 결정한다.
2) 각 전선로에는 부하전류 및 고장전류를 안전하게 투입·차단할 수 있는 차단기를 설치한다.
3) 배전전압은 전동기의 정격출력 및 전압과의 적합성, 간선 굵기와 시공의 편이성 및 유지보수 등을 고려하여 선정한다.
4) 유도전동기의 기동방식은 부하의 특성과 용량, 에너지 절약 및 운영의 편의성 등을 고려하여 선정한다.
5) 전선 및 케이블은 동력, 조명 및 전열, 제어용 등 용도에 가장 적합한 것을 선정하고 케이블트레이 및 덕트에 포설되는 케이블은 난연성 케이블을 사용한다.
6) 간선의 굵기는 전선의 허용전류, 전압강하, 단락전류를 고려하여 선정한다.
7) 모든 전선 및 케이블은 전선관, 케이블트레이 또는 덕트 등을 사용하여 설치한다.

5. 전기실

1) 전기실 배치는 장내 부하의 분포상황, 부하용량의 규모, 유지관리체제, 경제성 등을 고려하여 선정한다.
2) 전기실 배치계획은 침수 또는 누수의 우려가 없고, 유해한 부식성 가스, 분진, 습기, 온도변화가 적은 위치로 하여야 하며, 가능한 한 1층 이상의 지상층에 배치한다.
3) 전기실의 면적은 설치되는 수변전기기의 배치, 장래 증설, 기기의 반출입, 보수점검 등이 용이하게 이루어지도록 충분한 넓이로 한다.
4) 기기의 발열에 의한 실내온도상승 방지를 위해 적합한 환기설비 등을 설치한다.
5) 부하중심에 전기실을 배치하여 전력손실을 최소화한다.
6) 수변전 및 배전설비는 운영 및 유지관리가 용이하도록 원칙적으로 옥내에 설치한다.
7) 전력설비는 전기실 면적을 최소화할 수 있도록 Compact화된 기기를 선정한다.

6. 예비전원 설비

1) 소 내 정전 시 필수 부하의 가동에 필요한 전원을 공급하기 위하여 적정 용량의 비상발전기를 설치한다.
2) 특별고압 수변전설비의 제어용 전원과 비상용 조명에 전원공급을 위하여 직류전원설비를 설치하며 소규모 처리장 및 저압수전일 경우 설치하지 않아도 된다.
3) 직류전원장치 및 UPS는 고주파 발생억제 및 파급을 최소화할 수 있도록 적절한 저감대책을 강구한다.

7. 전력감시보호설비

1) 전력인입부분, 옥내 수전설비 및 고압 이상 모선의 필요한 곳에는 이상전압 및 낙뢰보호용 피뢰기를 설치한다.
2) 전력 계통 또는 기기의 사고 및 고장 시에 이를 신속하게 검출하여 고장 구간을 차단할 수 있도록 보호대상에 적합한 보호계전기와 차단기 등을 설치한다.
3) 폐쇄형 배전반에는 전력설비의 동작 및 부하상태 감시에 적합한 지시계기 및 표시등과 설비를 조작하는 데 필요한 스위치 등을 설치한다.
4) 전력계통감시와 보호상치는 디지털 전력감시보호장치를 선정한다.

8. 건축전기설비

1) 각 실 및 옥외 조명설비는 각각의 기능에 적합한 조도를 유지하고 쾌적한 근무환경의 유지 및 시설물과의 조화를 이루며 에너지를 절감효과가 큰 조명기구를 선정한다.
2) 건물을 낙뢰로부터 보호하기 위하여 피뢰설비를 설치하고 전력계통 및 설비의 보호에 적합한 접지설비를 설치한다.
3) 건물의 각 실에는 전열 및 보수에 필요한 동력 부하를 사용하기 편리한 위치에 콘센트를 설치한다.

9. 자동화재경보 및 소화설비

1) 건축물의 화재 발생 시 인명 및 기기를 보호할 수 있도록 소방법에 따라 시설규모에 적합한 자동화재탐지 및 경보설비와 피난설비를 설치한다.
2) 전기 패널에는 화재 발생 시 신속히 소화할 수 있도록 패널형 자동소화설비를 설치한다.

10. 역률개선

1) 회로의 역률을 개선하기 위하여 진상콘덴서를 사용한다. 이 경우, 경제성, 보수관리성 등을 고려한 후 전동기 개별설치 및 모선에 콘덴서뱅크 설치방법 중 적합한 방식으로 설치한다.
2) 모선집합설치 콘덴서는 방전장치설치를 원칙으로 하며, 대용량 콘덴서에는 직렬리액터를 설치한다.
3) 특별고압 및 고압수전설비의 종합역률은 90% 이상 유지되도록 하되 전체 역률이 진상이 되지 않도록 목표치는 95%로 한다.

계장설비 및 감시제어시스템

1) 하수처리시설 등 환경기초시설은 지역별 또는 유역별로 통합 운영할 수 있는 중앙집중식 감시·제어체계 구축방안을 강구한다.

2) 계측장치의 계측항목은 처리방식, 운전방식, 유지관리체계 등을 고려하여 최소한으로 선정한다.

3) 시스템의 감시 및 제어항목은 처리설비, 운전방식 및 유지관리체계에 적합하도록 선정한다.

4) 중·소규모 처리시설의 감시제어설비는 원칙적으로 PLC/PC 또는 PLC 시스템을 표준으로 한다.

5) 간이펌프장 등에는 운전자료의 저장 및 분석 기능을 탑재하여 운전성능진단이 가능한 무인자동운전설비 및 각종 통신기술을 이용한 원격감시제어설비를 구비하도록 설치하여야 하며, 특별한 경우를 제외하고는 무인자동운전을 한다.

6) 계측장비 중 처리시설의 기능에 크게 영향을 주지는 않으나 처리현황을 자세하게 파악하기 위한 계측항목의 증가는 설치비 및 보수비의 증가를 초래할 수 있으므로 필요한 최소의 범위로 한다.

7) 계측제어설비는 단위공정의 고장 시 다른 공정에 영향을 최소화할 수 있도록 구성한다.

8) 시스템 하드웨어와 소프트웨어 및 통신망은 안전성과 신뢰성 확보를 위해 주요 부분을 이중화한다.

9) 감시제어시스템은 이 기종의 타 시스템과의 인터페이스에 지장이 없도록 API 기능 능을 제공하는 제품을 선정한다.

10) 통합운영센터의 감시제어시스템은 운영자료를 저장하여 분석할 수 있도록 데이터베이스를 구축한다.

11) 계측제어 및 전자통신설비는 낙뢰, 서지 및 이상전압으로부터 보호하기 위하여 접지설비와 보호대상기기에 적합한 전원, 신호 및 통신용 서지보호기를 설치한다.

12) 처리시설의 감시용 CCTV는 컴퓨터로 감시 및 제어를 수행함으로써 화상에 의한 감시가 꼭 필요한 설비 및 시설보안 등의 용도에만 설치한다.

Key Point ✦

120회 출제

유역통합관리

1. 개요

이수, 치수, 생태환경 등 하천유역을 둘러싼 모든 문제들을 통합적으로 관리하고 지속 가능하도록 합리적으로 해결, 운영하는 개념

2. 유역통합관리의 체계 및 역할

1) 관리체계

구분	주요 내용
제도	• 법 및 정책수립 • 통합계획, 수리권, 재정, 수질기준, 민간참여 등
조직	• 수계 내에서 협력, 계획, 의사결정 • 중앙정부와 유역당국 역할 분담 • 합리적 수행조직체계 운영
운영	• 합리적, 효과적 운영을 위한 계획 및 실행 • 수문학적 인프라와 통합운영관리 • 용수공급, 홍수방어, 수질개선

2) 역할

구분	주요 내용
정부	정책 구성 및 성과평가, 감시
광역단체	• 광역지역 내 전 분야 고려 정책구성 • 유역 간 또는 이해 당사자 간 합의도모
지자체	광역단체의 자원관리 정책과 통합추진
지역공동체	• 유역계획과 지역관리의 일치 • 유역관리 조언
전문기관	• 정보 및 투자제공, 정부에 조언 • 지속가능한 유역관리시스템 개발 운영

Key Point

110회, 113회, 116회 출제

생태독성 배출관리제도

1. 배경 및 필요성

1) 산업발달로 매년 유해화학물질의 사용과 유통이 급증

2) 유해화학물질의 가장 큰 배출원인 산업폐수에 대해 배출허용기준이 설정된 물질은 32종에 불과 외국의 경우 120여 종에 이르는 물질에 대해 배출허용기준을 설정하고 엄격한 허가 및 관리체계를 유지

3) 수많은 미지의 유해물질에 대해 일일이 배출기준을 적용하기에는 현실적으로 한계가 있음

4) 기존에는 배출허용기준을 만족하더라도 이화학분석으로는 알아낼 수 없는 미지의 오염물질로 인해 수생태계의 건강성이 악화되었음

5) 유해화학물질은 미량으로도 인체 및 수생태계에 중대한 영향을 줄 수 있어 엄격하고 철저한 관리가 요구됨

2. 생태독성

1) 산업폐수가 실험대상 생물체에 미치는 급성독성(Acute Toxicity) 정도를 나타낸 값

2) 실험대상 생물인 물벼룩(Daphnia Magna)을 방류수에 투입하여 24시간 후의 치사율을 측정하여 TU(Toxicity Unit)라는 단위로 생태독성 수준을 표현

3) 물벼룩을 이용하는 이유

   ① 시험생물종인 물벼룩은 박테리아, 조류 및 어류(알) 등의 다른 생물에 비해 생애주기가 짧아 번식이 쉽고

   ② 그동안 축적된 생태독성 자료가 풍부하기 때문

4) 생태독성값(TU : Toxicity Units)

$$TU\,(\text{Toxicity Unit}) = \frac{100}{EC_{50}}$$

   EC50 : 물벼룩 투입 24시간 후 물벼룩의 50%가 유영저해를 일으키는 시료농도
   (EC50에서의 시험수 중 시료의 함유율)

   ① TU 0 : 폐수 원액인 100% 조건에서 물벼룩의 0~10% 수준의 유영저해 혹은 사망이 발생하였을 때

② 같은 조건에서 물벼룩의 10~49% 수준의 유영저해 혹은 사망이 발생하였을 때에는 영향받은 %에 0.02를 곱하여 TU를 결정한다.

㉮ 예를 들어 폐수 원액인 100% 조건에서 물벼룩의 15%가 유영저해 혹은 사망을 한 것으로 나타난 경우(15×0.02=0.3, 즉, 이 시료의 TU는 0.3TU가 된다.)

3. 생태독성 관리제도

산업폐수 방류수 또는 그 방류수 내에 포함된 미지의 수많은 유해물질이 생물체 또는 생물체 그룹에 미치는 독성 영향을 분석하여, 그 영향 정도에 따라 산업폐수 배출원을 관리하는 제도

4. 적용대상

1) 폐수종말처리시설과 같은 공공처리시설
   공공하수처리시설은 현재 제외
2) 공공수역으로 직접 방류하는 개별 사업장 중에서 『물환경보전법 시행규칙』에 의한 폐수배출시설 분류 중 석유화학시설 등 35개 종류로 분류되는 시설
3) 폐수를 폐수종말처리시설이나 공공하수처리시설과 같은 2차 처리시설로 유입시키는 사업장은 제외

5. 시행시기

1) 2011년 : 폐수종말처리시설, 1·2종 사업장
2) 2012년 : 3·4·5종 사업장

6. 배출허용기준

구분			적용기준
개별 사업장	청정 지역	• 1 · 2종 사업장	TU 1 이하
		• 3 · 4 · 5종 사업장	TU 2 이하('16년부터 TU 1 이하)
	청정 지역 외	• 30개 업종	TU 2 이하
		• 기초 무기화합물 제조시설 • 합성염료유연제 및 기타 착색제 제조시설	TU 8 이하('16년부터 TU 2 이하)
		• 도금, 섬유염색 등 3개 업종	TU 4 이하('16년부터 TU 2 이하)
폐수종말처리시설			TU 1 이하

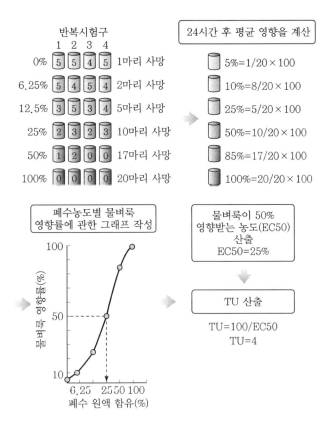

● 수질오염공정시험 기준의 주요 구성내용

구분	내용
시험생물	Daphnia Magna Straus
시료희석비율	100%, 50%, 25%, 12.5%, 6.25%, Control(희석수)
노출기간	24시간
조명	명 : 암＝16 : 8
시험온도	18~22℃
시료농도당 시험생물 개체수	최소 20개체
시료농도당 반복수	4개 이상(20개체의 경우 5마리씩 4반복)
시험방법	지수식 시험방법(시험기간 중 시험용액을 교환하지 않는 시험)
시험용액의 부피	1개체당 2mL 이상
최종 측정치	유영저해율(Immobility)
독성값	물벼룩 50%가 유영저해를 받는 시료농도(EC_{50})를 구한 다음 최종적으로 생태독성값($TU＝100/EC_{50}$)을 산출
표준독성시험	염화나트륨 등 6개 물질 시료군당 1회

가축분뇨관리 선진화 방안

1. 추진배경

1) 가축분뇨 BOD 부하량 생활하수 94배 ☞ 가축분뇨관리의 선진화 필요성

① 산업폐수, 생활하수는 지속적·집중적 투자 및 관리로 공공수역의 오염부하량이 낮아졌으나, 가축분뇨는 상대적으로 관리가 미흡

② 축산농가의 전업화·기업화로 다량의 고농도 수질오염물질 배출

③ 밀집사육 및 구제역 발생으로 가축분뇨의 적정처리 필요

④ 2012년 가축분뇨 해양배출 금지 대비 가축분뇨 선진화 필요

2) 가축분뇨 오·폐수 발생량의 1%에 불과하나 수질오염 부하량은 26%에 달함

3) 공공환경시설 확충으로 BOD는 많이 개선되었으나 COD는 최근 상승 및 정체

2. 가축분뇨관리의 문제점

2.1 기업화된 축산농가의 가축분뇨관리 소홀

1) 축산농가 시설투자 미흡, 중·대규모 농가도 여전히 정부 지원 등에 의존

2) 가축 과밀사육으로 처리능력에 비해 과다한 가축분뇨 발생

3) 농가의 관리 소홀로 무단방류 등 부적정 처리

2.2 제도적 문제점

1) 퇴비·액비 시설 등 가축분뇨 처리시설에 대한 관리기준 미비

① 액비 무단방류, 미숙성 액비 살포로 인한 환경피해 유발

② 저품질 퇴비생산에 따른 경종 농가의 사용 기피

③ 소규모 농경지에 집중적인 퇴비·액비 살포

2) 방류수 수질기준이 과도하게 완화되어 하천 수질오염 가중

3) 가축사육 제한구역 지정 미흡

축산농가 반대, 지역경제 위축 등의 사유로 가축사육 제한구역 지정 회피

2.3 처리시설별 문제점

1) 퇴비화

① 비료성분이 적고 살포 시 많은 노동력 필요

② 부숙도 판정기준이 없어 품질 확보가 어려움

③ 퇴비와 분뇨 구분 곤란

2) 액비화

① 경작지 과다 살포 시 비점오염화되어 수질오염 초래

② 액비 살포에 필요한 농경지 면적 확보 곤란

③ 액비 살포 장비 필요, 계절적 수요로 저장시설 필요

3) 바이오가스

① 유기물 함량이 낮아 바이오가스 발생량이 적음

② 시설비 투자에 비해 수익성이 낮아 경제성 확보 곤란

4) 정화처리

① 방류수 기준 이내 처리로 설치 · 운영비용이 많이 소요

② 분뇨 미분리 등으로 유입수질 차이가 심해 처리효율 저조

③ 하천 방류로 수질오염 직접 영향

3. 가축분뇨관리 선진화 방안

3.1 사전예방적 대책

1) 문제점

① 수질 민감지역 등에 대한 가축사육 제한구역 지정 미흡

② 가축 사육두수에 관계없이 사육면적만을 기준으로 허가

③ 주택이 혼재된 계획관리지역에서 축사 사전환경성 검토 대상 규모 느슨

2) 개선방안

① 가축사육 제한구역으로 지정하지 않을 경우 환경부장관 지정 권고

상수원 수질오염이 우려되는 경우 환경부장관이 직접 지정

② 사육시설 면적(현행)과 함께 사육두수까지 고려하여 배출시설 설치허가

③ 일정 규모 이상 가축사육시설을 사전환경성 검토 대상 포함

3.2 가축분뇨 수거체계 확립

1) 문제점

① 가축분뇨 배출, 수집, 운반, 처리과정이 명확하지 않음

㉠ 농가 및 처리업자, 재활용 신고자에 대한 가축분뇨 수거 · 처리 과정의 체계적 관리 미흡

㉡ 가축의 전염병 확산 억제 등을 위하여 가축분뇨 수집 · 운반 등에 관한 체계적 관리 필요

2) 개선방안

    ① 가축분뇨 배출에서 수집 · 운반, 최종처리까지 인계 · 인수 시스템 구축

    ② 대규모 허가 농가, 가축분뇨 관련 영업자, 재활용 신고자, 공공처리시설 등 대상 시범실시

3.3 처리시설의 설치기준 및 관리기준 강화

1) 문제점

    가축분뇨 또는 퇴비 · 액비를 축사 주변에 유출하거나 지표수 · 빗물 등의 유입으로 주변환경 오염시 처벌규정 미비

2) 개선방안

    ① 퇴비 또는 액비를 별도로 분리 보관할 수 있는 시설 설치

    ② 액비 저장조는 비수기 또는 강우에 대비한 여유 용량 확보

    ③ 가축분뇨, 퇴비, 액비, 소화액 등이 축사 주변으로 유출되지 않도록 함

3.4 정화시설 방류수 수질기준 강화

1) 문제점

    ① 생활하수 및 공장 폐수에 비해 가축분뇨의 방류수 수질기준이 지나치게 낮아 호소, 하천의 주 오염원

    ② 부영양화 유발물질인 질소 · 인에 대한 기준이 낮아 하천 수질오염 가중

        가축사육 밀집지역에서 암모니아성 질소 농도 크게 증가

2) 개선방안

    ① 가축분뇨 정화시설에 대한 단계적 방류수 수질기준 강화

    ② 환경개선자금 융자를 활용하여 설치 · 개선 지원

3.5 가축분뇨 및 퇴비 · 액비 관리

1) 문제점

    ① 부숙도 기준이 없어 가축분뇨와 퇴비 · 액비 구분이 모호

        부숙도 : 퇴비 · 액비화 과정을 거쳐 식물과 토양에 대해 안정적 반응

    ② 퇴비 노천야적, 액비 무단방류, 액비 살포 시 악취발생으로 환경피해 유발

2) 개선방안

    ① 부숙도 기준 신설(비료공정규격 개정, 농촌진흥청)

    ② 액비 살포 시 시비처방서 발급 법적 근거 마련

        단위면적당 액비살포량 제한

    ③ 퇴비 · 액비의 공공수역 유출 시 처벌근거 신설

3.6 영업 관련 시설 관리 강화

1) 문제점

　① 재활용 신고자(400kg/일 이상) 시설 · 운영관리 기준 미흡

　　㉮ 재활용시설의 기본적인 설치 · 운영기준만 제시되어 있음

　　㉯ 설치 · 운영 위반 시 300만원 벌금에 불과, 재활용 신고 취소 등의 규정 없음

　② 공동 자원화시설은 대규모화되고 있으나 환경영향평가 미실시

2) 개선방안

　① 재활용신고자의 신고 · 운영관리 기준

　　비료공정규격, 부숙도 기준, 허용 보관양 등

　② 공동 자원화시설에 대한 정의를 명확히 하고, 100톤/일 이상 시설은 환경영향평가 대상사업에 포함

3.7 자원화 중심의 공공처리시설 설치

1) 문제점

　① 정화시설 처리수는 수계에 직접 방류되어 공공수역 수질에 영향이 큼

　② 시설의 조기 부식, 부식 마모 등으로 과다한 시설개선비용 소요

　　자원화 방식 위주로 국고 보조금 지원(10년도 예결위 지적사항)

2) 개선방안

　① 농협이 설치 · 운영하는 자원화 시범사업 추진

　② 자원화시설 설치 활성화를 위한 운영지침 개정

자산관리

1. 자산관리의 개요

1) 시설물 자산의 전 생애에 걸친 위험요소를 파악하고 관리함과 동시에 소비자가 필요로 하는 서비스 수준을 최소의 비용으로 제공하기 위한 의사결정을 내리는 것
   ① 즉, 자산이 지닌 가치를 최대화하기 위한 활동을 뜻한다.
   ② 시설물 자산관리는 과거의 수동적이고 사후대응형 유지관리 체계에서 시설물의 안전성뿐 아니라 사용성, 경제성을 고려한 사전대비형 능동적 관리체계이다.

2) 최근에는 선진국을 중심으로 자산관리를 사회기반시설에 적용해 사회기반시설 자산관리 (Infrastructure Asset Management)라는 개념으로 발전시켜 왔다.

3) 또한 자산관리는 자산의 요구되는 서비스 수준을 유지하기 위해서 가장 경제적이고 효과적인 관리를 통해 현재와 미래의 소비자를 위해 자산의 서비스 수준을 유지시키는 것이다.

4) 우리나라의 경우, 상하수도 시설물의 개량수요 예측 실패 및 사용환경 변화에 따라 상수도 자산의 비효율적 사용이 증가
   특히 상수도 자산의 약 70% 이상을 차지하는 상수도관망이 지하에 매설되어 있어 유지관리에 큰 어려움을 나타내고 있다.

2. 자산관리시스템 도입 필요성

1) 생애주기 연장 및 비용 감소
   ① 기존의 시설물 내구연한 기준으로 교체를 하던 방법에서 진단, 평가, 사고발생을 가정한 사회적 비용 분석 등 유지관리를 통해 실질적인 잔존수명을 예측할 수 있다.
   ② 이는 실제 시설물의 생애주기가 연장되면서 관리 및 교체 비용을 감소시키는 효과를 얻을 수 있다.

2) 자산 가치평가를 통해 자산의 총계 등 기초데이터 확보
   비용효율적인 관점에서의 상하수도시설물의 개보수 및 대체 최적 시점을 예측하기 위한 기초데이터를 확보할 수 있다.

3) 최적화된 의사결정 지원 가능
   자산관리시스템이 개발되면 기초데이터의 확보를 통해 자산별로 현재와 미래 가치뿐 아니라 리스크 분석, B/C 분석이 가능해져 투자 우선순위를 설정할 수 있다.

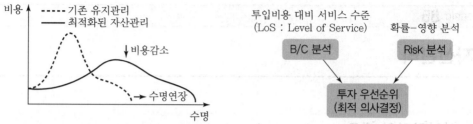

[자산관리 활동으로 인한 생애주기 연장 및 비용감소] [B/C분석과 리스크분석을 통한 최적 의사결정 지원]

3. 자산관리 수행절차(7단계)

1) 1단계 : 자산 목록(인벤토리) DB 구축

① 신뢰성 있는 데이터를 표준화하여 구축

② 자산 : 수돗물 생산 및 공급과 관련된 모든 물질을 말한다.

③ 상수도 시설 : 시설자산＋관망자산

㉮ 시설자산 : 토목 및 건축구조물(취수장, 정수장, 가압장, 배수지, 착수정, 약품투입동, 응집
지, 여과지 등 공정별에 해당되는 토목 및 건축구조물)＋주요설비(기계 전기, 감시제어 등)

㉯ 관망자산 : 관로(블록 및 관로 용도에 따라 도수, 송수, 배수, 급수 등을 관여하는 관로)＋
부속설비(밸브와 소화전)

2) 자산의 상태평가

① 자산의 현재 상태 평가

㉮ 정밀안전진단, 기술진단 결과, 유지보수이력, 사고 및 파손이력 조사 및 DB화(필요시 진단)

㉯ 핵심자산 선정 및 정량적 · 정성적 상태평가 수행 → 상태를 등급화 및 점수화

② 진단, 평가결과를 지속적으로 인벤토리 DB에 업데이트

3) 잔존수명 예측 및 가치평가

① 상태평가를 바탕으로 잔존수명 예측 및 가치평가

㉮ 내용연수 기반의 잔존수명 예측 : 비핵심자산

㉯ 노후도 모델을 통한 잔존수명 예측 : 핵심자산

② 잔존수명＝유효수명－설치경과연수

㉮ 유효수명 : 내용연수를 참고하여 자산의 경과년수 추이를 파악한 다음 정한 자산의 수명
이 다할 때까지의 기간

4) 서비스 수준(LoS(Level of Service)) 설정

① 공공하수도 관리청의 서비스 수준(목표) 설정

② 자산별 성과지표에 따른 LoS 항목 개발, LoS와 잔존수명, 위험도 등의 상관관계 분석

5) 위험도 평가 및 개량수요 예측

위험도 평가 및 개량우선순위 결정

6) 최적 투자계획 수립

① 리스크 분석 결과와 개량 우선순위, 서비스 수준을 고려한 최적 투자계획 수립

② 개량수요에 따른 투자의 불안정 해소 및 중·장기적 효율적인 예산계획 수립

7) 재정계획 및 자산관리 기본계획 수립

장래 재정수지 전망 및 계획수립 지원가능 결과 도출

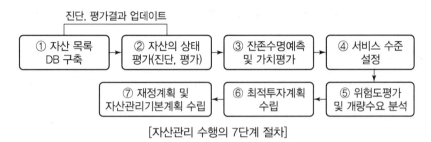

[자산관리 수행의 7단계 절차]

Key Point +

131회 출제

녹색인증제

1. 개요

1) 신속한 성장 유인

금융, 세제 등의 지원을 통해 녹색산업의 민간참여 확대 및 기술시장 산업의 신속한 성장을 유인할 필요성 대두

2) 대상규정 투자 유인

지원대상 범위를 명확히 규정하고, 투자를 유인코자 녹색인증제도 도입 마련

3) 실질적 성과창출

녹색성장 목표 달성 기반을 조성하고, 민간의 적극 참여를 유도하여 녹색성장 정책의 실질적 성과 창출

4) 추진근거 : 「기후위기 대응을 위한 탄소중립 · 녹색성장 기본법」

2. 목적

1) 기술 또는 사업이 유망 녹색분야인지 여부를 정부가 확인해 줌으로써 민간(금융권 등)의 투자 애로 해소 및 자발적 투자 유도

2) 녹색산업의 민간참여 확대 및 기술, 시장, 산업의 빠른 성장 유인을 위하여 녹색분야 금융지원방안을 목적으로 도입

3. 인증대상 및 기준

3.1 녹색기술

1) 인증대상

① 기술성, 시장성, 전략성 등을 고려

② 정부가 별도로 선정 · 고시한 10대 분야 유망 녹색기술(총 10대 분야, 61개 중점분야)

2) 인증기준

① 기술성, 시장성, 녹색성 등을 종합 평가하여 100점 만점에 70점 이상인 기술을 인증대상으로 추천

㉮ 기술성 : 40점

• 신청기술의 기술수준

- 기술목표의 구체성 및 명확성, 기술 혁신성과 차별성(지식재산권 확보/회피)
- 기술적 파급효과(타 기술 발전 등에의 효과, 기술수준 향상 등)
㉯ 시장성 : 30점
- 신청기술의 경쟁 제품 대비 비교우위성, 사업화 계획의 타당성 및 시장진입 가능성
- 시장규모, 성장률, 투자대비 회수가능성(수익률), 수입대체 효과
㉰ 녹색성 : 30점
- 에너지·자원의 절약, 기후변화 및 환경훼손의 억제 등

3.2 녹색산업

1) 인증대상
녹색기술 및 녹색제품을 이용하여 에너지 및 자원의 투입과 온실가스 및 오염물질 발생을 최소화하는 사업(총 9대 분야, 93개 사업)

2) 인증기준
녹색기술 활용성, 환경 기대효과, 사업 타당성 등을 종합 평가하여 100점 만점에 70점 이상인 기술을 인증대상으로 추천
① 녹색기술 활용성 : 30점
  ㉮ 사업 기여도
  ㉯ 사업 목표와 녹색기술 활용의 부합성 등
② 환경기대효과 : 50점
  ㉮ 긍정적 영향분석 (A)
      에너지 절감, CO_2 절감, 오염물질 저감 등
  ㉯ 부정적 영향분석(B)
      산림훼손, 습지, 생태공간 훼손, 오염물질 배출 등
  ㉰ 종합판단 : A≥B 여부
③ 사업 타당성
  ㉮ 사업목표의 구체성 및 명확성
  ㉯ 엔지니어링 및 기술적 오류 검토
  ㉰ 정책 목표 부합성

3.3 녹색전문기업

인증대상
1) 창업 후 1년이 경과한 기업
2) 녹색기술인증을 획득한 기업
3) 인증받은 녹색기술에 의한 신청 직전 연도 매출비중이 업체 총 매출의 30% 이상인 기업

비점오염원

1. 서론

1) 비점오염원이란 일정한 배출구가 있는 점오염원과 달리 도시, 도로, 농경지 등의 지표면에 축적된 오염물실이 강우 시 빗물과 함께 하천으로 유출되는 오염원

2) 최근 도시화, 산업화 등으로 인해 비점오염원이 수질오염원부하에서 차지하는 비중은 날로 증가하는 추세에 있음

3) 도시지역의 경우 불투수면의 증가로 강우 시 피크유출량이 증가하고, 이로 인해 비점오염원의 이동력이 증대되고 있음

4) 이와 같은 비점오염원의 증가로 우리나라의 4대강 오염부하의 20~40%가 비점오염원에 의한 것으로 추정되고 있어, 점오염원 관리만으로는 수역의 수질개선 효과를 기대하기 힘든 실정

5) 비점오염원을 저감하기 위해서 BMPs, LID 등의 관리기법이 도입되고 있음

2. 비점오염원의 특징

2.1 배출 특성

1) 배출범위가 넓음

2) 홍수기에 최대 발생

3) 초기강우 시 합류식 하수관거 내 퇴적물 공공수역 유입(First Flush)

4) 도시 · 공업지역의 중금속 공공수역 유입

2.2 관리 · 처리 특성

1) 하수처리시설에 의해 처리되지 않음

2) 오염원의 관리가 어렵고, 처리에 많은 비용 소요

3) 부영양화 초래 → 정수장 시설투자, 유지관리비 증가

3. 저감방안

3.1 BMPs(Best Management Practices)

1) 정의

비점오염원 유형별, 발생단계별로 비점오염물질 저감을 위하여 선택된 최적의 대안과 그 대안들의 조합

2) 구성

① 구조적 방법
   ㉮ 각종 처리시설 및 구조물 설치
   ㉯ 효과 높음, 고비용

② 비구조적 방법
   ㉮ 토지이용 규제 등
   ㉯ 효과 낮음, 저비용

3) 비점오염원 관리시설의 종류

① 자연형 시설
   ㉮ 저류시설 : 저류지(연못), 저류조 등
   ㉯ 인공습지
   ㉰ 침투형 시설 : 유공포장, 침투조, 침투저류지, 침투측구
   ㉱ 식생형 시설 : 식생여과대, 식생수로 등

② 장치형 시설
   ㉮ 여과형 시설 : Storm Filter, Sand Filter
   ㉯ 스월조절조
   ㉰ Vortex Solids Seperator : 미세고형물, 유분 분리
   ㉱ 수유입장치
   ㉲ Stormgate : 초기 강우유출수 처리시설 이송
   ㉳ Stormseptor : 도로, 주차장, 터미널 등에 설치

③ 시설형 시설
   ㉮ 응집 · 침전 처리형 시설 : URC, ActFlo 등
   ㉯ 생물학적 처리형 시설

4) 문제점

① 시설 유지관리 곤란
② 근본적인 해결에 한계 : 수문체계 변화

3.2 LID(Low Impact Development)

1) 정의

개발이전과 유사한 수문학적 기능을 유지할 수 있도록 많은 수의 소규모 자연형 시설을 설계단계에서 분산·배치하는 방법

2) 그린빗물인프라

기존 개발지역의 회색인프라를 개량

3) 방법

① 비구조적 방법 : 단지설계, 토지이용계획단계에서 도시물순환을 고려

② 구조적 방법 : 도시인프라에 물순환 기능 부여

　㉮ 식생체류지, 옥상녹화, 나무여과상자, 식물재배화분, 식생수로

　㉯ 식생여과대, 침투도랑, 침투통, 투수성포장, 모래여과장치, 빗물통

4) 특징

① 장점

　㉮ 자연상태 보전과 지역개발 동시 가능

　㉯ 친환경적 생태경관 조성

　㉰ 비점오염원 저감 외에도 도시홍수조절, 수자원 확보 가능

② 단점

　㉮ 지형 및 생태학적 현장 조건 등 공간적 제약

　㉯ LID에 대한 지역사회의 낮은 인지도 – 토지소유자 기피

5) LID 활성화 방안

① "빗물유출 제로화단지" 조성 시범사업을 모범사례로 국내 여건에 적합한 LID 적용방안 제시 필요

② 유역의 불투수면적률, 수질관리 필요성, 침수 발생 여부 등을 종합적으로 검토해 투자 우선순위 결정

③ 개발사업, 사업장 등 비점오염원 설치 시 LID를 적용하도록 관련 법률 및 제도 개선

④ 빗물오염요금제 도입으로 LID 설치비용을 사업시행자에게 부담시킴

⑤ LID 시설 설치 토지소유주에게 인센티브 부여

⑥ LID 도입 필요성에 대한 대국민 홍보·교육 강화

4. 비점오염저감시설의 규모 및 용량 결정

4.1 설계기준

1) 해당 지역의 강우빈도, 유출수량, 오염도 분석 등을 통해 용량 결정

2) 강우량을 누적유출고로 환산하여 최소 5mm 이상의 처리

3) 처리대상 면적 : 비점오염물질이 배출되는 토지이용면적

4) 비점오염저감계획에 비점오염저감시설 외의 저감대책이 포함되어 있는 경우 그에 상응하는 규모의 용량 제외 가능

4.2 용량 결정방법

1) 유량 – 수질자료로부터 구하는 방법

① 강우시간에 따른 유량, 오염물질 농도 곡선 작성

② 초기 오염물질 농도가 농도 기저선에 도달하는 시점까지의 유량면적이 저류용량

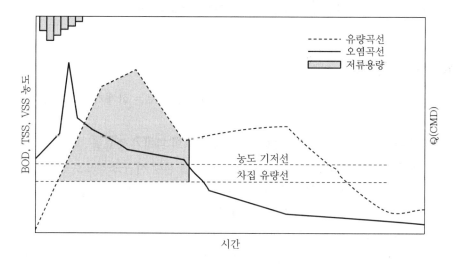

2) 강우빈도, 유출수량, 오염도 분석에 의한 방법

① 수질처리용량 : $WQ_V(m^3) = P1 \times A \times 10^{-3}$

　여기서, P1 : 설계강우량으로부터 환산된 누적유출고(mm)
　　　　　A : 배수면적(m^2)

② 수질처리유량 : $WQF(m^3/h) = C \times I \times A \times 10^{-3}$

　여기서, C : 유출계수
　　　　　I : 기준강강도(mm/h, 최근 10년 이상의 시강우자료 중 연간누적발생빈도 80%)
　　　　　A : 처리대상구역 면적(m^2)

구분		설계기준
저류시설	저류지, 지하저류조	WQv
인공습지	인공습지	
침투시설	유공포장, 침투저류지, 침투도랑	
식생형 시설	식생여과대, 식생수로	WQF
	식생체류지, 식물재배화분, 나무여과상자	WQv
장치형 시설	여과형 시설, 와류형 시설, 스크린형 시설	WQF
	응집 · 침전 처리형 시설	—

3) 기타 용량 결정방법

　① 90% 강우사상에 의한 방법

　② 1인치(25mm) 규모결정 방법

　③ SCS(Soil Conservation Service Method)법

　④ 1년 24시간 강우사상을 처리할 수 있는 규모로 하는 방법

5. 결론 및 제안사항

1) 공공수역의 수질보전을 위해서는 점오염원의 관리만으로는 한계가 있으므로 체계적인 비점오염원의 관리대책이 필요함

2) 특히, 초기 강우 시 고농도로 유출되는 비점오염원의 관리가 중요함

3) 현재 전국적으로 추진되고 있는 하수관거 정비사업 시행 시 구조적으로 문제가 없는 합류식 하수관거의 무리한 분류식화보다는 초기 강우 처리에 많은 투자를 할 필요가 있음

4) 분류식화로 용도가 없어진 기존 정화조를 우수침투조로 활용하는 방안의 검토가 필요함

5) 비점오염원의 효과적인 저감을 위하여 공공사업 전 과정에 LID를 도입할 필요가 있음

6) 최근 국토부 LID 연구단에서 관련 연구가 활발히 추진되고 있어, 향후 국내 여건에 적합한 LID 기술개발이 이루어질 것으로 기대됨

7) 강우 시 침수피해, 초기강우, 비점오염원 관리, 빗물재이용 등을 통합적으로 관리할 수 있는 통합물관리 정책마련이 필요하다고 사료됨

Key Point ✦

110회, 115회, 127회, 128회, 130회 출제

비점오염원 관리정책 방향

1. 비점오염원 현황

1.1 오염부하량

1) 비점오염원은 전체 수질오염물질 배출부하량의 약 50%('07년 기준)

2) 한강수계의 경우 42%('03년) → 70%('15년) 증가 전망(물환경관리 기본계획, '06. 9, 환경부)

1.2 인구 및 국토 이용

1) 인구는 소폭 증가, 도시화 확대, 주거면적 증가

2) 임야는 감소하는 반면, 도시용지는 매년 증가 추세

2. 그간의 주요 정부대책

2.1 4대강 물관리종합 대책 마련('98. 11)

1) 비점오염원 관리방안을 최초로 수질관리대책에 포함

① 대책 : 수변구역 토지매수, 수변녹지 · 저류지 조성 등

② 부하량 : 한강(30.7%), 낙동강(25.4%), 영산강(37.4%), 금강(21.7%)

2.2 4대강 비점오염관리 종합대책 마련('04. 3)

부처별로 관련과제에 대한 제도개선 및 시범사업 추진

환경부는 법적 근거 마련, 비점오염저감 시범 설치 및 모니터링 사업 등 추진

2.3 비점오염원 관리를 위한 법률적 근거 최초 마련('05. 3, 수질환경보전법 개정)

1) 정부 및 사업자에 대해 비점오염원 관리책무 부여('05. 3)

2) 비점오염원 설치신고제도 시행('06. 4)

환경영향평가법에 의한 개발사업, 폐수배출시설 등 대상

3) 비점오염원관리지역 지정제도 시행('06. 4)

① 소양호, 도암호, 임하호, 광주광역시 등 4개 지역 지정('07. 8)

② 수원시 관리지역 지정('10. 12)

2.4 물환경관리 기본계획 수립('06. 9)

신고대상 확대방안, 관리지역 지정 등 세부추진계획 마련

2.5 비점오염저감사업 국고보조

지자체 비점오염저감사업에 대한 국고보조 실시('08~)

3. 4대강 비점오염원관리 종합대책('04~'20)

1) 개요

① 비점오염분야 관계부처 최초 합동대책

② 단계별 추진계획 마련(3단계 : 제도마련 · 시범사업 → 토대구축 → 확대)

③ '20년 예상배출량의 34.3% 삭감목표(381톤/일 → 250톤/일)

2) 단계별 비점오염 추진계획

구분	1단계('04~'05)	2단계('06~'11)	3단계('12~'20)
제도	기본제도 마련(국가, 지자체 관리책무 및 계획수립)	주요 오염원 관리 의무 부여	관리의무 강화 지속 추진
관리사업	시범사업(국가)	4대강 대표유역 최적관리사업 (국가, 지자체)	본격사업 추진(지자체 중심, 국가지원)
조사연구	원인규명, 처리기법 개발 중심	모니터링 기법 및 설치기준 정립	비용 효율성을 고려한 시설 지속개발

4. 부처별 중점 추진 과제(총괄 : 국무조정실)

구분	중점 추진 과제
환경부	• 사업장 비점오염원 관리의무 부여 등 제도 마련 • 비점오염 저감시설 설계 및 관리기준 • 고랭지 밭 흙탕물 유출저감 • 비점오염 유출특성 등 기초연구
농림축산식품부	• 밭 기반 정비사업(논 배수저류시설 설치 등) • 영농방법 개선, 농업보조금 방향전환 등
국토교통부	• 도로비점오염관리 • 상수원 수계 하천 점용지 관리, 댐 내 흙탕물 관리
산림청	• 산림지역 비점오염관리(임도관리, 객토제한) • 산불피해지역 관리 및 복원
산업통상자원부	폐광산 관리(광미, 갱내수 처리)
소방청	소하천 정비

5. 정부의 주요사업 추진현황

5.1 비점오염원 설치 · 신고

1) 비점오염저감 의무화(저감시설 설치, 운영 · 관리 등)

　일정규모 이상 개발사업 및 폐수배출시설 설치사업장 대상

2) 제도도입 이후 총 626개소 신고('11. 5월 기준)

5.2 비점오염원 설치 신고 대상

1) 개발사업

　"환경영향평가법"에 의한 환경영향평가대상사업

　① 도시의 개발, 산업단지 및 산업단지의 조성

　② 에너지 개발, 항만 건설, 도로 건설 등

2) 사업장

　폐수배출시설을 설치하는 다음 사업장 중 부지면적 1만 m^2 이상인 사업장

　① 제철시설, 섬유염색 시설

　② 목재, 나무제품, 비금속 광물제품, 제조업 등

5.3 비점오염원 관리지역 지정

1) 비점오염원으로 인해 중대한 위해가 발생 또는 발생 우려가 있는 지역

　하천, 호소, 주민 건강 · 재산, 자연생태계 등

2) 소양호, 도암호, 임하호, 광주광역시, 수원시 5개소 지정 · 관리 중

5.4 비점오염저감시설 시범사업

1) 목적 : 비점오염 저감시설 설치 및 유지관리기준 마련

2) 43개 시범사업('04~'09) 완료, 현재 모니터링 수행 중

3) 종류 : 생태습지, 축산습지, 생태주차장, 침투저류지, 인공습지 및 여과형 시설 등

5.5 고랭지 밭 흙탕물 저감대책

1) 호소 내 최대탁도를 50NTU 이하로 유지 : 2017년까지

2) '08년 이후 국고지원사업 추진 중 : 보조율 50%

　식생수로, 우회수로 등 설치사업 등

6. 그간의 성과와 문제점

6.1 성과

1) 비점오염관리의 제도적 기반 마련

① 비점오염원 관리에 대한 정부 및 사업자의 책무 규정

② 비점오염원 설치신고, 비점오염원 관리지역 지정 등 관리제도 도입

2) 과학적 관리 기반 조성

① 비점오염원 오염부하량 산정

저감목표량 등 과학적 근거에 의한 목표제시

② 비점오염원의 과학적 관리토대 마련

주요 오염원별 유출특성 연구, 시범사업

3) 비점오염원에 대한 인식 제고

교육 · 홍보를 통한 정부 관계부처 및 국민적 인식 제고

6.2 문제점 및 과제

1) 비점오염원 부하량 산정체계 미흡

① 저감수단의 변화(기술개발)에 비해 발생원별 세분화 미흡

② 단순화된 부하량 산정결과 → 부정확한 목표 → 체계적 대책수립에 한계

2) LID(Low Impact Development)기법 확산 관련 총괄기능 미흡

① 제도개선의 적절성, 저감기술 변화 반영 여부 등에 대한 모니터링 체계 미흡

② 환경부 주도하에 LID기법 적용 가능한 부분 도출 및 개선 필요

3) 조사 · 연구 통합관리 시스템의 미흡

① 현안사항을 중심으로 조사 · 연구 집중, 통합관리시스템의 부재

② 통합적인 조사 · 연구관리 시스템 구축 필요

4) 낮은 국고보조율 및 작은 규모의 투자

① 점오염원 중심의 국고지원(수질분야 투자의 1% 수준)

② 보조율 향상 및 오염부하량의 비중(약 50%)을 고려한 국고지원 확대 필요

5) 관리체계의 비효율성

① 동일 사업장 관리의 이원화(폐수배출시설 → 지자체, 비점오염원 → 환경부)

② 업무연계방안 마련 및 지자체 이양 추진

7. 향후 정책방향

7.1 비점오염 관리방향

• 명확한 목표 설정 • 예방사업 우선 • 필요 최소의 사후투자 • 과학적 관리기반 강화

☞

• 분류체계 및 부하량 산정 개선 • LID 기법 적용 확산 • 기존시설 적극 활용 • 조사 · 연구의 체계화

7.2 세부 추진과제

1) 도시비점 저감대책
   ① 도시개발사업, 구 도심정비 시 저영향개발기법(LID) 적용 단계적 의무

   LID(Low Impact Development ; 개발에 따른 비점오염 등의 환경영향을 최소화하기 위한 기법)

   ② 주기적 도로청소 강화

   ③ 주유소, 주차장 등 시설 관리 강화

   ④ 초기우수 저류시설 설치 확대

   20년까지 전국 105개 시군 하수처리구역(1만톤/일 처리)에 다기능 초기우수 처리시설 설치

   ⑤ 유수지 등 기존 도시 기반시설을 비점오염 저감시설로 활용

   전국 404개 유수지 중 118개를 대상으로 생태유수지 설치

   ⑥ 화단, 도로, 주차장, 공원 등 기 설치된 시설들을 비점 저감시설로 활용

   투수성 포장으로 변경, 초기우수 저류능력 확대

2) 농촌 비점 저감과 처리
   ① 주민 참여를 유도하는 인센티브 시스템 설계

   토사 유출 등 비점오염 발생 유출이 적은 작물재배 및 영농방법에 대한 지원

   ② 녹비작물 재배 확대

   자운영, 호밀, 청보리 등 녹비작물을 활용해 비료, 농약 등 살포 저감 유도

   ③ 고랭지 흙탕물 저감대책 추진

   ㉮ 평창군, 양구군, 인제군, 홍천군, 청송군, 영양군 등 흙탕물 발생 지속 관리

   ㉯ 토양유실 저감형 밭 기반 정비 추진

   ④ 생태둠벙 조성

   둠벙 설치를 통해 농경지 유출 비점오염 저감

   ㉮ 둠벙의 생태적, 용수 확보 기능＋농경지 비점 유출 저감 기능

   ㉯ 사례 : 담양군 생태둠벙 조성

   ⑤ 수질오염총량제와 연계한 농경지 최적관리기법 확산

3) 축산시설 관리 강화

   ① 농가를 대상으로 한 교육, 계도를 통한 퇴·액비의 무분별한 살포방지

      ㉮ 상수원 보호구역 등 특별관리가 필요한 지역을 대상으로 시비 및 비료 살포 기준 강화

      ㉯ 퇴·액비 비료성분, 부숙도 품질기준 마련, 액비 품질 검사제도 도입

   ② 무허가, 미신고 배출시설을 이용하여 가축 사육한 농가에 대한 행정벌 부과

   ③ 축산습지 조성 확대

      축산농가 밀집지역에 인공습지 및 침투저류지 조성

4) 댐, 하친 부지 등 비점 관리

   ① 하천 부지 내 오염원의 점진적 감축

      ㉮ 하천부지 내 영농행위 근절

      ㉯ 주차장, 체육시설 등 철거 및 생태적 기능 강화

   ② 댐 상류 및 하천 구역 쓰레기

      ㉮ 사전 감시활동을 통한 쓰레기 처리 및 우기 시 발생량 억제

      ㉯ 부유쓰레기 수거선을 통한 신속한 수거, 처리

5) 산업단지 및 폐광 비점 관리

   ① 산업단지 완충 저류지 추가 설치

   ② 폐광의 폐석 유실방지 및 토양 개량 추진

6) 비점오염원 신고 관리제도 개선

   ① 비점저감시설 설치대상 확대 검토

      환경영향평가 대상사업에서 사전환경성 검토 대상사업까지 확대

   ② 기 설치된 시설들에 대한 관리 강화

      관리, 운영 주체 책임, 권한 명확화 및 관리, 운영 실태 점검 강화

   ③ 시설의 처리효율에 대한 모니터링 및 평가 강화

7) 지자체 국고보조사업 개선

   국고 보조율 상향 추진

   ① 현 보조율 50%을 70%로 단계적으로 확대(관리지역과 일반지역의 보조율 차등 적용)

   ② 수질오염총량제와 비점저감사업 간 연계성 강화

8) 제도개선을 위한 조사 연구 강화

   ① 비점오염 저감기술에 대한 R&D 강화

      "비점오염관리기술연구단"을 통해 기술개발 및 정책 지원 강화

   ② 기 설치된 시설들에 대한 관리 강화

      관리, 운영 주체 책임, 권한 명확화 및 관리, 운영 실태 점검 강화

   ③ 시설의 처리효율에 대한 모니터링 및 평가 강화

9) 비점오염 교육 홍보 강화

　① 공무원, 개발사업장 관계자에 대한 교육 강화

　　전문교육기관을 통해 공무원 및 개발사업 관련 기관 관계자에 대한 교육 강화

　② 학교 교육과정을 통한 학교교육 강화

　③ 농민, 축산인 및 일반 국민을 대상으로 비점오염에 대한 교육 강화

8. 기대효과

1) 4대강 수질개선

　4대강 수질의 획기적 개선

2) 생태적으로 건강한 생활환경 창출

　LID 기법은 삭막한 도시에 작은 녹색공간을 제공

3) 도시토양에 생명 부여 및 홍수예방

　다공성 표장, 녹지 조성 등을 통해 토양이 호흡하고 지하수 자원이 풍부해짐

Key Point ＋

110회, 115회, 127회, 128회, 130회 출제

유역 하수도정책 추진방향

1. 하수관리정책 추진현황 및 문제점

1.1 행정구역 중심의 하수도 관리

1) 단위 하수처리장 위주의 소극적 하수도 관리로 일괄적, 적극적 수계관리 곤란

2) 수질사고 발생 시 책임소재가 불명확하여 비상시 수계관리 곤란

3) 행정구역 및 수계 불일치로 인한 하수도 중복투자 및 연계처리 비협조

1.2 처리장 위주의 수질관리

1) 처리장 시설과 관거시설, 슬러지 처리시설의 불균형

2) 비점오염원 처리시설 및 관리기준 부재

1.3 효율적인 하수처리장 운영곤란

1) 효율적인 유지관리를 위한 전문운영인력 부족

2) 일원화되지 않은 소규모 하수처리장의 산재 및 개별운영으로 인한 운영관리비 증가

3) 설비 자동화 미비 및 계측설비 정밀도 저하로 인한 운영효율 저하

2. 유역별 하수도 통합관리체계 구축 필요성

2.1 물관리 통합 일원화 및 표준화

1) 물환경 기본계획 이행수단 구축

2) 하수도 연계운영을 통한 도시침수 방재기능 향상

3) 전산화 및 표준화에 의한 실시간 데이터베이스 형성으로 통계연보 대체

4) 수자원(이수, 치수), 상수도, 하수도, 수질 등 통합물관리시스템 구축 기반 마련

2.2 광역수계의 효율적 관리

1) 수질 TMS를 연계한 유역별 종합수질관리시스템 구축

2) 수계단위 연계운영 및 경영규모화에 시너지효과 발생

3) 국가 하수도 예산의 합리적 투자를 통한 경제성 있는 하수도 시스템 구축

2.3 오염총량관리제도의 이행

1) 오염총량관리에 따른 유역별 목표수질을 합리적이고 구체적으로 실현

2) 비점오염원 관리체계 및 시설투자 이행수단 구축

2.4 처리장 운영효율 극대화

1) 산재된 소규모 처리장의 일원화 관리

2) 전산화 및 표준화에 따른 전문 운영인력 최소화

3) 실시간 통합감시 및 제어에 따른 안정된 시설운영

3. 국외 사례

3.1 미국

1) 수질오염 방지계획, 광역하수도 관리계획을 주정부가 수립

2) 공유역내 지자체 협약으로 광역하수도공사(MSD) 운영

　　하수도 계획 및 운영관리 총괄

3.2 일본

1) 공공하수도 및 유역하수도로 구분 : 유역하수도 국고보조 비율 강하

2) 유역별 하수도정비 종합계획 수립

3) 유역 내 하수도시설 정비계획, 시설사업, 운영집행 총괄

4. 유역하수도 통합 시범사업 : 댐상류 사업

1) 목적

　① 다목적댐 상류지역 하수도 보급률 향상에 따른 수질개선

　② 다목적댐 상류 낙후지역 생활환경 개선

　③ 점오염원 관리 일원화 및 통합운영관리체계 구축

2) 사업내용

　① 대상권역 : 7개 댐(대청, 충주, 소양강, 안동, 임하, 합천, 남강댐) 9개 권역

　② 사업내용 : 공공하수처리시설 및 소규모 공공하수처리시설 신설 및 개량, 통합관리시스템
　　구축

5. 유역하수도 정비 추진방향

    1) 4대강 유역 경계를 고려, 통합 유역관리 대상 분할

    2) 유역하수도 법적 지위 확립

    3) 유역하수도 정비 기본계획 수립

    4) 유역하수도 설치 및 운영관리 통합추진

6. 유역별 하수도 통합관리체계도

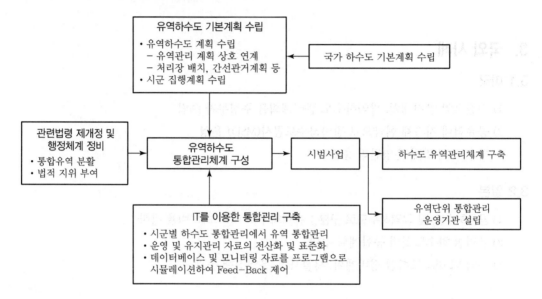

자연적 물순환과 LID기법

1. 도시화와 LID 시설의 필요성

1.1 현황

1) 도시화로 인한 포장증가

① 포장면의 증가

② 녹지 · 침투면의 감소

③ 인공지면의 증대

2) 도시 내 부대시설 증가

인공 구조물의 증가

3) 도시건물, 자동차, 냉난방 사용증가

인공배열의 증가

4) 공장매연, 자동차 배기가스 증가

대기오염물질의 증가

5) 우수관거 : 하천으로 직방류

1.2 문제점

1) 자연 물순환 차단

2) 열섬현상 발생

3) 대기오염물질 증가

4) 차량 통행 등에 따른 소음공해 발생

5) 불투수층 증가로 인한 강우 유출률 증대

6) 환경에서의 열균형과 열교환 파괴

7) 토양침식 증대 및 하천퇴적물 증가

2. LID 구축을 위한 기존시설의 적용 시 문제점

2.1 현황

1) 도시화의 확대

2) 기후와 강우패턴 변화

3) 생활수준 향상으로 환경인식 변화

4) 수생태계 복원정책

5) 토지이용의 고도화 및 유역의 변화

2.2 기존 시설 적용 시 문제점

1) 기존 비점오염 저감시설의 LID 적용 시 문제점

① 높은 설치 및 유지관리 비용

② 장치형의 낮은 효율

③ 장치형의 낮은 물순환율 기여

④ 자연형의 낮은 처리용량

⑤ 자연형의 대규모 부지 요구

2) 한국형 토지이용/토양특성에 적합한 LID 기술 필요

① 낮은 침투기능 개선방안 필요

② 밀집된 토지이용 적합기술

③ 좁은 조경공간 활용기술

3) 기후변화 및 한국형 강우에 적합한 LID 기술 필요

① 기후변화에 대응 가능 기술

② 80%에 해당하는 소규모 강우 대응

③ 집중강우 대응 가능한 기술 필요

④ 물순환과 LID에 기여 가능 기술

3. LID의 정의 및 설계

3.1 정의 및 설계

1) 저영향 개발(Low Impact Development)

① 혁신적 강우유출수 관리방안

② 기본원칙 : 자연을 모방

③ 강우유출수의 근원적 관리

④ 소규모 분산형 관리

2) 설계

① 자연적 수문학, 나무 및 식물을 보존

② 불투수면 저감

③ 강우유출수의 분산 관리

④ 하천 및 습지와 완충지의 보전

⑤ 생태학적 조경

3.2 LID의 원칙

1) 강우유출수를 자연적으로 관리하고 정화하는 값진 기능을 제공하는 자연자원을 보존

2) 불투수면을 최소화하고 단절

3) 강우유출수를 자연적 공간 또는 조경공간으로 직접 유출시켜 침투기능 강화

4) 개발 이전의 수문학적 기능을 모방하기 위해 소규모 분산형 관리방안 또는 통합관리방안을 이용

3.3 LID의 목표

1) 수질보호

2) 강우유출률 저감

3) 불투수면 저감

4) 나지 증대

5) 중요 식생 보호

6) 토양 교란 최소

7) 간접시설 비용 저감

4. 비점오염원 및 LID

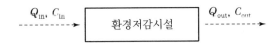

$$Q_{in},\ C_{in} \longrightarrow \boxed{\text{환경저감시설}} \longrightarrow Q_{out},\ C_{out}$$

4.1 점오염원 및 비점오염원

1) **점오염원** : 매일 거의 일정한 유량 유출 → 관거를 통한 집중화 관리 가능 → 대규모 집중화 시설 (대규모 유량처리 필요) → 유지관리가 용이함

2) **비점오염원** : 강우 시 유출현상 → 관거를 통한 집중화가 되지 않음 → 소규모 분산형 시설 → 높은 유지관리 비용 → 따라서 비점오염 저감시설은 유지관리비용이 낮은 저감기술 적용 필요 → 단순형(Q관리를 통해 기술의 단순화), 분산가능형, 심미적 민간수용 가능형, 조경공간 활용가능형, 지상노출형 등 기술 필요

4.2 Q 및 C의 관리를 통한 오염물질 관리방안

1) $Q_{in} = Q_{out}$: 높은 저감효율 위해서는 집중적 농도(C)관리 필요 → 다양한 처리기작 필요 → 시설이 복잡해짐 → 유지관리 어려움 → 유지관리비용 증가 → 주로 점오염원 관리방안으로 활용

2) $Q_{in} > Q_{out}$: Q와 C의 동시 관리 통해 저감효율 증대 → 다양한 처리기작 필요없음 → 시설이 단순해짐 → 유지관리 쉬워짐 → 유지관리비용 감소 → 주로 비점오염원 관리방안으로 활용

4.3 BMP 및 LID 기술의 차이점

1) 비점오염 저감위한 BMP : 장치형($Q_{in} = Q_{out}$), 자연형($Q_{in} > Q_{out}$)

2) LID 위한 기술 : 자연형($Q_{in} > Q_{out}$)

5. LID 적용방안

1) LID 구성성분

   LID 가이드라인, LID 기술지침, LID 기술

2) 빗물이용(지붕 유출수)

   ① 옥상녹화 : 물의 저류 기능(빗물 이용 시 적정치 않음)

   ② 빗물이용 : 단순처리 후 사용

3) 강우 유출수 관리

   ① 일정한 원위치 관리(저류, 침투, 처리 등)

   ② Q 관리 없는 관리기법은 C 저감 위해 복잡한 처리기작 요구 → Q 관리 가능한 기법 적용 필요

4) 도시개발 시 LID 적용기법

   ① 개발계획에 의거한 토지이용계획 수립 시 : Source Control 및 Regional Control 확인(LID 가이드라인 또는 Check List를 통해 LID 계획 확인)

   ② 공공 토지이용(도로, 공원, 조성 계획)계획 및 설계 시 : Site Control 확인(세부 LID 기술 접목 확인) → LID 기술지침 필요 → 관거계획 수립 이전에 확인 필요

   ③ 민간 토지이용(주거, 상업, 산업 등) : Site Control 확인(인허가 시 유출 증가로 인한 방안으로서 LID 계획 검토 및 확인) → LID 기술지침 필요

5) LID 기술

   ① 최고의 효율을 보이는 기술이 아니라 정책에 부합하는 기술이 바람직

   ② 물의 침투, 저류 등의 자연적 기작을 가진 기술

   ③ 자연적 정화기능(미생물, 식물 등) 가진 기술

   ④ 유지관리가 용이한 기술

   ⑤ 생태친화적으로 주민들이 받아들일 수 있는 기술(혐오시설이 아님)

   ⑥ 농도만 저감되는 기술이 아니라 Q 관리가 가능한 기술

   ⑦ 조경공간 활용이 가능한 기술

6) 조경공간 또는 녹지공간의 LID화

   ① 조경 및 녹지공간의 Elevation이 인근 포장지역보다 낮은 설계 필요

   ② 물에 저항력이 높은 조경식물 선정 필요(이팝나무, 조팝나무, 느티나무, 왕벚나무, 배롱나무, 청단풍, 버드나무 등)

   ③ 침투능 증대를 위한 토양치환기법 개발 및 적용 필요

④ 물의 저류 및 지체를 위한 공간조성 필요

⑤ LID 조건 : 환경＋조경＋건설＋도시계획＋교통＋……＋기타

6. 국내 LID 기술 선정 시 고려사항

6.1 국내 강우 특성

1) 약 80%에 해당하는 소규모 강우에 고효율을 보이는 기술

2) 집중 호우에 대응 가능한 기술

3) 자연적 물순환 기능을 보유한 기술

6.2 유역특성

1) 소규모 부지에서도 적용 가능한 기술

2) 하천유지용수 등에 용수공급 가능한 침투 및 저류 가능 기술

3) 높은 포장률로 인한 높은 입자상 물질 제거 가능한 기술

4) 생태친화적 기술

5) 유지관리가 쉬운 기술

6) 오염도가 높은 초기강우에 대한 고효율 기술

6.3 토양 특성

1) 노년기의 작은 입자로 구성된 토양에 적용 가능한 기술

2) 지하수 함양이 가능한 기술

6.4 대민인식

1) 주민들이 서로 유치하기를 원하는 기술

2) 설치 비용이 저렴한 기술

6.5 시설능력

1) 강우유출 저감 능력

2) 토양 침투 및 저장 능력

3) 저류와 지체 능력

4) 비점오염 저감 능력

5) 물순환 개선 능력

7. 국내 강우 및 유역특성에 적합한 LID 형식

1) **자연형** : 침투형, 습지형, 식생형
2) **자연형+장치형** : 여과+침투형, 여과+침투+식생형, 여과+습지형

8. 결론

물관리를 통한 미래 Smart 도시 조성방안

1) 도시 내 물길, 바람길, 녹지축을 연계하여 생태축 구축
2) 호수공원과 인공습지 연계
3) 도심지 하천 양안의 Buffer Zone화하여 생태 및 수질 보호
4) 모든 개발계획을 하천 및 호소변으로부터 일정거리 후퇴한 개발
5) 물길 위주에는 상업지역이 아닌 호텔, 기업, 공공건물 등으로 유도
6) 생태유량 확보를 위해 침투도랑, 레인가든, 옥상녹화, 침투 처류지 등 분산식 빗물처리 및 이용 시설 구축
7) 다양한 형상의 호안조성을 통해 생태 서식지 구축

Key Point +

110회, 115회, 124회, 126회 출제

하수열 이용

1. 하수열의 개념

1) 고유가에 대비한 열원다변화와 오염물질 배출규제에 대한 대책의 일환으로서 미활용에너지의 이용기술에 관심이 증가되고 있으며, 이러한 환경친화적인 에너지 이용기술의 하나로 하·폐수의 폐열을 이용하는 기술이 주목받고 있다.

2) 하수는 지중에 흐르면서 바깥 온도변화에 상관없이 연평균 15℃(여름 24~46℃, 겨울 9~11℃)를 유지하여 대기온도와 비교할 때 겨울철에는 10℃ 정도 높고, 여름에는 10~15℃ 정도 낮다. 이러한 하수의 온도 특성을 이용하여 온도차에너지를 얻을 수 있다.

3) 하수열을 이용한 냉난방시스템은 하수 유입량이 거의 일정하고, 그냥 버려지는 하수를 재이용하기 때문에 지속적으로 일정량의 에너지를 공급받을 수 있으며, 일반적으로 도시지역에서는 공급처와 수요처가 가깝다는 점에서 주목받고 있다.

4) 하수처리수를 냉난방, 급탕용 열원으로 사용하기 위해 기본적으로 열변환 설비인 히트펌프를 사용하고 있다.

① 겨울에는 하수관에서 흡수한 열원을 히트펌프의 증발기로 공급해 50~70℃까지 데워 난방을 하고

② 여름에는 히트펌프의 사이클을 반대로 적용해 냉방을 한다.

③ 냉난방 시 히트펌프 열원으로 하수열에너지를 이용하면 대기와의 온도차만큼 냉매의 압축에 필요한 동력이 저감되어 COP(Conefficient of Performance ; 성적계수 ; 생산에너지량/투입에너지량)가 향상되므로 에너지절약 및 환경개선효과를 기대할 수 있다.

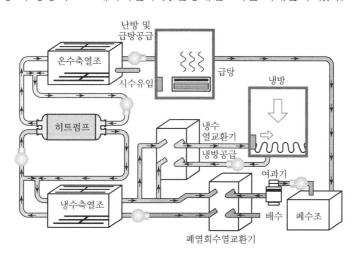

2. 하수열 이용의 유효성

1) 열교환 효율이 우수
   ① 하수는 지하에 매설된 관거 내를 흐르고 있으므로 외기온의 영향을 받는 것도 적으며, 대개 동절기 12℃에서 하절기 25℃ 정도이고 일교차도 2℃ 정도로 연간을 통하여 수온이 안정되어 있을 뿐만 아니라 여름은 차갑고 겨울은 따뜻한 특징이 있어,
   ② 하수를 열원으로 한 히트펌프는 공기열원 열펌프보다 냉매와의 온도차가 크게 되므로 열교환 효율이 좋다.

2) 열원으로서의 안정성
   하수의 유량은 연간을 통하여 비교적 일정하여 열펌프의 열원으로서 안정적이다.

3) 부존열량이 많음

4) 열수요지에 근접하여 존재
   하수처리장은 대개 도심부에 위치하고 있으며, 따라서 열원과 열수요처가 근접하고 있어 열수송을 위한 배관비용이 적게 소요되어 경제성 면에서 유리하다.

5) 물을 절약할 수 있음
   ① 하수를 열원으로 이용할 경우는 원칙적으로 냉각탑이 불필요한데,
   ② 이는 냉각탑을 사용할 경우, 그 원리는 물을 증발시킬 때 기화잠열에 의해 냉각수를 차갑게 하기 때문에 증발 손실분을 수돗물로 보급할 필요가 있으나,
   ③ 하수열을 이용할 때는 냉각탑이 필요 없어 물을 절약할 수 있다.

6) 열섬화 현상을 피할 수 있음
   ① 공기열원의 경우, 냉난방에 따른 배열은 공기열원기 설치장소 근방의 대기로 국부적으로 배출되지만
   ② 하수열 이용의 경우에는 지하에 매설된 관거를 통하여 확산되기 때문에 열섬화 현상을 피할 수 있다.

3. 자원화 계획

1) 하수열의 유효이용성을 판단하기 위해서 가장 중요한 것이 하수의 온도특성을 조사하는 것이다.
2) 하수열은 배출시설의 종류뿐만 아니라 처리시설의 종류 등에 따라 시시각각 변하기 때문에 적용 대상에 적합한 시스템을 설계하는 데에는 온도특성 분석이 필수적이다.
3) 히트펌프의 성능에 가장 큰 영향을 미치는 요소는 온도수준과 변화상태이다.

Key Point ✦

127회 출제

소수력발전

1. 소수력발전 개요

1) 소수력은 공해가 없는 청정에너지로서 다른 재생가능한 에너지원에 비해 높은 에너지 밀도를 가지고 있기 때문에 개발 가치가 큰 부존자원으로 평가되어 선진국을 중심으로 기술개발과 개발지원사업이 경쟁적으로 활발하게 진행되고 있다.

2) 소수력발전은 일반적인 수력발전과 원리 면에서는 차이가 없고, 단지 국지적인 지역 조건과 조화를 이루는 규모가 작고, 시스템이 비교적 단순한 수력발전이다.

3) 발전량은 낙차와 유량에 의해서 결정되며, 발전소 설치 시 소요되는 투자비용과 발전소 운영 시 발생하는 유지관리비 등을 종합적으로 고려한 경제성 분석을 통해 개발타당성을 판단하게 된다.

4) 즉, 소수력 개발 적지는 기본적으로 충분한 유량과 높은 낙차가 발생하여 효율적인 발전소 운영을 통한 전력생산이 가능한 지점이어야 하며, 현장여건과 운영조건 등을 종합적으로 반영하여 선정하여야 한다.

5) 국내의 경우 일반적으로 10,000kW 이하의 수력발전소를 소수력 발전사업으로 정의하고 있으나, 설비용량과 낙차발전방식에 따라 학술적으로 분류하면 아래 표와 같다.

구분	시설용량	구분	낙차
Micro hydropower	5~100kW	Low head	2~20m
Mini hydropower	100~1,000kW	Medium head	20~150m
Small hydropower	1,000~10,000kW	High head	150 이상

6) 수력발전소는 하천의 경사, 유황, 하류이용 낙차의 유무, 송선전로 연계성 등을 감안하여 경제성이 있을 때 건설되며, 발전방식의 구조나 운영방법에 따라 다음과 같이 구분한다.

구분	시설용량
물의 이용	유입식, 저수식, 조정지식
구조면	수로식, 댐식, 댐수로식
낙차	저낙차, 중낙차, 고낙차
발전소 건물	옥내, 옥외, 반옥외, 지하, 반지하, 수중

2. 소수력발전 검토

2.1 검토방법

하수처리장 소수력발전소 설치를 위한 검토방법은 아래와 같다.

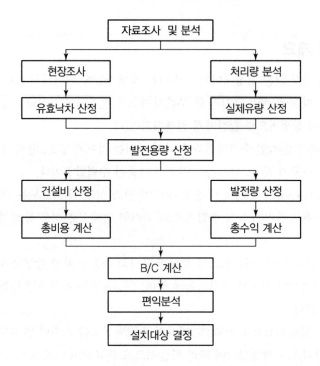

2.2 발전소 위치

1) 하수처리장 내 소수력발전소를 설치하기에 가장 적합한 곳은 최종처리조와 방류구(수문) 사이의 방류수로인데 이곳에 발전시설을 설치함으로써 하수처리공정과의 간섭이 발생하지 않으며,
2) 최종처리된 유수를 발전용수로 활용하므로 슬러지로 인한 발전기 내의 막힘 또는 고장 문제를 최소화할 수 있다.

2.3 발전용량 산정

1) 발전사용수량 산정
   ① 하수처리장 방류량은 매시간 유입량에 따라 크게는 50% 이상의 차이가 발생할 수 있음
   ② 일반적으로 일평균 방류량을 발전사용수량으로 적용함이 바람직하나
   ③ 향후 발전시설규모 등의 상세 설계 시에는 시간대별 자료를 충분히 반영할 필요가 있음

2) 유효낙차
   ① 유효낙차란 소수력 발전시스템의 출력을 산정하는 데 있어서 사용수량과 같이 매우 중요한 인자로서 물이 수차발전기에 도달하기까지의 수직거리를 말하며,

② 수차발전기에 유용한 에너지를 주는 낙차를 설계유효낙차라 한다.

③ 유효낙차(전수두) = 총낙차 − 손실낙차

3) 손실수두

① 손실수두는 관로 길이에 따른 마찰손실수두 및 각종 곡관, 밸브 손실수두로 분류할 수 있으며 전체 손실수두 중 마찰손실수두가 가장 크게 작용하며 이는 관경에 따라 손실이 비례한다.

② 일반적으로 각종 손실수두 산정 시 총 낙차에서 수로 및 기타 손실을 7~9%로 산정하여 적용 (발전수력연습, 한전발전처, 1994)

4) 발전용량

① 소수력 발전의 기본적 원리는 발전형식에 따라 다소 차이는 있으나 높은 곳에 있는 물이 아래로 흘러 떨어지는 힘, 즉 고저차(낙차)에 의한 위치에너지로 수차의 회전력을 발생시키고 수차와 직결되어 있는 발전기에 의해서 전기에너지를 생성하는 발전방식이다.

② 따라서 수차를 회전시키는 물의 수량이 많을수록, 물이 떨어지는 낙차가 클수록 시설용량이 커지고 전력 생산량도 많아진다.

③ 물이 위치에너지에서 전기에너지로 변환되는 소수력 발전능력의 유도식은 아래와 같다.

$$P = 9.8 \times Q \times H \times \eta_t \times \eta_g$$

여기서, P : 시설용량(kW)

Q : 사용수량(m³/s)

H : 유효낙차(m)

η_t : 수차효율

η_g : 발전기 효율

Key Point +

127회 출제

물산업 육성전략

1. 서론

1) 물산업이란 '생활·공업용수 등 각종 용수의 생산과 공급, 하·폐수의 이송과 처리 및 이와 연관된 산업'을 총칭

2) 최근 인구 증가, 기후변화에 따른 물 부족 심화, 수질오염 등으로 21세기를 선도할 '블루골드(Blue Gold)' 산업으로 급부상

3) 세계 물시장은 향후 10년 뒤 8,000억 달러 규모로 급성장할 것으로 예상되나 국제적으로 경쟁력 있는 국내 업체 미흡

4) 해외 기업으로부터 국내 물시장 보호 및 세계 물시장 진출을 위해 국내 물산업을 육성할 필요성이 있음

2. 물산업 동향

2.1 국내 물시장 현황

1) 2008년 현재 12.6조 원(세계 8위 규모)

2) 상수도 보급률 92.7%, 하수도 보급률 88.6%(2008년 기준)

　① 상하수도 인프라 구축 거의 완료로 내수시장 규모 작음

　② 국내 시장만으로는 물산업 성장 한계

3) 물산업 분야 ODA 규모는 약 3%로 미흡(OECD 평균 8%)

4) 정부 '물산업 육성 5개년 추진계획' 수립(2007) : 2008년부터 5년간 9조 5천억 원 정도 투자 예정

5) '수처리 막 시스템' 분야에 집중 : 두산중공업, 코오롱, 웅진, 삼천리 등이 JV, M&A 등을 통해 적극 참여

6) 상수도 분야 민간참여 미비(정부 중심으로 운영)

2.2 세계 물시장 동향

1) 중국 시장의 급 성장

2) 다국적화·대규모화·기업화되고 있으며 매년 증가 추세(2010 현재 1999년에 비해 약 2배 증가한 29개국 157개)

3) 광역화·통합화·글로벌화·민영화 경향

4) 상하수도 통합운영을 통해 운영효율의 향상 도모

5) '규모의 경제'와 '범위의 경제' 확보

6) 시스템 계획·설치·운영·관리 등 Total Solution 제공

7) IT 기업의 '지능형 수자원관리스템' 분야 진출

8) 시장 확대 및 기술 확보를 위한 적극적인 M&A 추진

3. 물산업 육성 5개년 세부추진계획(2007)

3.1 목표

1) 10년 내에 20조 원 규모의 산업으로 육성

2) 2020년까지 세계 10대 물기업 2대 육성

3.2 추진내용

1) 상하수도 서비스업의 구조 개편
   ① 물순환을 바탕으로 한 유역단위 관리체계 마련
   ② 운영주체를 지자체에서 공사화·민영화·위탁 추진

2) 지속적인 시설투자 및 제도 개선
   ① 상하수도 분야 투자확대
   ② 물순환 이용을 촉진하여 신규 물산업 수요 창출
   ③ 민간사업자 투자 확대(장기위탁경영, 민간투자를 통하 유수율 제고사업 추진 등)
   ④ 상하수도 요금 합리화

3) 핵심기술 고도화 및 우수인력 양성

4) 물산업의 수출역량 강화
   ① 물산업 해외마케팅 지원체계 구축
   ② EDCF, ODA 등 예산 확대

5) 물산업 연관산업 육성
   ① 엔지니어링, 기자재, 계측기기산업 등 육성
   ② 먹는 샘물 경쟁력 강화

6) 물사업 육성기반 구축

4. 국내 물산업의 문제점

1) 비현실적인 수도요금(주요국 평균의 1/3)체계로 수도사업 낙후

2) Membrane, Smart Water Grid 등 고부가가치 기술 미흡

3) 물산업 신기술 실증을 위한 Test Bed 부족으로 상용화 곤란

4) 대규모 사업을 추진할 수 있는 기업의 자금 확보와 파이낸싱 능력 부족

5. 대책방안

1) 탄탄한 기술력을 지닌 중소기업, 소재기업, 자금력과 운영경험을 보유한 대기업 등이 서로 상생하여 토탈 솔루션을 제공
2) 높은 신인도를 가진 공기업이 주도하여 엔지니어링, 기자재 등 연관 산업체와 해외진출을 위한 공조체제 구축
3) 물산업은 자본집약적 장치산업이므로 수출입은행 등 대형 국책은행의 녹색금융지원, 녹색 플랜트 펀드 조성 등 전략적 지원대책 마련
4) 국내 물산업을 육성시키기 위한 시상규모 확대
5) R&D 예산 확대 및 대규모 Test Bed 확보

6. 결론 및 제안사항

1) 원전수주, 해외자원개발 등은 대통령이 직접 나서는 등 정부의 대폭적인 지원이 이루어지고 있으나, 물산업은 육성방안이 마련되어 있음에도 불구하고 실행이 미흡한 실정임. 따라서 정부의 보다 적극적인 지원이 필요함
2) 일정 규모의 기업들이 해외시장에 적극 진출할 수 있도록 해외시장 조사 및 틈새시장 발굴 · 공략을 위한 방안을 마련할 필요가 있음
3) 두산중공업, 웅진케미칼, 코오롱 등 일부 해외 경쟁력을 보유하고 있는 기업에 대한 지원정책을 강구할 필요가 있음
4) 고급인력을 양성하고, 해외진출을 위한 인적 기반을 조성할 필요가 있음
5) 대규모 해외사업의 대부분이 높은 신용도와 막대한 PF 능력을 보유한 공공기관(한국수자원공사) 주도로 이루어지고 있어 민간기업의 해외진출에 장애가 되고 있으므로 이에 대한 대책을 마련할 필요가 있음
6) 정부에서는 물시장이 급성장하고 있다고 발표하고 있으나 민간업체에서 느끼는 실제시장 규모는 작음. 따라서 정부에서 적극적으로 민간업체가 참여할 수 있는 시장을 확대시킬 필요가 있음
7) 해외에서도 경쟁력 있는 원천기술을 보유하고 있는 중소기업에 대한 적극적인 지원 필요
8) 현재 정부에서는 '물산업 육성'을 환경부 주도로 추진하고 있으나 환경부의 지원예산이 타 부처에 비해 미흡한 실정임. 따라서 산업통상자원부, 중소벤처기업부, 국토교통부 등 물 및 산업 관련 부처가 통합 물산업 육성정책을 마련할 필요성이 있다고 사료됨

Key Point ✱

- 95회, 128회 출제. 95회 10점 문제와 25점 문제로 처음 출제되었으나, 정부에서 지속적으로 물산업 육성정책을 추진하고 있어 향후 출제 가능성이 큼
- 국내의 IT 기술을 접목한 Smart Water Grid 발전의 중요성에 대하여 언급 필요
- 정책에 관한 문제로 물산업의 문제점에 대해서 구체적으로 언급할 필요가 있으며, 현 정책에 대한 비판을 전문가적 시각으로 작성할 필요가 있음

지반침하에 대응한 하수관거 정밀조사 요령

1. 개요

1) 최근 도심지 지반침하 현상이 증가하여 불안감 확산
2) 하수관로에 기인한 지반침하에 체계적인 대응 필요

2. 지반침하 원인

1) 손상된 하수관로에서 누수된 물이 흙속에 물길 형성
2) 관로 속으로 토사가 유입되어 동공 확대

3. 정밀조사 대상 하수관로

1) 20년이 경과한 관로
2) 공사지역 주변에 매설된 관로
3) 기타 지역 : 파손이 발견된 관로, 지하수위기 높은 관로 등

4. 정밀조사 요령

4.1 업무수행 절차

1) 지자체별 계획 수립 및 사업신청
2) 지자체별 정밀조사 수행 및 결과보고서 시스템 입력
3) 정밀조사 결과 분석
4) 노후 · 불량관로 개량

4.2 정밀조사 방법선정 흐름

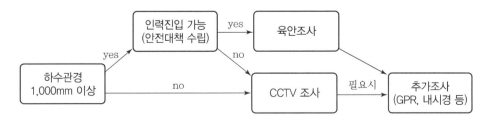

5. 제안사항

1) 전국 하수도보급률은 92%를 넘어 선진국 수준에 도달했으나, 20년 이상 노후관로와 불량관로의 비중이 높아 지반침하 및 I/I 문제가 심각함

2) 관로정밀조사를 통해 노후·불량관로를 조속히 정비하고 자산관리를 도입하여 정비율을 높일 필요 있음

Key Point ✦

최근 싱크홀 문제가 대두되면서 마련된 지반침하 대응 하수관로 정밀조사 매뉴얼에 대해서 묻는 문제로 당분간 출제 가능성 높음

환경영향평가

1. 개요

1) **전략환경영향평가** : 환경영향을 미치는 계획 수립 시 적정성 및 입지의 타당성 등을 검토하여 국토의 지속 가능한 발전을 도모하는 것

2) **환경영향평가** : 환경영향을 미치는 실시계획 · 시행계획 등의 승인 시 환경영향을 미리 조사 · 예측 · 평가하여 환경영향 저감방안을 마련하는 것

2. 하수도 관련 환경영향평가

1) **전략환경영향평가 대상 계획** : 유역하수도 정비계획

2) **환경영향평가 대상 사업** : 공공하수처리시설, 10만 m^3/일 이상의 개인하수처리시설, 100톤/일 이상의 분뇨처리시설

3. 환경영향평가 절차

1) 평가서를 환경영향평가협의회의 심의를 거치고 주민의견 수렴 후 환경부에서 검토한 후 내용 협의 및 이행

2) 해당 사업 착공 후 사후환경영향평가 실시

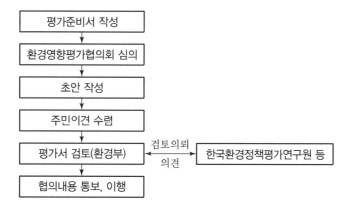

4. 제안사항

1) 하수처리장 설치사업 시 TN, TP 환경영향평가 협의기준이 방류수 수질기준보다 강화되어 있어 수질기준을 준수하기 어려운 경우가 많음

2) 따라서 수계현황, 적용 가능한 처리기술 등을 종합적으로 고려하여 협의기준을 설정할 필요가 있고, 방류수 협의기준 강화보다는 비점오염원 저감에 집중하는 것이 환경영향을 저감할 수 있을 것으로 사료됨

Key Point +

- 98회 포함 총 2회 출제됨
- 출제 빈도는 높지 않으나 환경영향평가에 대한 이해 필요

계산문제

정수장 여과지의 역세척을 정수지에서 역세척 펌프를 설치하여 수행하도록 설계하고자 한다. 역세척 펌프의 총양정을 결정하는 데 포함시켜야 하는 수두들과 각 수두의 계산 시 사용되는 공식을 설명하시오.

1. 개요

1) 역세척 : 여상하부로부터 정수역류 → 여층 팽창, 유동 → 억류탁질 탈리 → 탁질 배출

2) 역세척 시 수두 : 하부집수장치, 자갈층 손실수두, 여층 유동에 필요한 손실수두

2. 역세척 시 포함되는 수두

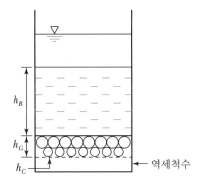

총손실수두 h는,

$$h = h_B + h_G + h_C + 관로의 손실수두$$

$$h_B = \frac{L_0}{\rho_F}(1 - \varepsilon_0)(\rho_S - \rho_F)$$

$$h_G = \frac{f_G L_G u \mu}{\rho_F g \phi_G{}^2 D_G{}^2} \cdot \frac{(1 - \varepsilon_G)^2}{\varepsilon_G{}^3}$$

$$h_C = \frac{1}{2g}\left(\frac{u}{\alpha\beta}\right)^2$$

여기서, h_B : 여층의 손실수두(m), h_G : 자갈층의 손실수두(m), h_C : 하부집수장치의 손실수두(m), L_0 : 여층고(m), L_G : 자갈층고(m), α : 집수장치 유출공의 유량계수(−), β : 집수장치 개구비(−), ρ_F : 역세척수 밀도(kg/m³), ρ_S : 여재 밀도(kg/m³), ε_0 : 여재공극률(−), u : 역세척속도(m/s), ϕ : 여재형상계수, D : 입경(m), g : 중력가속도(m/s²)

3. 제안사항

1) 역세척 펌프의 양정은 역세척 배관, 밸브, 유량조절기, 하부집수장치, 자갈층 및 여과층 등의 손
   실수두와 펌프 실양정을 가산한 것에 다소 여유를 두어 결정해야 함

2) 여과지에서 손실수두는 보통 1m 이하인 데 반해, 배관에서의 마찰손실수두는 몇 배에 달하므로
   역세척 설비 설계 시에는 관로의 마찰손실수두를 줄이는 방안을 검토해야 함

아래 자료는 순환이 없는 실험실용 활성슬러지 완전혼합반응조를 이용하여 구한 데이터이다. 이들을 토대로 처리장설계 시 이용되는 동력학적 계수 k(최대기질이용속도, 1/d), Ks(포화정수, mg/L), μm(최대비증식속도, 1/d), kd(자기분해 속도상수, 1/d)를 구하시오.

S_0 : 유입유기물농도(BOD5)
S : 처리후 유기물농도(BOD5)
$\theta = \theta_c$: 수리학적 체류시간
       =슬러지체류시간
X : 활성미생물농도

번호	S_0, mg/L	S, mg/L	$\theta = \theta_c$, days	X, mgVSS/L
1	250	8	3.5	130
2	250	12	2.1	128
3	250	16	1.8	131
4	250	28	1.2	135
5	250	40	1.2	125

1. 생물학적 동력학

1) 미생물 증식속도를 Monod식으로 나타내면,

$$r_g = \mu_m \frac{S}{K_S + S} X$$

여기서, r_g : 미생물증식속도(mgVSS/m³ · d)

$$r_g = -Y r_{su}$$

여기서, Y : 세포생산계수(수율), r_{su} : 유기물 섭취속도(mgBOD/m³ · d)

2) $r_{su} = -\dfrac{\mu_m}{Y} \dfrac{S}{K_S + S} X$

$\dfrac{\mu_m}{Y}$ 를 k라고 하면,

3) 위 식은,

$$r_{su} = -k \frac{S}{K_S + S} X \quad \cdots\cdots\cdots\cdots\cdots\cdots\cdots\cdots\cdots\cdots ①$$

4) 미생물의 자산화속도는,

$$r_d = -k_d X$$

여기서, r_d : 미생물자산화속도(mgVSS/m³ · d)

5) 미생물의 자산화를 고려한 미생물증식속도(r_g')는,

$$r_g' = - Yr_{su} - k_d X$$

6) 미생물의 비증식속도는,

$$\frac{1}{\theta_C} = - Y\frac{r_{su}}{X} - k_d \quad \cdots\cdots\cdots\cdots\cdots\cdots\cdots\cdots\cdots\cdots\cdots\cdots\cdots\cdots ②$$

7) 여기서 r_{su} 는,

$$r_{su} = -\frac{Q}{V_r}(S_0 - S) = -\frac{S_0 - S}{\theta} \quad \cdots\cdots\cdots\cdots\cdots\cdots\cdots ③$$

2. 계산

1) 식①과 식③으로부터,

$$\frac{k \cdot S}{K_S + S} = \frac{S_0 - S}{\theta X}$$

2) 역수를 위해 정리하면,

$$\frac{\theta X}{S_0 - S} = \frac{K_S}{k} \cdot \frac{1}{S} + \frac{1}{k} \quad \cdots\cdots\cdots\cdots\cdots\cdots\cdots\cdots\cdots ④$$

3) 주어진 데이터로부터,

	$S_0 - S$	$X\theta$	$X\theta/(S_0 - S)$	$1/S$
1	242	455.0	1.880	0.125
2	238	268.8	1.129	0.083
3	234	235.8	1.008	0.063
4	222	162.0	0.730	0.036
5	210	150.0	0.714	0.025

4) 최소자승법으로 y 절편과 기울기를 구하면,

① y 절편 = 0.322

② 기울기 = 11.6

③ $r = 0.97$

5) 식④로부터,

$$\frac{1}{k} = 0.322, \quad \frac{K_S}{k} = 11.6$$

$$k = 3.106 \mathrm{d}^{-1}$$

$$K_S = 36.0 \mathrm{mg/L}$$

6) 식②와 식③으로부터,

$$\frac{1}{\theta_C} = -Y\frac{r_{su}}{X} - k_d = Y\frac{S_0 - S}{\theta X} - k_d \quad \cdots\cdots\cdots\cdots\cdots\cdots\cdots\cdots\cdots\cdots ⑤$$

7) 주어진 데이터로부터,

	$1/\theta_C$	$(S_0 - S)/X\theta$
1	0.286	0.532
2	0.476	0.886
3	0.556	0.992
4	0.833	1.370
5	0.833	1.401

8) 최소자승법으로 y절편과 기울기를 구하면,

① y절편 $= -0.082$

② 기울기 $= 0.656$

③ $r = 0.996$

9) 식⑤로부터,

$$k_d = 0.082\mathrm{d}^{-1}$$

$$Y = \frac{\mu_m}{k} = 0.656$$

$$\mu_m = 0.656 \times 3.106 = 2.038\mathrm{d}^{-1}$$

초기농도 C_0가 3,200mg/L인 활성슬러지에 대하여 다음 그림과 같은 침강곡선을 얻었다. 침전컬럼의 초기계면 높이는 0.5m이다. 농축슬러지의 농도가 16,000mg/L이고 총유입유량이 500m³/일일 경우 필요한 면적을 구하고, 고형물부하량과 월류속도도 함께 구하시오.

시간(분)	계면높이(m)
0	0.5
5	0.33
10	0.22
20	0.14
30	0.11
40	0.1

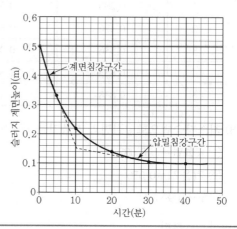

1. 계산식

1) 압밀침강에서의 침전지 필요면적(A)

$$A = \frac{Qt_u}{H_0}$$

여기서, A : 필요면적(m²), Q : 유입유량(m³/s), H_0 : 침전컬럼 초기계면 높이(m),
t_u : 슬러지 압밀구간 높이(H_u)에 도달하는 시간(s)

2) $H_u = \frac{C_0}{C_u} \cdot H_0$

여기서, C_0 : 슬러지 초기농도(mg/L), C_u : 농축슬러지 농도(mg/L)

3) 이상적인 침전지에서의 표면부하율(V_0)

$$V_0 = \frac{Q}{A}$$

2. 계산

1) H_u

$$H_u = \frac{32,000\text{mg/L} \times 0.5\text{m}}{12,000\text{mg/L}} = 0.13\text{m}$$

2) 압밀침강에서의 필요면적(A_1)

$$A_1 = \frac{Qt_u}{H_0} = \frac{500\text{m}^3/\text{d} \times 22\text{min}}{0.5\text{m}} \cdot \frac{1}{24 \times 60} = 15.3\text{m}^2$$

여기서, t_u는 그림으로부터 H_u 0.13에 해당하는 시간으로 22min

3) 계면침강에서의 표면부하율로부터 필요면적(A_2) 구함

$$A_2 = \frac{Q}{V_0}$$

① V_0는 그림으로부터 변곡점의 계면높이 H_c와 계면침강구간의 직선에 접하는 시간 t_c로부터 산정

$$V_0 = \frac{H_0 - H_c}{t_u} = \frac{0.5\text{m} - 0.18\text{m}}{9\text{min}} \cdot 60 = 2.13\text{m/h}$$

② Q는 슬러지 압밀구간(H_u)까지의 Q'를 산정

$$\frac{Q'}{Q} = \frac{H_0 - H_u}{H_0}$$

$$Q' = 500\text{m}^3/\text{d}\left(\frac{0.5\text{m} - 0.13\text{m}}{0.5\text{m}}\right)\frac{1}{24} = 15.4\text{m}^3/\text{h}$$

③ $A_2 = \dfrac{15.4\text{m}^3/\text{h}}{2.13\text{m/h}} = 7.2\text{m}^2$

4) 필요면적은 A_1과 A_2 중 큰 값으로 결정해야 하므로 A_1이 됨

∴ 필요면적 $A = 15.3\text{m}^2$

5) 고형물 부하(L_s)

$$L_s = \frac{C_0Q}{A} = \frac{500\text{m}^3/\text{d} \times 3,200\text{mg/L}}{15.3\text{m}^2} \times \frac{1}{1,000} = 104.6\text{kg/m}^2/\text{d}$$

6) 월류속도(월류부하, L_h)

$$L_h = \frac{Q}{A} = \frac{500\text{m}^3/\text{d}}{15.3\text{m}^2} = 32.7\text{m}^3/\text{m}^2/\text{d}$$

3. 결론

1) 침전지 필요면적 : 15.3m²
2) 고형물부하량 : 104.6kg/m²/d
3) 월류속도 : 32.7m³/m²/d

하수의 계획시간 최대오수량은 강수량과 일정한 함수관계는 없으나, CSOs 시설계획을 할 경우 어떤 특정지역의 특정조건에서 계획시간 최대오수량이 강수량 몇 mm/hr에 해당하는지를 알아야 할 경우가 있다. 이때 배수면적 450ha, 인구 30만명의 계획시간 최대오수량을 강수량 몇 mm/hr에 해당하는지 판단하시오.(단 필요한 사항은 적절히 가정하시오.)

1. 계획오수량

1) 계획1일최대오수량＝1인1일최대오수량×(1＋영업용수율)×계획인구＋공장폐수＋지하수＋기타배수

2) 계획시간최대오수량＝계획1일최대오수량×(1.3～1.8)

3) 지하수＝1인 1일 최대오수량의 10～20%

2. 합리식에 의한 계획우수량

우수유출량 $Q = \dfrac{CIA}{360}$

여기서, Q : 최대우수유출량(m³/sec), C : 유출계수, A : 배수면적(ha), I : 강우강도(mm/hr)

3. 계산

1) 계획오수량

① 1인 1일 최대오수량을 전국 평균인 360L/일로 가정

② 영업용수율은 상업지역으로 0.7이라고 가정

③ 공장폐수와 기타 배수는 없다고 가정

④ 지하수는 1인1일최대오수량의 10%로 가정

⑤ 계획1일최대오수량＝(360L/일×(1＋0.7)＋360L/일×0.1)×300,000

＝194,400m³/일

⑥ 계획시간최대오수량은 계획1일최대오수량의 1.5배라고 가정

계획시간최대오수량＝194,400×1.5m³/일

＝291,600m³/일

＝33.75m³/sec

2) 강수량

① $I = \dfrac{Q \cdot 360}{CA}$

② 유출계수 C 는 상업지역으로 0.8로 가정

③ Q 에 위 계획시간최대오수량 33.75m³/sec을 대입

④ $I = \dfrac{33.75 \times 360}{0.8 \times 450} = 33.75\text{mm/hr}$

3) 따라서 위 조건의 계획시간최대오수량은 강수량 33.75mm/hr에 해당함

8.0mg/L의 용존산소를 가진 희석샘플을 이용하여 BOD 측정을 하려고 한다. 5일 후에 3mg/L의 용존산소가 소비되었고, 희석은 2%를 이용하였다. 필요한 사항은 적절히 가정하여 다음 사항을 산정하시오.

가. BOD   나. 최종 BOD   다. 2일 BOD

1. BOD 반응속도식

1) 유기물의 분해속도를 1차반응이라고 가정하면,

$$\frac{dC}{dt} = -kC \quad \text{·······················} \text{①}$$

　　여기서, C : t 시간 후 분해 가능한 유기물질 농도(mg/L), k : 반응속도상수(d^{-1}), t : 시간(d)

2) 유기물질 C를 산화하는 데 필요한 산소량을 L이라 하면,

$$\frac{dL_t}{dt} = -k'L_t \quad \text{·······························} \text{②}$$

　　여기서, L_t : t 시간 후 잔존산소요구량, k' : 탈산소계수(d^{-1})

3) 식②를 적분해서 정리하면

$$\ln\frac{L_t}{L_0} = -k't$$

$$L_t = L_0 e^{-k't}$$

　　여기서, L_0 : 최종 BOD(mg/L)

4) t 시간에서의 BOD는,

$$\mathrm{BOD}_t = L_0 - L_t = L_0 - L_0\left(e^{-k't}\right)$$

$$= L_0\left(1 - e^{-k't}\right) \quad \text{···············} \text{③}$$

2. 계산

1) 5일 동안 3mg/L의 용존산소가 소비되었고, 희석률이 2%이므로 BOD_5는,

　　$3\text{mg/L} \times 50 = 150\text{mg/L}$

2) 최종 BOD L_0는 식③으로부터,

$$L_0 = \frac{150}{1 - e^{-k'5}}$$

k'를 $0.23d^{-1}$이라고 가정하면,

$$L_0 = 219.5\text{mg/L}$$

3) 2일 BOD는 식③으로부터,

$$\text{BOD}_2 = 219.5\left(1 - e^{-0.23 \times 2}\right) = 80.9\text{mg/L}$$

3. 결론

1) BOD $= 150\text{mg/L}$

2) 최종 BOD $= 219.5\text{mg/L}$

3) 2일 BOD $= 80.9\text{mg/L}$

정상상태(Steady State) 완전혼합반응조(CSTR)와 플러그 흐름(PFR)의 1차 및 2차 반응을 이용하여 동일제거율을 유지하기 위한 두 반응조 크기를 비교하고 설명하시오.

1. 완전혼합반응조(CSTR)의 반응식

1) 반응조에서의 물질수지를 식으로 나타내면,

　① 반응조 내 유기물량＝유입유기물량－유출유기물량＋생성된 양

　② $\dfrac{dC}{dt} V = QC_0 - QC + r_C V$ ·· ①

　　　여기서, Q : 유입유량(m³/d), C_0 : 유입유기물 농도(mg/L)

　　　　　　　C : 반응조 유출(반응조 내)유기물 농도(mg/L), V : 반응조 용적(m³)

　　　　　　　r_C : 유기물 생성속도(mg/m³ · d)

2) 정상상태이므로 $dC/dt = 0$

　　　$0 = QC_0 - QC + r_C V$ ··· ②

3) r_C는 $-kC^n$으로 나타낼 수 있음

4) 1차반응일 경우 $r_C = -kC$

5) ②식을 V에 대하여 정리하면

　　　$V = \dfrac{Q}{k}\left(\dfrac{C_0 - C}{C}\right)$ ··· ③

6) 2차반응일 경우 $r_C = -kC^2$

7) ②식을 V에 대하여 정리하면

　　　$V = \dfrac{Q}{k}\left(\dfrac{C_0 - C}{C^2}\right)$ ··· ④

2. PFR 반응식

2.1 반응조에서의 물질수지를 식으로 나타내면

1) 반응조 내 유기물량＝유입유기물량－유출유기물량＋생성된 양

2) $\dfrac{\partial C}{\partial t}\Delta V = QC_x - QC_{x+\Delta x} + r_C \Delta V$

3) $\dfrac{\partial C}{\partial t}\Delta V = QC_x - Q\left(C+\dfrac{\Delta C}{\Delta x}\Delta x\right)+r_C\Delta V$

4) $\dfrac{\partial C}{\partial t}\Delta x \cdot A = -Q\dfrac{\Delta C}{\Delta x}\Delta x+r_C\Delta V$

5) $\dfrac{\partial C}{\partial t} = -\dfrac{Q}{A}\dfrac{\Delta C}{\Delta x}+r_C$

6) $\dfrac{\partial C}{\partial t} = -\dfrac{Q}{A}\dfrac{\partial C}{\partial x}+r_C$

2.2 정상상태이므로 $\dfrac{\partial C}{\partial t}=0$

2.3 $r_C = -kC^n$을 대입해서 정리하면

$$\dfrac{Q}{A}\dfrac{\partial C}{\partial x} = -kC^m \quad\cdots\cdots\cdots\cdots\cdots\cdots\cdots\cdots\cdots\cdots\cdots\cdots\cdots\cdots\cdots\cdots ⑤$$

2.4 위 식을 정리해서 적분하면

1) $\dfrac{Q}{k}\displaystyle\int_{C_0}^{C}C^{-n}dC = -A\int_{0}^{L}dx = V$

2) $V = -\dfrac{Q}{k}\displaystyle\int_{C_0}^{C}C^{-n}dC \quad\cdots\cdots\cdots\cdots\cdots\cdots\cdots\cdots\cdots\cdots\cdots\cdots ⑥$

2.5 1차 반응일 경우 $n=1$

1) ⑥식을 적분하면

2) $V = -\dfrac{Q}{k}\ln\left(\dfrac{C}{C_0}\right) \quad\cdots\cdots\cdots\cdots\cdots\cdots\cdots\cdots\cdots\cdots\cdots\cdots\cdots ⑦$

2.6 2차 반응일 경우 $n=2$

1) ⑥식에 $n=2$를 대입해서 적분하면

2) $V = -\dfrac{Q}{k}\left(\dfrac{1}{C}-\dfrac{1}{C_0}\right) \quad\cdots\cdots\cdots\cdots\cdots\cdots\cdots\cdots\cdots\cdots\cdots ⑧$

3. 계산

3.1 제거율을 90%로 가정하고, $C_0=1$, $C=0.1$로 놓으면,

3.2 1차반응

1) CSTR

식③으로부터

$$V = \frac{Q}{k}\left(\frac{1 - 0.1}{0.1}\right) = 9\frac{Q}{k}$$

2) PFR

식⑦로부터

$$V = -\frac{Q}{k}\ln\left(\frac{0.1}{1}\right) = 2.3\frac{Q}{k}$$

3) $\dfrac{V_{CSTR}}{V_{PFR}} = \dfrac{9\frac{Q}{k}}{2.3\frac{Q}{k}} = 3.9$

4) 따라서 1차반응의 경우 동일 제거율에서 CSTR이 PFR보다 3.9배의 반응조 용량이 필요함

3.3 2차반응

1) CSTR

식④로부터

$$V = \frac{Q}{k}\left(\frac{1 - 0.1}{0.1^2}\right) = 90\frac{Q}{k}$$

2) PFR

식⑧로부터

$$V = -\frac{Q}{k}\left(\frac{1}{0.1} - \frac{1}{1}\right) = 9\frac{Q}{k}$$

3) $\dfrac{V_{CSTR}}{V_{PFR}} = \dfrac{90\frac{Q}{k}}{9\frac{Q}{k}} = 10$

4) 따라서 2차반응의 경우 동일 제거율에서 CSTR이 PFR보다 10배의 반응조 용량이 필요함

4. 결론

1) 1차반응의 경우 CSTR은 PFR보다 3.9배의 반응조 용량 필요

2) 2차반응의 경우 CSTR은 PFR보다 10배의 반응조 용량 필요

3) 따라서 PFR이 CSTR보다 반응조 크기를 작게 할 수 있음

4) 즉, 단위용적당 처리효율을 높일 수 있음

5) 그러나 반응조 내 농도구배가 발생하므로 적정 농도의 미생물 또는 용존산소를 유지·공급하는 것이 어려움

아래 표는 입상활성탄의 흡착실험 시 구해진 데이터이다. 이 데이터에 대하여 Freundlich와 Langmuir 등온식의 상수를 계산하시오.(단, 회분식 흡착실험 시 사용된 용액의 부피는 1L이다.)

용액 중 GAC 질량(mg)	용액 중 흡착질의 평형농도 C(mg/L)
0.000	3.4
0.001	3.2
0.010	2.7
0.100	1.8
0.500	1.4

1. Freundlich 등온식

1) $\dfrac{X}{M} = KC^{\frac{1}{n}}$ ⋯⋯⋯⋯⋯⋯⋯⋯⋯⋯⋯⋯⋯⋯⋯⋯⋯⋯⋯ ①

여기서, X/M : 흡착제 단위질량당 흡착량(mg/g활성탄),
C : 용액 중의 흡착질 평형농도(mg/L), K, n : 상수

2) 위 식의 양변에 log를 취하면,

$\log\left(\dfrac{X}{M}\right) = \left(\dfrac{1}{n}\right)\log C + \log K$ ⋯⋯⋯⋯⋯⋯⋯⋯⋯⋯ ②

3) 문제의 데이터를 $\log\left(\dfrac{X}{M}\right)$와 $\log C$로 정리하면,

$\log\left(\dfrac{X}{M}\right)$	$\log C$
5.30	0.51
4.85	0.43
4.20	0.26
3.60	0.15

4) 위 값을 식②에 대입하여 최소자승법으로 y절편과 기울기를 구하면,

y절편$= \log K = 2.95 (R = 0.997)$

기울기$= 1/n = 4.55$

5) 위 결과로부터 Freundlich 상수 K와 n은,

$K = 891.3$ 　　　　　　　　 $n = 0.22$

2. Langmuir 등온식

1) $\dfrac{X}{M} = \dfrac{abC}{1+bC}$ ··· ③

여기서, a, b : 상수

2) 위 식을 변형하면

$\dfrac{1}{X/M} = \dfrac{1+bC}{abC} = \dfrac{1}{ab} \cdot \dfrac{1}{C} + \dfrac{1}{a}$ ················· ④

3) 양변에 C를 곱해 정리하면,

$\dfrac{C}{X/M} = \dfrac{1}{a}C + \dfrac{1}{ab}$ ································· ⑤

4) 문제의 데이터를 입력하면,

$\dfrac{C}{X/M}$	C	X
0.016	3.2	0.2
0.039	2.7	0.7
0.11	1.8	1.6
0.35	1.4	2

5) 위 값을 식⑤에 대입하여 최소자승법으로 y절편과 기울기를 구하면,

y절편 $= \dfrac{1}{ab} = 0.496(R = -0.868)$

기울기 $= \dfrac{1}{a} = 0.161$

6) Langmuir 상수 a, b는 위 결과로부터

$a = 6.20$

$b = 0.33$

3. 결론

1) Freundlich 상수

$K = 891.3$

$n = 0.22$

2) Langmuir 상수

$a = 6.20$

$b = 0.33$

침사지의 평균유속은 0.3m/sec를 표준으로 한다. Shield 공식과 Darcy Weisbach 공식을 이용하여 이를 증명하시오.(단, f : 마찰계수(0.03), β : 상수(0.06), S : 입자비중(2.65), D : 입자의 직경(0.2mm))

1. 서론

1) 침사지의 유속이 너무 느리면 미세한 유기물까지 침전하고, 유속이 커서 토사의 한계유속을 넘을 때는 침전된 토사가 부상하게 된다.

2) 따라서 침사지의 평균유속을 규정할 필요가 있다.

3) 평균유속은 Shield 공식에 Darcy Weisbach의 유속공식을 이용하여 구한 한계유속으로부터 산정하게 되며, 산정과정은 다음과 같다.

2. 평균유속 산정과정

1) Shield공식과 Darcy Weisbach의 유속공식으로부터 한계유속식은 다음과 같다.

$$V_C = \left[\frac{8\beta}{f} \cdot g(S-1)D \right]^{\frac{1}{2}}$$

여기서, V_C : 한계유속(m/sec), g : 중력가속도($=9.8$m/sec²)

2) 입자의 직경이 0.2mm, 비중이 2.65이므로 위 식으로부터 한계유속을 계산하면 0.23m/sec가 된다.

3) 같은 방법으로 입자의 직경이 0.4mm인 경우의 한계유속은 0.32m/sec가 된다.

4) 일반적으로 침사지의 평균유속은 제거대상에 따라 다르지만, 위 결과로부터 0.3m/sec를 표준으로 한다.

3. 결론 및 제안

1) 하수처리장 침사지로 유입되는 입자의 직경과 비중은 일반적으로 각각 0.2~0.4mm, 2.65 정도이므로, 전술한 바와 같이 침사지의 평균유속은 Shield 공식과 Darcy Weisbach의 유속공식으로부터 0.3m/sec를 표준으로 하면 된다.

2) 그러나 유입원수 중의 입자의 직경분포가 넓고, 비중이 위 전제와 다른 경우 침강실험 또는 입자의 입경과 비중별로 한계유속을 구하여 침사지의 평균유속을 결정할 필요가 있다.

3) 일반적으로 하수처리장 유입원수량이 계획 대비 작기 때문에 건기 시 침사지 앞단 스크린 설비에 침사가 되어, 강우 시 침수피해가 발생할 수 있다. 따라서 모래를 제거할 수 있는 세척설비 등을 설치할 필요가 있다.

공 식

수질관리

알칼리도	1. 알칼리 유발물질의 종류가 주어진 경우 $$\text{알칼리도(mg/L)} = \text{유발물질(mg/L)} \times \frac{50}{\text{유발물질의 당량}}$$ $$= \text{유발물질당량(meq/L)} \times 50$$ 2. 산의 주입부피가 주어진 경우 $$\text{알칼리도(mg/L as CaCO}_3) = A \times N \times f \times \frac{1,000}{V} \times 50$$ 여기서, A : 주입한 산의 부피(mL) N : 주입한 산의 노르말 농도(eq/L) f : Factor, V : 시료의 크기(mL)
산도	$$\text{산도(mg/L as CaCO}_3) = A \times N \times f \times \frac{1,000}{V} \times 50$$ 여기서, A : 주입한 산의 농도(mL) N : 주입한 산의 노르말 농도(eq/L) f : Factor, V : 시료의 크기(mL)
ORP	$$E = E_o + \frac{0.05916}{n} \log \frac{[\text{OX}]}{[\text{Red}]}$$ 여기서, E_o : 표준상태의 전위(V) [OX] : 산화제 Mol 농도, [Red] : 환원제 Mol 농도 n : 반응 중에 이동한 전자의 Mol 수
NOD	NOD = 4.6TKN(유기질소 + 암모니아성 질소)
유기물오염지표	ThOD > TOD > COD > BOD_u > BOD_5 > TOC
경도	$$\text{경도(mg/L)} = \text{유발물질(mg/L)} \times \frac{50}{\text{유발물질의 당량}}$$ $$= \text{유발물질당량(meq/L)} \times 50$$
LI(Langelier Index)	$$\text{LI} = \text{pH} - \text{pH}_s = 8.313 - \log[\text{Alk}] - \log[\text{Ca}^{++}] + S$$ 여기서, [Alk] : 총알칼리도(meq/L) [Ca^{++}] : 칼슘이온량(meq/L), S : 보정치 $$S = \frac{2\sqrt{\mu}}{1 + \sqrt{\mu}}$$ 여기서, μ : $2.5 \times 10^{-5} S_d$, S_d : 용해성 물질(mg/L)
SAR (Sodium Adsorption Ratio)	$$\text{SAR} = \frac{\text{Na}^+}{\sqrt{\dfrac{\text{Ca}^{2+} + \text{Mg}^{2+}}{2}}} \quad \text{또는} \quad \frac{\text{Na}}{\text{Na} + \text{Ca} + \text{Mg} + \text{K}} \times 100$$ 여기서, Na, Ca, Mg, K의 단위 : 이온의 당량농도(meq/L)

MPN	$$MPN = \frac{100 \times \text{양성관 수}}{\sqrt{\text{음성(mL)} \times \text{전시료(mL)}}}$$
Do Sag Curve	$$D_t = \frac{K_1 L_o}{K_2 - K_1}\left(10^{-K_1 t} - 10^{-K_2 t}\right) + D_o 10^{-K_2 t}$$ 여기서, L_o : 합류지점의 BODu(mg/L) K_1 : 탈산소 계수(day^{-1}) K_2 : 재폭기 계수(day^{-1}) t : 합류지점에서 측정지점까지의 강물이 유하하는 시간(day) D_o : 합류지점의 용존산소 부족량(mg/L)
임계시간 (Critical Time)	$$t_c = \frac{1}{K_1(f-1)}\log\left(f \times \left[1 - (f-1)\frac{D_o}{L_o}\right]\right)$$ 여기서, t_c : 임계시간(day) K_1 : 탈산소 계수(day^{-1}) f : 자정 계수$\left(\dfrac{K_2}{K_1}\right)$ L_o : 합류지점의 BODu 농도(mg/L)
임계 용존산소 부족량	$$D_c = \frac{L_o}{f}10^{-K_1 t_c}$$ 여기서, D_c : 임계 DO부족량(mg/L)
BIP(Biological Index of Water Pollution)	$$BIP(\%) = \frac{\text{무색(무엽록체)생물 수}}{\text{전생물 수}} \times 100$$ $$= \frac{B}{A+B} \times 100$$ 여기서, A : 검수 1mL 중의 유엽록체 생물 수 B : 검수 1mL 중의 무엽록체 생물 수
BI(Biotic Index)	$$BI(\%) = \frac{2A+B}{A+B+C} \times 100$$ 여기서, A : 청수성 미생물(오염에 약한 종류) B : 광범위성 미생물 C : 오수성 미생물(오염에 강한 종류)
TSI와 투명도	$$TSI(SD) = 10\left[6 - \frac{\ln(SD)}{\ln 2}\right]$$ 여기서, SD : 특수 투명판(Secchi Disk)에 의한 물의 투명도(m)
TSI와 chlorophyll-a	$$TSI(Chl) = 10\left[6 - \frac{2.04 - 0.68\ln(Chl)}{\ln 2}\right]$$ 여기서, Chl : 시료수의 Chlorophyll-a 농도(μg/L)

TSI와 총인	$$\mathrm{TSI(T-P)} = 10\left[6 - \frac{\ln(48/\mathrm{TP})}{\ln 2}\right]$$ 여기서, $\mathrm{T-P}$: 시료수의 $\mathrm{T-P}$ 농도(μg/L)
투명도(SD)와 식물성 Plankton의 농도	$$\mathrm{SD} = \frac{\ln(I_2/I_0)}{K_w + \alpha C}$$ 여기서, I_0 : 수표면에서의 빛 강도 　　　　I_2 : 투명도판이 보이지 않는 수심에서 빛의 강도 　　　　K_w : 용존물질에 의한 광소산 계수 　　　　α : 조류에 의한 광소산 계수 　　　　C : 식물성 플랑크톤의 농도
TSI와 클로로필-a	$$\mathrm{TSI}_m = 10 \times \left(2.46 + \frac{\ln(\mathrm{Chl})}{\ln 2.5}\right)$$
TSI와 투명도	$$\mathrm{TSI}_m(\mathrm{SD}) = 10 \times \left(2.46 + \frac{3.69 - 1.53\ln(\mathrm{SD})}{\ln 2.5}\right)$$
TSI와 총인	$$\mathrm{TSI}_m(\mathrm{TP}) = 10 \times \left(2.46 + \frac{6.71 + 1.15\ln(\mathrm{TP})}{\ln 2.5}\right)$$
하천의 평균유속	1) 표면법 $V_m = 0.85\,V_s$ 2) 1점법 $V_m = V_{0.6}$ 3) 2점법 $V_m = \dfrac{(V_{0.2} + V_{0.8})}{2}$ 4) 3점법 $V_m = \dfrac{(V_{0.2} + 2V_{0.6} + V_{0.8})}{4}$ 5) 4점법 $V_m = \dfrac{(V_{0.2} + V_{0.4} + V_{0.6} + V_{0.8})}{5} + \dfrac{1}{2}\left(V_{0.2} + \dfrac{V_{0.2}}{2}\right)$
산소소비 속도	$$\text{sedimental uptake rate} = \frac{\mathrm{O_2\,uptake\,(mg/L/hr)}}{\mathrm{A}} \times \mathrm{V}$$ 여기서, V : Water Volume, A : Surface Area
SOD	$$\mathrm{SOD\,(mg/m^2/day)} = \mathrm{aC}$$ $$\mathrm{SOD\,(mg/m^2/day)} = \mathrm{t}7.2 \times \frac{\mathrm{C}}{0.7 + \mathrm{C}}$$ $$\frac{\mathrm{dSOD}}{\mathrm{dt}} = \frac{-\mathrm{K_s A_s C}}{\mathrm{V\,(K\bar{O}_2 + C)}}$$ 여기서, a : 경험적 상수, C : DO 농도(mg/L) 　　　　V : 저수층 용량(m³) 　　　　$\mathrm{K_s}$: 반응률 상수(g/m²/L) 　　　　K : 반포화 상수(1.4mg/L) 　　　　$\mathrm{A_s}$: 저질층 면적(m²)

저수지의 유효저수량	$C = \dfrac{5,000}{\sqrt{0.8\,R}}$ 여기서, C : 저수지의 유효용량 R : 연평균강우량(10년 빈도의 갈수년을 기준(mm))
Darcy의 법칙	$Q = AV = A \cdot k \cdot I = A \cdot k \cdot \dfrac{dh}{dl}$ 여기서, Q : 유량(cm^3/sec) A : 투과 단면적(cm^2) V : 투과속도(물의 유입속도) k : 두수계수(cm/sec) dh : dl 구간의 손실수두(cm) dl : 침투길이 I : 동수경사
굴착정 (Artesian Well)	$Q = \dfrac{2\pi ak(H - h_o)}{\ln(R/r_o)} = 2\pi ak \dfrac{dh}{dr} = \dfrac{2\pi ak(H - h_o)}{2.3\log(R/r_o)}$ 여기서, h : 우물의 수위, H : 지하수심, a : 피압대수층 높이 R : 영향원의 반경, r : 관정의 반경
깊은 우물(심정호)	$Q = \dfrac{\pi k(H^2 - h_o^{\,2})}{\ln(R/r_o)}$ 여기서, h : 우물의 수위, H : 지하수심 R : 영향원의 반경, r : 관정의 반경
얕은 우물 (천정호, Shallow Well)	1) 집수정 바닥이 수평인 경우 $\quad Q = 4Kr_o(H - h_o)$ 2) 집수정 바닥이 둥근 경우 $\quad Q = 2\pi Kr_o(H - h_o)$
집수암거	1) 수면 아래에 있는 집수암거 $Q = \dfrac{2\pi K\left(H - \dfrac{p}{w}\right)}{\ln\left(\dfrac{4a}{d}\right)} = \dfrac{2\pi K\Delta H}{\ln\left(\dfrac{4a}{d}\right)}$ 여기서, H : 수심, a : 바닥에서 암거 중심까지의 거리 d : 집수관의 직경, p : 관정의 압력 2) 불투수층에 달하는 집수암거 $Q = \dfrac{Kl}{R}(H^2 - h_o^{\,2})$ 여기서, l : 집수암거의 길이

◐ 용존산소(DO)

용존산소 측정공식	0.025N − Na₂S₂O₃ 사용	$$DO(mg/L) = a \times f \times \frac{V_1}{V_2} \times \frac{1,000}{V_1 - R} \times 0.2$$ 여기서, a : 적정에 소비된 0.025N − 티오황산나트륨(mL) 　　　f : 0.025N − 티오황산나트륨의 역가(Factor) 　　　V_1 : 전체의 시료량(mL) 　　　V_2 : 적정에 사용한 시료량(mL) 　　　R : 황산망간용액($MnSO_4$)과 알칼리성 요오드화칼륨(KI) − 아 　　　　지드화나트륨(NaN_3) 용액의 첨가량(mL)
	0.01N − Na₂S₂O₃ 사용	$$DO(mg/L) = a \times f \times \frac{V_1}{V_2} \times \frac{1,000}{V_1 - R} \times 0.08$$ 여기서, a : 적정에 소비된 0.01N − 티오황산나트륨(mL) 　　　f : 0.01N − 티오황산나트륨의 역가(Factor)

◐ 생물학적 산소요구량(BOD)

BOD 잔존식 (탈산소 반응식)		$L_t = L_o 10^{-K_1 t}$ $BOD_t = BOD_u \times 10^{-K_1 t}$ 여기서, L_t : t시간 후의 잔존 BOD 　　　L_o : 최초의 BOD($=$ 최종 BOD $= BOD_u$) 　　　K_1 : 탈산소 계수(day^{-1}) 　　　t : 시간(day)
BOD 소비식		$BOD_t = BOD_u \times (1 - 10^{-K_1 t})$
최종 BOD		$$BOD_u = \frac{BOD_t}{1 - 10^{-K_1 t}}$$
탈산소계수	BOD 소비식	$$K_1 = -\frac{1}{t} \log\left(1 - \frac{BOD_t}{BOD_u}\right)$$
	온도	$K_t = K_{20} \times \theta^{T-20}$ 여기서, K_t : t°C에서의 탈산소계수(day^{-1}) 　　　K_{20} : 20°C에서의 탈산소계수(day^{-1}) 　　　θ : 온도 보정계수($\fallingdotseq 1.047$)

● 공식을 통한 BOD 계산

희석과 식종을 하지 않은 시료의 BOD	$BOD = (D_1 - D_2)$ 여기서, D_1 : 희석 조제한 검액(시료)을 15분간 방치한 후의 DO(mg/L) D_2 : 5일간 배양한 다음 희석(조제)한 검액(시료)의 DO(mg/L)
희석은 했지만 식종은 하지 않은 시료의 BOD	$BOD = (D_1 - D_2) \times P$ 여기서, P : 희석배수
식종 희석수의 전량을 BOD 측정에 사용하지 않은 경우	$BOD = [(D_1 - D_2) - (B_1 - B_2) \times f] \times P$ 여기서, B_1 : 식종액의 BOD를 측정할 때 희석된 식종액의 배양 전의 DO(mg/L) B_2 : 식종액의 BOD를 측정할 때 희석된 식종액의 배양 후의 DO(mg/L) $f = \dfrac{D_1 \text{에서의 식종률\%}}{B_1 \text{에서의 식종률\%}} = \dfrac{X}{Y}$
식종 희석수의 전량을 BOD 측정에 사용하는 경우	$BOD = [(D_1 - D_2) - (B_1 - B_2)\left(1 - \dfrac{1}{P}\right)] \times P$
부하량을 통한 BOD 계산	총 BOD 부하량 = 원시료의 BOD 부하량 + 식종액의 BOD 부하량 $(D_1 - D_2) \times V_{Total} = BOD \times V + BOD' \times V'$ 여기서, D_1 : 희석 조제한 검액(시료)을 15분간 방치한 후의 DO(mg/L) D_2 : 5일간 배양한 다음 희석(조제)한 검액(시료)의 DO(mg/L) V_{Total} : BOD 측정에 사용되는 식종 희석액의 총부피 V : 원폐수의 시료 부피(mL) V' : BOD병 내의 식종액의 부피(mL) BOD' : 식종액의 BOD 농도(mg/L)

● 생물학적 산소요구량(BOD)

BOD 잔존식 (탈산소반응식)		$L_t = L_o 10^{-K_1 t}$ $BOD_t = BOD_u \times 10^{-K_1 t}$ 여기서, L_t : t시간 후의 잔존 BOD L_o : 최초의 BOD(= 최종 BOD = BOD_u) K_1 : 탈산소 계수(day^{-1}), t : 시간(day)
BOD 소비식		$BOD_t = BOD_u \times (1 - 10^{-K_1 t})$
최종 BOD		$BOD_u = \dfrac{BOD_t}{1 - 10^{-K_1 t}}$
탈산소계수	BOD 소비식	$K_1 = -\dfrac{1}{t} \log\left(1 - \dfrac{BOD_t}{BOD_u}\right)$
	온도	$K_t = K_{20} \times \theta^{T-20}$ 여기서, K_t : t°C에서의 탈산소계수(day^{-1}) K_{20} : 20°C에서의 탈산소계수(day^{-1}) θ : 온도 보정계수(≒1.047)

● BOD 오탁부하량과 처리효율

혼합공식 **(C_m공식＝산술평균)** **합류지점의 BOD 농도**		$C_1 Q_1 + C_2 Q_2 = C_m (Q_1 + Q_2)$ $C_m = \dfrac{C_1 Q_1 + C_2 Q_2}{(Q_1 + Q_2)}$ 여기서, C_1 : 하천 본류의 BOD 농도(mg/L) $\qquad\quad Q_1$: 하천 본류의 유량(m³/day) $\qquad\quad C_2$: 지천의 BOD 농도(mg/L) $\qquad\quad Q_2$: 지천의 유량(m³/day) $\qquad\quad C_m$: 지천과 본류가 합류하는 지점의 BOD 농도(mg/L)
BOD **제거효율**	**단일공정**	$BOD제거율(\eta) = \dfrac{BOD\,제거량}{유입수\,BOD량} \times 100$ $\qquad\qquad\quad = \dfrac{유입수\,BOD량 - 유출수\,BOD량}{유입수\,BOD량} \times 100$ $\qquad\qquad\quad = \dfrac{유입수\,BOD\,농도 - 유출수\,BOD\,농도}{유입수\,BOD\,농도} \times 100$ $\therefore$ 유출수 BOD 농도 = 유입수 BOD 농도$(1-\eta)$
	복수공정	$총제거율(\eta_T) = 1 - (1-\eta_1)(1-\eta_2)(1-\eta_3)$

● BOD, COD 및 SS의 관계식

BOD, COD 및 SS 관계식	$BOD = IBOD + SBOD$ $COD = ICOD + SCOD$ $\qquad$ 여기서, S : Soluble(용해성의) $\qquad\qquad\quad$ I : Insoluble(불용성의) $\qquad\qquad\quad$ BD : Biodegradable(생물학적 분해 가능한) $\qquad\qquad\quad$ NBD : Non-biodegradable(생물학적 분해 불가능한)
	$COD = BDCOD + NBDCOD$ $BDCOD = BOD_u = K \times BOD_5$ $NBDCOD = COD - BOD_u$
	$ICOD = BDICOD + NBDICOD$ $BDICOD = IBOD_u = K \times IBOD_5$ $NBDICOD = ICOD - IBOD_u$ $\qquad$ 여기서, K(비례상수, 도시하수 K ≒ 1.5)
	$NBDSS = FSS + VSS \times \dfrac{NBDICOD}{ICOD}$ $NBDSS = FSS + NBDVSS$
SS제거율(%)	$SS제거율(\%) = \dfrac{유입\,IBOD\,농도 - 유출\,IBOD\,농도}{유입\,IBOD\,농도} \times 100$ 즉, SS제거율 = IBOD제거율

경도	$경도(mg/L) = 유발물질(mg/L) \times \dfrac{50}{유발물질의\ 당량}$ $= 유발물질당량(meq/L) \times 50$
알칼리도	1. 알칼리 유발물질의 종류가 주어진 경우 $알칼리도(mg/L) = 유발물질(mg/L) \times \dfrac{50}{유발물질의\ 당량}$ $= 유발물질당량(meq/L) \times 50$ 2. 산의 주입 부피가 주어진 경우 $알칼리도(mg/L\ as\ CaCO_3) = A \times N \times f \times \dfrac{1,000}{V} \times 50$ 여기서, A : 주입한 산의 부피(mL) $\quad\quad\quad N$: 주입한 산의 노르말 농도(eq/L) $\quad\quad\quad f$: Factor $\quad\quad\quad V$: 시료의 크기(mL)
산도	$산도(mg/L\ as\ CaCO_3) = A \times N \times f \times \dfrac{1,000}{V} \times 50$ 여기서, A : 주입한 산의 농도(mL) $\quad\quad\quad N$: 주입한 산의 노르말 농도(eq/L) $\quad\quad\quad f$: Factor $\quad\quad\quad V$: 시료의 크기(mL)
안전농도 (safe Concentration)	$급성농도 = \dfrac{Icipient\ TLm(96hrTLm\ or\ 48hrTLm)}{10}$ $만성농도 = \dfrac{Icipient\ TLm(96hrTLm\ or\ 48hrTLm)}{100}$ 여기서, Icipient TLm : 가장 낮은 농도의 TLm $\quad\quad\quad\quad\quad\quad\quad\quad$ 보통 96hr TLm을 말하지만, 48hr TLm을 사용하기 $\quad\quad\quad\quad\quad\quad\quad\quad$ 도 함
Toxic Unit	$Toxic\ Unit = \dfrac{독성물질의\ 농도}{Icipient\ TLm}$

● DO Sag Curve(용존산소 부족곡선)

Do Sag Curve	$D_t = \dfrac{K_1 L_o}{K_2 - K_1}(10^{-K_1 t} - 10^{-K_2 t}) + D_o 10^{-K_2 t}$ 여기서, L_o : 합류지점의 BOD_u(mg/L) K_1 : 탈산소 계수(day^{-1}) K_2 : 재폭기 계수(day^{-1}) t : 합류지점에서 측정 지점까지의 강물이 유하하는 시간(day) D_o : 합류지점의 용존산소 부족량(mg/L)
임계시간(Critical Time)	$t_c = \dfrac{1}{K_1}(f-1)\log\left[f - (f-1)\dfrac{D_o}{L_o}\right]$ 여기서, t_c : 임계시간(day) K_1 : 탈산소 계수(day^{-1}) f : 자정 계수$\left(\dfrac{K_2}{K_1}\right)$ L_o : 합류지점의 BOD_u 농도(mg/L)
임계 용존산소 부족량	$D_c = \dfrac{L_o}{f}10^{-K_1 t_c}$ 여기서, D_c : 임계 DO 부족량(mg/L)

● 기체의 용해(Henry의 법칙)

기체의 용해	$C_s = K_s \times P$ 여기서, C_s : 수중의 용존산소 포화농도(20℃, 1atm : 9.17ppm) K_s : 기체의 흡수계수(비례상수) P : 기체의 분압(atm)
Henry의 법칙	$P_B = H \times x_B$ 여기서, P_B : B성분의 분압(atm) x_B : 용액 속에 녹아 있는 B성분의 몰분율 H : 압력과 무관하나 온도에 의존하는 헨리상수

기체이전방정식	$$\frac{dM}{dt} = -DA\frac{dC}{dL}$$ 여기서, $\frac{dM}{dt}$: 단위시간당 기체전달속도(mg/sec) D : 확산계수(m²/sec) A : 대기와 접하는 경막의 표면적(m²) $\frac{dC}{dL}$: 경막의 깊이에 따른 농도구배(mg/L · m) $$\frac{dC}{dt} = K_La(C_s - C)$$ 여기서, $\frac{dC}{dt}$: 단위시간당 기체이전(농도변화) 속도(mg/L · hr) K_La : 총괄기체이전계수(hr⁻¹) C_s : 기체포화농도(mg/L) C : 현재기체농도(mg/L)
기체이전방정식의 확장	1. 총괄기체이전계수(K_La)의 보정 $$K_La_{(폐수)} = \alpha \times K_La_{(순수)} \quad \therefore \alpha = \frac{K_La_{(폐수)}}{K_La_{(순수)}} < 1$$ 2. 포화농도(C_s)의 보정 $$C_{s(폐수)} = \beta \times C_{s(순수)} \quad \therefore \beta = \frac{C_{s(폐수)}}{C_{s(순수)}} < 1$$
산소이전속도	$$\frac{dO_2}{dt} = \alpha K_La(\beta C_s - C_t) \times 1.024^{T-20}$$ 여기서, $\frac{dO_2}{dt}$: 단위시간당 용존산소의 농도변화(mg/L · hr) α : 총괄기체이전 보정상수(0.8~0.9) K_La : 순수한 물에서 산소의 총괄기체이전계수(hr⁻¹) β : 포화농도 보정상수(0.8~0.9) C_s : 순수한 물의 산소포화농도(mg/L) C_t : 폐수 내의 현재 산소농도(mg/L) 1.024^{T-20} : 온도 보정 T : 폐수의 현재 온도(℃)
총괄이전계수(K_La)	1. 기체이전계수를 이용하는 경우 $$K_La = 2 \cdot \sqrt{\frac{D}{\pi \cdot t_c}} \text{ (기체이전계수)}$$ $$K_La = K_L \times a = 2 \cdot \sqrt{\frac{D}{\pi \cdot t_c}} \times \frac{A}{V}$$

총괄이전계수(K_La)	여기서, t_c : 기포접촉시간 또는 노출시간 산기식 : $t_c = \dfrac{d_B}{V_r}$, 분수식(기계식) : $t_c = \dfrac{h}{V_r}$ d_B : 기포의 직경(m) V_r : 액중기포 상승속도(m/sec) h : 수포가 하강하는 높이 D : 분자의 확산계수(1.8×10^{-9}m²/sec)
	2. 기체이전식을 바로 이용하는 방법 $K_La = \dfrac{dC/dt}{(C_s - C_t)}$ (단, α, β는 1로 가정한다.) $K_La = \dfrac{dC/dt}{\alpha(\beta C_s - C_t)}$
	3. 폭기실험을 통하여 작성된 그래프를 이용하는 경우 $K_La = \dfrac{1}{t_2 - t_1} \ln\left(\dfrac{C_s - C_1}{C_s - C_2}\right)$ 여기서, t_1 : 초기시간(min) C_1 : 초기시간(t_1) 용존산소 농도(mg/L) $C_s - C_1$: 초기시간(t_1) 용존산소 부족농도(mg/L) t_2 : 나중시간(min) C_2 : 나중시간(t_2) 용존산소 농도(mg/L) $C_s - C_2$: 나중시간(t_2) 용존산소 부족농도(mg/L)
미생물에 의한 산소소비	$\dfrac{dO_2}{dt} = \alpha K_La(\beta C_s - C_t) \times 1.024^{T-20} - \gamma_m$ 여기서, $\dfrac{dO_2}{dt}$: 단위시간당 용존산소의 농도변화(mg/L · hr) α : 총괄기체이전 보정상수(0.8~0.9) K_La : 순수한 물에서 산소의 총괄기체이전계수(hr⁻¹) β : 포화농도 보정상수(0.8~0.9) C_s : 순수한 물의 산소포화농도(mg/L) C_t : 폐수 내의 현재 산소농도(mg/L) 1.024^{T-20} : 온도 보정 T : 폐수의 현재 온도(℃) γ_m : 미생물(활성슬러지)의 산소소비속도(mgO₂/L · hr)
산소소비속도	산소소비속도(mg/L · hr) $= \dfrac{\Delta O_2}{\Delta t} = \dfrac{C_2 - C_1}{t_2 - t_1}$
활성슬러지 호흡률	활성슬러지의 호흡률(mgO₂/gMLVSS · hr) $= \dfrac{\text{산소소비속도}}{\text{MLVSS농도}}$

정수처리

Zeta Potential	$Z.P = \dfrac{4\pi\mu\nu}{D}$ 여기서, μ : 전하속도(m/sec), ν : 점두(poise), D : 전하상수
속도경사	$G = \dfrac{dv}{dy} = \sqrt{\dfrac{P}{\mu V}}$ 여기서, G : 속도경사(sec^{-1}), P : 동력(Watt : N·m/sec) μ : 점성계수(N·sec/m²), V : 조용적(m²)
Camp & Stein식	$N = \dfrac{n_1 n_2 G(d_1 + d_2)^3}{6}$ 여기서, N : 입자의 충돌횟수 d_1, d_2 : 입자 n_1, n_2의 입경, G : 속도경사
Stoke's 법칙	$V_s = \dfrac{(\rho_s - \rho)\, g\, d^2}{18\mu}$
경사판 침전지의 유효분리 면적	$A = n \cdot a \cdot \cos\theta$ 여기서, A : 경사판 침전지의 유효분리 면적, n : 경사판의 개수 a : 경사판의 면적, θ : 경사판의 설치각도
침전효율 (V_s가 입경별로 같은 경우)	$E = \dfrac{h}{H} = \dfrac{V_s}{V_o} = \dfrac{V_s}{\dfrac{Q}{A}}$ $V_s = \dfrac{h}{H}\dfrac{Q}{A}$ 여기서, E : 제거효율(%), L : 침전부의 길이(m) H : 침전부의 높이(m), V_s : 입자의 침강속도 Q : 유입유량, A : 침전지의 표면적(m²) V_o : 입자 100%가 제거될 수 있는 침강속도$\left(\text{표면부하율, } \dfrac{Q}{A}\right)$
침전효율 (V_s가 입경별로 다른 경우)	$E = (1 - x_o) + \dfrac{1}{V_o}\displaystyle\int_0^{x_o} V_s\, dx$

우수배제

최대계획우수유출량	$Q= \dfrac{1}{360} C \cdot I \cdot A$ 여기서, Q : 최대계획우수유출량(m³/sec) C : 유출계수 I : 유달시간(t) 내의 평균강우강도(mm/hr) I : $a/(tm+b)n$ 단, a, b, m, n은 정수 A : 배수면적(ha)
강우강도	<table><tr><th>구분</th><th>Talbot형</th><th>Sherman형</th><th>Hisano · Ishiguro형</th><th>Cleveland형</th></tr><tr><td>강우강도 공식</td><td>$I=\dfrac{a}{t+b}$</td><td>$I=\dfrac{a}{t^m}$</td><td>$I=\dfrac{a}{\sqrt{t\pm b}}$</td><td>$I=\dfrac{a}{t^m+b}$</td></tr></table> 여기서, I : 강우강도(mm/hr) t : 강우지속시간(분), a, b, m : 상수
유출계수	$C= \displaystyle\sum_{i=1}^{m} C_i \cdot A_i / \sum_{i=1}^{m} A_i$ 여기서, C : 총괄유출계수, C_i : i번째 토지이용도별 기초 유출계수 A_i : i번째 토지이용도별 종면적, m : 토지이용도의 수
유입시간	$t_1 = 1.44 \left(\dfrac{L \cdot n}{S^{1/2}} \right)^{0.467}$ 여기서, t_1 : 유입시간(분), L : 지표면 거리(m) S : 지표면의 평균경사, n : 조도계수와 유사한 지체계수
유하시간	$t_2 = \dfrac{L}{\alpha \cdot V}$ 여기서, t_2 : 유하시간(분) L : 관거연장(m) V : Manning 공식에 의한 평균유속(m/sec) α : 홍수의 이동속도에 대한 보정계수

❶ 기초유출계수의 표준값

표면형태	유출계수	표면형태	유출계수
지붕	0.85~0.95	공지	0.10~0.30
도로	0.80~0.90	잔디, 수목이 많은 공원	0.05~0.25
기타불투수면	0.75~0.85	경사가 완만한 산지	0.20~0.40
수면	1.00	경사가 급한 산지	0.40~0.60

※ 자료 : 하수도시설기준('98. 2 환경부)

● 토지이용도별 총괄유출계수의 표준값

토지이용도	총괄유출계수
부지 내에 공지가 아주 적은 상업지역 또는 유사한 택지지역	0.80
침투면의 야외작업장, 공지를 약간 가지고 있는 공장지역 또는 정원이 약간 있는 주택지역	0.65
주택 및 공업단지 등의 중급주택지 또는 독립주택이 많은 지역	0.50
정원이 많은 고급주택지나 밭 등이 일부 남아있는 교외지역	0.35

※ 자료 : 하수도시설기준('98. 2 환경부)

● 유입시간의 표준값

지역조건	유입시간(분)
인구밀도가 큰 지역	5
인구밀도가 적은 지역	10
평균	7
간선 하수관거	5
지선 하수관거	7~10

※ 자료 : 하수도시설기준('98. 2 환경부)

● Kerby식에서의 n값

표면형태	n
매끄러운 불투수표면(Smooth Impervious Surface)	0.02
매끄러운 나대지(Smooth Bare Packed Soil)	0.10
경작지나 기복이 있는 나대지(Poor Grass, Cultivated Row Crops or Moderately Bare Surfaces)	0.20
활엽수(Deciduous Timberland)	0.50
초지 또는 잔디(Pasture or Average Grass)	0.40
침엽수, 깊은 표토층을 가진 활엽수림지대 (Conifer Timberland, Deciduous Timberland With Deep Forest Litter, or Dense Grass)	0.80

※ 자료 : 건설부, 수자원관리기법개발 연구조사보고서, 1991. 12

● 홍수의 이동속도에 대한 보정계수

단면형상	수심(%)	보정계수(α)	비고
정사각형	80	1.25	Manning식을 이용하며, Kleitz · Seddon의 이론식에서 횡유입이 없는 것으로 하여 수치계산을 할 것 (n = 일정)
	50	1.33	
	20	1.48	
원형	80	1.03	
	50	1.33	
	20	1.42	

※ 자료 : 하수도시설기준('98. 2 환경부)

하수처리

BOD 용적부하 (kg BOD/m³ · day)	$\dfrac{\text{BOD 농도(kg/m}^3)\times\text{유입수량(m}^3\text{/d)}}{\text{포기조용적(m}^3)}=\dfrac{\text{BOD}\times Q}{V}=\dfrac{\text{BOD}}{t}$ $=\text{F/M비}\,(\text{day}^{-1})\times\text{MLSS 농도}\,(\text{mg/L})\times 10^{-3}$ $=0.3\sim 0.8\text{kgBOD/m}^{3}\cdot\ \text{day}$
BOD 슬러지부하 (kg BOD/kg MLSS)	$\dfrac{\text{BOD 농도(kg/m}^3)\times\text{유입수량(m}^3\text{/d)}}{\text{MLSS 농도(kg/m}^3)\times\text{포기조용적(m}^3)}$ $=\dfrac{\text{BOD}\times Q}{\text{MLSS}\times V}=\dfrac{\text{BOD}}{\text{MLSS}\times t}$ $=0.2\sim 0.4\text{kgBOD/kg MLSS day}$
F/M비 (kgBOD/kgMLSS · day)	$\dfrac{\text{BOD}\times Q}{\text{MLSS}\times V}$
F/M비 (kgBOD/kgMLVSS · day)	$\dfrac{\text{BOD}\times Q}{\text{MLVSS}\times V}$
폭기시간	1) $t=\dfrac{V}{Q}$ 2) 반송비 고려 시 $\quad t=\dfrac{V}{Q+Q_R}$ $\qquad$ 여기서, V : 체적(폭기조의 부피), Q : 유량(m³/d) $\qquad\qquad\quad Q_R$: 반송유량(m³/d)
슬러지일령 (SA : Sludge Age)	$\dfrac{V\times X}{SS\times Q}=\dfrac{X\times t}{SS}$ $\qquad$ 여기서, X : 폭기조 내의 부유물(MLSS) 농도(mg/L) $\qquad\qquad\quad V$: 폭기조의 부피(m³) $\qquad\qquad\quad SS$: 유입수의 부유물질 농도(mg/L) $\qquad\qquad\quad Q$: 유입수의 유량(m³/d) $\qquad\qquad\quad t$: 폭기시간(day)
SRT (Solid Retention Time)	$\dfrac{V\cdot X}{X_r Q_w+(Q-Q_w)X_e}\fallingdotseq\dfrac{V\cdot X}{X_r\cdot Q_w}$ $\dfrac{1}{\text{SRT}}=\mu=Y(F/M)-K_d$ $\dfrac{1}{\text{SRT}}=Y\left(\dfrac{Q(S_o-S)}{V\cdot X}\right)-K_d$ $\dfrac{1}{\text{SRT}}=Y\left(\dfrac{S_o-S}{\text{HRT}\cdot X}\right)-K_d$

SRT (Solid Retention Time)	$$\frac{1}{\mathrm{SRT}} = \mu = Y(F/M) \times \zeta - K_d$$ $$\frac{1}{\mathrm{SRT}} = Y\left(\frac{Q(S_o - S)}{V \cdot X}\right) - K_d$$ $$\frac{1}{\mathrm{SRT}} = Y\left(\frac{Q \cdot \zeta}{V \cdot X}\right) - K_d$$ 여기서, X_r : 반송슬러지 SS 농도(mg/L) Q_w : 폐슬러지 유량(m³/d) Q : 원수의 유량 X_e : 유출수 내의 SS 농도(mg/L) V : 폭기조의 부피(m³) X : MLSS 농도(mg/L) Y : 세포합성계수(0.4~0.7) S_o : 유입수 BOD 농도(mg/L) S : 유출수 BOD 농도(mg/L) K_d : 미생물의 내호흡계수(day⁻¹) ζ : 제거율
MCRT (Mean Cell Residence Time)	$$\frac{(V + V_s)X}{X_r Q_w + (Q - Q_w)X_e}$$ 여기서, V_s : 최종 침전지 용적(m³)
포기조 MLSS(X) 농도	$$X = \frac{Y(S_o - S)(\mathrm{SRT/HRT})}{1 + K_d \cdot \mathrm{SRT}}$$
반송률(R, Return Ratio)	유입수 SS를 무시하는 경우 $$R = \frac{Q_R}{Q} = \frac{X - X_e}{X_r - X} = \frac{X}{X_r - X} = \frac{X}{\dfrac{10^6}{\mathrm{SVI}} - X} = \frac{\mathrm{SV}(\%)}{100 - \mathrm{SV}(\%)}$$ 유입수 SS를 고려하는 경우 $$R = \frac{X - S}{X_r - X}$$ 여기서, SV(%) : Sludge Volume이 차지하는 %
SVI(슬러지 용적지수, Sludge Volume Index)	$$\frac{\mathrm{SV}(\mathrm{mg/L}) \times 10^3}{\mathrm{MLSS}(\mathrm{mg/L})} = \frac{\mathrm{SV}(\%) \times 10^4}{\mathrm{MLSS}(\mathrm{mg/L})} = \frac{\mathrm{SV}(\%)}{\mathrm{MLSS}(\%)}$$ 여기서, SV : 폭기조 혼합액 1L를 30분간 침전시킨 후 침전한 부유물이 차 지하는 부피(mL/L)
SDI(슬러지 밀도지수, Sludge Density Index)	$$\mathrm{SVI} \times \mathrm{SDI} = 100 \text{이므로 } \mathrm{SDI} = \frac{100}{\mathrm{SVI}}$$

잉여슬러지 발생량(P_x)	$$P_x = X_r \cdot Q_w = \frac{V \cdot X}{\mathrm{SRT}} = \frac{YQ(S_o - S)}{1 + (K_d \cdot \mathrm{SRT})} = YQS_o - K_d VX$$ $$= a \cdot Q \cdot S_{\mathrm{BOD}} + b \cdot Q \cdot S_{\mathrm{SS}} - c \cdot V \cdot X (\mathrm{kg/d})$$ 여기서, V : 포기조의 용적($\mathrm{m^3}$) X : 포기조의 MLSS 농도(mg/L) S_{BOD} : 포기조로 유입되는 용해성 BOD의 농도(mg/L) S_{SS} : 포기조로 유입되는 SS의 농도(mg/L) a : 용해성 BOD에 의한 슬러지전환율(0.4~0.6gMLSS/gBOD) b : SS에 의한 슬러지전환율(0.9~1.0gMLSS/gSS) c : 내생호흡에 의한 감량계수(0.03~0.05gSS/gMLSS)
산소의 필요량	$$O_2 (\mathrm{kg/d}) = aL_r + bS$$ $$O_2 (\mathrm{kg/d}) = \frac{Q(S_o - S) \times 10^{-3}}{f} - 1.42 P_x$$ 여기서, O_2 : 유기물(BOD)의 산화와 세포물질의 자산화에 소비되는 산소의 양(kg/d) a : BOD 제거량(L_r) 중 산화 분해되는 비율(0.35~0.55) L_r : BOD 제거량(kg/d) b : 슬러지의 자기산화속도 정수($\mathrm{day^{-1}}$, 0.05~2.0) S : 활성슬러지량(kg/d) $$f = \frac{\mathrm{BOD_5}}{\mathrm{BOD_u}} \fallingdotseq 0.68$$
산소의 전달률	$$\frac{dC}{dt} = K_{La}(C_s - C)$$ 여기서, $\dfrac{dC}{dt}$: 산소전달속도(mg/L · hr) K_{La} : 총괄산소전달계수($\mathrm{hr^{-1}}$) C_s : 포화용존산소농도(mg/L) C : 포기조 내의 용존산소농도(mg/L)
포기조의 산소이전(전달)계수	$$\frac{dC}{dt} = K_{La}(C_{s_r} - C) - R_r$$ 정상상태에서는 $\dfrac{dC}{dt} = K_{La}(C_s - C) - R_r$ 에서 정상상태에서 $\dfrac{dC}{dt} = 0$ $\therefore R_r = K_{La}(C_s - C)$ 여기서, $\dfrac{dC}{dt}$: 시간 dt 동안의 용존산소변화율(mg/L · hr) R_r : 활성슬러지의 산소이용속도(mg/L · hr)
OUR(Oxygen Uptake Rate, 산소섭취율, 호흡률)	$$\mathrm{OUR}(\mathrm{mg \cdot O_2/g \cdot MLVSS \cdot hr}) = \frac{\text{산소소비속도}(\mathrm{mg \cdot O_2/L \cdot hr})}{\mathrm{MLVSS(g/L)}}$$

1차 슬러지 습량(m³/d)	$$\frac{\text{SS 제거량(t/d)}}{\text{순도} \times \text{비중(t/m}^3)}$$ 여기서, SS 제거량 : 유입 SS 농도(mg/L) × 유량(m³/d) × ζ(제거율)
2차 슬러지 건량(kg/d)	1차 처리 후 유입 SS 제거량 + BOD 제거량 중 세포 합성량
슬러지 증가량(kg/d)	$\Delta S = \alpha \cdot L_r - b \cdot S + I$ 여기서, ΔS : 슬러지 증가량(잉여 슬러지량)(kg/d) α : BOD 제거량 중 세포 합성량 L_r : BOD 제거량(kg/d) b : 슬러지의 자산화 속도(내호흡계수)(day^{-1}) S : 폭기조 미생물량(MLSS량 kg) I : 하수 중에 유입되는 SS량(kg/d)
AOR 반응조 1지에서의 온도T℃일 때 1일 필요산소량 (kgO₂/day)	$AOR(kg-O_2/day) = OD_1 + OD_2 + OD_3 + OD_4$ 여기서, OD_1 : BOD 산화에 필요한 산소량 OD_2 : 내생호흡에 필요한 산소량 OD_3 : 질산화반응에 필요한 산소량 OD_4 : 호기조에서 유출되는 산소량 (일반적으로 소량이므로 무시)
	$OD_1(kg-O_2/day) = A \times$ 총 BOD제거량 $- (K \times$ 총 탈질량) 여기서, A : 제거 BOD당 필요산소량 (0.5~0.7kg-O₂/kg-BOD, 보통 0.6 적용) K : 탈질에 이용되는 BOD당량(2.86kg-BOD/kg-N)
	$OD_2(kg-O_2/day) = B \times V_A \times$ MLVSS 여기서, B : 단위 MLVSS당 내생호흡에 의한 산소소비량 (0.05kg-O₂/kg-MLVSS·d) V_A : 호기성 반응조의 용량(m³) MLVSS(mg/L) : 포기조의 MLSS × VS율(0.7~0.8)
	$OD_3(kg-O_2/day) = C \times$ 질산화된 TKN량 $= C \times$ (유입TKN량 - 유출수 중 TKN량 - 잉여슬러지 내 TKN량) 여기서, C : 질산화된 TKN량에 대응하는 산소소비량(4.57kg-O₂/kg-TKN) 잉여오니의 질소량 : 잉여오니량 × 잉여오니의 질소함유량(0.07~0.08%) 잉여오니량(kg/d) = ($a \times$ 유입SS - BOD량) + ($b \times$ 유입SS량) $- (c \times$ HRT $\times$ Q $\times$ MLVSS) $\times 10^3$ a(S-BOD의 슬러지전환율) = 0.4 ~ 0.6kg-MLSS/kg-BOD b(SS의 슬러지전환율) = 0.9~1.0kg-MLSS/kg-SS c(내생호흡계수) = 0.03~0.05d^{-1}
	$OD_4(kg-O_2/day) =$ 호기조 유출DO농도 × Q × (1+총반송비) × 10^{-3}
	경험식 • 일반 활성슬러지법 : 93.5mm³air/kgBOD₅(최대부하기준) • 장기폭기법 : 125m³air/kgBOD₅

SOR : 청수 20℃, 1기압	$$\text{SOR} = \frac{\text{AOR} \times C_{SW} \times \gamma}{1.024^{(T-20)} \times \alpha(\beta \cdot C_S \cdot \gamma - C_A)} \times \frac{760}{P}$$ 여기서, AOR : 반응조에서의 필요산소량(kgO₂/day) C_{SW} : 20℃에서의 산소포화농도 = 8.84(mg/L) C_A : 혼합액의 평균 DO 농도(mg/L) C_S : T℃에서의 산소포화농도(mg/L) γ : 산기수심에 따른 C_S의 보정계수 　　$\gamma = 1 + (H/2)/10.24$, H : 산기수심(m) T : 활성슬러지 혼합액의 수온(℃) α : La의 보정계수(고부하 : 0.83, 저부하 : 0.93) β : 산소포화농도의 보정계수(고부하 : 0.95, 저부하 : 0.97) P : 대기압(mmHg)
송풍량 C_s(m³/min) : 개략값	$$C_s = \frac{\text{SOR}}{E_A \times 10^{-2} \times \rho \times O_W} \times \frac{273 + 20}{273} \times \frac{1}{24 \times 60}(\text{m}^3/\text{min})$$ 여기서, E_A : 청수에 대한 산소이동효율(%) ρ : 공기의 밀도(1.2923kg공기/Nm³) O_W : 공기 중의 산소의 비중비(0.2315kgO₂/kg공기)
M_a(mg/L)	$$M_a(\text{mg/L}) = \frac{Y(F_i - F)(\text{SRT/HRT})}{(1 + K_e \cdot \text{SRT})}$$
M_e(mg/L)	$0.2 \times K_e \times M_a \times \text{SRT}$
M_i(mg/L)	$M_{i\,inf} \times (\text{SRT/HRT})$
M_{ii}(mg/L)	$M_{ii\,inf} \times (\text{SRT/HRT})$ 　　여기서, Y : 세포생산계수(≒0.81) 　　　　K_e : 내생호흡계수(20℃에서 0.02/hr) 　　　　$M_{i\,inf}$: 유입 M_i(가정하수의 경우 VSS의 40% 정도) 　　　　F : 유출수의 용해성 BOD(mg/L) 　　　　F_i : 유입수의 BOD(mg/L)
소류속도	$$V_c(\text{m/sec}) = \sqrt{\frac{8\beta g(S-1)d}{f}}$$ 여기서, β : 입자의 종류에 따른 계수 　　g : 중력가속도(9.8m/sec²) 　　S : 침전물의 비중 　　d : 침전된 입자의 직경(m) 　　f : Darcy-Weisbach 마찰계수(0.02~0.03)

$\mu_{N.max}$ 질산화 미생물 최대비성장계수	$\mu_{N, \max} = 0.47 \times e^{[0.098(T-15)]}$
μ_N 질산화 미생물 비성장계수	$\mu_N = \mu_{N, \max} \times \left(\dfrac{N}{K_N + N} \right) \times \left(\dfrac{DO}{K_o + DO} \right) \times [1 - 0.833(7.2 - \mathrm{pH})]$ 여기서, K_N : Ammonia 반포화 상수 $\quad 10^{(0.057\,T - 1.148)}$ $\quad N$: $NH_4 - N(mg/L)$ $\quad DO$: 용존산소농도(mg/L) $\quad K_{DO}$: DO 반포화상수
K_{nd} 질산화 미생물 내호흡계수	$K_{nd} = K_{d(20)} \times 1.022^{(T-20)}$ $K_{d(20)} = 0.05 d^{-1}$
SRT_{min} 최소 SRT	$SRT_{\min} = \dfrac{1}{\mu_N - K_{nd}}$
SRT_{design} 설계 SRT	$SRT_{design} = SRT_{\min} \times S.F. \times P.E.$ 여기서, $S.F.$: Safety Factor(안전계수, 1.2~2.0) $\quad$ peak $NH_4 - N$/average $NH_4 - N$ $\quad P.E.$: Peaking Factor(첨두계수, 1.1~1.2)
총SRT	총 $SRT = SRT_{\min} \times MF$ $MF(Mulitplication\ Factor) = \dfrac{1}{1 - Z}$ 여기서, Z : 무산소조비 $\left(\dfrac{V_{anoxic}}{V_{total}} \right)$
S_e 처리수의 용해성 BOD 농도	$S_e = \dfrac{K_s[1 + K_{Hd}(\text{총 SRT})]}{[(\text{총 SRT})(Y_H \cdot k - K_{Hd}) - 1]}$ 여기서, K_s : BOD의 반속도 상수 $\quad K_{s(t)} = K_{s(20)} \times 1.09^{T-20}$ $\quad K_{Hd}$: 종속영양균의 자기분해속도상수(d^{-1}) $\quad K_{Hd(T)} = K_{Hd(20)} \times 1.04^{T-20}$ $\quad Y_H$: 종속영양균의 수율(kgVSS/kgBOD) $\quad k$: 종속영양균의 최대기질이용속도(d^{-1}) $\quad k_{(T)} = k_{(20)} \times 1.09^{T-20}$

N_e 처리수의 암모니아성 질소 농도	$$N_e = \frac{K_N[1 + K_{Nd} \cdot (\mathrm{SRT})_{design}]}{[(\mathrm{SRT})_{design}(Y_{Ns} \cdot k_{ns} - K_{Nd}) - 1]}$$ 여기서, K_N : NH$_4$−N의 반속도상수 $\qquad K_{N(T)} = 10^{0.015\,T - 1.148}$ $\qquad K_{Nd}$: 독립영양세균의 자기분해속도상수(d^{-1}) $\qquad K_{Nd}$: $K_{Nd(20)} \times 1.04^{T-20}$ $\qquad Y_{Ns}$: 독립영양균의 수율(0.15gVSS/gNH$_4$−N) $\qquad k_{ns}$: 독립영양균의 최대기질이용속도(d^{-1}) $\qquad k_{ns(t)} = k_{(20)} \times 1.09^{T-20}$
NO 유입수 중 산화되는 질소농도	$NO(\mathrm{mg/L}) = TKN_o - (NH_4 - N)_o - N_{SYN}$ 여기서, NO : 유입수 중 산화되는 질소농도(mg/L) $\qquad TKN_o$: 유입수의 킬달질소농도(30mg/L) $\qquad (NH_4 - N)_o$: 처리수의 암모니아성 질소 농도(N_e) $\qquad N_{SYN}$: 세포합성에 이용된 질소의 농도(mg/L) $\qquad N_{SYN} = \dfrac{Y(S_o - S_e)F_N}{[1 + K_{Hd}(총\mathrm{SRT})]} + X_e \cdot F_N$ $\qquad Y$: 종속영양균의 수율(0.6gVSS/gBOD) $\qquad K_{Hd}$: 종속영양균의 자기분해속도상수(0.05d^{-1}) $\qquad X_e$: 처리수의 VSS 농도(=처리수의 SS×VS율, mg/L) $\qquad FN$: VSS의 질소분율(5∼12%)
V_{oxic} 호기조의 용적	$$V_{oxic}(\mathrm{m}^3) = \frac{Q(\mathrm{SRT})_{design}}{X}\left[\frac{Y(S_o - S_e)}{1 + K_{Hd}(\mathrm{SRT})_{design}} + X_L\right]$$ 여기서, Q : 유입수량(m³/d) $\qquad X$: 호기조의 MLSS(mg/L) $\qquad Y$: 수율(= 0.66gVSS/gBOD ÷ 0.75gVSS/gTSS = 0.8gTSS/gBOD) $\qquad S_o$: 유입수의 BOD(mg/L) $\qquad S_e$: 처리수의 BOD(mg/L) $\qquad X_L$: 유입수 중 불활성 고형물(FSS + 난분해성 VSS)

● 질소제거공정 설계(#2 무산소조)

NO_e 내부순환수(호기조 유출수)의 질산성 질소 농도	$NO_e(mg/L) = \dfrac{NO(Q)}{(MLR + RAS + Q)}$ 여기서, NO : 유입수 중 산화되는 질소 농도 Q : 유입수량(m^3/d) MLR : 내부순환량(Mixed Liquor Recycle Flow) RAS : 반송슬러지량(Return Activated Sludge Flow)
$(NO_3-N)_{eq}$ 무산소조 내부순환수의 DO에 상당하는 질산성 질소(NO_3-N)	$(NO_3-N)_{eq}(kg/d) = DO_{MLR} \times DO상당량 \times MLR \times 1/1,000$ 여기서, DO_{MLR} : 내부순환수의 DO 농도(mg/L) DO상당량 : $0.35gNO_3-N/gO_2$
NOR 무산소조에서 제거되는 질산성 질소량	$NOR(kg/d) = NO_e \times (RAS + MLR) \times 1/1,000$
TNOR 무산소조에서 제거되는 총질산성 질소량	$TNOR(kg/d) = (NO_3-N)_{eq} + NORRM$
V_{anoxic} 무산소조의 용량	$SDNR = \dfrac{TNOR \times (1/1,000)}{V_{anoxic} \times X}$ ·· (식1) $SDNR_{(T)} = (0.3 \times F/M) + 0.029 \cdot 1.06^{T-20}$ ······························ (식2) $F/M = \dfrac{Q \cdot S_o}{V_{anoxic} \cdot X}$ ·· (식3) 식1, 2를 식3에 대입하여 정리하면 $V_{anoxic} = \dfrac{TNOR \times 1,000 - 0.03 \times S_o \times Q \times (1.06)^{T-20}}{0.029 \times X \times (1.06)^{T-20}}$
P_x 잉여오니발생량(질산화 균에 의한 세포합성량 무시)	$P_x(kgTSS/d) = \left[\dfrac{Y(S_o-S_e)}{1+K_{Hd}(총SRT)} + X_L\right] \times Q \times 1/1,000$
총 SRT 총괄고형물체류시간	$(총\ SRT, days) = \dfrac{X(V_{oxic} + V_{anoxic})}{P_x}$
검토	호기조 용량 산정절차에서 평가한 총 SRT와 비교하여 오차율이 5% 이내가 될 때까지 반복 계산한다.

● 질소제거공정 설계(#3 처리수의 알칼리도)

ALK 처리수의 알칼리도	$ALK(mg/L) = ALK_o - 7.14(NO) + 3.57NO - (NO_3-N)_e$ 여기서, NO : 유입수 중 산화되는 질소 농도 ALK_o : 유입수의 알칼리도 NO_e : 호기조 유출수의 질산성 질소 농도

OD 산소요구량	$OD\,(kgO_2/d) = CBOD + NOD - DOC$ 여기서, CBOD : BOD 산화에 필요한 산소요구량(kg/d) NOD : 질소산화에 필요한 산소요구량(kg/d) DOC : 탈질에 의한 산소감량(kg/d), 일반적으로 무시 $CBOD = Q_1 - (1.42 \times Y)(S_o - S_e)(1/1,000) + 1.42 K_{Hd} \cdot X \cdot V_{oxic}$ $\qquad \times 1/1,000$ $X : MLVSS\,(= MLSS \times VS율, \ mg/L)$ $NOD = Q \times 4.57 \times NO \times (1/1,000)$ $DOC = Q \times 2.86 \times (NO - NO_e) \times (1/1,000)$ 여기서, $1.42 = kgO_2/kgVSS$ (미생물 세포의 산화에 필요한 산소량) $4.57 = gO_2/kNH_4 - N$ (암모니아성 질소의 산화에 필요한 산소량) $2.86 = gO_2/NO_3 - N$ (질산성 질소의 탈질에 의한 산소감량)

하수처리 기타

RBC	BOD 면적부하 $(g/m^2 \cdot d)$	$\text{BOD 면적부하} = \dfrac{\text{BOD 농도}(mg/L) \times Q(m^3/d)}{A(m^2)}$ $= \dfrac{\text{BOD 농도} \times Q}{2n \times \left(\dfrac{\pi D^2}{4}\right)}$ 여기서, n : 회전원판의 개수 D : 회전원판의 직경(m)
	필요한 원판의 매수(n)	$n = \dfrac{Q \cdot t}{V \cdot f}$ 여기서, V : 단위원판당 유효부피 f : 처리개수
NH₃(%)		$NH_3(\%) = \dfrac{[NH_3]}{[NH_3] + [NH_4^+]} \times 100$ $= \dfrac{100}{1 + [NH_4^+]/[NH_3]}$ $= \dfrac{100}{1 + K_b[H^+]/K_w}$
탈질 시 메탄올 필요량		$C_m = 2.47 N_o + 1.53 N_1 + 0.87 DO$ 여기서, C_m : 요구되는 메탄올의 농도(mg/L) N_o : 최초 $NO_3 - N$의 농도(mg/L) N_1 : 최초 $NO_2 - N$의 농도(mg/L) DO : 최초 용존산소의 농도(mg/L) 메탄올 필요량(kg/d) $= C_m(kg/m^3) \times Q(m^3/d)$

슬러지 처리

슬러지 비중(밀도)	$$\frac{슬러지\ 무게}{슬러지\ 비중} = \frac{고형물\ 무게}{고형물\ 비중} = \frac{물의\ 무게}{물의\ 비중}$$ $$\frac{W_s}{\rho_s} = \frac{W_{TS}}{\rho_{TS}} + \frac{W_w}{\rho_w}, \quad \frac{W_{TS}}{\rho_{TS}} = \frac{W_{FS}}{\rho_{FS}} + \frac{W_{vs}}{\rho_{vs}}$$ $$\frac{W_s}{\rho_s} = \left(\frac{W_{FS}}{\rho_{FS}} + \frac{W_{vs}}{\rho_{vs}}\right) + \frac{W_w}{\rho_w}$$ 슬러지의 무게를 기준단위($W_s = 1$)로 고려하면 $\dfrac{1}{\rho_s} = \dfrac{W_{TS}}{\rho_{TS}} + \dfrac{W_w}{\rho_w}$ 여기서, ρ_s : 슬러지 밀도, ρ_{TS} : 고형물 밀도, ρ_w : 수분 밀도 W_{TS} : 고형물 질량 비율, W_w : 수분 질량 비율
탈수에 의한 슬러지 부피 변화	$m_{TS1} = m_{TS2}$ 탈수 전후의 고형물의 질량은 변화가 없다. 탈수 전후의 고형물 무게 $m_{s1} \times TS_1 = m_{s2} \times TS_2$ 슬러지 무게는 슬러지의 부피와 슬러지의 비중(밀도)의 곱으로 표시할 수 있다. $V_{s1} \times \rho_{s1} \times TS_1 = V_{s2} \times \rho_{s2} \times TS_2$ $V_{s1} \times \rho_{s1} \times (100 - P_1) = V_{s2} \times \rho_{s2} \times (100 - P_2)$ 만일, 탈수 전후의 슬러지의 밀도가 불변($\rho_{s1} = \rho_{s2}$)이라면 $V_{s1} \times (100 - P_1) = V_{s2} \times (100 - P_2)$ 여기서, V_{s1} : 탈수 전의 슬러지 부피, V_{s2} : 탈수 후의 슬러지 부피 P_1 : 탈수 전의 슬러지 함수율(%) P_2 : 탈수 후의 슬러지 함수율(%)
탈수기의 면적	$A = 1,000(1 - W)\dfrac{Q}{R}$ 여기서, A : 탈수기의 면적(m²), W : 탈수케이크의 함수율 Q : 탈수케이크의 습량(m³/day), R : 탈수기의 운전율(kg/m² · hr)
메탄생성률	혐기성 반응소에서 1kg의 BOD$_u$나 COD를 제거힐 때 0.35m³의 메탄이 생성된다. $G = 0.35(L_r - 1.42R_g)$ 여기서, L_r : 미생물에 의해서 제거되는 BOD$_u$량(kg/day) R_g : 메탄균에 의해서 생성된 세포량(kgVSS/day)
재래식 단단 소화조	$V = \left(\dfrac{Q_1 + Q_2}{2}\right) \times T_1 + Q_2 \times T_2$ 여기서, Q_1 : 소화조 내로 유입하는 생슬러지의 양(m³/day) Q_2 : 소화 후 슬러지량(m³/day) T_1 : 소화일수(day), T_2 : 저장일수(day)

펌프설비

펌프의 흡입구경	$D = 146\sqrt{\dfrac{Q}{V}}$ 여기서, D : 펌프의 흡입구경(mm) Q : 펌프의 토출량(m³/min) V : 흡입구의 유속(m/sec) ※ 펌프흡입구의 유속은 1.5~3.0m/sec를 표준
펌프의 전양정	$H = H_a + H_f + H_o$ 여기서, H : 전양정(m), H_a : 실양정(m) H_f : 관로 및 구내배관 손실수두의 합(m) H_o : 토출관 말단의 잔류속도수두(m)
실양정(H_a)	1) 실양정 = 토출실양정 − 흡입실양정 흡입실양정(흡상일 경우는 (−), 압입일 경우는 (−)) 2) 도송수 관로의 경우(위치수두) 펌프정 최저수위(LWL) − 보낼 지역의 최고수위(HWL)
관로 및 구내배관 손실수두(H_f)	$H_f = H_{f1} + H_{f2}$ 관로 내 손실수두(압송관로 손실수두, H_{f1}) 1) $\Delta hL = I \times L$ $I = 10.666 \times C^{-1.85} \times D^{-4.87} \times Q^{1.85}$ (Hazen − Williams) 여기서, I : 동수구배(h/L), C : 유속계수 D : 관경(m), Q : 유량(m³/sec) 2) 구내배관 손실수두(Hf_2) $h = f \times \dfrac{L}{D} \times \dfrac{V^2}{2g}$
비교회전도(N_s)	$N_s = N \times \dfrac{Q^{\frac{1}{2}}}{H^{\frac{3}{4}}}$ 여기서, N_s : 비교회전도, N : 펌프의 규정 회전 수(회/min) Q : 펌프의 규정 토출량(m³/min)(양흡입의 경우에는 1/2로 한다.) H : 펌프의 규정 양정(m)(다단펌프의 경우 1단에 해당하는 양정)
펌프의 축동력(kW)	$P_s = 0.163\dfrac{\gamma \times Q \times H}{\eta}$ 여기서, P : 펌프의 축동력(kW), Q : 펌프의 토출량(m³/min) r : 물의 비중량(1,000kg/m³), η : 펌프의 효율

펌프의 축동력(Hp)	$P_s = 0.222 \dfrac{\gamma \times Q \times H}{\eta}$
원동기 출력(kW)	$P = \dfrac{P_s(1+\alpha)}{\eta_b}$ 여기서, P : 원동기 출력(kW), P_s : 펌프의 축동력(kW) α : 여유율, η_b : 전달효율(직결의 경우 1.0)
유효흡입수두 (NPSH$_{av}$, H$_{sv}$)	$\mathrm{NPSH_{av}(H_{sv})} = \mathrm{H_a - H_p + H_s - H_L}$ 여기서, $\mathrm{H_{sv}}$: 시설에서 이용가능한 유효흡입수두(m) $\mathrm{H_a}$: 대기압을 수두로 나타낸 것(10.33m) $\mathrm{H_p}$: 수온에서의 포화수증기압을 수두로 나타낸 것(20℃일 때 0.24m) $\mathrm{H_s}$: 흡입실양정(m) (흡입인 경우는 −, 압입인 경우 +) $\mathrm{H_L}$: 흡입관 내의 손실수두
필요흡입수두 (NPSH$_{re}$, h$_{sv}$)	$\mathrm{h_{sv}} = \sigma \times \mathrm{H}$ 여기서, $\mathrm{h_{sv}}$: 펌프가 필요로 하는 유효흡입수두(m) σ : 공동현상 계수 H : 펌프의 전양정(다단펌프의 경우 1단의 양정(m))
공동현상이 발생하지 않는 조건	1) $\mathrm{NPSH_{re}} \times 1.3 < \mathrm{NPSH_{av}}$ 2) $\mathrm{H_{sv}} - \mathrm{h_{sv}} = 1 \sim 1.5\mathrm{m}$
흡입 비교회전도	$\mathrm{S} = \mathrm{N} \times \dfrac{\mathrm{Q}^{1/2}}{\mathrm{h_{sv}}^{3/4}}$ 여기서, S : 흡입 비교회전도, N : 펌프의 회전수(회/min) Q : 토출량(m³/min)(양흡입익 경우 수량의 1/2) $\mathrm{h_{sv}}$: 펌프가 필요로 하는 유효흡입수두(m)

○ 배관손실 수두계산(h$_l$)

종류	적용 공식	마찰계수(f)
직관	$\mathrm{f} \times \dfrac{\mathrm{L}}{\mathrm{D}} \times \dfrac{\mathrm{V}^2}{2\mathrm{g}}$	0.028
90°엘보	$\mathrm{f} \times \dfrac{\mathrm{V}^2}{2\mathrm{g}} \times \mathrm{N}$	0.3
티	$\mathrm{f} \times \dfrac{\mathrm{V}^2}{2\mathrm{g}} \times \mathrm{N}$	1.5
체크밸브	$\mathrm{f} \times \dfrac{\mathrm{V}^2}{2\mathrm{g}} \times \mathrm{N}$	1.2
게이트밸브	$\mathrm{f} \times \dfrac{\mathrm{V}^2}{2\mathrm{g}} \times \mathrm{N}$	0.19
토출관	$\mathrm{f} \times \dfrac{\mathrm{V}^2}{2\mathrm{g}} \times \mathrm{N}$	1.0
흡입관	$\mathrm{f} \times \dfrac{\mathrm{V}^2}{2\mathrm{g}} \times \mathrm{N}$	0.3

동수역학

○ 흐름의 분류

윤변(P)			유로 중에 유체가 벽에 접하고 있는 길이
경심(동수반경, R)			$R = \dfrac{A}{P}$
			유적을 윤변으로 나눈 것을 의미
유선방정식			$\dfrac{dx}{u} = \dfrac{dy}{v} = \dfrac{dz}{w}$
			• 유선 : 입자속도 벡터에 접하는 가상의 곡선을 말하며 방향은 접선방향과 일치한다. • 유적선 : 유체입자의 운동경로를 말하며 정류에서는 유선과 일치한다.
흐름의 분류	시간	정류	$\dfrac{\partial V}{\partial t} = 0,\ \dfrac{\partial Q}{\partial t} = 0,\ \dfrac{\partial \rho}{\partial t} = 0$
			횡단면을 지나는 유동특성(속도, 유량, 밀도)이 한 점에서 시간에 따라 변하지 않는 흐름, 즉 평상시 하천의 흐름을 일컫는다.
		부정류	$\dfrac{\partial V}{\partial t} \neq 0,\ \dfrac{\partial Q}{\partial t} \neq 0,\ \dfrac{\partial \rho}{\partial t} \neq 0$
			유동특성이 시간에 따라 변화하는 흐름 즉, 강우발생 시의 홍수류의 흐름을 일컫는다.
	거리	등류	$\dfrac{\partial V}{\partial t} = 0,\ \dfrac{\partial V}{\partial l} = 0$
			정류 중에서 거리에 따라 유속과 유적이 일정한 흐름 두 단면의 흐름 특성 비교에서 그 특성값(수심, 유속 등)이 같은 흐름
		부등류	$\dfrac{\partial V}{\partial t} \neq 0,\ \dfrac{\partial V}{\partial l} \neq 0$
			정류 중에서 거리에 따라 유속과 유적이 변화하는 흐름 두 단면의 흐름 특성 비교에서 그 특성값(수심, 유속 등)이 다른 흐름
층류와 난류 Reynolds수			$Re = \dfrac{\rho VD}{\mu} = \dfrac{VD}{\nu}$ 　　여기서, ρ : 밀도, V : 유속, D : 관직경 　　　　　μ : 점성계수, ν : 동점성 계수
			• 층류 : Re < 2,000 • 천이영역 : 2,000 < Re < 4,000(불완전한 층류) • 난류 : Re < 4,000
상류와 사류 Fr			$Fr = \dfrac{V}{\sqrt{gh}}$ $Fr < 1$: 상류, $Fr = 1$(한계류(한계수심, 한계유속)), $Fr > 1$: 사류 장파의 전달속도 : $C = \sqrt{gh}$

○ 흐름의 방정식

연속방정식	$Q = A_1 Q_1 = A_2 Q_2 = \text{const}$ 질량보존의 법칙을 기초	
Bernoulli 정리	$\dfrac{V_1^2}{2g} + \dfrac{p_1}{w} + z_1 = \dfrac{V_2^2}{2g} + \dfrac{p_2}{w} + z_2 = \text{const}$ 여기서, $\dfrac{V^2}{2g}$: 속도수두, $\dfrac{p}{w}$: 압력수두, z : 위치수두	
토리첼리	오리피스	$V = \sqrt{2gh}$
	Pitot Tube	$V = \sqrt{2g\Delta h}$
Venturimeter	피에조미터	$Q = C\dfrac{A_1 A_2}{\sqrt{A_1^2 - A_2^2}}\sqrt{2gh}$
	액주계	$Q = C\dfrac{A_1 A_2}{\sqrt{A_1^2 - A_2^2}}\sqrt{2gh'\left(\dfrac{w'}{w} - 1\right)}$ $Q = C\dfrac{A_1 A_2}{\sqrt{A_1^2 - A_2^2}}\sqrt{2gh'(s-1)}$ 여기서, w' : U자형 액주계에서 사용된 수은의 단위 중량 　　　C : 유량계수 　　　h : 피에조미터의 수두차$\left(\dfrac{p_1 - p_2}{w}\right)$ 　　　h' : U자형 수은 차압계의 수두차

○ 충격력과 항력

작용력(충격력)	$F_x = F_y = F = \dfrac{w}{g} Q(V_1 - V_2)$
정지판에 직각으로 충돌	$F = \dfrac{w}{g} A V^2$
정지판에 경사지게 충돌	$F = \dfrac{w}{g} A V^2 \sin\theta$
정지곡면($\theta < 90°$)에 충돌	$F_x = \dfrac{w}{g} A V^2(1 - \cos\theta)$ $F_y = \dfrac{w}{g} A V^2 \sin\theta$ $F = \sqrt{F_x^2 - F_y^2}$ $\alpha = \tan^{-1}\left(\dfrac{F_y}{F_x}\right)$

● 충격력과 항력

곡면판에 충돌($\theta = 180°$)	$F = \dfrac{2w}{g}QA = \dfrac{2w}{g}AV^2$
이동하는 평면에 충돌	$F = \dfrac{w}{g}AV(V-u)$
이동하는 곡면판에 충돌	$F = \dfrac{w}{g}AV(V-u^2)(1-\cos\theta)$

● 에너지 보정계수와 운동량 보정계수

에너지 보정계수	$\alpha = \displaystyle\int_A (V/V_m)^3 \dfrac{dA}{A}$ 평균유속을 사용 시 운동에너지의 차를 보정하는 계수 • 원관 내 층류 : 2 • 원관 내 난류 : 1.01~1.15 • 폭넓은 사각형 수로 : 1.058 • 보통원관 : 1.1
운동량 보정계수	$\beta = \displaystyle\int_A (V/V_m)^2 \dfrac{dA}{A}$ 평균유속을 사용 시 나타나는 운동량의 조정을 위한 계수 • 원관 내 층류 : 4/3 • 원관 내 난류 : 1.0~1.05 • 사각형 수로(난류 시) : 1.02 • 보통원관 : 1

● 항력

항력(D)	$D = C_d A \dfrac{\rho V^2}{2} = C_d A \dfrac{w V^2}{2g}$ $C_d = \dfrac{24}{Re} = \dfrac{24\mu}{\rho VD} = \dfrac{24\nu}{VD}$ 여기서, A : 흐름방향의 물체 투영면적 • 마찰저항(표면저항) : 유체가 물체의 표면을 따라 흐를 때 점성과 난류에 의해 표면마찰이 생기는데 이 마찰력의 흐름 방향의 분력을 전 표면에 대하여 적분한 것 • 형상저항 : 물체 후면의 소용돌이(후류) 속의 압력 저하에 기인한 흐름 저항 • 조파저항 : 물체가 수면에 떠서 파동을 일으키는 경우 물체에 저항하는 항력
정체압력	정압력 + 동압력 $p_s = p + \dfrac{\rho v^2}{2} = wh + w\dfrac{v^2}{2g}$

관거시설

유량계산	Manning 공식(암거) $Q = A \cdot V$ $V = \dfrac{1}{n} \times R^{\frac{2}{3}} \times I^{\frac{1}{2}}$		
	Kutter 공식(원형관) $V = \dfrac{23 + \dfrac{1}{n} + \dfrac{0.00155}{I}}{1 + \left(23 + \dfrac{0.00155}{I}\right) \cdot \dfrac{n}{\sqrt{R}}} \cdot \sqrt{R \cdot I}$		
	Hazen · Williams 공식(압송) $Q = A \cdot V$ $V = 0.84935 \times C \times R^{0.63} \times I^{0.54}$ 여기서, Q : 유량(m³/초) A : 유수의 단면적(m²) V : 평균유속(m/sec) n : 조도계수 I : 동수경사(h/L) R : 경심(m) (= A/P) h : 마찰손실수두(m)		

Manning식 및 Kutter식의 조도계수	흄관, 철근콘크리트관	하수도용 경질염화비닐관	Box형 암거
	0.013	0.010	0.015

관수로

윤변	유로 중에 유체가 벽에 접하고 있는 길이
경심	유적을 윤변으로 나눈 것을 동수반경 또는 경심이라 한다. $R = \dfrac{A}{P}$ 여기서, A : 유수의 단면적, P : 윤변
급개폐	$T_v < \dfrac{2l}{c}$ 여기서, T_v : 밸브를 폐색하는 시간 c : 전파속도, l : 관로길이
완폐색	$T_v > \dfrac{2l}{c}$

Hazen – Poiseuille 법칙	1) $Q = \dfrac{\pi \cdot w \cdot h_L}{8\mu l} r^4$
	
	2) $V_m (평균유속) = \dfrac{w \cdot h_L}{8\mu l} r^2$
	
	3) $V_{max} (최대유속) = \dfrac{w \cdot h_L}{4\mu l} r^2 = V_m \times 2$
	
	4) $\tau (관벽의 마찰력) = \dfrac{w \cdot h_L}{2l} r = \dfrac{\Delta P}{2l} r = wRI$
	
	1) Hazen – Poiseuille 법칙
	  ① 동수경사$\left(I = \dfrac{h_L}{L} \right)$에 비례
	  ② 압력강하$(w \cdot h_L)$에 비례
	  ③ 점성계수(μ)에 반비례
	  ④ 반지름의 4승에 비례
	
	2) 유속
	  ① 포물선 분포이다.
	  ② 중심축이 V_{max} 이고 관벽에서는 $V = 0$이다.
	
	3) 관벽의 마찰력
	  ① r에 비례, 직선으로 분포
	  ② 관벽에서 τ_{max} 이다.
	  ③ 중심축에서는 $\tau = 0$이다.

마찰손실수두 (Darcy – Weishbach 공식)	$h_L = f_L \dfrac{l}{D} \dfrac{V^2}{2g}$ 여기서, f_L : 마찰손실수두, D : 관경(m), l : 관 길이(m) V : 평균유속, g : 중력가속도

마찰손실 계수	**층류인 경우**	$f_L = \dfrac{64}{Re}$
	난류일 경우	Smooth Pipe : $f_L = 0.316 Re^{-1/4}\,(3,000 < Re < 10^5)$ (Blasius식으로 불림)
		Rough Pipe : 상대조도 $\left(\dfrac{e}{D}\right)$만의 함수이다.
	Chezy 공식	$f = \dfrac{8 \cdot g}{C^2}$ 여기서, C : Chezy의 평균유속계수
	Manning 공식	$f = \dfrac{8g \cdot n^2}{R^{1/3}} = \dfrac{12.7g \cdot n^2}{D^{1/3}} = \dfrac{124.5n^2}{D^{1/3}}\,(D$단위 : m$)$

마찰속도 또는 전달속도

1) 마찰속도
$$U_* = \sqrt{gRI} = V\sqrt{f/8} = \sqrt{\tau_o/\rho}$$
　　여기서, U_* : 마찰속도, R : 경심, I : 동수경사, f : 마찰손실수두

2) 평균마찰응력
$$\tau_m = wRI = whI$$
　　여기서, w : 물의 단위중량

미소손실수두

1) $\dfrac{l}{D} > 3,000$: 미소손실수두 무시(관길이가 길기 때문)

2) $\dfrac{l}{D} < 3,000$: 미소손실수두 계산

미소손실수두 유형

미소손실수두는 다음과 같이 일반화 할 수 있다.
$$h_m = f_e\left(\dfrac{V^2}{2g}\right)$$ 여기서, f_e : 손실계수

유입손실수두	$h_i = f_i \dfrac{V^2}{2g}$	점확손실수두	$h_{ge} = f_{ge} \dfrac{V^2}{2g}$
유출손실수두	$h_o = f_o \dfrac{V^2}{2g}$	점축손실수두	$h_{gc} = f_{gc} \dfrac{V^2}{2g}$
급확손실수두	$h_{se} = f_{se} \dfrac{V^2}{2g}$	굴절손실수두	$h_{be} = f_{be} \dfrac{V^2}{2g}$
급축손실수두	$h_{sc} = f_{sc} \dfrac{V^2}{2g}$	만곡손실수두	$h_b = f_b \dfrac{V^2}{2g}$
밸브손실수두	$h_v = f_v \dfrac{V^2}{2g}$	분기손실수두	$h_{br} = f_{br} \dfrac{V^2}{2g}$

1) 유입손실계수 : 일반적으로 $f_i = 0.5$

2) 유출손실계수 : 일반적으로 $f_o = 1.0$

3) 만곡손실계수 : 일반적으로 $f_b = 0.2$

　*급확대 $\left[h_{se} = \left(1 - \dfrac{A_1}{A_2}\right)^2 \times \dfrac{V^2}{2g}\right]$

　　여기서, A_1 : 확대 전 면적, A_2 : 확대 후 면적, V : 확대 전의 유속

평균유속공식	1) Chezy식 $$V = C\sqrt{RI}$$ 여기서, $C = \sqrt{\dfrac{8g}{f}}$, $f = \dfrac{8g}{C^2}$ 2) Kutter식 $$V = C\sqrt{RI}$$ 3) Manning식 $$V = \dfrac{1}{n} R^{2/3} I^{1/2}$$ 여기서, $f = \dfrac{8gn^2}{R^{1/3}} = 12.7\dfrac{gn^2}{D^{1/3}} = 124.6\dfrac{n^2}{D^{1/3}}$ (D : m단위) $C = \dfrac{1}{n} R^{1/6}$ (C : Chezy의 유속계수) 4) Hazen－Williams $$V = 0.84935\,CR^{0.63} I^{0.54}$$ $$Q = 0.27853\,CD^{2.63} I^{0.54}$$
	Chezy식과 Manning식을 이용 $C\sqrt{RI} = \dfrac{1}{n} R^{2/3} I^{1/2}$에서 $C = \dfrac{1}{n} R^{1/6}$ 또 $C = \sqrt{\dfrac{8g}{f}} = \dfrac{1}{n} R^{1/6}$에서 $f = \dfrac{8g \cdot n^2}{R^{1/3}}$
단일 관수로의 유량 (수면차가 있는 저수지(수조)의 연결 시 유량)	$$Q = AV = \dfrac{\pi D^2}{4} \cdot \sqrt{\dfrac{2gh}{f_i + f_o + f\dfrac{l}{D}}} = \dfrac{\pi D^2}{4} \cdot \sqrt{\dfrac{2gh}{\Sigma f + f\dfrac{l}{D}}}$$
자유방출 배출시간	$$T = \dfrac{2A}{a\sqrt{\dfrac{2g}{f_i + f_o + f\dfrac{l}{D}}}} (H_1^{1/2} - H_2^{1/2})$$ 여기서, 유입손실($f_i = 0.5$), 유출손실($f_o = 1.0$)이 일반적
사이펀	$$V = \sqrt{\dfrac{2gH}{f_i + f_b + f_o + f\dfrac{l_1 + l_2}{D}}}$$ $$Q = \dfrac{\pi D^2 V}{4} = \dfrac{\pi D^2}{4} \sqrt{\dfrac{2gH}{f_i + f_b + f_o + f\dfrac{l_1 + l_2}{D}}}$$ • 이론적 최대 가능 높이 : 1,033m(1기압 수두) • 실제 가능 높이 : 약 8.0m(이유 : 각종 손실수두) • 역사이펀은 관로 최하부점에 고압이 걸리게 되므로 주의해야 한다. • 사이펀 : 2개의 수조를 연결한 관수로의 일부가 동수경사선보다 위에 있는 관수로

Hardy−Cross법	$h_f = f\dfrac{l}{D}\dfrac{V^2}{2g} = f\dfrac{l}{D}\dfrac{Q^2}{2g\left(\dfrac{\pi D^2}{4}\right)^2} = kQ^2 = kQ^n$ Manning 공식의 경우 $n = w$ Hazen−Williams 공식의 경우 $n = 1.85$가 된다. 보정유량 $\Delta Q = \dfrac{-\sum kQ'^2}{2\sum kQ'}$ $k = f\dfrac{l}{D}\dfrac{1}{2g}\left(\dfrac{4}{\pi D^2}\right)^2$ 보정치를 가하는 방법은 가정치 Q'의 방향과 보정치 ΔQ의 방향이 같으면 더해 주고 반대 변을 빼준다.
발전기(수차)의 출력	$E = w\,QH_e\,\eta\,(\mathrm{kg \cdot m/sec})$ $\quad = 9.8\eta QH_e\,(\mathrm{kW})$ $\quad = 13.33\eta QH_e\,(\mathrm{HP})$ 효율$(\eta = 0.8 \sim 0.9)$ $Q(\mathrm{m^3/sec})$, H_e(유효낙차, m), η(수차의 효율 + 발전기 효율) $\quad$ 여기서, H_e = 총낙차 − 총손실수두 $\qquad\qquad = H - \sum h_L = \dfrac{p}{w} + \dfrac{V^2}{2g}$
펌프의 출력(양수동력)	$E = \dfrac{13.33\,QH_p}{\eta}\,(\mathrm{HP}) = \dfrac{9.8\,QH_p}{\eta}\,(\mathrm{kW})$ H_p = 총 낙차 + 총 손실수두 = $H + \sum h_L$ $\quad$ 여기서, $\eta : 0.5 \sim 0.8$(펌프의 효율)

개수로

용어의 정의	수로폭	자유수면에서의 수로 단면 폭(B)
	윤변	유수단면이 수로 주벽과 접하는 길이(P)
	경심	유수단면적(A＝BH)을 윤변(P)으로 나눈 값(R)
	등류	수로의 어느 구간에서도 유속, 수심 등 흐름 상태가 일정한 흐름
	부등류	흐름의 상태가 시간에 따라 변화하지 않음
	정류	수로에서 흐름의 상태가 시간에 따라 변화하지 않음
	부정류	수로에서 시간에 따라 흐름이 변화하는 흐름
	수리상 유리한 단면	일정한 단면적에 대하여 최대 유량이 흐르는 수로단면
	수리수심	$D = A/B$(유수단면적/수로 폭 : 수로의 평균수심을 말함)
	단면계수	• 등류 계산 시 : $Z = AR^{2/3}$ • 한계류 계산 시 : $Z = AD^{1/2}$, D : 수리수심
	통수능	단면이 물을 통수시킬 수 있는 능력 즉, $Q = AV = ACR^m I^n = KI^n$ 이때 $K = ACR^m$을 통수능이라 한다.

하천의 평균유속	1) 표면법 $V_m = 0.85 V_s$ 2) 1점법 $V_m = V_{0.6}$ 3) 2점법 $V_m = \dfrac{(V_{0.2} + V_{0.8})}{2}$ 4) 3점법 $V_m = \dfrac{(V_{0.2} + 2V_{0.6} + V_{0.8})}{4}$ 5) 4점법 $V_m = \dfrac{(V_{0.2} + V_{0.4} + V_{0.6} + V_{0.8})}{5} + \dfrac{1}{2}\left(V_{0.2} + \dfrac{V_{0.2}}{2}\right)$

평균유속공식	1) Chezy식 $\quad V = C\sqrt{RI}$ $\qquad$ 여기서, $C = \sqrt{\dfrac{8g}{f}}$, $f = \dfrac{8g}{C^2}$ 2) Manning식 $\quad V = \dfrac{1}{n} R^{2/3} I^{1/2}$ $\qquad$ 여기서, $f = \dfrac{8gn^2}{R^{1/3}} = 12.7\dfrac{gn^2}{D^{1/3}} = 124.6\dfrac{n^2}{D^{1/3}}$ (D : m단위) $\qquad C = \dfrac{1}{n}R^{1/6}$ (C : Chezy의 유속계수)

평균유속공식	3) Bazin식 $$V = C\sqrt{RI} = \dfrac{87}{1 + \dfrac{\gamma}{\sqrt{R}}}$$ 여기서, γ : Bazin 조도계수 4) Kutter식 $$V = \dfrac{23 + \dfrac{1}{n} + \dfrac{0.00155}{I}}{1 + \left(23 + \dfrac{0.00155}{n}\right)\dfrac{n}{R^{1/2}}} \cdot (R \cdot I)^{1/2}$$ 5) Forchheimer식 $$V = \dfrac{1}{nf}R^{0.7}I^{0.5}$$ $$C = \dfrac{1}{nf}R^{0.2}$$ 여기서, nf : Forchheimer의 조도계수

수리상 유리한 단면		
수리상 유리한 단면 －일정 단면적에서 최대 유량 이 흐르는 단면, 즉 경심(R) 이 최대이거나 윤변(P)이 최소인 단면 －수리상 유리한 단면에서 반 드시 최대 유속이 발생하는 것은 아니다.	직사각형 단면	$B = 2h,\ R = \dfrac{h}{2}$
	사다리꼴 단면	$b = 2h\tan\left(\dfrac{\theta}{2}\right),\ l = \dfrac{B}{2},\ R_{\max} = \dfrac{h}{2},\ B = \dfrac{2h}{\sin\theta}$
	포물선형 단면	$A = \dfrac{2}{3}BH,\ P = B\left[1 + \dfrac{2}{3}\left(\dfrac{2H}{B}\right) - \dfrac{2}{5}\left(\dfrac{2H}{B}\right)^4\right]$
	원형 단면	$A = \dfrac{D^2}{8}\left(\pi\dfrac{\theta}{180} - \sin\theta\right),\ P = \dfrac{\pi\theta D}{360}$

복합조도를 가진 수로의 등가조도계수	$n = \dfrac{n_1 P_1{}^m + n_2 P_2{}^m + \cdots + n_n P_n{}^m}{\sum(P^m)}$

수리특성곡선	관의 종류	유속	최대 유량
	원형관	81%	94%
	정방형관	만류 직전	만류 직전
	마제형관	81%	93%

비에너지	$H_e = h + \alpha\dfrac{V^2}{2g}$ 여기서, α : 에너지 보정계수

한계수심	1) 한계수심 일반식 $$h_c = \left(\dfrac{n\alpha Q^2}{ga^2}\right)^{\frac{1}{2n+1}}$$ 2) 구형(직사각형)－한계유속으로 흐르는 경우 $$h_c = \dfrac{2}{3}H_e$$

한계수심	사각형 단면	$A = bh$(단, $a = b$, $n = 1$), $h_c = \left(\dfrac{\alpha Q^2}{gb^2}\right)^{\frac{1}{3}}$
	포물선 단면	$A = ah^{1.5}$(단, $a = a$, $n = 1.5$), $h_c = \left(\dfrac{1.5\alpha Q^2}{ga^2}\right)^{\frac{1}{4}}$
	삼각형 단면	$A = mh^2$(단, $a = m$, $n = 2$), $h_c = \left(\dfrac{2\alpha Q^2}{gm^2}\right)^{\frac{1}{5}}$

- 비에너지가 최소일 때의 흐름(한계 유속 시의 흐름)
- 유량 Q가 일정할 때 비에너지가 최소로 되는 수심을 말한다.
- 비에너지가 일정할 경우 최대유량은 한계수심에서 발생한다.

Fr Number	$Fr = \dfrac{V}{\sqrt{gh}}$ $Fr < 1$: 상류 $Fr = 1$: 사류 $Fr > 1$: 한계류
Renolds 수	$Re = \dfrac{VR}{\nu} = \dfrac{\rho VR}{\mu}$ $R = \dfrac{D}{4}$
Re	$Re < 500$: 층류 $500 \le Re \le 2{,}000$: 천이영역 $Re > 2{,}000$: 난류

한계 경사에 의한 흐름의 분류	$I_c = \dfrac{g}{\alpha C^2}$ $I < \dfrac{g}{\alpha C^2}(I_c)$: 상류 $I > \dfrac{g}{\alpha C^2}(I_c)$: 사류

사류가 상류로 변하는 단면을 지배단면이라 하고 이 단면에서의 경사를 한계경사라 한다.

비력(충격값)	$M = \eta\dfrac{Q}{g}V + h_G A = \text{const}$ $h_G = \dfrac{1}{2}h$

개수로 내 한 단면에서의 물의 단위 무게당 정수압과 운동량을 말하며 도수 후에도 일정하다.

도수(Hydraulic Jump)		1) 도수 후 수심 $$h_2 = \frac{h_1}{2}(-1 + \sqrt{1 + 8F_{r1}^{\,2}})$$ $$F_{r1} = \frac{V}{\sqrt{gh}}$$ 2) 도수로 인한 에너지 손실 $$\Delta H_e = \frac{(h_2 - h_1)^3}{4h_1 h_2}$$ 3) Fr 수에 의한 도수의 분류 　　$1 < Fr < \sqrt{3}$: 파상도수(불완전도수) 　　$\sqrt{3} < Fr < 2.5$: 약도수 　　$2.5 < Fr < 4.5$: 진동도수 　　$4.5 < Fr < 9$: 강도수 　　$Fr \geq \sqrt{3}$: 완전도수
		흐름이 상류에서 사류로 변할 때는 수면이 연속적이지만 사류에서 상류로 변할 때는 수면이 불연속적으로 뛰는 현상이다.
수면형	완경사	완경사(Mild Slope) 완경사$= h_o > h_c,\ I < \dfrac{g}{\alpha C^2}$ $h > h_o > h_c$: M_1곡선(배수곡선) : 월류댐의 상류부수면 $h_o > h > h_c$: M_2곡선(저하곡선) : 자유낙하 시의 수면곡선 $h_o > h_c > h$: M_3곡선 : 수문개방 시 하류부수면
	부등류의 수면곡선법	부등류의 수면 곡선법 1) 시산법은 상류흐름인 경우 : 하류 → 상류방향으로 계산 　　　　　　　　사류흐름인 경우 : 상류 → 하류방향으로 계산 2) 직접측차법 $$L = \frac{\Delta E}{S_o - S_e}$$ 계산방법 : 수심을 가정한 후에 식을 이용하여 구간의 L을 계산한다.
곡선수로의 흐름 분류		1) 상류인 경우 　$V \times R = \mathrm{const}$ 　　여기서, R : 곡률반경 2) 사류인 경우 　$\sin\beta = \dfrac{1}{F_{r1}}$ 　　여기서, β : 마하각

단파
(Surge or Hydraulic Bore)
	1) 단파의 전달속도
	
	$$\alpha = V_1 \pm gh_1 \left[\frac{1}{2} \frac{h_2}{h_1} \left(\frac{h_2}{h_1} + 1 \right) \right]$$
	
	2) 정단파
	    $h_1 < h_2$, 단파가 일어난 후의 수심이 처음의 수심보다 큰 단파
	
	3) 부단파
	    $h_1 > h_2$, 단파가 일어난 후의 수심이 처음의 수심보다 작은 단파

소류력	$\tau_o = wRI$ 여기서, 소류력 : 유수가 수로의 윤변에 작용시키는 마찰력
마찰속도	$U_* = \sqrt{gRI} = \sqrt{ghI}$ (등류) $U_* = \sqrt{ghI_e}$ (부등류) 여기서, I_e : 에너지 경사

지하수

Darcy의 법칙	$Q = AV = A \cdot k \cdot I = A \cdot k \cdot \dfrac{dh}{dl}$ 여기서, Q : 유량(cm³/sec), A : 투과 단면적(cm²) V : 투과속도(물의 유입속도), k : 투수계수(cm/sec) dh : dl 구간의 손실수두(cm), dl : 침투길이 I : 동수경사
	Darcy의 법칙은 흙입자 사이를 통과하는 유체의 속도를 정하는 식으로 압력차에 비례하고 간격에 반비례한다.
투수계수	$K = K' \dfrac{\rho g}{\mu}$ 여기서, K' : Darcy의 단위이며 토사의 크기와 간극률에 따라 변화하며 단위는 $[L^2]$이다.
	영향인자 : 흙입자의 형상 및 크기, 간극비, 포화도, 흙입자의 구조, 유체의 점성, 유체의 단위 중량
1 Darcy	$1\,\text{Darcy} = \dfrac{\dfrac{1\,\text{centpoise} \times 1\text{cm}^3/\text{sec}}{1\text{cm}^2}}{1\text{기압}/\text{cm}} = 0.987 \times 10^{-8}\text{cm}^2$
Darcy 법칙의 적용범위	$1 < Re < 10$ (일반적으로는 $Re < 4$)
지하수의 실제유속	V (이론유속) $= n V_s$ (실제유속) 여기서, n : 간극률 $\therefore\ V$ (이론유속) $< n V_s$ (실제유속)

투수계수 결정	실험실에서 구하는 방법	구분	공식
		정수의 투수시험	$K = Q \dfrac{l}{Aht}$
		변수위 투수시험	$K = a \dfrac{1}{A} \dfrac{1}{t_2 - t_1} \ln \dfrac{h_1}{h_2}$
		압밀 시험에 의한 간접적인 방법	$K = c_v\, m_v\, r_w$
	현장에서 구하는 방법	구분	공식
		깊은 우물	$K = \dfrac{Q}{\pi} \dfrac{1}{h_2^2 - h_1^2} \ln\left(\dfrac{r_2}{r_1}\right)$
		얕은 우물	$K = \dfrac{Q}{4r_1(h_2 - h_1)}$
		굴착정	$K = \dfrac{Q \ln(r_2/r_1)}{2\pi a(h_2 - h_1)}$

구분		공식
투수계수 결정	경험공식 Hazen식	$K = C(0.7 + 0.03t)\, d_e^2$
	Zunker식	$K = \dfrac{1.10}{\mu}\left(\dfrac{n}{1-n}\right)^2 d_e^2 \,(\text{cm/sec})$
	Slichter식	$K = \dfrac{C_s}{\mu}\dfrac{1}{x} d_e^2 \,(\text{cm/sec})$

Dupuit 공식 (침윤선 공식의 유량)	$q = AKI = \dfrac{K}{2l}(h_1^2 - h_2^2)$
굴착정 (Artesian Well)	$Q = \dfrac{2\pi ak(H - h_o)}{\ln(R/r_o)} = 2\pi ak\dfrac{dh}{dr} = \dfrac{2\pi ak(H - h_o)}{2.3\log(R/r_o)}$ 여기서, h : 우물의 수위, H : 지하수심, a : 피압대수층 높이 $\quad\quad\quad R$: 영향원의 반경, r : 관정의 반경
	집수정을 불투수층 사이에 있는 투수층까지 판 후 투수층 사이에 낀 투수층 내의 압력을 받고 있는 피압지하수를 양수하는 우물
깊은 우물(심정호)	$Q = \dfrac{\pi k(H^2 - h_o^2)}{\ln(R/r_o)}$ 여기서, h : 우물의 수위, H : 지하수심, a : 피압대수층 높이 $\quad\quad\quad R$: 영향원의 반경, r : 관정의 반경
	집수정의 바닥이 불투수층까지 도달한 우물, 자유수면을 가지는 수로
얕은 우물 (천정호, Shallow Well)	1) 집수정 바닥이 수평인 경우 $\quad Q = 4Kr_o(H - h_o)$ 2) 집수정 바닥이 둥근 경우 $\quad Q = 2\pi Kr_o(H - h_o)$
	집수정 바닥이 불투수층까지 도달하지 않는 우물
집수암거	1) 수면 아래에 있는 집수암거 $\quad Q = \dfrac{2\pi K\left(H - \dfrac{p}{w}\right)}{\ln\left(\dfrac{4a}{d}\right)} = \dfrac{2\pi K\Delta H}{\ln\left(\dfrac{4a}{d}\right)}$ 여기서, H : 수심, a : 바닥에서 암거 중심까지의 거리 $\quad\quad\quad d$: 집수관의 직경, p : 관경의 압력 2) 불투수층에 달하는 집수암거 $\quad Q = \dfrac{Kl}{R}(H^2 - h_o^2)$ 여기서, l : 집수암거의 길이

구분	해설 및 공식
면적비	$A_r = L_r{}^2$
체적비	$V_r = L_r{}^3$

구분	해설 및 공식
속도비	$V_r = \dfrac{L_r}{T_r}$
유량비	$Q_r = \dfrac{L_r{}^3}{T_r}$
질량비	$M_r = \rho_r\,L_r{}^3$

상사법칙 (위 표들에 대한 행 제목)

Froude 상사법칙	$T_r = \sqrt{\dfrac{L_r}{g_r}}\,,\ \ V_r = \sqrt{L_r}$

강수

물의 순환인자	강수, 증발, 증산, 차단, 저류, 침투, 침루, 유출 순환과정 : 증발 → 강수 → 차단 → 증산 → 침투 → 침루 → 유출
강수량	강수량 ↔ 유출량 + 승발산량 + 침투량 + 저류량 $P = R + E + C + S$ 무강우 : 0.1mm/d 이하
수위	• 저수위 : 1년을 통하여 275일은 이보다 저하하지 않는 수위 • 평수위 : 1년을 통하여 185일은 이보다 저하하지 않는 수위 • 갈수위 : 1년을 통하여 355일은 이보다 저하하지 않는 수위

기온	구분	해설 및 공식
	평균기온	기온의 산술평균값
	정상기온	특정일이나 월, 계절, 년에 대한 최근 30년간의 평균값
	일평균기온	보통 일 최고, 일 최저의 평균값 (매 시간 기온의 산술평균이나 3~6시간 평균)
	정상일평균기온	특정일의 30년 평균값
	월평균기온	해당 월의 일평균 기온 중 최고치와 최저치의 평균값
	정상월평균기온	특정 월의 30년간 월평균 기온의 평균값
	연평균기온	각 월평균 기온의 평균값

습도(Humidity)	포화증기압(e_s)	공기가 수증기로 포화되어 있을 때의 압력
	상대습도(f)	임의의 온도에서 포화증기압(e_s)에 대한 실제 증기압(e)의 백분율 $f = \dfrac{e}{e_s} \times 100(\%)$
	비습	1kg의 습윤 대기 중의 수증기량(g)
	이슬점	일정한 압력과 수증기를 유지하면서 공기를 냉각시켰을 때 그 공간이 포화상태로 되는 온도
	잠재 증기화열	온도에 변화없이 액체상태에서 기체상태로 변환하는 데 필요한 단위 질량당의 열량 $H_v(\text{cal/g}) = 597.3 - 0.56t(^\circ\text{C})$
	실제증기압	$e = e_s - r(t - t_s)$ 　　여기서, e : $t(^\circ\text{C})$에서의 실제 증기압 　　　　　t_s : 습구 온도계의 온도(0.485) 　　　　　e_s : t_s에서의 포화증기압 　　　　　r : 습도계의 상수

고도와 풍속의 관계식	$\dfrac{v}{v_1} = \left(\dfrac{z}{z_1}\right)^k$ 여기서, v : 고도 z에서의 풍속, v_1 : 고도 z_1에서의 풍속 k : 0.1~0.6(지표의 조도, 기류의 안정성에 따라 변화)값 (기상예보 시의 풍속은 보통 지상 10m를 기준으로 함)

강수 결측자료의 보완		

구분	해설 및 공식
산술평균법	연강수량의 30년 이상의 평균값과 기록이 결측 지점의 값과의 차이가 10% 이내일 때는 3개의 값을 산술평균하여 사용한다. $P_x = \dfrac{1}{3}(P_A + P_B + P_C)$ 여기서, P_x : 결측값을 가진 관측점의 강수량 $P_A + P_B + P_C$: 3개의 부근 관측점의 강수량
정상 연강수량 비율법	상기 오차가 1개라도 10% 이상일 때 사용하며, 강수 현상이 산악의 영향을 받는 지역에서 효과적이다. $P_x = \dfrac{N_x}{3}\left(\dfrac{P_A}{N_A} + \dfrac{P_B}{N_B} + \dfrac{P_C}{N_C}\right)$ 여기서, P_x : 결측값의 보완값 $N_A + N_B + N_C$: 정상연평균강수량 $P_A + P_B + P_C$: 보완하고자 하는 기간의 강수량
단순비례법	인근에 관측점이 1개뿐일 때 사용 $P_x = \dfrac{N_x}{N_A} P_A$ 이 방법은 기상학적 동질성이 없을 때는 위험하며 이때는 회귀분석에 의한다.

유역의 평균강우량 산정		

산술평균법	$P_m = \dfrac{P_1 + P_2 + \cdots + P_N}{N} = \dfrac{1}{N}\displaystyle\sum_{t=1}^{N} P_i$ 여기서, P_m : 유역의 평균 강우량 $P_1, P_2, \cdots P_N$: 유역 내 각 관측점에서 기록된 강수량 N : 유역 내 관측점의 수 ① 평야지역에서 강우분포가 비교적 균일할 때 사용 ② 약 500km² 미만의 유역 면적에 사용한다.
Thiessen 가중법	$P_m = \dfrac{A_1 P_1 + A_2 P_2 + \cdots + A_N P_N}{A_1 + A_2 + \cdots + A_N} = \dfrac{\displaystyle\sum_{i=1}^{N} A_i P_i}{\displaystyle\sum_{i=1}^{N} A_i}$ 여기서, P_m : 유역의 평균 강우량 $P_1, P_2, \cdots + P_N$: 유역 내 각 관측점에서 기록된 강수량 $A_1, A_2, \cdots + A_N$: 각 관측점의 지배면적 산악의 영향이 비교적 적고 우량계의 분포상태를 고려하고자 할 경우 적용하며, 객관성이 우수하여 가장 널리 사용된다. 유역면적 500~5,000km²의 범위

유역의 평균강우량 산정	등우선법	$$P_m = \frac{A_1 P_{1m} + A_2 P_{2m} + \cdots + A_N P_{Nm}}{A_1 + A_2 + \cdots + A_N} = \frac{\displaystyle\sum_{i=1}^{N} A_i P_{im}}{\displaystyle\sum_{i=1}^{N} A_i}$$ 여기서, P_m : 두 인접 등우선 간의 평균 강우량이며 인접 등우선에 대한 강 우량을 알지 못할 때는 가정값을 강우량으로 사용 ① 등우선을 작성하여 등우선 간의 면적을 구한 후 평균 강우량을 구한다. ② 지형 특성을 고려한 방법으로 유역면적 5,000km² 이상에서 사용한다. ③ 유역 내에 관측점 수가 적으면 등우선을 작성할 때 개인 오차가 발생한다.

구분	해설 및 공식
강우강도	단위시간에 내리는 강우량(mm/hr)을 말한다.
지속시간	강우가 계속되는 기간, 통상 분(min)으로 표시한다.
생기빈도	일정한 기간 동안에 임의 크기의 호우가 발생할 횟수를 의미한다. 통상 임의의 강우량이 1회 이상 길어지거나 초과되는 데 소요되는 연수로 표시, 즉 어느 관 측점의 연평균 강우량이 평균 100년에 한 번씩 1,500mm를 초과한다면 이 연평균 강우량의 재현기간은 100년이며 생기빈도는 1/100이다.
강우강도	• Talbot형 : $I = \dfrac{a}{t+a}$ (짧은 지속시간에 주로 사용) • Sherman형 : $I = \dfrac{c}{t^n}$ (긴 강우사상에 주로 사용) • Japanese형 : $I = \dfrac{d}{\sqrt{t}+e}$ 　　여기서, I : 강우강도(mm/hr) 　　　　　t : 지속시간(min) 　　　a,b,c,d,e,n : 지역에 따라 결정되는 상수 　　　　　　　　강우량을 회귀분석함으로써 상수값들을 구하여 적당한 　　　　　　　　강우 강도식을 구한다.
강우강도와 지속기간의 관계	$I = $ 최대강우강도 $\times \dfrac{60}{\text{지속시간(min)}}$
물부(모노노베)의 강우강도	$I = \dfrac{R_{24}}{24}\left(\dfrac{24}{t}\right)^{2/3}$ 여기서, R_{24} : 일강우량(mm/d), t : 강우지속시간(min)
IDF해석에 의한 강우강도	$I = \dfrac{k \cdot T^x}{t^n}$ 여기서, T : 강우의 생기빈도(재현기간) 　　　k, x, n : 지역에 따른 상수 　　　　t : 지속시간(min)

강우량 자료의 해석	**I.D.F**	강우강도 – 지속시간 – 발생빈도 관계 → Intensity Duration – Frequency Curve 강우강도, 지속기간에 그 강우의 생기확률을 제3의 변수로 도입하여 수문 설계에 유용한 곡선을 얻을 수 있다.
	평균우량깊이 – 유역면적 – 강우지속기간 관계의 해석 (DAD해석)	• 여러 가지 지속시간을 가진 강우가 다양한 유역면적에 발생할 때 예상되는 지속시간별 강우량을 유역별로 미리 수립하는 작업을 DAD라 한다. • DAD 해석은 암거나 고속도로의 배수구 설계에 사용한다. • x축 : 평균우량깊이, y축 : 유역면적, 강우지속시간 : 매개변수 • 최대평균우량 : 유역면적이 커지면 감소하고, 지속시간이 길면 증가한다.
최대가능강수량 (P.M.P : Probable Maximum Precipitation)		① 대규모 수공 구조물의 설계 시 또는 매우 중요한 수공구조물을 설계 시 기준을 삼는 우량이다. ② 어떤 유역에 태풍이나 호우 등 최악의 기상조건이 발생한 경우 유역에 내릴 수 있는 가상의 최대 강우량 ③ 최악의 기상조건과 수문조건이 동시에 발생하므로 물리적으로 발생 가능한 강수량의 최대 한계값을 나타낸다. ④ 가능 최대 강수량은 가능 최대 홍수량을 결정하는 기준으로 사용한다.
하상계수		$하상계수 = \dfrac{최대유량}{최소유량}$

증발산과 침투

정의	증발 (Evaporation)	저수지와 같은 수표면이나 토양 표면의 물분자가 태양열에너지에 의해 액체에서 기체로 변화하는 과정	
	승화 (Sublimation)	고체상태에서 기체상태로 기화되는 현상	
	증산 (Transpiration)	식물의 엽면을 통해 대기 중으로 수분이 방출되는 현상	
	증발산	증발과 증산의 합성어	
	증발비	토양면으로부터의 증발량과 수면으로부터의 증발량과의 비	

증발량 산정방법	**1) 증발접시에 의한 방법** 일정량의 물을 담은 뒤, 일정 시간이 경과한 후, 접시 내의 수위를 Hook Gauge에 의하여 mm 단위로 측정한다. $$증발접시계수(Pan Coefficient) = \frac{저수지 증발량}{접시 증발량} < 1$$ 여기서, 소형의 경우 : 0.67~0.7 대형의 경우 : 0.8 **2) 경험공식** 자유수면으로부터 이탈한 물분자의 이동은 증기압의 경사에 비례한다는 Dalton의 공기 동역학적 법칙에 근거한다. 증발량 : $E = kf(u)(e_x - e)$ 여기서, k : 경험적으로 결정되는 상수 $\quad f(u)$: 풍속의 함수 $\quad e_x$: 수면에서 물의 온도의 포화증기압 $\quad e$: 대기온도에서의 실제증기압 **3) Penman 이론** 증발열을 공급한 에너지원이 항상 존재하고 일단 증발된 수증기를 이동시키는 일련의 작용이 이루어진다는 가정하에 증발량을 산정하는 공식 $$E_o = \frac{H\tan\alpha + \gamma E_a}{\tan\alpha + \gamma}$$ 여기서, E_o : 증발량(수면온도에서의 포화증기압에 따른)(mm/d) $\quad \tan\alpha$: 포화증기압 곡선의 접선경사 $\quad E_a$: 증발량(대기온도에서의 포화증기압에 따른)(mm/day) $\quad \gamma$: 습도계 상수 $\quad H$: 순열량(cal/cm²/day)

증발량 산정방법	4) 물수지 방정식 ① 물수지 방정식의 일반형 　　U와 S의 측정 곤란으로 장기적, 즉 연중 발산량 산정에 적합하다(30일 이내는 사용불가). 　　$E = P + I \pm U - O \pm S$ 　　여기서, P : 총강우량 　　　　　　I : 지표수 유입량 　　　　　　U : 지하수 유출입량 　　　　　　O : 지표수 유출량 　　　　　　S : 지표 및 지하 저류량(호수, 저수지, 지하대수층) ② 에너지 수지식(열수지법) 　　증발과 밀접한 관계가 있는 열수지를 고려한 방법으로 저수지에서의 에너지보존 법칙에 근거를 두고 있다. 　　$R_n - R_h - R_e + R_v = R_s$ 　　여기서, R_n : 증발량 순복사로 수면에 도달한 태양에너지(R_{si})에서 반사에너지(R_r) 　　　　　　　와 장파에 의한 에너지의 교환량 R_b를 뺀 값($R_n = R_{si} - R_v - R_b$) 　　　　　　R_h : 물과 공기 사이의 열전도손실 　　　　　　R_e : 증발열 손실 　　　　　　R_v : 저수지 유입, 유출되는 물로 인한 에너지 교환량 　　　　　　　　(+ 또는 -) 　　　　　　R_s : 저수지에 저장된 에너지 양(또는 열)
유출	$R = C \cdot P$ 　　여기서, R : 하천유량, U : 유출계수, P : 강수탕 유출계수 $= \dfrac{\text{하천유량}}{\text{강수량}} = \dfrac{\text{평균유출고}}{\text{강우량깊이}}$

침투능 결정방법	**침투** (Infiltration)	물이 지표면에 스며드는 현상
	침루 (Percolation or Seepage)	중력작용에 의하여 지하로 이동하며 지하수면까지 도달하는 현상
	침투능(f_p) (mm/hr, in/hr)	어떤 토양에서 강우를 침투시키는 최대 비율, 즉 최대 침투율의 의미 $i < f_p$이면 $f_a < f_p$ $i \geq f_p$이면 $f_a > f_p$ 　　여기서, f_a : 실제 침투율, i : 강우강도
	침루능	지표면을 통과한 물이 지하수면에 도달할 수 있는 최대비율(지층의 구조에만 지배됨)

침투능 결정방법	• Horton의 침투능 곡선식 : 침투능 산정공식에 의한 방법 $$f_p = f_c + (f_o - f_c)e^{-kt}$$ 여기서, f_p : 임의 시각에서의 침투능(mm/hr) f_o : 초기 침투능(mm/hr)(1.2~10cm/hr) f_c : 강우시작시간으로부터 측정되는 시간(hr) k : 주로 토양의 종류와 식생피복에 따라 결정되는 상수 • 누가침투량 : 강우 초기부터 임의 시간까지 적분하면 어떤 기간 동안의 F가 구해진다. $$F = \int_0^t f_p \cdot dt = f_c \cdot t + \frac{(f_o - f_c)(1 - e^{-kt})}{k}$$

• 침투지수법에 의한 방법

  침투지수(Infiltration Index)는 평균침투율을 의미하는 것으로 호우기간 동안의 침투량을 호우의 지속기간으로 나누어서 구함

  1) ϕ − index법

   우량조상도에서 총강우량과 손실량을 구분하는 수평선에 대응하는 강우강도를 ϕ − index라 한다. 이것은 호우발생 시 호우에 의한 평균침투능이다. 총강우량과 손실우량을 구분하는 수평선에 대응하는 강우강도가 큰 유역에서 어떤 호우가 발생했을 때 그 유역에서 예상되는 유출량을 개략적으로 산정하는데 편리하여 널리 사용한다. 그러나 침투능의 시간적 변화를 고려하지 않은 근사법이다.

   $$\phi = \frac{F}{t} = \frac{1}{t}(P - Q)$$

   여기서, F : 총침투량 $= (P - Q)$

     P : 강우량

     Q : 유출량(초과강우량)

  2) W − index법

   ϕ − index법을 개선한 방법으로 총강우량에서 차단 또는 흙 표면의 굴곡으로 인한 저유량을 감한다.

   이 방법은 강우강도가 침투능보다 큰 호우기간 동안의 평균침투율이라고 할 수 있다.

   $$W = \frac{F}{T} = \frac{1}{T}(P - Q - S)$$

   여기서, F : 총침투량 $= (P - Q)$

     P : 강우량

     Q : 유출량(초과 강우량)

     S : 차단 또는 지면저유량

토양함유 수분의 영향	1) 선행강우지수(API : Antecedent Precipitation Index) 강수량과 연유출량 간의 관계공식 $P_a = aP_o + bP_1 + cP_2$ $a + b + c = 1$ 여기서, P_o : 해당 년의 강우량 P_1, P_2 : 해당 년의 전년 및 차전년의 강우량 a, b, c : 가중계수 개개 호우에 대한 공식 $P_a = b_1P_1 + b_2P_2 + \cdots + b_tP_t$ 여기서, P_t : 해당 호우보다 t일 선행하는 호우의 양 b_t : 1보다 작은 상수로 보통 t의 함수 2) 토양함수 미흡량 증발현상은 토양으로부터 수분을 제거시키고, 강수는 수분을 공급하므로 이 두 양을 측정하면 토양수분 미흡량을 알 수 있다. 3) 지하수 유출량 비가 많은 지역에 있어서 토양의 초기함수조건은 호우초기의 지하수 유출량(건기 하천유출량)과 밀접한 관계가 있다.

상하수도기술사
기출문제

상하수도기술사 기출문제

[1교시]

1. 상수관망에서의 단계시험(Step Test)
2. 수격작용(Water Hammer)
3. 속도경사(G)
4. SVI(Sludge Volume Index)
5. 점감식 응집(Tapered Flocculation)
6. 생태독성(TU : Toxic Unit)
7. SAR(Sodium Adsorption Ratio)
8. 세균의 재성장(After Growth)
9. AOC(Assimilable Organic Carbon)와 BDOC(Biodegradable Dissolved Organic Carbon)
10. 아데노바이러스(Adeno Virus)
11. 스마트워터그리드(Smart Water Grid)
12. 고도산화기술(AOP : Advanced Oxidation Technology)
13. 상하수도 자산관리(Asset Management)

[2교시]

1. 하수도정비 기본계획 시 침수대응 하수도시설계획에 대하여 설명하시오.
2. 지반침하대응 하수관로 정밀조사 수행방법에 대하여 설명하시오.
3. 급속여과지에서 사용되는 여재의 크기를 제한하는 이유를 설명하시오.
4. 막오염 원인 및 세정방법에 대하여 설명하시오.
5. 정수장에 고도정수처리시설로 도입된 입상 활성탄 흡착지의 하부집수장치에 대하여 설명하시오.
6. 해수담수화시설의 생산수에 포함된 보론(B)과 트리할로메탄(THMs)의 관리와 방류설비에 대하여 설명하시오.

[3교시]

1. 상수관망 블록 구축의 적정성 검토사항에 대하여 설명하시오.
2. 우수관로 설계에 대하여 설명하시오.
3. 하수관로 분류식화 사업의 성과보증방법 및 효과를 설명하시오.
4. 하수처리장 에너지 자립화 사업을 통한 에너지 다소비 시설에서 재생산 시설로 전환하고자 할 때 하수슬러지를 활용하는 자원순환 방안에 대하여 설명하시오.
5. 상수원으로부터 취수시설을 계획하고 개량/갱신할 경우, 고려할 사항에 대하여 설명하시오.
6. 오존공정에서 배출되는 배오존의 재이용 방안에 대하여 설녕하시오.

[4교시]

1. 하수도정비 기본계획 시 계획하수량에 대하여 설명하시오.
2. 상수도 송배수관로 누수원인 및 측정방법, 대책에 대하여 설명하시오.
3. 하수처리장 유량조정조 설계 시 고려하여야 할 점에 대하여 설명하시오.
4. 재래식 하수처리공법으로 운영되고 있는 하수처리장을 고도처리 시설로 개량하고자 할 때 고려할 사항과 설치 시 유의점을 설명하시오.
5. 상수 원수의 경도(Hardness)와 pH를 정의하고, 정수장에서 경도물질을 처리하는 방안에 대하여 설명하시오.
6. 정수장에서 생산된 정수의 수질 이상 시 대응요령에 대하여 설명하시오.

[1교시]

1. 불활성화비 계산
2. 슬러지건조의 평형함수율
3. 하수의 포화용존산소
4. 버블포인트 시험(Bubble Point Test)
5. 가압수 확산에 의한 혼화
6. Chick 법칙과 소독능
7. 하수처리장 내 연결관거 설계기준
8. 상수도공정 중 여과(Filtration)의 종류 5가지
9. 생물막의 물질이동 개념
10. 고유투수계수(Intrinsic Permeability)
11. 통합물관리(Integrated Water Resource Management)의 필요성 10가지
12. 증기압(Vapor Pressure)과 상수관로/펌프흐름
13. 상수도관 누수와 수돗물 2차 오염의 관계

[2교시]

1. 오존이용률의 목표를 80% 이상으로 하고 접촉수심을 6.0m, 가스공탑체류시간 속도를 5m/hr으로 한다. 지의 구성은 공급가스 1단 접촉, 재이용가스 1단 접촉, 반응지 1단으로 하여 상하우류 대향류식으로 한다. 접촉조는 상시 3열, 예비 1열의 4열로 한다. 계획정수량 200,000m³/d, 세척수량비는 5%, 오존주입률 2.0mg/L, 발생오존농도를 20g/Nm³로 할 경우 오존접촉지를 설계하고, 산기관 및 산기판 설치 시 유의사항을 설명하시오.
2. 가축분뇨와 음식물폐기물의 병합처리시설을 설치하여 소화바이오가스를 도시가스(LNG)화 하여 판매하고자 한다. 주요 처리계통과 병합혐기성 소화조 및 소화가스이용설비 설계 시 고려사항을 설명하시오.
3. 지역상수도의 통합에 따른 급수체계조정 사업의 개요 및 설계사례(과업의 목적, 과업의 범위 및 내용, 시설의 개요, 급수체계 조정사업 개념도, 사업의 효과 등)를 설명하시오.
4. 장마철 고탁도 발생원인과 정수처리 대책에 대하여 설명하시오.

5. 저영향개발의 목적, 관련 시설의 종류 및 특징을 설명하고 긍정적/부정적 효과에 대하여 설명하시오.
6. 상수관망 블록시스템 구축계획과 유의사항에 대하여 설명하시오.

[3교시]

1. 환경과 에너지문제를 동시에 해결하기 위한 친환경에너지타운의 사업배경, 추진체계와 역할, 사업유형과 내용에 대하여 설명하시오.
2. 정수처리 시 기타 오염물질 중 질산성 질소 제거방법에 대하여 설명하시오.
3. 하수관로시설의 기술진단 범위와 방법을 설명하시오.
4. 빗물펌프장 설계 시 고려해야 할 사항과 펌프선정방법을 설명하시오.
5. 우리나라 도서지역의 상수도 보급현황과 정부의 식수원 개발 사업에 대하여 설명하고 적용된 식수원별 장단점을 설명하시오.
6. 완충저류시설의 설치대상, 시설 설치 시 고려사항 그리고 시설의 주요 요소에 대하여 설명하시오.

[4교시]

1. 기존 하수처리장의 방류수 재이용시설 설치 시 고려해야 할 사항을 설명하시오.
2. 다음 그림은 하수처리장에서 고형물의 수지 계통을 설명하는 것으로 그림 a는 직접 탈수소각방식 계통이고, b는 소화탈수방식 계통을 나타낸다. 유입고형물량을 100으로 가정하고 계획 발생슬러지량을 90으로 한 경우 a, b 계통의 각 시설에서 고형물 회수율은 다음 표와 같다. 이와 같은 조건에서 각 단위시설의 고형물량($X_1 \sim X_7$, $X_1' \sim X_7'$)을 계산하시오.

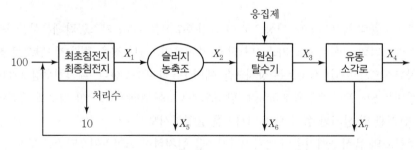

a. 직접탈수소각방식

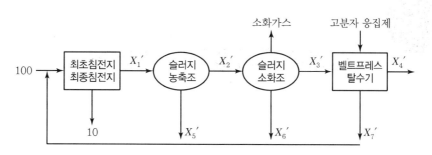

b. 소화탈수방식(1단 소화)

구분	기호	계통 a(%)	계통 b(%)
슬러지 농축조의 고형물 회수율	r_1	90	90
슬러지 소화조의 고형물 감소율	r_{G1}	–	40
슬러지 탈수설비의 고형물 회수율	r_2	95	90
슬러지 탈수설비의 응집제 주입률	r_C	0.9	1.0
소각로에서의 고형물 감량률	r_{G2}	75	–
소각로의 고형물 회수율	r_3	80	

3. 혐기성 소화조 운영상 문제점 및 대책에 대하여 설명하시오.

4. 하수관거 접합 및 연결방법에 대하여 설명하시오.

5. 여과형 비점오염 저감시설의 시설별 설계인자에 대한 실험에 대하여 설명하시오.

6. 강변 여과수 개발을 위한 조사절차를 설명하고 강변 여과의 장단점에 대하여 설넝하시오..

[1교시]

1. 녹조/적조 현상
2. 하천에서의 총량규제
3. 계획 1일 최대오수량
4. 우수발생 시의 유달시간
5. 알칼리도와 pH의 상관관계
6. Jar−Test
7. 용존산소 부족곡선(DO Sag Curve)
8. NOM(Natural Organic Matter)
9. 공상접촉시간(EBCT : Empty Bed Contact Time)
10. 계획배수량
11. 하수처리장 수리종단도
12. Anammox(Anaerobic Ammonium Oxidation)
13. Off−gas 분석장치

[2교시]

1. 수원으로부터 각 수요자까지 물을 공급하는 상수도 공급의 전 과정에 대한 흐름도를 도시하고 각 과정을 설명하시오.
2. 하수의 최종 BOD가 5일 BOD의 1.3배일 때 탈산소계수를 구하시오.
3. 하수슬러지 처리 시 슬러지 가용화 원리와 공정별 적용방안에 대하여 설명하시오.
4. 안정적인 급수를 위한 최적 관망관리 시스템 구축 및 운영방안에 대하여 유수율 제고와 연계하여 설명하시오.
5. 직결급수의 목적 및 종류와 도입 시 고려하여야 할 사항에 대하여 설명하시오.
6. 기존 활성슬러지법 처리시설을 혐기무산소호기조합법으로 개량할 경우 고려하여야 할 장치에 대하여 설명하시오.

[3교시]

1. 용수공급문제로 곤란을 겪고 있는 우리나라에서, 다목적 댐 이외의 사용가능한 보조 수자원 개발의 예를 5가지 제시하고 설명하시오.

2. 공장과 가정의 배출수 발생으로부터 하수처리시설을 거쳐서 방류하기까지의 하수도 시설계통 전 과정에 대한 흐름도를 도시하고 각 과정을 설명하시오.

3. 상수도 시설의 계획수립 시 각 단계별 안전성 및 안정성 확보방안(수질, 수량, 수압 등)에 대하여 고려하여야 할 사항을 설명하시오.

4. 하수도 계획수립 시 하수처리수 재이용을 위한 처리시스템과 활성화방안에 대하여 설명하시오.

5. 정수장 실시설계도면의 구성에 대하여 설명하시오.

6. 응집제병용형 생물학적 질소제거법에 대하여 설명하시오.

[4교시]

1. 막의 종류에 대하여 다음 물음에 답하시오.
   1) 압력과 분리성능에 의한 막구분으로 정밀여과막(MF), 한외여과막(UF), 나노여과막(NF), 역삼투막(R/O) 등으로 구분한다. 이들의 원리, 작용압력(PSI), 제거물질을 비교하여 설명하시오.
   2) 분리메커니즘에 의한 막구분으로 다공질막, 비다공질막, 이온교환막으로 구분한다. 이들의 종류, 원리, 특징을 비교 설명하시오.

2. 염소(Cl_2)소독에 대하여 다음 물음에 답하시오.
   1) 염소소독의 원리를 반응식을 이용하여 설명하고, 소독력을 증가시키기 위한 소선을 4사시만 제시하시오.
   2) 암모니아와의 반응기작을 반응식으로 나타내시오.
   3) 분기점 반응(Breakpoint Reaction)현상을 그림으로 나타내고 설명하시오.

3. 지하수 취수정의 유지관리방안에 대하여 설명하시오.

4. 표준 활성슬러지법의 공정별 기능 및 생물반응조의 설계인자와 운전 시 문제점 및 대책에 대하여 설명하시오.

5. 하수처리공정상의 포기장치 효율에 대하여 설명하시오.

6. 하수도시설에 대한 내진설계 목적, 기본방침, 내진등급 및 내진설계 목표에 대하여 설명하시오.

상하수도기술사 기출문제

[1교시]

1. 수관교
2. 빗물이용시설
3. LTCP(Long-term Control Plan)
4. 정수시설 소독설비 계측제어방식
5. 하수슬러지 건조 탈수시설의 전기탈수기
6. 급속소규모컬럼실험(RSSCT : Rapid Small-scale Column Test)
7. 등온흡착식(Isotherm Adsorption Equation)
8. Monod 식에서 Monod 상수(K_s)의 정의와 의미
9. Water-Energy-Food Nexus
10. 집수매거
11. 비회전도(Ns)
12. 침전지 밀도류
13. 전탈질

[2교시]

1. 슬러지펌프 선정 시 고려사항과 슬러지 유량측정 및 밀도측정장치에 대하여 설명하시오.
2. 수도정비 기본계획에서 상수도시설 안정화 계획 중 가뭄대책에 대하여 설명하시오.
3. 수돗물이 생산되는 과정에서 염소는 다양한 위치에서 다양한 목적으로 투입된다. 전염소, 중염소, 후염소, 재염소(Re-chlorination)의 적용지점과 투입목적에 대하여 설명하시오.
4. 중력식 농축조의 한계 고형물 플럭스(Limiting Solid Flux)에 대하여 설명하시오.
5. 하수 고도처리에 관여하는 미생물을 물질대사 방법별로 분류하여 설명하고, 하수 내 유기물의 종류와 이를 생물학적 고도처리에 적용할 경우 미생물별(질소, 인 제거) 고려사항에 대하여 설명하시오.
6. 저수지 유효저수량 산정방법에 대하여 설명하시오.

[3교시]

1. 하수처리공정 고도처리설비 중 오존산화법에 대하여 설명하시오.

2. 다음 조건에 대한 활성탄 흡착분해법에 의한 배오존분해탑을 3개탑으로 설계하시오.(단, 흡착탑의 직경 및 높이는 소수점 2자리에서 반올림하고, $\pi = 3.14$로 계산)

> **〈조건〉**
> - 계획정수량 200,000m³/일
> - 흡수효율 70%
> - 발생오존농도 20g/Nm³
> - 세척수량의 비 5%
> - 활성탄 분해능 2gO₃/g
> - 오존주입률 1.0mg/L
> - 배오존율 30%
> - 가스 공탑속도 120m/h
> - 활성탄 교체주기 120일
> - 활성탄 밀도 0.45kg/L

3. 재래식 정수장의 배출수처리시설을 설계하고자 한다. 배출수 발생량 산정방법에 대하여 설명하고, 배출수처리시설을 구성하는 각 단위공정의 설계방법에 대하여 설명하시오.

4. 스와빙 피그(Swabbing Pig)에 대하여 설명하시오.

5. 지표미생물을 사용하는 이유 및 조건과 현재 사용되는 지표 미생물의 종류 및 한계점에 대하여 설명하시오.

6. 해수 담수화의 특징, 유의사항, 고려사항, 담수화방식에 대하여 설명하시오.

[4교시]

1. 완충저류시설의 시설계획 순서 및 용량산정 기준을 설명하시오.

2. 지방상수도 현대화사업 중 노후상수관망 정비사업의 과업단계별 주요업무내용에 대하여 설명하시오.

3. 마을상수도로 사용하고 있는 지하수가 질산성질소 기준을 초과하였다. 이온교환공정으로 질산성질소를 제거할 때 고려해야 할 사항에 대하여 설명하시오.

4. 하수슬러지의 안정화에 사용되는 소화(Digestion) 기술에 대하여 설명하시오.

5. A/O공법 및 A₂/O공법의 원리, 특징, 설계인자, 장단점에 대하여 설명하시오.

6. 급속혼화방식의 종류 및 특징에 대하여 설명하고, 혼화방식별 장단점을 비교하여 설명하시오.

[1교시]

1. 산화환원전위(Oxidation Reduction Potential)
2. 관정부식(Crown Corrosion)
3. 필요소독능(Contact Time Value)
4. 표면부하율(Surface Loading Rate)
5. 공기장애(Air Binding)
6. Anammox(Anaerobic Ammonium Oxidation)
7. 기저유출(Baseflow)
8. 펌프의 상사법칙
9. 정삼투(Forward Osmosis)
10. Enhanced Coagulation
11. 여과수 탁도관리 목표
12. AGP(Algal Growth Potential)
13. 하수처리시설의 pH 조정시설

[2교시]

1. 노후 상수도관에 대한 문제점과 갱생방법에 대하여 설명하시오.
2. 조류 발생 시 정수처리공정에 미치는 영향과 대책에 대하여 설명하시오.
3. 자외선 소독의 개요와 영향인자에 대하여 설명하시오.
4. 슬러지처리공정에서 반류수의 특성과 처리방안에 대하여 설명하시오.
5. 배수지 용량결정에 대하여 설명하시오.
6. 급격한 기후변화에 따른 국지성 집중호우 시 도심지 침수방지대책에 대하여 설명하시오.

[3교시]

1. 노후 하수관로의 개·보수 계획 수립 시 대상관로의 선정기준과 정비방법에 대하여 설명하시오.

2. 오존을 이용하는 고도정수처리공정에서 오존의 역할에 대하여 설명하시오.

3. 해수담수화를 위한 역삼투시설에서 에너지 회수방법에 대하여 설명하시오.

4. 도수관로의 노선결정 시 고려사항에 대하여 설명하시오.

5. 우수조정지와 우수체수지의 계획 및 설치 시 고려사항에 대하여 설명하시오.

6. 상수도관의 내면부식에 대하여 설명하시오.

[4교시]

1. 하수도 계획 수립 시 유역별 통합운영관리방안에 대하여 설명하시오.

2. 강우 시 불완전 분류식 지역에서 우수유입을 차단하기 위한 하수관리 방안에 대하여 설명하시오.

3. 활성슬러지 공정의 운전 시 필요산소량 산정방법에 대하여 설명하시오.

4. 정수처리시설에서 혼화, 응집, 침전 공정의 운영진단방법에 대하여 설명하시오.

5. 하수처리수 재이용 시 문제점 및 대책에 대하여 설명하시오.

6. 정수처리 시 응집에 영향을 미치는 인자에 대하여 설명하시오.

상하수도기술사 기출문제

[1교시]

1. 상수도 역사이편관

2. 상수도 신축이음관

3. 배수관의 위험한 접속(Dangerous Connection)과 급수설비의 역류방지

4. 하수도 다중압송

5. 하수관거 매설깊이

6. 상수관망에서 단계시험(Step Test)

7. 상수관망에서 임계지점(Critical Point)

8. 수격작용(Water Hammer)

9. 속도경사(G)

10. 에너지 사용평가도구(EUAT : Energy Use Assessment Tool)

11. 에너지 절약 전문기업(ESCO : Energy Service Company)

12. Langelier Index

13. MFI(Modified Fouling Index)

[2교시]

1. 차단용 밸브와 제어용 밸브에 대하여 설명하시오.

2. 배수설비에서 재해시설을 설치 시 고려사항을 설명하시오.

3. 하수도 내진설계에 대하여 설명하시오.

4. 상수도관망 블록 구축 시 적정성 검토사항에 대하여 설명하시오.

5. 전기응집 공정에 의한 총인 제거원리와 설계요소에 대하여 설명하시오.

6. 생물학적 폐수처리 시 이용되는 종속영양미생물(M)과 유기물(F)의 일반적인 관계를 설명하시오.

[3교시]

1. 도수관로에서 부압이 발생할 경우와 최대정수압이 부득이 고압이 될 경우의 대책을 각각 설명하시오.

2. 하수처리시설 내 부대시설에 대하여 설명하시오.

3. 하수도정비 기본계획 시 침수대응 하수도시설계획에 대하여 설명하시오.

4. 상수도 송배수관로 누수원인, 누수측정방법 및 누수방지 대책에 대하여 각각 설명하시오.

5. 활성탄 여과공정에서 접촉조의 설계요소에 대하여 설명하시오.

6. 활성슬러지 공정에서 Norcadia에 의한 거품현상의 특성과 원인 및 조절방법에 대하여 각각 설명하시오.

[4교시]

1. 정수장 단위시설의 배치계획에 대하여 설명하시오.

2. 펌프장시설에서 소음 및 진동방지에 대하여 설명하시오.

3. 하수도시설기준에 따른 우수배제 계획을 설명하시오.

4. 상수관망에서 공기밸브실과 이토밸브실에 대하여 설명하시오.

5. 알루미늄(Al^{3+})을 이용한 총인(TP) 처리 시 화학반응식을 이용하여 다음을 계산하시오.(단, 총인과 Alkalinity을 제외한 알루미늄 소모량은 없다.)

   1) 1mg 인(P) 제거당 Al 소요량(mg)

   2) 1mg Al 주입당 Alkalinity 소요량(mg)

   3) 1mg Al 주입당 슬러지 발생량(mg)

6. 하천수를 원수로 사용하는 정수장에서 염소주입에 따른 잔류염소의 수중에서 분포 형태에 대하여 설명하시오.

상하수도기술사 기출문제

[1교시]

1. 이상(Two-phase) 혐기성 소화
2. 물 발자국(Water Footprint)
3. 갈바닉 부식(Galvanic Corrosion)
4. 탈수기 필터 프레스(Filter Press)
5. BOD 시험의 한계
6. 신축이음
7. 수압시험방법
8. 수질예보제
9. MIOX(MIxed OXidant)
10. 유효무수수량
11. 수면적 부하
12. RDII(Rainfall Derived Infiltration Inflow)
13. 서지 탱크(Surge Tank)

[2교시]

1. 상하수도분야의 추적자실험(Tracer Test)에 대하여 설명하시오.
2. 독립입자의 침전(I형 침전)에 대하여 설명하시오.
3. 하천수질오염과 보전대책에 대하여 설명하시오.
4. 일반적인 하수찌꺼기(슬러지) 처리처분의 계통도를 작성하고, 단위공정별 처리목적과 고려할 사항을 설명하시오.
5. 상수도관망의 기술진단을 일반기술진단과 전문기술진단으로 구분하여 설명하시오.
6. 하수관로의 야간생활하수평가법에 따른 침입수 산정방법과 한계점을 설명하시오.

[3교시]

1. 혼화, 응집, 침전, 여과, 소독으로 구성된 정수장의 기술진단에 대하여 설명하시오.

2. 하수의 Total Nitrogen(TN)과 Total Kjeldahl Nitrogen(TKN)에 대하여 설명하시오.

3. 수도권에 소재한 공공하수처리시설(용량＝250,000m³/day)은 인근의 산업단지에서 발생하는 산업폐수(유량＝30,000m³/day)를 연계 처리하고 있다. 고농도 질소를 함유하는 산업폐수로 인해 질소 방류수질 기준을 초과하는 문제가 발생하고 있다. 질소 문제를 해결할 수 있는 공학적인 개선방안에 대하여 설명하시오.

4. 합류식 하수도에 설치되는 간이공공하수처리시설의 정의 및 설계 시 고려사항에 대하여 설명하시오.

5. 저영향개발(LID) 시설계획 수립을 위한 빗물관리 목표량 설정방법에 대하여 설명하시오.

6. 막여과 시 농도분극현상의 발생원인과 막공정에 미치는 영향 및 억제방법을 설명하시오.

[4교시]

1. 정수장 배출수처리시설을 설계하고자 한다. 주어진 조건으로부터 이론적인 계획처리 고형물량 (kg/day)을 계산하시오.

> 〈조건〉
> • 계획정수량＝100,000m³/day
> • 계획원수탁도(설계탁도)＝40NTU
> • S S/NTU 비＝1.4
> • 응집제 주입률(산화알루미늄으로서의 주입률)＝10mg/L
> • 수산화알루미늄과 산화알루미늄의 비＝1.5
>   단, 할증률은 고려하지 않음

2. 반류수(Sidestream)가 하수처리장 단위공정에 미치는 영향에 대하여 설명하시오.

3. 하수처리장 방류수를 하천유지용수로 재이용하려고 한다. 공공하수처리시설 방류수 수질기준 (일처리용량 500m³ 이상)과 하천유지용수의 재처리수 용도별 수질기준을 비교하고 적정 처리 방안에 대하여 설명하시오.

4. 정수장의 소독능(CT) 향상방안 가운데 공정관리에 의한 소독능 향상방안에 대하여 설명하시오.

5. 공공하수처리시설의 계열화운전 대상시설과 제외시설에 대하여 설명하시오.

6. 하수슬러지 또는 음식물처리를 위한 혐기성 소화조의 운영 시 발생하는 Struvite의 문제점과 대처방안에 대하여 설명하시오.

상하수도기술사 기출문제

[1교시]

1. 조류경보제
2. 무수수량(Non-rcvcnue Water)
3. 수질오염총량관리제
4. 상수도관망진단의 대상시설
5. 계획 1일 평균급수량과 계획 1일 최대급수량
6. 하수관거에 포함되는 지하수량의 지배인자, 추정방법, 대책
7. TSI(Trophic State Index)
8. 부식지수(Corrosion Index)
9. 환경호르몬
10. 청색증
11. 터널배수지
12. 상수도용 알칼리제
13. SCD(Streaming Current Detector)

[2교시]

1. 지표수를 수원으로 하는 경우에 대한 상수도 계통 및 시설을 그림으로 나타내어 설명하시오.
2. 그림과 같은 직사각형 수로에서 수리학상 유리한 단면조건을 폭(B)과 수심(h)의 관계식으로 유도하여 설명하시오.

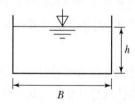

3. 상하수도 시설 운영관리를 위한 유량계 종류와 특성에 대하여 설명하시오.
4. 분류식 및 합류식 하수도의 특징을 설명하고, 합류식 하수관거에서 분류식 하수관거 체계로 전환할 경우 유의사항에 대하여 설명하시오.
5. 하수도 시설 정비사업과 시설 유지관리 시 빈번히 발생하고 있는 질식재해에 대하여 발생환경, 위험요인, 예방규칙을 설명하시오.
6. 하수처리수 재이용 시설계획의 목적, 기본방향 및 고려사항에 대하여 설명하시오.

[3교시]

1. 다음은 어느 도시의 분류식 하수도 계획구역이다. 주어진 조건에서 다음을 구하시오.

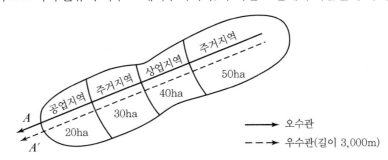

⟨조건⟩				
	인구밀도(인/ha)	1인 1일 최대급수량(L)	영업 용수율	평균유출계수
주거지역	100	300	0.2	0.5
상업지역	200	300	0.6	0.7
공업지역	40	300	0.3	0.4

① 공장 배수량 : 2,000m³/day
② 지하수량 : 공장 배수량은 제외하고 10%
③ 시간 변동비 : 1.8
④ 유입시간 : 5분
⑤ 강우강도 공식 : $I = 5,500/(t+50)$mm/hr
⑥ 관내 평균유속 : 1.0m/sec(우수관)

1) A 지점에서 계획1일 최대오수량(m³/day) 및 계획시간 최대오수량(m³/sec)을 구하시오.

2) A′ 지점에서 합리식을 이용하여 우수유출량(m³/sec)을 구하시오.

2. 수처리 단위조작에서 오존처리가 다른 처리법과 비교하여 우수한 점을 기술하고 오존처리 시 유의점을 설명하시오.

3. 정수장에서 발생하는 배출수 처리 공정 및 방법에 대하여 설명하시오.

4. 하·폐수 내의 질소·인 처리를 위한 암모니아스트리핑법에 대하여 설명하시오.

5. 정수장의 시설개량이나 갱신 방법과 유의사항에 대하여 기술하시오.

6. 슬러지 탈수기(가압탈수기, 벨트프레스탈수기, 원심탈수기)의 형식별 특성에 대하여 설명하시오.

[4교시]

1. 독립성을 가진 SS농도 200mg/L인 하수를 침전관에 채우고 1.8m 깊이에서 시료를 채취하여 SS농도를 측정한 결과 다음과 같은 자료를 얻었다. 이 자료로부터 SS제거효율이 85%가 되도록 하는 침전지의 표면부하율($m^3/m^2 \cdot min$)을 구하시오.

침전시간(min)	3	5	10	20	40	60
SS농도(mg/L)	120	90	70	40	10	2

2. 최대유량 Q_{max}가 1.1m³/sec이고 설계침전속도가 0.4mm/sec일 때 침전지의 체류시간이 2.5시간인 장방형 1차 침전지의 규격을 설계하고자 할 때 다음에 답하시오.(단, 길이(L) : 폭(B)을 4 : 1로 가정하고, 침전지는 4지로 한다.)

   1) 침전지의 필요 총 표면적(m²)을 구하시오.

   2) 표면부하율($m^3/m^2 \cdot day$)을 구하시오.

   3) 침전지의 유효수심(m)을 구하시오.

   4) 침전지의 1지당 유효폭(m)을 구하시오.

3. 정부에서 추진 중인 '물관리 일원화'의 추진배경과 이와 관련법(물관리기본법, 정부조직법, 물관리기술 발전 및 물산업 진흥에 관한 법률)의 주요개정 내용 및 향후과제에 대하여 설명하시오.

4. 수충격작용(Water Hammer)에 의한 수주분리 발생원인 및 방지대책에 대하여 설명하시오.

5. 생물활성탄(BAC)의 원리 및 장단점에 대하여 설명하시오.

6. 최근 국내 일부 지자체에서 시범사업으로 실시하고 있는 합류식 지역 수세분뇨 직투입 시 고려할 사항에 대하여 기술하시오.

상하수도기술사 기출문제

[1교시]

1. SRT(고형물 체류시간 : Solids Retention Time)
2. F/M비와 SRT의 관계
3. 활성슬러지법의 설계인자 및 영향인자
4. 소화조 내와 소화가스에 포함된 황화수소 제거기술
5. 생태독성 관리제도
6. 유해남조류
7. Water−Energy−Food Nexus
8. EPANET
9. 상수도 배수관의 매설위치 및 깊이
10. 상수관로의 배수(排水, Drain) 설비
11. 배수지의 유효수심과 수위
12. 먹는물 수처리제로 사용하는 과망간산나트륨($NaMnO_4$)
13. 급속여과지의 L/De 비(단, L : 여과층 두께, De : 여재의 유효경)

[2교시]

1. 화학적 총인처리시설 설치 시 고려하여야 할 사항을 설명하시오.
2. 국내 도심지에서 발생하는 공공하수도시설과 관련된 내수침수의 원인과 침수저감 대책에 대하여 설명하시오.
3. 착수정, 응집지, 침전지, 급속여과지, 소독시설, 정수지, 송수펌프장, 약품주입설비, 배출수처리시설로 구성된 정수장의 평면배치 시 고려사항에 대하여 각각의 처리공정별로 설명하시오.
4. 고도정수처리를 위한 활성탄 흡착지 공정의 최적설계를 위한 RSSCT(Rapid Small Scale Column Test)에 대하여 설명하시오.
5. 하천수를 압송하여 취수하는 정수장을 설계하고자 한다. 도수관로의 설계에 포함되는 시설과 설비에 대하여 설명하시오.
6. 하수처리수를 재이용할 때 용도별 제한조건에 대하여 설명하시오.

[3교시]

1. 하수저류시설 설치 시 검토하여야 할 사항을 설명하시오.

2. 하수처리장 반류수 처리공정 선정 시 고려사항에 대하여 설명하시오.

3. 상수도용 펌프의 용량과 대수 결정 시 고려사항에 대하여 설명하시오.

4. 정수장 플록형성지 유입구 설계방법을 설명하시오.

5. 수도정비기본계획에 포함되어야 할 사항을 설명하시오.

6. 만성적인 악취문제를 겪고 있는 하수처리장에서 도입할 수 있는 악취해결 방안에 대하여설명하시오.

[4교시]

1. 기존 하수관로 개량 공법별 시공 시 및 준공 시 고려사항에 대하여 설명하시오.

2. 중력식 슬러지 농축조의 농축원리와 소요 단면적 산정 방법에 대하여 설명하시오.

3. 고도정수처리를 위한 오존처리설비의 구성과 오존주입량 제어방식에 대하여 설명하시오.

4. 정수장 염소소독 공정에서 유리잔류염소와 결합잔류염소에 대하여 설명하고, 염소주입률과 잔류염소농도와의 관계에 대하여 설명하시오.

5. 먹는물 수질기준에서 총대장균군(*Total Coliform*), 분원성 대장균군(*Fecal Coliform*), 대장균(*Escherichia Coli*)의 정의와 특성에 대하여 설명하시오.

6. 도시하수의 BOD, COD, TOC의 상관관계가 하수처리 진행과정에 따라 어떻게 변하는지에 대하여 설명하시오.

상하수도기술사 기출문제

[1교시]

1. 시간변동조정용량
2. MTBE(Methyl Tertiary − Butyl Ether)
3. 이산화염소(ClO_2)
4. PFCs(Perfluorinated Compounds)
5. LI(Langlier's Index)
6. 전국수도종합계획
7. Breakpoint Chlorination
8. 상수도종합관리시스템 중의 수운영시스템
9. 조류경보제와 수질예보제의 대상
10. ATP(Adenosine Triphosphate)
11. ASBR(Anaerobic Sequencing Batch Reactor)
12. 하수도 BIM(Building Information Modeling)
13. 공공하수도 기술신단 개선계획에 포함될 사항

[2교시]

1. 활성탄의 재생설비와 이화학적 재생방법에 대하여 설명하시오.
2. 우수토실 및 토구의 방류부하 저감대책에 대하여 설명하시오.
3. 상수도시설의 내진 설계 기본 방침과 내진 등급에 대하여 설명하시오.
4. 수질원격감시체계(TMS)의 설치기준과 규정된 측정항목 및 설치장치에 대하여 설명하시오.
5. 분리막 생물반응기(MBR)에서 Fouling 현상의 원인과 제어방법에 대하여 설명하시오.
6. 공공하수처리시설 방류수를 관개용수로 사용하는 방안에 대하여 설명하시오.

[3교시]

1. Geosmin과 2-MIB의 처리방법에 대하여 설명하시오.

2. 합류식 하수도에서 우천 시 배수설비 및 관거의 방류부하 저감대책에 대하여 설명하시오.

3. 정수처리 시 원수 중의 망간을 제거하는 물리·화학적 방법을 설명하고, 제거된 망간을 처리하기 위한 배출수 처리시설에서 고려해야 할 사항에 대하여 설명하시오.

4. 활성슬러지 동역학적 모델의 유기물 제거원리에 대하여 설명하시오.

5. 공공 하수처리시설 에너지 자립화 사업의 현황과 문제점, 추진방안에 대하여 설명하시오.

6. 하수처리시설에서 시설물의 안전진단에 대하여 설명하시오.

[4교시]

1. 배수지의 유효용량을 결정하는 방법에 대하여 설명하시오.

2. 분뇨처리시설에서 하수처리시설과의 연계처리설비에 대하여 설명하시오.

3. 하수 고도처리를 도입하는 이유와 제거대상 물질을 분류하고, 분류된 물질의 제거방안에 대하여 설명하시오.

4. 공공하수도 하수관거 진단 대상에서 기술진단을 받지 않아도 되는 경우에 대하여 설명하시오.

5. 활성슬러지법에서 독립영양미생물에 의한 질산화 과정에 대하여 설명하시오.

6. 하수처리시설에서 혐기성소화조의 소화가스 포집설비에 대하여 설명하시오.

상하수도기술사 기출문제

[1교시]

1. 계획시간 최대급수량

2. 하수관로에 포함되는 지하수량

3. 수관교

4. 하수관로 관경별 맨홀의 최대간격

5. 성층현상(Stratification)

6. 해수 침입(Seawater Intrusion)

7. 시동방수(Filter - To - Waste)

8. 수소이온농도(pH)

9. TOC(Total Organic Carbon)

10. NOD(Nitrogen Oxygen Demand)

11. SDI(Sludge Density Index)

12. Pin Floc

13. 비질산화율(SNR : Specific Nitrification Ratio)

[2교시]

1. 수도정비 기본계획을 수립할 때, 기본방침수립 시 명확하게 해야 할 내용을 5가지만 설명하시오.

2. 원형관에서의 평균유속공식인 Hazen - Williams 공식을 이용하여 유량 $Q = k\,C\,D^a\,I^b$ 로 나타 낼 때, 이 식에서의 k, a, b 값을 구하시오.(단, 여기서 Q : 유량(m³/s), C : 유속계수, D : 관의 직경(m), I : 동수경사이다.)

3. 수원의 종류와 구비요건 및 수원선정 시 고려사항에 대하여 설명하시오.

4. 횡류식 약품침전지의 기능과 설계기준에 대하여 설명하시오.

5. 활성슬러지공법에서 반송비 결정방법에 대하여 설명하시오.

6. 하수처리장 침전지의 월류위어 부하율 저감방안에 대하여 설명하시오.

1. 하천표류수의 취수시설을 4가지 언급하고 각 종류별로 기능과 특징을 설명하시오.

2. 다음 그림과 같은 조건을 가진 병렬관에서 총유량(Q)이 1.0m³/s이고, A관의 마찰계수가 B관의 2배이다. A관과 B관을 흐르는 유량(m³/s)을 각각 구하시오.

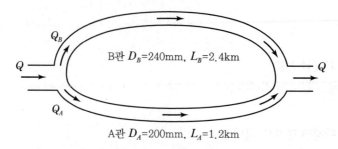

3. 수원으로서 저수지수의 특성과 수질보전대책을 설명하시오.

4. 수도용 막의 종류와 특징을 설명하고 정수처리에 적용하기 위한 주요 검토사항을 설명하시오.

5. 하수처리장의 고농도 악취발생 시 적용 가능한 악취방지시설에 대하여 설명하시오.

6. 하수관로 정비사업의 준공 시 성과평가방법에 대하여 설명하시오.

[4교시]

1. 정수처리에서 전염소·중간염소 처리의 목적과 유의사항에 대하여 설명하시오.

2. 하수 배수계통의 하수관거 배치방식을 개략도를 그려서 설명하시오.

3. 정수시설 설치 시 안전대책에 대하여 설명하시오.

4. 수도법에 근거한 정수장 기술진단의 대상시설, 일반 및 전문기술진단 구분, 전문기술진단 내용과 진단 내용에 대한 세부수행 항목을 설명하시오.

5. 하수처리장 유량조정조 용량산정 방법에 대하여 설명하시오.

6. A₂O공정의 혐기, 무산소, 호기 반응조에서 N, P제거에 관여하는 미생물의 종류 및 특성에 대하여 설명하시오.

상하수도기술사 기출문제

[1교시]

1. 감시제어장치
2. Step Aeration
3. TKN(Total Kjeldahl Nitrogen)
4. 산화환원전위(ORP)
5. 조류발생 예보제
6. 펌프의 공동현상
7. 하수관의 관정부식
8. 관로의 에너지 경사선
9. 강변여과수 개발부지 선정 시 사전조사 고려사항(5가지)
10. 수도용 막의 종류 및 특징
11. 시동방수(Filter-To-Waste)
12. DAF(Dissolved Air Flotation)
13. 공상접촉시간(EBCT)

[2교시]

1. 우수와 처리수의 해양방류시설 설계 시 고려사항에 대하여 설명하시오.
2. 활성슬러지에 의한 도시 하수처리장에서의 팽윤(Bulking) 현상이란 무엇이며, 이에 대한 방지 대책을 설명하시오.
3. 폐쇄 상수도관 처리에 대하여 설명하시오.
4. 정수시설에서 맛·냄새 물질의 제거방법에 대하여 설명하시오.
5. 취수시설로서 기본적으로 갖추어야 할 기본사항(확실한 취수, 양호한 원수확보, 재해 및 환경대책, 유지관리의 용이성)에 대하여 설명하시오.
6. 해수담수화시설 도입과 시설규모 결정 시 검토사항과 해수담수화시설에 대한 고려 사항을 설명하시오.

[3교시]

1. 브롬화염소(Bromine Chloride)에 의한 살균에 대하여 설명하시오.

2. 하수처리수 재이용의 문제점 및 대책에 대하여 설명하시오.

3. 불명수 유입저감 방안에 대하여 설명하시오.

4. 관로시설 중 배수설비의 제해시설(除害施設)을 정하는데 고려해야 할 사항을 설명하시오.

5. 하천부지에 설치되는 집수매거 설계에 포함되어야 할 사항에 대하여 설명하시오.

6. 정수처리의 단위공정으로 오존처리법이 다른 처리법에 비해 우수한 점과 유의사항에 대하여 설명하시오.

[4교시]

1. 우리나라 하수도시설에 대한 하수도정비사업의 효율적인 추진 방안에 대하여 설명하시오.

2. 오수관로계획 시 고려사항에 대하여 설명하시오.

3. 방사능 오염수의 제거방법에 대하여 설명하시오.

4. 합성세제가 상수처리공정에 미치는 영향에 대하여 설명하시오.

5. 해수담수화를 위한 역삼투(RO : Reverse Osmosis) 설비 적용 시 고려사항에 대하여 설명하시오.

6. 상수도공사 표준시방서에서 정수장종합시운전 계획수립에 포함할 사항에 대하여 설명하시오.

[1교시]

1. 국가물관리위원회
2. 상수도시설 내진설계 기준
3. TS, VS, FS
4. 직결급수
5. 병원균의 종류 및 대책
6. 집수매거
7. 전량여과(Dead-end Filtration) 방식과 순환여과(Cross-flow Filtration) 방식
8. 입상활성탄의 파과
9. 관정 부식(Crown Corrosion)
10. 거품과 스컴
11. 질산화
12. Sludge Index
13. 간이공공하수처리시설

[2교시]

1. 도·송수관의 관경결정방법에 대하여 설명하시오.
2. 정수처리시설에서 착수정의 정의 및 구조와 형상, 용량과 설비에 대하여 설명하시오.
3. 공공하수처리시설 방류수 TOC 기준에 대한 적용시기 및 기준에 대하여 설명하시오.
4. 하수관거의 접합방법에 대하여 설명하시오.
5. 하수처리시설 내 부대시설 중 단위 공정 간 연결관거 계획 시 계획하수량 및 유의점에 대하여 설명하시오.
6. 하수저류시설의 설치 목적과 계획 수립 시 주요 검토사항에 대하여 설명하시오.

[3교시]

1. 유역 단위 용수공급체계 구축방안에 대하여 설명하시오.
2. 강우 시 발생하는 유입수를 반영한 현실적인 계획오수량 산정에 대하여 설명하시오.
3. 여과지 하부집수장치의 정의 및 종류에 대하여 설명하시오.
4. 역삼투압 멤브레인 세정방법에 대하여 설명하시오.
5. 하수처리시설 소독설비 중 자외선법, 오존법, 염소계 약품법에 대하여 원리, 장치구성, 장단점에 대하여 설명하시오.
6. 하수처리시설 악취 방지기술에 대하여 설명하시오.

[4교시]

1. 정수장 배출수 처리 설계 시 고려사항에 대하여 설명하시오.
2. 해수담수화시설 설계 시 고려사항에 대하여 설명하시오.
3. 우수배제 계획 시 고려사항에 대하여 설명하시오.
4. 하수관의 유속경험식과 상수관의 손실수두산정식을 설명하고 적용범위에 대하여 설명하시오.
5. 원심력식 농축에 대하여 설명하고, 중력식 농축과 비교하여 특징과 장단점에 대하여 설명하시오.
6. 혐기성 소화의 이상(異常)현상 발생 원인 및 대책에 대하여 설명하시오.

상하수도기술사 기출문제

[1교시]

1. 부영양화

2. 복류수

3. 파괴점 염소처리법(Breakpoint Chlorination)

4. 고도산화법(AOP)

5. 정수처리에서 오존처리 시 문제점

6. 슬러지의 에너지 이용 형태

7. 전침전(Pre-precipitation), 공침(Co-precipitation), 후침전(Post-precipitation)

8. 미생물선택조

9. pH 조정시설

10. 부단수공법

11. 감압밸브 설치 지점

12. 자연배수시스템(NDS : Natural Drainage Systems)

13. 유입시간 산정식(Kerby 식)

[2교시]

1. 상수도에서 맛·냄새의 발생원인과 맛·냄새 물질의 제거방법을 설명하시오.

2. 해수담수방식에 대하여 설명하고, 해수담수화에서 보론과 트리할로메탄에 유의해야 하는 이유를 설명하시오.

3. 표준활성슬러지 반응조 설계방법을 설명하시오.

4. 하수처리시설에서 일차침전지의 형상 및 구조, 정류설비, 유출설비, 슬러지 수집기 및 슬러지 배출설비에 대하여 설명하시오.

5. 상수도시설의 기본계획부터 설계, 공사에 이르기까지의 흐름을 사업단계, 수요 업무 내용 및 수도법상의 절차로 도식화하여 설명하시오.

6. 하수도계획 수립 시 포함되어야 할 사항에 대하여 설명하시오.

[3교시]

1. 상수도 취수방법 중 강변여과의 장단점을 설명하시오.
2. 상수처리에서 사용되는 소독방법인 염소(Cl_2), 오존(O_3), 자외선(UV)에 의한 소독효과를 지아디아(Giardia)와 크립토스포리디움(Cryptosporidium)을 중심으로 설명하고, 이들 소독제에 의하여 생성되는 소독부산물(DBPs)에 대하여 설명하시오.
3. 기존 하수처리시설에 고도처리시설 도입 시 검토사항을 설명하시오.
4. 소화가스의 포집, 탈황, 저장에 대하여 설명하시오.
5. 배수(配水)관로의 설계 흐름도를 작성하고 각 단계를 설명하시오.
6. 오수이송방식을 제시하고 방식별 장단점을 비교하여 설명하시오.

[4교시]

1. 수도용 막의 종류와 특성을 설명하고, 수도용 막 여과 공정 구성에 대하여 설명하시오.
2. 상수처리의 망간제거방법 중 약품산화처리에 대하여 설명하시오.
3. 표준활성슬러지 공정의 용존산소농도 및 필요산소량에 대하여 설명하시오.
4. 슬러지 처리과정에서 반류수 처리방안 및 주 처리공정에 미치는 영향에 대하여 설명하시오.
5. 안정 급수 확보를 위한 기본절차를 설명하시오.
6. 합류식 하수도의 우천 시 방류부하량 저감대책에 대하여 설명하시오.

상하수도기술사 기출문제

[1교시]

1. 스마트 관망관리 인프라 구축

2. 수도시설 비상연계

3. EPANET 분석

4. SWMM(Storm Water Management Model)

5. 알칼리도의 정의와 종류

6. 급속여과의 공기장애(Air Binding)와 탁질 누출 현상(Break Through)

7. 입도 유효입경(Effective Size)과 균등계수(Uniformity Coefficient)

8. 부유물의 농도와 입자의 특성에 따른 상수도 침전의 형태

9. 하수관거의 내면 보호

10. 펌프장 흡입수위

11. 유량조정조 유출설비

12. 혐기성소화 소화방식

13. 탈질(Denitrification)

[2교시]

1. 하수도 신설관로 계획의 수립에 대하여 설명하시오.

2. 물 흐름에 역경사인 기존 우수관로 수리계산 방법에 대하여 설명하시오.

3. 하천의 자정단계별 DO, BOD 및 미생물의 변화와 특징을 Whipple의 하천 정화 4단계(Whipple Method)로 설명하시오.

4. 정수장의 혼화 · 응집공정 개선방안에 대하여 설명하시오.

5. 하수처리시설 내 연결관거 설계 시 고려사항에 대하여 설명하시오.

6. 하수처리시설의 토구에 대하여 설명하시오.

[3교시]

1. 하수도 정비 기본계획 수립지침의 배수설비에 대하여 설명하시오.
2. 상수도 관망분석을 단계별로 설명하시오.
3. 저수지의 유효저수량 산정 개념과 방법을 설명하시오.
4. 완속여과와 급속여과 방법의 원리를 설명하고 각각의 장단점을 비교하여 설명하시오.
5. 하수처리시설 고도처리를 도입해야 하는 사유를 설명하시오.
6. 슬러지 처리시설의 반류수 처리에 대하여 설명하시오.

[4교시]

1. 상수도 공급시설의 안정화 계획에 대하여 설명하시오.
2. 벌류트(Volute) 펌프의 유량, 양정, 효율 곡선을 그리고 설명하시오.
3. 지하수 적정양수량의 의미를 설명하고 단계양수시험(Step Drawdown Test)에 의한 적정양수량 결정방법을 설명하시오.
4. THMs의 생성 영향 인자들과 그 영향을 설명하고 제거 방안을 제시하시오.
5. 일차침전지 구조에 대하여 설명하시오.
6. 배수설비의 부대설비에 대하여 설명하시오.

상하수도기술사 기출문제

[1교시]

1. MSBR(Modified Sequencing Batch Reactor)

2. Anammox Process

3. 혐기성 소화 공법

4. LID(Low Impact Development)

5. 스마트 맨홀

6. 정수시설의 가동률(可動率)

7. 등온흡착선(等溫吸着線)

8. 피토관(Pitot 管)

9. TOC(Total Organic Carbon)와 다른 유기물 오염 지표와의 관계

10. 상수관망에서 유수율 분석

11. 퇴비화(Composting) 시 필요한 반응 인자

12. 계획수질 산정 방법

13. 불안정한 지반에서의 상수관 매설

[2교시]

1. 정수시설에서 급속여과지의 정속여과방식에 대하여 설명하시오.

2. 정수장에서 전염소 처리나 중간염소 처리를 하는 목적에 대하여 설명하시오.

3. 하수도 설계 기준상의 하수도 계획의 기본적인 사항에 대하여 설명하시오.

4. 도시 침수를 해소할 수 있는 방안으로 빗물펌프장, 유수지 등의 하수도 시설 계획 시 위치 선정 조건 및 용량 결정 방안을 설명하시오.

5. 기존 하수처리장 재구축 시 무중단 공사 단계별 시공 계획에 대하여 설명하시오.

6. 음식물류 및 분뇨 직투입 하수관거 정비 사업 시행 시 우선적으로 고려하여야 할 사항을 설명하시오.

[3교시]

1. 하수도법상에서 정의하고 있는 국가하수도종합계획, 유역하수도정비계획, 하수도정비 기본계획 수립 시 포함되어야 할 내용을 설명하시오.
2. 상하수도사업 발주 방식의 종류와 기술제안서에 포함되어야 할 사항을 설명하시오.
3. 하수관로에서 악취 저감 대책에 대하여 설명하시오.
4. 상수도 도수관 부속 설비 계획 시 고려하여야 할 사항에 대하여 설명하시오.
5. 최근 스마트 하수도 기술과 일반 하수도 기술의 차이점에 대하여 설명하시오.
6. 정수장의 플록형성지 설계 시에 준수하여야 하는 설계 기준을 쓰시오.

[4교시]

1. NOM(Natural Organic Matters)의 특징을 나타내는 SUVA와 UV254에 대하여 설명하시오.
2. 하수처리장 처리수 재이용 시 용수 사용 용도별 수질 기준에 대하여 설명하시오.
3. 도로상 빗물받이 설치 현황 및 문제점과 집수 능력 향상 방안을 설명하시오.
4. 상수관망에서 발생하는 수격 현상에 대하여 설명하시오.
5. 강우 시 계획하수량 산정 방법 및 산정 시 고려 사항에 대하여 설명하시오.
6. 상수관망에서 수압 관리에 대하여 설명하시오.

상하수도기술사 기출문제

[1교시]

1. 계획시간 최대급수량과 계획1일 최대급수량의 관계
2. 유달시간
3. 산업단지 폐수종말처리장의 계획처리대상
4. 계획발생 슬러지량과 함수율과의 관계식
5. 가동식 취수탑
6. 저수지에서의 수질보전 대책
7. 가압수 확산에 의한 혼화(Diffusion Mixing by Pressurized Water Jet)
8. 공기밸브
9. 하수처리수 재이용처리시설 R/O막 배치방법 3가지
10. 하수처리장 2차 침전지 정류벽 설치 사유 및 재질
11. 점감수로(Tapered Channel)
12. RDII(Rainfall Derived Infiltration and Inflow)
13. 스마트 하수도사업

[2교시]

1. 일반적인 상수도 구성 및 계통도를 그림으로 나타내어 설명하시오.
2. 하수도계획의 절차에 대하여 설명하시오.
3. 호소수의 망간 용출과 제거방법에 대하여 설명하시오.
4. 펌프의 제어 방식에 대하여 설명하시오.
5. 하수관거의 심도별 굴착공법, 좁은 골목길 시공법 및 도로횡단공법에 대하여 설명하시오.
6. 하수처리장 2차 침전지 주요 설계인자에 대하여 설명하시오.

[3교시]

1. 도수 · 송수관로 결정 시 고려사항을 10가지만 쓰시오.

2. 하수관거 접합방법 4가지에 대하여 설명하시오.

3. 정수시설에서 전력설비의 보호 및 안전설비에 대하여 설명하시오.

4. 여과 유량조절방식으로 정속여과방식과 정압여과방식에 대하여 설명하시오.

5. 하수처리장 수리계산 절차 및 필요성에 대하여 설명하고, 수리계산 시 주요 고려사항을 쓰시오.

6. 하수처리장 부지 배치계획 수립 및 계획고 결정 시 주요 고려사항을 설명하시오.

[4교시]

1. 하천표류수 취수시설의 각 종류별 기능 · 목적과 특징을 설명하시오.

2. 하수관거에서 암거의 단면형상 종류와 장단점을 설명하시오.

3. 자외선(UV) 소독설비에 대하여 설명하시오.

4. 정수시설에서 사용되는 수질계측기기의 종류와 계기의 선정 시 유의사항에 대하여 설명하시오.

5. 상수관 및 하수관거의 최소토피고 기준을 제시하고, 최소토피고 설정 시 주요 고려사항에 대하여 설명하시오.

6. 하수처리장 설계 시 적용되고 있는 방수방식공법에 대하여 아래 내용에 답하시오.

   1) 현장에서 최근 적용되고 있는 부위별 방수방식공법을 제시하고, 단면도를 그려 표기하시오(수조 내부, 외부, 관랑부 및 기계실, 슬러지저류조 등).

   2) 각 부위별 방수방식공법 적용 필요성에 대하여 설명하시오.

상하수도기술사 기출문제

[1교시]

1. 계획취수량
2. 역사이펀 설치 시 고려사항
3. 하수도의 계획구역 설정 시 고려사항
4. 펌프의 송수관에서 발생하는 수격현상(Water Hammer)
5. 지하수 양수시험
6. 취수관로
7. 오존처리
8. 해수담수화
9. NBOD(Nitrogen Biochemical Oxygen Demand)
10. 2차침전지에서의 침전불량
11. 하수처리시설 설치 시 고려사항 및 일반적인 하수처리 흐름도
12. 상수도 관망의 침전물 재부유위험성 진단[RPM(Resuspension Potential Measurement) Test]
13. 산소섭취율(OUR : Oxygen Uptake Rate)

[2교시]

1. 하수처리계획 시 계획오염부하량 및 계획유입수질의 산정 방법과 고려사항에 대하여 설명하시오.
2. 물재이용 관리계획의 취지, 기본방침 및 작성기준에 대하여 설명하시오.
3. 부영양화(Eutrophication)의 원인, 피해, 판정지표 및 대책에 대하여 설명하시오.
4. 정수처리 막여과 시설에 사용하는 막분리 모듈의 종류 및 특징에 대하여 설명하시오.
5. MBR에서 발생되는 문제점과 해결방안에 대하여 설명하시오.
6. 저영향개발(LID)의 목적, 기술요소별 특징을 설명하고, 기존 장치형 시설과의 차이점에 대하여 설명하시오.

[3교시]

1. 간이공공하수처리시설의 계획, 설계 및 유지관리 시 고려해야 할 사항에 대하여 설명하시오.

2. 오수관로의 불명수 유입 시 문제점 및 저감방안에 대하여 설명하시오.

3. 급속여과지 하부집수장치의 기능, 구비조건 및 역세척방식에 대하여 설명하시오.

4. 정수장 횡류식 침전지의 목적, 기능 및 구성에 대하여 설명하시오.

5. A₂O 공정에서 생물학적 인(P) 제거효율이 감소되는 원인과 대응방안에 대하여 설명하시오.

6. 하수처리시설에서 발생하는 악취의 정의, 제거의 필요성 및 제어방법에 대하여 설명하시오.

[4교시]

1. 도시침수에 대응하기 위한 하수도시설 계획에 대하여 설명하시오.

2. BOD, COD, TOC에 대하여 비교·설명하시오.

3. 하수처리시설의 고도처리 설계 시 고려사항에 대하여 설명하시오.

4. 상수도 취수방법으로 사용되는 강변여과의 장단점에 대하여 설명하시오.

5. 여과지에서의 탁질누출이 발생하는 원인과 저감방안에 대하여 설명하시오.

6. 하수처리수를 RO공정을 통하여 공업용수로 재이용하는 경우 발생하는 농축수 처리 기술에 대하여 설명하시오.

상하수도기술사 기출문제

[1교시]

1. 비점오염원의 분야별 맞춤형 처리전략
2. 정수장의 계획정수량과 시설용량 계획 시 고려사항
3. 지하수를 수원으로 사용할 경우 수질 및 취수 시 고려사항
4. TOC(Total Organic Carbon)
5. 유수율제고 시 수압－누수관계식(FAVAD 이론)
6. 상수관망 블록시스템
7. 하수관로의 악취저감 방안
8. 모래여과지 유효경과 균등계수
9. 완속여과와 급속여과의 장단점
10. 활성탄의 가열재생 방법
11. AOR(Actual Oxygen Requirement)
12. 부상농축
13. VfM(Value for Money)분석

[2교시]

1. 수도시설 자산관리에 대하여 설명하시오.
2. 공공하수처리시설의 주요 공정별 운영·관리에 대하여 설명하시오.
3. 정수장에 전염소·중간염소 처리시설 도입 시 염소주입 목적(제거/처리 물질 관점)과 염소주입 위치 및 주의사항에 대하여 설명하시오.
4. 하수도정비기본계획 시 기존 공공하수처리시설 노후화 및 도시화에 따른 현대화 계획에 대하여 설명하시오.
5. 우리나라의 상수도 수원의 설계 시 고려되어야 할 항목들에 대하여 설명하시오.
6. 현재 사회적으로 논의되고 있는 음식물류 직투입을 위한 음식물쓰레기분쇄기(Disposer) 도입 시 하수처리시설에 미치는 영향 및 대책에 대하여 설명하시오.

[3교시]

1. 지방상수도 현대화사업의 목적 및 효과, 단계별 업무수행 내용에 대하여 설명하시오.

2. 도시개발사업의 일환으로 시설용량 $Q=30,000m^3$/일 규모의 상수도 공급을 위한 상수도 시설 (취수 및 정수장)을 설계하고자 한다. 설계 시 처리공정(처리계통)을 도시(圖示)하고, 각 시설물에 대한 기능별 특성을 설명하시오.

3. 유량조정조의 조정방식, 용량산정 방법 및 설계 시 고려사항에 대하여 설명하시오.

4. 하수처리시설의 신재생에너지 생산방안에 대하여 설명하시오.

5. 하수처리시설의 유지관리 목표를 제시하고, 관로시설의 유지관리방안을 설명하시오.

6. 상하수도시설의 밀폐공간에서 작업 시 위험요인, 재해발생 특징 및 재해예방 대책에 대하여 설명하시오.

[4교시]

1. 노후상수도관의 갱생(更生)방법에 대하여 설명하시오.

2. 분류식 하수관로 문제점 및 개선대책에 대하여 설명하시오.

3. 하수슬러지 처리 시 혐기성 소화의 목적, 원리, 장단점 및 슬러지가용화에 대하여 설명하시오.

4. 정수에 적용할 수 있는 고도산화공정(AOP) 중 오존을 활용한 방법에서 (1) 오존/high pH, (2) 오존/과산화수소(O_3/H_2O_2), (3) 오존/자외선(O_3/UV) 등에 대하여 설명하시오.

5. 하수처리시설 반응조의 필요산소량(AOR)과 산소전달에 영향을 주는 인자에 대하여 설명하시오.

6. 공공하수처리시설의 기술진단 대상시설의 범위와 방법에 대하여 설명하시오.

상하수도기술사 기출문제

[1교시]

1. 펌프의 서징(Surging, 또는 맥동) 현상

2. RDOC(Refractory Dissolved Organic Carbon)

3. 상수도 수질 안정성 확보대책

4. 상수관로 정밀조사 매뉴얼(환경부, '20)에 따른 상태평가 시행절차

5. 부식 억제제

6. 스마트하수도

7. 소독공정에서 log제거율과 %제거율의 관계

8. Breakthrough Curve(파과곡선)

9. 유량조정조 용량결정

10. SRT, 유기물부하, 미생물농도

11. 압출류형 반응조(PFR)와 완전혼합반응조(CFSTR)

12. A/S비

13. 집수매거

[2교시]

1. 수질원격감시체계(TMS)에 대하여 설명하시오.

    1) 대상

    2) 구성

    3) 모니터링 방법

    4) 측정소 설치 시 고려사항

2. 비점오염물질 저감시설에 대하여 설명하시오.

3. 정수장의 고도처리시설에서 오존주입방식의 종류를 열거하고 이에 대하여 비교 설명하시오.

4. 해수담수화시설 도입과 시설규모 결정 시 검토사항과 해수담수화시설에 대한 고려사항을 설명하시오.

5. 혐기성 소화조의 원리, 영향인자, 운전상의 문제점 및 설계 시 고려사항에 대하여 설명하시오.

6. 순환식 질산화탈질법과 질산화내생탈질법에 대하여 설명하시오.

[3교시]

1. 하수처리장 이차침전지의 설계 시 아래 항목에 대하여 설명하시오.

   1) 형상 및 구조

   2) 정류설비

   3) 유출설비

   4) 슬러지 제거설비

   5) 슬러지 배출설비

2. 하수관로시설에서 황화수소 생성 및 콘그리트 부식 메커니즘과 방지내책에 대하여 설명하시오.

3. 정수처리에서 사용되는 소독방법인 염소(Cl_2), 오존(O_3), 자외선(UV)에 대하여 특징과 적용방안을 설명하시오.

4. 상수도에서 맛·냄새의 발생원인과 제거방법을 설명하시오.

5. 하수 및 폐수처리시설의 가압부상시설 설치 시 고려사항과 적정 운영범위를 설명하시오.

6. A_2O (혐기/무산소/호기조 조합) 공정에 대해 아래사항을 설명하시오.

   1) 각각의 반응조의 기능과 정의(환경조건)

   2) 호기조에서 질산성 질소로 산화된 질소량

   3) 내부반송비와 무산소조에서 제거된 질산성 질소량

   (호기조 내 탈질은 없다고 가정한다)

[4교시]

1. 하수관로 악취원인과 저감계획 수립 절차에 대하여 설명하시오.

2. 상수도관망 최적관리시스템 구축과 유지관리업무의 주요내용에 대하여 설명하시오.

3. 스마트 물산업 육성전략에 대하여 설명하시오.

4. 지방상수도 현대화 업무편람에서 유수율 성과판정 기본방향에 대하여 설명하고 유수 수량 및 유효무수수량 산정항목에 대하여 설명하시오.

5. 하수 및 폐수처리장의 악취저감방식 중 오존산화법, 약액세정법, 연소법에 대하여 특성, 취급 시 유의사항, 장점과 단점을 설명하시오.

6. 상수관로 수질관리를 위한 세척 공법의 종류 및 특성에 대하여 설명하시오.

[1교시]

1. 고도정수처리 계획 시 처리대상물질
2. 하수관로 유량계산 공식
3. 하수저류시설
4. 침수대응 하수도 시뮬레이션의 이중배수체계 모델
5. 완충저류시설
6. 다층여과지
7. 표류수(하천수, 호소수)의 취수지점 선정 시 고려사항
8. 마이크로시스티스(Microcystis)
9. 착수정
10. 혐기성 소화
11. 슬러지 건조 과정의 평형함수율
12. 슬러지 용적지수(SVI : Sludge Volume Index)
13. 생물학적 하수처리방식 중 계단식 포기법

[2교시]

1. 강변여과수의 정수처리공정에서 주요 제거대상물질과 처리방안에 대하여 설명하시오.
2. 수도정비기본계획 수립 시 상수도시설 안정화 계획에 대하여 설명하시오.
3. 하수처리시설 계획 시 악취저감시설에 대하여 설명하시오.
4. 「공공하수도 기술진단 업무처리규정(시행 2023. 1. 17.)」에서 정한 하수관로 기술진단의 주기 (진단시기), 범위 및 방법에 대하여 설명하시오.
5. 비점오염저감시설 선정 시 고려사항에 대하여 설명하시오.
6. 하수도시설의 유역별 통합운영관리 계획에 대하여 설명하시오.

[3교시]

1. 정수처리공정에서 전염소처리와 중간염소처리의 목적과 주입 위치에 대하여 설명하시오.
2. 해수담수화시설 처리공정에 대하여 설명하시오.
3. 정수장에서 발생하는 배출수 처리방안에 대하여 설명하시오.
4. 하수처리시설의 2차침전지에서 침전효율이 감소하는 경우 해결방안에 대하여 설명하시오.
5. 하수도정비기본계획 수립 시 관로계획(분류식, 합류식)에 대하여 설명하시오.
6. 고농도 하수유입으로 하수처리공정에서 적정처리가 되지 않을 경우 유입하수 관리방안에 대하여 설명하시오.

[4교시]

1. 부영양화가 정수처리 공정에 미치는 영향에 대하여 설명하시오.
2. 정수시설에서 급속여과지의 여과유량조절 방식에 대하여 설명하시오.
3. 운영중인 하·폐수처리시설에 재이용시설 설치 시 고려사항에 대하여 설명하시오.
4. 혐기성 소화조 운전 시 발생할 수 있는 문제점과 방지대책에 대하여 설명하시오.
5. 공공하수도 지능화사업의 사업목표, 사업범위 및 기대효과에 대하여 설명하시오.
6. 기존하수처리시설에 고도처리시설 설치 시 사전검토사항에 대하여 설명하시오.

상하수도기술사 기출문제

[1교시]

1. 상수관로의 배수(Drain, 排水)설비
2. 상수원 확보를 위한 다목적 저수시설(다목적 댐 등) 고려사항
3. 역삼투(Reverse Osmosis : RO) 설비
4. 빗물이용시설의 초기빗물 배제 및 처리방식
5. 계획배수(配水)량 산정 시 시간계수 K
6. SCD(Streaming Current Detector)
7. 스토크스 법칙(Stoke's Law)
8. 정수장 오존(Ozone)설비
9. 공공하수처리시설 내 연결관로의 계획하수량 및 평균유속 기준
10. 여과지의 시동방수(Filter－to－waste)
11. 생물활성탄(Biological Activated Carbon : BAC)
12. 하수도 계획우수량 산정 시 고려사항
13. 인공지능(Artificial Intelligence : AI) 기반 스마트하수처리시스템

[2교시]

1. 공공하수처리시설 중 중력농축설비에 이상발생 시 원인과 대책에 대하여 설명하시오.
2. 상수도 배·급수시설 중 배수지(配水池) 시설의 운영 및 유지관리 방안에 대하여 설명하시오.
3. 염소(Cl_2)소독에 대하여 다음 물음에 답하시오.
   1) 염소소독의 원리와 영향인자를 설명하시오.
   2) 암모니아와의 반응기작과 파괴점 염소(Breakpoint chlorination) 주입법을 설명하시오.
4. 하수관로시설 설계 시 자연유하방식 및 압송방식의 유량산출식에 대하여 설명하시오.
5. 상수도 장래 용수수요량 예측 시 계획인구 추정기준과 방법에 대하여 설명하시오.
6. 정수처리에서 맛·냄새 물질의 제거방법에 대하여 설명하시오.

1. 수격작용(Water hammer) 및 수주분리(Column separation)에 대하여 설명하시오.

2. 간접취수의 정의, 도입배경, 종류 및 국내 적용여건에 대하여 설명하시오.

3. 도시침수 대응을 위한 하수도시설 계획 및 추진현황에 대하여 설명하시오.

4. 하수처리수 재이용 용도 중 공업용수 공급 활성화 정책 방안에 대하여 설명하시오.

5. 하수저류시설을 정의하고 용량, 형식, 위치, 구조 및 저류수 처리계획에 대하여 설명하시오.

6. 비점오염저감시설의 종류, 선정 시 고려사항 및 설치 시 검토단계에 대하여 설명하시오.

1. 막결합형 생물학적 처리공정(MBR)에서 자주 발생되는 전처리시설(하수유입~생물반응조 유입전)의 문제점 및 개선 가능한 전처리시설계획에 대하여 설명하시오.

2. 하수처리시설 유입수 오염인자 중 인(T-P) 제거를 위한 화학적 공법과 생물학적 공법의 원리 및 각각의 특징에 대하여 설명하시오.

3. 수돗물 유충 발생에 대한 예방 및 정수장 대응방안에 대하여 설명하시오.

4. 고도정수처리시설의 정의, 종류, 검토대상, 공정선정 절차 및 주요 고려사항에 대하여 설명하시오.

5. 하수고도처리 공법 중 혐기 · 무산소 · 호기조합법(A2/O)에 대하여 설명하시오.

6. 정수처리에서 배출수와 배슬러지의 처리방법 및 계획 · 설계 시 고려사항에 대하여 설명하시오.

상하수도기술사 기출문제

[1교시]

1. 자산관리 수행 절차(7단계)
2. 도시침수대응 우수관리 방안
3. 스마트하수도
4. 펌프의 공동현상
5. 정수처리시설 중 배출수처리 시설의 기능 및 구성
6. 크립토스포리디움(Cryptosporidium)
7. 여과지 시동방수(Filter to Waste)
8. 정수처리시설의 계획정수량 및 시설용량
9. LI(Langelier Index) 부식지수별 현상 및 대책
10. 파과점 염소주입(Break-point Chlorination)
11. 활성슬러지 처리 공정 중 발생 가능한 플럭(Floc) 형태
12. 휘발성 유기화합물(VOCs)
13. 하수처리방법 선택 시 고려사항

[2교시]

1. 좁은 골목길에 하수관로를 부설하는 경우 고려하여야 할 굴착장비 및 최소관경에 대하여 설명하시오.
2. 상수관로 시설유지를 위한 관세척 공법과 세척수 처리방안에 대하여 설명하시오.
3. 하수도정비기본계획 수립지침에 제시된 기본계획 수립의 주체, 범위 및 절차에 대하여 설명하시오.
4. 수돗물에 철과 망가니즈가 다량으로 함유되어 있는 경우, 발생할 수 있는 문제점과 정수처리공정에서의 저감 방안을 물리화학적 및 생물학적 관점에서 설명하시오.
5. 하수처리시설에 설치되어 있는 혐기성 소화조의 운전상 문제점과 원인별 대책 및 정상운영을 위한 적정 운전조건에 대하여 설명하시오.
6. 하수처리시설에서 소독의 필요성 및 원리와 소독시설을 설계하는 경우, 고려사항에 대하여 설명하시오.

[3교시]

1. 스마트 워터그리드(Smart Water Grid)의 스마트 미터링(Smart Metering)에 대하여 설명하시오.
2. 기존 하수처리시설에서 단위 공정(Unit Process)의 성능을 개선할 수 있는 방법에 대하여 설명하시오.
3. 호소수를 수원으로 이용 시 부영양화로 인해 수질이 잠재적으로 악화되는 경우, 정수시설에 미치는 영향에 대하여 설명하시오.
4. 도 · 송수관로의 관경결정 및 관로부속시설에 대하여 설명하시오.
5. 정수시설에서 전염소, 중염소 및 후염소의 주입 위치와 역할에 내하여 설녕하시오.
6. 하수처리수 재이용 방법과 이의 적용 시 기술적, 위생적, 경제적 측면에서의 문제점 및 대책에 대하여 설명하시오.

[4교시]

1. 정수시설에서 오존(O_3)처리설비에 대하여 설명하시오.
2. 하수처리시설에서 발생하는 반류수의 특성 및 처리 방안에 대하여 설명하시오.
3. 지표수 중 하천수를 수원으로 하는 경우, 취수시설의 종류와 특징에 대하여 설명하시오.
4. 하수처리시설에서 슬러지 반송 이유와 반송비에 따른 생물반응조의 미생물 농도와의 상관관계에 대하여 설명하시오.
5. 하수처리시설에서 찌꺼기 탈수의 필요성, 탈수방법 및 탈수시험법에 대하여 설명하시오.
6. 계절별 온도변화에 따른 호소 · 저수지의 성층화 및 전도현상 발생 시 층별 특징과 문제점에 대하여 설명하시오.

상하수도기술사 기출문제

[1교시]

1. 하수도 인버트(Invert)
2. 하수관로 악취발생 특성 및 저감방안
3. 지체현상
4. 상수도 수원의 구비조건
5. 상수도의 운영관리를 위한 유량측정방식
6. Turbidity Spike
7. 정수처리 공정 중 침전지의 침전효율
8. 정수처리공정에서 오존(O_3)처리법의 장·단점 및 유의사항
9. 총산소이동용량계수(KLa)
10. 심층포기법
11. 질산화내생탈질법
12. 공공하수도 관리대행 제도
13. SRT(Solid Retention Time)

[2교시]

1. 상수관로 블록시스템 구축 시 블록시스템 구성원칙과 검토사항에 대하여 설명하시오.
2. 송·배·급수관로 관 세척 공법의 종류 및 특성에 대하여 설명하시오.
3. 상수도 송·배수시설 내에서 발생하는 수질문제의 원인에 대하여 설명하시오.
4. 반류수처리의 필요성과 반류수 내 고농도 질소의 생물학적 제거 기술동향에 대하여 설명하시오.
5. 하수관로 관정부식의 과정과 관정부식 방지대책 중 약품주입 방법에 대하여 설명하시오.
6. 배수지의 목적과 유효용량 결정방법에 대하여 설명하시오.

[3교시]

1. 우수배제 계획 시 계획우수량 결정방법에 대하여 설명하시오.
2. 정수시설에서 소독제종류 및 염소 투입지점에 대하여 설명하시오.
3. 급속여과방식에서 여층 세척방식(표면세척+역세척 방식, 공기·물 병용세척)에 대하여 설명하시오.
4. 조류 발생 시 정수처리공정에서 맛·냄새 제거방법에 대하여 설명하시오.
5. 해수담수화 처리방식과 막분리 방식에서 고려사항을 설명하시오.
6. 완속여과방식과 급속여과방식의 오염물질 제거 원리 및 특성에 대하여 설명하시오.

[4교시]

1. 하수처리시설에서 소화가스의 포집 및 저장 시 고려사항에 대하여 설명하시오.
2. 하수처리장 탄소중립방안 중 탄소저감기술 및 에너지생산기술에 대하여 설명하시오.
3. 하수처리고도처리공법 중 혐기·무산소·호기조합법(A_2O)에 대하여 설명하고, 이에 관여하는 미생물의 종류 및 특성에 대하여 설명하시오.
4. 혐기성 소화의 이상현상 발생원인 및 대책에 대하여 설명하시오.
5. 하수처리시설에 적용가능한 악취방지 기술에 대하여 설명하시오.
6. 강변여과 취수의 특성, 개발 시 검토절차 및 고려사항에 대하여 설명하시오.

수질관리기술사
기출문제

수질관리기술사 기출문제

[1교시]

1. 공공수역의 방사성 물질에 대한 측정망 조사항목, 검출하한치 미만의 입력 및 처리

2. 총대장균, 분원성 대장균, 대장균의 정의와 측정방법의 종류

3. 물 재이용 기본계획과 관리계획 수립 시에 포함되어야 할 사항

4. 가축분뇨 고체연료기준

5. 침전지의 밀도류(Density Current)의 정의 및 발생원인과 대응방안

6. 자율 환경제도

7. 호흡률(OUR : Oxygen Uptake Rate)

8. AOP(Advanced Oxidation Process)의 원리와 종류

9. 산성폐수와 알칼리폐수의 혼합 pH 계산방법

10. 최종가용기법(BAT : Best Available Technology) 적용 시 고려사항

11. BOD/TKN 비율에 따른 활성 슬러지의 질산화 미생물 분율의 변화

12. EPS(Extracellular Polymeric Substances)

[2교시]

1. 일반 상부보호공을 설치하는 지하수오염방지시설의 설치기준과 구조도를 설명하시오.

2. 하수처리시설의 1차 침전지를 설치할 때 필요한 설계항목과 중앙 유입식 원형 1차 침전지를 그림으로 나타내어 설명하시오.

3. 소규모 하수처리장 건설 및 유지·관리의 문제점과 대응방안에 대하여 설명하고, 대표적인 적용공법 3가지를 설명하시오.

4. 하·폐수의 유기물 성분을 예측하는 COD Fraction의 각 구성성분에 대하여 설명하고, 각 구성성분이 처리되는 과정에 대하여 설명하시오.

5. 하·폐수 고도처리의 경우 질산화에 미치는 영향 요인에 대하여 설명하시오.

[3교시]

1. 오수처리시설의 성능검사방법에 대하여 설명하시오.

2. 다음과 같은 하수처리시설 공정에 필요한 계측제어설비를 설명하고 계측기기를 선정할 때 고려사항을 설명하시오.

3. 물환경에서 유기물 관리를 위한 수질 항목들의 정의와 상호관계를 설명하고 하천, 호소의 수질환경 기준과 배출시설의 배출 허용기준에 있는 유기질 항목을 상호 비교하여 설명하시오.

4. 하수도 시설에서 발생되는 악취를 악취물질에 따라 발생원, 발산원 및 배출원으로 구분하여 악취물질의 특성과 배출 특성에 따른 저감기술에 대해 설명하시오.

5. 환경오염시설의 통합관리에 관한 법률에서 규정하는 통합허가 대상규모와 통합허가 절차를 순서대로 설명하시오.

6. 폐수종말처리시설에 대한 기술진단 범위 중 오염물질의 유입특성조사, 공정진단, 운영진단, 개선대책 및 최적화 방안 수립에 대한 실시 내용을 설명하시오.

[4교시]

1. 생물반응조 내 물질수지를 통해 고형물 체류시간(SRT : Solid Retention Time) 관계식을 구하고, SRT를 길게 할 때와 짧게 운전할 때 나타나는 반응조 현상에 대해 상세히 설명하시오.

2. 시안(NaCN)과 크롬이 함유된 폐수를 크롬은 환원침전법(환원제 Na_2SO_3 사용), 시안은 알칼리염소법(NaOCl)으로 처리할 때 반응식, 처리공정, 운전인자를 설명하고, $Ca(OH)_2$을 사용하여 침전시킬 때 Cr 1kg을 기준으로 발생하는 슬러지량과 CN 1kg을 제거하는 데 필요한 산화제 양을 산출하시오.

3. 취수된 원수의 수질분석 결과는 다음과 같다. 다음의 값을 구하시오.

항목	Ca^{2+}	Mg^{2+}	Na^+	Cl^-	HCO_3^-	SO_4^{2-}	CO_2
분자량	40	24	23	35.5	61	96	44
농도(mg/L)	60	(?)	46	35.5	183	120	44

1) Mg^{2+} 농도(mg/L)
2) Alkalinity(mg/L as $CaCO_3$)
3) 탄산경도(mg/L as $CaCO_3$)
4) 비탄산경도(mg/L as $CaCO_3$)

4. 다음 조건을 갖는 생물반응조에서 발생되는 잉여슬러지량(m^3/day)과 농축슬러지 함수율(%)을 계산하시오.

- 포기조용적 : 2,000m^3
- MLVSS 농도 : 2,500mg/L
- 고형물체류시간 : 4일
- 반송슬러지 농도 : 10,000mg/L
- 농축슬러지량 : 25m^3/day(단, 잉여 및 농축 슬러지 비중은 1.0으로 가정)

5. 슬러지의 고형물 분석을 실시하여 다음과 같은 결과를 획득하였다. 이 실험 결과의 신뢰성 여부를 판단하고, 신뢰성이 확보될 수 있도록 재측정이 필요한 항목과 그 값을 추정하시오.(측정 값 : TS 20,000mg/L, VS 17,800mg/L, TSS 17,000mg/L, VSS 13,400mg/L)

6. 하·폐수를 생물학적 방법으로 처리할 경우 슬러지가 발생된다. 슬러지의 발생원에 따른 발생량의 관계식을 적용하여 설명하시오.

수질관리기술사 기출문제

[1교시]

1. 계획오수량

2. 광펜톤 반응(Photo Fenton Reaction)

3. 침전지 용량효율

4. 응집의 영향인자

5. 슬러지 처리 · 처분 방식

6. 펌프의 전양정

7. 지하수 오염의 특성

8. 남조류 독성

9. 호소 퇴적물 인의 용출 원인

10. Water Footprint

11. EIA(Effective Impervious Area)와 TIA(Total Impervious Area)

12. 생태하천 복원 후 수질 및 수생태계 모니터링 항목 및 조사주기

13. 수질 및 수생태계 목표기준 평가규정

[2교시]

1. 완충저류시설 설치기준에 대하여 설명하시오.

2. 다음을 설명하시오.

  1) 혐기성 처리를 위한 조건

  2) 유기물의 혐기성 분해과정과 단계

  3) 혐기성 처리의 장점과 단점

3. 다음을 설명하시오.

  1) 염소처리의 목적

  2) 유리잔류염소

  3) 결합잔류염소

  4) 유리잔류염소와 결합잔류염소의 살균력

4. 상수원 수질보전을 위해 지정된 특별대책지역을 제시하고 특별종합대책 기본방침을 설명하시오.

5. 하·폐수처리장 에너지 자립화를 향상시키기 위한 기법 및 장치가 많이 도입되고 있는 추세인데, A₂O(Anaerobic‒Anoxic‒Oxic)로 운영되는 생물반응조 내에서의 운영비 저감기법과 장치에 대하여 설명하시오.

6. 생태계 서비스(Ecosystem Services)에 대하여 설명하시오.

[3교시]

1. 비점오염저감시설의 용량산정에 대한 다음을 설명하시오.

2. 다음을 설명하시오.
   1) 호소 조류의 일반적 세포구성성분과 조류의 특성
   2) 조류 성장 제한인자
   3) 부영양화 방지 및 관리기법

3. 수질오염총량관리에 대하여 다음을 설명하시오.
   1) 도입 배경
   2) 총량관리에서 분류하고 있는 6가지 오염원 그룹
   3) 할당부하량 산정에 이용되는 기준유량인 저수량

4. 하수관거 설계에 관한 다음을 설명하시오.
   1) 분류식 및 합류식 하수관거의 적정 설계 유속 범위
   2) 설계유속 확보대책

5. 생물막법(生物膜法, Biomembrane)의 기본원리 및 장단점에 대하여 설명하시오.

6. 하수처리장에서의 병합 혐기성 소화처리에 대하여 다음을 설명하시오.
   1) 하수슬러지와 유기성 폐기물(음식물 폐기물, 가축분뇨, 분뇨 등)의 특성
   2) 병합처리 시 나타나는 문제점 및 대책

[4교시]

1. 다음을 설명하시오.
   1) 인공습지의 정의
   2) 인공습지의 주요 물질 거동 기작
   3) 인공습지의 식생분류
   4) 수문학적 흐름형태에 따른 유형분류와 정의

2. 비점오염 저감시설 중 자연형 시설 설치기준을 설명하시오.

3. 슬러지 반송이 있는 연속류식 완전혼합형 활성슬러지법의 유기물 제거원리를 설명하시오.

4. 공공수역의 수질예보에 대하여 설명하시오.

5. 분산형 용수공급 시스템의 도입배경, 특징 및 처리계통을 중앙 집중식 용수공급 시스템과 비교하여 설명하시오.

6. 분류식 하수관거로 유입되고 고도처리 공법으로 운영되는 하수처리장의 침전지에 대하여 설명
   하시오.
   1) 1차 및 2차 침전지의 표면적 결정에 적용되는 설계인자 제시
   2) 1차 및 2차 침전지에 적용되는 표면적 산정 절차가 다른 이유를 침전지의 4가지 유형을 도시
      하여 설명하시오.

수질관리기술사 기출문제

[1교시]

1. 하·폐수처리의 막분리공정에서 세라믹막의 장단점
2. HRT와 MCRT
3. 총질소(T−N)와 TKN
4. TOC(Total Organic Carbon)
5. Infrastretching 기법
6. 기저유출의 정의 및 중요성
7. 수돗물 안심확인제
8. Endocrine Disruptors
9. 단위공정과 단위조작
10. 오수처리에서 인공습지의 장단점
11. 포기조의 BOD용적부하와 F/M비
12. 마이크로 버블에 의한 하·폐수의 부상분리법
13. 호소의 수질환경기준 항목 중에서 BOD 대신 COD를 채택하고 있는 이유

[2교시]

1. 수중에 존재하는 고형물에 대하여 설명하시오.
2. 하·폐수의 생물학적 질소 제거 시 알칼리도(Alkalinity)의 역할을 설명하시오.
3. 지류지천의 수질관리대책에 대해 설명하고, 지류총량제와 수질오염총량제를 비교하시오.
4. 반응조에서 비이상적 흐름을 유발하는 요소를 설명하시오.
5. 녹조관리기술을 물리, 화학 및 생물학적 기술로 구분하여 설명하고, 종합적 녹조관리 방법을 설명하시오.
6. 통합환경관리제도의 시행 배경 및 주요 내용과 기대효과에 대하여 설명하시오.

[3교시]

1. A/O 공법과 A₂O 공법에 대하여 설명하시오.

2. 하수슬러지의 호기성소화를 혐기성소화와 비교하여 장단점을 설명하시오.

3. 하수처리방법 선정 시 고려사항에 대하여 설명하시오.

4. 제2차 물환경관리기본계획(2016~2025)의 수립 배경 및 필요성과 핵심전략에 대하여 설명하시오.

5. 응집침전공정에서 Coagulation과 Floccuation의 진행과정을 기술하고, 여기에 사용되는 응집제의 역할을 설명하시오.

6. 설계, 시공상의 결함과 운전미숙 등으로 인해 발생되는 펌프 및 관로에서의 장애현상, 영향, 방지대책에 대하여 설명하시오.

[4교시]

1. 수환경 관리에 생태독성을 도입한 배경과 생태독성관리제도를 설명하시오.

2. 여과 성능에 영향을 미치는 주요 인자와 여과지 세정에 대하여 설명하시오.

3. 미생물연료전지를 이용한 하·폐수처리 방법을 설명하고, 극복해야 할 제한인자들을 설명하시오.

4. 고형물 Flux를 이용하여 침전지의 면적(A)을 구하는 침전칼럼 실험방법에 대하여 설명하시오.

5. 미생물에 의한 수질지표(Index) 중 생물학적 오탁지표(BIP/BI), 부영양화도지수(TSI) 및 조류잠재생산능력(AGP), 종다양성지수(SDI)에 대하여 설명하시오.

6. 유입유량 Q, 유입농도 C_0, 반응속노 $r = kC$로 분해되이, 농도 C로 유출될 경우 아래 물음에 답하시오.

   1) CSTR과 PFR의 반응기의 부피를 Q, k, C_0 및 C를 이용하여 구하시오.

   2) CSTR을 무한히 늘리면 PFR이 되는 것을 유도하시오.

수질관리기술사 기출문제

[1교시]

1. 속도경사(G값)
2. Viscous Bulking(점성팽화)
3. 전염소처리 및 중간염소처리
4. Enhanced Coagulation(강화 응집)
5. 수처리용 분리막의 Flux 저하원인 및 대책 각 3개씩
6. Anammox 공정
7. I/I(Infiltration/Inflow) 산정방법
8. Actiflo System
9. 조류 발생 시 응집이 잘 되지 않는 이유와 그 대책
10. ASRT(Aerobic – SRT)
11. 간이공공하수처리시설
12. 도시침수 대응방안
13. 물수요관리 목표제, 재활용목표 관리제

[2교시]

1. 분산통합형 저류시스템에 대하여 설명하시오.
2. 수돗물의 색도유발물질(철, 망간) 억제방안에 대하여 설명하시오.
3. 질산화 및 탈질 반응속도에 영향을 미치는 인자와 최적 조건에 대하여 각각 설명하시오.
4. 우리나라 조류발생의 특징, 조류경보제의 단계적 발령기준과 조류 대량 발생 시 정수처리 단계별 대책을 설명하시오.
5. 소규모 하수처리시설의 계획 및 공정선정 시 고려사항을 설명하고, 귀하의 경험을 바탕으로 소규모 하수처리시설에 적합한 공법 1개와 그 특성을 설명하시오.
6. 공공폐수처리시설은 대부분 생물학적 처리시설을 중심으로 하는 생물학적 질소 · 인 제거공법을 채택하고 있다. 다음 물음에 대하여 설명하시오.
   1) 공공폐수처리시설에서의 질소 · 인 제거공법의 장단점 각각 3가지
   2) 공공폐수처리시설의 취약점
   3) 공공폐수처리시설 설치 시 고려사항

1. 물리·화학적 질소제거방법에 대하여 설명하시오.

2. DOC 제거 및 DBPs 생성억제를 위한 정수처리방법 중 BAC(Biological Activated Carbon) 공정에 대하여 설명하시오.

3. 용존공기부상법(DAF)의 원리, 장단점 및 공정구성에 대하여 설명하시오.

4. 기존 하수처리시설의 고도처리시설 설치 시 고려사항을 설명하시오.

5. 폐수의 혐기성처리를 위한 공정 설계 시 고려해야 할 유입수의 성상 및 전처리 인자에 대하여 설명하시오.

6. 액상 유기성 폐기물을 운반하는 탱크트럭이 사고로 인해 내용물이 소형호수로 누출되었다. 그 결과 호수의 액상 유기성 폐기물의 초기 농도가 100mg/L가 되었다. 만일 용액 중 액상 유기성 폐기물의 k 값이 0.005/day를 가지는 1차 광화학적 반응($r_c = -kC$)이라 할 때, 호수에서 액상 유기성 폐기물의 농도가 초기 농도의 5%로 감소할 때까지 요구되는 시간을 구하시오.(단, 호수의 총부피는 100,000m³, 호수에 유입·유출되는 유량은 1,000m³/day이다. 호수 내에서의 반응은 정상상태이고, 완전혼합 반응조(CFSTR)로 가정한다.)

1. 2018년 시행예정인 물환경보전법의 주요 개정 내용에 대하여 설명하시오.

2. 물관리 일원화의 필요성, 의의, 효과 및 추진 시 고려사항에 대하여 설명하시오.

3. 비점오염원의 종류, 비점오염원 저감시설의 종류 및 선정 시 고려사항에 대하여 설명하시오.

4. 오염된 지하 대수층의 오염원이 식별가능하고 오염물질 흐름을 추적할 수 있다고 가정할 때, 오염물질을 제어하기 위한 방법들에 대하여 설명하시오.

5. 정수처리에 적용하는 막여과시설에 대하여 다음을 설명하시오.
   1) 막의 종류 및 특징
   2) 막여과시설의 특징
   3) 막여과시설의 공정구성
   4) 막의 여과방식에 따른 분류
   5) 막여과시설의 설치 시 고려사항

6. 최근 폐수의 성상이 다양해지고 이전에는 경험치 못한 새로운 폐수들이 등장함에 따라 과거의 경험치만으로 신뢰성 있는 설계를 할 수 없는 경우가 많아지고 있다. 이와 관련하여 폐수처리 시 공정에 대한 정확성과 경제성을 도모하고 신뢰성 있는 설계인자의 도출을 위한 처리도 실험(모형실험)에 대하여 설명하시오.

수질관리기술사 기출문제

[1교시]

1. LID(Low Impact Development, 저영향개발)
2. 통합물관리(Integrated Water Management)
3. 경도(Hardness)와 알칼리도(Alkalinity)의 유발물질과 영향
4. 호소 조류(Algae)의 광합성에 의한 pH 상승 기작
5. 관개용수의 SAR(Sodium Adsorption Rate)
6. 양분관리제
7. 소독공정에서 불활성화비의 정의 및 계산방법
8. 수질예보제
9. 2차침전지 고형물 부하 계산식 및 인자값의 의미
10. 역삼투막 FI(Fouling Index) 산정식 및 파울링 예방방안
11. 하수처리 유량조정 펌프의 유량제어 방안
12. Off-line 유량조정 방식 적용이 유리한 현장여건
13. 수중 암모니아 전리과정의 결정인자와 생물 독성 영향

[2교시]

1. 혐기성 처리에 대하여 다음을 설명하시오.
   1) 혐기성 처리를 위한 조건
   2) 유기물의 혐기성 분해과정과 단계
   3) 혐기성 처리의 장점과 단점
2. 생태계(Ecosystem)의 주요 흐름 및 생태계서비스(Ecosystem Services)를 설명하시오.
3. 다음은 하수처리장 유입수 50mL를 사용하여 분석한 실험결과이다. TS, TSS, TDS, VSS, FSS에 대해 설명하고 각각의 농도(mg/L)를 계산하시오.

> - 증발접시 무게＝62.003g
> - 105℃에서 건조 후 증발접시 무게와 잔류물 무게의 합＝62.039g
> - 550℃에서 태운 후 증발접시 무게와 잔류물 무게의 합＝62.036g
> - GF/C 여과지의 무게＝1.540g
> - 105℃에서 건조 후 GF/C 여과지와 잔류물 무게의 합＝1.552g
> - 550℃에서 태운 후 GF/C 여과지와 잔류물 무게의 합＝1.549g

4. 하수처리시설 총인 제거에 대하여 다음을 설명하시오.

　　1) 생물학적 총인 제거의 기본원리, 영향인자 및 적용가능 방법

　　2) 기존 하수처리시설의 총인 처리시설 추가 설치 시 고려 사항

5. 고도정수처리 공정인 BAC(Biological Activated Carbon)공정에 대하여 다음을 설명하시오.

　　1) BAC 공정에 사용되는 석탄계와 야자계 입상활성탄의 적용특성 비교

　　2) 입상활성탄 수처리제 규격의 대표적 물성 중 체잔류물, 건조감량, 요오드 흡착력, 메틸렌 블루 탈색력을 규정한 이유

6. 하수처리수 재이용 시 위생성 확보를 위한 소독처리공정에 대하여 다음을 설명하시오.

　　1) 하폐수처리수 재처리수의 용도별 소독처리공정의 필요성

　　2) 국내 하수 재이용에 적용 가능한 소독처리공정 비교 및 적합 공정 선정 시 고려사항

[3교시]

1. 인공습지에 대하여 다음을 설명하시오.

　　1) 인공습지의 정의와 오염물질 정화 기작

　　2) 인공습지의 식생분류

　　3) 수문학적 흐름형태에 따른 유형분류

2. 응집제의 종류와 특성 및 응집효율에 영향을 미치는 인자를 설명하시오.

3. 남조류의 과다 증식에 따른 녹조현상에 대하여 다음을 설명하시오.

　　1) 녹조현상의 정의 및 원인

　　2) 남조류의 냄새 및 독소 유발물질

　　3) 부영양화와 녹조현상의 관계

　　4) 녹조현상이 생활환경, 수생태계, 농·수산업에 미치는 영향

4. 하수처리시설에서 발생되는 반류수의 특성, 농도 저감방안, 처리공법 등에 대하여 설명하시오.

5. 염색폐수에 대하여 다음을 설명하시오.

　　1) 염색폐수의 특성과 적정처리를 위한 처리공정 계획

　　2) 단위 공정별 시설 및 주요 고려사항

6. 혐기성 소화설비(산발효조, 소화조, 가스저장조 등)의 안정적 운전을 위한 계측기 연동 자동 운전 방안과 바이오가스 안전성 확보를 위한 시설물 계획 및 운전방안을 설명하시오.

[4교시]

1. 비점오염 저감시설에 대하여 다음을 설명하시오.

   1) 비점오염 저감시설의 종류 및 기능

   2) 수질처리용량인 WQ$_V$(Water Quality Volume)와 WQF(Water Quality Flow)

2. 개발사업의 비점오염원 관리방향을 설명하시오.

3. 콜로이드(Colloids)의 분류, 특성 및 제타전위(Zeta Potential)에 대하여 설명하시오.

4. '수돗물 안전관리 강화 대책'의 도입배경, 전략 및 주요내용, 기대효과 등에 대하여 설명하시오.

5. 음식물 사료화 방안에 대하여 다음을 설명하시오.

   1) 사료화 방식의 처리 계통 및 주요처리 공정

   2) 안정적 사료화 방안 및 소화 효율 확보 방안

   3) 악취 최소화 방안

6. 막결합형 하수처리 공정의 장점과 문제점 및 해결방안을 설명하시오.

수질관리기술사 기출문제

[1교시]

1. 반응차수

2. 세균의 광합성

3. 미생물과 유기물(먹이) 관계 그래프

4. 병원균 지표(Pathogen Indicator)

5. 산소전달의 환경인자

6. SMP(Soluble Microbial Product)

7. Smart Water Grid

8. 교차연결(Cross-connection)

9. 소독부산물(DBPs : Disinfection By-Products)

10. 산성비

11. 물의 경도

12. 대기 중 산소가 물속으로 용해되는 과정

13. 반감기

[2교시]

1. 부영양화된 호소가 정수장에 미치는 영향에 대하여 설명하시오.

2. 활성탄을 이용한 흡착탑 설계인자에 대하여 설명하시오.

3. 하수처리장 일차침전지에서 발생하는 침전의 종류와 특성에 대하여 설명하시오.

4. 역삼투를 이용한 해수담수화 과정을 설명하시오.

5. Phytoremediation의 정의와 처리기작에 대하여 설명하시오.

6. 수질모델링의 절차 및 한계성에 대하여 설명하시오.

[3교시]

1. 펌프의 유효흡입수두(NPSH : Net Positive Suction Head) 산정방법을 설명하고, 공동현상(Cavitation) 발생과의 관계를 설명하시오.
2. 임의성 산화지(Facultative Lagoon)의 설계방법과 특징에 대하여 설명하시오.
3. 공공하수처리시설의 유기물질 지표를 COD_{Mn}에서 TOC로 전환한 배경을 설명하고, TOC 측정방법을 설명하시오.
4. 하수처리장 시운전의 목적과 필요성 및 절차에 대하여 설명하시오.
5. 호수의 성층현상과 전도현상을 설명하시오.
6. 미국환경청에서 개발한 것으로 강우 시 도시지역에 적용할 수 있는 모델을 설명하시오.

[4교시]

1. 여과지의 하부집수장치 중 유공블록형과 스트레이너형의 장단점을 설명하고, 각 형태별 역세척 시 손실수두를 비교하여 설명하시오.
2. 우수조정지의 용량 산정방법을 설명하시오.
3. 기존 하수처리장에 고도처리시설을 설치 시 고려사항과 추진방식 2가지를 설명하시오.
4. 하수처리 시 발생되는 슬러지의 안정화에 대하여 다음 항목을 설명하시오.
   1) 슬러지 안정화의 목적
   2) 호기성 소화와 혐기성 소화의 처리개요 및 장단점
5. 하천의 용존산소 하락곡선(DO Sag Curve)에 대하여 설명하시오.
6. 지구상 질소 순환을 설명하시오.

수질관리기술사 기출문제

[1교시]

1. 스마트소화조

2. 양분(질소, 인)수지와 지역 양분관리제

3. 정석탈인법

4. Monod식

5. SVI(Sludge Volume Index)

6. 완충저류시설 설치대상

7. 생태독성 배출허용기준

8. 물이용부담금

9. 전기전도도

10. BMP(Biochemical Methane Potential)

11. 산화환원전위(Oxidation Reduction Potential)

12. 수리전도도(Hydraulic Conductivity)

13. Autotrophic과 Heterotrophic 비교 설명

[2교시]

1. 환경생태유량의 정의와 환경생태유량 확보 방안에 대하여 설명하시오.

2. 싱크홀(Sinkhole)의 종류, 발생원인, 방지대책에 대하여 설명하시오.

3. 정삼투압법(FO : Forward Osmosis)과 압력지연삼투법(PRO : Pressure Retarded Osmosis)의 원리에 대하여 설명하고, 정삼투압법에 적용되는 막 모듈(膜 Module)의 종류 및 특징에 대하여 설명하시오.

4. BTEX에 의한 지하수 오염이 심각해지고 있다. BTEX의 주요 오염원은 무엇이고, 지하수에 유입되었을 경우, 지하수 내 이동특성 및 정화방법을 설명하시오.

5. '제3차 지속가능발전 기본계획(2016 – 2035)'의 '건강한 국토환경' 목표의 추진전략 중 '깨끗한 물 이용보장과 효율적 관리'를 위한 이행과제를 설명하시오.

6. '생태하천복원사업 업무추진 지침(환경부 2017. 12)'의 생태하천복원 기본방향을 설명하시오.

1. 유역통합관리의 도입배경 및 깨끗한 물 확보 방안에 대하여 설명하시오.

2. 하수슬러지 자원화 방안에 대하여 설명하시오.

3. 응집의 원리를 Zeta – potential과 연계시켜 설명하고, 최적 응집제 선정 시 고려사항에 대하여 설명하시오.

4. 생물학적 탈질조건을 제시하고, 전탈질과 후탈질의 장단점을 비교하시오.

5. '가축분뇨공공처리시설 설치 및 운영관리지침(2018. 9 환경부)'의 설치타당성조사를 설명하시오.

6. 물순환 선도도시에 대하여 설명하시오.

1. 유수율의 정의와 유수율의 제고방안에 대하여 설명하시오.

2. 정수처리 공정별 조류대응 방안을 평상시와 조류대량 발생 시로 구분하여 설명하시오.

3. 생물반응조의 이차침전지에서 슬러지 벌킹(Bulking)을 야기하는 사상균의 제어방법에 대하여 설명하시오.

4. 해수담수화 방법 중 전기흡착법(CDI : Capacitive Deionization), 전기투석법(ED : Electrodialy – sis), 막증발법(MD : Membrane Distillation)에 대하여 설명하시오.

5. 하천 생활환경 기준의 등급별 기준 및 수질·수생태계 상태를 설명하시오.

6. 환경책임보험에 대하여 설명하시오.

수질관리기술사 기출문제

[1교시]

1. MBR(Membrane Bio Reactor)
2. 활성슬러지 미생물의 생리적인 특성에 의한 분류 4가지
3. 발생원별 반류수의 중점처리 수질항목
4. MLSS, MLVSS, SRT, HRT에 대한 각각의 정의
5. A_2/O의 개요 · 공정도 및 각 공정에서의 미생물 역할
6. Piper Diagram
7. 수생태계에서의 용존산소와 먹이에 따른 미생물 분류
8. 하천의 자정작용에 영향을 미치는 인자
9. 해양에서의 오염물질 이동경로 및 생물농축
10. LID(Low Impact Development)
11. 습지를 이용하여 오염물질을 제거할 때 대상 오염물질의 제거 메커니즘, 장단점
12. 스마트 물산업 육성전략과 REWater 프로젝트
13. BOD, COD_{Mn}, COD_{Cr}, TOC의 측정원리, 분석 시 신회제 종류

[2교시]

1. 하수도설계기준에서 제시한 간이공공하수처리시설의 설계 시 고려사항을 설명하시오.
2. 하 · 폐수처리시설에서 고도처리의 정의와 기존 처리장에 고도처리시설 설치 시 고려사항을 설명하시오.
3. 총인에 대한 화학적 응집처리에 대하여 다음을 설명하시오.
   1) 화학식을 포함한 응집의 기본원리
   2) 유입농도 변화를 고려하지 않은 응집처리공정의 문제점과 해결방안
   3) 유입유량 변화를 고려하지 않은 응집처리공정의 문제점과 해결방안
4. 토양오염의 특성과 오염여부를 판정하기 위한 필요인자에 대하여 설명하시오.
5. 하천 수계에서 허용배출부하량의 할당 절차에 대하여 설명하시오.
6. 제4차 국가환경종합계획의 법적근거, 계획기간, 비전을 제시하고 물환경 위해관리체계 강화의 추진방안에 대하여 단계적으로 설명하시오.

[3교시]

1. 악취방지와 관련하여 다음을 설명하시오.
   1) 처리방법의 선정 시 고려 사항
   2) 활성탄 흡착법, 토양탈취법, 미생물 탈취법에 대하여 비교 설명
   3) 탈수기실 악취방지시설 설계기준

2. 생물반응조의 2차침전지에서 슬러지 벌킹(Bulking)의 정의, 원인, 사상균의 제어방법에 대하여 각각 설명하시오.

3. 수계의 수질관리에 대한 고려사항을 설명하시오.

4. 해양오염물질의 종류와 부영양화의 피해에 대하여 설명하시오.

5. 환경영향평가서 작성규정에 따른 수질항목의 내용에 대하여 설명하시오.

6. 주민친화 하수처리시설의 의의 및 종류, 설치 시 기본방향, 고려사항에 대하여 설명하시오.

[4교시]

1. 터널폐수의 발생특성, 발생량 예측 방법, 처리계획, 처리시설 운전 방법을 각각 설명하시오.

2. 펌프의 설계·시공상의 결함과 운전미숙 등으로 인해 발생되는 주요 장애현상 3가지를 쓰고, 각각의 발생원인, 영향, 방지대책에 대하여 설명하시오.

3. 호소의 성층화와 전도현상을 용존산소와 수온과의 상관관계를 이용하여 설명하시오.

4. Blue Network의 개념과 구성요소에 대하여 설명하시오.

5. 물순환 선도도시의 개념, 목적, 사업내용 및 효과를 설명하시오.

6. 광해배수의 자연정화법에 대하여 설명하시오.

수질관리기술사 기출문제

[1교시]

1. 인천 적수 원인과 대책

2. 조류경보제

3. 해양오염물질 종류

4. 초기우수 유출수

5. Soil Flushing

6. 암모니아성 질소, 알부미노이드성 질소, 아질산성 질소, 질산성 질소

7. 슬러지 지표(Sludge Index)

8. 미생물의 성장에서 증식과정, 미생물의 성장과 F/M비

9. 물환경보전법 제2조 정의에 따른 용어 중

    1) 물환경

    2) 폐수

    3) 특정수질유해물질

    4) 호소

    5) 수생태계 건강성

10. 생물막법

11. 청색증(Methemoglobinemia)

12. 급속여과지 여과속도 향상방안

13. 비회전도(Ns)와 Pump의 특성

[2교시]

1. 수질관리에 있어서 수저퇴적물이 수생태계에 미치는 영향에 대하여 설명하시오.

2. 오염지하수정화 업무처리지침(2019. 4. 24.)에서 제시된 오염된 지하수 정화를 위한 기본절차를 설명하시오.

3. 생물화학적 산소요구량(BOD)에 대하여 아래 사항을 설명하시오.

    1) 측정원리

    2) 전처리 사유와 방법

    3) 용어설명(원시료, 희석수, 식종액(접종액), 식종희석수, (식종)희석 검액)

    4) 시험방법(단, 순간 산소요구량 조건은 고려하지 않음)

4. 수질오염물질의 배출허용기준 중 지역구분 적용에 대한 공통기준, 2020년 1월 1일부터 적용되는 배출허용기준(생물화학적산소요구량 · 화학적산소요구량 · 부유물질량만 제시) 및 공공폐수처리시설의 방류수 수질기준, 방류수 수질기준 적용대상지역에 대하여 설명하시오.

5. 소독공정에서 소독 적정성판단(불활성비 산정), CT값 증가방법, 필요소독능(CT요구값) 및 실제 소독능(CT계산값)에 대하여 설명하시오.

6. 하수처리장 이차침전지에 대하여 아래 사항을 설명하시오.
   1) 형상 및 구조
   2) 정류설비
   3) 유출설비
   4) 슬러지 제거설비
   5) 슬러지 배출설비

[3교시]

1. 해양오염에 있어서 미세플라스틱에 의한 영향을 설명하시오.

2. 국립환경연구원에서 개발한 한국 실정에 맞는 부영양화지수에 대하여 설명하시오.

3. 수처리 공법 중 부상분리법에 대하여 다음 사항을 설명하시오.
   1) 부상분리법의 개요
   2) 중력침강분리법에 대한 부상분리법의 장단점
   3) 부상분리법의 종류
   4) 부상지의 설계 시 고려사항

4. 폭기조 반응형태 중 Plug Flow, Complete Mix, Step Aeration 공정에 대하여 다음 사항을 설명하시오.
   1) 각 공정의 특징 및 공정도
   2) 조 길이에 따른 산소농도 분포
   3) 조 길이에 따른 BOD농도 분포

5. 정수장 혼화 · 응집공정에서 다음 사항을 설명하시오.
   1) 응집공정의 목표 및 검토항목
   2) 처리효율에 영향을 미치는 인자
   3) 공정개선방안

6. 정수처리 막여과(Membrane Filtration)에 대하여 다음 사항을 설명하시오.
   1) 막여과의 정의 및 필요성
   2) 일반정수처리 공정과 비교한 막여과의 장단점
   3) 막여과방식(Dead End Flow, Cross Flow)
   4) 막의 열화와 파울링
   5) 막 종류

[4교시]

1. 상수원보호구역에 있어서 허가 및 제한되는 행위에 대하여 설명하시오.

2. 물관련 법에서 제시된 마시는 물의 종류를 열거하고, 각 물에 대한 미생물 수질기준을 설명하시오.

3. 제5차 국가환경종합계획(2020~2024) 내용 중 다음 사항을 설명하시오.

    1) 계획의 비전과 목표

    2) 통합 물관리 정책방향

    3) 물관리 주요정책과제 및 주요지표

4. 도시 하수처리 관련 다음 사항에 대하여 설명하시오.

    1) 도시 하수처리 계통도(생물학적 공정시스템 포함)

    2) 1차 및 2차 슬러지 특징 및 차이점

    3) 처리량 1톤에 대하여 함수율 증가에 따른 부피의 영향(1톤 기준)

    4) 1차 및 2차 소화조 특징

    5) 슬러지 개량의 목적

    6) 탈수 케이크 함수율

5. 강변여과수에 대하여 다음 사항을 설명하시오.

    1) 강변여과수 취수정 설치 시 고려사항

    2) 강변여과수의 특징

    3) 취수 방식 중 수직 및 수평 집수정 방식

6. A/O공법 및 A_2/O공법에 대하여 다음 사항을 설명하시오.

    1) 각 공법의 원리 및 특징

    2) 각 공법의 설계인자 및 장단점

수질관리기술사 기출문제

[1교시]

1. 산화환원전위(Oxidation Reduction Potential)
2. 관정부식(Crown Corrosion)
3. 산도(Acidity)와 알칼리도(Alkalinity)
4. 오존처리
5. 물발자국(Water Footprint)의 개념과 산정방식
6. 스마트 워터 그리드(Smart Water Grid)
7. 오염지표 미생물(Indicator Microorganism)의 정의 및 조건
8. 폭기(Aeration)와 조류(Algae) 번성에 따른 물의 pH 변화
9. 하천 자정작용의 4단계
10. 환경기준, 배출허용기준, 환경영향평가협의기준
11. 물 이용 부담금
12. 상수원보호구역 지정기준
13. 물의 수소결합(Hydrogen Bond)과 특징

[2교시]

1. 비점오염원의 처리시설로 이용되는 자연형 침투시설의 개요, 장단점, 주요 설계인자 및 효율적 관리방안에 대하여 설명하시오.
2. 온대지방 호수에 대하여 다음 사항을 설명하시오.
   1) 수온 성층현상
   2) 수심에 따른 수질 특성
   3) 전도현상
   4) 전도현상이 수질에 미치는 영향
3. 해수의 담수화 방식을 분류하고, 담수화 시설 계획 시 고려사항을 설명하시오.
4. 폐수의 유기물질 관리지표인 BOD, COD, TOC의 측정원리 및 측정방법을 비교 설명하고, 폐수의 유기물질 관리지표를 화학적산소요구량(COD)에서 총유기탄소량(TOC)으로 전환하는 이유 및 기대효과에 대하여 설명하시오.

5. 정수처리에서 발생하는 THMs(총트리할로메탄)에 대하여 다음 사항을 설명하시오.

    1) THMs의 정의

    2) 생성원인 및 인체에 미치는 영향

    3) THMs 생성에 영향을 미치는 요소

    4) THMs 생성 전 제어방법

    5) 생성된 THMs 제거방법

6. 건설현장에서 발생하는 산성배수(Acid Drainage)에 대하여 다음 사항을 설명하시오.

    1) 발생원인

    2) 환경에 미치는 영향

    3) 처리방안

[3교시]

1. 수돗물의 이취미에 대하여 다음 사항을 설명하시오.

    1) 이취미를 발생시키는 주요 원인물질

    2) 수원지에서의 유입 방지, 제거 방법

    3) 정수장에서의 제거방법

    4) 배수계통에서의 발생 억제 방법

2. 수중에 존재하는 암모니아성 질소에 대하여 다음 사항을 설명하시오.

    1) 일정 온도하에서 pH에 따른 암모니아와 암모늄 이온의 비율 변화

    2) 생태독성

3. 수질오염총량관리제도의 도입현황, 제도 시행의 한계 및 개선방안에 대하여 설명하시오.

4. 연안해역에 화력발전소 운영 시 발생되는 온배수(溫排水)의 정의, 온배수 확산이 해양 환경에 미치는 영향 및 저감대책에 대하여 설명하시오.

5. "생태하천복원사업 업무추진 지침(2020. 5.), 환경부"에 포함된 다음 사항을 설명하시오.

    1) 생태하천 복원의 기본방향

    2) 우선 지원 사업

    3) 지원 제외 사업

6. "물환경보전법"에 명시된 완충저류시설에 대하여 다음 사항을 설명하시오.

    1) 설치 대상

    2) 설치 및 운영 기준

[4교시]

1. 하천구역 안에서 지정되는 보전지구, 복원지구, 친수지구에 대하여 설명하시오.

2. 기기분석 중 비색법 원리에 대하여 다음 사항을 설명하시오.(단, 필요한 경우 알맞은 공식을 기재하고 설명하시오.)

   1) 램버트(Lambert) 법칙과 투광도(T)

   2) 비어(Beer) 법칙과 투광도(T)

   3) 램버트 – 비어(Lambert – Beer) 법칙과 투광도(T)

   4) 흡광도(A)와 투광도(T)의 관계식

   5) 램버트 – 비어 법칙을 적용한 분석기기 및 미지시료의 농도 결정방법

3. 모래여과지에 대하여 다음 사항을 설명하시오.(단, 필요한 경우 알맞은 공식을 기재하고 설명하시오.)

   1) 유효경

   2) 하젠(Hazen) 공식에 의한 투수계수

   3) 다시(Darcy) 법칙에 의한 모래여과지 수두손실 산정

4. 토사유출량 산정방법(원단위법, 개정범용토양유실공식)에 대하여 설명하시오.

5. 특정수질유해물질배출량 조사제도에 대하여 설명하시오.

6. TMS(Telemonitoring System)에 대하여 설명하시오.

수질관리기술사 기출문제

[1교시]

1. 분류식 하수관거 월류수(SSOs : Sanitary Sewer Overflows)
2. 속도경사(G, Velocity Gradient)
3. Log 제거율과 % 제거율의 관계
4. 하수관거에서의 역사이펀(Inverted Siphon)
5. 지하수 환경기준 6가지 분류와 지하수의 수질기준(음용수 이외의 이용 시) 2가지 분류
6. 합리식
7. 블록형 오탁방지막(개요도, 장단점)
8. 도로 비점오염물질 저감시설의 유형
9. 해양수질기준에서 수질평가지수(WQI : Water Quality Index)
10. 물벼룩 생태독성 시험에서 치사, 유영저해, 반수영향 농도, 생태독성값의 정의
11. 먹는 물, 샘물, 먹는 샘물, 염지하수 정의
12. 콜로이드의 전기 이중층과 약품교반시험(Jar−test) 절차
13. 상수도 수원용 저수시설 유효저수량 산정 방법

[2교시]

1. 활성슬러지에 대하여 다음 사항을 설명하시오.
   1) 회분배양 시 미생물 성장곡선
   2) F/M비, 물질대사율, 침전성의 관계
2. 하수처리장에서 발생하는 슬러지의 안정화에 대하여 다음 사항을 설명하시오.
   1) 슬러지 안정화의 목적
   2) 호기성 소화아 혐기성 소화의 개요 및 장단점
3. 우리나라 환경정책기본법에 의한 하천과 호소의 생활환경기준 항목과 그 차이점을 설명하고 능급별 수질 및 수생태계 상태에 대하여 기술하시오.
4. 지하수수질측정망 설치 및 운영의 목적, 법적 근거, 지하수측정망의 종류, 측정망 구성체계, 기관별 역할에 대하여 설명하시오.
5. 비점오염저감시설 중 스크린형 시설의 비점오염물질 저감능력 검사방법을 설명하시오.
6. 알칼리도의 종류 및 측정방법, 수질관리의 중요성에 대하여 설명하시오.

1. 수생식물을 이용한 오수의 고도처리에 대하여 다음 사항을 설명하시오.
   1) 원리와 장단점
   2) 고도처리에 이용 가능한 수생식물

2. 하수처리장에서 발생하는 슬러지의 자원화 방안에 대하여 설명하시오.

3. 하수도법에 의한 주택 및 공장 등에서 오수 발생 시 해당 유역의 하수처리구역 여부, 공공하수도의 차집관로 형태 등에 따른 개인하수처리시설의 처리방법 및 방류수 농도(BOD)에 대하여 설명하시오.

4. 하천으로 유입되는 폐수 방류수질의 유기물질 측정지표를 COD_{Mn}에서 TOC로의 전환에 따른 전환 이유, 유기물측정지표(BOD, COD_{Mn}, TOC)별 비교, 각 폐수배출시설별 적용 시기에 대하여 설명하시오.

5. 저영향개발(LID : Low Impact Development)기법의 조경·경관 설계과정의 검토사항과 계획 시 고려사항을 설명하시오.

6. 부유물질(Suspended Solids) 측정방법에 대하여 간섭물질, 분석기구, 분석절차, 계산 방법을 설명하시오.

[4교시]

1. 폐수의 질소 제거 공정인 아나목스(Anammox : Anaerobic Ammonium Oxidation) 공정에 대하여 다음 사항을 설명하시오.
   1) 공정의 원리 및 반응식
   2) 장단점 및 적용 가능 하·폐수

2. 슬러지의 탈수(Dewatering) 공정에 대하여 다음 사항을 설명하시오.
   1) 슬러지 비저항(Specific Resistance)
   2) 기계식 탈수장치의 종류 및 장단점

3. 우리나라 해양 미세 플라스틱 오염의 원인, 실태, 해결방안에 대하여 설명하시오.

4. 환경생태유량 확보를 위한 현행 문제점과 제도화 방안에 대하여 논하시오.

5. 하수관로시설 기술 진단방법에 대하여 설명하시오.

6. 물 재이용 관리계획 수립내용, 기본방침, 작성기준에 포함할 내용을 설명하시오.

수질관리기술사 기출문제

[1교시]

1. 암모니아 탈기법
2. LI(Langelier Index)
3. SUVA254(Specific UV Absorbance)
4. 탁도 재유출(Turbidity Spikes)
5. 레이놀즈 수(Re), 프루드 수(Fr)
6. 역삼투에 의한 해수담수화 공법
7. 절대투수계수와 지하수 평균선형유속
8. 지하수 오염의 정의와 특성
9. 물놀이형 수경(水景)시설의 관리기준
10. 민간투자사업의 추진방식
11. 불투수면
12. 독성원인물질평가(TIE), 독성저감평가(TRE)
13. 유속 – 면적법에 의한 하천유량측정방법

[2교시]

1. 염색폐수의 특성과 처리방법을 간략히 설명하고, 처리방법 중 펜톤산화공정에 대하여 상세히 설명하시오.
2. 고농도 유기성 폐기물의 혐기성 소화 처리시설 설계 시 고려사항에 대하여 설명하시오.
3. 호수의 부영양화에 대하여 다음 사항을 설명하시오.
   1) 외부 유입원 저감기술
   2) 내부 발생원 제어기법
4. 슬러지 최종처분에 대하여 설명하시오.
5. 비점오염 저감시설의 종류, 용량 결정방법, 관리 · 운영 기준에 대하여 설명하시오.
6. 지속 가능한 물 재이용 정착으로 건전한 물순환 확산을 위한 "제2차 물 재이용 기본계획(2021~2030)"의 비전 및 목표, 정책추진 방향, 추진과제 중 하수처리시설의 재이용수 공급능력 향상에 대하여 설명하시오.

[3교시]

1. 공공하수처리시설 에너지 자립화 기술, 사례, 사업추진 시 문제점 및 개선 방안에 대하여 설명하시오.

2. 기존 하수처리시설에 추가로 고도처리시설 설치 시 사업추진 방식과 고려사항에 대하여 설명하시오.

3. 해양에 유출된 원유(Oil Spill)의 제거방법에 대하여 다음 사항을 설명하시오.
   1) 기계적 방법
   2) 물리화학적 방법

4. 강변여과공법에 대하여 다음 사항을 설명하시오.
   1) 정의 및 특징
   2) 필요성과 한계점
   3) 장점 및 단점

5. 수질오염총량관리제도, 오염총량관리제 시행절차, 오염총량관리 기본계획 보고서에 포함되어야 할 사항을 설명하시오.

6. 하수도시설의 유역별 통합운영관리 방안과 통합운영관리시스템 계획을 설명하시오.

[4교시]

1. 응집 반응에 대한 메커니즘, 영향인자, 응집제 종류 및 특성에 대하여 설명하시오.

2. 분리막 공정의 장단점, 분리막 종류, 막모듈, 막오염에 대하여 설명하시오.

3. 해안의 발전소 온배수가 해양환경에 미치는 영향과 경감대책에 대하여 설명하시오.

4. 비소에 대하여 다음 사항을 설명하시오.
   1) 발생원 및 특성
   2) 인체로 흡수되는 경로
   3) 인체에 대한 독성

5. 그린뉴딜 중 스마트 하수도 관리체계 구축에 대하여 설명하고, 주요 사업 중 스마트 하수처리장 선도사업에 대하여 설명하시오.

6. 폐수를 관로로 배출하는 경우 설치하는 제해시설(除害施設)에 대하여 설명하시오.

수질관리기술사 기출문제

[1교시]

1. 지하수오염 유발시설
2. Priority Pollutants
3. 소규모 공공폐수처리시설 설계 시 고려사항
4. BTEX, MTBE
5. 전기탈이온설비(EDI)의 구성과 기능
6. Shut−Off Pressure의 정의와 적용
7. 정수장 사용 활성탄의 종류, 특징, 제거대상물질
8. 미세플라스틱
9. 통합물관리(Integrated Water Resource Management)
10. AGP(Algal Growth Potential)
11. Advanced Oxidation Process
12. 최근 개정된 비점오염원관리지역 지정기준(물환경보전법 시행령 개정, 2021.11.23)
13. 공통이온효과의 정의, 예시

[2교시]

1. 물관리기본법이 정한 물관리의 12대 기본원칙에 대하여 설명하시오.
2. 적조 발생원인, 피해 및 대책에 대하여 설명하시오.
3. 입상활성탄의 탁질 누출현상(파과, Breakthrough)의 발생과정, 발생원인, 수질에 미치는 영향 및 대책에 대하여 설명하시오.
4. 물리적, 화학적 소독방식의 종류를 제시하고, 정수공정에서 사용되는 소독제인 염소, 오존, 이산화염소, 자외선의 장단점을 비교 설명하시오.
5. 하수처리장에서의 악취 방지를 위해 고려해야 할 사항과 악취 방제방법 중 탈취법(원리, 적용물질, 특징)에 대하여 설명하시오.
6. 펌프의 운전장애 현상에 대해 발생원인, 영향, 방지대책에 대하여 설명하시오.

[3교시]

1. 역삼투 해수담수화 공정에서 보론은 다른 이온에 비해 제거효율이 낮다. 그 이유를 설명하고, 제거율 향상을 위해 사용하는 방법을 설명하시오.
2. 불소함유 폐수처리 방법을 설명하시오.
3. 녹조관리기술을 물리·화학 및 생물학적 기술로 구분하여 설명하고, 종합적 녹조관리 방법을 설명하시오.
4. 호소의 부영양화 방지를 위한 호소 외부 및 호소 내부 각각의 관리대책을 설명하시오.
5. 비점오염원저감시설 중 자연형 시설인 인공습지(Stormwater Wetland)를 설치하려고 한다. 시설의 개요, 설치기준, 관리·운영기준에 대하여 설명하시오.
6. 국내 농·축산지역의 지하수 수질특성에 대하여 설명하고, 지하수 수질개선대책 수립 시 수질개선 방안에 대해 환경부 시범사업 내용을 포함하여 설명하시오.

[4교시]

1. 과불화화합물의 정의(종류, 특성, 노출경로 등), 위해성에 대하여 설명하고, 만일 상수원 원수에 과불화화합물이 함유되어 있을 경우 저감방법에 대하여 설명하시오.
2. MBR을 활성슬러지공정과 비교 설명하고, MBR의 장단점을 설명하시오.
3. 상수도 정수처리공정 선정 시 처리대상물질에 따른 처리방법의 고려사항에 대하여 설명하시오.
4. 슬러지 탄화(炭化)에 대하여 설명하시오.
5. 급속여과 공정에 있어서 유효경, 균등계수, 최소경, 최대경의 기준과 규제하는 이유에 대하여 설명하시오.
6. 규조류에 의한 정수장의 여과장애 발생 시 대책을 설명하시오.

수질관리기술사 기출문제

[1교시]

1. BOD, NOD
2. 하천의 정화단계(Whipple Method)
3. 국가물관리기본계획의 개요와 포함 내용
4. 악취 발생원, 발산원, 배출원
5. 특정토양오염관리대상시설의 종류
6. 부영양화의 영향 및 대책
7. 경도(Hardness)
8. 기타수질오염원의 정의 및 종류
9. 생물학적 인 제거 시 영향인자
10. 오존을 이용한 고도산화(AOP : Advanced Oxidation Process) 3가지
11. 미생물연료전지(MFC : Microbial Fuel Cell)
12. 입상활성탄 주요 설계인자(EBCT, SV, LV)
13. 환경영향평가 수질조사지점 선성 시 고려사항

[2교시]

1. 물속에 있는 TS 등 고형물의 종류와 각 고형물의 관계에 대하여 설명하시오.
2. 대표적 영양물질인 질소와 인의 특징과 순환에 대하여 설명하시오.
3. 지하수에서 Darcy의 법칙이 성립하기 위한 가정과 적용조건을 설명하시오.
4. 산성광산폐수의 영향 및 처리기술에 대하여 설명하시오.
5. 간이공공하수처리시설의 정의, 설치대상, 설치기준, 용량산정 방법에 대하여 설명하시오.
6. 상수도에서 맛 · 냄새 원인 물질에 대하여 설명하고, 맛 · 냄새 제거 방안에 대하여 설명하시오.

[3교시]

1. 수질환경미생물의 종류와 특징에 대하여 설명하시오.
2. 「물의 재이용 촉진 및 지원에 관한 법률」에 따른 재이용 대상 수원별 재이용 현황과 하수처리수 재이용을 활용한 물순환 촉진 방안을 설명하시오.
3. 오염지하수정화 업무처리절차에 대하여 설명하시오.
4. 생태하천복원사업 추진 시 문제점, 복원목표, 기본방향 및 우선지원사업 등에 대하여 설명하시오.
5. 혐기성 소화 시 이상상태의 원인 및 대책에 대하여 설명하시오.
6. 반류수의 정의, 반류수별 수질항목, 처리 시 고려사항, 반류수의 증가 원인, 문제점, 처리방안에 대하여 설명하시오.

[4교시]

1. 비점오염물질 정의와 오염물질의 종류 및 관리지역 지정기준에 대하여 설명하시오.
2. 수질오염총량관리검토 보고서 작성내용에 대하여 설명하시오.
3. 해수담수화의 특징 및 유의사항과 해수담수화 방식의 종류 및 역삼투압 공정 계획 시 고려사항에 대하여 설명하시오.
4. 녹조현상의 원인 및 유발물질, 부영양화와 녹조현상과의 관계, 녹조현상이 생활환경과 생태계, 농작물과 수산업 등에 미치는 영향에 대하여 설명하시오.
5. 순환식 질산화탈질법과 질산화내생탈질법의 특징, 설계 유지관리상 유의사항, 차이점에 대하여 설명하시오.
6. 하수 고도처리시설 설치 시 일반원칙 및 추진방식에 대하여 설명하시오.

수질관리기술사 기출문제

[1교시]

1. VOC(Volatile Organic Compound)
2. 해수담수화 역삼투막 공정에 적용되는 ERD(Energy Recovery Device)
3. 초순수
4. 가수분해
5. 바이오가스
6. 물발자국(녹색 물발자국, 청색 물발자국, 회색 물발자국)
7. 수격작용(Water Hammer)의 문제점 및 방지방안
8. 지류총량제
9. BOD, COD$_{Mn}$, TOC 측정방법 및 특징
10. 전국오염원조사 목적, 법적근거, 조사내용
11. 고도하수처리의 정의, 도입이유 및 처리방식
12. 빗물이용시설과 우수유출저감시설을 비교 설명
13. 잔류성 유기오염물질(POPs)

[2교시]

1. 해수담수화 농축수의 처리방식, 국내 규제 및 환경적 문제에 대하여 설명하시오.
2. 혐기성 소화시 저해물질에 대하여 설명하시오.
3. 2004년~2020년의 비점오염원관리 종합대책의 한계와 제3차(2021~2025) 강우유출 비점오염원관리 종합대책에 대하여 설명하시오.
4. 조류경보제와 수질예보제를 비교 설명하고, 조류경보제의 단계별 대응조치를 설명하시오.
5. 하수처리시설의 소독방법 선정시 고려사항을 설명하고, 소독방법 중 하나인 자외선 소독방법의 원리, 영향인자와 염소소독과의 장·단점을 비교 설명하시오.
6. 세계 다른 선진국들과는 달리 우리나라는 합류식 지역에 정화조가 설치되어 하수악취문제로 많은 민원이 발생하고 있다. 이러한 악취에 대하여 다음 사항을 설명하시오.
   1) 하수관로의 악취발생원, 악취발산원, 악취배출원
   2) 발생원, 발산원, 배출원별 적용 가능한 악취저감시설

1. 하수처리장 시운전 절차에 대하여 설명하시오.

2. 토양오염의 특성 및 토양오염 정화기술의 종류에 대하여 설명하시오.

3. 해양오염의 정의와 해양오염 물질의 종류에 대하여 설명하시오.

4. 완전혼합형 반응조(CSTR)와 압출류형 반응조(PFR)와 관련하여 다음의 사항에 대하여 설명하시오.

   1) 처리효율이 같고, 1차 반응인 경우 각각 반응조의 부피 비교

   2) 동일한 크기의 완전혼합형 반응조(CSTR)가 계속 연결될 경우의 특성

   3) 각각 반응조의 장단점

5. 완충저류시설의 정의와 설치대상, 설치 및 운영기준에 대하여 설명하시오.

6. 하수도법 시행규칙 개정(2022.12.11.)에 따라 폐수배출시설의 업종 구분 없이 폐수를 공공하수처리시설에 유입하여 처리하는 경우 생태독성의 방류수 수질기준을 준수하여야 하는데, 이와 관련하여 다음 사항을 설명하시오.

   1) 생태독성 관리제도의 도입배경

   2) 생태독성(TU) 정의 및 산정방법

   3) 독성원인물질 평가(TIE) 및 독성저감평가(TRE)

[4교시]

1. 하수처리장 설계를 위해 수리종단도를 작성 할 경우 수리계산시 고려사항 및 수리계산 방법에 대하여 설명하시오.

2. 인공습지의 정의, 오염물질 제거 기작, 장·단점과 비점오염저감시설로 적용할 경우의 설치기준에 대하여 설명하시오.

3. 국가수도기본계획(2022~2031)의 추진전략, 정책과제 및 세부추진계획에 대하여 설명하시오.

4. 수질모델링의 개념, 필요성, 수질예측 절차도 및 예측 절차별 수행내용에 대하여 실무적으로 접근하여 설명하시오.

5. 생물학적 인제거 원리 및 인제거 효율향상법에 대하여 설명하고, 대표적 방법인 A/O와 A_2/O공법의 개요와 장·단점을 비교하여 설명하시오.

6. 유기성 폐자원을 활용한 바이오가스 생산과 관련하여 다음 사항을 설명하시오.

   1) 유기성 폐자원의 종류

   2) 기존 유기성 폐자원의 처리상 문제점

   3) 바이오가스 공급 및 수요 확대 방안

수질관리기술사 기출문제

[1교시]

1. 가축분뇨 전자인계관리시스템
2. 전기적 이중층(Double Layer)
3. 퇴적물산소요구량(SOD, Sediment Oxygen Demand)
4. 비점오염관리를 위한 물순환관리지표
5. 지하수 오염물질의 지체현상(Retardation)
6. 「물환경보전법」 제41조에 따른 배출부과금
7. 조류경보제 경보단계 및 각 단계별 발령 · 해제기준
8. 녹색 · 청색 · 회색 물발자국(Water Footprint)
9. 공유하천 관리방안
10. 비점오염저감시설의 정의 및 종류
11. 정수처리에서 오존처리 시 수반되는 주요 문제점 및 저감대책
12. 고도산화법(AOP, Advanced Oxidation Process)
13. 독립영양미생물(Autotrophs)과 종속영양미생물(Heterotrophs)을 비교 ·설명

[2교시]

1. 가축분뇨의 비점오염 유발특성과 농축산 비점오염관리방안 중 농업생산기반시설과 연계한 방안 및 공익직불제를 활용한 방안에 대하여 설명하시오.
2. 하천에서 어류폐사의 원인 및 폐사방지 대책에 대하여 설명하시오.
3. 신규 댐 건설에 따른 공사중과 운영중 수질에 미치는 영향 및 저감대책에 대하여 설명하시오.
4. 특별관리해역 연안오염총량관리 기본방침(「해양수산부훈령」 제622호)에 따른 다음 사항에 대하여 설명하시오.
   1) 특별관리해역 및 연안오염총량관리의 정의
   2) 오염원 그룹의 분류
   3) 해역별 전문가 협의회 및 관리대상 오염물질의 종류
5. 「제1차 국가물관리기본계획(2021~2030)」의 3대 혁신 정책과 6대 분야별 추진전략에 대하여 설명하시오.
6. 막여과(MF, UF, NF, RO)의 특성과 막여과 공정구성에 대하여 설명하시오.

1. 수질원격감시체계(TMS)의 목적, 부착대상, 부착시기, 배출부과금 및 관제센터 업무체계에 대하여 설명하시오.

2. 상수원 수질보전 특별대책지역의 지정현황, 기본방침, 오염원관리 및 주민지원사업에 대하여 설명하시오.

3. 개인하수처리시설 정화조 내 악취문제 해결방안에 대하여 설명하시오.

4. 하수처리장 에너지 자립화 방안에 대하여 온실가스 목표관리제 등 정부정책을 포함하여 설명하시오.

5. 유출지하수의 발생량 조사방법, 활용방안 및 수질기준(음용수 제외)에 대하여 설명하시오.

6. 폐기물 매립지에서 발생하는 침출수에 대하여 설명하시오.

1. 하수처리장에서 발생하는 슬러지의 농축과 소화(안정화)에 대하여 설명하시오.

2. 해상풍력발전사업 공사에 따른 수질모델링 중 부유사 확산모의에 대하여 설명하시오.

3. 가축분뇨의 발생특성과 가축분뇨처리시설의 설치기준에 대하여 설명하시오.

4. 비점오염관리지역의 지정기준 및 관리대책에 대하여 설명하시오.

5. 지하수 오염등급기준을 활용한 지하수 오염평가 및 오염원인 평가에 대하여 설명하시오.

6. 펜톤 반응(Fenton Reaction)과 광펜톤 반응(Photo Fenton Reaction)에 대하여 처리공정 등을 포함하여 설명하시오.

수질관리기술사 기출문제

[1교시]

1. 정석탈인법
2. 하수 또는 폐수 처리시설에서 병원성 미생물에 대한 소독제의 종류 및 특성
3. 통합환경관리제도
4. 상수원수로 이용하는 지하수의 특징
5. 해양산성화에 따른 해수 중 탄산이온의 농도 변화와 해양환경에 미치는 영향
6. 하수찌꺼기(슬러지)를 활용한 에너지 이용형태
7. Carlson 부영양화 지수(TSI : Trophic State Index)와 한국형 부영양화 지수(TSIKO : Trophic State Index of Korea)
8. 투수성 반응벽체(PRB : Permeable Reactive Barrier)
9. 환경영향갈등조정협의회
   1) 목적
   2) 기능
   3) 대상사업
   4) 구성 및 운영
10. 로테르담 협약(유해화학물질의 교역 시 사전통보승인(PIC)에 관한 협약)
11. 응집이론 및 응집처리공정의 주요 영향인자
12. 하수처리공정 중 이차침전지 슬러지 침전효율 저하 원인 및 대책
13. 불량오수 관거로부터 통수능 향상 방안

[2교시]

1. 미세플라스틱을 정의하고 미세플라스틱이 음용수 및 수생태계에 미치는 영향 및 미세플라스틱 저감을 위한 국내·외 동향에 대하여 설명하시오.
2. 녹조현상은 상수원 및 정수처리과정에서 수질에 미치는 영향이 크다. 마이크로시스틴(Micro－cystin)과 아나톡신(Anatoxin)의 독성 특징 및 녹조 발생에 따른 피해와 억제방안에 대하여 설명하시오.
3. 환경생태유량산정 방법에 대하여 다음 사항을 설명하시오.
   1) 대상
   2) 대표지점 선정기준

3) 대표어종 선정

4) 유량산정기준

4. 농업 저수지 부영양화 방지를 위한 유역대책, 유입수 대책 및 호내 대책에 대하여 설명하시오.

5. 생물학적 하수 고도처리공정에서 생물반응조에 필요한 공기량 산정방법에 대하여 설명하시오.

6. 저영향개발(LID) 기법 기술요소 중 식물재배화분의 개요, 적용 시 고려사항, 설치기준, 수질처리용량 산정 및 효율적 관리방안에 대하여 설명하시오.

[3교시]

1. 강우 시 미처리 하수가 공공수역으로 방류되어 심각한 수질 오염사고를 야기하고 있어 관리가 절실한 실정이다. "강우 시 미처리 하수의 수량과 수질 측정·기록 가이드라인(환경부)"에 따른 강우 시 미처리 하수의 수량 및 수질 측정 계획 시 다음 사항을 설명하시오.

1) 측정 목적 및 항목, 적용대상

2) 측정지점, 측정시행 기준(선행건기, 일강우량, 횟수, 측정기간)

3) 측정대상지점 선정절차

4) 측정지점 선정 시 검토조건

2. 우리나라 물환경측정망 중 수질자동측정망, 총량측정망, 퇴적물측정망, 비점측정망에 대한 목적, 측정주기, 측정항목에 대하여 설명하시오.

3. 해수 담수화기술 중 막(Membrane) 분리법에 대하여 설명하시오.

4. 제4차 지하수관리기본계획(2022∼2031)의 목표와 6대분야 추진전략에 대하여 설명하시오.

5. 혐기성 소화에 있어 다음 사항을 설명하시오.

1) 이단 혐기성소화

2) 2상 혐기성소화

3) 소화효율 영향인자

6. 이상 기후가 하천·호소·해역의 수질 및 수생태 환경에 미치는 영향에 대하여 설명하시오.

[4교시]

1. 수생태계 현황 조사 및 건강성 평가 방법 등에 관한 지침에서 하천 수생태계 건강성 조사에 대하여 다음을 설명하시오.

1) 목적

2) 관련근거

3) 조사횟수 및 평가 방법

4) 조사항목 및 평가지표

5) 활용방안

2. 기상이변으로 인한 국지적 집중호우로 도시 침수피해가 빈번히 발생하고 있다. 도시침수피해

원인 및 대책에 대하여 설명하시오.

3. 해양환경관리법에 의하여 해역관리청은 선박 또는 해양시설에서 배출되거나 해양에 배출된 오염물질을 저장하기 위한 시설(이하 "오염물질저장시설"이라 한다.)을 설치·운영하고자 한다. 해양오염물질의 종류, 오염물질저장시설 운영을 위한 필요한 인력과 장비(시설)등의 설치 시 고려사항에 대하여 설명하시오.

4. 하수도법에 의한 유역하수도정비계획 중 다음의 사항에 대하여 설명하시오.
   1) 의의
   2) 목적, 성격 및 타 계획과의 관계
   3) 정비계획 수립 주체, 범위 및 절차
   4) 정비계획 수립 지침

5. 오염총량관리기술지침에 따른 하천수계에 오염총량관리를 위한 기준유량과 허용 배출부하량 할당 절차에 관하여 설명하시오.

6. 기존 표준활성슬러지공법의 처리장에서 생물학적 질소·인 제거 공정 설치 시 고려(검토)사항에 대하여 설명하시오.

찾아오시는 길

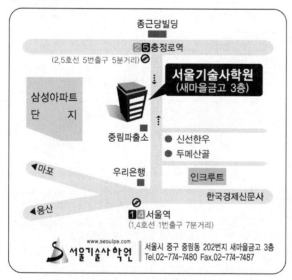